AF825628

DELIUS KLASING

MIX
Papier aus verantwortungsvollen Quellen
Paper from responsible sources
FSC® C105338
FSC
www.fsc.org

Dr. Etzold
Diplom-Ingenieur für Fahrzeugtechnik

So wird's gemacht

pflegen – warten – reparieren

Band 114

AUDI A6 / quattro
AUDI A6 Avant / quattro

Benziner

1,8 l/ 92 kW	(125 PS)	11/97 – 1/01
1,8 l/110 kW	(150 PS)	4/97 – 3/04
2,0 l/ 96 kW	(130 PS)	9/01 – 3/04
2,4 l/121 kW	(165 PS)	4/97 – 8/01
2,4 l/125 kW	(170 PS)	9/01 – 3/04
2,8 l/142 kW	(193 PS)	4/97 – 8/01
3,0 l/162 kW	(220 PS)	9/01 – 3/04

Diesel

1,9 l/ 81 kW	(110 PS)	4/97 – 1/01
1,9 l/ 85 kW	(115 PS)	2/01 – 8/01
1,9 l/ 96 kW	(130 PS)	9/01 – 3/04
2,5 l/110 kW	(150 PS)	9/97 – 8/01
2,5 l/114 kW	(155 PS)	9/01 – 8/02
2,5 l/120 kW	(163 PS)	9/02 – 3/04
2,5 l/132 kW	(180 PS)	1/00 – 3/04

Delius Klasing Verlag

Redaktion: Günter Skrobanek (Text),
Christine Etzold (Bild)

Bibliografische Information der Deutschen Nationalbibliothek
Die Deutsche Nationalbibliothek verzeichnet diese Publikation
in der Deutschen Nationalbibliografie; detaillierte bibliografische
Daten sind im Internet über http://dnb.dnb.de abrufbar.

12. Auflage
ISBN 9-783-667-12977-2
© Delius Klasing Verlag GmbH, Bielefeld

© Abbildungen: Redaktion Dr. Etzold
Lizenziert von Audi AG
Alle Angaben ohne Gewähr
Druck: BoD Books on Demand, Nordersteht
Printed in Germany 2024

Alle in diesem Buch enthaltenen Angaben und Daten wurden von dem Autor
nach bestem Wissen erstellt und von ihm sowie vom Verlag mit der gebotenen Sorgfalt
überprüft. Gleichwohl können wir keinerlei Gewähr oder Haftung für die Richtigkeit,
Vollständigkeit und Aktualität der bereitgestellten Informationen übernehmen.

Alle Rechte vorbehalten! Ohne ausdrückliche Erlaubnis
des Verlages darf das Werk weder komplett noch teilweise
reproduziert, übertragen oder kopiert werden, wie z. B. manuell
oder mit Hilfe elektronischer und mechanischer Systeme
einschließlich Fotokopieren, Bandaufzeichnung und
Datenspeicherung.

Delius Klasing Verlag GmbH, Siekerwall 21, D-33602 Bielefeld
Tel: 0521/559-0, Fax: 0521/559-115
E-Mail: info@delius-klasing.de
www.delius-klasing.de
http://sowirdsgemacht.com

Lieber Leser

die Automobile werden von Modellgeneration zu Modellgeneration technisch immer aufwendiger und komplizierter. Ohne eine Anleitung kann man mitunter nicht einmal mehr die Glühlampe eines Scheinwerfers auswechseln. Und so wird verständlich, daß von von Jahr zu Jahr immer mehr Heimwerker zum »So wird's gemacht«-Handbuch greifen.

Doch auch der kundige Hobbymonteur sollte bedenken, daß der Fachmann viel Erfahrung hat und durch die Weiterschulung und den ständigen Erfahrungsaustausch über den neuesten Technikstand verfügt. Mithin kann es für die Überwachung und Erhaltung der Betriebs- und Verkehrssicherheit des eigenen Fahrzeugs sinnvoll sein, in regelmäßigen Abständen eine Fachwerkstatt aufzusuchen.

Grundsätzlich muß sich der Heimwerker natürlich darüber im klaren sein, daß man mit Hilfe eines Handbuches nicht automatisch zum Kfz-Mechaniker wird. Auch deshalb sollten Sie nur solche Arbeiten durchführen, die Sie sich zutrauen. Das gilt insbesondere für jene Arbeiten, die die Verkehrssicherheit des Fahrzeugs beeinträchtigen können. Gerade in diesem Punkt sorgt das »So wird's gemacht«-Handbuch jedoch für praktizierte Verkehrssicherheit. Durch die Beschreibung der Arbeitsschritte und den Hinweis, die Sicherheitsaspekte nicht außer acht zu lassen, wird der Heimwerker vor der Arbeit entsprechend sensibilisiert und informiert. Auch wird darauf hingewiesen, im Zweifelsfall die Arbeit lieber von einem Fachmann ausführen zu lassen.

Sicherheitshinweis
Auf verschiedenen Seiten dieses Buches stehen »Sicherheitshinweise«. Bevor Sie mit der Arbeit anfangen, lesen Sie bitte diese Sicherheitshinweise aufmerksam durch und halten Sie sich strikt an die dort gegebenen Anweisungen.

Vor jedem Arbeitsgang empfiehlt sich ein Blick in das vorliegende Buch. Dadurch werden Umfang und Schwierigkeitsgrad der Reparatur offenbar. Außerdem wird deutlich, welche Ersatz- oder Verschleißteile eingekauft werden müssen und ob unter Umständen die Arbeit nur mit Hilfe von Spezialwerkzeug durchgeführt werden kann. Besonders empfehlenswert: Wenn Sie eine elektronische Kamera zur Hand haben, dann sollten Sie komplizierte Arbeitsschritte für den Wiedereinbau fotografisch dokumentieren.

Für die meisten Schraubverbindungen ist das Anzugsdrehmoment angegeben. Bei Schraubverbindungen, die in jedem Fall mit einem Drehmomentschlüssel angezogen werden müssen (Zylinderkopf, Achsverbindungen usw.), ist der Wert **fett** gedruckt. Nach Möglichkeit sollte man generell jede Schraubverbindung mit einem Drehmomentschlüssel anziehen. Übrigens: Für viele Schraubverbindungen sind Innen- oder Außen-Torxschlüssel erforderlich.

Als ich Anfang der siebziger Jahre den ersten Band der »So wird´s gemacht«-Buchreihe auf den Markt brachte, wurden im Automobilbau nur ganz wenige elektronische Bauteile eingesetzt. Inzwischen ist das elektronische Management allgegenwärtig; ob bei der Steuerung der Zündung, des Fahrwerks oder der Gemischaufbereitung. Die Elektronik sorgt auch dafür, daß es in verschiedenen Bereichen keine Verschleißteile mehr gibt. Das Überprüfen elektronischer Bauteile ist wiederum nur noch mit teuren und speziell auf das Fahrzeugmodell abgestimmten Prüfgeräten möglich, die dem Heimwerker in der Regel nicht zur Verfügung stehen. Wenn also verschiedene Reparaturschritte nicht mehr beschrieben werden, so liegt das ganz einfach am vermehrten Einsatz von elektronischen Bauteilen.

Das vorliegende Buch kann nicht auf jedes technische Fahrzeug-Problem eingehen. Dennoch hoffe ich, daß Sie mit Hilfe der Beschreibungen viele Arbeiten am Fahrzeug durchführen können. Eines sollten Sie jedoch bei Ihren Arbeiten am eigenen Auto beachten: Ständig werden am aktuellen Modell Änderungen in der Produktion durchgeführt, so daß sich die im Buch veröffentlichten Arbeitsanweisungen und Einstelldaten für Ihr spezielles Modell geändert haben könnten. Sollten Zweifel auftreten, erfragen Sie bitte den aktuellen Stand beim Kundendienst des Automobilherstellers.

Rüdiger Etzold

Inhaltsverzeichnis

AUDI A6

Aus dem Inhalt:

- **Modellvarianten**
- **Fahrzeugidentifizierung**
- **Motordaten**

Im Segment der gehobenen Mittelklasse ist AUDI mit dem A6 vertreten. Die in dem vorliegenden Buch enthaltenen Wartungs- und Instandsetzungshinweise gelten für die 2. Generation des AUDI A6, die im März 1997 auf den Markt kam.

Zu den Vorzügen der neuen A6-Modellgeneration zählen unter anderem der verbesserte Fahrkomfort sowie die reichhaltige Ausstattung und der hohe passive Sicherheitsstandard. Durch den Einsatz von Großblechteilen und moderner Schweißverfahren konnte die Karosserie wesentlich steifer gefertigt werden. Das wirkt sich positiv auf Komfort und Fahrstabilität aus. Dank der Vollverzinkung der Stahlkarosserie gibt es eine zwölfjährige Garantie gegen Durchrostung (die Motorhaube ist aus Aluminium gefertigt).

Bei einer Fahrzeuglänge von rund 4,8 Meter und einem Radstand von 2,8 Meter bietet der A6 für 5 Personen und Gepäck angenehme Platzverhältnisse. Der Kofferraum bei der frontangetriebenen Limousine faßt 551 Liter, beim quattro-Modell aufgrund der geänderten Hinterachse 434 Liter. Durch Umlegen der hinteren Sitzbank kann das Gepäckraumvolumen auf 840 Liter erhöht werden. Beim Avant faßt der Gepäckraum von 455 Liter bis 1.590 Liter bei dachhoher Beladung.

Umfangreiche Sicherheitseinrichtungen wie Fahrer-, Beifahrer- und Seitenairbags, Gurtstraffer und Gurtkraftbegrenzer für alle außenliegenden Sitze sowie seitliche Karosserieverstärkungen in den Türen sorgen im A6 für hohe passive Sicherheit.

Der AUDI A6 verfügt nun auch über die Vierlenker-Vorderachse, wie sie erstmals im AUDI A8 vorgestellt wurde. Durch diese Konstruktion sind Antriebseinflüsse in der Lenkung praktisch nicht mehr spürbar. Bei den A6-Modellen mit Frontantrieb wird eine Verbundlenker-Hinterachse verwendet, bei der zur besseren Raumausnutzung Schraubenfeder und Stoßdämpfer getrennt voneinander positioniert sind; beim Vorgängermodell waren Federbeine eingebaut. Dadurch konnte die Durchladebreite im Gepäckraum vergrößert werden. Der A6 quattro hat wegen seines Allradantriebs eine Doppelquerlenker-Hinterachse, die allerdings auch in den A6-Modellen mit V8-Motoren verwendet wird.

Für den A6 stehen in Leistung, Hubraum und Bauart recht unterschiedliche Benzin- und Dieselmotoren zur Verfügung, so daß je nach persönlicher Anforderung zwischen sehr wirtschaftlicher und ausgeprägt sportlicher Motorisierung ausgewählt werden kann.

Der vorliegende Band gilt für beide Karosserie-Versionen, Front- und Allradantrieb sowie alle 4- und 6-Zylinder-Motorisierungen außer der »S6«-Sportversion.

U-1007

Fahrzeug- und Motoridentifizierung

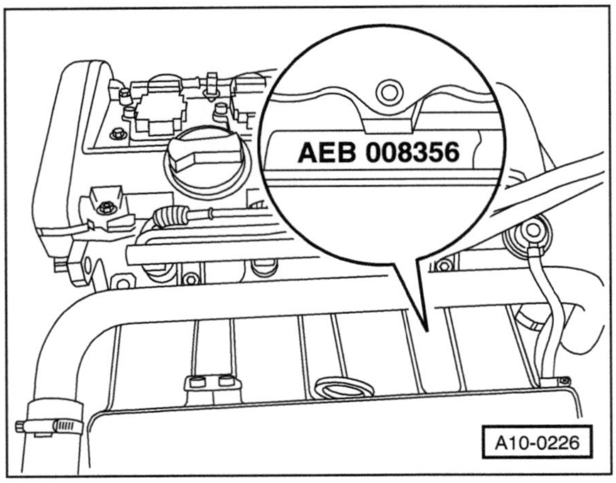

- **4-Zylindermotor:** Kennbuchstaben und Motornummer sind links am Zylinderblock an der Trennstelle zwischen Motorblock und Zylinderkopf eingeschlagen, siehe Abbildung. Die Motornummer befindet sich beim Dieselmotor zwischen Einspritzpumpe und Vakuumpumpe.
- **6-Zylindermotor:** Kennbuchstaben und Motornummer sind auf der Innenseite des rechten Motorblocks zwischen Zylinderkopf und Hydraulikpumpe (Diesel: zwischen Zylinderkopf und Einspritzpumpe) eingeschlagen.

Hinweis: Die Motorkennbuchstaben sind außerdem auf dem Fahrzeugdatenträger, welcher sich in der Reserveradmulde oder auf dem Gepäckraumboden befindet, sowie im Serviceplan vermerkt.

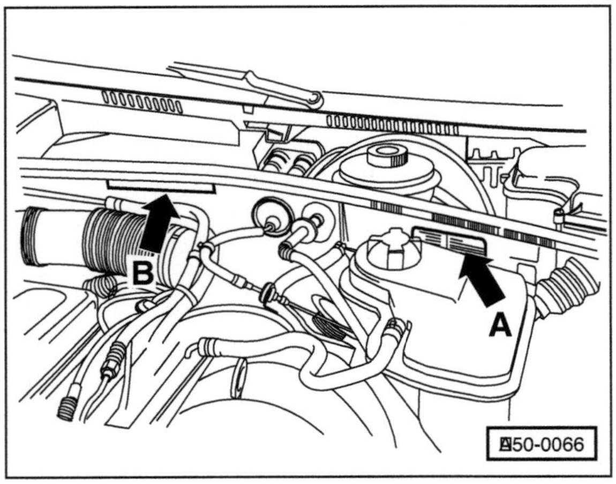

- Das Typschild –A– befindet sich an der hinteren Querwand. Die Fahrzeug-Identifizierungsnummer, sogenannte »Fahrgestellnummer«, ist an Stelle –B– eingeschlagen.

Aufschlüsselung der Fahrgestellnummer:

WAU	ZZZ	4B	Z	W	N	000 001
①	②	③	④	⑤	⑥	⑦

① Herstellerzeichen: WAU = AUDI AG
② Füllzeichen
③ 2stellige Typenkurzbezeichnung aus den ersten beiden Stellen der offiziellen Typenbezeichnung. 4B = AUDI A6
④ Weiteres Füllzeichen
⑤ Angabe des Modelljahres: W = 1998, X = 1999, Y = 2000, 1 = 2001.
⑥ Produktionsstätte
⑦ Laufende Numerierung

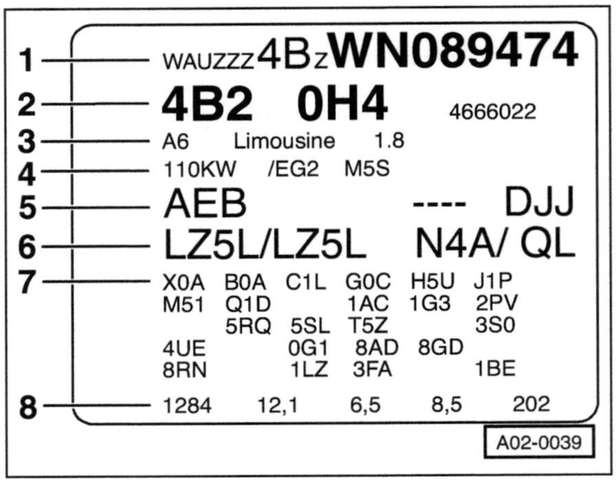

Der Fahrzeugdatenträger ist entweder in der Reserveradmulde oder auf dem Gepäckraumboden aufgeklebt. Er enthält folgende Fahrzeugdaten:

1 – Fahrzeug-Identifizierungsnummer
2 – Typ-Kennnummer/Produktions-Steuerungsnummer
3 – Typerklärung
4 – Motorleistung/Abgasnorm/Getriebe
5 – Motor- und Getriebekennbuchstaben
6 – Lacknummer/Innenausstattungs-Kennummer
7 – Mehrausstattungs-Kennummern
8 – Leergewicht/Verbrauch/CO_2-Emission

Hinweis: Diese Daten befinden sich auch im Serviceplan des Fahrzeugs.

Motorenübersicht und Motordaten

Motor/Modell	1.8	1.8 T	2.0	2.4	2.4	2.7 T qu
Motorbezeichnung	ADR/AJP/ ARH/AQE	AEB/APU/ ANB/AWT [1]	ALT	AGA/APS/ ALF/AML/ARJ [1]	BDV[1]	AJK/AZA [1]
Fertigung von – bis	11/97 – 1/01	4/97 – 3/04	9/01 – 3/04	4/97 – 8/01	9/01 – 3/04	6/98 – 8/00
Hubraum cm^3	1781	1781	1984	2393	2393	2671
Leistung kW bei 1/min PS bei 1/min	92/5700 125/5700	110/5700 150/5700	96/5700 130/5700	121/6000 165/6000	125/6000 170/6000	169/5800 230/5800
Drehmoment Nm bei 1/min	168/3500	210/1750	195/3300	230/3200	230/3200	310/1700
Bohrung ∅ mm	81,0	81,0	82,5	81,0	81,0	81,0
Hub mm	86,4	86,4	92,8	77,4	77,4	86,4
Verdichtung	10,3	9,5	10,3	10,5	10,5	9,3
Kraftstoff bleifrei ROZ	Super 95	Super 95	Super 95	Super 95	Super 95	Super 98
Wechselmengen Motoröl Liter Kühlflüssigkeit Liter	 4,0 6,5	 3,7 6,0	 4,2 6,5	 6,0 6,0	 6,0 6,0	 6,9 6,0

Motor/Modell	2.7 T qu	2.8	3.0	4.2 qu	S6
Motorbezeichnung	ARE[1]	ACK/APR/ ALG/AMX/AQD [1]	ASN[1]	ARS/ASG [1]	AQJ/ANK [1]
Fertigung von – bis	9/00 – 3/04	4/97 – 8/01	9/01 – 3/04	3/00 – 3/04	3/00 – 3/04
Hubraum cm^3	2671	2771	2976	4172	4172
Leistung kW bei 1/min PS bei 1/min	184/5800 250/5800	142/6000 193/6000	162/6300 220/6300	220/6200 300/6200	250/7000 340/7000
Drehmoment Nm bei 1/min	350/1800	280/3200	300/3200	400/3000	420/3400
Bohrung ∅ mm	81,0	82,5	82,5	84,5	84,5
Hub mm	86,4	86,4	92,8	93,0	93,0
Verdichtung	9,5	10,6[2]	10,5	11,0	11,0
Kraftstoff bleifrei ROZ	Super 98	Super 98[3]	Super 98	Super 98	Super 98
Wechselmengen Motoröl Liter Kühlflüssigkeit Liter	 6,9 6,0	 6,5 6,0	 6,5 6,0	 7,5 11,0	 7,5 11,0

Motor/Modell	1.9 TDI	1.9 TDI PD[4]	1.9 TDI PD[4]	2.5 TDI	2.5 TDI	2.5 TDI	2.5 TDI qu
Motorbezeichnung	AFN/AVG	AJM	AWX/AVF	AFB/AKN	AYM	BCZ/BFC/ BDG	AKE/BAU/ BDH
Fertigung von – bis	4/97 – 1/01	2/01 – 8/01	9/01 – 3/04	9/97 – 8/01	9/01 – 8/02	9/02 – 3/04	1/00 – 3/04
Hubraum cm^3	1896	1896	1896	2496	2496	2496	2496
Leistung kW bei 1/min PS bei 1/min	81/4150 110/4150	85/4000 115/4000	96/4000 130/4000	110/4000 150/4000	114/4000 155/4000	120/4000 163/4000	132/4000 180/4000
Drehmoment Nm bei 1/min	235/1900	285/1900	285/1750[5]	310/1500	310/1500	310/1400	370/1500
Bohrung ∅ mm	79,5	79,5	79,5	78,3	78,3	78,3	78,3
Hub mm	95,5	95,5	95,5	86,4	86,4	86,4	86,4
Verdichtung	19,5	18,0	19,0	19,5	18,5	18,5	19,5
Kraftstoff	Diesel	Diesel	Diesel	Diesel	Diesel	Diesel	Diesel
Wechselmengen Motoröl Liter Kühlflüssigkeit Liter	 3,5 7,0	 3,5 7,0	 3,5 7,0	 6,0 6,0	 6,0 6,0	 6,0 6,0	 6,0 6,0

[1]) Motor mit Sekundärlufteinblasung. [2]) Motor AQD: 10,1. [3]) Motor ACK/ALG: Super 95.
[4]) PD = Motor mit Pumpe-Düse-Einspritzung. [5]) Motor AVF: 310/1900.

Hinweis: Bei allen Benzinmotoren kann auch Kraftstoff mit der nächstniedrigeren Oktanzahl (ROZ 95 statt 98 bzw. 91 statt 95) getankt werden; allerdings vermindert sich dadurch die Motorleistung.

Wartung

Aus dem Inhalt:

- Wartungsplan
- Ölwechselservice
- Wartungsarbeiten
- Serviceanzeige nach der Wartung zurückstellen
- Wagenpflege
- Werkzeugausrüstung
- Motorstarthilfe
- Fahrzeug abschleppen

Die Wartungsintervalle beim AUDI A6 sind von der Zeitdauer und den gefahrenen Kilometern abhängig und werden dem Fahrer über eine Service-Intervallanzeige angezeigt.

Wenn ein Service erforderlich ist, erscheint die Service-Intervallanzeige nach Einschalten der Zündung und auch nach dem Anlassen des Motors für etwa 1 Minute anstelle der Tageskilometeranzeige im Tachometer. Der Servicetermin wird dem Fahrer 1.000 km oder 10 Tage vorher angezeigt. Es blinkt dann eine der beiden Anzeigen: SERVICE OEL (Motorölwechsel-Service) oder SERVICE INSP (Inspektions-Service)

Der Arbeitsumfang der angezeigten Inspektion ist unterschiedlich groß. Nachdem die Wartung durchgeführt wurde, muß die Service-Intervallanzeige zurückgesetzt werden. Wenn der Inspektions-Service »INSP« durchgeführt wurde, muß auch die davor liegende Serviceart »OEL« einzeln aufgerufen und zurückgesetzt werden.

Als Maßstab bei der Berechnung der Wartungszyklen nimmt die Service-Intervallanzeige die Zeit, beziehungsweise die gefahrenen Kilometer seit dem letzten Zurücksetzen. Zusätzliche Faktoren wie Fahrzeugbeanspruchung werden hierbei nicht berücksichtigt.

Achtung: Die AUDI-Werkstätten fragen zusätzlich bei jeder Inspektion mit Hilfe des Fehlerauslesegerätes V.A.G. 1551 die Fehlerspeicher der elektronischen Steuergeräte von Motor, ABS, Airbag und Wegfahrsicherung ab. Es kann daher sinnvoll sein, in regelmäßigen Abständen eine Fachwerkstatt aufzusuchen, auch wenn die Wartung in Eigenregie durchgeführt wird. Die Abfrage der Fehlerspeicher wird am Diagnoseanschluß vorgenommen; bei dieser Gelegenheit kann auf Wunsch auch die Intervallanzeige zurückgestellt werden.

Longlife-Service

Der AUDI A6 ab Modelljahr 2000 (Kennbuchstabe Y) und Fahrgestellnummer 4BYN 002 888 wird nach dem sogenannten »Longlife-Service«-System gewartet. Die Motoren sind ab Werk mit einem speziell entwickelten, alterungsbeständigen Longlifeöl befüllt. Dadurch verlängern sich die Wartungsintervalle, je nach Motorbelastung, um bis zu 35.000 km.

Für den Longlife-Service ist folgende Ausstattung nötig:

1. Flexible Service-Intervallanzeige
2. Motorölstandsensor
3. Bremsbelagverschleißanzeige
4. Longlife-Motoröl nach VW/AUDI-Norm, siehe Seite 194.
5. Wartungsarme Blei-Calcium-Batterie

Wartungsverlängerung:
Benzinmotor bis maximal 30.000 km oder 2 Jahre.
4-Zylinder-Dieselmotor bis maximal 50.000 km oder 2 Jahre.
6-Zylinder-Dieselmotor bis maximal 35.000 km oder 2 Jahre.

Die Fälligkeit einer Wartung wird durch eine Meldung in der Multifunktionsanzeige des Kombiinstruments signalisiert. Der Fahrer wird 2.000 km oder 1 Monat vorher durch die Anzeige »SERVICE IN 2000 KM« nach jedem Einschalten der Zündung vorgewarnt. Die Kilometer-Angabe wird danach während der Fahrzeit bis zum Servicetermin in Hunderterschritten heruntergezählt. Die verbleibende Fahrstrecke kann jederzeit durch einmaliges Drücken des Stellknopfs für die Uhrzeit –1– abgefragt werden, siehe Abbildung A02-0007. Bei Erreichen der vom Steuergerät berechneten Intervalldauer erscheint die Meldung »SERVICE!«. Die Wartung sollte dann alsbald durchgeführt werden.

Hinweis: Wird bei Fahrzeugen **mit** Longlife-Service, im Rahmen einer Wartung/Reparatur **kein** Longlife-Motoröl nach VW/AUDI-Norm eingefüllt, dann muß das System auf feste Service-Intervalle umgestellt werden. Die Wartung erfolgt dann wie bei Fahrzeugen ohne Longlife-Service alle 15.000 km/12 Monate. Umgestellt wird die Service-Intervallanzeige durch Zurücksetzen mit den Einstelltasten im Kombiinstrument.

Achtung: Für die Beibehaltung des Longlife-Service muß die Service-Intervallanzeige in der Multifunktionsanzeige mit dem VW/AUDI-Diagnosegerät zurückgesetzt werden (Werkstattarbeit). Andernfalls wird das System ebenfalls auf feste Service-Intervalle umgestellt

Service-Intervallanzeige zurücksetzen

Hinweis: Die Anzeige nicht zwischen den Serviceintervallen zurücksetzen, das führt zu falschen Meldungen.

Die Service-Intervallanzeige im Tageskilometerfenster wird in der Werkstatt mit dem V.A.G.-Fehlerauslesegerät 1551 zurückgesetzt, das dazu an den Diagnoseanschluß links unterhalb vom Lenkrad angeschlossen wird.

Steht das Gerät nicht zur Verfügung, kann die Anzeige auch mit den Einstelltasten für Tageskilometer und Uhrzeit am Kombiinstrument wie folgt zurückgestellt werden.

- Sicherstellen, daß die Zündung ausgeschaltet ist, gegebenenfalls Zündung ausschalten.

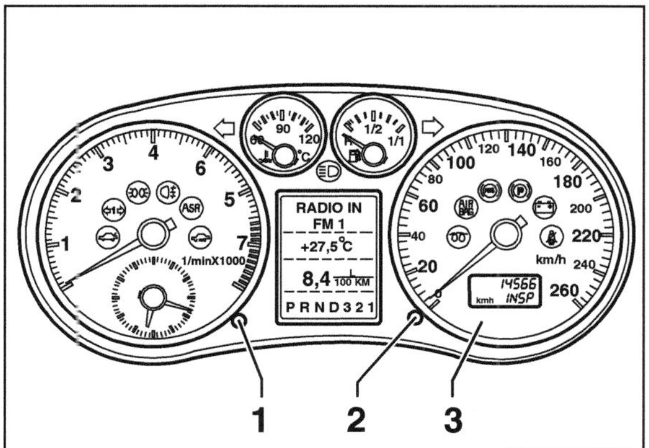

A02-0007

- Rückstelltaste –2– für Tageskilometerzähler drücken und gedrückt halten.
- Bei gedrückter Taste die Zündung einschalten, jedoch nicht den Motor starten. Rückstelltaste –2– loslassen. In der Tageskilometeranzeige –3– erscheint der Schriftzug »SERVICE OEL«.
- Stellknopf für Uhrzeit –1– herausziehen und so lange festhalten, bis der Schriftzug »SERVICE OEL« zurückgesetzt wird. In der Anzeige erscheinen dann drei Striche: – – –.
- Rückstelltaste –2– nochmals drücken und loslassen, es wird auf die Anzeige »SERVICE INSP« umgeschaltet.
- Stellknopf für Uhrzeit –1– herausziehen und so lange festhalten, bis die Anzeige »SERVICE INSP« zurückgestellt wird und in der Anzeige drei Striche – – – erscheinen.
- Zündung ausschalten.

Speziell Fahrzeuge ab Modelljahr 2000

Achtung: Bei Fahrzeugen mit Longlife-Service muß die Service-Intervallanzeige mit den Werkstattgeräten V.A.G-1551 oder VAS-5051 zurückgesetzt werden. Andernfalls wird die »flexible« Longlife-Service-Anzeige auf feste Service-Intervalle umgeschaltet.

Umstellung auf feste Service-Intervalle:

- Bei gedrückter Rückstelltaste –2– des Tageskilometerzählers die Zündung einschalten, nicht den Motor starten.
- In der Multifunktionsanzeige erscheint nach Loslassen der Taste die Meldung »SERVICE IN ????Km« beziehungsweise »SERVICE!«.
- Stellknopf für Uhrzeit –1– so lange drücken, bis die Meldung »SERVICE IN ????Km« beziehungsweise »SERVICE!« erlischt. Es erscheint die Meldung »SERVICE IN 15000 Km«.
- Zündung ausschalten.

Ölwechsel-Service

Nur Fahrzeuge <u>ohne</u> Longlife-Service

Der Ölwechsel-Service ist durchzuführen, wenn im Kombiinstrument die Anzeige »SERVICE OEL« blinkt beziehungsweise **alle 15.000 km**, falls die jährliche Fahrleistung über 15.000 km liegt.

Achtung: Bei erschwerten Betriebsbedingungen, wie überwiegend Stadt- und Kurzstreckenverkehr, häufigen Gebirgsfahrten, Anhängerbetrieb und staubigen Straßenverhältnissen, Ölwechsel-Service entsprechend öfter durchführen.

- Motor: Öl- und Filterwechsel.
- TDI-Motor bis Fg-Nr. 4BYN 002 887: Kraftstoffilter entwässern.
- 1,9-l-TDI-Motor bis Fg-Nr. 4BYN 002 887: Zahnriemen auf Beschädigung prüfen, Zahnriemenbreite messen.
- Bremsbeläge vorn: Dicke prüfen.
- Service-Intervallanzeige: Zurücksetzen.

Wartung

Die Wartung ist in folgenden Abständen durchzuführen:

<u>Ohne Longlife-Service:</u> Nach der Service-Intervallanzeige, wenn im Kombiinstrument die Anzeige »SERVICE INSP« blinkt. Auf jeden Fall aber **alle 12 Monate** oder **alle 15.000 km**, falls die jährliche Fahrleistung über 15.000 km liegt, die mit ● gekennzeichneten Positionen und **alle 30.000 km** sämtliche aufgeführten Wartungspunkte (● und ■).

Achtung: Bei häufigen Fahrten in staubiger Umgebung Wechselintervall für Motor-Luftfilter und Pollenfilter halbieren.

<u>Mit Longlife-Service:</u> Entsprechend der Service-Intervallanzeige sämtliche aufgeführten Wartungspunkte (● und ■).

<u>Mit und ohne Longlife-Service:</u> Im Rahmen der Wartung sind ebenfalls die zusätzlichen, mit ◆ gekennzeichneten Wartungspunkte entsprechend den angegebenen Intervallen durchzuführen.

Motor

● Motor/Motorraum: Sichtprüfung auf Undichtigkeiten.

● Motor: Öl wechseln, Ölfilter erneuern.

● Kühl- und Heizsystem: Flüssigkeitsstand prüfen, Konzentration des Frostschutzmittels prüfen. Sichtprüfung auf Undichtigkeiten und äußere Verschmutzung des Kühlers.

● Abgasanlage: Auf Beschädigungen sichtprüfen.

● TDI-Motor bis Fg-Nr. 4BYN 002 887: Kraftstoffilter entwässern.

■ 2,5-l-TDI-Motor: Kraftstoffilter erneuern.

■ 1,9-l-TDI-Motor bis Fg-Nr. 4BYN 002 887: Zahnriemen auf Beschädigung prüfen, Zahnriemenbreite messen.

■ 1,9-l-TDI-Motor ab Fg-Nr. 4BYN 002 888: Zahnriemen auf Beschädigung und Spannung prüfen, gegebenenfalls nachspannen beziehungsweise erneuern.

■ 2,5-l-TDI-Motor: Zahnriemen für Nockenwellenantrieb auf Beschädigung sichtprüfen, gegebenenfalls erneuern.

■ 2,5-l-TDI-Motor: Zahnriemen für Einspritzpumpenantrieb auf Beschädigung und Spannung prüfen, gegebenenfalls nachspannen beziehungsweise erneuern.

Getriebe/Achsantrieb

● Getriebe, Achsantrieb, Gelenkschutzhüllen: Auf Undichtigkeiten und Beschädigungen sichtprüfen.

■ Schaltgetriebe: Ölstand prüfen, gegebenenfalls auffüllen.

Vorderachse/Lenkung

● Spurstangenköpfe: Spiel und Befestigung prüfen, Staubkappen prüfen.

● Achsgelenke: Spiel prüfen, Staubkappen prüfen.

● Lenkung: Faltenbälge auf Undichtigkeiten und Beschädigungen prüfen.

Karosserie/Innenausstattung

● Türfeststeller und Schließzylinder: Schmieren.

● Heckklappenscharniere: Schmieren; nur Fahrzeuge ab Fg-Nr. 4B1N 140 000 bis Fg-Nr. 4BY2N 029 999.

■ Unterbodenschutz: Prüfen.

■ Sicherheitsgurte: Auf Beschädigungen sichtprüfen.

■ Lüftung/Heizung: Staub-/Pollenfilter-Einsatz erneuern.

■ Schiebedach: Führungsschienen reinigen und mit Gleitmittel »G 052 778 A2« von AUDI schmieren.

Bremsen/Reifen/Räder

● Bremsanlage: Leitungen, Schläuche, Bremszylinder und Anschlüsse auf Undichtigkeit und Beschädigungen prüfen.

● Bremsflüssigkeitsstand: Prüfen, gegebenenfalls auffüllen.

● Bremsen: Belagstärke der Bremsbeläge prüfen.

● Bereifung: Profiltiefe und Reifenfülldruck prüfen; Reifen auf Verschleiß und Beschädigungen (einschließlich Reserverad) prüfen.

■ Radschrauben über Kreuz mit **120 Nm** festziehen.

Elektrische Anlage

● Alle Stromverbraucher/Bedienelemente/Anzeigen: Funktion prüfen.

● Beleuchtungsanlage: Prüfen, gegebenenfalls Scheinwerfer einstellen.

● Scheibenwischer: Wischergummis auf Verschleiß prüfen. Wenn Wischerblätter rubbeln, Anstellwinkel prüfen.

● Scheibenwaschanlage: Funktion prüfen, Düsenstellung kontrollieren, Flüssigkeit nachfüllen, Scheinwerfer-Waschanlage prüfen.

● Batterie: Säurestand prüfen. Batterieklemmen und -halter auf festen Sitz prüfen.

● Service-Intervallanzeige: Zurücksetzen.

Alle 2 Jahre

◆ Bremsflüssigkeit: Erneuern.

◆ Abgasuntersuchung (AU) erstmalig nach 3 Jahren, dann alle 2 Jahre: Leerlaufdrehzahl, CO-Gehalt, Zündzeitpunkt prüfen; Fehlerspeicher abfragen (Werkstattarbeit).

Alle 4 Jahre

◆ Fahrzeuge mit Telematiksystem (automatisches Notrufsystem): Notstrombatterie ersetzen, siehe Seite 63.

Alle 60.000 km

◆ Zündkerzen: Erneuern.

◆ Motor: Luftfiltereinsatz erneuern, Filtergehäuse reinigen.

◆ 1,9-l-TDI-Motor: Kraftstoffilter erneuern.

◆ Servolenkung: Flüssigkeitsstand prüfen, gegebenenfalls Hydrauliköl auffüllen.

◆ Automatisches Getriebe: Ölstand im Achsantrieb prüfen, gegebenenfalls auffüllen.

◆ Multitronic-Getriebe: ATF ersetzen (Werkstattarbeit).

◆ Modell »allroad quattro«: Grundeinstellung der Nachschaltstufte durchführen (Werkstattarbeit).

◆ 2,5-l-TDI-Motor bis Motor-Nr. 154 591 AFB und 031 889 AKN: Kurbelgehäusedruck messen, gegebenenfalls Ölabscheider erneuern.

Alle 90.000 km

◆ 1,9-l-TDI-Motor 110 PS: Zahnriemen und Spannrolle erneuern.

◆ 1,9-l-TDI-Pumpe-Düse-Motor 115/130 PS bis Modelljahr 03 (Kennzahl 3): Zahnriemen und Spannrolle erneuern.

Alle 120.000 km oder 5 Jahre

◆ 1,8-l-Benzinmotor 150 PS bis Modelljahr 99 (Kennbuchstabe X): Zahnriemen erneuern.

◆ 2,4-l-Benzinmotor 165 PS bis Modelljahr 00 (Kennbuchstabe Y): Zahnriemen und Spannrolle erneuern. Kühlmittelpumpe prüfen, gegebenenfalls ersetzen.

◆ 2,7-/2,8-l-Benzinmotor bis Modelljahr 00 (Kennbuchstabe Y): Zahnriemen erneuern. Kühlmittelpumpe prüfen, gegebenenfalls ersetzen.

Alle 120.000 km

◆ Benzinmotor: Keilrippenriemen und gegebenenfalls Keilriemen erneuern.

◆ 1,8-l-Benzinmotor 150 PS ab Modelljahr 00 (Kennbuchstabe Y): Zahnriemen erneuern.

◆ 2,4-l- (165 PS)/2,8-l-Benzinmotor ab Modelljahr 01 (Kennzahl 1): Zahnriemen und Spannrolle erneuern.

◆ 2,7-l-Benzinmotor ab Modelljahr 01 (Kennzahl 1): Zahnriemen erneuern.

◆ 3,0-/4,2-l-Benzinmotor: Zahnriemen erneuern.

◆ 1,9-l-TDI-Pumpe-Düse-Motor 115/130 PS Modelljahr 04 (Kennzahl 4): Zahnriemen und Spannrolle erneuern.

◆ 2,5-l-TDI-Motor: Beide Zahnriemen für Nockenwellenantrieb und Einspritzpumpenantrieb erneuern.

Alle 180.000 km

◆ 1,8-l-Benzinmotor 125 PS: Zahnriemen erneuern.

◆ 2,0-l-Benzinmotor: Zahnriemen erneuern.

◆ 2,4-l-Benzinmotor 170 PS BDV: Zahnriemen erneuern.

Wartungsarbeiten

Hier werden, nach den verschiedenen Baugruppen des Fahrzeugs aufgeteilt, alle Wartungsarbeiten beschrieben, die gemäß dem Wartungsplan durchgeführt werden müssen. Auf die erforderlichen Verschleißteile sowie das möglicherweise erforderliche Spezialwerkzeug wird jeweils hingewiesen.

Es empfiehlt sich, Reifendruck, Motorölstand und Flüssigkeitsstände für Kühlung, Wisch-/Wasch-Anlage etc. mindestens alle 4 bis 6 Wochen zu prüfen und gegebenenfalls zu ergänzen.

Achtung: Beim **Einkauf von Ersatzteilen** ist zur Identifizierung des Fahrzeuges unbedingt der **KFZ-Schein** mitzunehmen, denn nur durch die Fahrzeug-Identnummer ist eine eindeutige Zuordnung von Ersatzteil und Fahrzeugmodell möglich. Sinnvoll ist es auch, das Altteil zum Ersatzteilhändler mitzunehmen, um es dort mit dem Neuteil vergleichen zu können.

Motor und Abgasanlage

Folgende Wartungspunkte müssen nach dem Wartungsplan in unterschiedlichen Intervallen durchgeführt werden:

- Motor: Öl- und Filterwechsel.
- Motor/Motorraum: Sichtprüfung auf Undichtigkeiten.
- Motor: Ölstand prüfen.
- Zündkerzen erneuern.
- Abgasanlage: Sichtprüfung auf Beschädigungen.
- Kühl- und Heizsystem: Flüssigkeitsstand prüfen, Konzentration des Frostschutzmittels prüfen. Sichtprüfung auf Undichtigkeiten und äußere Verschmutzung des Kühlers.
- TDI-Motor: Kraftstoffilter entwässern/erneuern.
- Luftfiltereinsatz erneuern.
- Keilrippenriemen/Keilriemen: Erneuern.
- Benzinmotor: Zahnriemen erneuern.
- 2,4-l- (165 PS)/2,8-l-Benzinmotor: Zahnriemen und Zahnriemenspannrolle erneuern.
- 2,4-/2,7-/2,8-l-Benzinmotor bis einschließlich Modelljahr 00 (Kennzahl Y): Kühlmittelpumpe auf Dichtigkeit prüfen, gegebenenfalls ersetzen, siehe Seite 209.
- 1,9-l-TDI-Motor: Zahnriemen auf Beschädigung prüfen, Zahnriemenbreite messen. Zahnriemen und Zahnriemenspannrolle erneuern.
- 1,9-l-TDI-Motor ab Fg-Nr. 4BYN 002 888: Zahnriemen auf Spannung prüfen, gegebenenfalls nachspannen, siehe Seite 173.
- 2,5-l-TDI-Motor: Zahnriemen für Nockenwellenantrieb und Einspritzpumpenantrieb auf Beschädigung prüfen, Zahnriemen für Einspritzpumpenantrieb nachspannen. Beide Zahnriemen erneuern.
- Abgasuntersuchung (AU) durchführen; Fehlerspeicher abfragen (Werkstattarbeit).
- 2,5-l-TDI-Motor bis Motor-Nr. 154 591 AFB und 031 889 AKN: Kurbelgehäusedruck messen, gegebenenfalls Ölabscheider erneuern.

Motorölwechsel

Das Motoröl darf auch mittels einer Sonde (an der Tankstelle) über das Ölmeßrohr abgesaugt werden. Allerdings muß das neue Öl dann meistens bei der betreffenden Tankstelle gekauft werden.

Achtung: Die Öl-Verkaufsstellen nehmen die entsprechende Menge Altöl kostenlos entgegen, daher beim Ölkauf Quittung und Ölkanister für spätere Altölrückgabe aufbewahren! **Um Umweltschäden zu vermeiden, keinesfalls Altöl einfach wegschütten oder dem Hausmüll mitgeben.**

Um die Betriebsverhältnisse des Motors besser überwachen zu können, soll beim Ölwechsel immer ein Öl gleichen Typs und möglichst auch gleicher Marke verwendet werden. Daher ist es zweckmäßig, bei jedem Ölwechsel ein Hinweisschild am Motor zu befestigen, auf dem Marke und Viskosität des Öles vermerkt sind.

Wahllos abwechselnder Gebrauch verschiedener Öltypen ist ungünstig. Motorenöle verschiedener Marken sollen möglichst nicht gemischt werden. Motorenöle gleichen Typs und gleicher Marke, aber verschiedener Viskosität, können im Bedarfsfall während jahreszeitlicher Überschneidung ohne weiteres nachgefüllt werden.

Erforderliches Spezialwerkzeug:

- Eine Grube oder ein hydraulischer Wagenheber mit Unterstellböcken (wenn das Motoröl nicht abgesaugt wird).
- Stecknuß zum Lösen der Ölablaßschraube (wenn das Motoröl nicht abgesaugt wird).
- Ein Spezialwerkzeug zum Lösen des Ölfilters (Ölfilterzange, Spannbandschlüssel oder HAZET-Werkzeug 2171-2).
- 2,5-l-TDI-Motor: Stecknuß SW 32 zum Lösen des Ölfilterdeckels.
- Ölauffangschale (wenn Öl nicht abgesaugt wird), die je nach Motor mindestens 4 Liter bis 6 Liter Öl faßt.

Erforderliche Betriebsmittel/Verschleißteile:

- Nur wenn Öl nicht abgesaugt wird: Aluminium- oder Kupfer-Dichtring für die Ölablaßschraube (wird manchmal mit dem Ölfilter mitgeliefert).
- Ölfilter. **Hinweis:** Beim 2,5-l-TDI-Motor werden eine Ölfilterpatrone und zwei O-Ringe für den Ölfilterdeckel benötigt.
- Je nach Motor, 3,5 bis 7 Liter Motoröl. Nur von AUDI freigegebenes Motoröl verwenden, siehe Seite 194.
- Ölwechselmenge siehe Motortabelle Seite 13.

Motoröl ablassen

- **2,5-l-TDI-Motor:** Deckel –1– am Filtergehäuse mit Ringschlüssel oder Stecknuß SW 32 abschrauben, siehe Abbildung A02-0033. Das Öl läuft dann aus dem Filtergehäuse in die Ölwanne ab. Zuvor obere Motorabdeckung abbauen, siehe Seite 190.
- Motoröl mit einem Ölabsauggerät über das Ölmeßstab-Führungsrohr absaugen.
- Steht das Ölabsauggerät nicht zur Verfügung, Motoröl ablassen. Dazu Fahrzeug waagerecht aufbocken.

Sicherheitshinweis
Beim Aufbocken des Fahrzeugs besteht Unfallgefahr! Deshalb vorher das Kapitel »Fahrzeug aufbocken« durchlesen.

- Untere Motorraumabdeckung ausbauen, siehe Seite 162.
- Gefäß zum Auffangen des Altöls unter die Ölwanne stellen.

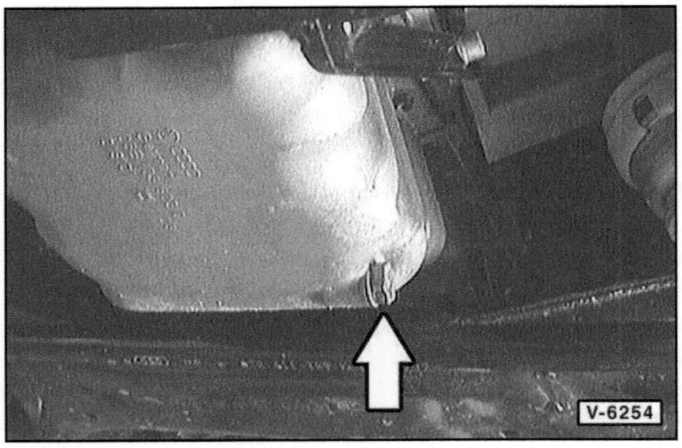

- Ölablaßschraube aus der Ölwanne herausdrehen und Altöl ganz ablassen.

Achtung: Werden im Motoröl Metallspäne und Abrieb in größeren Mengen festgestellt, deutet dies auf Freßschäden hin, zum Beispiel Kurbelwellen- oder Pleuellagerschäden. Um Folgeschäden nach erfolgter Reparatur zu vermeiden, ist die sorgfältige Reinigung von Ölkanälen und Ölschläuchen unerläßlich. Zusätzlich muß der Ölkühler, falls vorhanden, erneuert werden.

- Anschließend Ölablaßschraube mit **neuem** Dichtring einschrauben. Das zulässige Drehmoment darf nicht überschritten werden, sonst kann es zu Undichtigkeiten oder Schäden kommen.

  Anzugsdrehmomente:
  4-Zylinder-Motor mit Blech-Ölwanne: .... **30 Nm**
  4-Zylinder-Motor mit Alu-Ölwanne (erkennbar an den Kühlrippen): .... **50 Nm**
  6-Zylinder-Motor: .... **40 Nm**
  8-Zylinder-Motor: .... **50 Nm**

- Fahrzeug ablassen.

Ölfilter wechseln

Im Handel gibt es Ölfilterpatronen mit austauschbaren Filtereinsätzen aus Papier. Diese haben den Vorteil, daß nicht mehr der komplette Ölfilter gewechselt werden muß. Beim Ölwechsel wird nur der Filtereinsatz entsorgt.

Der Ölfilter besteht aus dem Ölfiltergehäuse, dem Filterdeckel und dem Filtereinsatz. Das Ölfiltergehäuse wird anstelle der bisherigen Ölfilterpatrone am Motorblock angeschraubt. Die Filtereinsätze der verschiedenen Hersteller sind unabhängig von der verwendeten Filterpatrone untereinander austauschbar. Die Filterpatronen gibt es im Autozubehörhandel von den Firmen HENGST, MAHLE/KNECHT sowie von MANN+HUMMEL.

Achtung: Benutzte Ölfilter oder Filtereinsätze sind Sondermüll und müssen entsorgt werden.

Benzinmotor und 1,9-l-TDI-Motor 110 PS

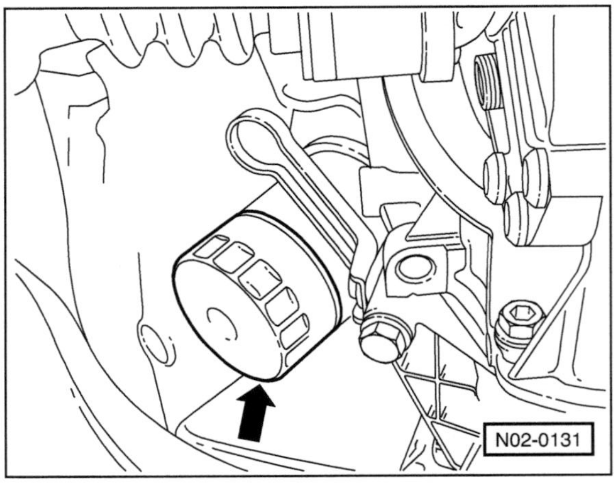

- Ölfilter abschrauben. Dazu gibt es spezielle Werkzeuge, zum Beispiel Spannbandschlüssel oder HAZET 2171-1. Auslaufendes Motoröl mit Lappen auffangen.
- Ölfilterflansch am Motorblock mit Kraftstoff reinigen. Eventuell dort verbliebene Filterdichtung abnehmen.
- Gummidichtring am neuen Ölfilter dünn mit sauberem Motoröl bestreichen.
- Neuen Ölfilter nur mit der Hand festschrauben. Wenn die Filterdichtung am Motorblock anliegt, Filter noch um 1/2 Umdrehung weiterdrehen. Falls vorhanden, Hinweise auf dem Ölfilter beachten.

1,9-l-TDI-Motor 115/130 PS und 2,5-l-TDI-Motor

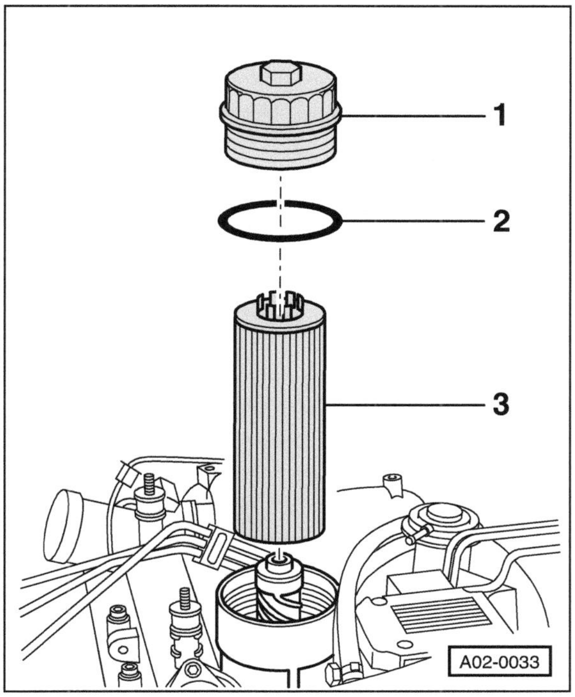

- Filterdeckel –1– mit Sechskant-Ölfilterschlüssel SW-32, zum Beispiel HAZET 2169-32, abschrauben. Filtereinsatz –3– sowie O-Ring –2– am Filterdeckel **erneuern.**
- Filterdeckel aufschrauben und mit **25 Nm** festziehen.
- Obere Motorabdeckung anbauen, siehe Seite 190.

Motoröl auffüllen

Achtung: Beim **TDI-Motor** muß beim **1. Motorstart** nach dem Ölwechsel darauf geachtet werden, daß der Motor zunächst nur bei **Leerlaufdrehzahl** läuft bis die Öldruckkontrolleuchte erlischt. Erst dann ist der volle Öldruck erreicht, und es darf Gas gegeben werden. Durch Gasstöße bei leuchtender Ölkontrolle kann aufgrund mangelnder Schmierung der Turbolader beschädigt werden.

- Verschlußdeckel öffnen und neues Öl am Einfüllstutzen des Zylinderkopfdeckels einfüllen.

Achtung: Grundsätzlich empfiehlt es sich, zunächst ½ Liter Motoröl weniger einzufüllen, den Motor warmlaufen zu lassen und nach einigen Minuten den Ölstand mit dem Meßstab zu kontrollieren und gegebenenfalls zu ergänzen. Zuviel eingefülltes Motoröl muß wieder abgesaugt werden, da sonst die Motordichtungen beziehungsweise der Katalysator beschädigt werden können.

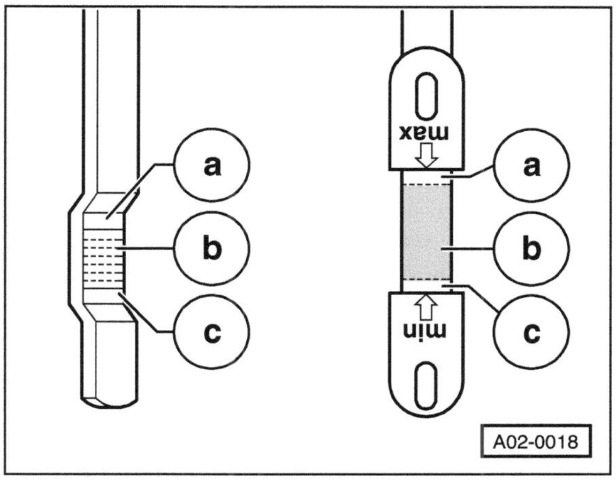

- Der Ölstand ist in Ordnung, wenn er im Bereich –b– liegt. Liegt er im Bereich –c–, muß Öl bis zur Markierung –a– nachgefüllt werden. Die Abbildung zeigt beide Meßstabausführungen, die in den AUDI-Motoren verwendet werden.
- Nach Probefahrt Dichtigkeit der Ablaßschraube und des Ölfilters überprüfen, gegebenenfalls vorsichtig nachziehen.
- Ölstand ca. 3 Minuten nach Abstellen des Motors nochmals prüfen, gegebenenfalls korrigieren.
- Motorraumabdeckung unten einbauen, siehe Seite 162.

Motor/Motorraum: Sichtprüfung auf Undichtigkeiten

- **Benzinmotor:** Obere Motorabdeckung ausbauen, siehe Kapitel »Zündkerzen aus- und einbauen«, Seite 27.
- **1,9-l-TDI-Motor:** Obere Motorabdeckung ausbauen, siehe Seite 176.
- **2,5-l-TDI-Motor:** Obere Motorabdeckung ausbauen, siehe »Keilrippenriemen aus- und einbauen«, Seite 190.
- Untere Motorraumabdeckung ausbauen, siehe Seite 162.
- Leitungen, Schläuche und Anschlüsse der
  – Kraftstoffanlage
  – des Kühl- und Heizungssystems
  – der Bremsanlage
  – und der Servolenkung
  auf Undichtigkeiten, Scheuerstellen, Porosität und Brüchigkeit sichtprüfen.

Ölundichtigkeit suchen

Bei ölverschmiertem Motor und hohem Ölverbrauch überprüfen, wo das Öl austritt. Dazu folgende Stellen überprüfen:

- Öleinfülldeckel öffnen und Dichtung auf Porosität oder Beschädigung prüfen.
- Kurbelgehäuse-Entlüftung: Zum Beispiel Belüftungsschlauch vom Zylinderkopfdeckel zum Luftansaugschlauch.
- Zylinderkopfdeckel-Dichtung.
- Zylinderkopf-Dichtung.
- Ölablaßschraube (Dichtring).
- Ölfilterdichtung: Ölfilter am Ölfilterflansch.
- Ölwannendichtung.
- Wellendichtringe vorn und hinten für Nockenwelle und Kurbelwelle.

Da sich bei Undichtigkeiten das Öl meistens über eine größere Motorfläche verteilt, ist der Austritt des Öls nicht auf den ersten Blick zu erkennen. Bei der Suche geht man zweckmäßigerweise wie folgt vor:

- Motorwäsche folgendermaßen durchführen: Generator mit Plastiktüte abdecken. Motor mit handelsüblichem Kaltreiniger einsprühen und nach einer kurzen Einwirkungszeit an einer Autowaschanlage mit Wasser abspritzen.
- Trennstellen und Dichtungen am Motor von außen mit Kalk oder Talkumpuder bestäuben.
- Ölstand kontrollieren, gegebenenfalls auffüllen.
- Probefahrt durchführen. Da das Öl bei heißem Motor dünnflüssig wird und dadurch schneller an den Leckstellen austreten kann, sollte die Probefahrt über eine Strecke von ca. 30 km auf einer Schnellstraße durchgeführt werden.
- Anschließend Motor mit Lampe absuchen, undichte Stelle lokalisieren und Fehler beheben.

Kühlsystem prüfen

- Kühlmittelschläuche durch Zusammendrücken und Verbiegen auf poröse Stellen untersuchen, hartgewordene und aufgequollene Schläuche erneuern.
- Die Schläuche dürfen nicht zu kurz auf den Anschlußstutzen sitzen.
- Festen Sitz der Schlauchschellen kontrollieren, gegebenenfalls Schellen erneuern.
- Dichtung des Verschlußdeckels für den Ausgleichbehälter auf Beschädigungen überprüfen.

Achtung: Ein zu niedriger Kühlmittelstand kann auch von einem nicht richtig aufgeschraubten Verschlußdeckel herrühren.

- Deutlicher Kühlmittelverlust und/oder Öl in der Kühlflüssigkeit sowie weiße Abgaswolken bei warmem Motor deuten auf eine defekte Zylinderkopfdichtung hin.

Achtung: Mitunter ist es schwierig, die Leckstelle ausfindig zu machen. Dann empfiehlt sich eine Druckprüfung durch die Werkstatt (Spezialgerät erforderlich). Hierbei kann ebenfalls das Überdruckventil des Verschlußdeckels geprüft werden.

- Obere Motorabdeckung einbauen.
- Motorraumabdeckung unten einbauen, siehe Seite 162.

Motorölstand prüfen/auffüllen

Erforderliches Spezialwerkzeug: Keines.

Erforderliche Betriebsmittel/Verschleißteile:

- Nur von AUDI freigegebenes Motoröl verwenden, siehe Seite 194.

Hinweis: Der Motor soll auf einer Fahrstrecke von ca. 1.000 km nicht mehr als 1,0 Liter Öl verbrauchen. Mehrverbrauch ist ein Anzeichen für verschlissene Ventilschaftabdichtungen und/oder Kolbenringe beziehungsweise Öldichtungen.

- Motor warmfahren und auf einer ebenen, waagerechten Fläche abstellen.
- Nach Abstellen des Motors mindestens 3 Minuten lang warten, damit sich das Öl in der Ölwanne sammelt.
- Ölpeilstab am Motor herausziehen und mit einem sauberen Lappen abwischen.
- Anschließend Meßstab bis zum Anschlag einführen und wieder herausziehen.

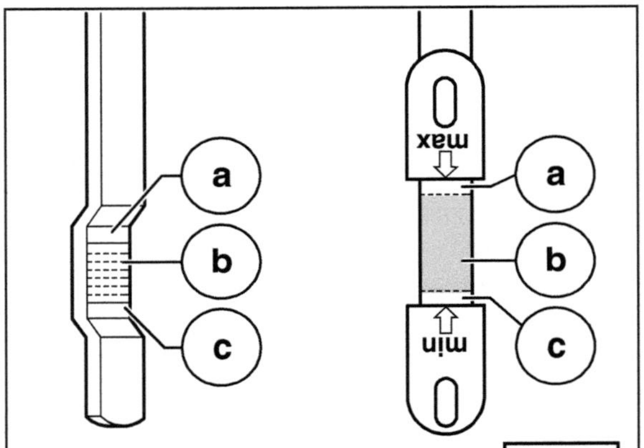

A02-0018

- Der Ölstand ist in Ordnung, wenn er im Bereich –b– liegt. Liegt er im Bereich –c–, muß Öl nachgefüllt werden. Die Abbildung zeigt beide Meßstabausführungen, die in den AUDI-Motoren verwendet werden.

Achtung: Zuviel eingefülltes Motoröl (oberhalb Bereich –a–) muß wieder abgesaugt werden, da sonst die Motordichtungen beziehungsweise der Katalysator beschädigt werden können.

- Bei besonderer Motorbeanspruchung wie zum Beispiel längeren Autobahnfahrten im Sommer, bei Anhängerbetrieb oder Gebirgsfahrten sollte der Ölstand im oberen Bereich liegen.
- Nachgefüllt wird am Verschluß des Zylinderkopfdeckels. Beim Nachfüllen richtige Ölsorte verwenden, keine Ölzusätze verwenden, siehe auch Kapitel »Motor-Schmierung«.
- Ölmeßstab einsetzen, Einfülldeckel aufschrauben.

Sichtprüfung der Abgasanlage

Erforderliches Spezialwerkzeug:

- Grube oder Werkstatt-Wagenheber mit Unterstellböcken.

Erforderliche Betriebsmittel/Verschleißteile: Keine.

Sicherheitshinweis
Beim Aufbocken des Fahrzeugs besteht Unfallgefahr! Deshalb vorher das Kapitel »Fahrzeug aufbocken« durchlesen.

- Fahrzeug aufbocken.
- Befestigungsschellen auf festen Sitz prüfen.
- Abgasanlage mit Lampe auf Löcher, durchgerostete Teile sowie Scheuerstellen absuchen.
- Stark gequetschte Abgasrohre erneuern.
- Gummihalterungen durch Drehen und Dehnen auf Porosität überprüfen und gegebenenfalls austauschen.
- Fahrzeug ablassen.

Kühlmittelstand prüfen/auffüllen

Ein zu niedriger Kühlmittelstand wird durch eine Kontrollleuchte am Armaturenbrett angezeigt. Vor jeder größeren Fahrt sollte dennoch grundsätzlich der Kühlmittelstand geprüft werden.

Erforderliches Spezialwerkzeug: Keines.

Erforderliche Betriebsmittel/Verschleißteile:

- AUDI-Kühlerfrost- und Korrosionsschutzmittel **»G12«** (Farbe rot, genaue Bezeichnung »G 012 A8D«) oder ein anderes Kühlkonzentrat mit dem Vermerk »gemäß VW/AUDI-TL-774-D«, zum Beispiel »Glysantin-Alu-Protect/G30«.
  Hinweis: Es darf auch das Kühlkonzentrat **»G12 Plus«** (Farbe lila, TL-VW-774-**F**) oder **»G12 Plus Plus«** (Farbe lila, TL-VW-774-**G**) verwendet werden. **G12-lila** darf mit **G12-rot** gemischt werden.
- Kalkarmes, sauberes Wasser.

Sicherheitshinweis
Verschlußdeckel bei heißem Motor vorsichtig öffnen. **Verbrühungsgefahr!** Beim Öffnen Lappen über den Verschlußdeckel legen. Verschlußdeckel nur bei einer Kühlmitteltemperatur unter +90° C öffnen.

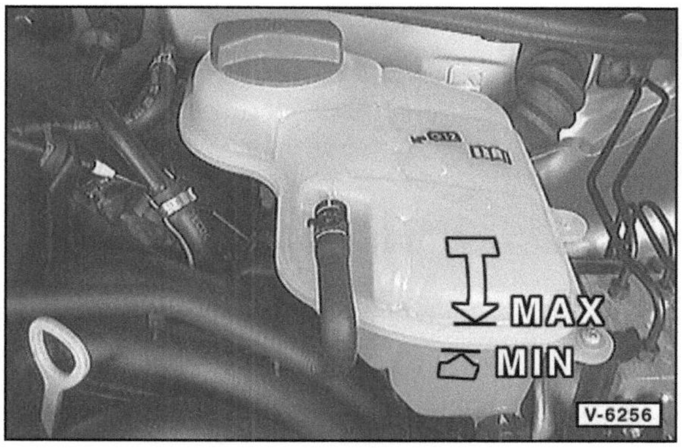

- Der Kühlmittelstand soll bei kaltem Motor (Kühlmitteltemperatur ca. +20° C) zwischen der MAX. und der MIN.-Markierung am Ausgleichbehälter liegen. Bei warmem Motor darf der Kühlmittelstand etwas über der MAX.-Markierung stehen.
- Größere Mengen **kaltes** Kühlmittel nur bei **kaltem Motor** nachfüllen, um Motorschäden zu vermeiden.
- Verschlußdeckel beim Öffnen zuerst etwas aufdrehen und Überdruck entweichen lassen. Danach Deckel weiterdrehen und abnehmen.
- Sichtprüfung auf Dichtheit durchführen, wenn der Kühlmittelstand in kurzer Zeit absinkt.

Frostschutz prüfen

Regelmäßig vor Winterbeginn sollte sicherheitshalber die Konzentration des Frostschutzmittels geprüft werden, insbesondere wenn zwischendurch reines Wasser nachgefüllt wurde.

Erforderliches Spezialwerkzeug:

- Prüfspindel zum Messen des Frostschutzanteils beziehungsweise ein optisches Prüfgerät (Refraktometer) für Frostschutzanteil und Säuredichte, zum Beispiel HAZET-4810-B.

Erforderliche Betriebsmittel/Verschleißteile:

- AUDI-Kühlerfrost- und Korrosionsschutzmittel **»G12«** (Farbe rot, genaue Bezeichnung »G 012 A8D«) oder ein anderes Kühlkonzentrat mit dem Vermerk »gemäß VW/AUDI-TL-774-D«, zum Beispiel »Glysantin-Alu-Protect/G30«.
  Hinweis: Das neuere Kühlkonzentrat **»G12 Plus«** (TL-VW-774-**F**) oder **G12 Plus Plus** (TL-VW-774-**G**) kann ebenfalls verwendet werden. G12+ und G12++ sind **lila** gefärbt und dürfen mit **G12-rot** gemischt werden.
- Kalkarmes, sauberes Wasser.

Prüfen

- Motor kurz warmfahren bis der obere Kühlmittelschlauch zum Kühler etwa handwarm ist. Bei der Frostschutzmessung soll die Kühlflüssigkeitstemperatur ca. +20° C betragen.

Sicherheitshinweis
Verschlußdeckel bei heißem Motor vorsichtig öffnen. **Verbrühungsgefahr!** Beim Öffnen Lappen über den Verschlußdeckel legen. Verschlußdeckel nur bei einer Kühlmitteltemperatur unter +90° C öffnen.

- Verschlußdeckel am Ausgleichbehälter vorsichtig öffnen.

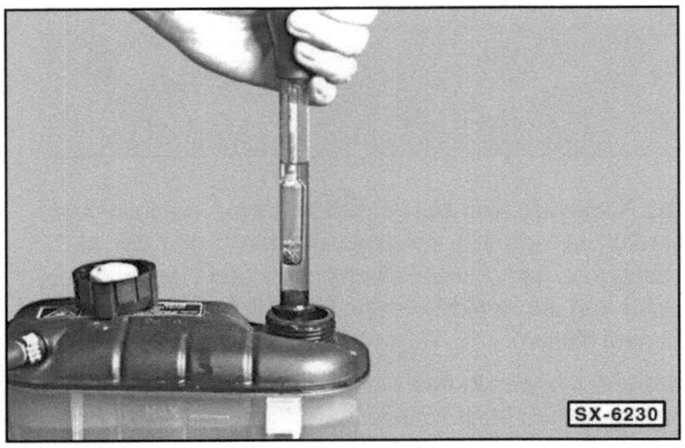

- Mit der Meßspindel Kühlflüssigkeit ansaugen und am Schwimmer die Kühlmitteldichte ablesen.
- Der Frostschutz soll in unseren Breiten bis –25° C reichen, bei extrem kaltem Klima bis –35° C.

Kühlkonzentrat ergänzen

Bei einem Frostschutz bis –25° C muß der Anteil an Frostschutzmittel in der Kühlflüssigkeit 40 % betragen. Soll der Frostschutz bis –35° C reichen, müssen Wasser und Kühlkonzentrat im Verhältnis 1:1 gemischt werden.

Achtung: Ist ein stärkerer Frostschutz erforderlich, kann bis auf maximal 60 % Frostschutzmittelanteil erhöht werden, dann reicht der Frostschutz bis –40° C. Wird mehr Frostschutzmittel zugegeben, verringert sich der Frostschutz wieder, außerdem verschlechtert sich die Kühlwirkung.

Hinweis: Das Kühlkonzentrat »**G12 Plus**« (TL-VW-774-**F**) hat die Farbe **lila** und darf mit **G12-rot** und **G11-grün** gemischt werden.

Das in anderen AUDI-Modellen verwendete, ältere AUDI-Kühlerfrost- und Korrosionsschutzmittel »G11« darf nicht verwendet werden. G11 ist an der grünen Farbe erkennbar, G12 hat eine rote Färbung. Die Kühlmittelzusätze **G11-grün** und **G12-rot** dürfen **nicht vermischt** werden, **sonst kommt es zu schwerwiegenden Motorschäden.**

Hinweis: Falls braunes Kühlmittel (G11 und G12 vermischt) festgestellt wird, Kühlsystem sofort entleeren. Kühlsystem mit reinem Wasser füllen und Motor 2 Minuten laufen lassen, damit das Kühlsystem gespült wird. Anschließend Kühlsystem entleeren und vorgeschriebenes Kühlmittel einfüllen.

Die Tabelle zeigt, wieviel Frostschutzmittel zugegeben werden muß, damit die gewünschte Konzentration erreicht wird. Es handelt sich nur um Richtwerte, da die Füllmengen der Kühlflüssigkeit je nach Motor unterschiedlich sind.

Beispiel: Die Frostschutz-Messung mit der Spindel ergibt beim 4-Zylinder-Benzinmotor einen Frostschutz bis –10° C. In diesem Fall aus dem Kühlsystem 2,0 l Kühlflüssigkeit ablassen und dafür 2,0 l reines AUDI-Frostschutzkonzentrat auffüllen. Der Frostschutz reicht dann bis –25° C.

Gemess. Wert in °C		0	–5	–10	–15	–20	–30	Füll-menge
Motor	Sollwert	Differenzmenge in Liter						
4-Zylinder	–25°	3,5	3,0	2,0	1,5	1,0	–	8,0 l
	–35°	4,0	3,5	3,0	2,0	1,5	0,5	
6-Zylinder, Benziner	–25°	4,0	3,5	3,0	2,0	1,5	–	10,0 l
	–35°	5,0	4,5	4,0	3,0	2,0	1,0	
6-Zylinder, Diesel	–25°	5,0	4,5	3,5	2,5	1,5	–	12,0 l
	–35°	6,0	5,5	4,5	3,5	2,5	1,0	

- Verschlußdeckel am Kühler verschließen und nach Probefahrt Frostschutz erneut überprüfen.

TDI-Motor: Kraftstoffilter entwässern/ersetzen

Erforderliches Spezialwerkzeug:

- Nur 2,5-l-TDI-Motor: Hand-Unterdruckpumpe mit Auffanggefäß zum Entleeren des Kraftstoffilters, zum Beispiel KLANN LI-75200.

Erforderliche Betriebsmittel/Verschleißteile bei Filterwechsel:

- Kraftstoffilter mit Dichtring.
- Etwa 0,2 l sauberen Dieselkraftstoff zum Füllen des Filters.
- Nur 2,5-l-TDI-Motor: Dichtring für Regelventil und Schlauchschellen für Kraftstoffleitungen. Anstelle der werksseitig eingebauten Klemm-Schlauchschellen können auch Schraubschellen verwendet werden.

Zum Auffangen des Wassersatzes ist ein geeignetes Auffanggefäß erforderlich. **Achtung:** Auslaufender Dieselkraftstoff muß besonders von Gummiteilen (Kühlmittelschläuche) sofort abgewischt werden, sonst zersetzen sich die Gummiteile langsam.

1,9-l-TDI-Motor 110 PS

Filter entwässern

Der Kraftstoffilter befindet sich links am Motorblock hinter dem Generator. Er ist schwer zugänglich.

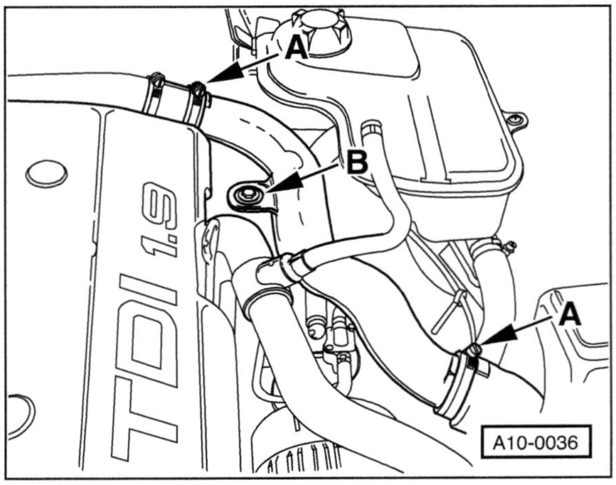

- Ladeluftrohr ausbauen, dazu Schellen –A– lösen und Schraube –B– herausschrauben.

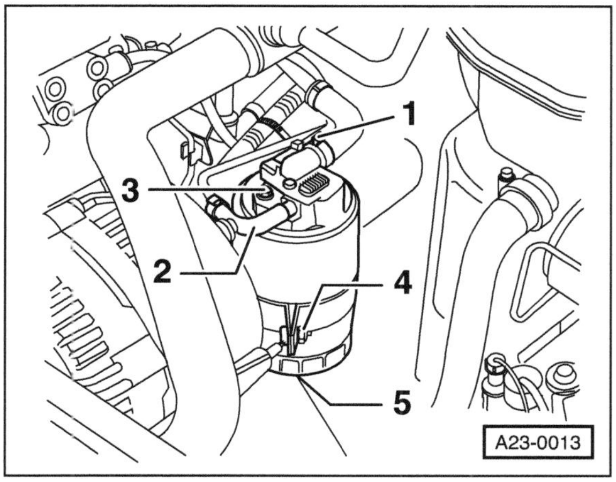

1 – Vorlauf vom Kraftstoffbehälter
2 – Vorlauf zur Einspritzpumpe
3 – Entlüftungsschraube
4 – Klemmschelle
5 – Entwässerungsventil

- Entlüftungsschraube –3– lösen.
- An der Filterunterseite das Entwässerungsventil –5– aufschrauben und ca. 100 cm^3 (ca. 1 Tasse voll) Flüssigkeit aus dem Filter in ein Auffanggefäß ablaufen lassen. Es kann ein Schlauch auf das Entwässerungsventil geschoben werden, damit der Kraftstoff gezielt abfließt.

Achtung: Kraftstoff ist ein Problemstoff und darf auf keinen Fall einfach weggeschüttet oder dem Hausmüll mitgegeben werden. Gemeinde- und Stadtverwaltungen informieren darüber, wo sich die nächste Problemstoff-Sammelstelle befindet.

- Entwässerungsventil von Hand festziehen.
- Entlüftungsschraube –3– oben am Filter festziehen.
- Ladeluftrohr mit Schellen befestigen und am Halter anschrauben.
- Die Kraftstoffanlage entlüftet sich selbsttätig beim Starten des Motors. Nach mehrmaligem Gasgeben muß der Kraftstoff blasenfrei durch die durchsichtige Leitung zur Einspritzpumpe fließen.
- Kraftstoffanlage auf Dichtheit sichtprüfen, insbesondere an den Anschlüssen des Kraftstoffilters.

Filter ersetzen

Hinweis: Die Ziffern im Text beziehen sich auf Abbildung A23-0013.

- Gesamte Flüssigkeit wie beim »Entwässern« aus dem Kraftstoffilter ablaufen lassen.
- Klemmschelle –4– am Halter lösen und Filter aus dem Halter herausnehmen. Die Kraftstoffleitungen können angeschlossen bleiben.
- Kraftstoffilter aus dem Filteroberteil herausdrehen. **Achtung:** Keine Zange am Filterkopf ansetzen. Zum Gegenhalten einen 17mm-Gabelschlüssel am Sechskantsockel der Entlüftungsschraube –3– ansetzen.
- Neuen Dichtring und neue Gummidichtung mit etwas Dieselkraftstoff benetzen.
- Neuen Filter mit sauberem Dieselkraftstoff füllen. Dadurch kann der Motor schneller gestartet werden.
- Neuen Filter am Filteroberteil handfest anziehen.
- Filter in den Halter einsetzen und mit der Klemmschelle –4– festziehen.
- Ladeluftrohr mit Schellen befestigen und am Halter anschrauben.
- Motor starten. Kraftstoffanlage auf Dichtheit sichtprüfen.

1,9-l-TDI-Motor 115/130 PS

Filter ersetzen

- Ölmeßstab herausziehen.
- Motorabdeckung abnehmen. Dazu 3 Abdeckkappen mit kleinem Schraubendreher abhebeln und darunter befindliche Muttern abschrauben.
- Geräuschdämmung unter der Motorabdeckung entfernen.

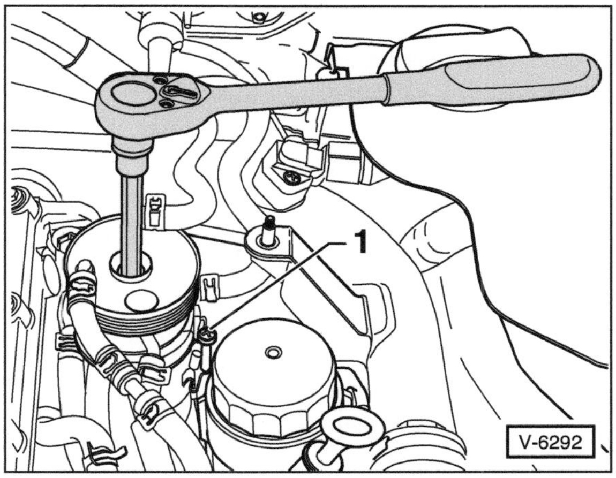

- Innensechskantschraube herausdrehen und Filter-Oberteil mit angeschlossenen Kraftstoffschläuchen zur Seite legen.
- Schraube –1– für Filterbefestigung lösen und Kraftstoffilter nach oben herausziehen.
- Neuen Filter mit sauberem Dieselkraftstoff füllen. Dadurch kann der Motor schneller gestartet werden.
- Filter in den Halter einsetzen, nach unten schieben und mit Schraube –1– festschrauben.
- Filter-Oberteil aufsetzen und mit Innensechskantschraube festschrauben.
- Geräuschdämmung auflegen, Motorabdeckung anschrauben und Ölmeßstab am Motor einführen.
- Motor starten. Die Kraftstoffanlage entlüftet sich selbsttätig beim Starten des Motors.
- Kraftstoffanlage auf Dichtheit sichtprüfen, insbesondere an den Anschlüssen des Kraftstoffilters.

2,5-l-TDI-Motor

Filter entwässern

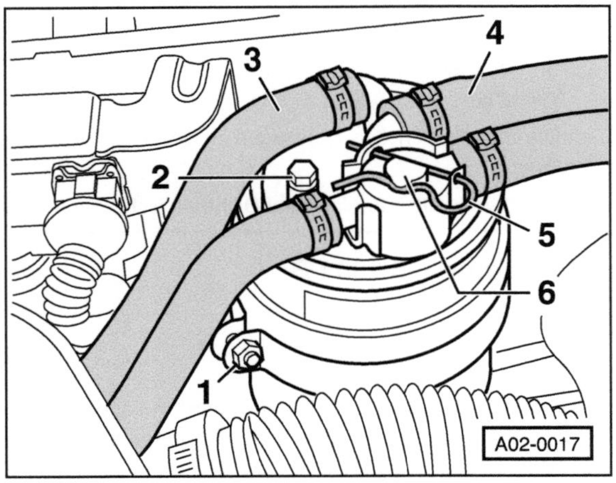

1 – Klemmschelle
2 – Entlüftungsschraube
3 – Kraftstoffschlauch vom Kraftstoffbehälter
4 – Kraftstoffschlauch zur Einspritzpumpe
5 – Halteklammer
6 – Regelventil mit Kraftstoffschläuchen

- Entlüftungsschraube –2– herausdrehen.

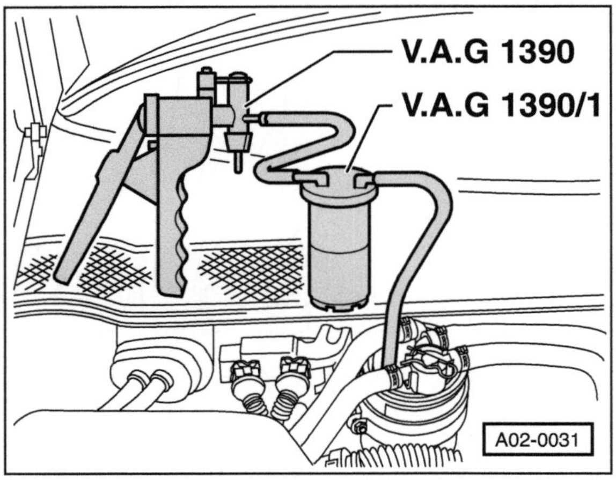

- Handelsübliche Hand-Unterdruckpumpe mit Auffanggefäß, zum Beispiel KLANN LI-75200, an der Bohrung für die Entlüftungsschraube anschließen. Dabei Saugleitung in den Kraftstoffilter einführen. **Hinweis:** In der Abbildung sind die V.A.G-Werkzeugteilenummern angegeben.

Achtung: In die Hand-Unterdruckpumpe darf keine Flüssigkeit gelangen.

- Hand-Unterdruckpumpe betätigen und ca. 100 cm^3 (ca. 1 Tasse voll) Flüssigkeit aus dem Filter in das Auffanggefäß absaugen.

Achtung: Kraftstoff ist ein Problemstoff und darf auf keinen Fall einfach weggeschüttet oder dem Hausmüll mitgegeben werden. Gemeinde- und Stadtverwaltungen informieren darüber, wo sich die nächste Problemstoff-Sammelstelle befindet.

- Hand-Unterdruckpumpe entfernen, Entlüftungsschraube –2– oben am Filter wieder einschrauben und festziehen.
- Motor starten, dabei entlüftet sich die Kraftstoffanlage selbsttätig.
- Kraftstoffanlage auf Dichtheit sichtprüfen, insbesondere an den Anschlüssen des Kraftstoffilters.

Filter ersetzen

- Klemmschellen an Kraftstoffleitungen –3– und –4– mit Seitenschneider durchtrennen und Leitungen vom Filter abziehen, siehe Abbildung A02-0017.
- Halteklammer –5– seitlich abziehen.
- Regelventil –6– mit angeschlossenen Kraftstoffleitungen nach oben abnehmen.
- Schraube für Klemmschelle –1– am Halter lösen und Filter aus dem Halter herausnehmen.
- Neuen Filter mit sauberem Dieselkraftstoff füllen. Dadurch kann der Motor schneller gestartet werden.
- Filter in den Halter einsetzen und mit der Schraube –1– die Klemmschelle festziehen.
- O-Ring für Regelventil –6– erneuern und leicht mit Dieselkraftstoff benetzen.
- Regelventil einsetzen und mit Halteklammer –5– befestigen.
- Kraftstoffleitungen –3– und –4– aufschieben und mit Schraubschellen sichern. **Achtung:** Dabei Auslaß und Einlaß nicht verwechseln. Die Pfeile auf dem Kraftstoffilter zeigen in Kraftstoff-Durchflußrichtung.
- Motor starten. Die Kraftstoffanlage entlüftet sich selbsttätig beim Starten des Motors.
- Kraftstoffanlage auf Dichtheit sichtprüfen, insbesondere an den Anschlüssen des Kraftstoffilters.

Luftfiltereinsatz wechseln

Erforderliches Spezialwerkzeug: Keines.

Erforderliche Betriebsmittel/Verschleißteile:

■ Luftfiltereinsatz.

Ausbau

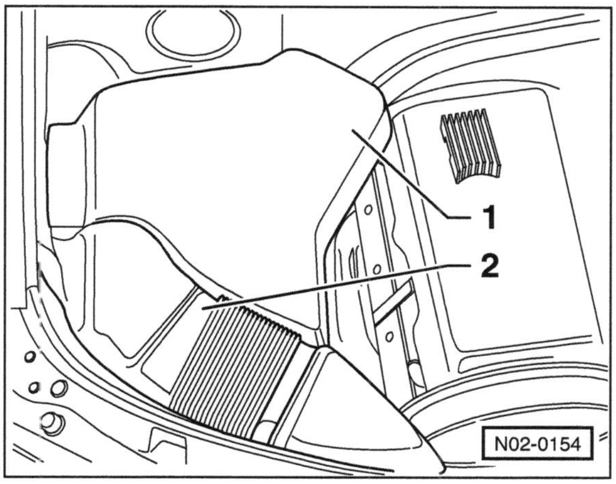

- Falls vorhanden, Abdeckung –1– nach oben herausnehmen.
- Luftansaugschlauch –2– ausclipsen.

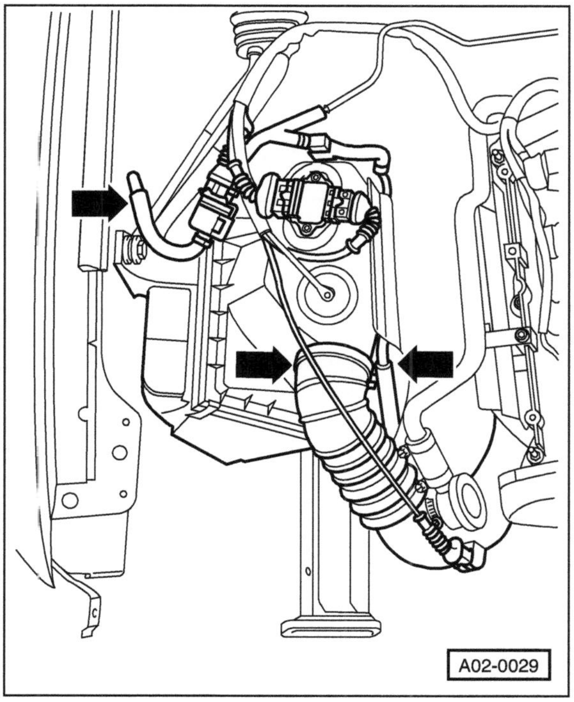

- **1,8-l-Motor:** Schläuche an den Anschlüssen –Pfeile– abziehen.

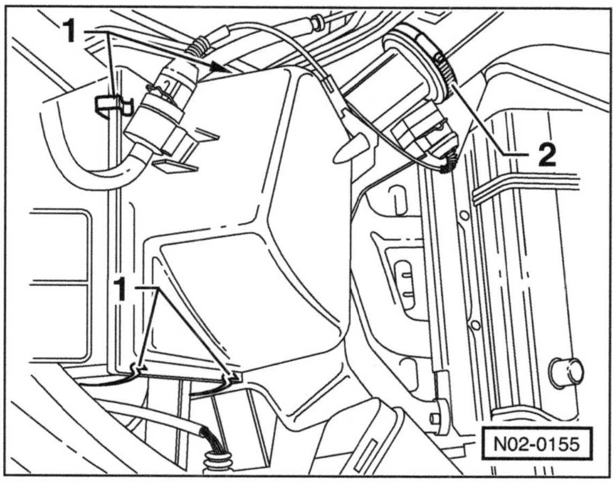

- 4 Schnellverschlüsse –1– von Hand öffnen, Deckel anheben. Läßt sich der Deckel schlecht anheben, Schraubschelle –2– aufschrauben und Luftschlauch am Filterkasten abziehen.
- Luftfiltereinsatz herausnehmen.

Einbau

- Luftfiltergehäuse mit einem Lappen auswischen.
- Neuen Luftfiltereinsatz in das Luftfiltergehäuse einlegen.
- Deckel von oben ansetzen und Schnellverschlüsse zuschnappen lassen.
- Falls ausgebaut, Luftschlauch am Luftfilterkasten aufstecken und mit Schraubschelle befestigen.
- **1,8-l-Motor:** Schläuche an den Anschlüssen aufstecken –Pfeile–, siehe Abbildung A02-0029.
- Luftansaugschlauch –2– aufstecken, siehe Abbildung N02-0154. Falls vorhanden, Abdeckung –1– aufsetzen und einclipsen.

Keilrippenriemen/Keilriemen erneuern

Erforderliches Spezialwerkzeug: Keines.

Erforderliches Verschleißteil:

■ Keilrippenriemen.

Die Keilrippenriemen müssen nicht nachgespannt werden, da eine automatische Spannrolle die Riemenspannung konstant hält. Keilrippenriemen erneuern, siehe Seite 187.

Der 1,8-l-Motor hat für den Kühlmittelpumpenantrieb einen schmalen, herkömmlichen Keilriemen. Keilriemen erneuern, siehe Seite 192.

Zahnriemen auf Beschädigung prüfen/ Zahnriemenbreite messen

1,9-l-Dieselmotor 110 PS bis Fg-Nr. 4BYN 002 887

Erforderliches Werkzeug:

- Handelsübliche Schieblehre.

Prüfen

- 2 Spannklammern für obere Zahnriemenabdeckung öffnen und Zahnriemenabdeckung an der Oberkante nach vorne ziehen, bis der Zahnriemen sichtbar wird.
- Zahnriemen mit Kreide markieren. Kurbelwelle stückweise verdrehen, bis die Kreidemarkierung wieder oben steht. Dabei Zahnriemen sichtprüfen und auf folgende Beschädigungen achten:
  - Anrisse, Querschnittsbrüche
  - Ablösen der Zugstränge vom Zahnriemenkörper
  - Ausbruch am Zahnriemenkörper
  - Ausfransen der Zugstränge
  - Oberflächenrisse der Kunststoffummantelung
  - Öl- und Fettspuren.
- Wenn eine oder mehrere Beschädigungen sichtbar sind, Zahnriemen ersetzen. Gegebenenfalls Ursache für Beschädigung beseitigen.

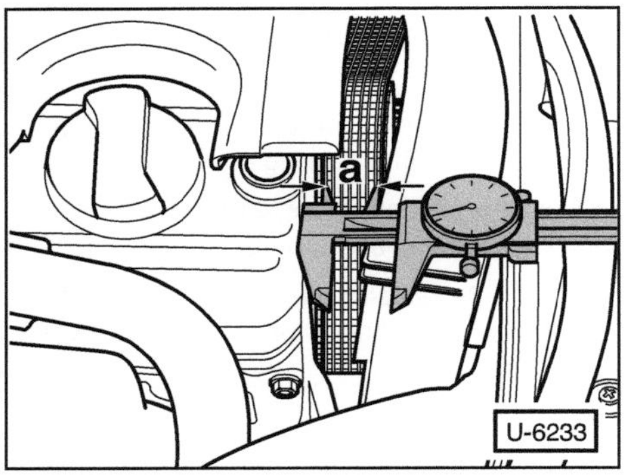

- Zahnriemenbreite –a– mit Schieblehre messen. Bei einer Breite von weniger als **22 mm** hat der Zahnriemen seine Verschleißgrenze erreicht und muß erneuert werden.
- Zahnriemenabdeckung mit Spannklammern befestigen.

Zahnriemen erneuern

Nur beim Zahnriemenwechsel der V6-Motoren werden verschiedene Spezialwerkzeuge benötigt.

Erforderliche Betriebsmittel/Verschleißteile:

- Zahnriemen. Nur beim 2,5-l-TDI-Motor sind 2 Zahnriemen zu erneuern.
- Zahnriemenspannrolle beim 2,4-l- (165 PS)/2,8-l-Benzinmotor und 1,9-l-TDI-Motor.

Achtung: Je nach Motor unterschiedliche Wechselintervalle laut Wartungsplan beachten.

- 1,8-/2,0-l-Motor: Zahnriemen erneuern, siehe Seite 163/166.
- 2,4-l- (165 PS)/2,8-l-Benzinmotor: Zahnriemen und Zahnriemenspannrolle erneuern, siehe Seite 178.
- 1,9-l-TDI-Motor: Zahnriemen und Zahnriemenspannrolle erneuern, siehe Seite 173.
- 2,5-l-TDI-Motor: Beide Zahnriemen erneuern, siehe Seite 181.

2,5-l-TDI-Motor: Zahnriemen sichtprüfen/nachspannen

Der 2,5-l-TDI-Motor hat 2 Zahnriemen, einen für den Nockenwellenantrieb und einen für die Einspritzpumpe. Alle 30.000 km soll eine Sichtprüfung erfolgen, spätestens alle 120.000 km müssen die Zahnriemen erneuert werden.

- Obere Zahnriemenabdeckung abbauen, siehe Seite 179.
- Zustand beider Zahnriemen prüfen, siehe entprechendes Kapitel/1,9-l-TDI-Motor 110 PS.
- Zahnriemen erneuern, siehe Seite 179.

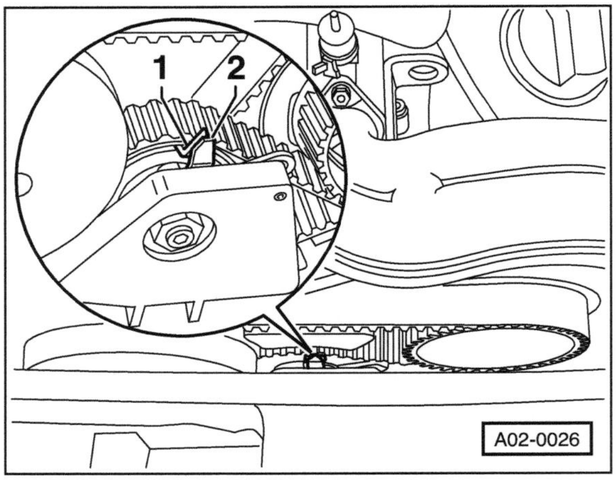

- Spannung des Zahnriemens für die Einspritzpumpe prüfen. Die Markierungen –1– und –2– an der Spannrolle müssen sich gegenüberstehen. Andernfalls Zahnriemen nachspannen, siehe Seite 181.
- Obere Zahnriemenabdeckung einbauen, siehe Seite 181.

2,5-l-TDI-Motor: Kurbelgehäusedruck messen

Erforderliches Spezialwerkzeug:

- Ein geeignetes Druckmeßgerät. AUDI-Werkstätten verwenden das Druckmeßgerät V.A.G 1371.

Erforderliche Betriebsmittel/Verschleißteile:

- Wenn der Kurbelgehäusedruck zu hoch ist: Ölabscheider-Anschlußstutzen mit Dichtung.

Kurbelgehäusedruck prüfen

Hinweis: Ein zu hoher Kurbelgehäusedruck hat Ölundichtigkeiten zur Folge. Daher muß im Rahmen der Wartung sowie bei auftretenden Ölundichtigkeiten der Kurbelgehäusedruck geprüft werden.

- Motor warmfahren, die Motoröltemperatur muß über +80° C liegen.
- Ölpeilstab herausziehen. Druckmeßgerät am Ölpeilstab-Führungsrohr dicht anschließen.
- Motor im Leerlauf laufen lassen, Messung mindestens 3 Minuten lang durchführen. Dabei Meßuhr beobachten: Ist der Kurbelgehäusedruck **größer als 5 mbar**, muß der Ölabscheider-Anschlußstutzen mit Dichtung ausgewechselt werden (Werkstattarbeit).

Zündkerzen aus- und einbauen/prüfen

Benzinmotor

Erforderliches Spezialwerkzeug:

- Ein 16-mm-Zündkerzenschlüssel, z. B. HAZET 900 A KF, HAZET 4766-1 oder Kerzenschlüssel 3122B von AUDI.

Erforderliche Betriebsmittel/Verschleißteile:

- Je nach Zylinderzahl des Motors, 4 oder 6 Zündkerzen. Die richtige Zündkerze, siehe Seite 28.

Ausbau

Achtung: Zündkerzen nur bei kaltem oder handwarmem Motor wechseln. Werden die Kerzen bei heißem Motor herausgedreht, kann das Kerzengewinde des Leichtmetall-Zylinderkopfes ausreißen.

- Zündung ausschalten.

4-Zylinder-Motor

Hinweis: Die Zündkerzen beim 8-Zylinder- sowie beim 2,7-Liter-Motor werden in ähnlicher Weise ausgebaut.

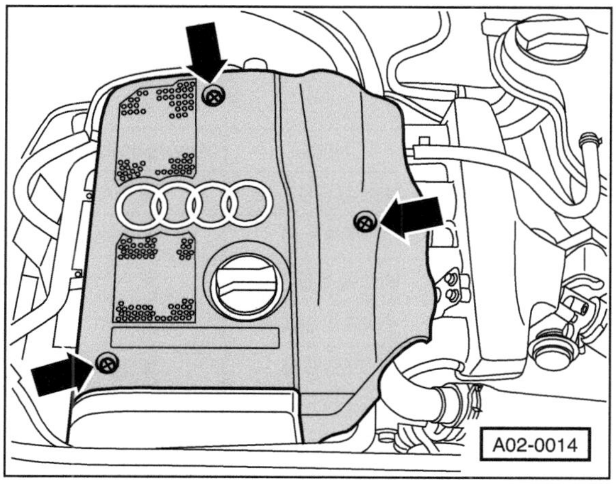

A02-0014

- Schrauben –Pfeile– abschrauben und Motorabdeckung abheben.

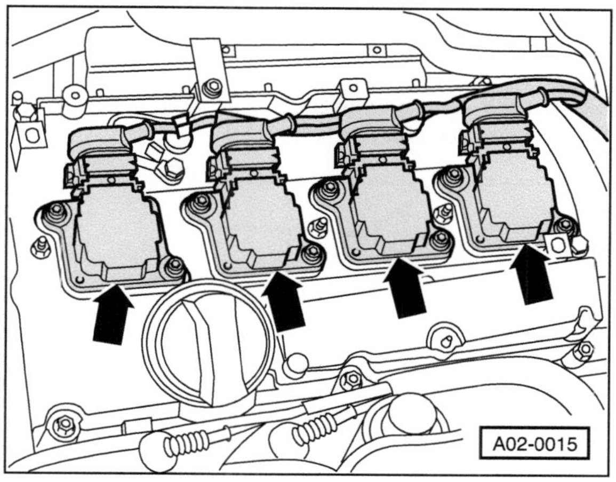

A02-0015

- Anschlußstecker von den Zündspulen –Pfeile– abziehen, dazu Sicherungsbügel an den Anschlüssen nach oben ziehen.
- Masseleitung vom Zylinderkopf abschrauben.
- Zündspulen –Pfeile– mit jeweils 2 Schrauben vom Zylinderkopf abschrauben und nach oben von den Zündkerzen abziehen.

6-Zylinder-Motor

- Kühlmittelausgleichbehälter vom Halter abschrauben und mit angeschlossenen Schläuchen zur Seite legen.

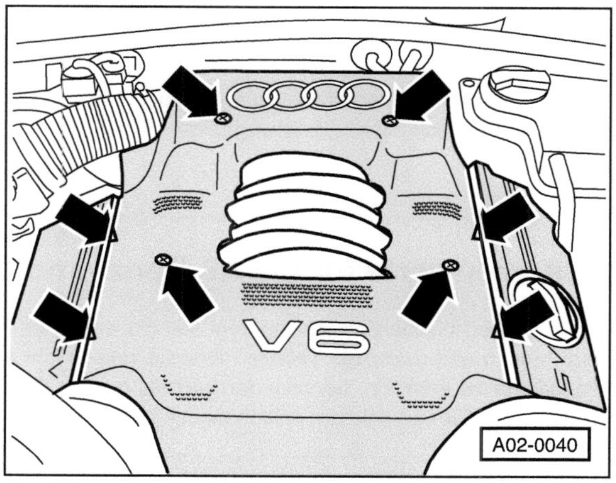

A02-0040

- Schrauben –Pfeile– abschrauben und Motorabdeckung abheben.
- Zum leichteren Einbau die Zündkabel entsprechend der Zylinderreihenfolge von 1 bis 4 mit Tesaband kennzeichnen. Teilweise ist auf den Zündkabeln bereits die Zahl des zugehörigen Zylinders aufgedruckt.
- Zündkerzenstecker abziehen. Dazu kann eine spezielle Zange verwendet werden, zum Beispiel HAZET 1849-1.

Alle Motoren:

- Zündkerzen mit geeignetem 16 mm-Kerzenschlüssel, zum Beispiel HAZET 900AKF, herausdrehen. Dabei darauf achten, daß der Kerzenschlüssel nicht verkantet wird, dies kann zum Bruch des Keramikisolators führen.

Prüfen

- Zustand der Zündkerzen, sogenanntes »Kerzengesicht«, prüfen. Eine verölte Zündkerze deutet auf Aussetzen der betreffenden Zündkerze oder schlecht abdichtende Kolbenringe hin (Kompression prüfen).

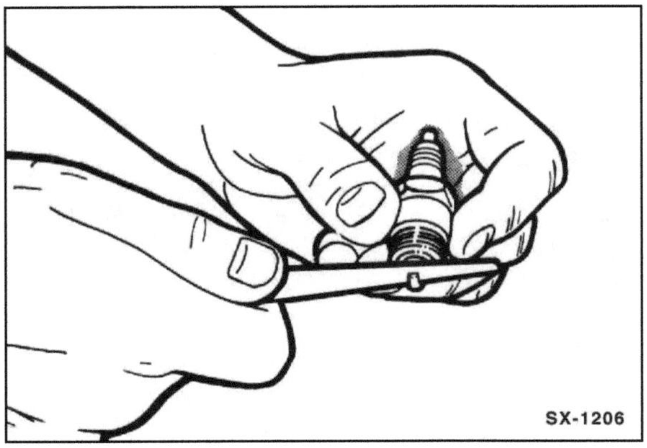
SX-1206

- Elektrodenabstand mit Fühlerblattlehre, zum Beispiel HAZET 2147 MS, prüfen. Die Abbildung zeigt eine Zündkerze mit einer Masseelektrode, im AUDI A6 werden dagegen Zündkerzen mit 3 Masseelektroden verwendet. **Sollwert = 1,0 ±0,1 mm**.

Hinweis: Bei neuen Zündkerzen ist der Elektrodenabstand richtig eingestellt. Er kann nur geprüft, nicht nachgestellt werden. Ist ein Elektrodenabstand außerhalb der Toleranz, neue Zündkerze einbauen.

Einbau

- Zündkerzen mit Zündkerzenschlüssel bis zur Anlage am Zylinderkopf einschrauben. **Achtung:** Dabei Zündkerzen nicht verkanten.
- Zündkerzen mit **30 Nm** festziehen. **Achtung:** Dabei Zündkerzenschlüssel nicht verkanten, damit der Keramikisolator nicht beschädigt wird.

Achtung: Steht kein Drehmomentschlüssel zur Verfügung, neue Kerzen um 90° (¼ Umdrehung) weiterdrehen, gebrauchte Zündkerzen um ca. 15° weiterdrehen. Zu fest angezogene Zündkerzen können beim Herausschrauben abreißen oder das Gewinde im Zylinderkopf beschädigen. In diesem Fall Kerzengewinde mit UTC- oder Heli-Coil-Einsätzen reparieren.

- **4-Zylinder-Motor:** Dichtungen zwischen Zündspulen und Zylinderkopf bei Beschädigung erneuern. Zündspulen auf die Zündkerzen aufstecken und mit jeweils 2 Schrauben und **10 Nm** anschrauben. Anschlußstecker auf die Zündspulen aufstecken und Sicherungsbügel an den Anschlüssen nach unten drücken. Masseleitung am Zylinderkopf anschrauben.
- **6-Zylinder-Motor:** Zündkabel entsprechend der angebrachten Markierungen verlegen und Zündkerzenstecker aufstecken. Durch Hin- und Herbewegen festen Sitz von Kerzenstecker und Zündkabel prüfen. Kühlmittel-Ausgleichbehälter am Halter anschrauben.
- Motorabdeckung anschrauben.

Zündkerzengewinde erneuern

Hinweis: Falls festgestellt wird, daß das Zündkerzengewinde defekt ist, muß dieses erneuert werden. Dazu gibt es unter anderem von BERU einen entsprechenden Werkzeug- und Reparatursatz. Mit einem Spezialbohrer wird das alte Gewinde herausgeschält; der Zylinderkopf muß dazu nicht ausgebaut werden. Anschließend wird ein neues Gewinde in den Zylinderkopf geschnitten und die Zündkerze mit einem speziellen Gewindeeinsatz reingedreht. Nachträglich eingebaute Zündkerzengewindeeinsätze sitzen sicher und sind kompressionsdicht.

Zündkerzenwerte für die A6-Benzinmotoren

Achtung: Die technische Entwicklung geht ständig weiter. Es kann sein, dass inzwischen für einzelne Motoren andere Zündkerzenwerte gelten und daher die Tabelle möglicherweise nicht auf dem neuesten Stand ist. Um die aktuelle Zündkerze für Ihren Fahrzeugmotor zu ermitteln, benötigt der Fachhandel die **Fahrzeug-Ident-Nummer** (FIN) sowie die **3 Schlüsselnummern** aus dem Kfz-Schein. Diese Nummern sollten beim Kauf von Zündkerzen angegeben werden.

Motor	Motorkennbuchstaben	BERU	BOSCH	NGK	Anzugsmoment
1,8 l/92 kW (125 PS)	AJP/ARH/ADR/AQE	14FGH-7 DTURX	F 7 LTCR	BKUR 6 ET-10	30 Nm
1,8 l/110 kW (150 PS)	AEB/APU/ANB/AWT	–	F 7 DPP 222 T	PFR 6 Q	30 Nm
2,0 l/96 kW (130 PS)	ALT	–	FR 8 LTC	BKUR 5 ET-10	30 Nm
2,4 l/121 kW (165 PS)	AGA/ALF/APS/ARJ/AML	–	–	BKR 6 EKUB	30 Nm
2,7 l/169 kW (230 PS)	AJK/AZA	–	F 7 DPP 222 T	PFR 6 Q	30 Nm
2,7 l/184 kW (250 PS)	ARE	–	F 7 DPP 222 T	PFR 6 Q	30 Nm
2,8 l/142 kW (193 PS)	ACK/AMX	–	–	BKR 6 EKUB	30 Nm
2,8 l/142 kW (193 PS)	ALG/APR/AQD	–	–	BKR 6 EKUB	30 Nm
3,0 l/162 kW (220 PS)	ASN	–	FGR 7 DQE 0	BRK 6 EKUB	30 Nm

Hinweis: Der Elektrodenabstand beträgt für alle Zündkerzen **1,0 ± 0,1 mm**, außer »F 7 DPP 222 T« = 0,8 mm und »FGR 7 DQE 0« = 1,4 mm. Die Motor-Kennbuchstaben stehen auf dem Datenträger, siehe Seite 12.

Getriebe/Achsantrieb

Folgende Wartungspunkte müssen nach dem Wartungsplan in unterschiedlichen Intervallen durchgeführt werden:

- Achswellen: Gummimanschetten auf Undichtigkeiten und Beschädigungen sichtprüfen.
- Schaltgetriebe, Automatikgetriebe, Hinterachsgetriebe quattro: Sichtprüfung auf Undichtigkeiten.
- Schaltgetriebe: Ölstand prüfen, gegebenenfalls auffüllen.
- Automatikgetriebe: Ölstand im Achsantrieb prüfen, gegebenenfalls auffüllen.

Gummimanschetten der Achswellen prüfen

Zur Prüfung werden weder Werkzeug noch Verschleißteile benötigt.

Sicherheitshinweis
Beim Aufbocken des Fahrzeugs besteht Unfallgefahr! Deshalb vorher das Kapitel »Fahrzeug aufbocken« durchlesen.

- Fahrzeug aufbocken.

- Manschetten mit Lampe anstrahlen und Gummi auf Porosität und Risse untersuchen, dabei aber nicht stark verformen. Eingerissene Manschetten umgehend erneuern.
- Sollte die Manschette durch Unterdruck im Gelenk nach innen gezogen oder defekt sein, so ist sie umgehend auszutauschen.
- Auf sichtbare Fettspuren an den Manschetten und in deren Umgebung achten.
- Festen Sitz der Manschettenbänder prüfen.
- Fahrzeug ablassen.

Getriebe-Sichtprüfung auf Dichtheit

Folgende Leckstellen sind möglich:

- Trennstelle zwischen Motorblock und Getriebe (Schwungraddichtung/Wellendichtung-Getriebe).
- Achswelle an Getriebe.
- Öleinfüllschraube.
- Ölablaßschraube.

Bei ölverschmiertem Getriebe und Ölverlust überprüfen, wo das Öl austritt. Bei der Suche nach der Leckstelle folgendermaßen vorgehen:

- Getriebegehäuse mit Kaltreiniger reinigen.
- Mögliche Leckstellen mit Kalk oder Talkumpuder bestäuben.
- Probefahrt durchführen. Damit das Öl besonders dünnflüssig wird, sollte die Probefahrt auf einer Schnellstraße über eine Entfernung von ca. 30 km durchgeführt werden.

Sicherheitshinweis
Beim Aufbocken des Fahrzeugs besteht Unfallgefahr! Deshalb vorher das Kapitel »Fahrzeug aufbocken« durchlesen.

- Fahrzeug aufbocken und Getriebe mit einer Lampe nach der Leckstelle absuchen.
- Leckstellen umgehend beseitigen. Anschließend Getriebeöl auffüllen.

A6 quattro: Hinterachsgetriebe sichtprüfen

Das Hinterachs-Differentialgetriebe ist bei Schaltgetrieben mit 1,5 l Getriebeöl der **Spezifikation GL5 SAE 90** (MIL-L 2105 B) befüllt. Ein Ölwechsel ist nicht erforderlich.

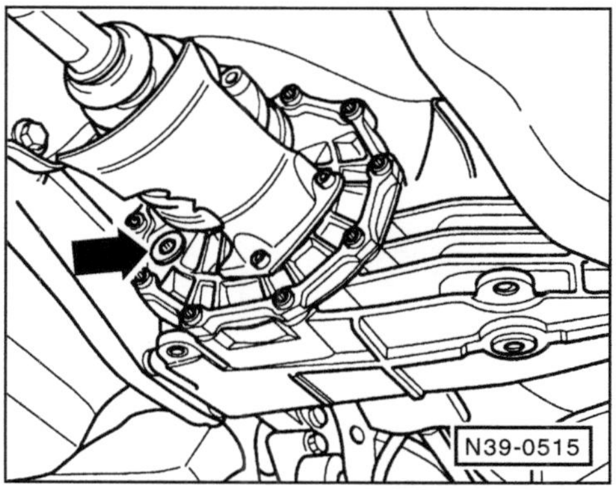

Die Ölkontrolle am Hinterachs-Differential erfolgt seitlich an der Öleinfüllschraube –Pfeil–. Der Ölstand muß bis zur Unterkante der Schraubenbohrung reichen. Öleinfüllschraube mit **35 Nm** festziehen.

Schaltgetriebe: Ölstand prüfen/ Getriebeöl auffüllen

Das Getriebeöl muß nicht gewechselt werden. Der Ölstand wird im Rahmen der Wartung kontrolliert.

Erforderliches Spezialwerkzeug:

- Eine Grube oder ein Wagenheber mit Unterstellböcken.
- Zum Lösen der Öleinfüllschraube je nach Ausführung am Fahrzeug: Entweder Schlüssel für Innensechskantschrauben, Größe 17 mm, oder Stecknuß für Innenvielzahnschrauben, z. B. HAZET 2567-16 oder AUDI 3357.
- Selbst anfertigen: Dünnen Draht als Peilstab zur Ölstandkontrolle verwenden, ca. 1 cm lange Spitze um 90° abwinkeln.

Erforderliche Betriebsmittel/Verschleißteile:

- Synthetik-Getriebeöl »SAE 75 W 90« der AUDI-Spezifikation »G 052 911 A«. Gesamtfüllmenge:
  Frontantrieb: .... 2,25 Liter
  Frontantrieb/2,5-l-TDI: .... 2,4 Liter
  Allradantrieb je nach Modell: .... 2,3 – 3,6 Liter

  Hinweis: Beim Allrad-Modell ist das Torsen-Zwischendifferential am Schaltgetriebe angeflanscht und mit dem gleichen Öl wie dieses befüllt.

Prüfen

- Fahrzeug waagerecht aufbocken.

Sicherheitshinweis
Beim Aufbocken des Fahrzeugs besteht Unfallgefahr! Deshalb vorher das Kapitel »Fahrzeug aufbocken« durchlesen.

- Untere Motorabdeckung ausbauen, siehe Seite 162.
- Die Öleinfüllschraube befindet sich am Getriebe vor der linken Achswelle und kann von einem Wärmeschutzblech verdeckt sein. In diesem Fall das Wärmeschutzblech am Getriebe abschrauben.

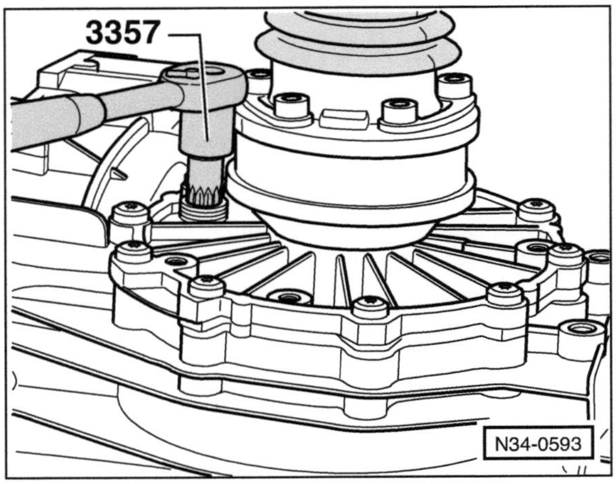

- Öleinfüllschraube je nach Ausführung mit Inbusschlüssel oder Innenvielzahnschlüssel herausdrehen.

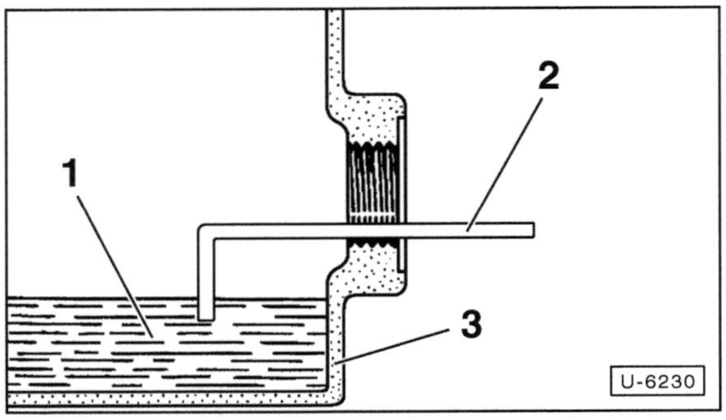

1 – Ölfüllung im Getriebe
2 – abgewinkelter Draht
3 – Getriebegehäuse

- **Fahrzeuge mit Frontantrieb, außer 2,5-l-TDI-Motor:** Abgewinkelten Draht als Peilstab zur Ölstandkontrolle verwenden. Zur Prüfung den abgewinkelten Draht waagerecht in die Bohrung halten, das Winkelstück zeigt nach unten. Draht rausnehmen und Ölstand am Draht messen. Der Ölstand ist korrekt, wenn das Getriebeöl **7 mm unterhalb** der Öleinfüllbohrung steht.
- **Fahrzeuge mit 5-Gang-Allradantrieb sowie alle mit 2,5-l-TDI-Motor:** Der Ölstand ist korrekt, wenn das Getriebeöl bis zur Unterkante der Schraubenbohrung reicht.
- **Fahrzeuge mit 6-Gang-Allradantrieb:** Prüfung mit abgewinkeltem Draht. Der Ölstand ist korrekt, wenn das Getriebeöl **1 mm unterhalb** der Öleinfüllbohrung steht. Der korrekte Ölstand ist unbedingt einzuhalten!

Achtung: Ist der Ölstand zu niedrig, Getriebe auf Undichtigkeiten prüfen, gegebenenfalls reparieren (Werkstattarbeit).

- Gegebenenfalls Öl auffüllen. Öleinfüllschraube mit **25 Nm** festziehen. **2,5-l-TDI-Motor/2,7-/4,2-l-Motor:** Anzugsmoment der Öleinfüllschraube **40 Nm**.
- Falls ausgebaut, Wärmeschutzblech am Getriebe anschrauben. Motorraumabdeckung einbauen, siehe Seite 162.

Automatik-Getriebe: Ölstand im Achsantrieb prüfen

Erforderliches Spezialwerkzeug:

- 4-Gang-Automatikgetriebe 01N: Stecknuß für Innensechskantschraube, Größe 12 mm.

Erforderliche Betriebsmittel/Verschleißteile:

- Synthetik-Getriebeöl »SAE 75 W 90« der AUDI-Spezifikation »G 052 145«. Multitronic-Getriebe 01J: Multitronic-Achsöl der AUDI-Spezifikation »G 052 190«.
  Gesamtfüllmenge:
  4-Gang-Automatikgetriebe 01N: . . . . .0,75 Liter
  5-Gang-Automatikgetriebe 01V: . . . . .0,8 Liter
  5-Gang-Automatikgetriebe 01L: . . . . .1,3 Liter
  Multitronic-Getriebe 01J: . . . . .1,4 Liter
- 5-Gang-Automatikgetriebe: Dichtring für Öleinfüllschraube.

Hinweis: Die Kennbuchstaben des eingebauten Automatikgetriebes sind auf dem Fahrzeugdatenträger vermerkt, siehe Seite 12.

Das Öl im Automatikgetriebe muß normalerweise nicht gewechselt und der Ölstand nicht geprüft werden.

Prüfen

- Achsöl durch kurze Probefahrt auf 60° C erwärmen.
- Fahrzeug waagerecht aufbocken.

Sicherheitshinweis
Beim Aufbocken des Fahrzeugs besteht Unfallgefahr! Deshalb vorher das Kapitel »Fahrzeug aufbocken« durchlesen.

- Untere Motorabdeckung ausbauen, siehe Seite 162.

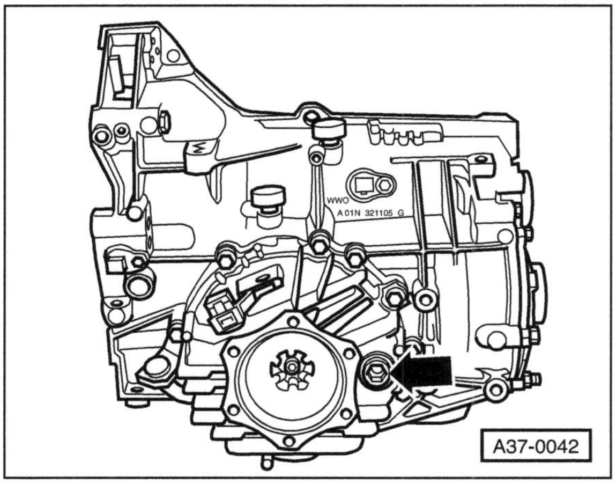

A37-0042

- **4-Gang-Automatikgetriebe:** Öleinfüllschraube –Pfeil– herausdrehen. Ölstand prüfen. Der Ölstand muß bis zur Unterkante der Öleinfüllbohrung reichen. Öleinfüllschraube –Pfeil– mit **25 Nm** festziehen.

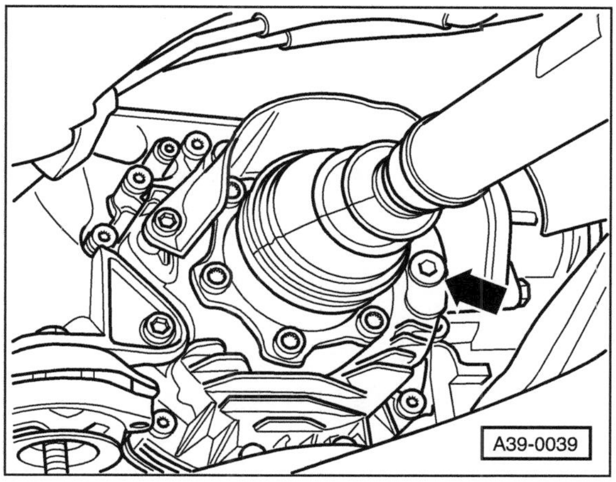
A39-0039

- **5-Gang-Automatikgetriebe:** Gegebenenfalls Wärmeschutzblech und Antriebswelle ausbauen. Öleinfüllschraube –Pfeil– herausdrehen. Ölstand prüfen. Der Ölstand muß bis zur Unterkante der Öleinfüllbohrung reichen. Öleinfüllschraube –Pfeil– mit **neuem** Dichtring versehen, mit **35 Nm** festziehen. Gegebenenfalls Wärmeschutzblech und Antriebswelle einbauen.

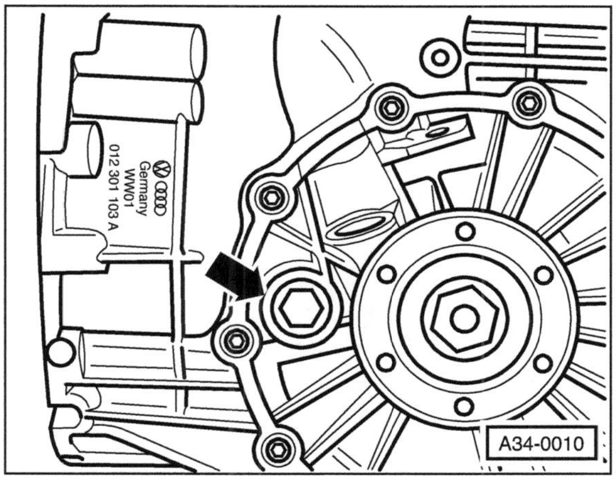

A34-0010

- **Multitronic-Getriebe:** Gegebenenfalls Wärmeschutzblech ausbauen. Öleinfüllschraube –Pfeil– links am Getriebe herausdrehen. Ölstand prüfen. Der Ölstand ist korrekt, wenn das Getriebeöl **8,5 mm unterhalb** der Öleinfüllbohrung steht, siehe Abbildung U-6230. Öleinfüllschraube –Pfeil– mit **20 Nm** festziehen.
- Untere Motorraumabdeckung einbauen, siehe Seite 162.

Achtung: Wird bei der Ölstandkontrolle im Achsantrieb des Automatikgetriebes festgestellt, daß zuviel oder zuwenig Öl im Achsantrieb ist, liegt möglicherweise ein Ölaustausch mit dem Planetengetriebe vor. Ursache von einer AUDI-Werkstatt ermitteln und reparieren lassen.

Vorderachse/Lenkung

Folgende Wartungspunkte müssen nach dem Wartungsplan in unterschiedlichen Intervallen durchgeführt werden:

- Spurstangenköpfe und Achsgelenke: Spiel und Befestigung prüfen, Staubkappen und Faltenbälge prüfen.
- Servolenkung: Ölstand prüfen, gegebenenfalls Hydrauliköl auffüllen.

Spurstangenköpfe und Achsgelenke prüfen

Erforderliches Spezialwerkzeug:

- Werkstattwagenheber.
- Lampe.

Erforderliche Betriebsmittel/Verschleißteile: Keine.

Prüfen

Sicherheitshinweis
Beim Aufbocken des Fahrzeugs besteht Unfallgefahr! Deshalb vorher das Kapitel »Fahrzeug aufbocken« durchlesen.

- Fahrzeug vorn aufbocken, die Räder müssen frei hängen.

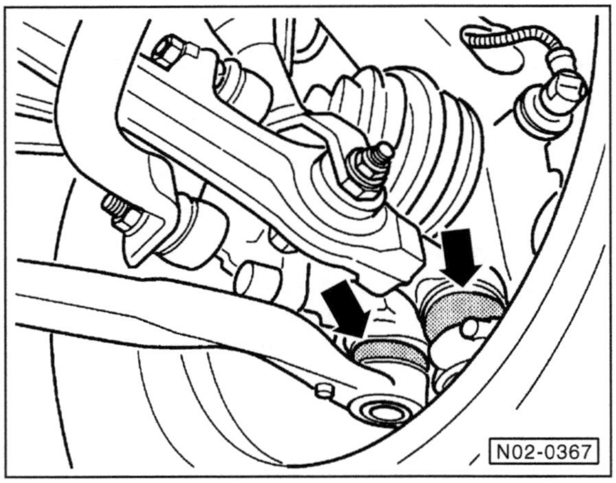

- Staubkappen für untere und obere Achsgelenke links und rechts mit Lampe anstrahlen und auf Schäden prüfen.
- Querlenker kräftig nach oben drücken und nach unten ziehen, dabei das Achsgelenk beobachten.
- Rad kräftig nach außen und innen drücken, dabei das Achsgelenk beobachten.
- Bei beiden Prüfungen darf kein fühlbares und sichtbares Spiel im Achsgelenk vorhanden sein. **Hinweis:** Eventuell vorhandenes Radlagerspiel oder Spiel im Federbeinlager oben berücksichtigen.

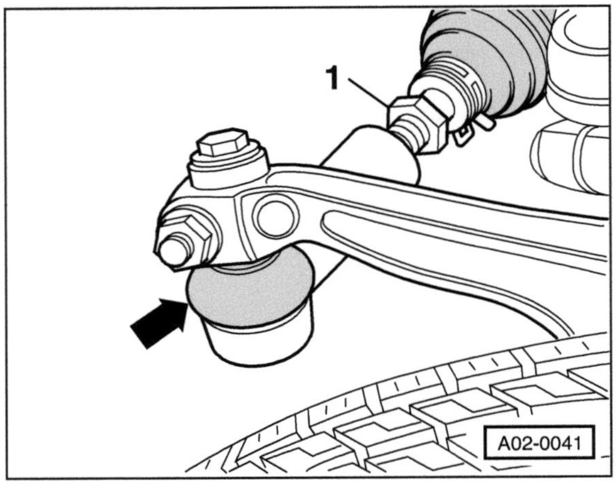

- Staubkappe –Pfeil– sowie Faltenbalg an beiden Spurstangen mit Lampe anstrahlen und auf Schäden prüfen.
- Festsitz der Kontermutter –1– mit **40 Nm** prüfen, ohne dabei die Mutter zu verdrehen.
- Spurstangen links und rechts kräftig von Hand hin- und herbewegen. Das jeweilige Kugelgelenk darf kein Spiel aufweisen, andernfalls Spurstangengelenk ersetzen.
- Bei beschädigter Staubkappe, sicherheitshalber entsprechendes Gelenk mit Schutzkappe auswechseln lassen (Werkstattarbeit). Eingedrungener Schmutz zerstört mit Sicherheit das Gelenk.

Ölstand für Servolenkung prüfen/ auffüllen

Erforderliches Spezialwerkzeug: Keines.

Erforderliche Betriebsmittel/Verschleißteile:

- Nur »Hydrauliköl G 002 000«, erhältlich in der AUDI-Werkstatt, nachfüllen.

Achtung: Normalerweise darf der Ölstand nicht absinken. Wenn der Ölstand abgesunken ist, Undichtigkeit von einer AUDI-Werkstatt beseitigen lassen. Befindet sich der Ölstand über dem angegebenen Bereich, muß Öl abgesaugt werden.

Prüfen

Der Ölstand kann in kaltem oder betriebswarmem Zustand (ab ca. +50° C) geprüft werden. Beschrieben wird die Prüfung in kaltem Zustand. Hinweise am Kapitelende beachten, wenn der Ölstand bei warmem Motor geprüft werden soll.

- Das Fahrzeug darf nicht warmgefahren sein, der Motor darf nicht laufen. Die Vorderräder müssen geradeaus stehen.

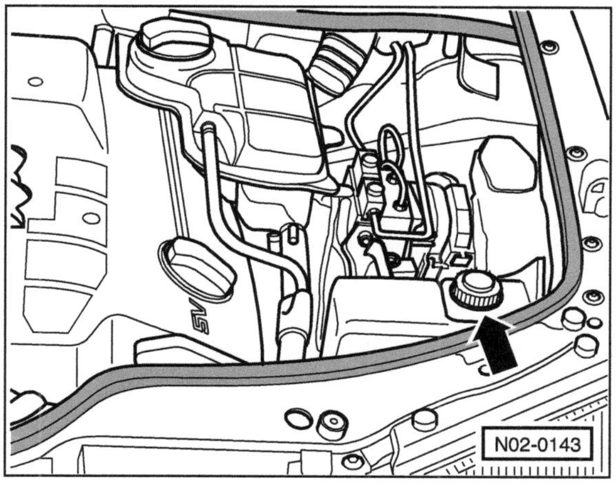

- Verschlußkappe am Ausgleichbehälter abschrauben. Meßstab am Deckel mit sauberem, fusselfreiem Lappen abwischen.

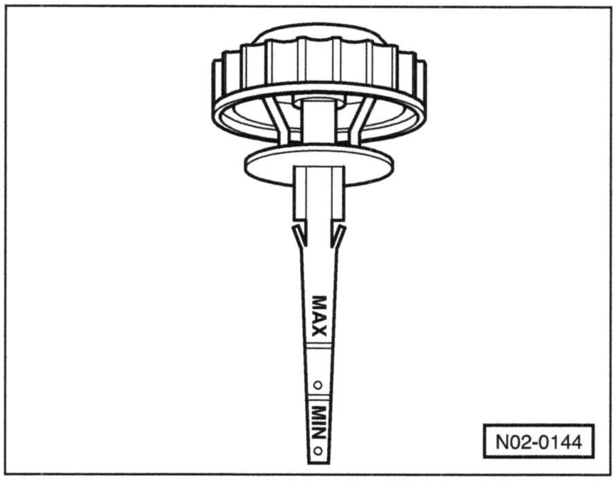

- Deckel handfest auf- und wieder abschrauben. Der Ölstand soll sich im Bereich der MIN.-Markierung am Meßstab befinden, bis 2 mm ober- oder unterhalb der Markierung.
- Grundsätzlich nur **neues Öl** nachfüllen, da bereits kleinste Verunreinigungen zu Störungen an der hydraulischen Anlage führen können.
- Deckel festschrauben.

Hinweise für die Prüfung bei Betriebstemperatur:

Fahrzeug auf Probefahrt warmfahren. Das Hydrauliköl muß auf ca. +50° C erwärmt sein. Ölstand bei laufendem Motor prüfen. Der Ölstand muß sich bei eingeschraubtem Deckel zwischen der MIN.- und MAX.-Markierung am Meßstab befinden.

Bremsen/Reifen/Räder

Folgende Wartungspunkte müssen nach dem Wartungsplan in unterschiedlichen Intervallen durchgeführt werden:

- Bremsflüssigkeitsstand prüfen.
- Bremsbeläge: Belagstärke an Vorder- und Hinterrädern prüfen.
- Bremsanlage: Leitungen, Schläuche und Anschlüsse auf Undichtigkeiten und Beschädigungen prüfen.
- Bremsflüssigkeit erneuern.
- Bereifung: Profiltiefe und Reifenfülldruck prüfen; Reifen auf Verschleiß und Beschädigungen (einschließlich Reserverad) prüfen.
- Radschrauben: Festen Sitz prüfen, gegebenenfalls mit **120 Nm** über Kreuz nachziehen. **Hinweis:** Radschrauben **nicht** fetten oder ölen. Radblenden/Felgenschlösser demontieren, siehe Kapitel »Räder und Reifen«.

Bremsflüssigkeitsstand prüfen

Erforderliches Spezialwerkzeug: Keines.

Erforderliche Betriebsmittel/Verschleißteile:

- Bremsflüssigkeit der Spezifikation **FMVSS 116 DOT 4.**

Der Vorratsbehälter für die Bremsflüssigkeit befindet sich im Motorraum. Der Schraubverschluß hat eine Belüftungsbohrung, die nicht verstopft sein darf.

Der Vorratsbehälter ist durchscheinend, so daß der Bremsflüssigkeitsstand von außen überprüft werden kann. Außerdem wird ein zu niedriger Bremsflüssigkeitsstand durch eine Warnleuchte im Instrumenteneinsatz signalisiert. Dennoch ist es ratsam, bei der regelmäßigen Motorölkontrolle auch einen Blick auf den Stand der Bremsflüssigkeit im Vorratsbehälter zu werfen.

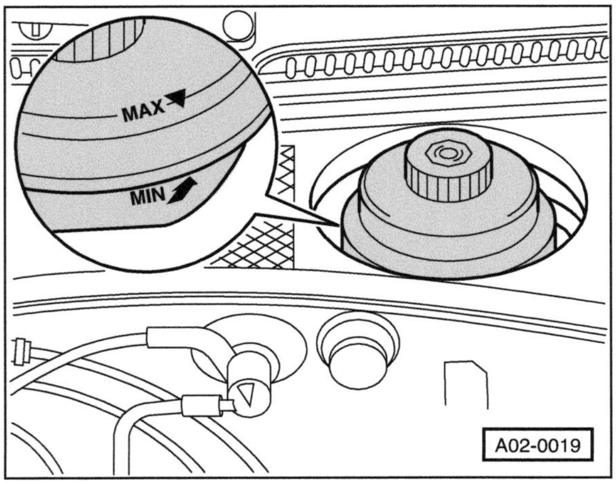

- Der Flüssigkeitsstand soll zwischen der MAX.- und der MIN.-Marke liegen.
- Nur **neue** Bremsflüssigkeit der Spezifikation **FMVSS 116 DOT 4** einfüllen.
- Durch Abnutzung der Scheibenbremsbeläge entsteht ein geringfügiges Absinken der Bremsflüssigkeit. Das ist normal. Es muß keine Bremsflüssigkeit nachgefüllt werden.
- Sinkt die Bremsflüssigkeit jedoch innerhalb kurzer Zeit stark ab oder liegt der Flüssigkeitsspiegel unter der MIN.-Marke, ist das ein Zeichen für Bremsflüssigkeitsverlust.

Die Leckstelle muß dann sofort ausfindig gemacht werden. Sicherheitshalber sollte die Überprüfung der Anlage von einer Fachwerkstatt durchgeführt werden.

Bremsbelagdicke prüfen

Hinweis: Die Dicke der äußeren Bremsbeläge kann durch einen Durchbruch im Scheibenrad geprüft werden, falls erforderlich eine Taschenlampe verwenden. Der innere Belag kann mit Hilfe einer Taschenlampe und eines Spiegels geprüft werden. Läßt sich die Dicke schwer schätzen, Räder abbauen und Bremsbelagdicke mit einer Schieblehre prüfen.

Vorderrad-Scheibenbremse:

Hinweis: Da der Belagverschleiß auf der Beifahrerseite erfahrungsgemäß minimal größer als auf der Fahrerseite sein kann, ist es sinnvoll, das vordere Rad auf der Beifahrerseite abzunehmen.

- Rechtes Vorderrad zur Radnabe mit Farbe kennzeichnen. Dadurch kann das ausgewuchtete Rad wieder in derselben Position montiert werden. Radschrauben lösen, dabei muß das Fahrzeug auf dem Boden stehen. Fahrzeug vorn aufbocken und Vorderrad abnehmen.

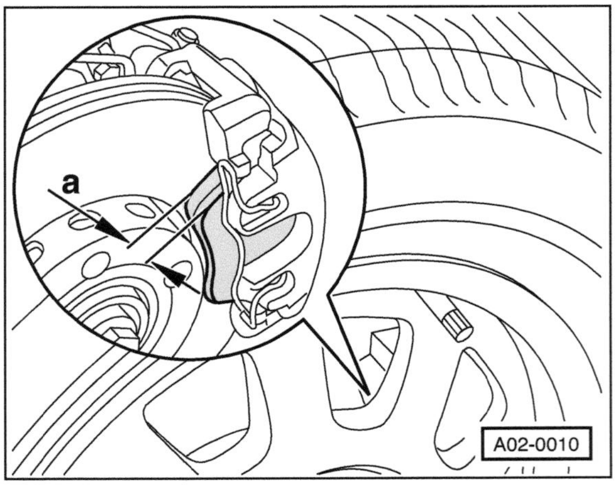

- Belagdicke –a–, mit metallner Rückenplatte, an den inneren und äußeren Bremsbelägen mit einer Schieblehre messen.

- Die Verschleißgrenze der vorderen Scheibenbremsbeläge ist erreicht, wenn ein Belag nur noch eine Dicke –a– von **7 mm** (mit Trägerplatte) aufweist. In diesem Fall Bremsbeläge an der Vorderachse wechseln, siehe Seite 143.
- Vorderrad so ansetzen, daß die beim Ausbau angebrachten Markierungen übereinstimmen. Radschrauben **nicht** fetten oder ölen. Rad anschrauben. Fahrzeug ablassen und Radschrauben über Kreuz mit **120 Nm** festziehen.

Hinweis: Nach einer Faustregel entspricht 1 mm Bremsbelag einer Fahrleistung von mindestens 1000 km. Diese Faustregel gilt unter ungünstigen Bedingungen. Im Normalfall halten die Beläge viel länger. Bei einer Belagdicke der Scheibenbremsbeläge von 10,0 mm (mit Rückenplatte) beträgt die Restnutzbarkeit der Bremsbeläge also noch mindestens 3000 km.

Hinterrad-Scheibenbremse:

- Dicke der äußeren Bremsbeläge durch einen Durchbruch im Scheibenrad prüfen, falls erforderlich Lampe verwenden. Das Scheibenrad muß nicht abgenommen werden. Falls vorhanden, Radvollblende abziehen.
- Inneren Belag mit Hilfe einer Lampe und eines Spiegels sichtprüfen.

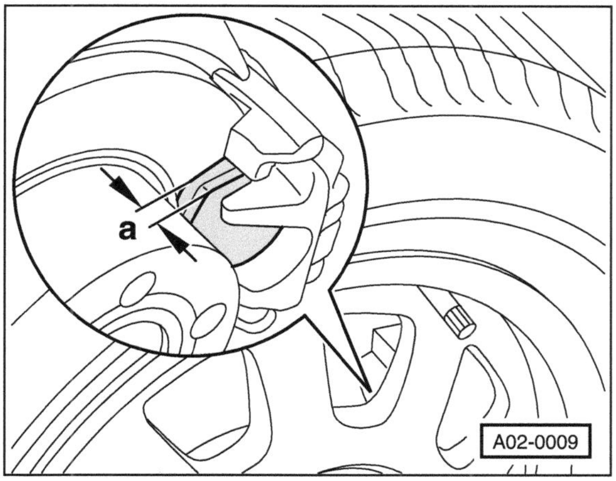

- Die Verschleißgrenze der hinteren wie auch der vorderen Scheibenbremsbeläge ist erreicht, wenn ein Belag einschließlich der Trägerplatte nur noch eine Dicke –a– von **7 mm** aufweist.

Sichtprüfung der Bremsleitungen

Sicherheitshinweis
Beim Aufbocken des Fahrzeugs besteht Unfallgefahr! Deshalb vorher das Kapitel »Fahrzeug aufbocken« durchlesen.

- Fahrzeug aufbocken.
- Verschmutzte Bremsleitungen reinigen.

Achtung: Die Bremsleitungen sind zum Schutz gegen Korrosion mit einer Kunststoffschicht überzogen. Wird diese Schutzschicht beschädigt, kann es zur Korrosion der Leitungen kommen. Daher dürfen Bremsleitungen nicht mit Drahtbürste oder Schmirgelleinen gereinigt werden.

- Bremsleitungen vom Hauptbremszylinder zur ABS-Hydraulikeinheit und den einzelnen Radbremsen mit Lampe anstrahlen und überprüfen. Der Hauptbremszylinder sitzt im Motorraum unter dem Vorratsbehälter für Bremsflüssigkeit.
- Bremsleitungen dürfen weder geknickt noch gequetscht sein. Auch dürfen sie keine Rostnarben oder Scheuerstellen aufweisen. Andernfalls Leitung bis zur nächsten Trennstelle ersetzen.
- Bremsschläuche verbinden die Bremsleitungen mit den Radbremszylindern an den beweglichen Teilen des Fahrzeugs. Sie bestehen aus hochdruckfestem Material, können aber mit der Zeit porös werden, aufquellen oder durch scharfe Gegenstände angeschnitten werden. In einem solchen Fall sind sie sofort zu ersetzen.

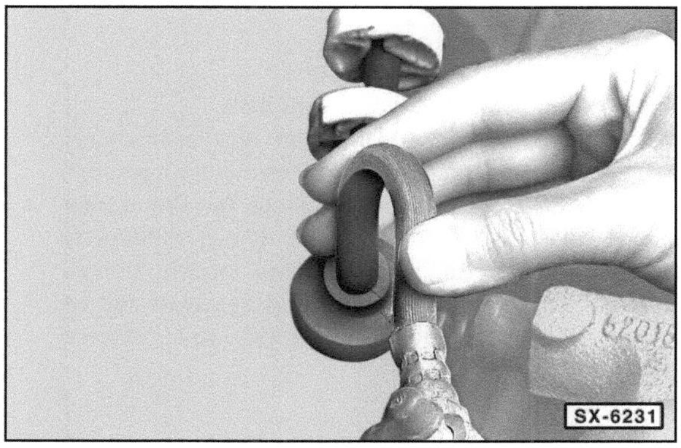

- Bremsschläuche mit der Hand hin- und herbiegen, um brüchige Stellen und Beschädigungen festzustellen. Die Schläuche dürfen nicht verdreht sein. Farbige Kennlinie beachten, falls vorhanden!
- Anschlußstellen von Bremsleitungen und -schläuchen dürfen nicht durch ausgetretene Flüssigkeit feucht sein.
- Lenkrad nach links und rechts bis zum Anschlag drehen. Die Bremsschläuche dürfen dabei in keiner Stellung Fahrzeugteile berühren.
- Fahrzeug ablassen.
- Lenkrad nochmals nach links und rechts bis zum Anschlag drehen und sicherstellen, daß die Bremsschläuche in keiner Stellung Fahrzeugteile berühren.

Bremsflüssigkeit wechseln

Erforderliches Spezialwerkzeug:

- Sechskant-Ringschlüssel für Entlüfterschrauben.
- Durchsichtiger Kunststoffschlauch, Innendurchmesser 6 mm, und Auffangflasche für Bremsflüssigkeit. Diese Teile werden oft auch im Zubehörhandel angeboten.

Erforderliche Betriebsmittel/Verschleißteile:

- Ca. 1,5 l Bremsflüssigkeit der Spezifikation **DOT 4**.

Achtung: Gebrauchte Bremsflüssigkeit nicht mehr einfüllen.

Sicherheitshinweis
Vorsichtsmaßregeln beim Umgang mit Bremsflüssigkeit beachten, siehe Seite 150.

Die Bremsflüssigkeit nimmt durch die Poren der Bremsschläuche sowie durch die Entlüftungsöffnung des Vorratsbehälters Luftfeuchtigkeit auf. Dadurch sinkt im Laufe der Betriebszeit der Siedepunkt der Bremsflüssigkeit. Bei starker Beanspruchung der Bremse kann es deshalb zu Dampfblasenbildung in den Bremsleitungen kommen, wodurch die Funktion der Bremsanlage stark beeinträchtigt wird.

Die Bremsflüssigkeit soll alle 2 Jahre, möglichst im Frühjahr, erneuert werden. Bei vielen Gebirgsfahrten, Bremsflüssigkeit in kürzeren Abständen wechseln.

In der Werkstatt wird die Bremse in der Regel mit einem Bremsenfüll- und Entlüftungsgerät entlüftet. Es geht aber auch ohne das Entlüftungsgerät. Die Bremsanlage wird dann durch Pumpen mit dem Bremspedal entlüftet, dazu ist eine zweite Person notwendig.

Sicherheitshinweis, Fahrzeuge mit ABS:
Sinkt der Bremsflüssigkeitsstand im Ausgleichbehälter beim Entlüftungsvorgang zu tief ab, wird Luft angesaugt, die in die ABS-Hydraulikpumpe gelangt. Die Bremsanlage muß dann in der Werkstatt mit dem Entlüftergerät entlüftet werden. Bei Einbau eines neuen Bremsschlauchs ist die Anlage ebenfalls in der Werkstatt zu entlüften. Das Fahrzeug darf solange nicht gefahren werden.

Die Reihenfolge der Entlüftung: 1. Bremssattel hinten rechts, 2. Bremssattel hinten links, 3. Bremssattel vorn rechts, 4. Bremssattel vorn links.

- Bremsflüssigkeitsstand auf dem Vorratsbehälter mit Filzstift markieren. Nach Erneuern der Bremsflüssigkeit ursprünglichen Flüssigkeitsstand wieder herstellen. Dadurch wird ein Überlaufen des Bremsflüssigkeitsbehälters beim Wechsel der Bremsbeläge vermieden.
- Deckel vom Bremsflüssigkeitsbehälter abschrauben.

Hinweis: Es ist nicht möglich, mit einer Absaugflasche die Bremsflüssigkeit aus dem Bremsflüssigkeitsbehälter abzusaugen, da sich ein fest eingebautes Sieb im Einfüllstutzen befindet.

Achtung: Entlüftungsventile vorsichtig öffnen, damit sie nicht abgedreht werden. Es empfiehlt sich, die Ventile ca. 2 Stunden vor dem Entlüften mit Rostlöser einzusprühen. Bei festsitzenden Ventilen das Entlüften von einer Werkstatt vornehmen lassen.

- Am rechten hinteren Bremssattel sauberen, durchsichtigen Schlauch auf Entlüfterventil aufschieben, geeignetes Gefäß unterstellen. Damit das Entlüfterventil zugänglich wird, entweder Rad abnehmen, oder Fahrzeug auf eine Hebebühne oder Grube fahren.
- Getriebe in Leerlaufstellung bringen, Handbremse anziehen. Motor starten und im Leerlauf laufen lassen.

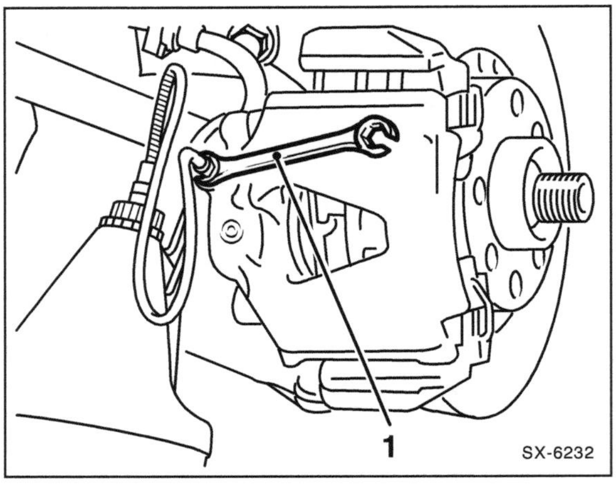

- Von Helfer das Bremspedal mehrmals durchtreten lassen, bis sich ein Gegendruck aufgebaut hat. Bremspedal getreten lassen, Entlüfterventil am rechten hinteren Bremssattel mit Ringschlüssel –1– öffnen. Entlüfterschraube schließen, wenn das Pedal am Bodenblech anstößt. Fuß vom Bremspedal nehmen.

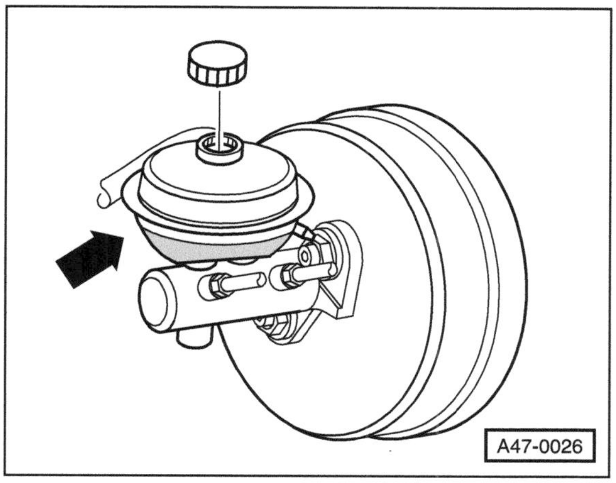

- **Fahrzeuge mit Schaltgetriebe:** Am rechten hinteren Bremssattel bei laufendem Motor so lange Bremsflüssigkeit herauspumpen, bis die Flüssigkeit im Vorratsbehälter auf Höhe des Anschlußstutzens –Pfeil– für die hydraulische Kupplungsbetätigung steht. Der Flüssigkeitsspiegel darf nicht zu weit sinken, sonst wird über den Vorratsbehälter Luft angesaugt. **Immer nur neue Bremsflüssigkeit nachgießen!**
- Entlüfterventil schließen.
- **Fahrzeuge mit Schaltgetriebe:** Da die Kupplungsbetätigung mit Bremsflüssigkeit arbeitet, Kupplungsbetätigung entlüften, siehe Seite 245.

Achtung: Am Kupplungsnehmerzylinder sollen beim Entlüften mindestens **100 cm³** (0,1 Liter) Bremsflüssigkeit herausgepumpt werden, damit die Bremsflüssigkeit erneuert wird.

- Vorratsbehälter bis zur MAX.-Marke mit **neuer** Bremsflüssigkeit füllen.
- Alte Bremsflüssigkeit aus den anderen Bremssätteln in der Reihenfolge – hinten rechts, hinten links, vorne rechts, vorne links – herauspumpen.

Achtung: Die abfließende Bremsflüssigkeit muß in jedem Fall klar und blasenfrei sein. An jedem Bremssattel sollen ca. **250 cm³** (1/4 Liter) Bremsflüssigkeit herausgepumpt werden.

- Bremspedal betätigen und Leerweg prüfen. Der Leerweg darf maximal 1/3 des Pedalwegs betragen.
- Bremsflüssigkeit im Vorratsbehälter auffüllen, bis zum markierten Stand vor dem Bremsflüssigkeitswechsel.
- Verschlußdeckel am Behälter aufschrauben.

Achtung, Sicherheitskontrolle durchführen:

- Sind die Bremsleitungen festgezogen?
- Befindet sich die Bremsschläuche in der Halterung?
- Sind die Entlüftungsschrauben angezogen?
- Ist genügend Bremsflüssigkeit eingefüllt?
- Bei laufendem Motor Dichtheitskontrolle durchführen. Hierzu Bremspedal mit 200 bis 300 N (entspricht 20 bis 30 kg) etwa 10 sec. betätigen. Das Bremspedal darf nicht nachgeben. Sämtliche Anschlüsse auf Dichtheit kontrollieren.

- Anschließend einige Bremsungen auf einer Straße mit geringem Verkehr durchführen. Dabei muß mindestens eine starke Bremsung mit ABS-Regelung (erkennbar am pulsierenden Bremspedal) vorgenommen werden. **Achtung: Dabei besonders auf nachfolgenden Verkehr achten.** Am ehesten wird eine ABS-Regelung auf losem Untergrund erreicht.

Achtung: Alte Bremsflüssigkeit ist ein Problemstoff und darf auf keinen Fall einfach weggeschüttet oder dem Hausmüll mitgegeben werden. Gemeinde- und Stadtverwaltungen informieren darüber, wo sich die nächste Problemstoff-Sammelstelle befindet.

Reifenprofil prüfen

Zur Prüfung sind weder Werkzeug noch Verschleißteile erforderlich.

Die Reifen ausgewuchteter Räder nutzen sich bei gewissenhaftem Einhalten des vorgeschriebenen Fülldrucks und bei fehlerfreier Radeinstellung und Stoßdämpferfunktion auf der gesamten Lauffläche annähernd gleichmäßig ab. Bei ungleichmäßiger Abnutzung, siehe Störungsdiagnose im Kapitel »Räder und Reifen«. Im übrigen läßt sich keine generelle Aussage über die Lebensdauer bestimmter Reifenfabrikate machen, denn die Lebensdauer hängt von unterschiedlichen Faktoren ab:

- Fahrbahnoberfläche
- Reifenfülldruck
- Fahrweise
- Witterung

Vor allem sportliche Fahrweise, scharfes Anfahren und starkes Bremsen fördern den schnellen Reifenverschleiß.

Achtung: Die Rechtsprechung verlangt, daß Reifen lediglich bis zu einer Profiltiefe von 1,6 mm abgefahren werden dürfen, und zwar müssen die Profilrillen auf der gesamten Lauffläche noch mindestens 1,6 mm Tiefe aufweisen. Es empfiehlt sich jedoch, sicherheitshalber die Reifen bereits bei einer Mindestprofiltiefe von 2 mm auszutauschen.

Nähert sich die Profiltiefe der gesetzlich zulässigen Mindestprofiltiefe, das heißt, weist der mehrmals am Reifenumfang angeordnete 1,6 mm hohe Verschleißanzeiger kein Profil mehr auf, müssen die Reifen gewechselt werden.

Hinweis: Es dürfen bei Allradfahrzeugen (quattro) nur Reifen gleicher Bauart und Profilausführung an allen 4 Rädern gefahren werden. Sonst kann es zu Schäden am Mitteldifferential kommen. Aus Gründen der Fahrsicherheit empfiehlt sich dies auch bei Fahrzeugen mit Frontantrieb.

Achtung: M + S-Reifen haben auf Matsch und Schnee nur den gewünschten Grip, wenn ihr Profil noch mindestens 4 mm tief ist.

Achtung: Reifen auf Schnittstellen untersuchen und mit kleinem Schraubendreher Tiefe der Schnitte feststellen. Wenn die Schnitte bis zur Karkasse reichen, korrodiert durch eindringendes Wasser der Stahlgürtel. Dadurch löst sich unter Umständen die Lauffläche von der Karkasse, der Reifen platzt. Deshalb: Bei tiefen Einschnitten im Profil aus Sicherheitsgründen Reifen austauschen.

Reifenfülldruck prüfen

Erforderliches Spezialwerkzeug:

- Reifenfüllgerät an der Tankstelle.

Prüfen

- Reifenfülldruck nur am kalten Reifen prüfen.
- Ventilkappe abschrauben.

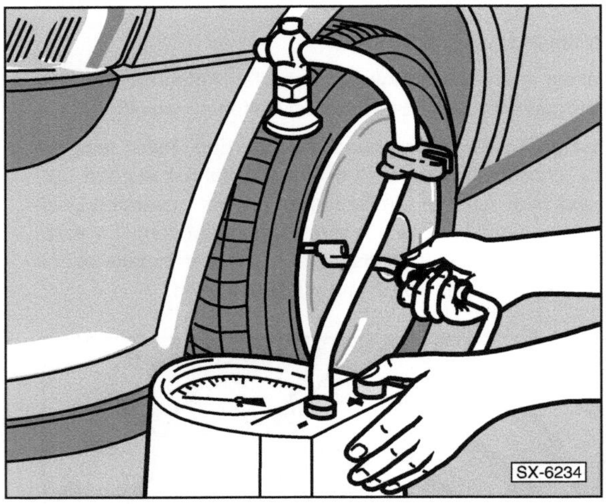

- Reifenfülldruck einmal im Monat sowie im Rahmen der Wartung (einschließlich Reserverad) prüfen.
- Zusätzlich sollte der Fülldruck vor längeren Autobahnfahrten kontrolliert werden, da hierbei die Temperaturbelastung für den Reifen am größten ist.
- Der richtige Fülldruck für die montierten Reifen steht auf einem Aufkleber an der Innenseite der Tankklappe. **Achtung:** Bei Verwendung von Winterreifen muß der Reifenfülldruck um 0,2 bar gegenüber den dort angegebenen Werten erhöht werden.
- Der richtige Fülldruck für das schmale Reserve-**Notrad** steht auf der Reifenflanke.

Reifenventil prüfen

Erforderliches Spezialwerkzeug:

- Ventil-Metallschutzkappe oder HAZET 666-1.

Prüfen

- Staubschutzkappe vom Ventil abschrauben.

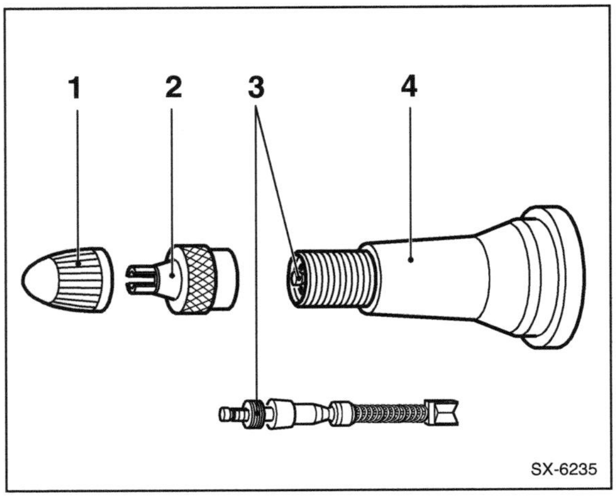

- Etwas Seifenwasser oder Speichel auf das Ventil geben. Wenn sich eine Blase bildet, Ventileinsatz –3– mit umgedrehter Metallschutzkappe –2– festdrehen.

Achtung: Zum Anziehen des Ventileinsatzes kann nur eine Metallschutzkappe –2– verwendet werden. Metallschutzkappen sind an der Tankstelle erhältlich. 1 – Gummischutzkappe, 4 – Ventil.

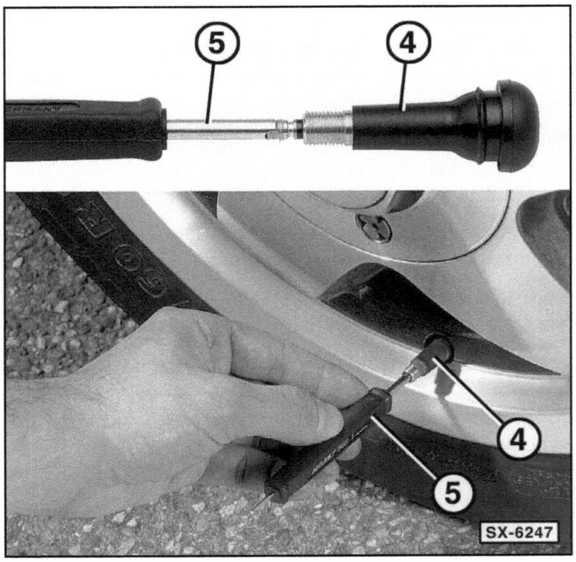

Hinweis: Anstelle der Metallschutzkappe kann auch das Werkzeug HAZET 666-1 –5– verwendet werden. 4 – Ventil.

- Ventil erneut prüfen. Falls sich wieder Blasen bilden oder das Ventil sich nicht weiter anziehen lässt, Ventil erneuern (Werkstattarbeit).
- Grundsätzlich Staubschutzkappe wieder aufschrauben.

Karosserie/Innenausstattung

Folgende Wartungspunkte müssen nach dem Wartungsplan in unterschiedlichen Intervallen durchgeführt werden:

- Sicherheitsgurte: Auf Beschädigungen prüfen.
- Unterbodenschutz auf Beschädigungen prüfen.
- Türfeststeller und Schließzylinder schmieren.
- Schiebedach: Führungsschienen reinigen und mit Gleitmittel von AUDI einsprühen.
- Heckklappenscharniere schmieren.
- Lüftung/Heizung: Staub-/Pollenfilter-Einsatz erneuern.

Sicherheitsgurte sichtprüfen

Zur Prüfung sind weder Werkzeug noch Verschleißteile erforderlich.

Sicherheitshinweis
Geräusche, die beim Aufrollen des Gurtbandes entstehen, sind funktionsbedingt. Bei störenden Geräuschen kann nur der Sicherheitsgurt ausgetauscht werden. Auf keinen Fall darf zur Behebung von Geräuschen Öl oder Fett verwendet werden. Der Aufrollautomat darf nicht zerlegt werden, da hierbei die vorgespannte Feder herausspringen kann. Unfallgefahr!

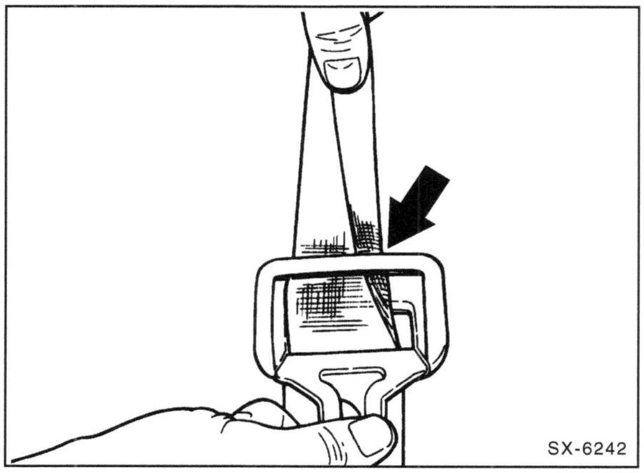

- Sicherheitsgurt ganz herausziehen und Gurtband auf durchtrennte Fasern prüfen.
- Beschädigungen können zum Beispiel durch Einklemmen des Gurtes oder durch brennende Zigaretten entstehen. In diesem Fall Gurt austauschen.
- Sind Scheuerstellen vorhanden, ohne daß Fasern durchtrennt sind, braucht der Gurt nicht ausgewechselt zu werden.
- Schwergängigen Gurt auf Verdrehungen prüfen, gegebenenfalls Verkleidung an der Mittelsäule ausbauen.
- Wenn die Aufrollautomatik nicht mehr funktioniert, Gurt auswechseln (Werkstattarbeit).
- Gurtbänder nur mit Seife und Wasser reinigen, keinesfalls Lösungsmittel oder chemische Reinigungsmittel verwenden.

Türfeststeller/Schließzylinder/ Schiebedach schmieren

Erforderliche Betriebsmittel/Verschleißteile:

- Schmiermittel »G 052 778 A2« von der AUDI-Werkstatt.

Erforderliches Spezialwerkzeug: Keines.

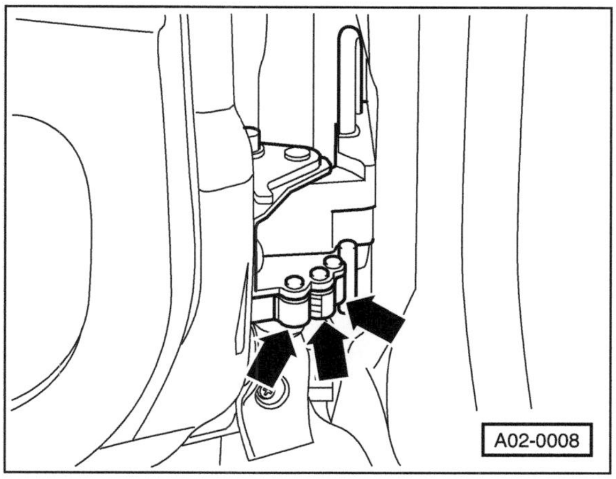

- Die Türfeststeller nur an den mit –Pfeilen– gekennzeichneten Stellen schmieren. AUDI empfiehlt das Schmiermittel »G 052 778 A2«.
- Schließzylinder an Türen und Heckklappe ebenfalls mit Schmiermittel »G 052 778 A2« schmieren. Dazu Fahrzeugschlüssel mit Schmiermittel besprühen, Schlüssel mehrmals in das Schloß einführen und dann abwischen.

Schiebedach: Führungsschienen reinigen/einsprühen

- Schiebedach öffnen und die sichtbar werdenden, blanken Führungsschienen sauber abwischen.

Achtung: Umliegenden Lack mit Zeitungspapier abdecken. Silikon-Gleitmittel nicht auf den Autolack bringen, andernfalls mit Silikonentferner wieder abwischen.

- Führungsschienen mit Spezial-Schmiermittel »G 052 778 A2« von AUDI dünn einsprühen.

Achtung: Kein anderes Schmiermittel verwenden, andernfalls kann es zu Funktionsstörungen des Schiebedachs kommen.

Hinweis: Dringt bei Regen oder der Fahrzeugwäsche Wasser durch das Schiebedach in den Innenraum, Undichtigkeiten von einer AUDI-Werkstatt beheben lassen.

Heckklappenscharniere schmieren

Erforderliche Betriebsmittel/Verschleißteile:

- VW/AUDI-Sprühöl G 000 115 A2.

Schmieren

- Heckklappe öffnen.
- Abdeckung für Klappenscharnier links/rechts, falls vorhanden, entfernen.

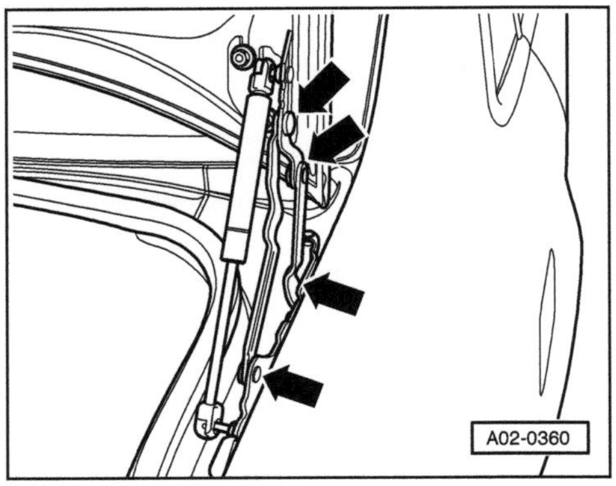

- Die jeweils vier Scharniergelenke an den beiden Heckklappenscharnieren an der Anlage zu den Scharnierlenkern –Pfeile– mit VW/AUDI-Sprühöl schmieren.

Hinweis: Um gezielt einsprühen zu können, beiliegendes Sprührohr in den Sprühkopf einstecken. Sprühdose ca.fünf mal schütteln. Die Sprühdose darf nicht zu oft und zu heftig geschüttelt werden da sonst das Sprühöl aufschäumt und dadurch seine Kriechfähigkeit gemindert wird.

- Gelenke und Karosserie vom überschüssigem Öl reinigen und gegebenenfalls Abdeckung für Scharnier einbauen.

Staub-/Pollenfilter erneuern

Erforderliche Betriebsmittel/Verschleißteile:

- Staub-/Pollenfilter.

Ausbau

- Motorhaube öffnen. Der Filter befindet sich am Ansaugstutzen für die Innenraumbelüftung unterhalb der Wasserkastenabdeckung rechts.

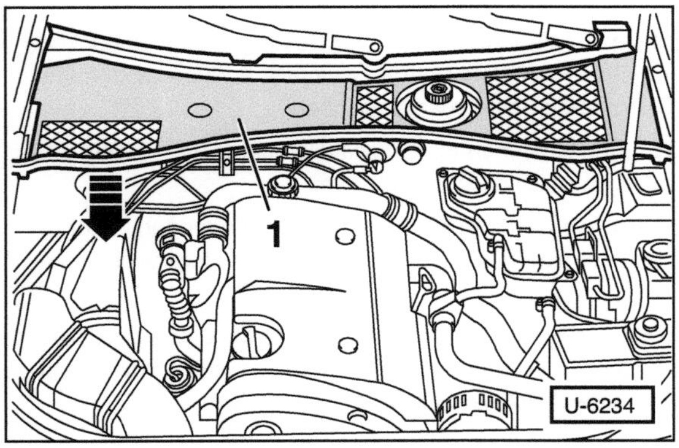

- Gummidichtung nach vorn vom Karosseriefalz abziehen –Pfeil–.
- Wasserkastenabdeckung –1– nach vorn abnehmen.

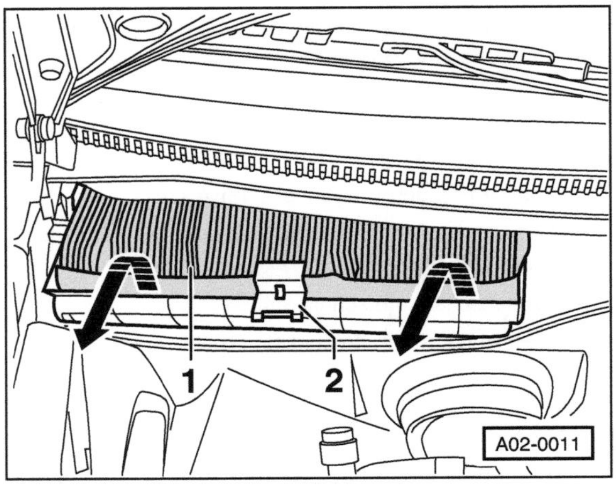

- Halter –2– zurückdrücken. Staub- und Pollenfilter –1– herausnehmen –Pfeile–.

Einbau

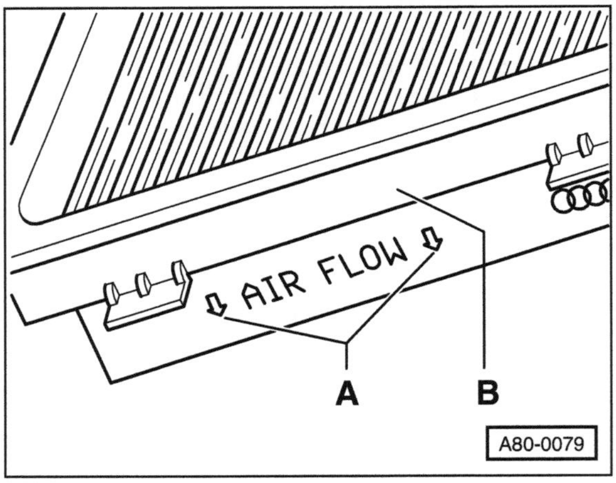

- Neuen Filtereinsatz so in den Rahmen –B– einsetzen, daß die Pfeile –A– nach unten zeigen.
- Halter –2– nach unten klappen, siehe Abbildung A02-0011.
- Wasserkastenabdeckung einsetzen. Gummidichtung auf den Karosseriefalz aufdrücken.

Achtung: Ist die Wasserkastenabdeckung nicht richtig eingebaut, dringt Wasser in die Heizung und den Innenraum ein.

Elektrische Anlage

Folgende Wartungspunkte müssen nach dem Wartungsplan in unterschiedlichen Intervallen durchgeführt werden:

- Alle Stromverbraucher: Funktion prüfen.
- Gegebenenfalls Scheinwerfer einstellen, siehe Seite 89.
- Batterie: Säurestand prüfen, gegebenenfalls destilliertes Wasser auffüllen.
- Frontscheibenwischer und Heckscheibenwischer: Wischergummis auf Verschleiß prüfen. Ruhestellung der Wischerblätter prüfen. Wenn Wischerblätter rubbeln, Anstellwinkel prüfen.
- Scheibenwaschanlage, Scheinwerfer-Waschanlage: Flüssigkeitsstand und Funktion prüfen, Düsenstellung kontrollieren, siehe Kapitel »Scheibenwischeranlage«.
- Service-Intervallanzeige im Instrumenteneinsatz zurücksetzen, siehe Seite 14.

Stromverbraucher prüfen

Zur Prüfung sind weder Werkzeug noch Verschleißteile erforderlich.

Folgende Funktionen prüfen, gegebenenfalls Fehler beheben. Je nach Ausstattung sind nicht alle Verbraucher vorhanden:

- Beleuchtung, Scheinwerfer, Nebellampen, Blinkleuchten, Warnblinkanlage, Schlußleuchten, Nebelschlußleuchten, Rückfahrleuchten, Bremsleuchten, Parklichtschaltung.
- Innen- und Leseleuchten (Abschaltautomatik für Innenleuchten vorn), beleuchteter Ablagekasten, beleuchteter Ascher, Kofferraumbeleuchtung, beleuchteter Zündschlüssel.
- Warnsummer für nicht ausgeschaltetes Licht und/oder Radio.
- Alle Schalter in der Konsole.
- Fahrerinformationssystem (FIS).
- Instrumenteneinsatz mit allen Anzeigen, Zählern, Leuchten und Beleuchtung.
- Doppeltonfanfare.
- Scheibenwisch-/Scheibenwaschanlage, Scheinwerferreinigungsanlage.
- Zigarrenanzünder vorn und hinten.
- Elektrische Außenspiegel (beheizbar, einstellbar, anklappbar).
- Elektrische Fensterheber.
- Elektrisches Schiebe-/Ausstelldach.
- Zentralverriegelung, Funkfernbedienung, Komfortschließung.
- Elektrische Sitzeverstellung, Gurthöhenverstellung.
- Beheizbare Sitze.
- Radio.

Batterie prüfen

Erforderliche Betriebsmittel/Verschleißteile:

- Destilliertes Wasser (Nur bei Batterie mit herausnehmbaren Batteriestopfen).

Säurestand prüfen

Nur Batterie mit herausnehmbaren Batteriestopfen.

- Windlaufgrill ausbauen, siehe Seite 77.

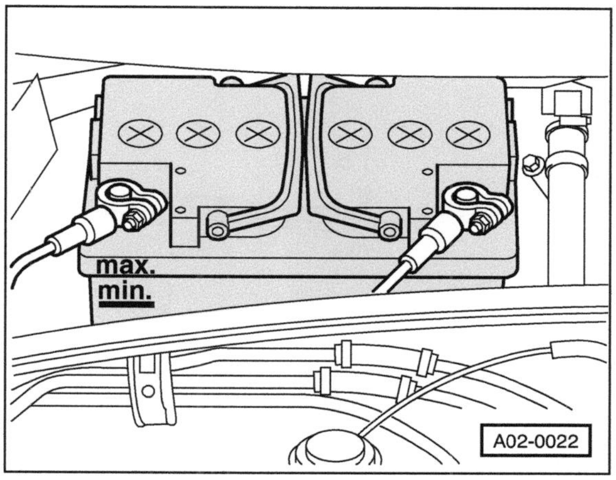

- Säurestand im durchsichtigen Batteriegehäuse von außen sichtprüfen. Nur wenn der Säurestand in einer Zelle unter die MIN-Markierung abgesunken ist, Batteriestopfen ausschrauben.

Achtung: Ist der Säurestand nicht erkennbar, Batteriestopfen ausschrauben und in die Zellen schauen. **Nicht mit offener Flamme in die Batterie leuchten. Explosionsgefahr!**

- Jede Zelle einzeln mit destilliertem Wasser bis zur MAX-Markierung auffüllen.
- Stopfen einschrauben und festziehen.

Batterieklemmen und -halter auf festen Sitz prüfen

Hinweis: Sitzt die Batterie nicht fest oder sind die Klemmen nicht richtig angezogen, können vorzeitiger Ausfall der Batterie durch Rüttelschäden, ein Kabelbrand oder Funktionsstörungen in der elektrischen Anlage die Folge sein. Da bei nicht angeschlossener Batterie elektronische Speicher, beispielsweise Radiosender, gelöscht werden, Hinweise zum Batterieaus- und -einbau durchlesen, siehe Seite 57.

- Batterieklemmen hin- und herbewegen und festen Sitz prüfen, gegebenenfalls nachziehen.
- Sitzt die Batterie lose, Batterie-Befestigungsschraube mit **20 Nm** festziehen.
- Windlaufgrill einbauen, siehe Seite 77.

Hinweis: Weitere Prüfungen der Batterie, siehe Seite 60.

Scheibenwischerarme einstellen

Erforderliches Spezialwerkzeug:

- Nur wenn die Wischerblätter beim Wischen auf der Scheibe rattern: Spezialwerkzeug HAZET 4851-1.

Erforderliche Betriebsmittel/Verschleißteile: Keine.

Ruhestellung prüfen

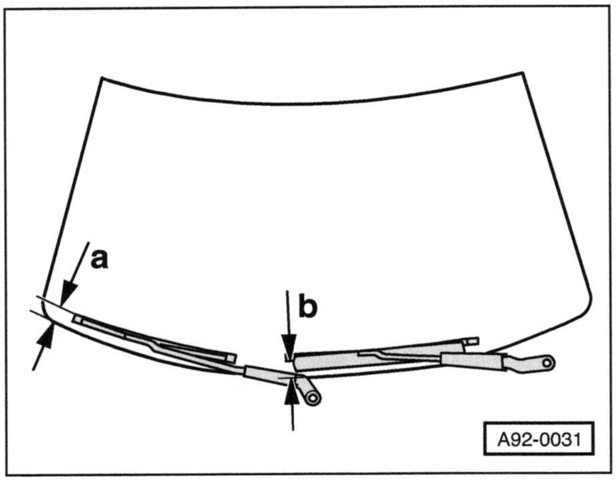

- **Windschutzscheibe:** Bei ausgeschaltetem Wischer den Abstand zwischen Wischergummi und Scheibenrandabdeckung prüfen.
  Einstellmaße:
  Limousine/Avant: a = 12 – 22 mm; b = 25 – 35 mm.
  S6/Allroad: a = 20 – 25 mm; b = 40 – 45 mm.
  Limousine/Avant/Allroad seit 10/00:
  a = 24 – 32 mm; b = 24 – 32 mm.
- **Avant-Heckscheibe:** Bei ausgeschaltetem Wischer soll das Wischerblatt waagerecht, am oberen Rand der Heckscheiben-Rasterfläche liegen.
- Gegebenenfalls Wischerarm ausbauen und entsprechend versetzen, siehe Seite 76.
- Scheibenwischer laufen lassen, ausschalten und Einstellung nochmals überprüfen, gegebenenfalls korrigieren.

Anstellwinkel prüfen

Hinweis: Der Anstellwinkel läßt sich **nur** bei **Fahrzeugen bis 9/00** prüfen beziehungsweise einstellen. Ab 10/00 sind geänderte Wischerblätter eingebaut.

Der Anstellwinkel muss nur geprüft werden, wenn die Wischerblätter während des Wischens rattern.

- Wischerarme in Ruhestellung bringen und Wischerblatt ausbauen, siehe Seite 76.

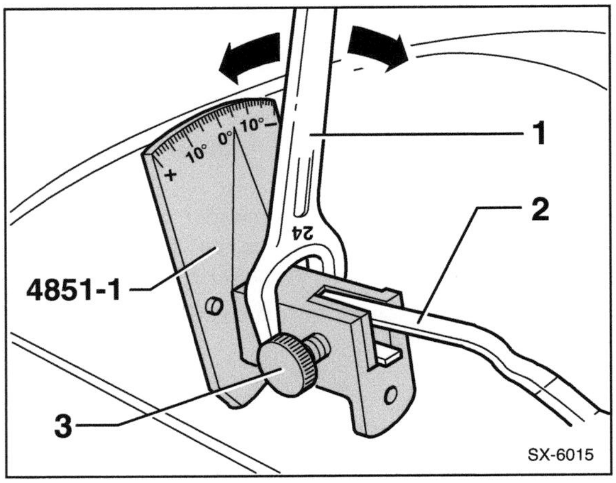

- Wischerarm –2– in Spezialwerkzeug HAZET 4851-1 einlegen und mit Schraube –3– arretieren.
- Wischerarm mit Gabelschlüssel SW 24 –1– vorsichtig verdrehen, bis an der Skala der Sollwert angezeigt wird:
  Sollwerte Fahrerseite: . . . . –9° ± 0°
  Beifahrerseite: . . . . –5° ± 0°
  Heckwischer/Avant: . . . . +2° ± 1°
- Anschließend Werkzeug abbauen und nochmals neu aufsetzen und arretieren. Einstellwert prüfen, gegebenenfalls nochmals korrigieren.
- Wischerblatt einbauen und Wischanlage auf ratterfreies Wischen prüfen.

Wagenpflege

Fahrzeug waschen

In den meisten Gemeinden ist es verboten, Fahrzeuge auf öffentlichen Plätzen zu waschen. Wird das Auto sehr oft in einer automatischen Waschanlage gewaschen, hinterlassen die rotierenden Waschbürsten Schleifspuren auf dem Lack. Diese lassen sich verhindern, wenn man den Wagen von Hand in einer entsprechenden Waschanlage wäscht.

- Vogelkot, tote Insekten, Baumharze, Teerflecken, Streusalze und andere aggressive Ablagerungen sofort abwaschen, da sie ätzende Bestandteile enthalten, die Lackschäden verursachen.
- Beim Waschen reichlich Wasser verwenden. Lackierung nicht scharf abspritzen. Mit einem weichen Schwamm oder Waschhandschuh beziehungsweise einer weichen Bürste auf dem Dach beginnend von oben nach unten mit geringem Druck reinigen; Schwamm oft ausspülen.
- Waschmittel nur bei hartnäckiger Verschmutzung verwenden. Mit klarem Wasser gründlich nachspülen, um die Reste des Waschmittels zu entfernen. Bei regelmäßiger Benutzung von Waschmitteln muß öfter konserviert werden. Dem Waschwasser kann ein Konservierungsmittel beigegeben werden.
- Nicht in die Eintrittsöffnungen der Belüftungsanlage sprühen.
- Zum Abtrocknen sauberes Leder verwenden. Verschiedene Leder für Lack- und Fensterflächen verwenden, da Konservierungsmittelrückstände auf den Scheiben zu Sichtbehinderungen führen.
- Durch Streusalze besonders gefährdet sind alle innenliegenden Falze, Flansche und Fugen an Türen und Hauben. Diese Stellen müssen deshalb bei jedem Wagenwaschen – auch nach der Wäsche in automatischen Waschstraßen – mit einem Schwamm gründlich gereinigt und anschließend abgespült und abgeledert werden.
- Wagen niemals in der Sonne waschen oder trocknen. Wasserflecken sind sonst unvermeidlich.

Achtung: Nach der Wagenwäsche Bremsscheiben kurz trockenbremsen, da sich durch Nässe eine verringerte Bremswirkung ergibt.

Lackierung pflegen

Konservieren: So oft wie nötig soll die sauber gewaschene und getrocknete Lackierung mit einem Hartwachs-Konservierungsmittel behandelt werden, um die Oberfläche durch eine porenschließende und wasserabweisende Wachsschicht gegen Witterungseinflüsse zu schützen. Auch wenn regelmäßig Waschkonservierer verwendet wird, empfiehlt es sich, den Lack mindestens zweimal im Jahr mit Hartwachs zu schützen.

Übergelaufenen Kraftstoff, übergelaufenes Öl oder Fett, beziehungsweise übergelaufene Bremsflüssigkeit **sofort entfernen,** sonst kommt es zu Lackverfärbungen.

Spätestens dann, wenn Wasser nicht mehr deutlich vom Lack abperlt, muß konserviert werden. Der Lack trocknet sonst aus.

Eine weitere Möglichkeit, den Lack zu konservieren, bieten Waschkonservierer. Waschkonservierer schützen die Lackierung jedoch nur ausreichend, wenn sie bei **jeder** Wagenwäsche verwendet werden und der zeitliche Abstand zwischen zwei Wäschen nicht mehr als 2 bis 3 Wochen beträgt.

Polieren: Polieren ist nur dann erforderlich, wenn der Lack infolge mangelhafter Pflege beziehungsweise unter der Einwirkung von Umwelteinflüssen unansehnlich geworden ist und sich durch eine Behandlung mit Konservierungsmitteln kein Glanz mehr erzielen läßt. Zu warnen ist vor stark schleifenden oder chemisch stark angreifenden Poliermitteln, auch wenn der erste Versuch damit noch so sehr zu überzeugen scheint.

Vor jedem Polieren muß der Wagen sauber gewaschen und sorgfältig abgetrocknet werden. Im übrigen ist nach der Gebrauchsanweisung für das Poliermittel zu verfahren.

Die Bearbeitung soll in nicht zu großen Flächen erfolgen, um ein vorzeitiges Eintrocknen der Politur zu vermeiden. Bei manchen Poliermitteln muß anschließend noch konserviert werden. Nicht in der prallen Sonne polieren!

Kunststoffteile und matt lackierte Teile dürfen nicht mit Konservierungs- oder Poliermitteln behandelt werden, da sich sonst Flecken bilden.

Werkzeugausrüstung

Langfristig zahlt es sich immer aus, wenn man qualitativ hochwertiges Werkzeug kauft. Neben einer Grundausstattung mit Maul- und Ringschlüsseln in den gängigen Größen und verschiedenen Torxschraubendrehern sowie einem Satz Steckschlüssel empfiehlt sich auch der Kauf eines Drehmomentschlüssels. Darüber hinaus ist bei manchen Arbeitsgängen der Einsatz von Spezialwerkzeug zwingend erforderlich.

Gutes und stabiles Werkzeug wird von der Firma HAZET (42804 Remscheid, Postfach 100461) angeboten. In den Tabellen sind die Werkzeuge mit der HAZET-Bestellnummer aufgeführt. Vertrieben wird das Werkzeug über den Fachhandel.

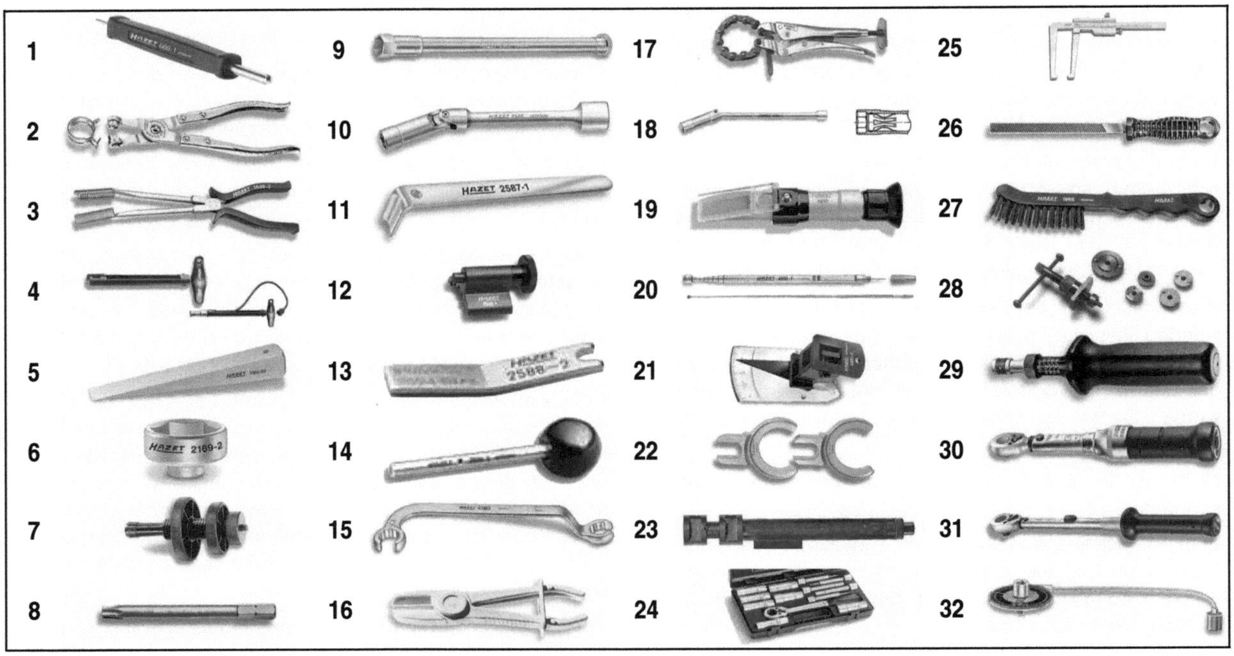

Abb.	Werkzeug	Hazet-Nr.
1	Ventildreher für Reifenventile	666-1
2	Zange für Federbandschellen der Kühlmittelschläuche	798-5
3	Zündkerzensteckerzange für tiefliegende Zündkerzen beim V6-Motor	1849-2
4	Zündkerzenstecker-Abzieher	1849-6
5	Montagekeil	1965-20
6	Steckschlüssel für Ölfilterwechsel	2169-32
7	Kupplungs-Zentrierwerkzeug	2174
8	Torxschlüsseleinsatz für Airbag	2223Lg-T30
9	Zündkerzen-Steckschlüsseleinsatz	2506
10	Gelenkschlüssel für Glühkerzenausbau	2530
11	Spannrollendreher zum Zahnriemen entspannen	2587-1
12	Kurbelwellenstop	2588-1
13	Sperrplättchen	2588-2
14	Absteckstift	2588-3
15	Offener Ringschlüssel für Einspritz leitungen (Diesel)	4560
16	Abklemmzangen-Satz	4590/3
17	Ketten-Abgasrohrschneider	4682

Abb.	Werkzeug	Hazet-Nr.
18	Zündkerzenschlüssel	4766-1
19	Messgerät für Säuredichte und Frostschutzanteil	4810 C
20	Spritzdüseneinsteller für Scheibenwaschanlage	4850-1
21	Winkeleinsteller für Scheibenwischerarme	4851-1
22	Federspanner-Spannplatten-Paar für den A6 vorn/hinten	4900-11
23	Spanngerät für Schraubenfedern der Federbeine	4900-2A
24	Schlüsselsatz für Stoßdämpferwechsel vorn/hinten	4910/13
25	Bremsscheiben-Messschieber	4956-1
26	Bremssattelfeile	4968-1
27	Bremssatteldrahtbürste	4968-3
28	Bremskolbendrehwerkzeug für hintere Scheibenbremsen	4970/6
29	Drehmomentschlüssel 1 – 6 Nm	6003 CT
30	Drehmomentschlüssel 4 – 40 Nm	6109-2 CT
31	Drehmomentschlüssel 40 – 200 Nm	6122–1CT
32	Winkelscheibe für drehwinkelgesteuerten Schraubenanzug	6690

Motorstarthilfe

Sicherheitshinweise
Werden die vorgeschriebenen Anschlußhinweise nicht genau eingehalten, besteht die Gefahr der Verätzung durch austretende Batteriesäure. Außerdem können Verletzungen oder Schäden durch eine Batterieexplosion entstehen oder Defekte an der Fahrzeugelektrik auftreten.

- Batterieflüssigkeit von Augen, Haut, Gewebe und lackierten Flächen fernhalten. Die Flüssigkeit ist ätzend. Säurespritzer sofort mit klarem Wasser gründlich abspülen. Gegebenenfalls einen Arzt aufsuchen.
- Keine Funken oder offenen Flammen in Batterienähe, da aus der Batterie brennbare Gase austreten können.
- Augenschutz tragen.
- Darauf achten, daß die Starthilfekabel nicht durch drehende Teile wie zum Beispiel den Kühlerventilator beschädigt werden.

- Die Starthilfekabel sollten einen Leitungsquerschnitt von 25 mm^2 aufweisen und mit isolierten Kabelzangen ausgestattet sein. In der Regel ist der Leitungsquerschnitt auf der Packung der Starthilfekabel angegeben.
- Bei beiden Batterien muß die Spannung 12 Volt betragen. Die Kapazität der stromgebenden Batterie darf nicht wesentlich unter der der entladenen Batterie liegen.
- Deckel über der Fahrzeugbatterie öffnen.
- Eine entladene Batterie kann bereits bei –10° C gefrieren. Vor Anschluß der Starthilfekabel muß eine gefrorene Batterie unbedingt aufgetaut werden.
- Die entladene Batterie muß ordnungsgemäß am Bordnetz angeklemmt sein.
- Wenn möglich, Säurestand der entladenen Batterie prüfen, gegebenenfalls destilliertes Wasser auffüllen und Batterie verschließen.
- Fahrzeuge so weit auseinanderstellen, daß kein metallischer Kontakt besteht. Andernfalls könnte bereits beim Verbinden der Pluspole ein Strom fließen.
- Bei beiden Fahrzeugen Handbremse anziehen. Schaltgetriebe in Leerlaufstellung, automatisches Getriebe in Parkstellung »P« schalten.
- Alle Stromverbraucher, auch das Autotelefon, ausschalten.
- Grundsätzlich Motor des Spenderfahrzeuges ca. 1 Minute vor dem Startvorgang und während des Startvorganges mit Leerlaufdrehzahl drehen lassen. Dadurch wird eine Beschädigung des Generators durch Spannungsspitzen beim Startvorgang vermieden.
- Starthilfekabel in folgender Reihenfolge anschließen:
  1. Rotes Kabel –1– an den Pluspol (+) der entladenen Batterie –A– anklemmen.
  2. Das andere Ende des roten Kabels an den Pluspol (+) der stromgebenden Batterie –B– anklemmen.
  3. Schwarzes Kabel –2– an den Minuspol (–) der stromgebenden Batterie anklemmen.

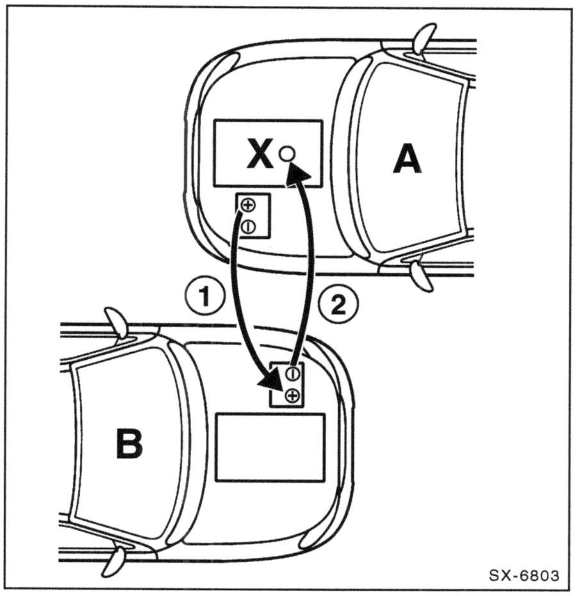

4. Das andere Ende des schwarzen Kabels an eine gute Massestelle –X– des Empfängerfahrzeuges anschließen. **Achtung: Nicht an den Minuspol (–) der leeren Batterie.** Am besten eignet sich ein mit dem Motorblock verschraubtes Metallteil. Unter ungünstigen Umständen könnte beim Anschließen des Kabels an den Minuspol der leeren Batterie, durch Funkenbildung und Knallgasentwicklung, die Batterie explodieren.

Achtung: Die Klemmen der Starthilfekabel dürfen bei angeschlossenen Kabeln nicht in Kontakt miteinander kommen, beziehungsweise die Plusklemmen dürfen keine Massestellen (Karosserie oder Rahmen) berühren – Kurzschlußgefahr!

- Motor des Empfängerfahrzeuges (leere Batterie) starten und laufen lassen. Beim Starten Anlasser nicht länger als 10 Sekunden ununterbrochen betätigen, da sich durch die hohe Stromaufnahme Polzangen und Kabel erwärmen. Deshalb zwischendurch eine »Abkühlpause« von mindestens 1/2 Minute einlegen.
- Bei Startschwierigkeiten nicht unnötig lange den Anlasser betätigen. Während des Anlassens wird permanent Kraftstoff eingespritzt. Fehlerursache ermitteln und beseitigen.
- Nach erfolgreichem Start beide Fahrzeuge mit der »Strombrücke« noch 3 Minuten laufen lassen.
- Um Spannungsspitzen beim Trennen abzubauen, im Fahrzeug mit der leeren Batterie Gebläse und Heckscheibenheizung einschalten. Nicht das Fahrlicht einschalten. Glühlampen brennen bei Überspannung durch.
- **Nach der Starthilfe** Kabel in **umgekehrter** Reihenfolge abklemmen: Zuerst schwarzes Kabel –2– (–) am Empfängerfahrzeug, dann am stromgebenden Fahrzeug abklemmen. Rotes Kabel –1– zuerst am stromgebenden und dann am Empfängerfahrzeug abklemmen.

Fahrzeug abschleppen

Das Fahrzeug darf nur an den dafür vorgesehenen Abschleppösen abgeschleppt werden.

Abschleppseil/Abschleppstange anbringen

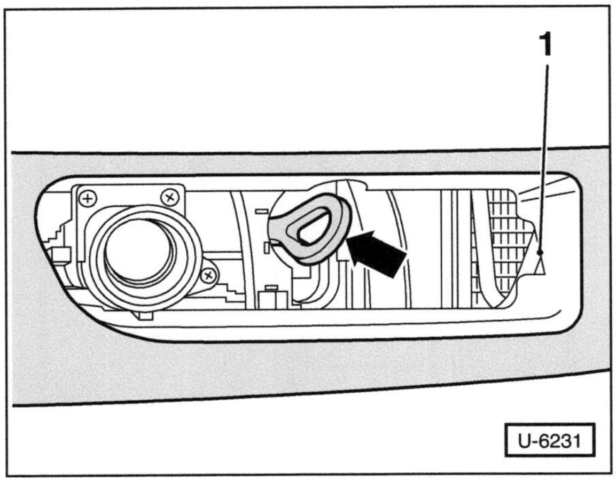

- Abdeckgitter für die Aufnahme der Abschleppöse vorn öffnen. Dazu Gitter am rechten Nebelscheinwerfer im Bereich –1– mit Schraubendreher ausrasten und nach vorn abziehen.
- Die Abschleppöse befindet sich beim Wagenheber/Bordwerkzeug links im Gepäckraum hinter der Verkleidung.
- Abschleppöse von Hand einschrauben, dann Schraubendreher oder Radschlüssel seitlich in die Öse stecken und weiter bis zum Anschlag festziehen.

Achtung: Nach Gebrauch Abschleppöse zum Bordwerkzeug legen. Die Abschleppöse muß immer im Fahrzeug mitgeführt werden. Abdeckgitter mit Nasen einsetzen und einclipsen.

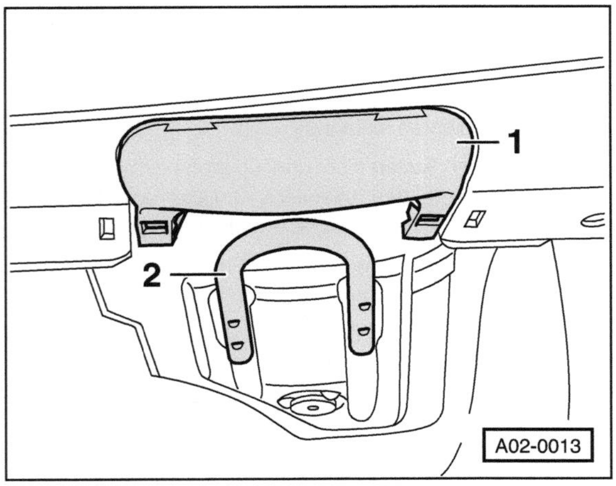

- Die hintere Abschleppöse –2– sitzt rechts unter dem Stoßfänger. Fahrzeuge ohne Anhängekupplung: Vor Gebrauch der Abschleppöse, Klappe –1– an der Oberkante nach innen drücken und hochschwenken.

Regeln beim Abschleppen

- Zündung einschalten, damit das Lenkrad nicht blockiert ist und Blinkleuchten, Signalhorn, Scheibenwischer und Scheibenwischanlage betätigt werden können.
- Getriebe in Leerlaufstellung bringen, Automatikgetriebe in Wählhebelstellung »**N**« bringen.
- Warnblinkanlage bei beiden Fahrzeug einschalten.
- Da der Bremskraftverstärker und die Servolenkung nur bei laufendem Motor arbeiten, müssen bei nicht laufendem Motor das Bremspedal und das Lenkrad entsprechend kräftiger betätigt werden!
- Bei der Verwendung eines Abschleppseils muß der Fahrer des ziehenden Wagens beim Schalten weich einkuppeln. Der Fahrer des gezogenen Wagens hat darauf zu achten, daß das Seil stets straff ist.
- Ohne Öl im Schaltgetriebe beziehungsweise Automatikgetriebe darf der Wagen nur mit angehobenen Antriebsrädern abgeschleppt werden.
- **Empfehlenswert ist die Verwendung einer Abschleppstange.** Die Gefahr des Auffahrens ist bei Verwendung eines Abschleppseils groß. Ein Abschleppseil soll elastisch sein, damit das schleppende und das gezogene Fahrzeug geschont werden. Nur Kunstfaserseile oder Seile mit elastischen Zwischengliedern verwenden.
- Maximale Schleppgeschwindigkeit für **alle** Ausführungen: **50 km/h!**
- **Automatikgetriebe:** Maximale Schleppentfernung: **50 Kilometer!**
- Fahrzeuge mit **Automatikgetriebe und Allradantrieb:** Das Fahrzeug darf **nicht** mit angehobener Vorder- oder Hinterachse abgeschleppt werden.
- Fahrzeuge mit **Schaltgetriebe und Allradantrieb:** Wird das Fahrzeug mit angehobener Vorder- oder Hinterachse abgeschleppt, nicht schneller als mit **50 km/h** und nicht weiter als **50 km** fahren.

Fahrzeug anschleppen

(Starten des Motors durch das rollende Fahrzeug)

- Vorher versuchen, Starthilfe durch Batterie eines anderen Fahrzeugs durchzuführen. **Hinweis:** Fahrzeuge mit **Automatikgetriebe** können **nicht** angeschleppt werden.
- Beim Benzinmotor darf nur über eine Strecke von maximal 50 Metern angeschleppt werden, da sonst die Gefahr von Katalysatorschäden besteht.
- Vor dem Anschleppen den 2. oder 3. Gang einlegen, Kupplungspedal treten und halten.
- Zündung einschalten.
- Langsam einkuppeln, wenn beide Fahrzeuge in Bewegung sind.
- Sobald der Motor angesprungen ist, Kupplung treten und Gang herausnehmen, um nicht auf das ziehende Fahrzeug aufzufahren.

Elektrische Anlage

Aus dem Inhalt:

- Relais/Schalter prüfen
- Elektromotoren prüfen
- Sicherungen ersetzen
- Batterie ausbauen
- Anlasser prüfen
- Generator prüfen
- Scheibenwischer
- Radio
- Beleuchtungsanlage

Bei der Überprüfung der elektrischen Anlage stößt der Heimwerker in den technischen Unterlagen immer wieder auf die Begriffe Spannung, Stromstärke und Widerstand.

Die Spannung wird in Volt (V) gemessen, die Stromstärke in Ampere (A) und der Widerstand in Ohm (Ω). Mit dem Begriff Spannung ist beim Auto in der Regel die Batteriespannung gemeint. Es handelt sich dabei um eine Gleichspannung von ca. 12 Volt. Die Höhe der Batteriespannung hängt vom Ladezustand der Batterie und von der Außentemperatur ab. Sie kann zwischen 10 und 13 Volt betragen. Demgegenüber wird die Bordspannung vom Generator (Lichtmaschine) erzeugt, die bei mittleren Drehzahlen ca. 14 Volt beträgt.

Der Begriff Stromstärke taucht im Bereich der Automobil-Elektrik relativ selten auf. Die Stromstärke ist beispielsweise auf der Rückseite von Sicherungen angegeben und weist auf den maximalen Strom hin, der fließen kann, ohne daß die Sicherung durchbrennt und damit den Stromkreis unterbricht.

Achtung: In den Kundendienstvorschriften wird darauf hingewiesen, vor Arbeiten an der elektrischen Anlage grundsätzlich das Batterie-Massekabel abzuklemmen. Als Arbeit an der elektrischen Anlage gilt dabei schon das Abziehen oder Abklemmen einer elektrischen Leitung vom Anschluß. Dazu Hinweise im Kapitel »Batterie aus- und einbauen« durchlesen.

Überall wo Strom fließt, muß er einen Widerstand überbrücken. Der Widerstand ist unter anderem von folgenden Faktoren abhängig: Leitungsquerschnitt, Leitungsmaterial, Stromaufnahme usw. Ist der Widerstand zu groß, treten Funktionsstörungen auf. Beispielsweise darf der Widerstand in den Zündleitungen nicht zu hoch sein, sonst fehlt ein ausreichend starker Zündfunke an den Zündkerzen, der das Kraftstoff-Luftgemisch entzündet und damit den Motor zum Laufen bringt.

Hinweis: Reparaturen am Leitungsstrang sollten grundsätzlich mit dem AUDI-Leitungsstrang-Reparaturset VAS 1978 durchgeführt werden, siehe auch Kapitel »Elektrische Leitungen reparieren«.

Meßgeräte

Zum Messen der Bord-Elektrik gibt es im Handel sogenannte Mehrfach-Meßgeräte. Sie vereinen in einem Gerät das Voltmeter, um Spannungen zu messen, das Amperemeter, um die Stromstärke zu messen und das Ohmmeter, um den Widerstand zu messen. Die im Handel befindlichen Meßgeräte unterscheiden sich hauptsächlich im Meßbereich und in der Meßgenauigkeit. Durch den Meßbereich wird festgelegt, in welchem Bereich Spannungen oder Widerstände liegen müssen, damit sie überhaupt vom Gerät erfaßt werden können.

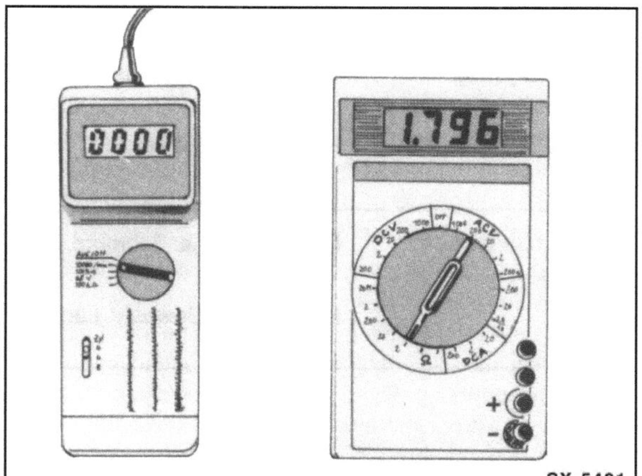

SX-5401

Für den Heimwerker gibt es Vielfach-Meßgeräte, die speziell für Prüfarbeiten am Auto abgestimmt sind. Mit solch einem Gerät können Motordrehzahl, Zünd-Schließwinkel und Spannungen bis zu 20 Volt gemessen werden. Bei Widerstandsmessungen beschränkt sich das Gerät in der Regel auf den Kilo-Ohm-Bereich, also etwa 1–1000 kΩ.

Darüber hinaus werden Meßgeräte zur Überprüfung von elektrischen und elektronischen Bauteilen angeboten. Sie erlauben eine umfassende Messung von kleinen Widerständen in Ohm (Ω) bis zu großen Widerständen im Mega-Ohm-Bereich (MΩ). Spannungen (in Volt) können sehr exakt gemessen werden, was vor allem bei elektronischen Bauteilen erforderlich ist.

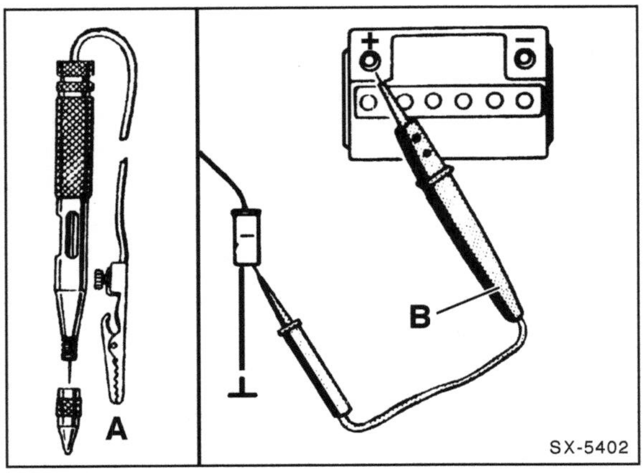

Wenn nur geprüft werden soll, ob überhaupt Spannung (V) anliegt, eignet sich hierzu eine einfache Prüflampe –A–. Dies gilt allerdings nur für Stromkreise, in denen sich keine elektronischen Bauteile befinden. Denn Elektronikteile reagieren äußerst empfindlich auf zu hohe Ströme. Unter Umständen können sie bereits durch Anschließen einer Prüflampe zerstört werden. **Achtung:** Bei der Prüfung elektronischer Bauteile (Transistoren, Dioden und Steuergeräte) ist ein hochohmiger Spannungsprüfer –B– erforderlich. Er arbeitet wie eine Prüflampe, jedoch ohne daß elektronische Bauteile geschädigt werden, und eignet sich für sämtliche Prüfarbeiten.

Meßtechnik

Spannung messen

Spannung kann schon mit einer einfachen Prüflampe oder einem Spannungsprüfer nachgewiesen werden. Allerdings erkennt man dann nur, ob überhaupt Spannung anliegt. Um die Höhe der anliegenden Spannung zu prüfen, muß ein Voltmeter (Spannungs-Meßgerät) angeschlossen werden.

Zunächst ist beim Voltmeter der Meßbereich einzustellen, in dem sich die zu messende Spannung voraussichtlich befindet. Spannungen am Fahrzeug sind in der Regel nicht höher als ca. 14 Volt. Eine Ausnahme bildet die Zündanlage; hier kann die Zündspannung bis zu 30.000 Volt betragen. Diese hohe Spannung ist nur mit einem speziellen Meßgerät oder einem Oszilloskop meßbar.

Während man bei Meßgeräten, die speziell auf das Auto abgestimmt sind, am Wählschalter nur das Voltmeter einschalten muß, sind bei einem allgemeinen Vielfachmeßgerät erst eine Reihe von Entscheidungen zu fällen. Zunächst wird mit dem Wählschalter der Bereich Gleichspannung (DCV im Gegensatz zu ACV=Wechselspannung) eingestellt. Dann wird der Meßbereich gewählt. Da beim Auto außer an der Zündanlage keine höheren Spannungen als ca. 14 Volt auftreten, sollte die Obergrenze des einzustellenden Meßbereiches etwas höher liegen (ca. 15 bis 20 Volt). Falls sicher ist, daß die gemessene Spannung wesentlich niedriger ist, zum Beispiel im Bereich von 2 Volt, kann der Meßbereich heruntergeschaltet werden, um eine größere Anzeigegenauigkeit zu erreichen. Liegen höhere Spannungen an, als sie vom Meßbereich des Gerätes erfaßt werden, kann das Meßgerät zerstört werden.

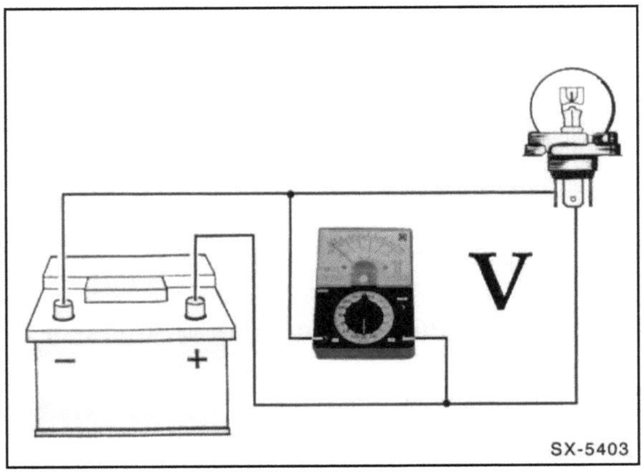

Die Kabel des Meßgerätes entsprechend der Zeichnung parallel zum Verbraucher anschließen. Dabei wird das rote Meßkabel an die vom Batterie-Pluspol kommende Leitung angelegt, das schwarze Meßkabel an die Masse-Leitung oder an Fahrzeugmasse, wie zum Beispiel den Motorblock.

Prüfbeispiel: Wenn der Motor nicht richtig anspringt, weil der Anlasser zu langsam dreht, ist es zweckmäßig, die Batteriespannung zu prüfen, während der Anlasser betätigt wird. Dazu das Voltmeter mit dem roten Kabel (+) an den Batterie-Pluspol und mit dem schwarzen Kabel an Fahrzeugmasse (–) anklemmen. Anschließend durch einen Helfer den Anlasser betätigen lassen und den Spannungswert ablesen. Liegt die Spannung unter ca. 10 Volt (bei einer Batterie-Temperatur von +20°C), muß die Batterie überprüft und eventuell vor den nächsten Startversuchen geladen werden.

Stromstärke messen

Am Auto ist es relativ selten erforderlich, die Stromstärke zu messen. Beispiel, siehe Kapitel »Batterie entlädt sich selbständig«. Benötigt wird hierzu ein Amperemeter, welches ebenfalls in einem Vielfachmeßgerät integriert ist.

Vor der Strommessung wird das Meßgerät auf den Meßbereich eingestellt, in dem sich die zu messende Stromstärke voraussichtlich befindet. Falls das nicht bekannt ist, höchsten Meßbereich einstellen und, falls keine Anzeige erfolgt, nacheinander in die nächstniedrigeren Meßbereiche schalten.

Für die Messung der Stromstärke muß der Stromkreis aufgetrennt werden, das Meßgerät (Amperemeter) wird dazwischengeschaltet. Dazu wird beispielsweise der Stecker abgezogen und das rote Kabel (+) des Amperemeters an die stromführende Leitung angeschlossen. Das schwarze Kabel (–) wird an den Kontakt angelegt, an dem normalerweise die unterbrochene Leitung angeschlossen ist. Die Massekontakte zwischen Verbraucher und Stecker müssen dann mit einem Hilfskabel verbunden werden.

Achtung: Keinesfalls sollte mit einem normalen Amperemeter die Stromstärke in der Leitung zum Anlasser (ca. 150 A) oder zu den Glühkerzen beim Dieselmotor (bis 60 A) gemessen werden. Durch die hierbei auftretenden hohen Ströme kann das Meßgerät zerstört werden. Die Werkstatt benutzt für diese Messungen ein Amperemeter mit Gleichstromzange. Dabei wird eine Stromzange über das isolierte Stromkabel geklemmt und der Stromwert durch Induktion gemessen.

Widerstand messen

Vor der Prüfung des Widerstandes darauf achten, daß im Ohmmeter eine volle Batterie eingelegt ist und daß am Bauteil, an welches das Ohmmeter angeschlossen wird, keine Spannung anliegt. Deshalb grundsätzlich immer zuerst die Batterie abklemmen. Andernfalls kann das Meßgerät beschädigt werden, beziehungsweise die elektrische Anlage.

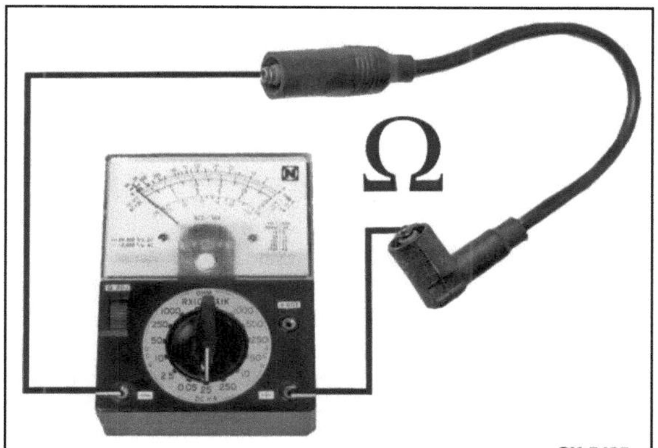

SX-5405

Das Ohmmeter wird an die 2 Anschlüsse eines Verbrauchers oder an die 2 Enden einer elektrischen Leitung angeschlossen. Dabei spielt es keine Rolle, welches Kabel (+/–) des Meßgerätes an welchen Kontakt angeklemmt wird. Ausnahme: Widerstandsmessungen an Bauteilen, die Dioden enthalten. Um eine Diode auf Durchgang zu prüfen, muß sie in Durchlaßrichtung an das Ohmmeter angeschlossen werden.

Die Widerstandsmessung am Auto erstreckt sich weitgehend auf 2 Bereiche:

1. Kontrolle eines in den Stromkreis integrierten Widerstandes oder Bauteils.

2. »Durchgangsprüfung« einer elektrischen Leitung, eines Schalters oder einer Heizwendel. Dabei wird geprüft, ob eine elektrische Leitung im Fahrzeug unterbrochen ist und deshalb das angeschlossene elektrische Gerät nicht funktioniert. Zur Messung wird das Ohmmeter an die beiden Enden der betreffenden elektrischen Leitung angeschlossen. Beträgt der Widerstand 0 Ω, dann ist „Durchgang“ vorhanden. Das heißt, die elektrische Leitung ist in Ordnung. Bei unterbrochener Leitung zeigt das Meßgerät ∞ (unendlich) Ω an.

Elektrisches Zubehör nachträglich einbauen

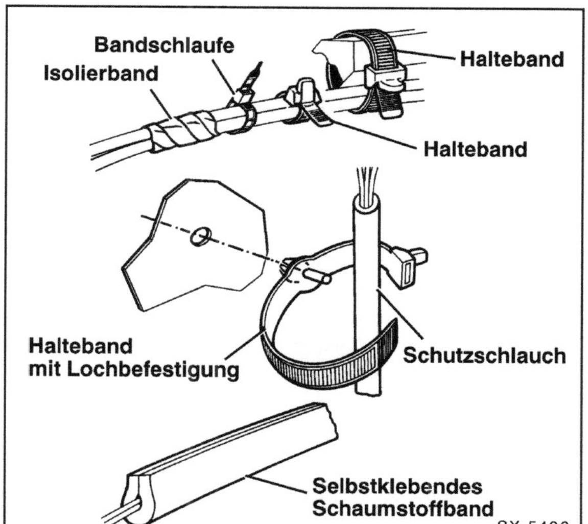

SX-5406

Kabel, die beim Einbau von Zubehör zusätzlich zu dem serienmäßig eingebauten Kabelsatz im Fahrzeug verlegt werden müssen, sind nach Möglichkeit immer entlang der einzelnen Kabelstränge unter Verwendung der vorhandenen Kabelschellen und Gummitüllen zu verlegen.

Falls erforderlich, sind die neu verlegten Kabel, um Geräuschen während der Fahrt vorzubeugen und das Scheuern von Kabeln zu vermeiden, mit Isolierband, plastischer Masse, Kabelbändern und dergleichen zusätzlich festzulegen. Hierbei ist besonders darauf zu achten, daß zwischen den Bremsleitungen und den festverlegten Kabeln ein Mindestabstand von 10 mm sowie zwischen den Bremsleitungen und den Kabeln, die mit dem Motor oder anderen Teilen des Fahrzeuges schwingen, ein Mindestabstand von 25 mm vorliegt.

Beim Bohren von Karosserie-Löchern müssen die Lochränder anschließend entgratet, grundiert und lackiert werden. Die beim Bohren zwangsläufig anfallenden Späne sind restlos aus der Karosserie zu entfernen.

Bei allen Arbeiten, die das elektrische Leitungssystem betreffen, ist, um der Gefahr von Kurzschlüssen und Überlastungsschäden im elektrischen Leitungssystem vorzubeugen, grundsätzlich bei ausgeschalteter Zündung das Massekabel (–) von der Fahrzeugbatterie abzuklemmen und zur Seite zu hängen.

Achtung: Wird die Batterie abgeklemmt, werden unter Umständen der Fehlerspeicher für Motor- und Getriebesteuerung, Anti-Blockier-System sowie andere elektrische Geräte wie zum Beispiel das Radio und die Zeituhr stillgelegt, beziehungsweise Speicherwerte gelöscht. Spezielle Hinweise zu diesem Thema stehen im Kapitel »Batterie aus- und einbauen«.

Sofern zusätzliche elektrische Verbraucher eingebaut werden, ist in jedem Fall zu überprüfen, ob die erhöhte Belastung noch von dem vorhandenen Drehstromgenerator mit übernommen werden kann. Falls erforderlich, sollte ein Generator mit größerer Leistung vorgesehen werden.

Fehlersuche in der elektrischen Anlage

Beim Aufspüren eines Defekts in der elektrischen Anlage ist es wichtig, systematisch vorzugehen. Dies gilt sowohl beim Überprüfen von ausgefallenen Glühlampen wie auch bei nicht laufenden Elektromotoren.

Der **erste Schritt** ist immer die Überprüfung der Sicherung, sofern das elektrische Bauteil abgesichert ist. Die aktuelle Sicherungsbelegung ergibt sich aus dem Aufdruck auf dem Sicherungskastendeckel, siehe auch unter Kapitel »Sicherungen auswechseln«.

Defekte Sicherung gegebenenfalls auswechseln und nach Einschalten des elektrischen Verbrauchers kontrollieren, ob diese nicht unmittelbar wieder durchbrennt. In diesem Fall muß zuerst der Fehler aufgespürt und behoben werden, in der Regel handelt es sich um einen Kurzschluß. Das bedeutet, an irgend einer Stelle, mitunter auch intern im elektrischen Gerät, sind Masse- und Plusanschluß überbrückt.

Zweiter Prüfschritt: Wenn bei intakter Sicherung die Glühlampe nicht leuchtet beziehungsweise der Elektromotor nicht anläuft, ist die Stromversorgung zu überprüfen.

Glühlampe prüfen

- Lampe ausbauen und sichtprüfen. Ist der Glühfaden durchgebrannt oder sitzt der Glaskolben locker im Sockel, Lampe erneuern.
- Um einwandfrei festzustellen, ob die Glühlampe intakt ist, geht man folgendermaßen vor: Eine Plusleitung (+) und eine Masseleitung (–) direkt an die Pole der Batterie anschließen und mit der Lampe verbinden. Dabei ist es unwichtig, wie die Kabel an die Lampe angeschlossen werden. Ein Kabel an den Stromanschluß, das andere an das Glühlampengehäuse. Wenn jetzt die Lampe nicht leuchtet, Lampe erneuern. **Hinweis:** Es muß sichergestellt sein, daß die Kontakte an der Lampe und in der Lampenfassung nicht korrodiert sind. Gegebenenfalls korrodierte oder verbogene Anschlüsse abschmirgeln und einwandfreien Kontakt herstellen.
- Ist die Lampe intakt, Lampe einsetzen und einschalten. Leuchtet die Lampe nicht, mit Prüflampe Stromzuführung überprüfen. Dazu Prüflampe an Masse anlegen. Das bedeutet: Das eine Kabel der Prüflampe muß an eine gute Massestelle am Motor (blankes Metall) oder direkt am Batterie-Minuspol angeschlossen werden. Die andere Prüflampen-Prüfspitze (+) entweder an den stromführenden Stecker halten oder mit der Prüfspitze in das stromführende Kabel einstechen. Wenn die Prüflampe jetzt aufleuchtet und die Lampe dennoch nicht brennt, ist die Massezuführung zur Lampe unterbrochen. Um dies zu überprüfen, Massehilfsleitung an die Lampenfassung anlegen. Die Lampe muß jetzt leuchten.
- Wenn das stromführende Kabel zur Lampe keine Spannung aufweist, die Prüflampe also nicht aufleuchtet, ist sehr wahrscheinlich der Schalter defekt. Schalter auf Durchgang prüfen, siehe dazu auch Kapitel »Widerstand messen«.

Elektromotoren prüfen

Im Auto werden immer mehr Funktionen von kleinen Elektromotoren übernommen. Jeder Motor wie beispielsweise der Motor für die Leuchtweitenregulierung oder den Kühlerlüfter wird bei Bedarf über einen Schalter zugeschaltet, und zwar automatisch oder von Hand.

Achtung: Scheibenwischermotor prüfen, siehe entsprechendes Kapitel.

- Sicherung des betreffenden Elektromotors prüfen, gegebenenfalls ersetzen.
- Brennt die Sicherung gleich wieder durch, liegt ein Kurzschluß vor.
- Um eindeutig zu klären, ob der Defekt im Motor liegt, 2 Hilfskabel (∅ ca. 2 mm) direkt von der Fahrzeugbatterie an den Motor anlegen. Pluskabel an den Pluspol, Massekabel an Massepol des Motors. Die Pol-Belegung ergibt sich im Zweifelsfall aus dem Stromlaufplan. Dazu muß der Motor gegebenenfalls ausgebaut werden. Alle elektrischen Motoren im Fahrzeug werden mit Bordspannung (12 bis 14 Volt) versorgt. Funktioniert der Motor jetzt ordnungsgemäß, war die Stromversorgung defekt. **Hinweis:** Ein zu langsam laufender oder aussetzender Elektromotor kann auf abgenützte Schleifkohlen im Elektromotor hinweisen. In diesem Fall Schleifkohlen (Bürsten) ersetzen.
- Funktioniert der Motor, muß man anhand des Stromlaufplans feststellen, welche Zuleitung am Elektromotor Spannung führt, wenn der Schalter betätigt wird und zuvor die Zündung eingeschaltet wurde.
- Spannungsführendes Kabel am Elektromotor mit Prüflampe prüfen. Da bei Elektromotoren ein großer Strom fließt, kann eine herkömmliche Prüflampe mit Glühlampe genommen werden. Diese haben spitze Prüfnadeln, mit denen die Isolierung des Anschlußkabels durchstochen werden kann. So läßt sich auf einfache Weise die Spannung prüfen.
- Liegt keine Spannung am Elektromotor an, ist die Stromversorgung defekt. Fehler in der Zuleitung nach Stromlaufplan suchen und beheben. Elektromotoren haben in der Regel aufgrund des hohen Strombedarfs zusätzliche Schaltrelais. Prüfung, siehe entsprechendes Kapitel.
- Wurde kein Fehler gefunden, Schalter prüfen, siehe dazu auch Kapitel »Widerstand messen«.
- Ist ein Kabel defekt, ist es oft sinnvoller, man legt ein neues Kabel, da es schwierig ist, einen Defekt im Kabel zu lokalisieren.

Schalter auf Durchgang prüfen

Die meisten elektrischen Verbraucher werden über einen von Hand betätigten Schalter ein- und ausgeschaltet. Darüber hinaus gibt es auch Schalter, die automatisch betätigt werden. Zu diesen Schaltern zählen zum Beispiel der Öldruckschalter und der Geber für Bremsflüssigkeitsstand.

Grundsätzlich hat ein Schalter die Aufgabe, den Stromkreis zu schließen und zu unterbrechen. Es gibt Schalter, die die Masseleitung unterbrechen, und Schalter, die den Plusstrom unterbrechen.

Schalter für Lampen und Elektromotoren prüfen

- Betreffenden Schalter ausbauen.
- Einfache Schalter haben nur 2 Anschlüsse für die Kabel. In diesem Fall muß an einem Anschluß immer Spannung (+) anliegen und nach dem Einschalten an der anderen Klemme auch. Es gibt auch Schalter mit mehreren Klemmen. Bei diesen Schaltern anhand des Stromlaufplans klären, an welcher Klemme Spannung anliegen muß, gegebenenfalls vorher Zündung einschalten.
- Mit Prüflampe prüfen, ob am Schalter Spannung anliegt. Leuchtet die Prüflampe auf, Schalter betätigen und an der Ausgangsklemme prüfen, ob dort auch Spannung anliegt. Ist das der Fall, ist sichergestellt, daß der Schalter funktioniert.
- Wenn an der Eingangsklemme keine Spannung anliegt, liegt eine Unterbrechung in der Leitungs-Zuführung vor. Anhand des Stromlaufplans muß die Spannungszuführung kontrolliert und gegebenenfalls eine neue Leitung gelegt werden.

Geberschalter prüfen

Geberschalter sind beispielsweise: Öldruckschalter, Geber für Bremsflüssigkeits- und Kühlmittelstand.

- Durchgangsprüfer (Prüflampe oder Ohmmeter) an der Zu- und Ableitung des Schalters anschließen, dazu Kabel am Schalter abziehen. **Achtung:** Schalter, die im Motorblock eingeschraubt sind, haben in der Regel kein Massekabel, da das Schaltergehäuse über den Motorblock als Massepol dient.
- Bei geschlossenem Schalter muß der Durchgangsprüfer Durchgang anzeigen. Am besten ist ein Ohmmeter als Durchgangsprüfer geeignet: Bei geschlossenem Schalter muß es 0Ω, bei geöffnetem Schalter ∞Ω (unendlich) anzeigen.
- Die Funktionsfähigkeit etwa der Kühlmittel- oder Bremsflüssigkeitsstand-Warnschalter läßt sich am schnellsten prüfen, indem bei eingeschalteter Zündung die Zuleitung am Schalter abgezogen wird und an eine gute Massestelle, zum Beispiel gegen den Motorblock, gehalten wird. Spricht die Warnlampe im Schalttafeleinsatz jetzt an, liegt der Fehler am Schalter.
- Ein Sonderfall ist der Öldruckschalter: Bei stehendem Motor ist der Kontakt geschlossen (Warnlampe brennt), erst bei einem bestimmten Öldruck öffnet der Schalter.

Relais prüfen

In vielen Stromkreisen ist ein Relais integriert. Ein Schaltrelais arbeitet wie ein Schalter. Beispiel: Wenn die Hupe über die Hupentaste eingeschaltet wird, bekommt das Relais den Befehl, den Strom zur Hupe durchzuschalten. Man könnte natürlich den Strom auch direkt über den Hupenschalter von der Batterie zur Hupe legen. Bei Verbrauchern mit hoher Stromaufnahme (Hupe, Nebelscheinwerfer, Kühlerlüfter etc.) schaltet man jedoch ein Relais dazwischen, um den Schalter nicht zu überlasten beziehungsweise um kurze Stromwege sicherzustellen. Neben diesen Schaltrelais gibt es auch Funktionsrelais, zum Beispiel für die Wisch-Wasch-Intervallautomatik.

Schaltrelais prüfen

Beim Einschalten des betreffenden Verbrauchers wird das Relais angesteuert, das heißt durch den Schaltstrom zieht eine Magnetspule im Relaisinnern einen Kontakt an und schließt so den Stromkreis für den »Arbeitsstrom«. Der Arbeitsstrom läuft über das Relais zum Stromverbraucher weiter.

Am einfachsten läßt sich die Funktionsfähigkeit eines Relais prüfen, wenn man es gegen ein Intaktes auswechselt. So macht man es auch in der Werkstatt. Da dem Heimwerker jedoch in den seltensten Fällen ein Austausch-Relais zur Verfügung steht, empfiehlt sich folgender Arbeitsschritt bei den sogenannten Schaltrelais, wie sie unter anderem zum Schalten von Nebelscheinwerfer und Hupe verwendet werden. Die hier angegebenen Klemmenbezeichnungen können vor allem bei den serienmäßig eingebauten Relais auch anders lauten.

- Relais aus der Halterung herausziehen.
- Zündung und entsprechenden Schalter einschalten.
- Zuerst mit Spannungsprüfer feststellen, ob an Klemme 30 (+) im Relaishalter Spannung anliegt. Dazu Spannungsprüfer an Masse (–) anschließen und die andere Kontaktspitze vorsichtig in Klemme 30 einführen. Wenn die Leuchtdiode des Spannungsprüfers aufleuchtet, ist Spannung vorhanden. Zeigt der Spannungsprüfer keine Spannung an, Unterbrechung vom Batterie-Pluspol (+) zu Klemme 30 anhand des Schaltplanes aufspüren.
- Leitungsbrücke aus einem Stück isoliertem Draht herstellen, die Enden müssen blank sein.
- Mit dieser Brücke im Relaishalter die Klemme 30 (Batterie +, führt immer Spannung) mit dem Ausgang des Relais-Schließers Klemme 87 verbinden. Mit diesem Arbeitsschritt wird praktisch genau das getan, was ein intaktes Relais auch vornimmt. Wo sich die Klemmen im Relaishalter befinden, ist auf dem Relais beziehungsweise am Steckkontakt aufgeführt.
- Wenn bei eingesetzter Brücke zum Beispiel die Hupe ertönt, kann man davon ausgehen, daß das Relais defekt ist.
- Wenn die Hupe nicht ertönt, klären, ob die Masseverbindung zur Hupe intakt ist. Dann Unterbrechung in der Leitungsführung von Klemme 87 zur Hupe anhand des Stromlaufplanes aufspüren und beheben.

● Falls erforderlich, neues Relais einsetzen.

Achtung: Falls ein Fehler nur zeitweise in einem Stromkreis auftritt, der mit einem Relais bestückt ist, dann liegt der Defekt in der Regel im Relais. Und zwar bleibt dann ein Kontakt im Relais ab und zu kleben, während das Relais in der übrigen Zeit einwandfrei funktioniert. Bei Auftreten des Fehlers leicht gegen das Relaisgehäuse klopfen. Wenn das Relais daraufhin durchschaltet, Relais ersetzen.

Blinkanlage prüfen

Die Takte für die Blink- und Warnblinkanlage werden vom elektronisch gesteuerten Warnblink-Relais erzeugt.

● Ist der Blinker-Rhythmus auf einer Seite schneller als auf der anderen Seite, ist auf der »schnellen« Seite eine Glühlampe defekt oder eine Leitungsunterbrechung vorhanden.

● Sicherung Nr. 2 (10 A) im Sicherungshalter prüfen.

● Sicherung Nr. 39 (15 A) im Sicherungshalter prüfen.

● Ist die Funktion der Warnblinkanlage gestört, während die Richtungsblinkanlage normal funktioniert, dann ist in der Regel die Stromversorgung, Klemme 30, für den Schalter der Warnblinkanlage unterbrochen.

● Ist die Funktion der Richtungsblinkanlage gestört, während die Warnblinkanlage normal funktioniert, dann ist in der Regel die Stromversorgung, Klemme 15 (vom X-Relais kommend), für den Schalter der Warnblinkanlage unterbrochen.

● Wurde kein Fehler gefunden, Schalter der Warnblinkanlage mit integriertem Relais ersetzen.

Elektrische Leitungen reparieren

Sicherheitshinweise:

■ Bevor mit der Reparatur begonnen wird, unbedingt zuerst die Ursache für die Beschädigung beseitigen, zum Beispiel scharfkantige Karosserieteile, defekte Verbraucher, Korrosion usw.

■ Leitungen, die zum Airbagsystem gehören und abgeschirmte Leitungen wie zum Beispiel Drehzahlgeber und Klopfsensoren, dürfen nicht repariert werden.

■ Reparaturen am Leitungsstrang grundsätzlich mit gelben Leitungen durchführen. Gegebenenfalls reparierte Leitung mit gelbem Isolierband kennzeichnen.

■ Nach jeder Reparatur eine Funktionsprüfung durchführen, gegebenenfalls Fehlerspeicher abfragen und System in Grundeinstellung bringen (Werkstattarbeit).

■ Leitungen vom Anti-Blockier-System können repariert werden, dies sollte aber der Fachwerkstatt vorbehalten bleiben.

Reparaturen am Leitungsstrang sollten grundsätzlich nach der hier beschriebenen Reparaturmethode durchgeführt werden. Beispielhaft wird die Reparatur an einer Leitung mit 0,35 mm^2 Leitungsquerschnitt beschrieben. Die Abbildungen zeigen das AUDI-Leitungsstrang-Reparaturset VAS 1978.

● Batterie-Massekabel (–) bei ausgeschalteter Zündung abklemmen. **Achtung:** Dadurch werden elektronische Speicher gelöscht, wie zum Beispiel der Radiocode. Ohne Code kann das Radio nur vom Radiohersteller freigeschaltet werden, beziehungsweise beim AUDI-Radio von einer AUDI-Werkstatt. Deshalb Hinweise im Kapitel »Batterie aus- und einbauen« durchlesen.

● Für die Reparatur einer 0,35 mm^2-Leitung wird eine 0,5 mm^2-Reparaturleitung benötigt.

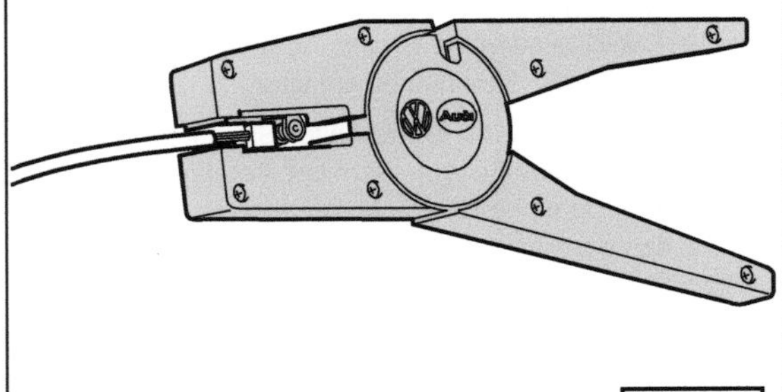

N97-0016

● Leitungsenden der 0,5 mm^2-Leitung mit der Abisolierzange, z. B. HAZET 1863, ca. 6 bis 7 mm abisolieren.

● Leitungsenden der 0,35 mm^2-Leitung mit der Abisolierzange ca. 12 bis 14 mm abisolieren. Abisolierte Leitungsenden zur Hälfte umschlagen.

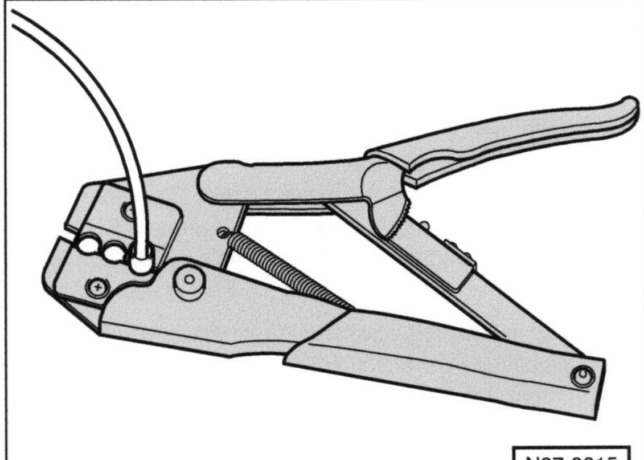

N97-0015

● Quetschverbinder auf die Leitungsenden schieben und mit der Anschlagzange an beiden Seiten quetschen.

Achtung: Die Isolierung der Leitungsenden darf dabei nicht mitgequetscht werden. Unbedingt darauf achten, daß die richtige Quetschmulde für 0,5 mm^2 Leitungsquerschnitt gewählt wird.

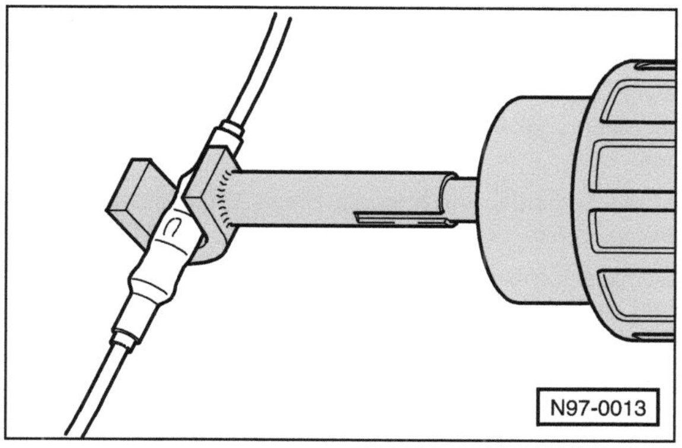

- Isolierung des Quetschverbinders mit einem Heißluftgebläse und geeignetem Vorsatz schrumpfen. Dabei muß der Quetschverbinder von der Mitte nach außen erhitzt werden, bis er vollständig abgedichtet ist und der Kleber austritt.

Achtung: Beim Schrumpfen darauf achten, daß mit der heißen Düse keine anderen Leitungen, Kunststoffteile oder Dämmaterialien beschädigt werden.

- Reparaturleitung mit gelbem Isolierband umwickeln und dadurch kennzeichnen.
- Batterie-Massekabel (–) anklemmen. **Achtung:** Hoch-/Tieflaufautomatik für elektrische Fensterheber aktivieren sowie Zeituhr stellen und Radiocode eingeben, siehe Kapitel »Batterie aus- und einbauen«.

Elektrische Steckverbindungen lösen

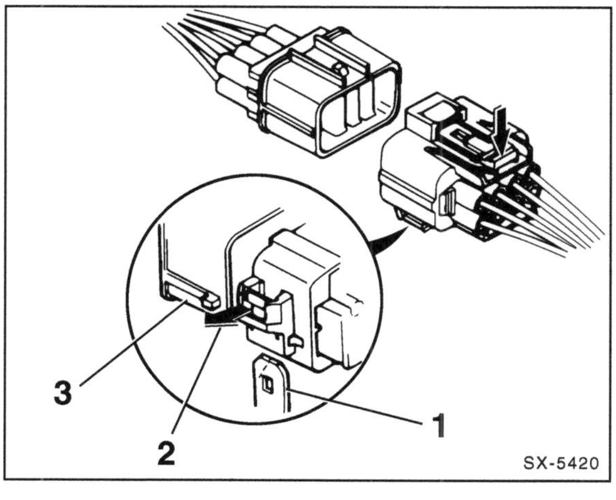

- Manche Steckverbinder sind mit einem Haltebügel –1– an der Karosserie- oder den unterschiedlichsten Bauteilen befestigt. Zum Lösen der Verbindung muß das Gegenstück am Stecker in Pfeilrichtung –2– aufgebogen werden, so daß der Stecker vom Haltbügel abgenommen werden kann.
- Rasthaken –3– zum Lösen der Steckverbindung eindrücken. Bei manchen Steckern muß der Rasthaken auch angehoben werden.

Batterie für Funk-Klappschlüssel wechseln

Ausbau

Die beiden Batterien sind im Deckel des Sendergehäuses untergebracht. **Achtung:** Beim Ausbau der Batterien prüfen, ob die Polarität auf den Batterien eingeprägt ist, sonst Einbaulage notieren.

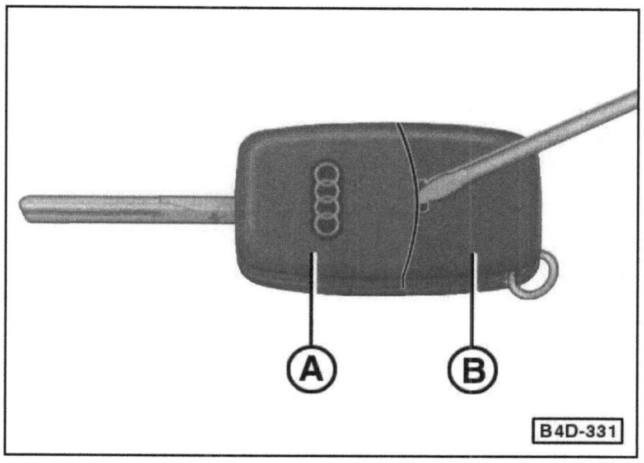

- Schlüssel ausklappen.
- Schlüsselteil –A– und Sendergehäuse –B– mit Schraubendreher auseinanderhebeln.
- Deckel des Sendergehäuses abnehmen.
- Leere Batterien aus dem Gehäusedeckel herausnehmen.

Einbau

- Neue Batterien in den Deckel des Sendergehäuses einsetzen. Dabei darauf achten, daß das »+«-Zeichen auf der jeweiligen Batterie nach unten zeigt. Die korrekte Polarität ist zusätzlich im Deckel dargestellt.
- Deckel mit den eingesetzten Batterien hinten am Sendergehäuse einsetzen und dann beide Teile zusammendrücken.
- Sendergehäuse in das Schlüsselteil einsetzen und beide Teile bis zum Anschlag zusammenschieben.
- Funktion der Fernbedienung überprüfen. Wenn sich dabei das Fahrzeug nicht auf- und zuschließen läßt, Schlüssel folgendermaßen synchronisieren: Fernbedienung betätigen und Funksignal an den Empfänger im Fahrzeug abgeben. Anschließend innerhalb von 1 Minute das Türschloß manuell auf- beziehungsweise zuschließen.

Scheibenwischermotor prüfen

Der Scheibenwischermotor sitzt im Wasserkasten unterhalb der Windschutzscheibe. Zum Prüfen muß die jeweilige Abdeckung demontiert werden.

Klemmenbezeichnungen

Die Klemmen am Scheibenwischermotor beziehungsweise am Scheibenwischerschalter sind genormt:

- Klemme **31** ist der Masseanschluß (allgemein in der Fahrzeugelektrik).
- Klemme **53** erhält Spannung für die erste Wischergeschwindigkeit.
- Klemme **53 a** liefert Plusstrom (+) für die Wischer-Endabstellung: Der Motor erhält über einen Schleifkontakt so lange Spannung, bis die Wischer in Ruhestellung gelaufen sind, wenn der Fahrer den Scheibenwischer ausschaltet.
- Klemme **53 b** führt die Spannung für die zweite Wischergeschwindigkeit (Nebenschlußwicklung).
- Über Klemme **53 e** wird der Wischermotor beim Zurücklaufen nach dem Abschalten abgebremst, damit die Wischer nicht über ihre Parkstellung hinauslaufen.
- Klemme **53 c** führt zur elektrischen Scheibenwaschpumpe.

Wischermotor prüfen

Zunächst klären, ob der Wischermotor oder die Stromversorgung defekt ist. Dazu folgendermaßen vorgehen:

- Mehrfachstecker am Wischermotor abziehen.
- Mit 2 Hilfskabeln Spannung (+) und Masse (–) von der Fahrzeugbatterie an den Wischermotor anlegen:
  - Ein Kabel vom Batterie-Pluspol zu Klemme **53** oder **53 b** verlegen.
  - Das zweite vom Batterie-Minuspol zu Motor-Klemme **31** führen.
- Der Scheibenwischermotor muß jetzt je nach benutzter Klemme auf Stufe I oder II laufen. Wenn nicht, ist der Motor oder die entsprechende Stufe defekt. Wischermotor ausbauen, siehe Seite 77.

Heizbare Heckscheibe prüfen

Bei eingeschalteter Heckscheibenheizung muß das Feld mit den schwach sichtbaren Leiterbahnen nach einiger Zeit frei von Beschlag oder Eis sein.

- Bei Störungen zuerst Sicherung im Sicherungskasten überprüfen.
- Ist die Sicherung in Ordnung, Heckfensterverkleidung ausbauen und festen Sitz der Kabelstecker links und rechts an der Heckscheibe überprüfen, gegebenenfalls von Korrosion reinigen.
  Limousine: Verkleidung C-Säule oben ausbauen, siehe Seite 266.
  Avant: Heckklappenverkleidung innen ausbauen, siehe Seite 268.
- Funktioniert die Heckscheibenheizung immer noch nicht, Relais für Heckscheibenheizung beziehungsweise Steuergerät für Thermotronic prüfen lassen.

Bremslicht prüfen

- Wenn das Bremslicht nicht aufleuchtet, zuerst Sicherung im Sicherungkasten überprüfen, gegebenenfalls erneuern.
- Ist die Sicherung in Ordnung, Brems-Glühlampen überprüfen, gegebenenfalls erneuern.
- Bremslichtschalter überprüfen. Dazu Abdeckung oberhalb der Pedale ausbauen. Kabelstecker vom Bremslichtschalter abziehen.
- Zündung einschalten.
- Beide Kontakte im Kabelstecker des Bremslichtschalters mit einer kurzen Hilfsleitung überbrücken. Wenn die Bremslichter jetzt aufleuchten, ist der Bremslichtschalter defekt.

Hupe aus- und einbauen/prüfen

Hinter dem vorderen Stoßfänger ist links und rechts je eine Hupe montiert. Zur Schonung der Hupkontakte im Betätigungsknopf ist zwischen Betätigungsknopf und Hupe ein Relais zwischengeschaltet. Beim Drücken des Betätigungsknopfes im Lenkrad wird der Steuerstromkreis des Relais geschlossen und die Hupe ertönt.

Ausbau

- Zum Ausbau einer Hupe muß zuvor, bei geöffneter Motorhaube, die entsprechende linke oder rechte Luftführung neben dem Kühler ausgebaut werden.

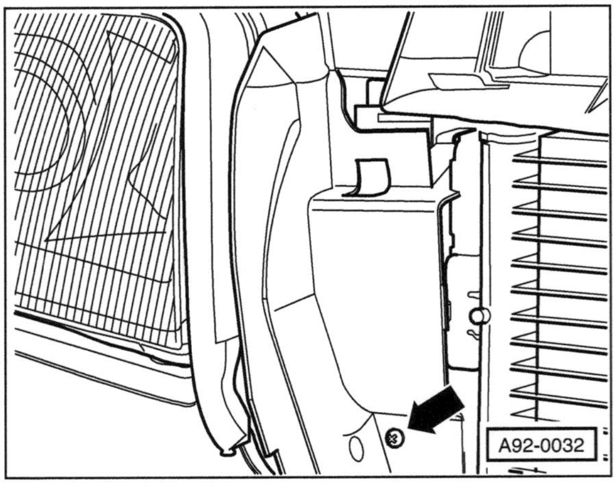

- **4-/6-Zylinder-Benzinmotoren:** Schraube –Pfeil– lösen. Luftführung an der Vorderkante etwas zur Fahrzeugmitte hin schwenken und Luftführung von der Kühlleitung der Servolenkung abnehmen.
- **Dieselmotoren/2,7-l-Benziner:** Stoßfänger vorn ausbauen, siehe Seite 277.

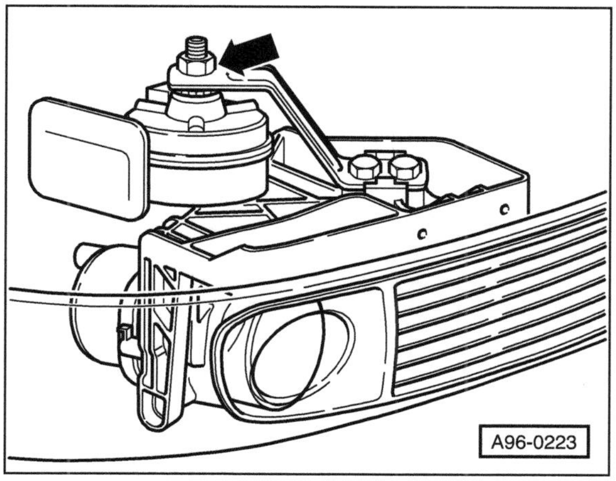

- Haltemutter (Schlüsselweite 13 mm) –Pfeil– herausdrehen und Hupe abnehmen.
- Stecker abziehen, dazu Drahtsicherungen eindrücken.

Prüfen

- Hupe mit Hilfsleitungen direkt an die Fahrzeugbatterie anschließen. Dabei Anschluß für schwarz/gelbes Kabel mit Batterie-Plus (+) und Anschluß für braunes Kabel mit Batterie-Masse (–) verbinden. Die Hupe muß ertönen.

Einbau

- Hupe einsetzen und anschrauben.
- Steckverbindung anschließen.
- **4-/6-Zylinder-Benzinmotoren:** Luftführung zuerst mit der unteren Aussparung auf die Kühlleitung der Servolenkung aufsetzen. An der Vorderkante etwas nach außen schwenken und anschrauben.
- **Dieselmotoren/2,7-l-Benziner:** Stoßfänger vorn einbauen, siehe Seite 277.

Wegfahrsicherung

Das Fahrzeug ist serienmäßig mit einer elektronischen Wegfahrsicherung ausgerüstet. Bei aktiviertem System verhindert die Anlage das Anspringen des Motors, wenn nicht der mit dem richtigen Code versehene Schlüssel verwendet wird.

Die Anlage besteht aus:

- ❑ dem Steuergerät für elektronische Wegfahrsicherung (im Schalttafeleinsatz integriert),
- ❑ der Kontrollampe für Wegfahrsicherung,
- ❑ dem angepaßten Motorsteuergerät,
- ❑ einer Lesespule am Zündschloß,
- ❑ dem Zündschlüssel mit eingebautem Transponder (Antwort-Lesespeicher). Der Transponder ist eine batterielos arbeitende Empfangs- und Sendeeinheit, die für jeden Schlüssel einen anderen fest eingespeicherten Code enthält.

- ■ Die Wegfahrsicherung wird beim Abziehen des Zündschlüssels aktiviert.
- ■ Beim Einschalten der Zündung wird durch die Lesespule elektrische Energie induktiv auf den Transponder im Schlüssel übertragen. Der Schlüsselcode wird gelesen und an das Steuergerät für Wegfahrsicherung übermittelt. Dort wird der Schlüsselcode mit dem abgespeicherten Wert verglichen. Danach wird der Code des Motor-Steuergerätes geprüft.
- ■ Wenn sämtliche Codes übereinstimmen, leuchtet im Schalttafeleinsatz die Kontrollampe für Wegfahrsicherung auf und erlischt nach etwa 3 Sekunden.
- ■ Falls keine Übereinstimmung der Codes erkannt wird, blinkt die Kontrolleuchte bei eingeschalteter Zündung, und der Motor kann nicht gestartet werden. Das kann unter anderem folgende Ursachen haben:
  - ◆ Lesevorgang durch zusätzliche Schlüssel am Schlüsselbund behindert,
  - ◆ Schlüsselcode defekt.
- ■ Die elektronische Überprüfung der Wegfahrsicherung erfolgt mit dem AUDI-Diagnosegerät durch Abrufen des Fehlerspeichers.

Geheimnummer

Die Geheimnummer ist bei Neufahrzeugen auf einem Schlüsselanhänger angebracht. Sie ist erforderlich, um neue Schlüssel zu codieren.

Identnummer

Die Identnummer wird benötigt, um bei Verlust der Geheimnummer diese beim Werk zu erfragen. Sie befindet sich ebenfalls auf einem Schlüsselanhänger, kann aber auch aus dem Steuergerät der Wegfahrsicherung ausgelesen werden.

Sicherungen auswechseln

Um Kurzschluß- und Überlastungsschäden an den Leitungen und Verbrauchern der elektrischen Anlage zu verhindern, sind die einzelnen Stromkreise durch Schmelzsicherungen geschützt. Es werden Sicherungen mit Messerkontakten verwendet. Ausnahme: Streifensicherungen für Glühkerzen beim TDI-Motor.

- Vor dem Auswechseln einer Sicherung immer zuerst den betroffenen Verbraucher und die Zündung ausschalten.

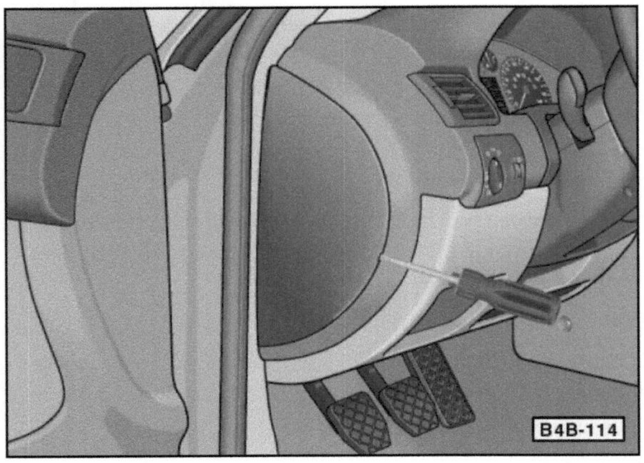

B4B-114

- Die Sicherungen befinden sich in einem Sicherungskasten an der linken Stirnseite der Armaturentafel hinter einer Abdeckung.
- Abdeckung öffnen, dazu Schraubendreher mit der flachen Seite von unten hinter die Abdeckung schieben –Pfeil– und Abdeckung abdrücken.
- Eine Übersicht der aktuellen Sicherungsbelegung befindet sich auf der Innenseite der Sicherungskasten-Abdeckung.
- Zusätzliche Sicherungen befinden sich hinter dem Ablagefach auf der Fahrerseite.
- Beim TDI-Motor befinden sich die Sicherungen der Vorglühanlage in der Relaisträgerplatine. Diese befindet sich in der sogenannten »E-Box« links im Wasserkasten, unter dem Windlaufgrill.

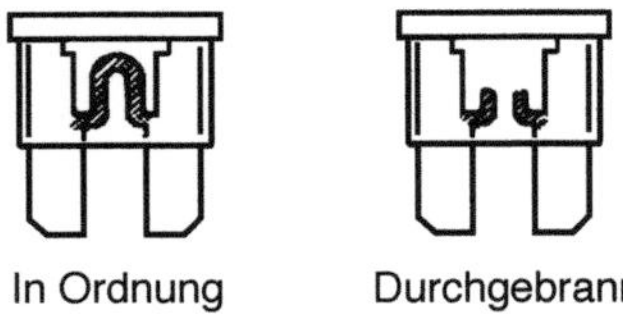

SX-5407

- Eine durchgebrannte Sicherung erkennt man am durchgeschmolzenen Metallstreifen.

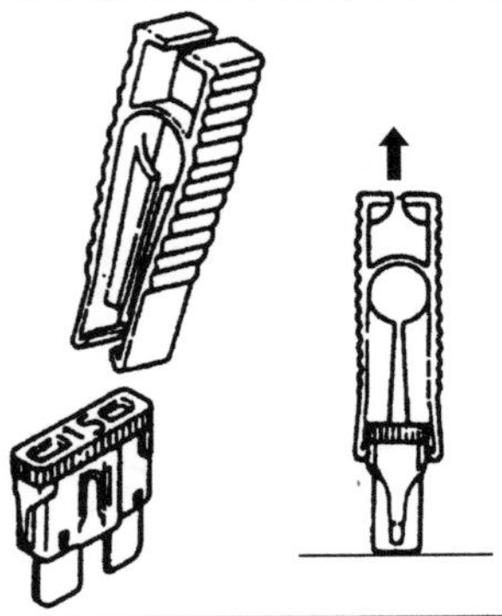

SX-5411

- Kunststoffklammer aus der Rückseite der Abdeckung abnehmen und defekte Sicherung herausziehen.
- Neue Sicherung **gleicher Sicherungsstärke** einsetzen. Die Nennstromstärke der Sicherung ist auf der Rückseite des Griffes aufgedruckt. Außerdem hat der Griff der Sicherungen eine Kennfarbe, an der ebenfalls die Nennstromstärke zu erkennen ist.

Nennstromstärke in Ampere	Kennfarbe
5	beige/hellbraun
7,5	braun
10	rot
15	blau
20	gelb
25	weiß
30	grün

- Sicherungskasten-Abdeckung wieder einrasten.
- Brennt eine neu eingesetzte Sicherung nach kurzer Zeit wieder durch, muß der entsprechende Stromkreis überprüft werden.
- Auf keinen Fall Sicherung durch Draht oder ähnliche Hilfsmittel ersetzen, weil dadurch ernste Schäden an der elektrischen Anlage auftreten können.
- Es ist empfehlenswert, stets einige Ersatzsicherungen im Wagen mitzuführen.

Sicherungsbelegung

Die Sicherungsbelegung ist abhängig von der Ausstattung und vom Baujahr des Fahrzeuges. Die aktuelle Belegung der Sicherungen steht auch im Deckel vom Sicherungskasten.

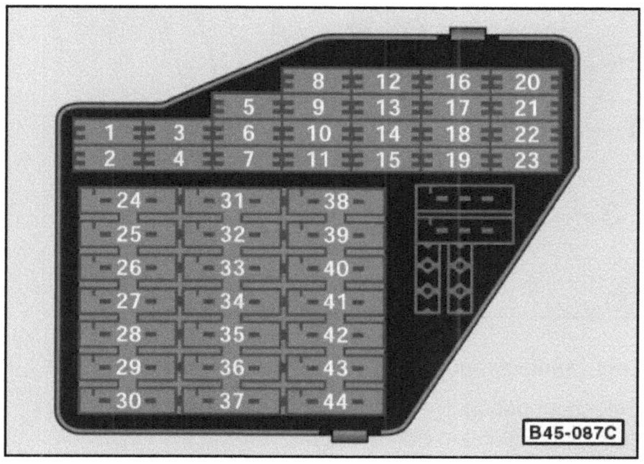

Nr.	Amp.	Verbraucher
1	5	Heizbare Scheibenwaschdüsen, Außenspiegelbeheizung
2	10	Richtungsblinkanlage
3	5	Beleuchtungen, Relais für Scheinwerfer-Reinigungsanlage
4	5	Kennzeichenleuchten
5	10	Kombigerät, Sitzheizung, Prüfstecker für Geschwindigkeits-Regelanlage, Lampenkontrolle, Katalysator, Diesel-Leuchten, Ganganzeige, Schalterbeleuchtungen, Spiegelschalter und -motoren, Airbag-Kontrolleuchte, Außentemperaturanzeige, Klimaanlage, Standheizung, Heckscheiben-Rollo, Solardach, Einparkhilfe, Heizungsbetätigung, Navigationssystem
6	5	Zentralverriegelung
7	10	Anti-Blockier-System, Bremslichtschalter, Kupplungspedalschalter
8	5	Telefonanlage, Telematik
9	10	Spiegelbeheizung
10	5	automatische Leuchtweitenregulierung
11	10	Geschwindigkeits-Regelanlage (Automatikgetriebe), Multitronic-Steuerung
12	10	Spannungsversorgung Eigendiagnose
13	10	Bremsleuchten
14	10	Innenraumbeleuchtung, Leseleuchten, Diebstahl-Warnanlage, Make-up-Spiegel, Sitzmemory
15	10	Kombigerät, Klimaanlage, Sitz- und Spiegelmemory, Vorwahluhr für Standheizung, Navigationssystem
16	5	Elektronisches Stabilitätsprogramm
17	10	Navigationssystem, Niveauregulierung
18	10	Fernlicht rechts
19	10	Fernlicht links
20	10/15[1]	Abblendlicht rechts, Leuchtweitenregulierung
21	10/15[1]	Abblendlicht links, Leuchtweitenregulierung
22	5	Schluß- und Standlicht rechts
23	5	Schluß- und Standlicht links
24	25	Scheibenwischeranlage, Wascherpumpe, Intervallrelais
25	30	Gebläse für Heizung, Klimaanlage, Standheizung, Solardach
26	30	Heckscheibenheizung, Umluftbetrieb
27	15	Lenkradheizung
28	20	Kraftstoffpumpe, Dieselzusatzpumpe
29	20/30[2]	Motorsteuerung
30	20	Schiebe-/Ausstelldach
31	15	Rückfahrscheinwerfer, Geschwindigkeits-Regelanlage, Automatikgetriebe, Diagnosesteckdose, automatisch abblendender Innenspiegel, Abgasrückführung (Taktventil)
32	20	Motorsteuerung
33	15	Zigarettenanzünder
34	15	Motorsteuerung
35	30	Anhänger- Steckdose
36	15	Nebelscheinwerfer und -schlußleuchte
37	20	Telefon (D-Netz), Radio
38	20	Kofferraumleuchte, Zentralverriegelung
39	15	Warnblinkanlage
40	25	Signalhorn (Hupe)
41	25	Anti-Blockier-System/Elektronisches Stabilitätsprogramm (Hydroaggregat, Ventile)
42	25	Elektronisches Stabilitätsprogramm
43	5	S-Kontakt (Radio)
44	30	Sitzheizung, Standheizung

[1] 15 A ab 1999, [2] 20 A bis 1999,

Achtung: Sicherungen im Sicherungshalter werden ab Sicherungsplatz 23 im Stromlaufplan mit 223 bezeichnet, Sicherung 24 mit 224 usw.

Hinweis: Die elektrischen Fensterheber und die elektrische Sitzverstellung sind über Sicherungsautomaten abgesichert, die bei einer Überlastung, zum Beispiel durch festgefrorene Scheiben, den Stromkreis unterbrechen und sich nach kurzer Zeit selbst wieder einschalten.

Weitere Sicherungen sowie die Relaisbelegung sind im Kapitel »Stromlaufpläne« aufgeführt.

Batterie aus- und einbauen

Die Batterie befindet sich im Wasserkasten unterhalb der Windschutzscheibe. Sie ist durch eine herausnehmbare Abdeckklappe erreichbar. Zum Ausbau der Batterie muß allerdings der Windlaufgrill ganz ausgebaut werden, siehe Seite 77.

Achtung: Durch Abklemmen der Batterie werden einige **elektronische Speicher gelöscht**, zum Beispiel Fehlerspeicher von Motor- und Getriebesteuerung sowie vom Anti-Blockier-System. Vor dem Abklemmen gegebenenfalls Fehlerspeicher von einer AUDI-Werkstatt abrufen lassen. Treten die gleichen Fehler während einer anschließenden Fahrt wieder auf, werden sie wieder im Speicher abgelegt.

Die Hoch-/Tieflaufautomatik der elektrischen Fensterheber muß nach dem Anklemmen der Batterie neu aktiviert werden.

Das serienmäßig eingebaute Radio besitzt eine sogenannte Anti-Diebstahl-Codierung. Diese verhindert die unbefugte Inbetriebnahme des Gerätes, wenn die Stromversorgung unterbrochen wurde. Die Stromversorgung ist nicht nur beim Abklemmen der Batterie unterbrochen, sondern auch beim Ausbau des Radios oder wenn die Radiosicherung durchgebrannt ist.

Falls das Radio codiert ist, Radiocode vor Abklemmen der Batterie feststellen. Ist der Code nicht bekannt, kann nur die AUDI-Werkstatt das Autoradio wieder in Betrieb nehmen, siehe auch Seite 97.

Vor dem Abklemmen der Batterie die Einstellungen der abgespeicherten Radiosender notieren.

Falls die Batterie ersetzt wird:

Hinweis: Wird die Autobatterie ersetzt, unbedingt die Altbatterie zum Händler mitnehmen und zurückgeben. Sonst muß Pfand für die neue Batterie bezahlt werden .

- Möglichst eine moderne **Batterie mit Zentralentgasung** verwenden. Dabei werden die in der Batterie entstehenden Gase über einen Schlauch abgeleitet, siehe Abbildung A27-0034 auf Seite 59.
- Falls dennoch eine Batterie mit belüfteten Stopfen eingebaut wird, darauf achten, daß die Stopfen mit einer Kunststoffabdeckung vor Spritzwasser geschützt werden, siehe auch Hinweis am Ende dieses Kapitels.
- Nach dem Einbau der neuen Batterie Generatorspannung prüfen, siehe Seite 65.

Hinweis: Eine zu hohe Ladespannung des Generators kann die Ursache für den Ausfall der bisherigen Batterie sein und, falls der Fehler weiter besteht, die neue Batterie schädigen.

Ausbau

- Zündung ausschalten.
- Motorhaube öffnen.
- Windlaufgrill ausbauen, siehe Seite 77.

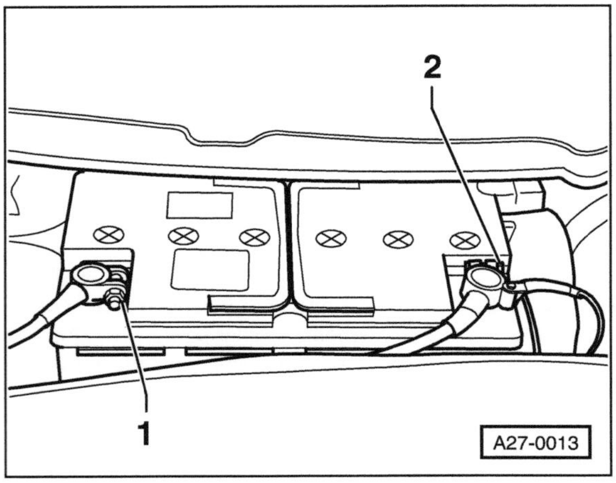

- Batterie-Massekabel (–) vom Batterie-Minuspol (–) abklemmen und zur Seite legen. Dazu Mutter –1– (Schlüsselweite = 10 mm) lösen.
- Sechskantmutter –2– (Schlüsselweite = 10 mm) lösen und Batterie-Plusleitung am Pluspol (+) der Batterie abnehmen.

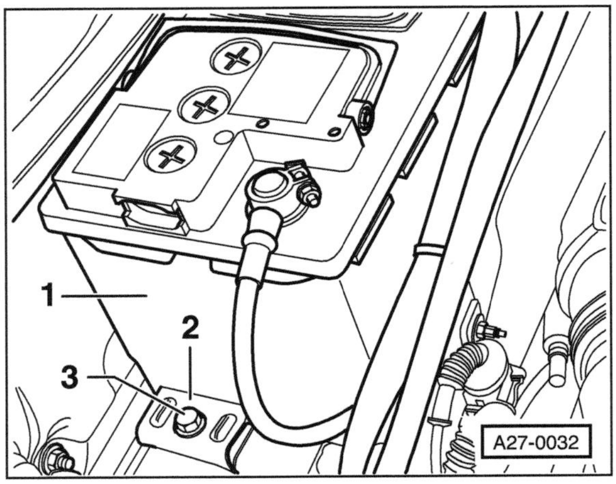

- Sechskantschraube –3– (SW 13) herausdrehen.
- Befestigungsbügel –2– abnehmen und Batterie –1– aus dem Wasserkasten herausheben.

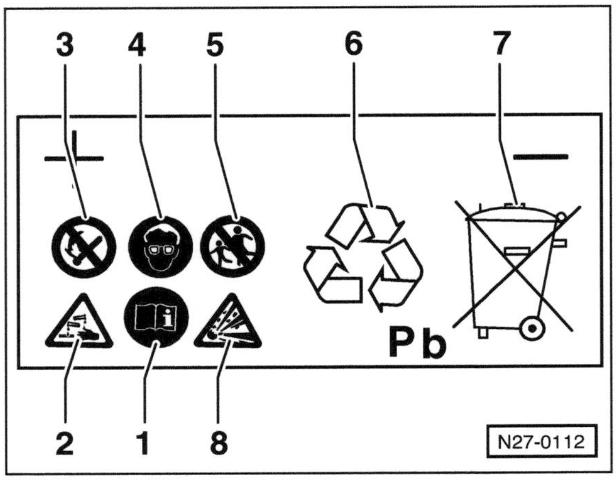

Sicherheitshinweise:
Warnhinweise auf der Batterie beachten, um Schäden und Verletzungen zu vermeiden. Die Symbole haben folgende Bedeutung:

1. Sicherheitshinweise in der Betriebsanleitung durchlesen.
2. Verätzungsgefahr: Batteriesäure ist stark ätzend, deshalb beim Umgang mit der Batterie Schutzhandschuhe und Augenschutz tragen. Batterie nicht kippen. Aus den Entgasungsöffnungen kann Säure austreten.
3. Feuer, Funken, offenes Licht und Rauchen in der Nähe der Batterie sind verboten. Wird die Batterie nur abgeklemmt, aber nicht ausgebaut, Batteriepole sicherheitshalber abdecken.
4. Augenschutz tragen.
5. Kinder von Säure und Batterie fernhalten.
6. Altbatterien bei den Sammelstellen für Problemstoffe abgeben.
7. Altbatterien nie über den Hausmüll entsorgen.
8. Explosionsgefahr. Beim Laden der Batterie entsteht hochexplosives Knallgasgemisch.

Einbau

- Prüfen, ob die Zündung und alle Stromverbraucher ausgeschaltet sind, gegebenenfalls ausschalten. Ausnahme: Airbag-Einbau, siehe Seite 135.

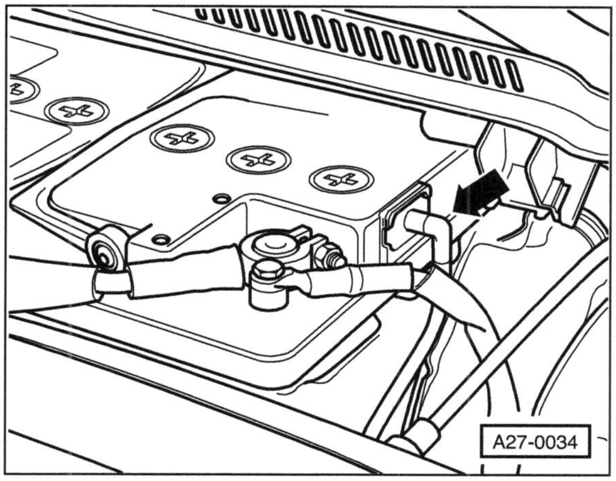
A27-0034

Achtung: Beim Einsetzen der Batterie darauf achten, daß der Schlauch für die Zentralentgasung nicht abgeklemmt wird. Nur dann ist sichergestellt, daß die bei der Ladung der Batterie entstehenden Gase ungehindert ausströmen können.

Hinweis: Im Schlauchanschluß –Pfeil– befindet sich ein sogenannter Rückzündungsschutz, der das Zünden der in der Batterie befindlichen brennbaren Gase über den Entgasungsschlauch verhindert. **Entgasungsschlauch und Rückzündungsschutz dürfen daher nicht weggelassen werden.**

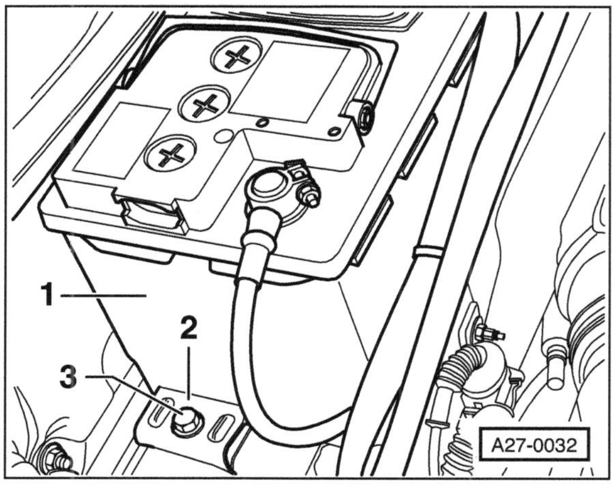

A27-0032

- Batterie –1– in die richtige Position im Wasserkasten einsetzen.
- Batterie mit Befestigungsbügel –2– und Sechskantschraube –3– befestigen. Anzugsmoment für Schraube –3–: **15 Nm**.

Achtung: Beim Einsetzen der Batterie darauf achten, daß die Batterie sich anschließend nicht mehr nach links oder rechts verschieben lässt.

- Die Batterie ist richtig eingesetzt, wenn die mittlere Aussparung der Batteriefußleiste mit dem Gewindeloch im Batterieträger fluchtet.
- Bei einer Batterie **mit** Schlauch für Zentralentgasung darauf achten, daß der Schlauch nicht abgeklemmt wird und die Batterie frei entgasen kann.
- Bei einer Batterie **ohne** Schlauch für Zentralentgasung darauf achten, daß die Öffnung an der oberen Deckelseite der Batterie nicht verstopft ist.
- Festen Sitz der Batterie durch hin- und herrütteln prüfen. Wenn die Batterie nicht festsitzt, verkürzt sich die Lebensdauer der Batterie. Außerdem verringert sich die Crash-Sicherheit.

Achtung: Durch eine falsch angeschlossene Batterie können erhebliche Schäden am Generator und an der elektrischen Anlage entstehen.

- Pluskabel am Pluspol (+) anklemmen, Anzugsdrehmoment: 6 Nm. **Achtung:** Polklemme ohne Gewalt aufdrücken, damit das Batteriegehäuse nicht beschädigt wird. Der Batteriepol darf **nicht** gefettet werden.
- Massekabel am Minuspol (–) aufstecken und mit 6 Nm anschrauben. **Achtung:** Polklemme ohne Gewalt aufdrücken, damit das Batteriegehäuse nicht beschädigt wird. Der Batteriepol darf **nicht** gefettet werden.

Achtung: Vor dem ersten Motorstart Zündung für ca. 10 Sekunden einschalten. Dadurch wird das Motorsteuergerät aktiviert.

- Radio gegebenenfalls neu programmieren, siehe Seite 97.
- Zeituhr einstellen.
- Automatiklauf der elektrischen Fensterheber aktivieren:
  - ◆ Scheibe durch permanentes Anheben des Fensterheberschalters bis zum Anschlag nach oben fahren.
  - ◆ Schalter loslassen und erneut für mindestens 1 Sekunde anheben.
- Generatorspannung prüfen, siehe Seite 65.

Hinweis für Batterie mit belüfteten Stopfen

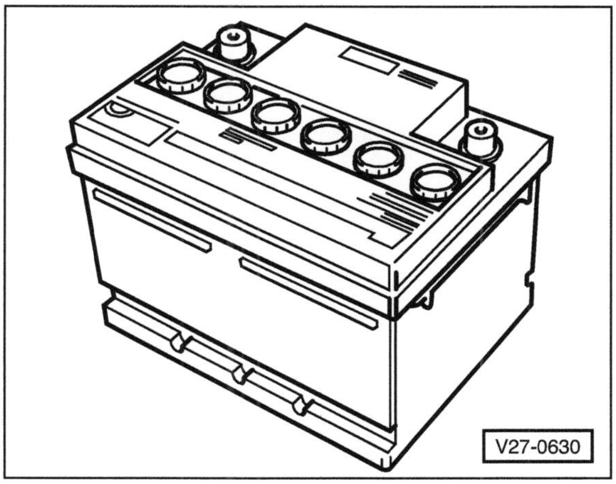
V27-0630

Wenn möglich, nur eine Batterie mit Zentralentgasung einbauen.

Bei dem abgebildeten Batterietyp mit belüfteten und herausschraubbaren Stopfen, muß über den Stopfen eine Kunststoffabdeckung als Schutz gegen eindringendes Spritzwasser sowie austretende, korrosionsfördernde Batteriesäure angebracht werden.

Für eine Batterie mit Zentralentgasung (flache, nur mit Schraubendreher herausschraubbare Stopfen) wird diese Abdeckung nicht benötigt.

Batterie prüfen

Säurestand prüfen

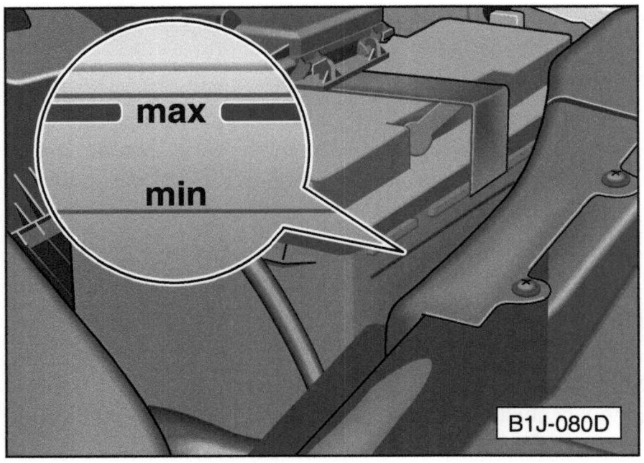

- Der Säurestand muß in den einzelnen Zellen zwischen der min- und der max-Marke liegen. Gegebenenfalls Batteriestopfen herausschrauben und destilliertes Wasser nachfüllen. Die Abbildung zeigt nicht die Batterie im AUDI A6.

Hinweis: Läßt sich der Säurestand von außen nicht erkennen, Batteriestopfen herausschrauben. Der Säurestand muß am Kunststoffsteg der inneren Säurestandmarkierung liegen. Das entspricht der äußeren max-Markierung.

Ruhespannung prüfen

Der Batterie-Zustand wird durch Messen der Spannung mit einem Voltmeter zwischen den Batteriepolen überprüft.

- Batteriepole abklemmen, siehe Seite 57.
- Vor der Prüfung muß die Batterie mindestens 2 Stunden abgeklemmt sein.

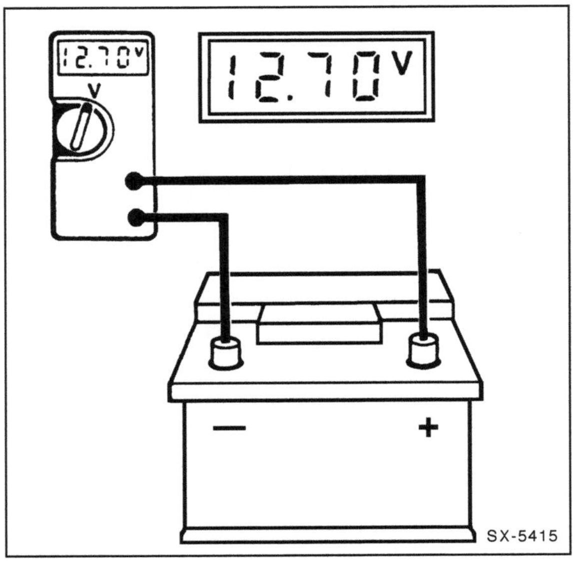

- Voltmeter an die Batteriepole anschließen und Spannung messen.
- **Beurteilung des Spannungsmeßwertes:**
  12,5 Volt oder darüber = Batterie in gutem Zustand.
  12,4 Volt oder darunter = Batterie in schlechtem Zustand, Batterie laden oder ersetzen.
- Batterie-Massekabel (–) anklemmen. **Achtung:** Hoch-/Tieflaufautomatik für elektrische Fensterheber aktivieren sowie Zeituhr stellen und Radiocode eingeben, siehe Kapitel »Batterie aus- und einbauen«.

Batterie unter Belastung prüfen

- Voltmeter an den Polen der Batterie anschließen.
- Motor starten und Spannung ablesen.
- Während des Startvorganges darf bei einer vollen Batterie die Spannung nicht unter 10 Volt (bei einer Säuretemperatur von ca. +20° C) abfallen.
- Bricht die Spannung sofort zusammen und wurde in den Zellen eine unterschiedliche Säuredichte festgestellt, so ist auf eine defekte Batterie zu schließen.

Hinweis: Wird die Belastungsprüfung mit einem Werkstattprüfgerät durchgeführt, Sollwerte beachten, siehe Seite 61.

Säuredichte prüfen

Die Säuredichte ergibt in Verbindung mit der Spannungsmessung genauen Aufschluß über den Ladezustand der Batterie.

Zur Prüfung der Säuredichte dient ein Säureheber, der recht preiswert in Fachgeschäften angeboten wird.

Die Temperatur der Batteriesäure muß für die Prüfung mindestens +10° C betragen.

- Zündung ausschalten.

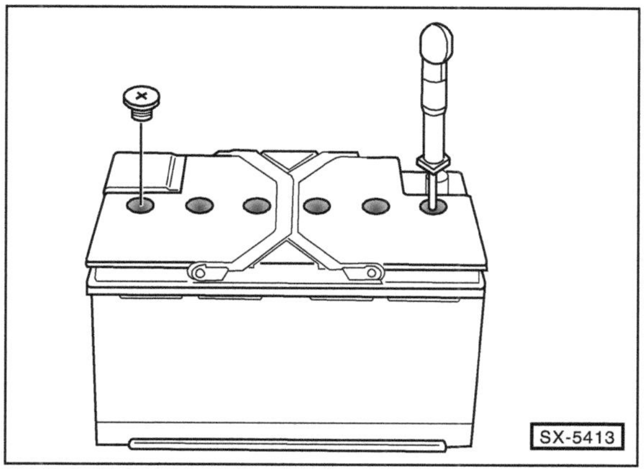

- Sämtliche Verschlußstopfen aus den Batteriezellen herausschrauben. Falls vorhanden, vorher Deckelleiste mit Schraubendreher abhebeln.

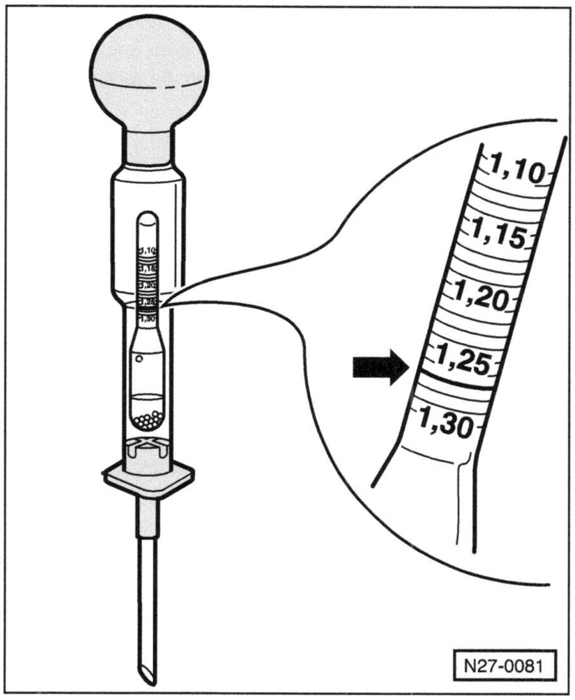

- Säureprüfer, zum Beispiel HAZET 4650-1, in eine der Batteriezellen eintauchen und soviel Säure ansaugen, bis der Schwimmer frei in der Säure schwimmt. Je größer das spezifische Gewicht (Säuredichte) der angesaugten Batteriesäure ist, desto mehr taucht der Schwimmer auf. An der Skala kann man die Säuredichte in spezifischem Gewicht (g/ml) oder Baumégrad (+°Bé) ablesen.
- Die Säuredichte muß mindestens 1,24 g/ml betragen. Ist die Säuredichte zu gering, Batterie laden.

Ladezustand	+°Bé	g/ml
entladen	16	1,12
halb entladen	24	1,20
gut geladen	30	1,28

- Nacheinander jede Batteriezelle prüfen, alle Zellen müssen die gleiche Säuredichte (maximale Differenz 0,04 g/ml) haben. Sonst kann auf eine defekte Batterie geschlossen werden.

Batterie laden

Sicherheitshinweise:

Vor dem Laden der Batterie Sicherheitshinweise im Kapitel »Batterie aus- und einbauen« durchlesen.

- Batterie **nicht** bei laufendem Motor abklemmen.
- Batterie **niemals kurzschließen,** das heißt Plus- (+) und Minuspol (–) dürfen nicht verbunden werden. Bei Kurzschluß erhitzt sich die Batterie und kann platzen.
- Nicht mit offener Flamme in Batterie leuchten. Batteriesäure ist ätzend und darf nicht in die Augen, auf die Haut oder die Kleidung gelangen, gegebenenfalls mit viel Wasser abspülen.
- Die Batteriestopfen (kreuzförmige Schlitze) bleiben bei einer Batterie mit Zentralentgasung beim Laden fest eingeschraubt.
- Gefrorene Batterie vor dem Laden auftauen. Eine geladene Batterie gefriert bei ca. –65° C, eine halbentladene bei ca. –30° C und eine entladene bei ca. –12° C. Aufgetaute Batterie vor dem Laden auf Gehäuserisse prüfen, gegebenenfalls ersetzen.

Zum Laden der Batterie mit einem **Normal- oder Schnelladegerät** Batterie ausbauen. Zumindest aber Massekabel (–) sowie Pluskabel (+) abklemmen.

Mit einem **Kleinladegerät** (geringe Stromstärke) kann die Batterie auch in eingebautem Zustand geladen werden. Die Anschlußkabel für das Bordnetz brauchen dazu normalerweise nicht abgenommen zu werden. Allerdings sind unbedingt die Angaben des Ladegeräteherstellers zu beachten.

Beim Laden muß die Batterie eine Temperatur von mindestens +10° C aufweisen.

Laden

- Batterie ausbauen.
- Säurestand prüfen, gegebenenfalls destilliertes Wasser nachfüllen, siehe entsprechendes Kapitel.
- Batterie nur in gut belüftetem Raum oder im Freien laden. Beim Laden der eingebauten Batterie Motorhaube geöffnet lassen.
- Sicherstellen, daß der Entgasungsschlauch der Batterie nicht abgeklemmt ist beziehungsweise der Entgasungsstutzen nicht verstopft ist.
- Falls am Ladegerät der Ladestrom eingestellt werden kann, Ladestrom für Normalladung auf ca. 10 % der Kapazität einstellen. Bei einer 50-Ah-Batterie also etwa 5,0 A. Als Richtwert für die Ladezeit können dann 10 Stunden genommen werden.

- **Bei ausgeschaltetem Ladegerät** Pluskabel (+) des Ladegerätes an den Pluspol (+) der Batterie anschließen. Minuskabel (–) des Ladegerätes mit dem Minuspol (–) der Batterie verbinden.
- Netzstecker des Ladegerätes in die Steckdose stecken. Falls erforderlich, Ladegerät einschalten.
- Wird die Batterie mit einem konstanten Ladestrom geladen, Temperatur der Batterie durch Auflegen der Hand prüfen. Die Säuretemperatur darf während des Ladens ca. +55° C nicht überschreiten, gegebenenfalls Ladung unterbrechen oder Ladestrom herabsetzen.
- Nach dem Laden der Batterie Ladegerät ausschalten (wenn möglich) und Netzstecker des Ladegerätes ziehen.
- Anschlußkabel des Ladegerätes von der Batterie abklemmen.
- Geladene Batterie prüfen, siehe entsprechendes Kapitel.
- Batterie einbauen, siehe entsprechendes Kapitel.

Hinweise für Batterie mit belüfteten Stopfen (Abbildung V27-0630 im Kapitel »Batterie aus- und einbauen«)

- Vor dem Laden Stopfen aus der Batterie herausschrauben oder mit schmalem Schraubendreher Abdeckung herausheben und leicht auf die Öffnungen legen. Dadurch werden Säurespritzer in der Umgebung vermieden, während die beim Laden entstehenden Gase entweichen können.
- So lange laden, bis alle Zellen lebhaft gasen und bei drei im Abstand von je einer Stunde aufeinanderfolgenden Messungen das spezifische Gewicht der Säure und die Spannung nicht mehr angestiegen sind.
- Nach dem Laden Batterie ca. 20 Minuten ausgasen lassen, dann Verschlußstopfen einschrauben.

Tiefentladene und sulfatierte Batterie laden

Eine Batterie, die längere Zeit nicht benutzt wird (zum Beispiel Fahrzeug stillgelegt) entlädt sich selbst und sulfatiert mit der Zeit.

Wenn die Ruhespannung der Batterie unter 11,6 Volt liegt, bezeichnet man sie als tiefentladen. Ruhespannung prüfen, siehe unter »Batterie prüfen«.

Bei einer tiefentladenen Batterie besteht die Batteriesäure (Schwefelsäure-Wassergemisch) fast nur noch aus Wasser. **Achtung:** Bei Minustemperaturen kann diese Batterie einfrieren und das Gehäuse kann platzen.

Eine tiefentladene Batterie sulfatiert, das heißt die gesamte Plattenoberfläche der Batterie verhärtet. Die Batteriesäure ist dann nicht klar, sie hat eine schwach weißliche Einfärbung.

Wenn die tiefentladene Batterie unmittelbar nach der Entladung wieder geladen wird, bildet sich die Sulfatierung wieder zurück. Andernfalls verhärten die Batterieplatten weiter und die Ladungsaufnahme bleibt dauernd eingeschränkt.

- Eine tiefentladene und sulfatierte Batterie muß mit einem kleinen Ladestrom von ca. 5 % geladen werden. Der Ladestrom beträgt dann beispielsweise bei einer 60 Ah-Batterie ca. 3 A.
- Die Ladespannung darf maximal 14,4 Volt betragen.

Achtung: Eine tiefentladene Batterie darf keinesfalls mit einem Schnelladegerät geladen werden.

Schnelladen/Starthilfe

- Mit einem Schnelladegerät darf die Batterie nur ausnahmsweise schnellgeladen beziehungsweise durch Starthilfe belastet werden. Beim Schnelladen beträgt die Stromstärke des Ladestroms 20% der Batteriekapazität und mehr. Durch Schnelladen wird die Batterie geschädigt, da sie kurzfristig einer sehr hohen Stromstärke ausgesetzt wird. Länger gelagerte und tiefentladene Batterien dürfen nicht mit einem Schnelladegerät aufgeladen werden, da es sonst zur sogenannten Oberflächenladung kommt.

Batterie lagern

- Wird das Fahrzeug länger als 2 Monate stillgelegt, Batterie ausgebaut und geladen lagern. Die günstigste Lagertemperatur liegt zwischen 0° C und +27° C. Bei diesen Temperaturen hat die Batterie die günstigste Selbstentladungsrate. Spätestens nach 2 Monaten Batterie erneut aufladen, da sie sonst unbrauchbar wird.

Wenn eine über längere Zeit gelagerte Batterie mit einem Schnelladegerät geladen wird, nimmt sie unter Umständen keinen Ladestrom auf oder wird durch sogenannte Oberflächenladung zu früh als »voll« ausgewiesen. Sie ist anscheinend defekt.

Bevor eine solche Batterie als defekt angesehen wird, ist sie folgendermaßen zu prüfen:

- Säuredichte prüfen. Weicht die Säuredichte in allen Zellen nicht mehr als 0,04 g/ml voneinander ab, so ist die Batterie mit einem Normalladegerät zu laden.
- Batterie nach der Ladung durch eine Belastungsprüfung testen, siehe entsprechendes Kapitel. Die Werkstatt verwendet dazu ein spezielles Prüfgerät. In diesem Fall müssen die Werte in der folgenden Tabelle erreicht werden. Bei einem Spannungswert unter ca. 9,0 Volt ist die Batterie defekt.

Batterie-kapazität	Kälte-prüfstrom	Belastungs-strom	Mindestspannung (Grenzwert
44 Ah	220 A	200 A	9,4 V
60 Ah	280 A	200 A	9,4 V
70 Ah	340 A	200 A	9,5 V
80 Ah	380 A	300 A	9,5 V
82 Ah	420 A	300 A	9,5 V
92 Ah	450 A	300 A	9,5 V

- Weicht die Säuredichte in einer oder in zwei benachbarten Zellen merklich nach unten ab (zum Beispiel 5 Zellen zeigen 1,16 g/ml und eine Zelle 1,08), hat die Batterie einen Kurzschluß und ist defekt.
- Tiefentladene und sulfatierte Batterie laden, siehe Kapitel »Batterie laden«.

Batterie entlädt sich selbständig durch versteckte Stromverbraucher

Je nach Fahrzeugausstattung addiert sich zur natürlichen Selbstentladung der Batterie auch die Stromaufnahme der verschiedenen Steuergeräte im Ruhezustand. Daher sollte die Batterie in einem abgestellten Fahrzeug spätestens alle 6 Wochen nachgeladen werden. Wenn der Verdacht auf Kriechströme besteht, Bordnetz nach folgender Anleitung prüfen:

- Zur Prüfung geladene Batterie verwenden.

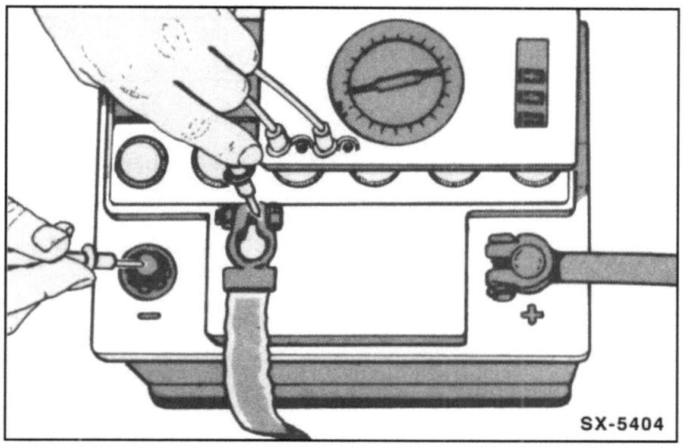
SX-5404

- Am Amperemeter (Meßbereich von 0–5 mA und 0–5 A) den höchsten Meßbereich einstellen.
- Batterie-Massekabel (–) bei ausgeschalteter Zündung abklemmen. **Achtung:** Dadurch werden elektronische Speicher gelöscht, wie zum Beispiel der Radiocode. Ohne Code kann das Radio nur vom Radiohersteller freigeschaltet werden, beziehungsweise beim AUDI-Radio von einer AUDI-Werkstatt. Deshalb Hinweise im Kapitel »Batterie aus- und einbauen« durchlesen.
- Amperemeter zwischen Batterie-Minuspol (–) und Massekabel (–) schalten. Amperemeter-Plus- (+) Anschluß an Massekabel (–) und Amperemeter-Minus-Anschluß an Batterie-Minuspol (–).

Achtung: Die Prüfung kann auch mit einer Prüflampe durchgeführt werden. Leuchtet die Lampe zwischen Masseband und Minuspol der Batterie jedoch nicht auf, ist auf jeden Fall ein Amperemeter zu verwenden.

- Alle Verbraucher ausschalten, vorhandene Zeituhr (und andere Dauerverbraucher) abklemmen, Türen schließen.
- Vom Amperebereich solange auf den Milliamperebereich zurückschalten, bis eine ablesbare Anzeige erfolgt (1–3 mA sind zulässig).
- Durch Herausnehmen der Sicherungen nacheinander die verschiedenen Stromkreise unterbrechen. Wenn bei einem der unterbrochenen Stromkreise die Anzeige auf Null zurückgeht, ist hier die Fehlerquelle zu suchen. Fehler können sein: korrodierte und verschmutzte Kontakte, durchgescheuerte Leitungen, interner Schluß in Aggregaten.
- Wird in den abgesicherten Stromkreisen kein Fehler gefunden, so sind die Leitungen an den nicht abgesicherten Aggregaten, wie Generator und Anlasser, abzuziehen.
- Geht beim Abklemmen von einem der ungesicherten Aggregate die Anzeige auf Null zurück, betreffendes Bauteil überholen oder austauschen. Bei Stromverlust in Anlasser- oder Zündanlage immer auch den Zünd-Anlaßschalter nach Stromlaufplan prüfen.
- Batterie-Massekabel (–) anklemmen. **Achtung:** Hoch-/Tieflaufautomatik für elektrische Fensterheber aktivieren sowie Zeituhr stellen und Radiocode eingeben, siehe Kapitel »Batterie aus- und einbauen«.

Telematik: Notstrombatterie ersetzen

Das Steuergerät für Telematik befindet sich in der E-Box im Fußraum auf der Beifahrerseite unter der Bodenmatte.

Ausbau

Achtung: Vor Abklemmen der Starterbatterie muß der Service-Mode des Telematik-Steuergerätes aktiviert werden (Werkstattarbeit).

- Batterie-Massekabel (–) bei ausgeschalteter Zündung abklemmen. **Achtung:** Dadurch werden elektronische Speicher gelöscht, wie zum Beispiel bei bestimmten Radios der Radiocode. Ohne Code kann das Radio nicht mehr in Betrieb genommen werden. Deshalb Hinweise im Kapitel »Batterie aus- und einbauen« durchlesen.
- Untere Verkleidung der A-Säule ausbauen, Bodenmatte anheben.
- Steuergerät aus der E-Box herausnehmen, nicht abklemmen.

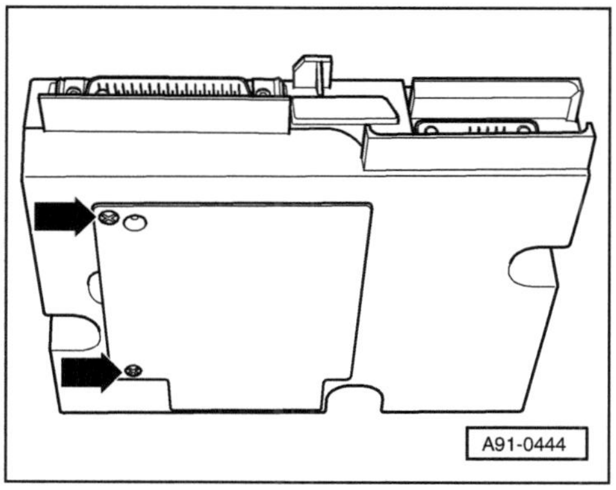
A91-0444

- Deckel an der Unterseite des Steuergerätes abschrauben –Pfeile–.

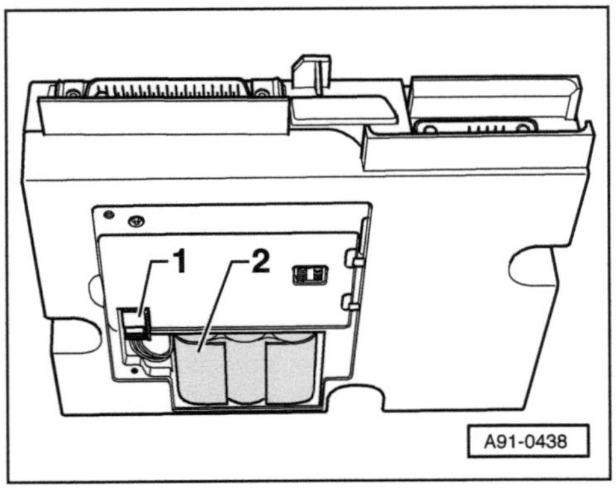

- Mehrfachstecker –1– abziehen und Notbatterie –2– herausziehen.

Einbau

- Neue Notbatterie einsetzen.
- Mehrfachstecker aufstecken.
- Deckel ansetzen und festschrauben.
- Steuergerät in die E-Box einsetzen.
- Untere Verkleidung der A-Säule einbauen, Bodenmatte zurückklappen.
- Batterie-Massekabel (–) anklemmen. **Achtung:** Zeituhr stellen und gegebenenfalls Radiocode eingeben sowie Hoch-/Tieflaufautomatik für elektrische Fensterheber aktivieren , siehe Kapitel »Batterie aus- und einbauen«.

Achtung: Nach Anklemmen der Batterie muß der Service-Mode des Telematik-Steuergerätes deaktiviert werden (Werkstattarbeit).

Störungsdiagnose Batterie

Störung	Ursache	Abhilfe
Abgegebene Leistung ist zu gering, Spannung fällt stark ab.	Batterie entladen.	■ Batterie nachladen.
	Ladespannung zu niedrig.	■ Spannungsregler prüfen, ggf. austauschen.
	Anschlußklemmen lose oder oxydiert.	■ Anschlußklemmen reinigen. Befestigungsschrauben anziehen.
	Masseverbindungen Batterie-Motor-Karosserie sind schlecht.	■ Masseverbindung überprüfen, ggf. metallische Verbindungen herstellen oder Schraubverbindungen festziehen. Korrodierte durch verzinnte Schrauben ersetzen.
	Zu große Selbstentladung der Batterie durch Verunreinigung der Batteriesäure.	■ Batterie austauschen.
	Batterie sulfatiert.	■ Batterie mit geringer Stromstärke laden. Falls nach wiederholter Ladung und Entladung die abgegebene Leistung immer noch zu gering ist, Batterie austauschen.
	Batterie verbraucht, aktive Masse der Platten ausgefallen.	■ Batterie austauschen.
Nicht ausreichende Ladung der Batterie.	Fehler an Generator, Spannungsregler oder Leitungsanschlüssen.	■ Generator und Spannungsregler überprüfen, instand setzen bzw. austauschen.
	Keilrippenriemen locker, Spannvorrichtung defekt.	■ Spannvorrichtung prüfen, ggf. Keilrippenriemen ersetzen.
	Zu viele Verbraucher angeschlossen.	■ Größere Batterie einbauen; evtl. auch größeren Generator verwenden.
Säurestand zu niedrig.	Überladung, Verdunstung (besonders im Sommer).	■ Destilliertes Wasser bis zur vorgeschriebenen Höhe nachfüllen (bei geladener Batterie).
Säuredichte zu niedrig.	Batterie entladen.	■ Batterie laden.
	Säuredichte in einer Zelle deutlich niedriger als in den übrigen Zellen.	■ Kurzschluß in einer Zelle. Batterie erneuern.
	Säuredichte in zwei benachbarten Zellen deutlich niedriger als in den übrigen Zellen.	■ Trennwand undicht, dadurch entsteht eine leitende Verbindung zwischen den Zellen, wodurch die Zellen entladen werden. Batterie erneuern.
	Kurzschluß im Leitungsnetz.	■ Elektrische Anlage überprüfen.

Generator/Lichtmaschine: Sicherheitshinweise

In den AUDI A6-Modellen sind Drehstrom-Generatoren (Lichtmaschinen) mit unterschiedlichen Leistungen eingebaut. Die Leistung steht auf dem Typschild am Generator. **Achtung:** Wenn nachträglich elektrisches Zubehör eingebaut wird, sollte überprüft werden, ob die bisherige Generatorleistung noch ausreicht, gegebenenfalls stärkeren Generator einbauen.

Der Generator wird von der Kurbelwelle über den Keilriemen beziehungsweise den Keilrippenriemen angetrieben.

Da die Batterie nur mit Gleichstrom geladen werden kann, wird der Drehstrom durch Gleichrichter in der Diodenplatte in Gleichstrom umgewandelt. Der Spannungsregler verändert den Ladestrom durch Ein- und Ausschalten des Erregerstromes entsprechend dem Ladezustand der Batterie. Gleichzeitig hält der Regler die Betriebsspannung konstant bei ca. 14 Volt, unabhängig von der Drehzahl.

Hinweis: Beim Kauf eines überholten oder neuen Generators wird der alte in Zahlung genommen; daher Altteil zum Händler mitnehmen.

Sicherheitshinweise:

Bei Arbeiten an der elektrischen Anlage grundsätzlich das Batterie-Massekabel (–) abklemmen. **Achtung:** Dadurch werden elektronische Speicher gelöscht, wie zum Beispiel der Radiocode. Ohne Code kann das Radio nur vom Radiohersteller freigeschaltet werden, beziehungsweise beim AUDI-Radio von einer AUDI-Werkstatt. Deshalb Hinweise im Kapitel »Batterie aus- und einbauen« durchlesen.

- Batterie oder Spannungsregler **nicht** bei laufendem Motor abklemmen.
- Generator **nicht** bei angeschlossener Batterie ausbauen.
- Beim Elektroschweißen Batterie grundsätzlich abklemmen.

Generatorspannung prüfen

- Voltmeter zwischen Plus- und Minuspol der Batterie anschließen.
- Motor starten. Die Spannung darf beim Startvorgang bis 8 Volt (bei +20° C Außentemperatur) absinken.
- Motordrehzahl auf 3.000/min erhöhen. Die Spannung soll dann 13,5 bis 14,5 Volt betragen. Dies ist ein Beweis, daß Generator und Regler arbeiten. Die Generatorspannung (Bordspannung) muß höher als die Batteriespannung sein, damit die Batterie im Fahrbetrieb wieder aufgeladen wird.
- Regelstabilität prüfen. Dazu Fernlicht einschalten und Messung bei 3.000/min wiederholen. Die gemessene Spannung darf nicht mehr als 0,4 Volt über dem vorher gemessenen Wert liegen.
- Liegen die gemessenen Werte außerhalb der Sollwerte, Generator von Fachwerkstatt überprüfen lassen.

Generator aus- und einbauen

Benzinmotor

Ausbau

Hinweis: Der Aus- und Einbau des Generators wird für den 1,8-l-Benzinmotor mit Klimaanlage beschrieben. Spezielle Hinweise für die anderen Benzinmotoren stehen am Ende dieses Kapitels. Auf den TDI-Motor wird gesondert eingegangen.

- Batterie-Massekabel (–) bei ausgeschalteter Zündung abklemmen. **Achtung:** Dadurch werden elektronische Speicher gelöscht, wie zum Beispiel der Radiocode. Ohne Code kann das Radio nur vom Radiohersteller freigeschaltet werden, beziehungsweise beim AUDI-Radio von einer AUDI-Werkstatt. Deshalb Hinweise im Kapitel »Batterie aus- und einbauen« durchlesen.
- Kühlmittel-Ausgleichbehälter abschrauben und mit angeschlossenen Schläuchen abnehmen.

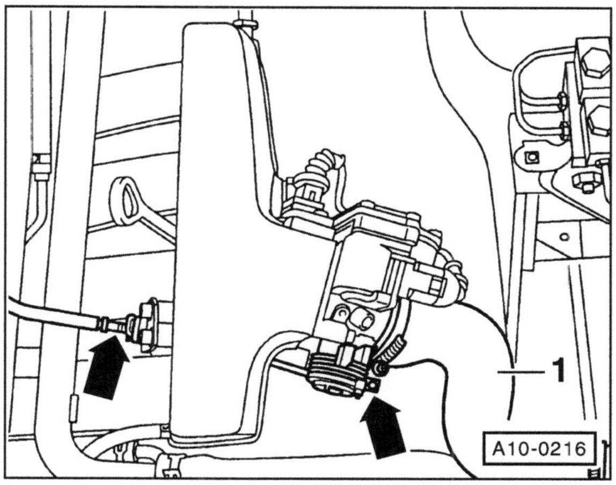

- Luftführungsschlauch –1– vom Ladeluftkühler am Drosselklappenstutzen abbauen.
- Keilrippenriemen ausbauen, siehe Seite 187.
- Spannvorrichtung für Keilrippenriemen entlasten.

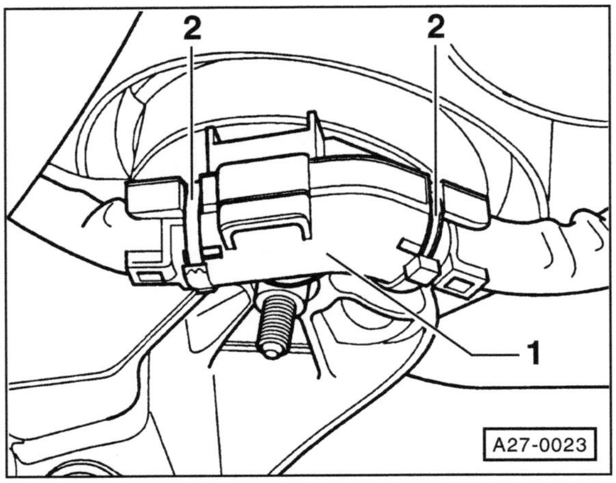

- Beide Kabelbinder –2– aufschneiden und die Rastnasen am Halter –1– entriegeln.
- Leitung für Anlasser und Generator am Halter –1– aushängen.

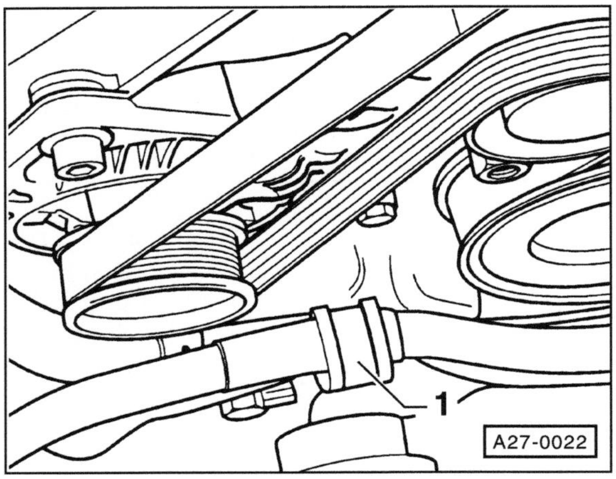

- Befestigungsschelle –1– für Klimaleitungen oberhalb der Drehmomentstütze abschrauben.

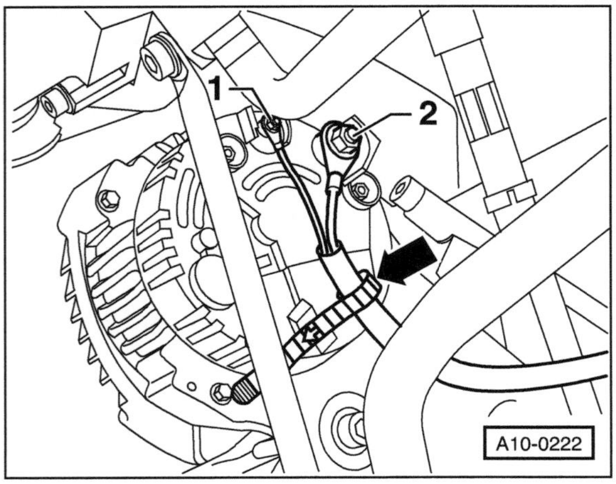

- Leitung –2– für Klemme 30/B+ am Generator abschrauben; Schlüsselweite = 13 mm.
- Leitung –1– für Klemme D+ abschrauben, Schlüsselweite = 8 mm.
- Leitungsstrang aus Kabelbinder –Pfeil– aushängen.

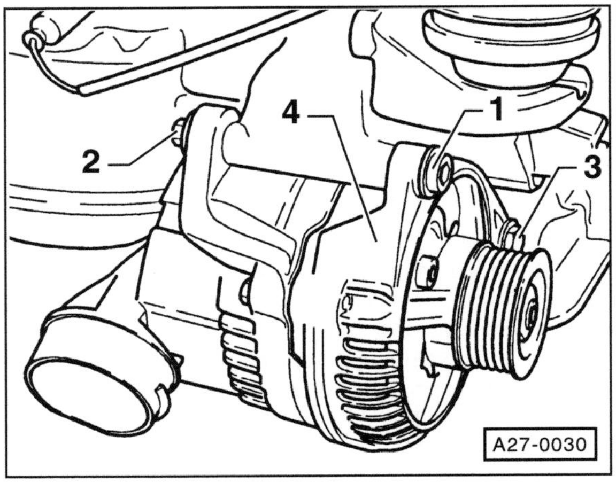

- Innensechskantschraube –1– mit 8-mm-Inbusschlüssel herausdrehen. Sicherungsmutter –2– dabei gegenhalten.
- Schraube –3– herausdrehen.

Achtung: Beim Herausnehmen des Generators –4– dürfen die Leitungen der Klimaanlage nur sehr vorsichtig weggedrückt werden.

- Generator –4– etwas zur Seite schwenken. Untere Schraube herausziehen und Generator abnehmen.

Einbau

- Buchse für die untere Halteschraube am Generator etwas zurücktreiben. Der Generator läßt sich dadurch leichter in den Halter einsetzen.
- Generator am Halter ansetzen, untere Schraube einsetzen und mit Mutter und **45 Nm** festziehen.
- Obere Innensechskantschraube am Generator hineindrehen und mit **22 Nm** festziehen.
- Leitungsstrang in Kabelbinder einhängen. Bei beschädigtem oder durchschnittenem Kabelbinder, diesen ersetzen.
- Leitung –1– für Klemme D+ am Generator festschrauben. Mutter mit **4 Nm** festziehen, siehe Abbildung A10-0222.
- Leitung –2– für Klemme 30/B+ am Generator festschrauben. Mutter mit **16 Nm** festziehen, siehe Abbildung A10-0222.
- Leitungen für Anlasser und Generator in Halter –1– einlegen. Neue Kabelbinder –2– anbringen, siehe Abbildung A27-0023.
- Keilrippenriemen einbauen, siehe Seite 187.
- Luftführungsschlauch vom Ladeluftkühler am Drosselklappenstutzen anbauen.
- Kühlmittelausgleichbehälter festschrauben.

Speziell 2,4-/2,8-l-Motoren

- Keilrippenriemen ausbauen, siehe Seite 187.

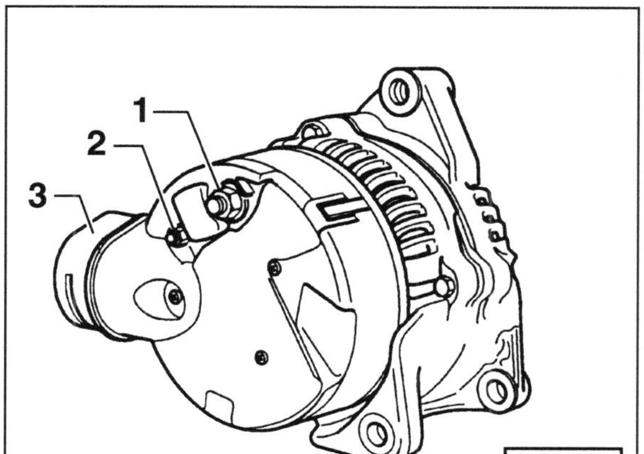

A27-0020

- Luftführung -3- von Generatorrückseite abbauen.
- Leitung -2- für Klemme 30/B+ am Generator abschrauben. Anzugsmoment **16 Nm**.
- Leitung -1- für Klemme D+ am Generator abschrauben. Anzugsmoment **4 Nm**.

TDI-Motor

Ausbau

- Batterie-Massekabel (–) bei ausgeschalteter Zündung abklemmen. **Achtung:** Dadurch werden elektronische Speicher gelöscht, wie zum Beispiel der Radiocode. Ohne Code kann das Radio nur vom Radiohersteller freigeschaltet werden, beziehungsweise beim AUDI-Radio von einer AUDI-Werkstatt. Deshalb Hinweise im Kapitel »Batterie aus- und einbauen« durchlesen.
- Keilrippenriemen ausbauen, siehe Seite 187.

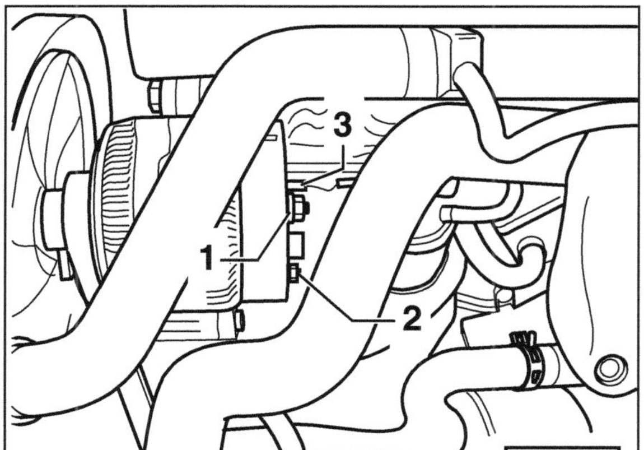

A27-0026

- Leitung -1- für Klemme 30/B+ vom Generator abschrauben; Schlüsselweite = 13 mm.
- Leitung -2- für Klemme D+ vom Generator abschrauben; Schlüsselweite = 8 mm.
- Klemme DF durch Trennen der Steckverbindung -3- lösen.
- Kabelbinder lösen und Leitungsstrang aushängen, siehe Abbildung A10-0222.

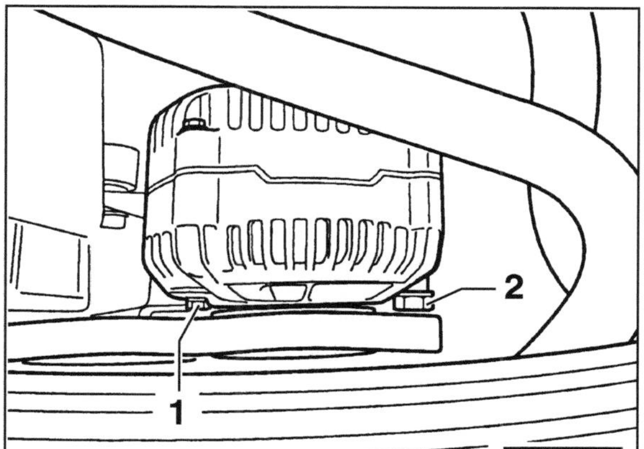

A27-0027

- Befestigungsschrauben -1- und -2- herausdrehen.
- Kühlwasserschlauch etwas zur Seite drücken und Generator nach oben herausnehmen.
- **Motor AFB:** Stecker für hydraulisches Motorlager abziehen und Generator nach unten herausnehmen.

Achtung: Beim Herausnehmen des Generators dürfen die Leitungen der Klimaanlage nur sehr vorsichtig weggedrückt werden.

Einbau

- Buchse für die untere Halteschraube am Generator etwas zurücktreiben. Der Generator läßt sich so leichter in den Halter einsetzen.
- Generator von oben beziehungsweise von unten in den Halter einsetzen.
- **Motor AFB:** Stecker für hydraulisches Motorlager einstecken.
- Schraube -1- einsetzen, siehe Abbildung A27-0027. Anzugsmoment = **45 Nm**.
- Schraube -2- einsetzen, siehe Abbildung A27-0027. Anzugsmoment = **20 Nm**.

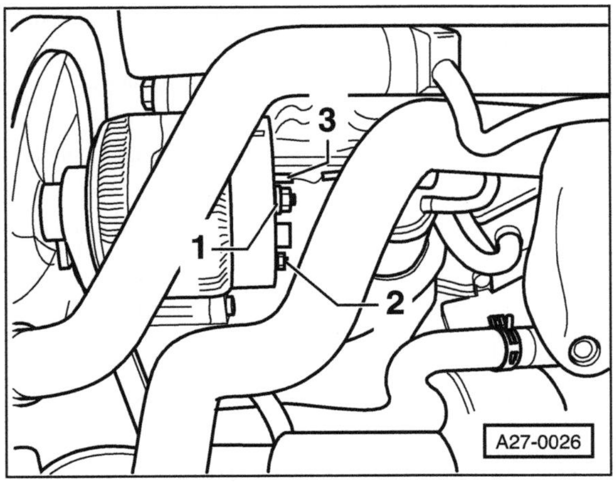

- Steckverbindung –3– an Klemme DF am Generator anschließen.
- Leitung –2– an Klemme D+ mit SW-8-Mutter anschließen und mit **4 Nm** festziehen.
- Leitung –1– an Klemme 30/B+ mit SW-13-Mutter anschließen und mit **16 Nm** festziehen.
- Keilrippenriemen einbauen, siehe Seite 187.
- Batterie-Massekabel (–) anklemmen. **Achtung:** Hoch-/Tieflaufautomatik für elektrische Fensterheber aktivieren sowie Zeituhr stellen und Radiocode eingeben, siehe Kapitel »Batterie aus- und einbauen«.

Schleifkohlen für Generator/ Spannungsregler ersetzen/prüfen

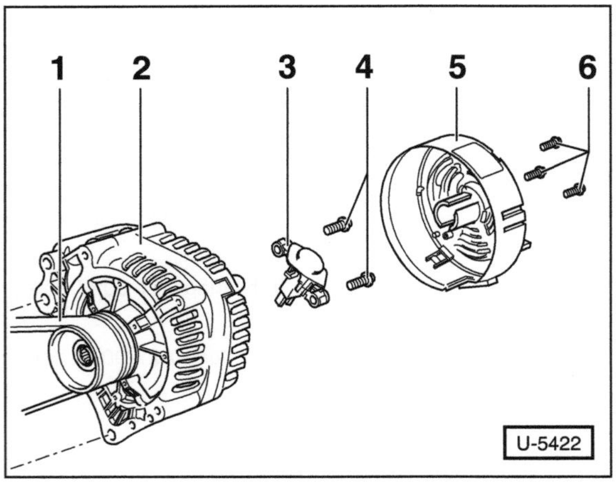

1 – Keilrippenriemen
2 – Generator
3 – Spannungsregler
4 – Schrauben
5 – Schutzkappe
6 – Schrauben

Ausbau

- Batterie-Massekabel (–) bei ausgeschalteter Zündung abklemmen. **Achtung:** Dadurch werden elektronische Speicher gelöscht, wie zum Beispiel der Radiocode. Ohne Code kann das Radio nur vom Radiohersteller freigeschaltet werden, beziehungsweise beim AUDI-Radio von einer AUDI-Werkstatt. Deshalb Hinweise im Kapitel »Batterie aus- und einbauen« durchlesen.
- Keilrippenriemen ausbauen, siehe Seite 187.
- Generator ausbauen, siehe Seite 65.
- Hintere Schutzkappe vom Generator abschrauben.
- Gegebenenfalls Abdeckung vom Spannungsregler abnehmen.
- Spannungsregler an der Rückseite des Generators abschrauben und vorsichtig herausziehen.

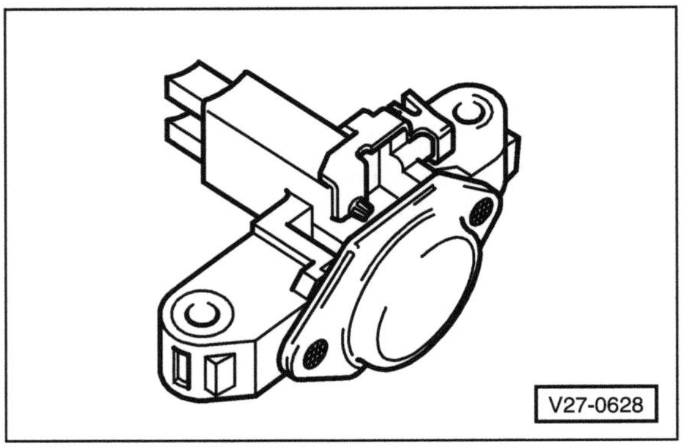

- Schleifkohlen ersetzen, wenn die Länge 5 mm oder weniger beträgt. Dazu Anschlußlitze auslöten.
- Schleifringe auf Verschleiß prüfen, gegebenenfalls feinstüberdrehen und polieren (Werkstattarbeit).
- Kontaktfläche reinigen und Vorspannung der Kontaktfeder prüfen, gegebenenfalls erneuern.

Einbau

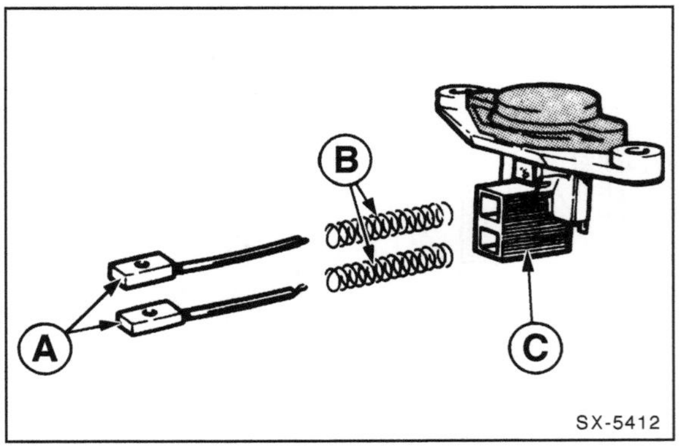

- Kohlebürsten –A– und Federn –B– in den Bürstenhalter –C– einsetzen und Anschlüsse verlöten.
- Damit beim Anlöten der neuen Bürsten kein Lötzinn in der Litze hochsteigen kann, Anschlußlitze der Bürsten mit einer Flachzange fassen.

Achtung: Durch hochsteigendes Lötzinn würde die Litze steif und die Kohlebürste unbrauchbar werden.

- Der Isolierschlauch über der Litze muß neben der Lötstelle mit der vorhandenen Öse festgeklemmt werden.
- Nach dem Einbau neue Kohlebürsten auf leichten Lauf in den Bürstenhaltern prüfen.
- Spannungsregler erst mit einer Schraube von Hand befestigen, dann vorsichtig in endgültige Einbaulage drücken und ganz leicht, mit 2 Nm festschrauben.
- Gegebenenfalls Schutzkappe am Spannungsregler aufdrücken.
- Hintere Generator-Schutzkappe ganz leicht festschrauben (1 bis 2 Nm).
- Generator einbauen.
- Keilrippenriemen einbauen, siehe Seite 187.
- Batterie-Massekabel (–) anklemmen. **Achtung:** Hoch-/Tieflaufautomatik für elektrische Fensterheber aktivieren sowie Zeituhr stellen und Radiocode eingeben, siehe Kapitel »Batterie aus- und einbauen«.

Störungsdiagnose Generator

Störung	Ursache	Abhilfe
Ladekontrollampe brennt nicht bei eingeschalteter Zündung.	Batterie leer.	■ Batterie laden.
	Anschlußkabel an der Batterie locker oder korrodiert	■ Kabel auf festen Sitz prüfen, Anschlüsse reinigen.
	Kabel am Generator locker oder korrodiert.	■ Kabel auf einwandfreien Kontakt prüfen, Schraube festziehen.
	Ladekontrollampe durchgebrannt.	■ Ladekontrollampe ersetzen.
	Regler defekt.	■ Regler prüfen, gegebenenfalls austauschen.
	Unterbrechung in der Leitungsführung zwischen Generator, Zündschloß und Kontrollampe.	■ Mit Ohmmeter nach Stromlaufplan Leitungen auf Durchgang prüfen. Gegebenenfalls defekte Leitung reparieren.
	Kohlebürsten liegen nicht auf dem Schleifring auf.	■ Freigängigkeit der Kohlebürsten und Mindestlänge (5 mm) prüfen.
Ladekontrollampe erlischt nicht bei Drehzahlsteigerung.	Keilrippenriemen locker, Riemen rutscht durch.	■ Keilrippenriemen prüfen, Spannvorrichtung prüfen.
	Freilaufkupplung defekt (nur TDI).	■ Generator ausbauen und Antriebswelle des Generators nach links drehen. Wenn sich die Lauffläche der Riemenscheibe nicht mitdreht, ist in der Regel die Freilaufkupplung defekt.
	Spannungsregler/Generator defekt.	■ (D+)-Leitung an der Generatorrückseite abschrauben und Zündung einschalten. Wenn die Kontrollampe jetzt nicht aufleuchtet, liegt in der Regel ein Fehler im Spannungsregler oder im Generator vor.
	Kohlebürsten im Spannungsregler abgenutzt.	■ Kohlebürsten sichtprüfen, gegebenenfalls austauschen.
	Regler defekt.	■ Regler prüfen lassen, ggf. austauschen.
	Generator defekt.	■ Generator prüfen lassen, ggf. austauschen.
	Leitung zwischen Drehstromgenerator und Regler defekt.	■ Blaue Leitung am Anschluß 12 an der Steckverbindung T32a, am Schalttafeleinsatz trennen, Zündung einschalten. Wenn die Kontrollampe jetzt nicht leuchtet, hat die Leitung D+ einen Masseschluß. Leitungsstrang ersetzen.
	Schalttafeleinsatz defekt.	■ Wenn nach dem Trennen der blauen Leitung von der Steckverbindung T32a, bei eingeschalteter Zündung die Kontrollampe leuchtet, ist in der Regel der Schalttafeleinsatz defekt.

Anlasser aus- und einbauen

Der Anlasser besteht aus einem Antriebs-, Pol- und Kollektorgehäuse. In dem Pol- und Kollektorgehäuse sind Anker und Kollektor gelagert sowie der Bürstenhalter. Im Bürstenhalter befinden sich Kohlebürsten, die sich zwar langsam, aber stetig abnutzen. Bei hoher Abnutzung der Kohlebürsten kann der Anlasser nicht mehr einwandfrei arbeiten.

In dem vorderen Antriebsgehäuse ist der Ritzelantrieb untergebracht. Wenn der Anlasser über den Zündanlaßschalter Spannung erhält, wird über den Magnetschalter, der auf dem Anlassergehäuse sitzt, das Ritzel auf einem Steilgewinde gegen den Zahnkranz des Motor-Schwungrades geschoben. Sobald das Ritzel bis zum Anschlag auf der Spindel vorgelaufen ist, ist es formschlüssig mit dem Schwungrad verbunden. Nun kann der Anlasser den Motor auf die erforderliche Anlaßdrehzahl bringen. Wenn der Verbrennungsmotor anläuft, wird das Ritzel vom Motor her beschleunigt, es läuft also kurzzeitig schneller als der Anlassermotor und spurt aus, wodurch die Verbindung zum Verbrennungsmotor aufgehoben ist.

Da zum Starten eine hohe Stromaufnahme erforderlich ist, ist im Rahmen der Wartung auf einwandfreie Kabelverbindungen zu achten. Korrodierte Anschlüsse säubern und mit Polschutzfett einstreichen.

Achtung: Den Anlasser gibt es auch als Austauschteil. Das bedeutet, daß ein defekter Anlasser unter Umständen beim Kauf eines überholten oder neuen Anlassers vom Hersteller in Zahlung genommen wird, daher Altteil zum Händler mitnehmen.

Ausbau

- Batterie-Massekabel (–) bei ausgeschalteter Zündung abklemmen. **Achtung:** Dadurch werden elektronische Speicher gelöscht, wie zum Beispiel der Radiocode. Ohne Code kann das Radio nur vom Radiohersteller freigeschaltet werden, beziehungsweise beim AUDI-Radio von einer AUDI-Werkstatt. Deshalb Hinweise im Kapitel »Batterie aus- und einbauen« durchlesen.
- Fahrzeug aufbocken, siehe Seite 133.
- **V6-Motoren:** Um den Anlasser ausbauen zu können, muß zuvor der Generator ausgebaut werden, siehe Seite 65.

1,8-l-Benzinmotor/1,9-l-Turbodiesel

- Geräuschdämmung ausbauen, siehe Seite 162.

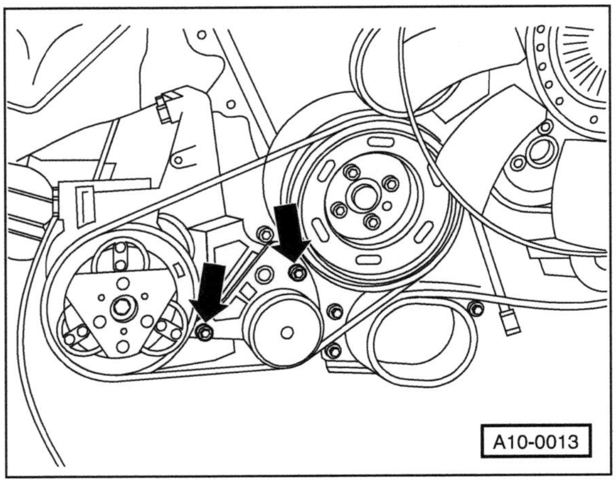

- Gegebenenfalls Befestigungsschrauben –Pfeile– für Spannrolle am Keilrippenriemen des Klimakompressors lösen.
- Keilrippenriemen entspannen und abnehmen.
- Klimakompressor abschrauben und mit angeschlossenen Leitungen an der Karosserie aufhängen. **Achtung:** Die Klimaleitungen dürfen **nicht** vom Klimakompressor abgenommen werden.

Alle Motoren

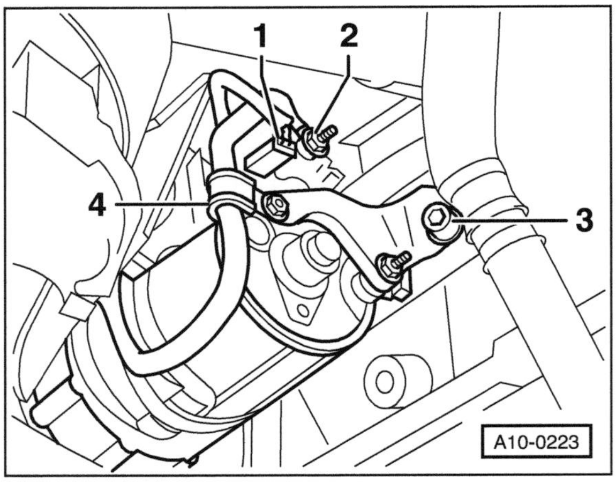

- Leitung an Klemme B+ –2– abschrauben.
- Steckverbindung für Klemme 50 –1– abziehen.
- Schraube –3– herausdrehen.
- Leitungsschelle –4– abschrauben.

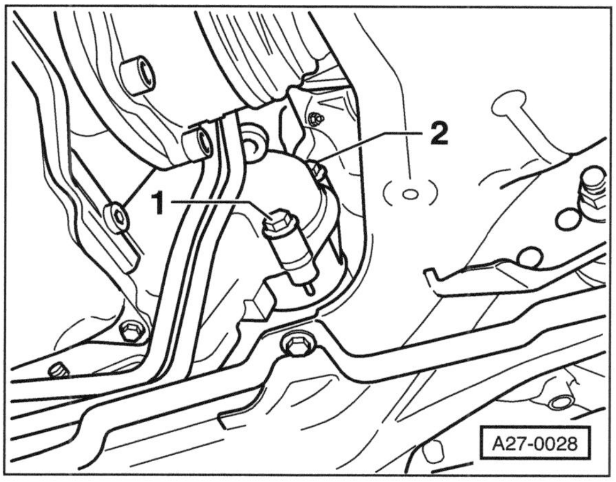

- Befestigungsschrauben –1– und –2– am Anlasser herausdrehen.

Fahrzeuge mit Automatikgetriebe

- Rechtes Vorderrad abmontieren.

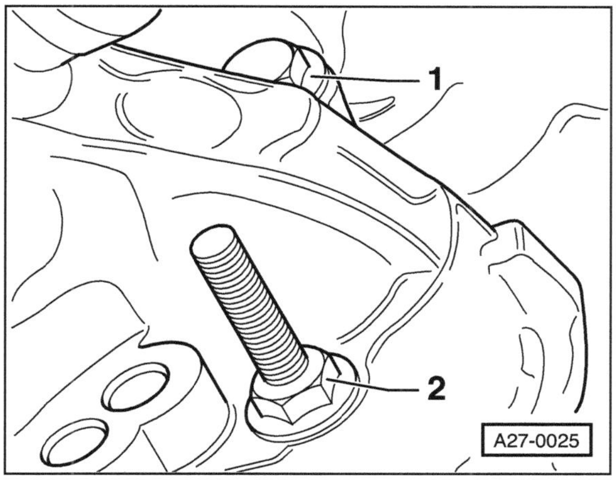

- Durch das rechte Radhaus Schraube –1– herausdrehen.
- Vom Motorraum her Schraube –2– herausdrehen.

- Anlasser nach unten herausnehmen.

Einbau

- Anlasser von unten einsetzen und mit 2 Schrauben und **65 Nm** festschrauben.

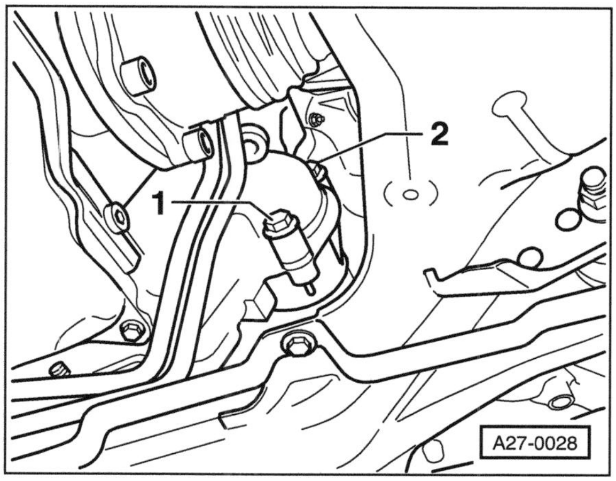

- Leitungsschelle –4– festschrauben.
- Schraube –3– festschrauben.
- Steckverbindung für Klemme 50 –1– aufstecken.
- Leitung für Klemme B+ –2– festschrauben und mit **16 Nm** anziehen.
- **V6-Motor:** Generator einbauen, siehe Seite 65.
- Keilrippenriemen einbauen, siehe Seite 187.
- Fahrzeug abbocken.
- Batterie-Massekabel (–) anklemmen. **Achtung:** Hoch-/Tieflaufautomatik für elektrische Fensterheber aktivieren sowie Zeituhr stellen und Radiocode eingeben, siehe Kapitel »Batterie aus- und einbauen«.

Magnetschalter prüfen/ aus- und einbauen

Bei einem Defekt des Magnetschalters wird das Ritzel im Anlasser nicht gegen den Zahnkranz des Schwungrades gezogen. Dadurch kann der Anlasser den Motor nicht durchdrehen. Dieser Defekt tritt häufiger auf, als daß der Anlassermotor selbst schadhaft ist.

Prüfen in eingebautem Zustand

- Gang herausnehmen, Schalthebel in Leerlaufstellung beziehungsweise bei Automatikgetriebe Wählhebel in »P«-Stellung.
- Prüfvoraussetzung: Batterie voll geladen.
- Mit Hilfskabel Klemme 30 (= dickes Pluskabel) und 50 (dünnes Kabel, zum Zündschloß) am Anlasser kurz überbrücken, das Anlasserritzel muß nach vorne schnellen (klicken) und der Anlasser anlaufen. Wenn nicht, Anlasser abschrauben und Anlasser im ausgebauten Zustand prüfen.

Ausbau

- Anlasser ausbauen und Prüfung bei ausgebautem Anlasser mit einer Autobatterie wiederholen. Als Zuleitung zu Klemme 50 des Anlassers eignet sich ein Starthilfekabel. Schnellt das Ritzel nach vorne, ohne daß der Anlasser anläuft, Anlassermotor von einer Werkstatt überholen lassen.
- Schnellt das Ritzel nicht nach vorn, Magnetschalter abschrauben und ersetzen.

Einbau

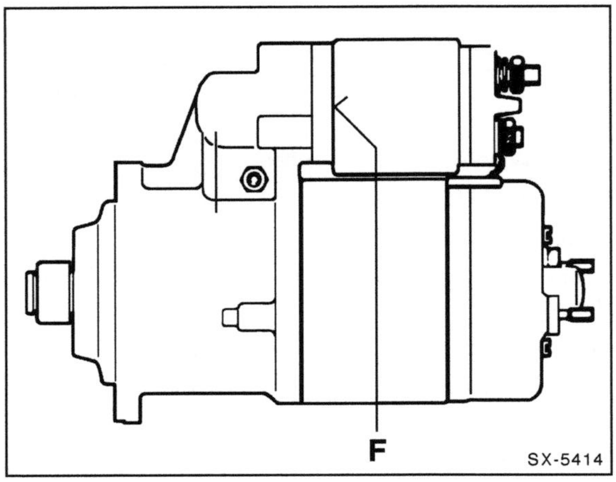

- Trennfuge –F– zum Anlasser mit geeignetem Dichtmittel abdichten.
- Magnetschalter an Gabelhebel im Anlasser einhängen, dann anschrauben.
- Leitung für Magnetschalter anschrauben.
- Anlasser erneut prüfen, wie oben beschrieben.
- Anlasser einbauen.

Störungsdiagnose Anlasser

Wenn ein Anlasser nicht durchdreht, ist zunächst zu prüfen, ob beim Starten des Motors an der Klemme 50 des Magnetschalters die zum Einziehen benötigte Spannung von mindestens 10 Volt vorhanden ist. Liegt die Spannung unter dem genannten Wert, dann müssen die Leitungen, die zum Anlasserstromkreis gehören, nach dem Stromlaufplan überprüft werden. Ob der Anlasser bei voller Batteriespannung einzieht, kann folgendermaßen geprüft werden:

- Fahrzeug aufbocken. Keinen Gang einlegen, Zündung eingeschaltet.
- Mit einer Leitung (Querschnitt mindestens 4 mm^2) die Klemmen 30 und 50 am Anlasser überbrücken, siehe auch Stromlaufplan.

Spurt der Anlasser dabei einwandfrei ein, so liegt der Fehler in der Leitungsführung zum Anlasser. Anderenfalls Anlasser in ausgebautem Zustand überprüfen.

Prüfvoraussetzung: Leitungsanschlüsse müssen festsitzen und dürfen nicht oxydiert sein.

Störung	Ursache	Abhilfe
Anlasser dreht sich nicht beim Betätigen des Zündanlaßschalters.	Batterie entladen.	■ Batterie laden.
	Klemmen 30 und 50 am Anlasser überbrücken: Anlasser läuft an. Leitung 50 zum Zündanlaßschalter unterbrochen, Anlaßschalter defekt.	■ Unterbrechung beseitigen, defekte Teile ersetzen.
	Kabel oder Masseanschluss ist unterbrochen, oder die Batterie ist entladen.	■ Batteriekabel und Anschlüsse prüfen. Batteriespannung messen, ggf. laden.
	Ungenügender Stromdurchgang infolge lockerer oder oxydierter Anschlüsse.	■ Batteriepole und -klemmen reinigen. Stromsichere Verbindungen zwischen Batterie, Anlasser und Masse herstellen.
	Keine Spannung an Klemme 50 (Magnetschalter).	■ Leitung unterbrochen. Zündanlaßschalter defekt.
Anlasser dreht sich zu langsam und zieht den Motor nicht durch.	Batterie entladen.	■ Batterie laden.
	Ungenügender Stromdurchgang infolge lockerer oder oxydierter Anschlüsse.	■ Batteriepole und -klemmen und Anschlüsse am Anlasser reinigen, Anschlüsse festziehen.
	Kohlebürsten liegen nicht auf dem Kollektor auf, klemmen in ihren Führungen, sind abgenutzt, gebrochen, verölt oder verschmutzt.	■ Kohlebürsten überprüfen, reinigen beziehungsweise auswechseln. Führungen prüfen.
	Ungenügender Abstand zwischen Kohlebürsten und Kollektor.	■ Kohlebürsten ersetzen und Führungen für Kohlebürsten reinigen.
	Kollektor riefig oder verbrannt und verschmutzt.	■ Kollektor abdrehen oder Anker ersetzen.
	Spannung an Klemme 50 fehlt (mind. 10 Volt).	■ Zündanlaßschalter oder Magnetschalter überprüfen.
	Magnetschalter defekt.	■ Schalter auswechseln.
Anlasser spurt ein und zieht an, Motor dreht nicht oder nur ruckweise.	Ritzelgetriebe defekt.	■ Ritzelgetriebe ersetzen.
	Ritzel verschmutzt.	■ Ritzel reinigen.
	Zahnkranz am Schwungrad defekt.	■ Zahnkranz nacharbeiten, falls erforderlich, Schwungrad erneuern.
Ritzelgetriebe spurt nicht aus.	Ritzelgetriebe oder Steilgewinde verschmutzt beziehungsweise beschädigt.	■ Ritzelgetriebe reinigen, gegebenenfalls ersetzen.
	Magnetschalter defekt.	■ Magnetschalter ersetzen.
	Rückzugfeder schwach oder gebrochen.	■ Rückzugfeder erneuern.
Anlasser läuft weiter, nachdem der Zündschlüssel losgelassen wurde.	Magnetschalter hängt, schaltet nicht ab.	■ Zündung sofort ausschalten, Magnetschalter ersetzen.
	Zündschloß schaltet nicht ab.	■ Sofort Batterie abklemmen, Zündschloß ersetzen.

Scheibenwischanlage

Scheibenwischergummi/Wischerblatt ersetzen

Bei schlechtem Wischbild Scheibenwischergummis oder Scheibenwischerblatt ersetzen. Bei Fahrzeugen bis 9/00 können sowohl die kompletten Scheibenwischerblätter (Wischergummi mit Träger) als auch die einzelnen Wischergummis ersetzt werden. Seit 10/00 muß das komplette Wischerblatt ersetzt werden.

Achtung: Wenn die Scheibenwischerblätter rattern, genügt es in der Regel nicht, Wischerblätter oder Wischergummis zu ersetzen. Auf jeden Fall sollte der Anstellwinkel der Scheibenwischerarme kontrolliert beziehungsweise eingestellt werden, siehe Seite 42.

Bis 9/00

Ausbau

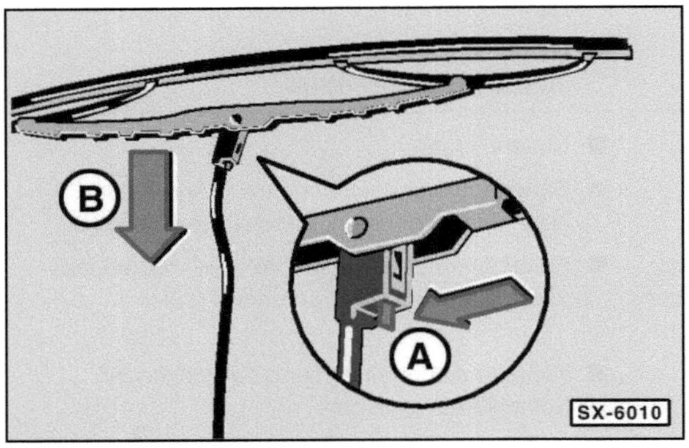

SX-6010

- Wischerarm hochklappen, Wischerblatt rechtwinklig zum Wischerarm stellen.
- Federklammer –A– niederdrücken –Pfeilrichtung– und Wischerblatt nach unten –B– aus dem Haken am Wischerarm schieben. Wischerblatt vom Haken des Wischerarmes abnehmen.

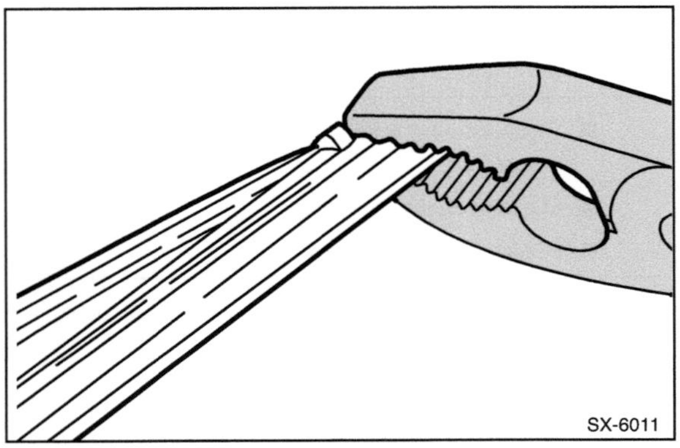
SX-6011

- An der geschlossenen Seite des Wischergummis beide Stahlschienen mit Kombizange zusammendrücken und diese seitlich aus der oberen Klammer herausnehmen. Anschließend Gummi komplett mit Schienen aus den restlichen Klammern des Wischerblattes herausziehen.

Achtung: Falls die Wischerblätter komplett ersetzt werden, auf der Fahrerseite Spoiler vom Wischerblatt mit 2 Torxschrauben T10 abschrauben.

Einbau

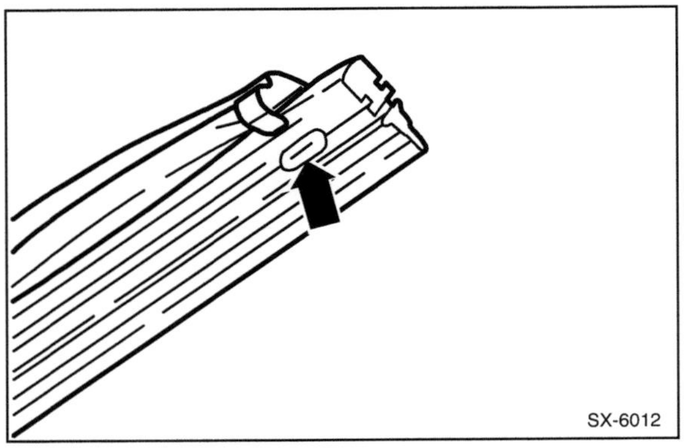
SX-6012

- Neues Wischergummi ohne Halteschienen in die unteren Klammern des Wischerblattes lose einlegen.
- Beide Schienen so in die erste Rille des Wischergummis einführen, daß die Aussparungen zum Gummi zeigen und in die Gumminasen der Rille einrasten. **Achtung:** Die Schienen sind leicht gebogen. Schienen so einsetzen, daß der Bauch des Bogens vom Wischerblatt weg gerichtet ist.
- Wischergummi an der geschlossenen Seite mit Seifenwasser bestreichen, damit es besser in die Haltebügel gleitet.
- Beide Stahlschienen und Gummi mit Kombizange zusammendrücken und so in die obere Klammer einsetzen, daß die Klammernasen beidseitig in die Haltenuten –Pfeil– des Wischergummis einrasten.
- Falls ausgebaut, Spoiler am Wischerblatt der Fahrerseite einhängen und mit 2 Torxschrauben anschrauben.
- Wischerblatt über den Wischerarm schieben und Federklammer in den Haken des Wischerarms einclipsen. Die Windleitschaufel am Wischerblatt, falls vorhanden, muß nach unten zeigen.
- Wischerarm zurückklappen. Darauf achten, daß das Wischergummi überall an der Scheibe anliegt, gegebenenfalls Träger vorsichtig nachbiegen.

Seit 10/00

Ausbau

- Wischerarm von der Frontscheibe abheben.

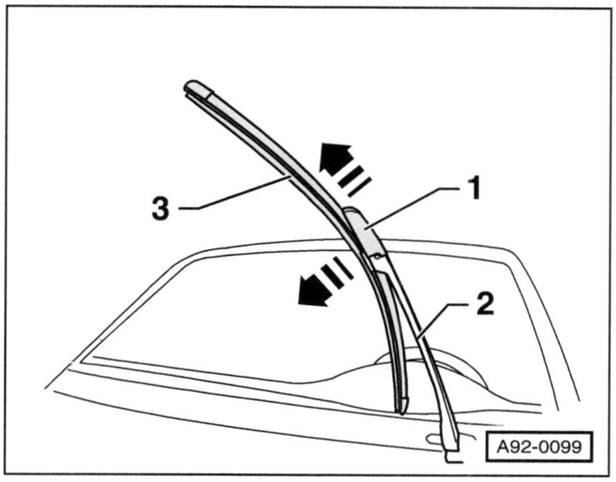

- Abdeckung –1– am Wischerarm –2– in Pfeilrichtung abziehen.
- Wischerblatt –3– nach unten in Pfeilrichtung vom Wischerarm abziehen.

Einbau

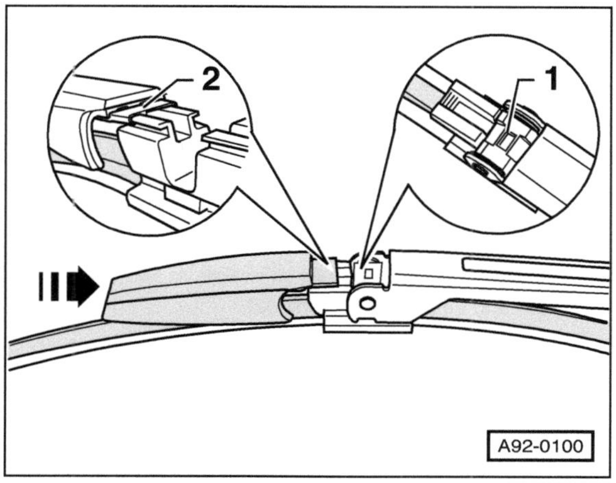

- Wischerblatt am Wischerarm so einsetzen, dass die Feder der Abdeckkappe –2– in die Führung des Wischerblattes gleitet. Die Markierung der Achse –1– muß oben sein.
- Abdeckkappe in Richtung Wischerarm hin zum Rastpunkt schieben.

Scheibenwaschdüsen einstellen

- Wischerarme hochklappen.

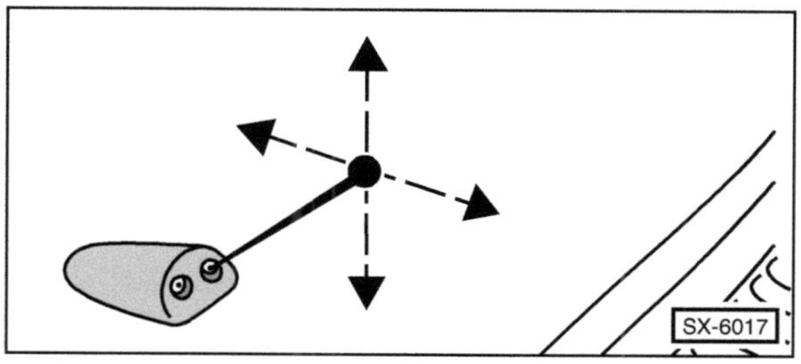

- Die Spritzrichtungen der Scheibenwaschdüsen können mit einem Dorn, ∅ 0,8 mm, eingestellt werden. Dazu Dorn in die Düse einsetzen und markierten Zielpunkt auf der Scheibe anpeilen. Die Fachwerkstatt verwendet ein Spezialwerkzeug, zum Beispiel HAZET 4850-1. **Hinweis:** Läßt sich der Spritzstrahl nicht einstellen oder tritt er ungleichmäßig aus, muß die Waschdüse erneuert werden. Die Abbildung zeigt nicht den AUDI A6.
- Die Düsen können mit Preßluft gereinigt werden. Dazu Düsen ausbauen und Preßluft am Schlauchstutzen einblasen. **Achtung:** Düsen nicht entgegen der Spritzrichtung durchblasen.

Frontscheibe:

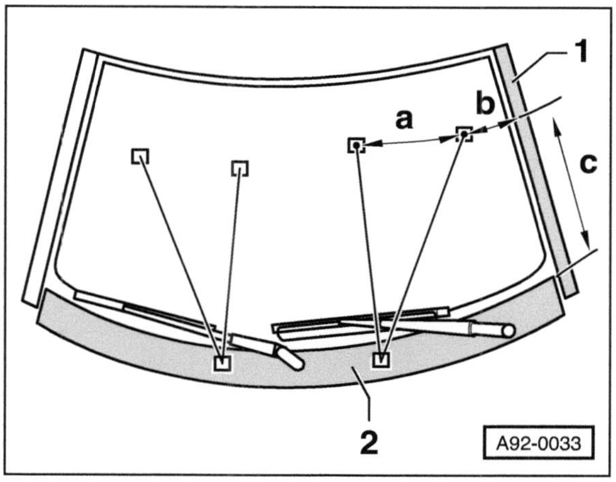

- Mit einem wasserlöslichen Stift die 4 Punkte auf der Frontscheibe markieren, wo der Wasserstrahl auftreffen soll.

Achtung: Die Einstellmaße sind seitlich von der Wasserfangleiste –1– und unten vom Windlaufgrill –2– gerechnet. Die Maße geben die Vorhaltewerte für das fahrende Fahrzeug an, das heißt im Stand spritzen die Düsen etwas nach oben versetzt.

Einstellmaße: a = 400 ± 50 mm
b = 190 ± 50 mm
c = 420 ± 50 mm

Heckscheibe:

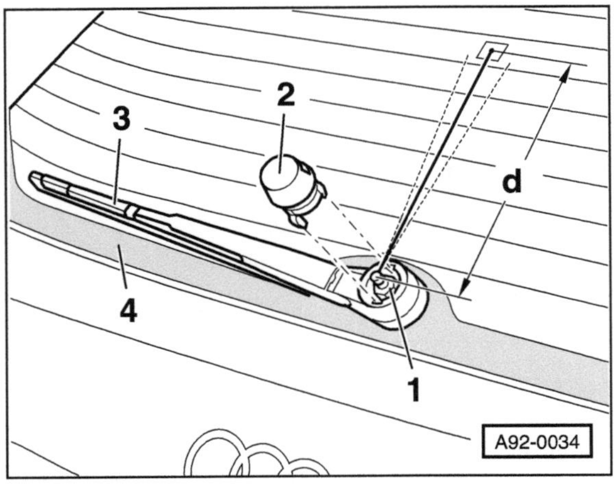

- Mit einem wasserlöslichen Stift den Punkt auf der Heckscheibe markieren, wo der Wasserstrahl auftreffen soll.
- **Einstellmaß:** d = 280 ± 50 mm

Hinweis: Das Einstellmaß für die Heckscheibendüse ist im rechten Winkel zur Mittelachse der Antriebswelle des Heckwischers –1– gerechnet.

- Abdeckkappe –2– abziehen und Düse einstellen. 3 – Wischerblatt, 4 – Keramik-Volldruck.

Frontscheiben-Waschdüse aus- und einbauen

Ausbau

- Motorhaube öffnen.

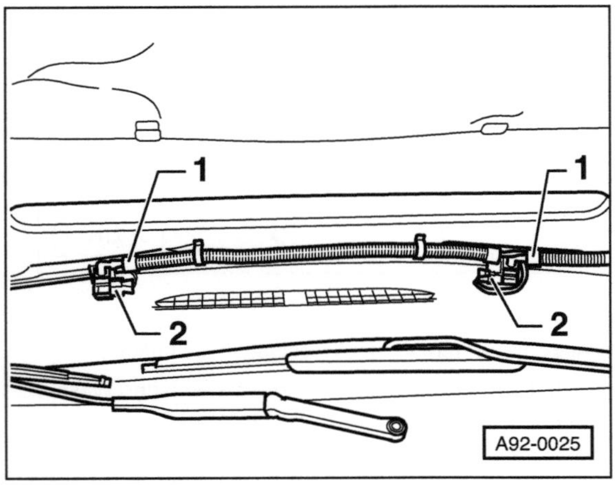

- Schlauch –1– von den Waschdüsen abziehen.
- Stecker –2– für Waschdüsenheizung abziehen.

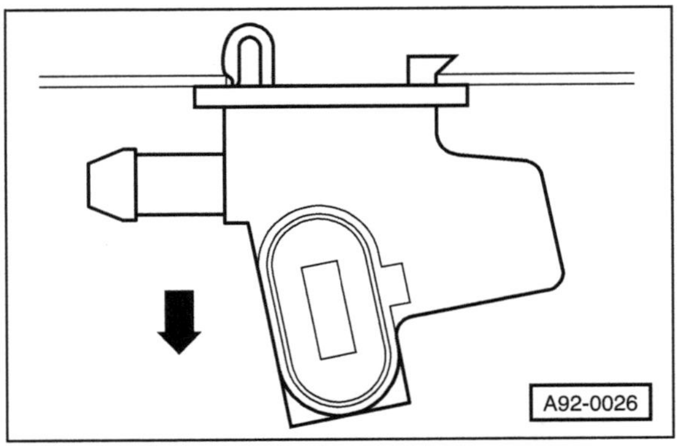

- Waschdüse in Pfeilrichtung kräftig aus der Öffnung der Motorhaube ziehen.

Einbau

- Waschdüse in die Öffnung der Motorhaube eindrücken und einrasten.
- Schlauch und Stecker auf die Waschdüse aufschieben.
- Motorhaube schließen.

Wischerarme aus- und einbauen/ Endstellung prüfen/einstellen

Ausbau

- Windschutzscheibe mit Wasser benetzen.
- Scheibenwischeranlage ca. 2 Minuten laufen lassen und über den Scheibenwischerschalter abschalten. Dadurch läuft der Wischer in die Endstellung.
- Batterie-Massekabel (–) bei ausgeschalteter Zündung abklemmen. **Achtung:** Dadurch werden elektronische Speicher gelöscht, wie zum Beispiel der Radiocode. Ohne Code kann das Radio nur vom Radiohersteller freigeschaltet werden, beziehungsweise beim AUDI-Radio von einer AUDI-Werkstatt. Deshalb Hinweise im Kapitel »Batterie aus- und einbauen« durchlesen.
- Wischerblätter ausbauen, siehe »Wischergummi ersetzen«.

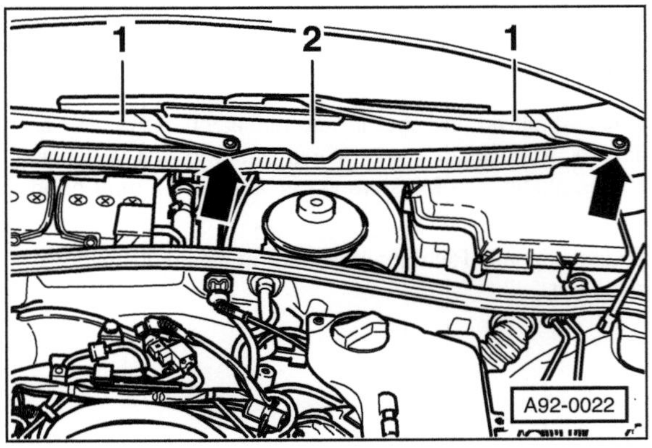

- Abdeckkappen –Pfeile– mit kleinem Schraubendreher abheben.

- Darunterliegende Sechskantmuttern lösen, nicht ganz abschrauben, Schlüsselweite 13 mm.
- Wischerarme –1– durch leichtes Hin- und Herbewegen lösen.
- Muttern ganz abschrauben und Wischerarme abnehmen.

Einbau

- Batterie-Massekabel (–) anklemmen. **Achtung:** Hoch-/Tieflaufautomatik für elektrische Fensterheber aktivieren sowie Zeituhr stellen und Radiocode eingeben, siehe Kapitel »Batterie aus- und einbauen«.
- Wischermotor in Endstellung laufen lassen. Dazu Wischermotor kurz laufen lassen und über den Scheibenwischerschalter abschalten. Dadurch läuft der Wischermotor in die Endstellung.

Endstellung der Scheibenwischerblätter einstellen

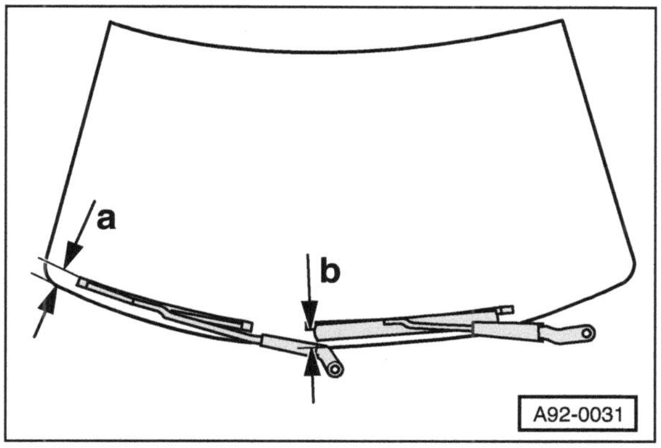

- Wischerblätter so auf die Wischerachsen setzen, daß die Abstände –a–/–b– zur Zusatzabdeckung des Wasserkastens an der Scheibenunterkante eingehalten werden.
  Einstellmaße:
  Limousine/Avant: a = 12 – 22 mm; b = 25 – 35 mm.
  S6/Allroad: a = 20 – 25 mm; b = 40 – 45 mm.
  Limousine/Avant/Allroad seit 10/00:
  a = 24 – 32 mm; b = 24 – 32 mm.
- Befestigungsmuttern mit **16 Nm** festziehen.
- Tippwischen betätigen und Ausrichtung der Scheibenwischerblätter prüfen. Gegebenenfalls Wischerarme nochmals abbauen und neu ausrichten.
- Kunststoffabdeckungen auf die Befestigungsmuttern aufdrücken.

Scheibenwischermotor vorn aus- und einbauen

Ausbau

- Wischerarme ausbauen, siehe entsprechendes Kapitel.
- 3 Halteklammern für Windlaufgrill herausziehen. Windlaufgrill –2– vorsichtig am Scheibenrand abhebeln, siehe Abbildung A92-0022 auf Seite 76.

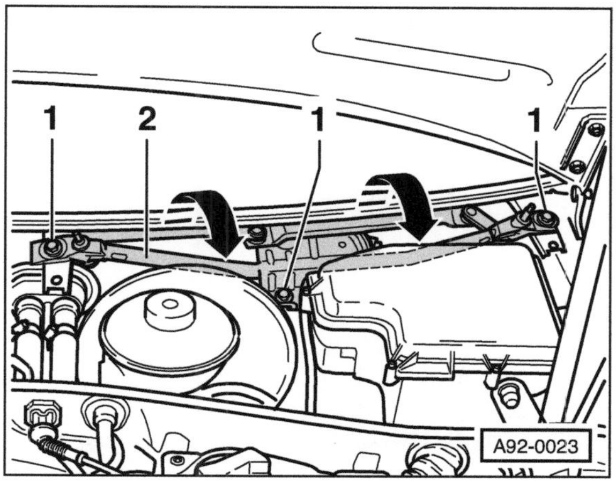

- 3 Schrauben –1– herausdrehen, Schlüsselweite 10 mm.
- Wischerrahmen –2– vorsichtig hinten hochkippen –Pfeile– und dann komplett nach rechts aus dem Wasserkasten herausnehmen.
- Stecker vom Wischermotor abziehen.

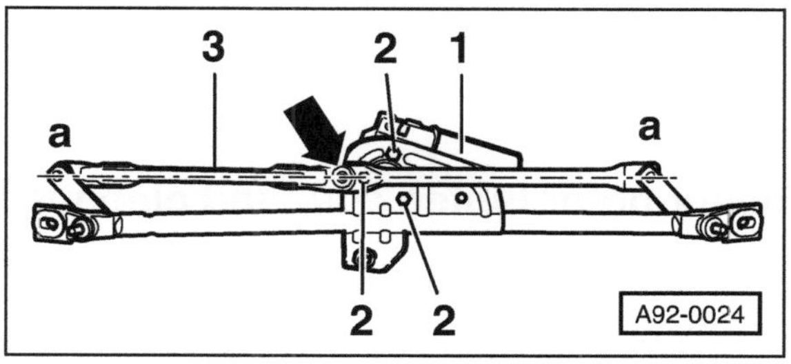

- Gestänge –3– vom Kugelgelenk abhebeln –Pfeil–.

Achtung: Die Sechskantmutter, Schlüsselweite 13 mm, an der Wischermotorkurbel darf **nicht** gelöst werden.

- 3 Schrauben –2– an der Wischermotorhalterung abschrauben, Schlüsselweite 10 mm.
- Wischermotor –1– vom Halter abnehmen.

Einbau

- Wischermotor –1– mit der Kurbel an der Wischermotorhalterung anschrauben –2–.
- Gestänge –3– in Endstellung bringen. Dabei müssen die Punkte –a– in einer Linie fluchten.
- In dieser Stellung Gestänge am Kugelkopf –Pfeil– aufdrücken.
- Mehrfachstecker am Wischermotor aufstecken.
- Wischerrahmen mit dem Wischermotor voraus in den Wasserkasten einführen.
- Wischerrahmen nach vorn kippen und mit **8 Nm** anschrauben.
- Windlaufgrill am Scheibenrand ansetzen und mit 3 Halteklammern befestigen.
- Wischerarme einbauen, siehe entsprechendes Kapitel.

Wischerarm hinten aus- und einbauen

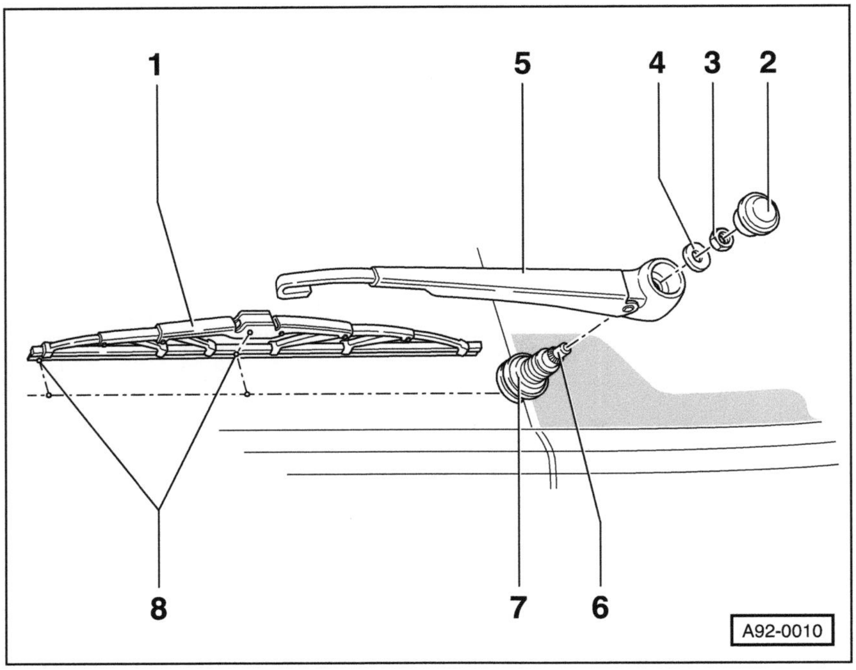

1 – **Wischerblatt**
2 – **Abdeckkappe**
3 – **Sechskantmutter, 16 Nm**
4 – **Federscheibe**
5 – **Wischerarm**
6 – **Waschdüse**
7 – **Antriebswelle Wischermotor**
8 – **Wischergummi**

Ausbau:

- Abdeckkappe –2– mit kleinem Schraubendreher vorsichtig abhebeln.
- Mutter –3– abschrauben und mit Federscheibe –4– abnehmen.
- Wischerarm –5– von der Antriebswelle –7– abziehen.

Einbau:

- Schalter für Wischermotor ausschalten.
- Wischerarm so aufsetzen, daß das Wischergummi –8– 5 mm Abstand zum Keramik-Volldruck aufweist.
- Wischerarm mit **16 Nm** festziehen und Abdeckkappe aufdrücken.
- Heckwischer einschalten, gegebenenfalls Endstellung korrigieren.

Wischermotor hinten aus- und einbauen

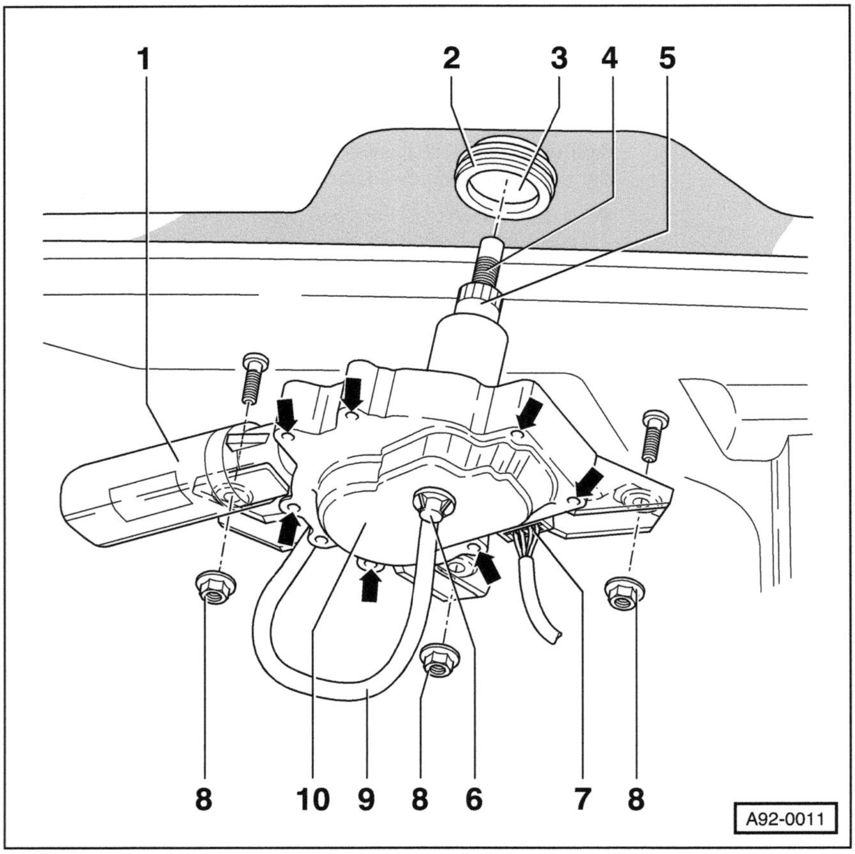

1 – **Wischermotor**
2 – **Dichtungsgummi**
3 – **Bohrung in Heckscheibe**
4 – **Waschdüse**
5 – **Antriebswelle für Heckwischer**
6 – **Anschlußrohr**
7 – **Elektrische Steckverbindung**
8 – **Muttern, 8 Nm**
3 Stück, Schlüsselweite 10 mm.
9 – **Wasserschlauch**
10 – **Wischermotorabdeckung**

Ausbau:

- Wischerarm ausbauen.
- Innenverkleidung der Heckklappe ausbauen, siehe Seite 268.
- Steckverbindung –7– trennen.
- Wasserschlauch –9– vorsichtig vom Anschlußrohr –6– abziehen.
- Muttern –8– abschrauben und Wischermotor –1– abnehmen.

Einbau:

- Dichtungsgummi –2– sorgfältig in die Heckscheibenbohrung –3– einsetzen.
- Wischermotor vorsichtig in den Dichtgummi –2– einsetzen und mit **8 Nm** an den Stehbolzen anschrauben.
- Der weitere Einbau erfolgt in umgekehrter Ausbaureihenfolge.

Heckscheiben-Waschdüse aus- und einbauen

Ausbau

Hinweis: Die Bezeichnungen im Text beziehen sich auf die Abbildung A92-0011.

- Abdeckkappe der Waschdüse vorsichtig mit kleinem Schraubendreher abhebeln.
- Innenverkleidung der Heckklappe ausbauen, siehe Seite 268.
- Wasserschlauch –9– vorsichtig vom Anschlußrohr –6– abziehen.
- Motorabdeckung –10– mit Torx-Schraubendreher T10 abschrauben –Pfeile–.
- Anschlußrohr –6– mit einer Kombizange vorsichtig herausziehen.
- Waschdüse –4– nach vorn aus dem Anschlußrohr –6– herausziehen.

Einbau

- Anschlußrohr einsetzen.
- Waschdüse mit Dichtungsgummi so in das Anschlußrohr einsetzen, daß die Spritzöffnung senkrecht nach oben zeigt.
- Der weitere Einbau erfolgt in umgekehrter Ausbaureihenfolge.

Waschwasserbehälter/Waschwasserpumpe aus- und einbauen

Der Waschwasserbehälter sitzt im Motorraum vorne links und liefert das Waschwasser für die Waschdüsen der Frontscheibe sowie für die Scheinwerferwaschanlage. Beim AVANT wird die Waschdüse der Heckscheibe ebenfalls aus dem gemeinsamen Waschwasserbehälter versorgt. Die Beschreibung bezieht sich auf Fahrzeuge bis 9/00. Für **Fahrzeuge seit 10/00** Hinweise am Ende des Kapitels beachten, siehe Seite 80.

Ausbau

> **Sicherheitshinweis**
> Beim Aufbocken des Fahrzeugs besteht Unfallgefahr! Deshalb vorher das Kapitel »Fahrzeug aufbocken« durchlesen.

- Stellung des linken Vorderrades zur Radnabe mit Farbe kennzeichnen. Dadurch kann das ausgewuchtete Rad wieder in derselben Position montiert werden. Radschrauben lösen, dabei muß das Fahrzeug auf dem Boden stehen. Fahrzeug vorn aufbocken und linkes Vorderrad abnehmen.
- Linken Innenkotflügel ausbauen, siehe Seite 280.

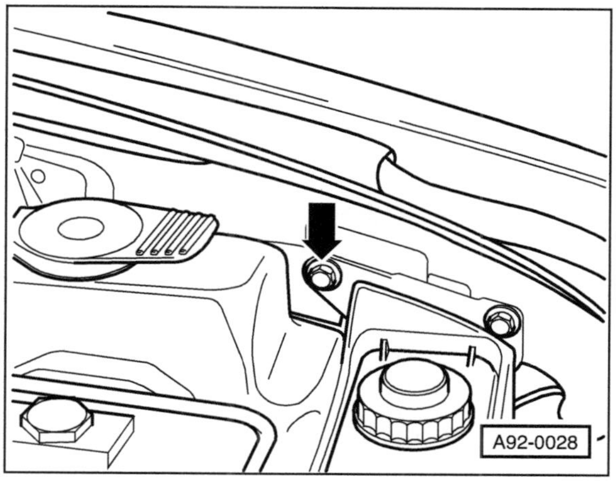

- Obere Befestigungsschraube –Pfeil– abschrauben, Schlüsselweite 10 mm.

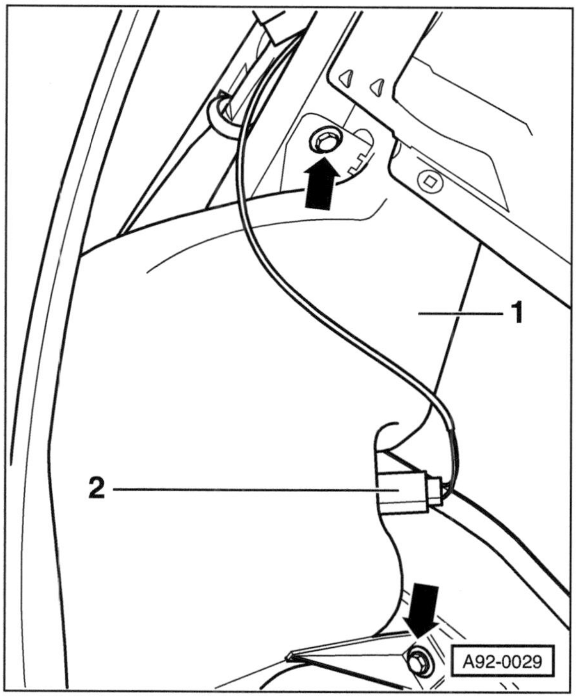

- Von unten 2 Schrauben –Pfeile– abschrauben, Schlüsselweite 10 mm.
- Steckverbindung –2– trennen.
- Waschwasserbehälter –1– nach unten aus dem Motorraum herausnehmen.

Einbau

- Der Einbau erfolgt in umgekehrter Ausbaureihenfolge.

Speziell Fahrzeuge seit 10/00

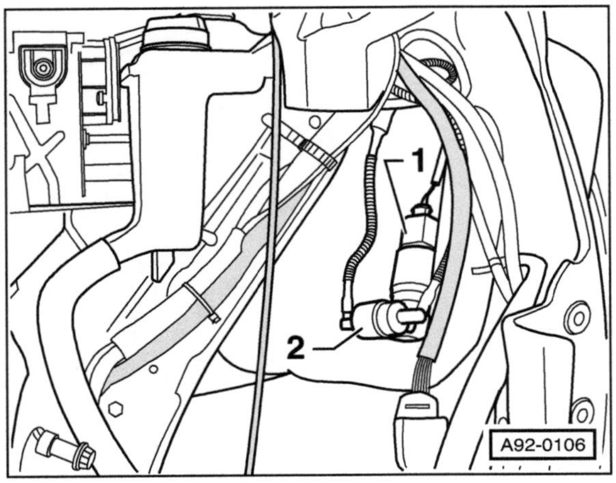

- Scheibenwaschpumpe –2– herausziehen.
- Mehrfachstecker –1– abziehen.

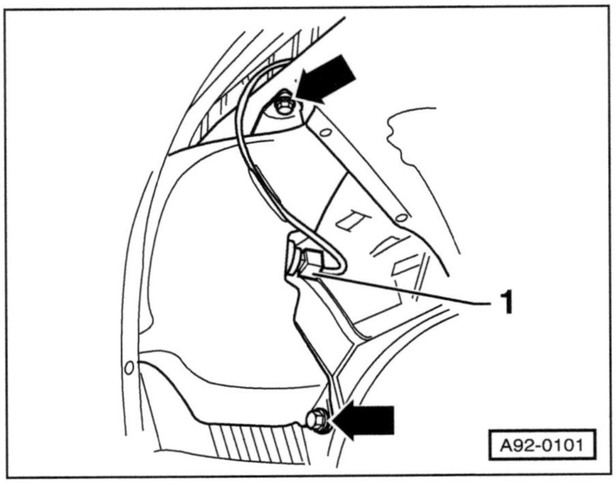

- 2 Schrauben –Pfeile– vom Radkasten her herausdrehen.
- Steckverbindung –1– trennen.
- Waschwasserbehälter nach unten aus dem Motorraum herausnehmen.

Störungsdiagnose Scheibenwischergummi

Wischbild	Ursache	Abhilfe
Schlieren.	Wischergummi verschmutzt.	■ Wischergummi mit harter Nylonbürste und einer Waschmittellösung oder Spiritus reinigen.
	Ausgefranste Wischlippe, Gummi ausgerissen oder abgenutzt.	■ Wischergummi erneuern.
	Wischergummi gealtert, rissige Oberfläche.	■ Wischergummi erneuern.
Im Wischfeld verbleibende Wasserreste ziehen sich sofort zu Perlen zusammen.	Windschutzscheibe durch Lackpolitur oder Öl verschmutzt.	■ Windschutzscheibe mit sauberem Putzlappen und einem Fett-Öl-Silikonentferner reinigen.
Wischerblatt wischt einseitig gut - einseitig schlecht, rattert.	Wischergummi einseitig verformt, »kippt nicht mehr«.	■ Neues Wischergummi einbauen.
	Wischerarm verdreht, Blatt steht schief auf der Scheibe.	■ Wischerarm vorsichtig verdrehen, bis richtige Stellung erreicht ist, siehe »Scheibenwischerarme einstellen« im Kapitel »Wartung«.
Nicht gewischte Flächen.	Wischergummi aus der Fassung herausgerissen.	■ Wischergummi vorsichtig in die Fassung einsetzen.
	Wischerblatt liegt nicht mehr gleichmäßig an der Scheibe an, da Federschienen oder Bleche verbogen.	■ Wischerblatt ersetzen. Dieser Fehler tritt vor allem bei unsachgemäßem Montieren eines Ersatzblattes auf.
	Anpreßdruck durch Wischerarm zu gering.	■ Wischerarmgelenke und Feder leicht einölen oder neuen Arm einbauen.

Beleuchtungsanlage

Zur Beleuchtungsanlage zählen: Hauptscheinwerfer, Nebelscheinwerfer, Heckleuchten, Bremsleuchten, Rückfahrscheinwerfer, Blinkleuchten, Nebelschlußleuchten, Kennzeichenleuchten und Innenleuchten. Die Instrumentenbeleuchtung wird im Kapitel »Armaturen« abgehandelt.

Glühlampen verschleißen mit der Zeit. Etwa alle 2 Jahre sollten sie deshalb ausgewechselt werden, auch wenn sie noch intakt sind. Dies gilt nicht für Halogenlampen oder Xenonlicht, wie sie beispielsweise in den Hauptscheinwerfern verwendet werden. Sie halten normalerweise wesentlich länger und müssen erst bei einem Defekt gewechselt werden. Eine Glühlampe mit verminderter Leuchtkraft erkennt man auch an schwarzen Ablagerungen auf dem Glaskolben.

Vor dem Auswechseln einer Glühlampe Schalter des betreffenden Verbrauchers ausschalten. **Achtung: Glaskolben nicht mit bloßen Fingern anfassen,** sondern ein sauberes Stofftuch zwischenlegen. Der Fingerabdruck würde verdunsten und sich – aufgrund der Wärme – auf dem Reflektor niederschlagen und diesen erblinden lassen. Grundsätzlich Glühlampe nur durch eine gleiche Ausführung ersetzen. Versehentlich entstandene Berührungsflecken mit sauberem, nicht faserndem Tuch und Spiritus entfernen.

Lampentabelle

Um jederzeit eine Lampe auswechseln zu können, sollte stets ein Kasten mit den wichtigsten Ersatzlampen im Fahrzeug mitgeführt werden. Die Lampenbezeichnung steht auf dem Lampensockel beziehungsweise auf dem Glaskolben.

12-V-Glühlampe für:	Typ	Leistung
Abblendlicht (ohne Xenonlicht)	H1	55 W
Fernlicht	H7	55 W
Nebelscheinwerfer	H3	55 W
Standlicht vorn	Glassockel	5 W
Blinklicht vorn (gelb gefärbt)	PY	21 W
Blinklicht hinten	P	21 W
Seitliche Blinker (gelb gefärbt)	Glassockel	5 W
Brems-/Schlußlicht	Bajonett	21/5 W
Rückfahrlicht	Bajonett	21 W
Nebelschlußlicht	Bajonett	21 W
Kennzeichenleuchte	Soffitte	5 W
Gepäckraum/Handschuhfach	Soffitte	5 W
Make-up-Spiegelleuchte	Soffitte	5 W
Innenleuchte vorn/hinten	Soffitte	10 W
Lesespot, Tür-/Fußraumleuchten	Glassockel	5 W
Zusatzbremsleuchte	Glassockel	2,3 W

Glühlampen für Außenleuchten auswechseln

- Schalter der betreffenden Lampe ausschalten.
- Zündung ausschalten.

Abblendlicht

Sicherheitshinweis
Die **Halogen-Lampen** für Abblendlicht und Fernlicht stehen unter Druck und können beim Lampenwechsel platzen. Deshalb beim Lampenwechsel Arbeitshandschuhe und Schutzbrille tragen.
Beim Wechsel von **Gasentladungslampen (Xenon-Abblendlicht, Mehrausstattung)** besteht unter Umständen Lebensgefahr durch unsachgemäßen Umgang mit dem Hochspannungsteil der Lampe. Der Wechsel wird daher nicht beschrieben.

- Motorhaube öffnen.
- **Linker Scheinwerfer:** Abdeckung am Vorratsbehälter der Servolenkung nach oben abziehen.

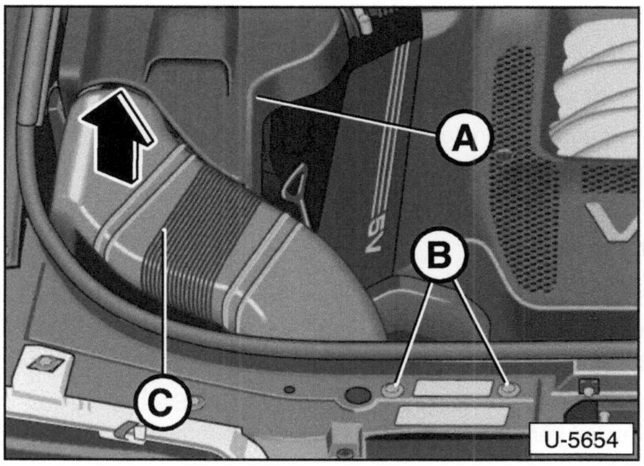

- **Rechter Scheinwerfer:** Abdeckung –A– ausclipsen und nach oben abziehen. Luftführung –C– zum Luftfilter ausbauen. Dazu 2 Schrauben –B– herausdrehen. Luftführung an der rechten Seite, in Fahrtrichtung gesehen, hochziehen –Pfeil– und abnehmen.
- 2 Drahtbügel hinten am Scheinwerfer zur Seite klappen. Deckel vom Scheinwerfergehäuse abnehmen.

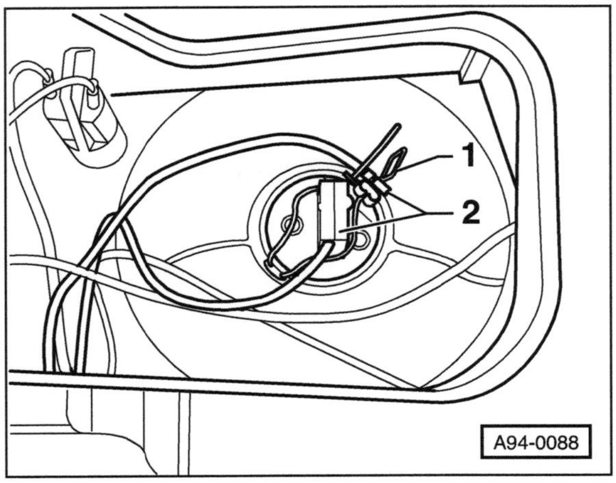

- Kabelstecker –2– von der Lampe abziehen.
- Federdrahtbügel –1– der Lampenhalterung aushaken und zur Seite klappen.
- Lampe aus dem Reflektor herausziehen.
- Neue Lampe so einsetzen, daß die Abschrägung des Lampensockels in die entsprechende Aussparung am Scheinwerfer paßt.

Achtung: Glaskolben nicht mit bloßen Fingern anfassen. Versehentlich entstandene Berührungsflecken mit sauberem, nicht faserndem Tuch und Spiritus entfernen.

- Federdrahtbügel über den Lampensockel klappen und einhaken.
- Kabelstecker –2– aufdrücken.
- Deckel an der Scheinwerferrückseite einsetzen und beide Drahtbügel einrasten.
- Scheinwerfereinstellung von einer Fachwerkstatt kontrollieren lassen.

Fernlicht

- Um an die Lampen des rechten Scheinwerfers zu gelangen, Luftführung –B– zum Luftfilter ausbauen, siehe Abbildung B4B-221.
- 2 Drahtbügel hinten am Scheinwerfer zur Seite klappen. Deckel vom Scheinwerfergehäuse abnehmen.

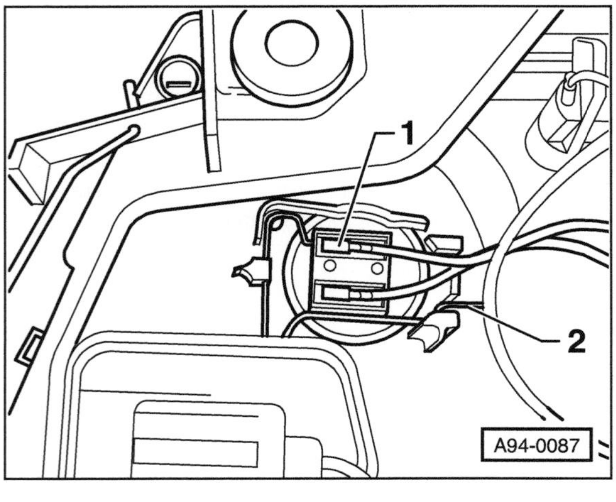

- Kabelstecker –1– von der Lampe abziehen.
- Federdrahtbügel –2– der Lampenhalterung aushaken und zur Seite klappen.
- Lampe aus dem Reflektor herausziehen.
- Neue Lampe so einsetzen, daß die Fixiernase des Lampensockels nach oben zeigt und in die entsprechende Aussparung am Scheinwerfer paßt.

Achtung: Glaskolben nicht mit bloßen Fingern anfassen. Versehentlich entstandene Berührungsflecken mit sauberem, nicht faserndem Tuch und Spiritus entfernen.

- Federdrahtbügel über den Lampensockel klappen und einhaken.
- Kabelstecker –1– aufdrücken.
- Deckel an der Scheinwerferrückseite einsetzen und beide Drahtbügel einrasten.

Standlicht

- Um an die Lampen des rechten Scheinwerfers zu gelangen, Luftführung –B– zum Luftfilter ausbauen, siehe Abbildung B4B-221.
- 2 Drahtbügel hinten am Scheinwerfer zur Seite klappen. Deckel vom Scheinwerfergehäuse abnehmen.

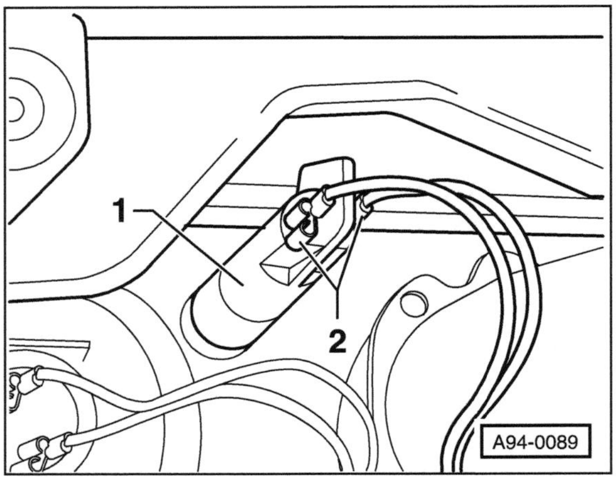

- Fassung –1– für Standlichtlampe, unterhalb der Fernlichtlampe, linksherum drehen und aus dem Reflektor herausziehen. **Hinweis:** Die Anschlußkabel –2– müssen nicht abgezogen werden.
- Glühlampe gerade aus der Fassung ziehen.

Achtung: Glaskolben der Lampe nicht mit den Fingern berühren. Sauberen Lappen zwischenlegen.

- Neue Glühlampe in die Fassung eindrücken.
- Fassung mit Lampe in den Reflektor stecken und rechtsherum bis zum Anschlag drehen.
- Deckel an der Scheinwerferrückseite einsetzen und beide Drahtbügel einrasten.

Blinklicht vorn

- Motorhaube öffnen.

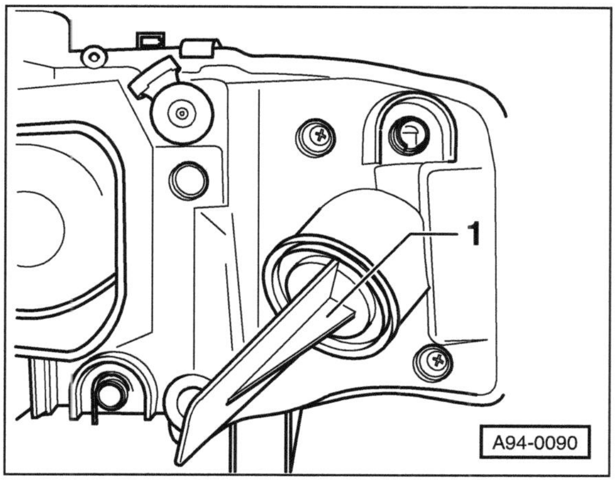

- Glühlampenfassung –1– linksherum drehen und aus dem Gehäuse herausziehen.
- Lampe leicht in die Fassung hineindrücken, um 90° (1/4 Umdrehung) linksherum drehen und Lampe herausnehmen.

Achtung: Glaskolben der Lampe nicht mit den Fingern berühren. Sauberen Lappen zwischenlegen.

- Neue Lampe einsetzen, leicht eindrücken und nach rechts drehen.
- Fassung mit eingesetzter Glühlampe in den Reflektor stecken und durch Rechtsdrehen befestigen.
- Motorhaube schließen.

Blinklicht seitlich

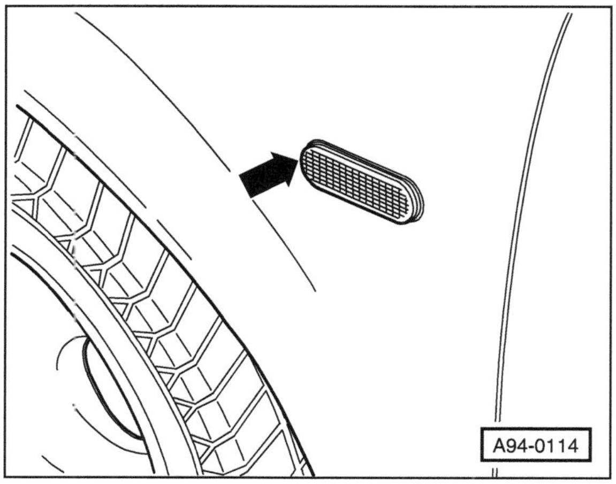

- Blinkleuchte mit den Fingern nach vorn gegen die Haltelasche –Pfeil– drücken und am hinteren Teil aus der Öffnung im Kotflügel herausheben. Gegebenenfalls zum Ausheben einen Kunststoffkeil benutzen.

Achtung: Beim Ausbauen wird die Leuchte gegen die Kraft der Kunststoffeder nach vorn geschoben. Falls sich die Leuchte nicht verschieben läßt, kann sie auch umgekehrt eingebaut sein. Das heißt, die Kunststoffeder befindet sich hinten und die Leuchte muß zum Ausbau in Richtung Fahrzeugheck geschoben werden.

- Lampenfassung vom Gehäuse abziehen.
- Glühlampe aus der Fassung ziehen und ersetzen.
- Fassung mit Lampe in das Gehäuse stecken.
- Leuchte mit dem Kunststoffhaken in die Öffnung des Kotflügels einhängen und auf der anderen Seite eindrücken und einrasten.

Nebelscheinwerfer

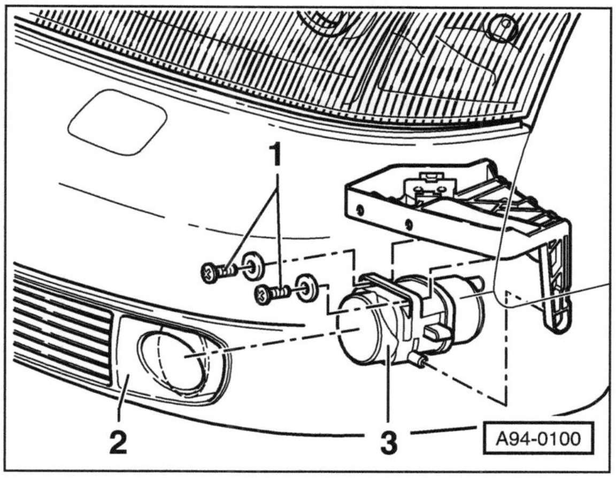

- Abdeckgitter –2– im vorderen Stoßfänger mit Schraubendreher nach vorn heraushebeln.
- Schrauben –1– herausdrehen und Leuchtengehäuse –3– herausnehmen. **Hinweis:** Seitliche Schraube neben dem Leuchtenglas **nicht** verdrehen, sie dient zum Einstellen des Nebelscheinwerfers.
- Stecker für Leuchte entriegeln und trennen.

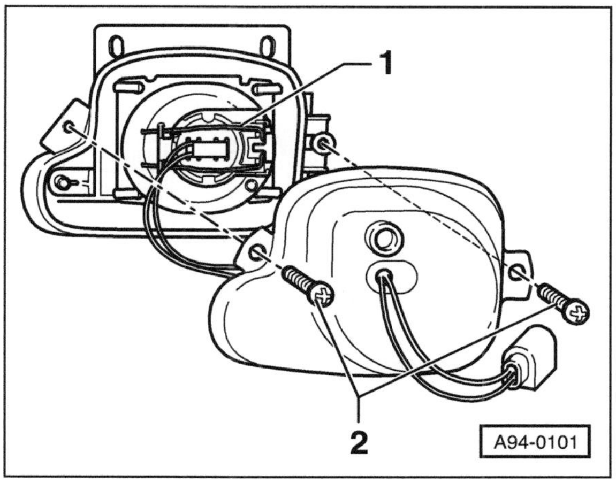

- Kreuzschlitzschrauben –1– am Gehäusedeckel herausdrehen.

- Federdrahtbügel –1– entrasten und die Lampenfassung aus dem Gehäuse nehmen.
- Lampenkabel von den Steckern im Gehäusedeckel abziehen.

Achtung: Glaskolben der neuen Lampe nicht mit bloßen Fingern anfassen. Versehentlich entstandene Berührungsflecken mit sauberem, nicht faserndem Tuch und Spiritus entfernen.

- Neue Lampe einsetzen. Federdrahtbügel über den Lampensockel klappen und einhaken.
- Lampenkabel mit den Steckern im Gehäusedeckel verbinden.
- Gehäusedeckel mit 2 Schrauben anschrauben.
- Kabelstecker für Leuchte verbinden und einrasten.
- Leuchte einsetzen und mit den 2 oberen Schrauben anschrauben.
- Abdeckgitter einclipsen.
- Nebelscheinwerfereinstellung von einer Fachwerkstatt kontrollieren lassen.

Heckleuchten

- Kofferraumdeckel/Heckklappe öffnen.
- Seitenverkleidung im Laderaum hinter der Heckleuchte öffnen. Auf der linken Fahrzeugseite das Bordwerkzeug herausnehmen.
- **AVANT:** Flexible Abdeckung von der Heckleuchte abnehmen.

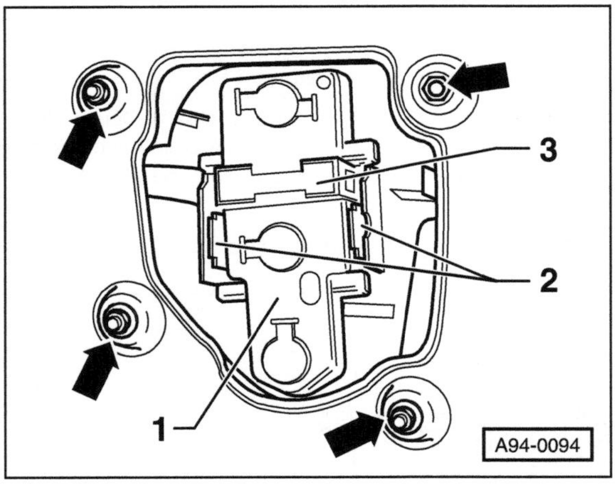

- Anschlußstecker für Heckleuchte an Stecker –3– abziehen. **Hinweis:** Muttern –Pfeile– nicht lösen. Die Abbildung zeigt die Heckleuchte der Limousine.
- Haltelaschen –2– zusammendrücken und dadurch Lampenträger –1– entriegeln. Lampenträger herausziehen.
- Defekte Glühlampe leicht in die Fassung hineindrücken, um 90° (1/4 Umdrehung) nach links drehen und herausnehmen.

Achtung: Glaskolben der Lampe nicht mit den Fingern berühren. Sauberen Lappen zwischenlegen.

- Neue Lampe einsetzen, leicht eindrücken und nach rechts drehen.
- Lampenträger in die Heckleuchte einsetzen, andrücken und einrasten.
- Anschlußstecker am Lampenträger aufschieben und einrasten.
- **AVANT:** Flexible Abdeckung auf die Heckleuchte setzen. Die Gewindestangen der Heckleuchtenbefestigungen müssen in den Aussparungen der Abdeckung liegen.
- Auf der linken Fahrzeugseite das Bordwerkzeug einsetzen. Klappe in der Seitenverkleidung schließen.
- Kofferraumdeckel/Heckklappe schließen.

Nebelschlußleuchte

- Kofferraumdeckel/Heckklappe öffnen.
- Kofferraum-/Heckklappenverkleidung ausbauen, siehe Kapitel »Innenausstattung«.

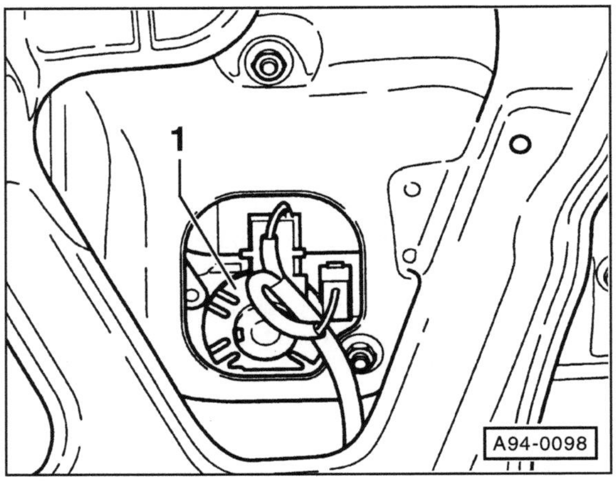

- Glühlampenfassung –1– rechtsherum drehen und aus dem Gehäuse herausziehen.
- Lampe leicht in die Fassung hineindrücken, um 90° (1/4 Umdrehung) linksherum drehen und Lampe herausnehmen.

Achtung: Glaskolben der neuen Lampe nicht mit den Fingern berühren. Sauberen Lappen zwischenlegen.

- Neue Lampe einsetzen, leicht eindrücken und nach rechts drehen.
- Fassung mit eingesetzter Glühlampe in die Leuchte stecken und durch Rechtsdrehen befestigen.
- Kofferraum-/Heckklappenverkleidung einbauen, siehe Kapitel »Innenausstattung«.

Kennzeichenbeleuchtung

- Kofferraumdeckel/Heckklappe öffnen.

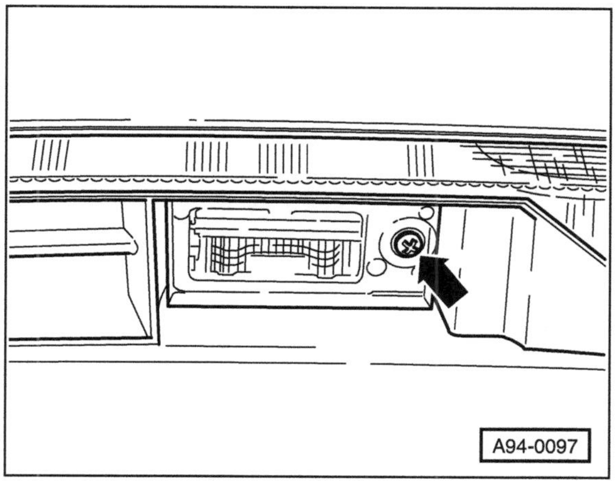

- Kennzeichenleuchte abschrauben –Pfeil– und herausheben.
- Soffittenlampe ersetzen. Lockere/verbogene Kontaktzungen vorsichtig nachbiegen.
- Kennzeichenleuchte einsetzen, dabei auf richtigen Sitz der Dichtung achten.
- Kennzeichenleuchte nicht zu fest anschrauben.

Zusatzbremsleuchte

Limousine

Die Zusatzbremsleuchte ist in den hinteren Teil der Hutablage direkt an der Heckscheibe eingebaut.

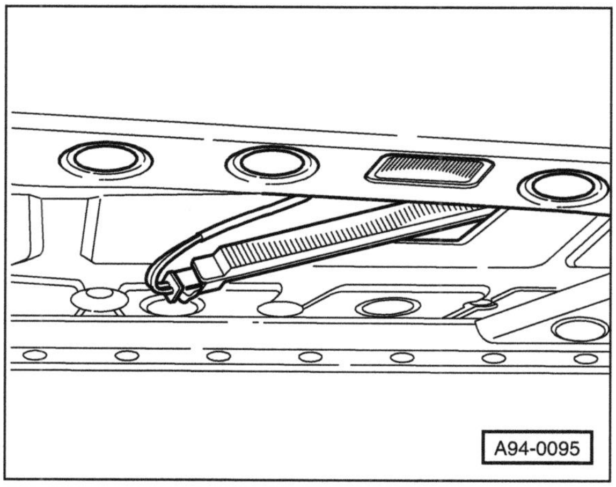

- Kofferraumdeckel öffnen. Mit den Fingern von unten in die Aussparung der Hutablage greifen und Lampenträger nach unten aus den Haltefedern herausziehen.
- Stecker abziehen und Lampenträger herausnehmen.
- Defekte Glühlampe –2– aus dem Lampenträger –1– herausziehen und neue Lampe einstecken. 3 – Reflektor.
- Stecker am Lampenträger aufschieben.
- Lampenträger einsetzen, andrücken und einrasten.

AVANT

Die Zusatzbremsleuchte befindet sich oben im Heckklappenrahmen. Bei defekter Leuchte muß die komplette Zusatzbremsleuchte erneuert werden.

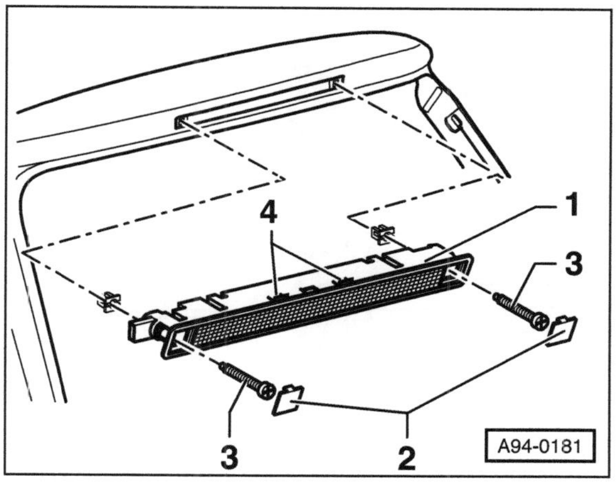

- Beide Abdeckkappen –2– links und rechts an der Zusatzbremsleuchte –1– mit einem kleinen Schraubendreher abhebeln.
- Beide Schrauben –3– abschrauben.
- Zusatzbremsleuchte aus der Montageöffnung entnehmen, dabei Befestigungslaschen –4– herunterdrücken.
- Stecker abziehen und Zusatzbremsleuchte erneuern.
- Zusatzbremsleuchte einsetzen und anschrauben.
- Abdeckkappen –2– links und rechts einclipsen.
- Innenverkleidung der Heckklappe einbauen, siehe Seite 268.

Glühlampen für Innenleuchten auswechseln

Innenleuchte

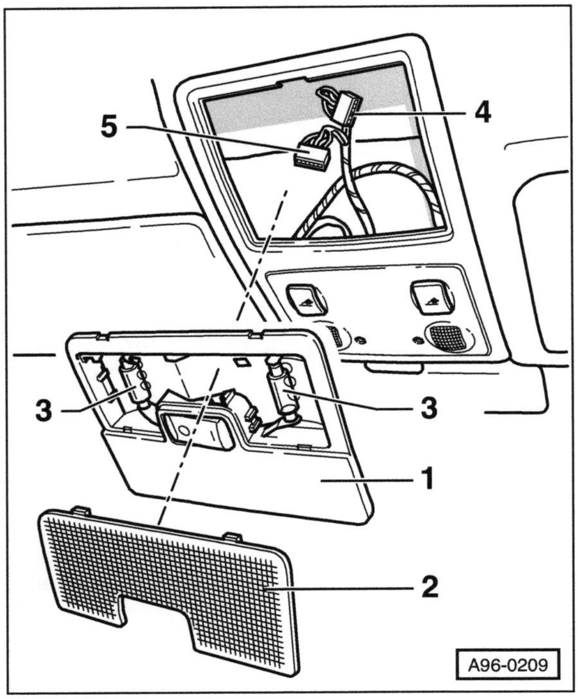

- Streuglas –2– der Innenleuchte an der Hinterkante vorsichtig mit den Fingern abziehen. **Hinweise:** Zum Wechsel der Glühlampen –3– muß nur das Streuglas abgezogen werden. Zum Ausbau der ganzen Innenleuchte –1– diese mit einem Schraubendreher vorsichtig am Rahmen heraushebeln. –4/5–Anschlußstecker. Die Abbildung zeigt die vordere Innenleuchte. Die hintere Innenleuchte wird auf gleiche Weise ausgebaut, wie die vordere Innenleuchte.
- Defekte Soffittenlampe aus der Fassung ziehen und ersetzen. Dabei auf festen Sitz der Lampe achten, gegebenenfalls die Kontaktklammern nachbiegen.

Leseleuchten

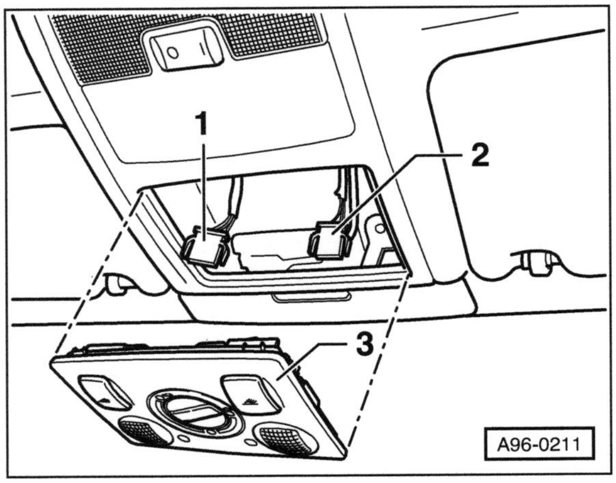

- **Leseleuchte vorn:** Leseleuchte –3– mit einem Schraubendreher vorsichtig am Rahmen heraushebeln. Gegebenenfalls Anschlußstecker –1– und –2– abziehen.
- **Leseleuchte hinten:** Komplette Leuchte mit einem Schraubendreher vorsichtig am Dachhimmel heraushebeln.
- Defekte Glühlampe herausziehen und ersetzen.
- Anschlußstecker aufstecken. Leseleuchte einsetzen und einrasten.

Gepäckraumleuchte/Handschuhfachleuchte/ Fußraumleuchte/Türrückstrahler/ Einstiegsleuchte/Make-up-Spiegelleuchte

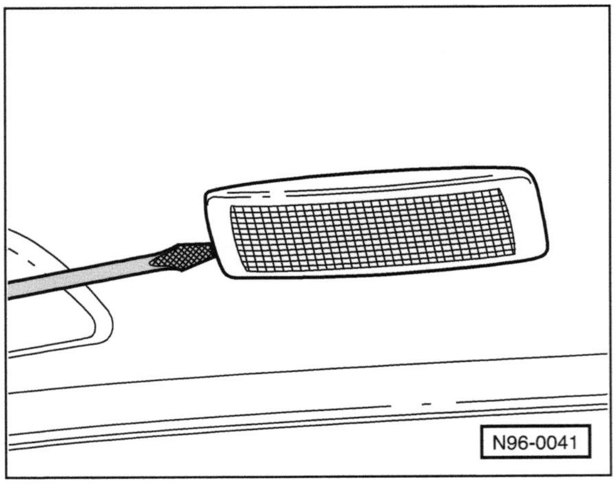

- Schmalen Schraubendreher in die Aussparung der Leuchte stecken, gegen die Kraft der Haltefeder hineindrücken und Leuchte vorsichtig abhebeln und herausschwenken.

Hinweis: Falls keine Aussparung vorhanden ist, Schraubendreher in der Mitte einer Stirnseite einsetzen und prüfen, ob er sich gegen die Federkraft weiter einschieben läßt. Andernfalls Schraubendreher auf der anderen Stirnseite einsetzen.

- Leuchte abnehmen.
- Defekte Lampe aus der Fassung ziehen und ersetzen.
- Falls verbogen, Haltefeder für Leuchtengehäuse zur Gehäuse-Außenseite hin nachbiegen.
- Stecker aufschieben und einrasten.
- Leuchte an der »Steckerseite« einsetzen, in die Öffnung schwenken und einrasten.

Scheinwerfer aus- und einbauen

Das Scheinwerfergehäuse kann nicht zerlegt werden, bei einem Defekt muß es komplett ersetzt werden.

Wenn allerdings nur die oberen Befestigungslaschen des Scheinwerfers abgebrochen sind, können diese einzeln erneuert werden, siehe Abschnitt am Ende des Kapitels.

Ausbau

- Batterie-Massekabel (–) bei ausgeschalteter Zündung abklemmen. **Achtung:** Dadurch werden elektronische Speicher gelöscht, wie zum Beispiel der Radiocode. Ohne Code kann das Radio nur vom Radiohersteller freigeschaltet werden, beziehungsweise beim AUDI-Radio von einer AUDI-Werkstatt. Deshalb Hinweise im Kapitel »Batterie aus- und einbauen« durchlesen.
- **AUDI RS6:** Stoßfänger vorn ausbauen, siehe Seite 277.
- Mehrfachsteckverbindungen hinten am Scheinwerfer abziehen.
- Stecker am Stellmotor für Leuchtweitenregelung abziehen.

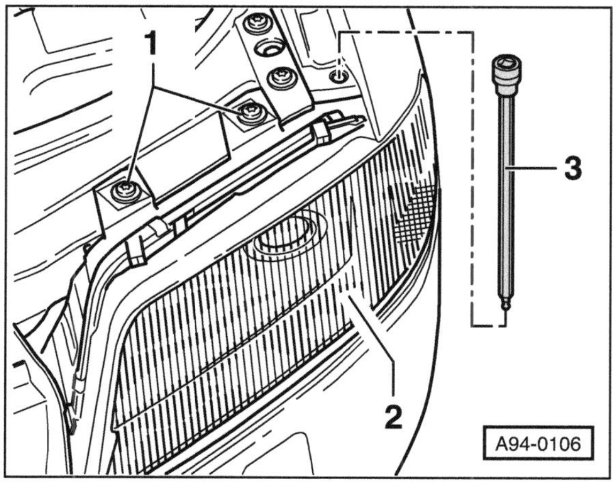

A94-0106

- 2 Torxschrauben –1– für Scheinwerfer –2– herausdrehen, Schlüsselgröße T30.
- Durch die äußere Bohrung eine weitere, innenliegende Torxschraube mit langem Torxschlüssel –3– abschrauben. Dazu wird ein langer Torxschlüssel T30 benötigt, zum Beispiel HAZET 2224 S Lg-T30.
- Scheinwerfer zur Fahrzeugmitte hin drehen und dann nach vorn vorsichtig herausnehmen.

Achtung: Wird der Scheinwerfer erneuert, am ausgebauten Scheinwerfer das Maß –a– an der unteren Kunststoffschraube Schlüsselgröße 24 mm notieren, da es am neuen Scheinwerfer eingestellt werden muß, siehe Abbildung A94-0112.

Einbau

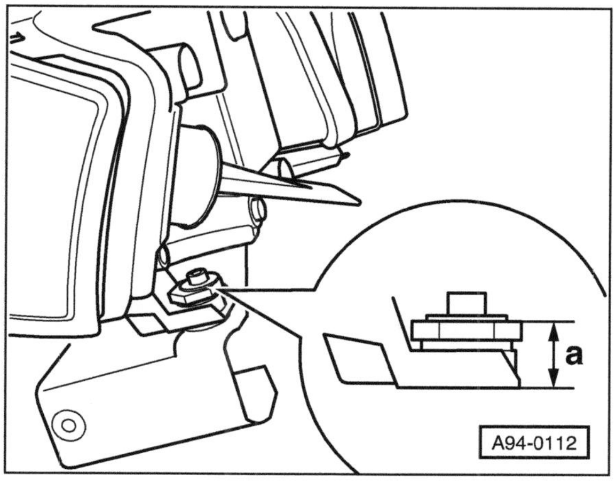

A94-0112

- Maß –a– an der unteren Kunststoffschraube des neuen Scheinwerfers einstellen. Das Maß muß vom ausgebauten Scheinwerfer übernommen werden.

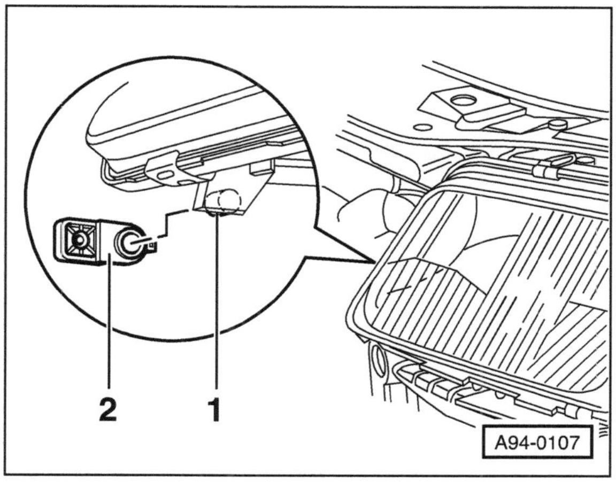

A94-0107

- Scheinwerfer zuerst seitlich nach innen mit dem Zapfen –1– in die Führung –2– schieben, dann in den Scheinwerferausschnitt der Karosserie einsetzen.
- Einbaulage des Scheinwerfers auf gleichmäßige Spaltmaße zu den umliegenden Bauteilen prüfen, gegebenenfalls ausrichten.
- Die 3 Befestigungsschrauben nur leicht mit 6 Nm festziehen, siehe Abbildung A94-0106 unter »Ausbau«.
- Sämtliche Steckverbindungen aufschieben.
- **AUDI RS6:** Stoßfänger vorn einbauen, siehe Seite 277.
- Batterie-Massekabel (–) anklemmen. **Achtung:** Hoch-/Tieflaufautomatik für elektrische Fensterheber aktivieren sowie Zeituhr stellen und Radiocode eingeben, siehe Kapitel »Batterie aus- und einbauen«.
- Scheinwerfer einstellen lassen, siehe Seite 89.

Untere Scheinwerferbefestigungslaschen ersetzen

- Scheinwerfer ausbauen.

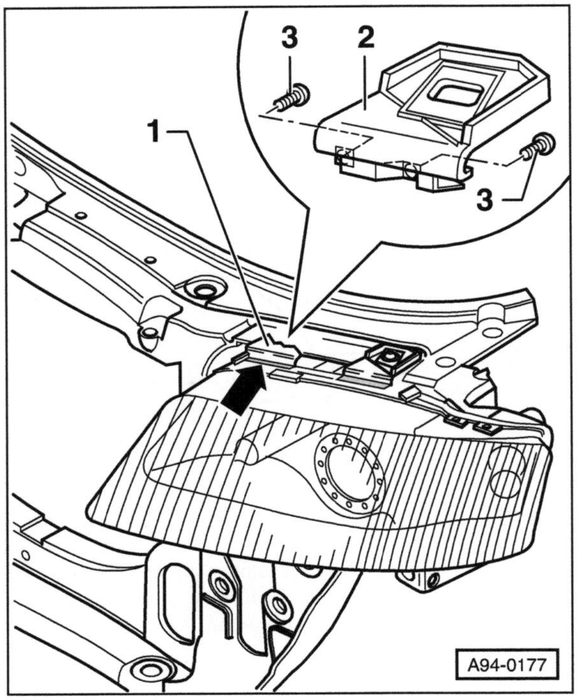

- Rest der abgebrochenen Befestigungslasche –1– an der mit –Pfeil– bezeichneten Stelle glattschleifen.
- Ersatzteil-Befestigungslasche –2– an der Kante der bisherigen Lasche am Scheinwerfer ansetzen und mit 2 Schrauben –3– von hinten befestigen.
- Scheinwerfer einbauen.

Stellmotor für Leuchtweitenregelung aus- und einbauen

Ausbau

Der Stellmotor kann bei eingebautem Scheinwerfergehäuse ausgebaut werden. Auf der rechten Seite muß vorher die Ansaugluftführung ausgebaut werden, siehe Seite 81.

- 2 Drahtbügel hinten am Scheinwerfer zur Seite klappen. Deckel vom Scheinwerfergehäuse abnehmen.

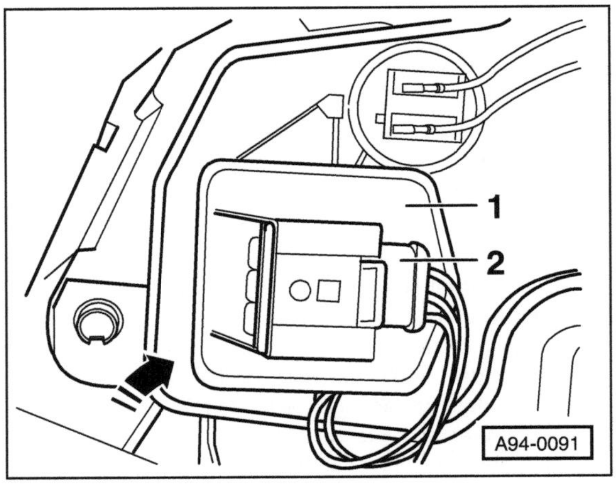

- Rechter Scheinwerfer: Stellmotor –1– durch Rechtsdrehen –Pfeil– entriegeln.
- Linker Scheinwerfer: Stellmotor durch Linksdrehen entriegeln.
- Stellmotor herausziehen, dabei Kugelkopf der Stellachse seitlich in Richtung Fahrzeugmitte aus der Kugelkopfaufnahme am Reflektor herausziehen.
- Stecker –2– am Stellmotor abziehen.

Einbau

- Kugelkopf der Stellachse zur Fahrzeugaußenseite hin in die Kugelkopfaufnahme am Reflektor hineinschieben.
- Rechter Scheinwerfer: Stellmotor durch Linksdrehen verriegeln.
- Linker Scheinwerfer: Stellmotor durch Rechtsdrehen verriegeln.
- Stecker am Stellmotor aufschieben.
- Deckel an der Scheinwerferrückseite einsetzen und beide Drahtbügel einrasten.
- Scheinwerfereinstellung von einer Fachwerkstatt kontrollieren lassen.

Scheinwerfer/Nebelscheinwerfer einstellen

Für die Verkehrssicherheit ist die richtige Einstellung der Scheinwerfer von großer Bedeutung. Die exakte Einstellung der Scheinwerfer ist nur mit einem Spezialeinstellgerät möglich. Es wird deshalb nur gezeigt, wie der Scheinwerfer eingestellt werden kann und welche Bedingungen zum richtigen Einstellen der Scheinwerfer erfüllt sein müssen.

Achtung: Bei Fahrzeugen mit Gasentladungslampen (Xenon-Abblendlicht, Mehrausstattung) muß vor jedem Verdrehen der Einstellschrauben der Fehlerspeicher der Scheinwerferregulierung abgefragt werden. Anschließend muß mit dem Diagnosegerät eine Grundeinstellung durchgeführt werden, daher eine Fachwerkstatt aufsuchen.

Einstellvoraussetzungen

- Reifen müssen den vorgeschriebenen Reifenfülldruck haben.
- Das unbeladene Fahrzeug muß mit 75 kg (eine Person) auf dem Fahrersitz belastet sein.
- Kraftstofftank mindestens zu 90% füllen.
- Fahrzeug auf ebene Fläche stellen.
- Vorderwagen mehrmals kräftig nach unten drücken, damit die Federung der Vorderradaufhängung sich setzt.
- Leuchtweitenregulierung auf »0« stellen.
- Die Hauptscheinwerfer dürfen nur bei **Abblendlicht** eingestellt werden. Das korrekte Neigungsmaß beträgt **10 cm auf 10 m Entfernung**. Das Neigungsverhältnis ist auf dem Scheinwerferhalter eingeprägt (1,0% ≙ 10 cm auf 10 m).
- Das Neigungsmaß für **Nebelscheinwerfer** beträgt **20 cm auf 10 m Entfernung**.

Hauptscheinwerfer einstellen:

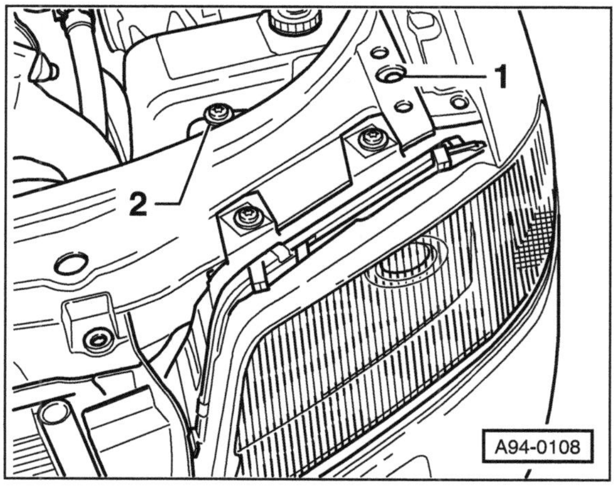

- Die Abbildung zeigt den linken Hauptscheinwerfer, beim rechten Scheinwerfer sind die Einstellschrauben spiegelbildlich angeordnet. Zur Höheneinstellung müssen gegebenenfalls beide Einstellschrauben –1– und –2– verdreht werden, zur Seiteneinstellung nur die Schraube –2–.
- Kreuzschlitzschraubendreher oder Innensechskantschlüssel durch die Bohrungen im Schloßträger führen.
- Einstellschrauben soweit verdrehen, bis die korrekte Einstellung erreicht ist.

Nebelscheinwerfer einstellen:

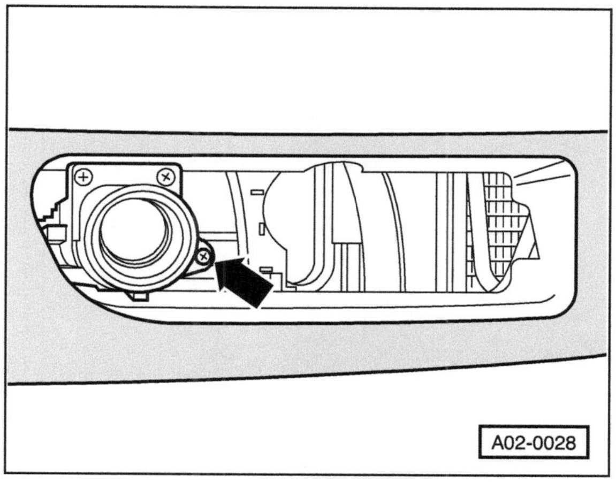

- Abdeckgitter aus dem Stoßfänger ausclipsen. Schraube für Höheneinstellung –Pfeil– zum Verringern der Leuchtweite linksherum drehen. Eine Seiteneinstellung ist nicht vorgesehen. **Hinweis:** Die Abbildung zeigt den linken Nebelscheinwerfer, beim rechten Scheinwerfer ist die Einstellschraube spiegelbildlich angeordnet.
- Abdeckgitter in den Stoßfänger einclipsen.

Gasentladungslampen für Abblendlicht (Xenon-Licht)

Im Vergleich zur Scheinwerfer-Grundausführung mit Halogen-Glühlampen erreichen Scheinwerfer mit Gasentladungslampen (Xenon-Licht) ein noch helleres Abblendlicht, das dem Tageslicht ähnelt. Nach maximal 3 Sekunden haben die Gasentladungslampen ihre volle Leuchtkraft erreicht.

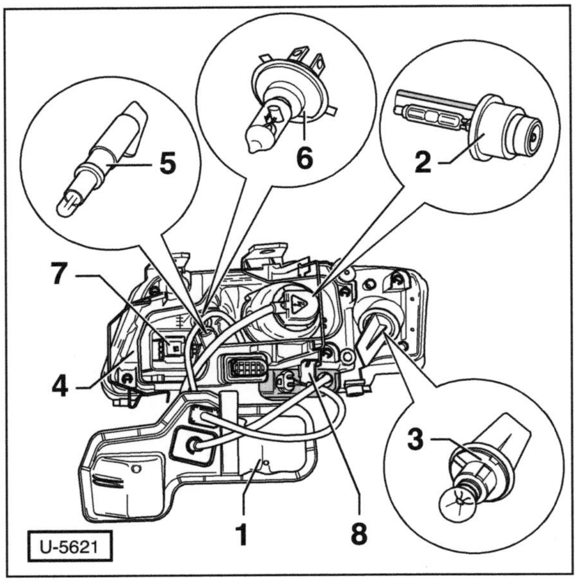

1 – Gehäusedeckel
2 – Gasentladungslampe
3 – Glühlampe für Blinklicht
4 – Scheinwerfergehäuse
5 – Glühlampe für Standlicht
6 – Glühlampe für Fernlicht
7 – Stellmotor für Leuchtweitenregulierung
8 – Hochspannungsgerät

Bei den Gasentladungslampen wird in einem mit Xenongas gefüllten Lampenkolben durch Anlegen einer Spannung zwischen 2 Elektroden ein Lichtbogen erzeugt. Für den Betrieb der Gasentladungslampe sind eine Ansteuerelektronik und ein Hochspannungsgerät erforderlich. Es erzeugt kurzzeitig 28.000 Volt zur Zündung des Lichtbogens. Um die doppelte Beleuchtungsstärke einer herkömmlichen 55-Watt-Lampe zu erzeugen, genügt bei der Gasentladungslampe eine Leistung von 35 Watt.

Gasentladungslampen haben eine hohe Lebensdauer. Ein Austausch ist, wenn überhaupt, erst nach mehreren Betriebsjahren erforderlich.

Sicherheitshinweise

Vor Arbeiten an den mit gelben Hochspannungssymbolen gekennzeichneten Teilen des Gasentladungsscheinwerfers unbedingt das Batterie-Massekabel abklemmen. Anschließend das Abblendlicht ein und wieder ausschalten. Damit werden eventuelle Restspannungen abgebaut. Das Steuergerät für die Gasentladungsscheinwerfer darf nie ohne Gasentladungslampe betrieben werden. Die Gasentladungslampe darf Aufgrund der hohen Spannungen (über 28.000 V beim Zünden der Gasentladungslampe) und Temperaturen nur im Scheinwerfergehäuse betrieben werden.

Das Scheinwerfersystem mit Xenonlicht ist mit einer dynamischen Leuchtweitenregulierung kombiniert, die extrem schnell auf Niveauänderungen des Fahrzeugs reagiert.

Dynamische Leuchtweitenregulierung bei Gasentladungs-Scheinwerfern

Um eine Blendwirkung des Gegenverkehrs auszuschließen, gehört zum Scheinwerfersystem eine dynamische Leuchtweitenregulierung, die automatisch die Leuchtweite der Scheinwerfer aufgrund unterschiedlicher Beladung einstellt.

Sensoren an Vorder- und Hinterachse erfassen jede Niveauänderung des Fahrzeugs. Ein elektronisches Steuergerät verarbeitet die Sensorsignale und regelt extrem schnell über Elektromotoren die Verstellung der Scheinwerfer-Reflektoren.

Eine manuelle Einstellung der Leuchtweite ist nicht vorgesehen. Bei einem Fehler in der elektrischen Regelung werden die Scheinwerfer automatisch in unterste Position gestellt.

Für die Grundeinstellung der Gasentladungsscheinwerfer ist das AUDI-Diagnosegerät erforderlich, ebenso für das Auslesen des Fehlerspeichers.

Heckleuchte aus- und einbauen

Ausbau

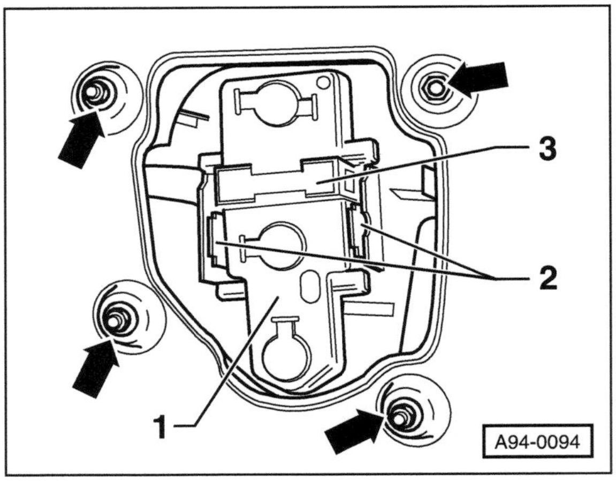

- Seitenverkleidung im Laderaum öffnen. Stecker –3– an der Heckleuchte abziehen. 2– Verriegelungsbügel für Lampenträger –1–.
- Befestigungsmuttern –Pfeile– abschrauben und Heckleuchte nach außen abnehmen. **Hinweis:** Die Abbildung zeigt die Heckleuchte der Limousine.

Einbau

- Dichtung für Heckleuchte auf Beschädigung sichtprüfen, gegebenenfalls ersetzen.
- Heckleuchte einsetzen und auf gleichmäßigen Spalt zur umliegenden Karosserie ausrichten. Muttern ganz leicht mit 4 Nm anschrauben.
- Stecker –3– einrasten.
- Seitenverkleidung im Laderaum schließen.

Armaturen

Die Instrumente sind in einem Kombiinstrument (Schalttafeleinsatz) zusammengefaßt. Das Kombiinstrument muß beispielsweise ausgebaut werden, wenn eine Glühlampe der Armaturenbeleuchtung ersetzt werden soll. Sind einzelne Instrumente defekt, muß das komplette Kombiinstrument ersetzt werden, da es nicht zerlegbar ist.

Das Kombiinstrument gibt es in 3 unterschiedlichen Ausführungen: »Lowline«, »Midline« und »Highline«. Die Lowline-Ausführung besitzt ein Minichecksystem, die Highline- und die Midline-Ausführungen sind mit einer Multifunktionsanzeige ausgerüstet. Über diese werden folgende Funktionen angezeigt: Auto-Check-System, Longlife-Service, Außentemperatur, Bordcomputer, Wählhebelstellung für Automatikgetriebe und Navigationsanzeige.

Das Kombiinstrument wird von einem Mikroprozessor gesteuert und verfügt über eine Eigendiagnose. Treten Störungen an Systembauteilen auf, werden Fehlercodes im Fehlerspeicher des Steuergerätes abgelegt. Die Fehlercodes können mit dem AUDI-Diagnosegerät ausgelesen werden. Außerdem können mit diesem Meßgerät beispielsweise folgende Funktionen angepaßt beziehungsweise korrigiert werden: Tankanzeige, Verbrauchsanzeige, Service-Intervallanzeige, Wegstreckenzähler.

In diesem Kapitel werden auch der Aus- und Einbau verschiedener Schalter und des Radios beschrieben.

Kombiinstrument aus- und einbauen

Im Kombiinstrument können nur Kontrollampen ausgetauscht werden, die als Glühlampen ausgelegt sind. Das gilt nur bei Fahrzeugmodellen bis 1999. Bei defekten Leuchtdioden (LED) und allen anderen Defekten muß das Kombiinstrument komplett ausgetauscht werden.

Wird anstelle der Tageskilometer die Anzeige »dEF« eingeblendet, dann liegt ein Fehler im Festspeicher vor. In diesem Fall muß das Kombiinstrument ersetzt werden.

Falls das Kombiinstrument erneuert werden soll, vor dem Ausbau den Fehlerspeicher abfragen lassen. Außerdem die Werte der Service-Intervallanzeige und den Stand des Wegstreckenzählers über das AUDI-Diagnosegerät auslesen lassen und notieren (Werkstattarbeit).

Ausbau

Hinweis: Der Ausbau des Lenkrades ist nicht erforderlich. In den nachfolgenden Abbildungen ist das Lenkrad wegen der besseren Übersichtlichkeit nicht dargestellt.

- Lenkrad mit der Verstelleinrichtung ganz herausziehen und nach unten verstellen.
- Batterie-Massekabel (–) bei ausgeschalteter Zündung abklemmen. **Achtung:** Dadurch werden elektronische Speicher gelöscht, wie zum Beispiel der Radiocode. Ohne Code kann das Radio nur vom Radiohersteller freigeschaltet werden, beziehungsweise beim AUDI-Radio von einer AUDI-Werkstatt. Deshalb Hinweise im Kapitel »Batterie aus- und einbauen« durchlesen.

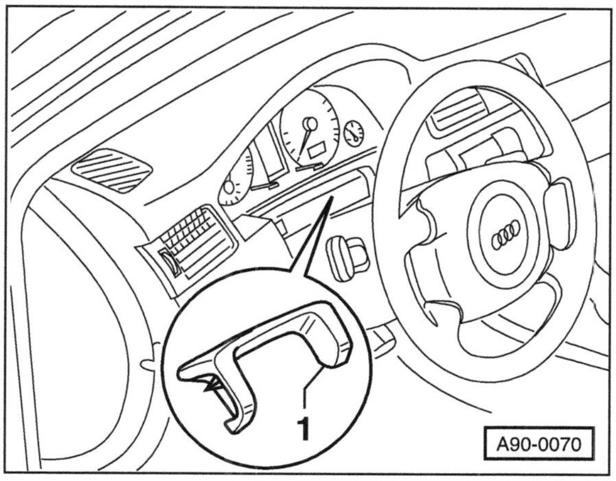

- Abdeckung –1– an der Seite nach oben drücken und dann die Abdeckung aus der Armaturentafel herausziehen.

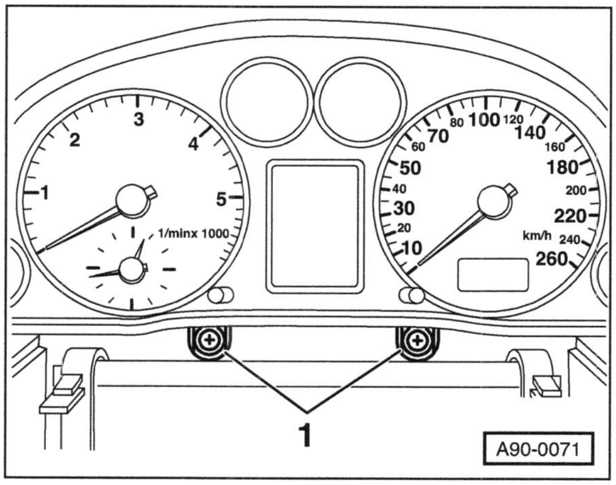

- 2 Kreuzschlitzschrauben –1– herausdrehen.
- Kombiinstrument nach vorn herausziehen.
- Kabelbinder auf der Rückseite vom Kombiinstrument auftrennen.

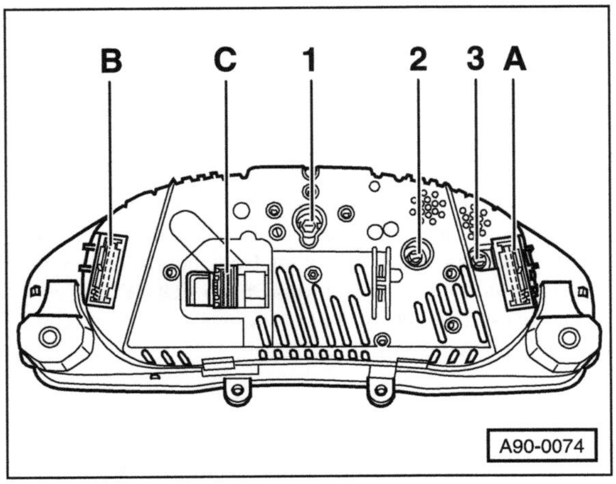

Kombiinstrument »Highline«:
A – Steckanschluß 32fach, blau
B – Steckanschluß 32fach, grün
C – Steckanschluß 20fach, rot (nur bei Ausstattung »Highline«)
1 – Fernlicht-Kontrollampe, (1,2 W bei Nippon/Seiki-Instrument bzw. 1,1 W bei VDO-Instrument)
2 – Kontrollampe für Elektronisches Stabilisierungsprogramm ESP, 1,2 W (Zusatzausstattung)
3 – Kontrollampe für Anhängerblinker, 1,2 Watt

- Sicherungslaschen der Stecker entriegeln und Steckverbindungen an der Rückseite des Kombiinstrumentes abziehen.
- Glühlampen – sofern möglich – wechseln.

Einbau

- Der Einbau erfolgt in umgekehrter Ausbaureihenfolge.
- Batterie-Massekabel (–) anklemmen, siehe Seite 57.
- Wurde das Kombiinstrument erneuert, Service-Intervallanzeige und Wegstreckenzähler anpassen lassen (Werkstattarbeit).

Lenkstockschalter aus- und einbauen

Als Lenkstockschalter bezeichnet man die beiden Schalter an der Lenksäule für Blinker/Fernlicht und Scheibenwischer.

Ausbau

- Lenkrad mit der Verstelleinrichtung ganz herausziehen und nach unten verstellen.
- Batterie-Massekabel (–) bei ausgeschalteter Zündung abklemmen. **Achtung:** Dadurch werden elektronische Speicher gelöscht, wie zum Beispiel der Radiocode. Ohne Code kann das Radio nur vom Radiohersteller freigeschaltet werden, beziehungsweise beim AUDI-Radio von einer AUDI-Werkstatt. Deshalb Hinweise im Kapitel »Batterie aus- und einbauen« durchlesen.

Sicherheitshinweis
Unbedingt Airbag-Sicherheitshinweise durchlesen, siehe Seite 134.

- Airbageinheit auf der Fahrerseite ausbauen, siehe Seite 135.
- Lenkrad ausbauen, siehe Seite 136.

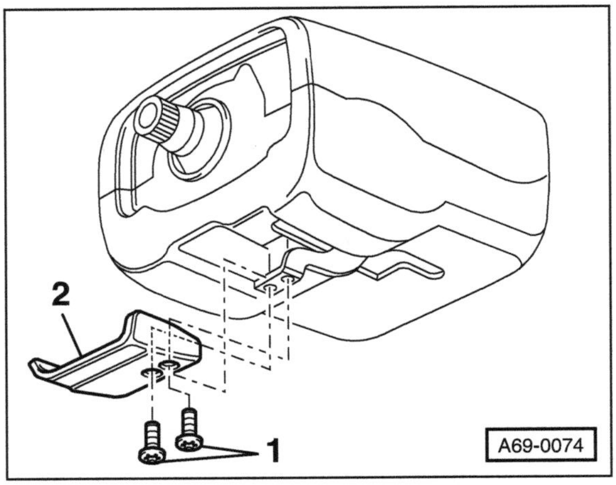

- Griff –2– für Lenksäulenverstellung abschrauben –1–.

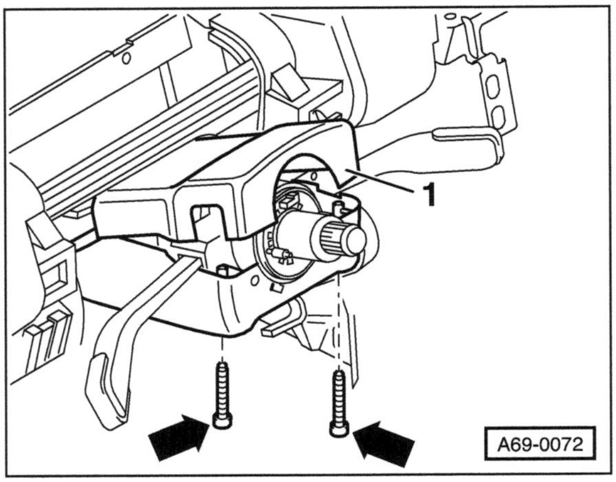

- 2 Kreuzschlitzschrauben –Pfeile– herausdrehen.
- Oberteil der Lenkstockschalterverkleidung –1– abnehmen.

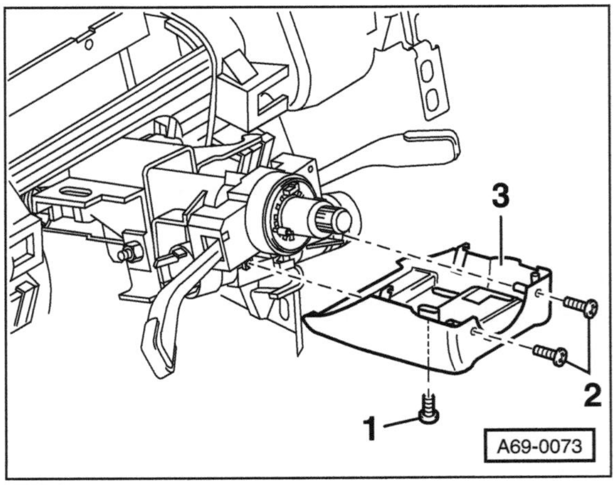

- Innensechskantschraube –1– herausdrehen, Schlüsselweite 4 mm.

- 2 Befestigungsschrauben –2– herausdrehen.
- Unterteil der Lenkstockschalterverkleidung –3– abnehmen.

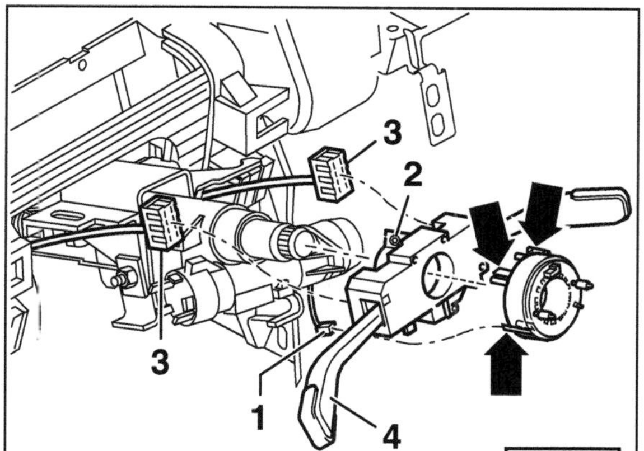

A69-0076

- Elektrische Steckverbindung –1– trennen.

Achtung: Der Rückstellring mit Schleifring darf nur in Mittelstellung aus- und eingebaut werden. Die Vorderräder müssen sich in Geradeausstellung befinden. Ein neuer Rückstellring ist mit einem Kabelbinder in Mittelstellung gesichert.

- Rasthaken –Pfeile– entriegeln und Rückstellring mit Schleifring vom Lenkstockschalter abziehen. Unbedingt darauf achten, daß der Rückstellring nicht aus der Mittelstellung verdreht wird.
- Innensechskantschraube –2–, Schlüsselweite 5 mm, an der Klemmschelle soweit lösen, bis sich der Lenkstockschalter leicht bewegen läßt.
- Elektrische Steckverbindungen –3– vorsichtig vom Lenkstockschalter abziehen.
- Lenkstockschalter –4– von der Lenksäule abziehen und ablegen.

Einbau

- Lenkstockschalter nur auf die Lenksäule aufsetzen, noch nicht festschrauben.
- Untere Lenksäulenverkleidung ansetzen und mit den beiden Schrauben –2– und 0,6 Nm anschrauben, siehe Abbildung A69-0073.
- Innensechskantschraube –1– einschrauben, nicht festziehen, siehe Abbildung A69-0073.
- Rückstellring mit Schleifring aufschieben.
- Lenkrad einbauen, siehe Seite 136.

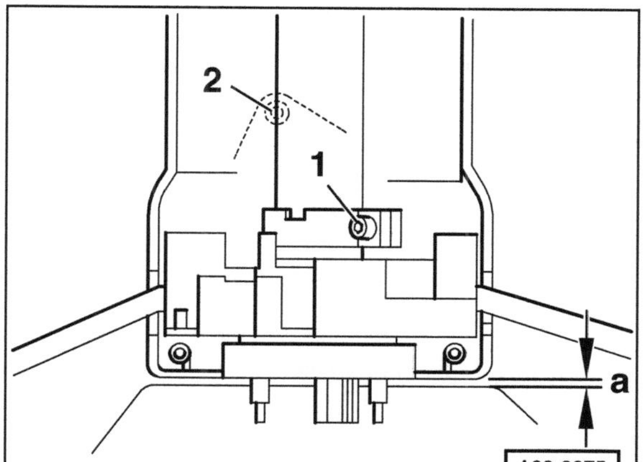

A69-0075

- Lenkstockschalter mit der unteren Verkleidung so verschieben, daß zum Lenkrad der Abstand a = 3 mm beträgt.
- Innensechskantschraube –1– für Spannschelle mit 2,8 Nm festziehen.
- Innensechskantschraube –2– mit 0,6 Nm festziehen.
- Mehrfachstecker aufschieben.
- Oberteil der Lenksäulenverkleidung in die Haken des Unterteils einführen, nach unten schwenken und mit 0,6 Nm anschrauben.
- Griff für Lenkradverstellung ansetzen und mit 2,8 Nm anschrauben.
- Airbageinheit einbauen, siehe Seite 135.
- Batterie-Massekabel (–) anklemmen. **Achtung:** Hoch-/Tieflaufautomatik für elektrische Fensterheber aktivieren sowie Zeituhr stellen und Radiocode eingeben, siehe Kapitel »Batterie aus- und einbauen«.
- Lenkrad in die Position vor dem Ausbau einstellen.

Schalter und Leuchten aus- und einbauen

Lichtschalter/ Einsteller für Leuchtweitenregelung

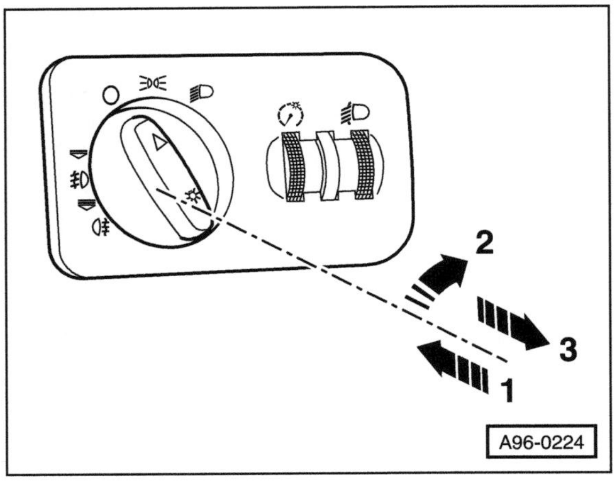

- Lichtschalter drücken –1– und gleichzeitig nach rechts drehen –2–.
- Den Schalter in dieser Stellung halten und das Lichtschaltergehäuse nach vorn aus der Armaturentafel herausziehen –3–.
- Steckverbindungen am Schalter abziehen.

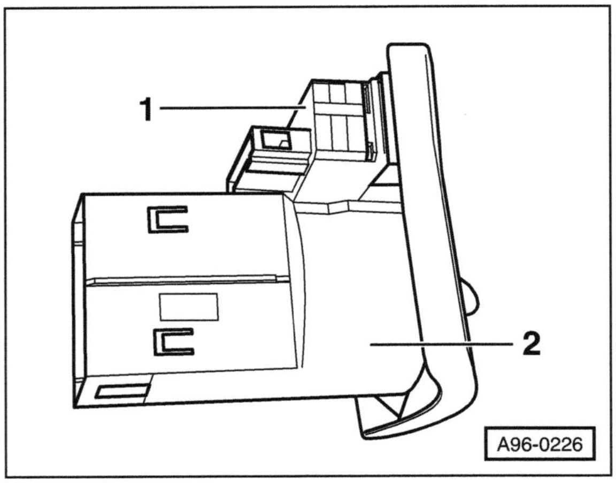

- Einsteller für Leuchtweitenregelung –1– mit einem flachen Schraubendreher oder Kunststoffkeil anheben und aus dem Lichtschaltergehäuse herausziehen.
- Einsteller in die Führungsstege am Lichtschalter –2– einsetzen und in das Lichtschaltergehäuse eindrücken.
- Elektrische Stecker aufschieben.

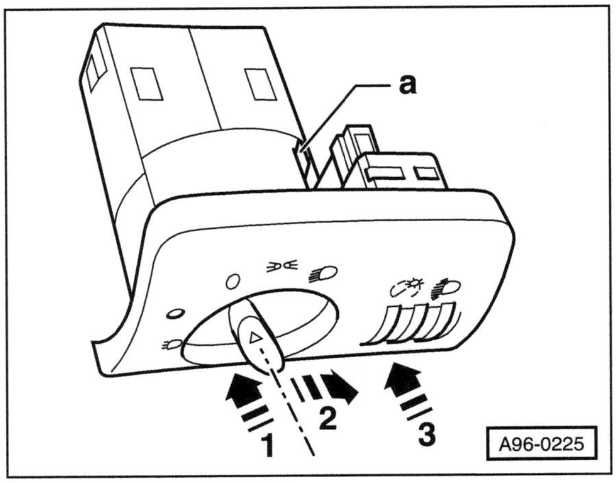

- Zum Einbau Lichtschalter in Pfeilrichtung –1– drücken und gleichzeitig nach rechts drehen –2–. Dadurch werden die beiden Verriegelungshaken –a– versenkt.
- In dieser Stellung Lichtschalter in die Öffnung der Armaturentafel eindrücken –3–, Schalter nach links drehen und dadurch einrasten.

Schalter in der Mittelkonsole

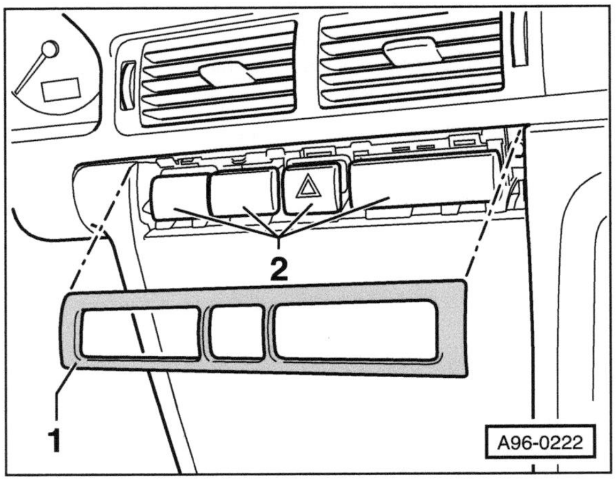

- Mit einem flachen Schraubendreher die Blende –1– vorsichtig abhebeln.
- Betreffenden Schalter –2– ganz herausziehen und die Steckverbindungen abziehen.
- Stecker aufschieben. Schalter in die Aufnahme der Armaturentafel einschieben und einrasten.
- Blende einclipsen.

Schalter für Handschuhfachleuchte

- Handschuhkasten ausbauen, siehe Seite 257.

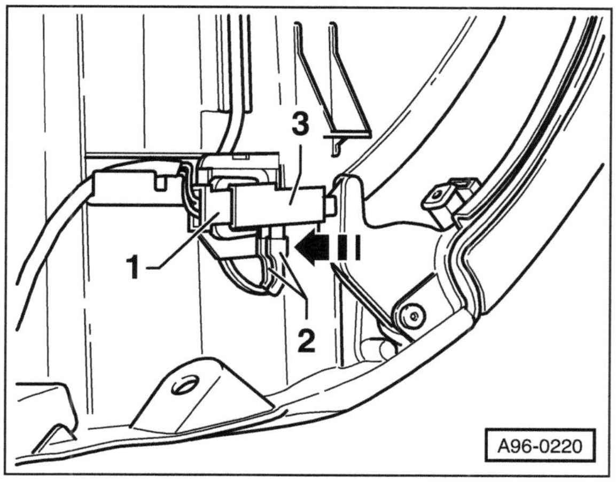

- Stecker –1– und Kabelschuhe –2– abziehen.
- Schalter –3– in Pfeilrichtung aus der Halterung herausschieben.
- Schalter einsetzen und elektrische Leitungen anschließen.
- Handschuhkasten einbauen, siehe Seite 257.

Schalter für Spiegelverstellung

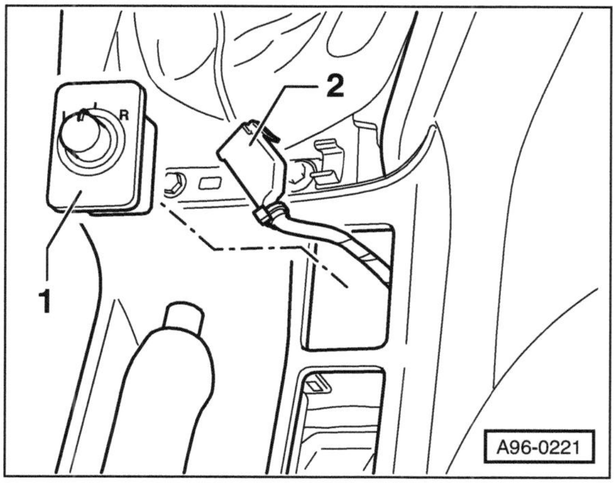

- Schalter für Spiegelverstellung –1– mit einem flachen Schraubendreher vorsichtig abhebeln.
- Stecker –2– vom Schalter abziehen.
- Der Einbau erfolgt in umgekehrter Ausbaureihenfolge.

Schalter für Fensterheber

Der Ausbau des Schalters wird im Kapitel »Türverkleidung aus- und einbauen« beschrieben, siehe Seite 292.

Radioanlagen-Übersicht

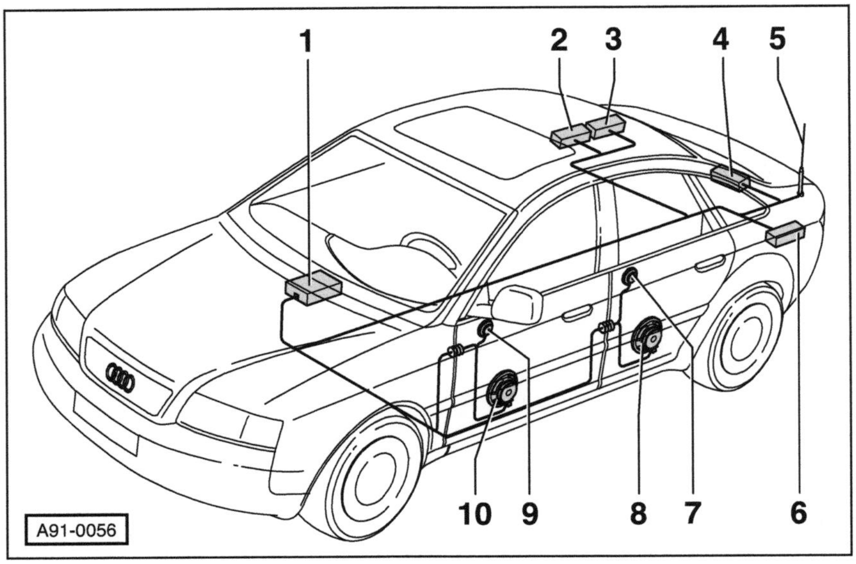

1 – Radio

2 – BOSE-Endverstärker
Im Kofferraum hinten rechts hinter der Seitenverkleidung.

3 – Baßlautsprecher (Subwoofer)
Im Kofferraum hinten rechts hinter der Seitenverkleidung.

4 – Antennenverstärker - Limousine
Hinter der D-Säulenverkleidung links.

5 – Automatik-Antenne - Limousine
Beim AVANT ist stattdessen eine Dachantenne mit integriertem Antennenverstärker eingebaut.

6 – CD-Wechsler
Im Kofferraum hinten links hinter der Seitenverkleidung.

7/9 – Mittel-/Hochtonlautsprecher

8/10 – Tieftonlautsprecher

Technische Daten für Position 7 – 10:
Nennwiderstand = 4 Ohm;
Nennleistung = 20 W.

Radio aus- und einbauen

Das vom Werk eingebaute Radiogerät ist mit einer Einschubhalterung ausgestattet, die den schnellen Ein- und Ausbau des Radios ermöglicht. Allerdings gelingt das nur mit Ausziehbügeln, die beim Kauf des Radios beigelegt oder im Fachhandel erhältlich sind.

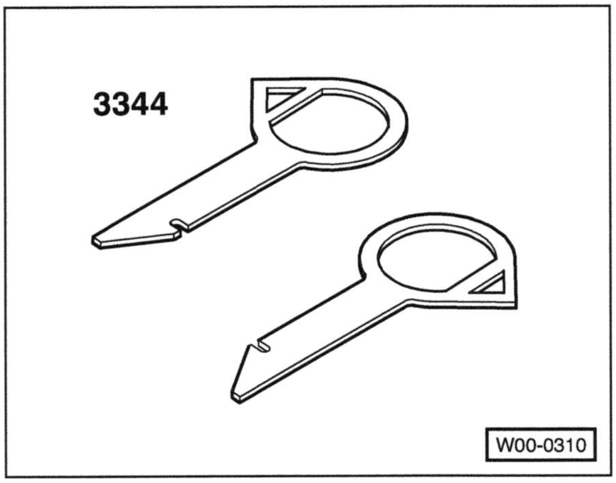

Für den Ausbau des ab Werk eingebauten Radios werden die beiden Entriegelungswerkzeuge 3344 benötigt.
Serienmäßig ist ein Radio mit Anti-Diebstahl-Codierung eingebaut. Diese verhindert die unbefugte Inbetriebnahme des Gerätes, wenn die Stromversorgung unterbrochen wurde. Die Stromversorgung ist beispielsweise unterbrochen beim Abklemmen der Batterie, beim Ausbau des Radios oder wenn die Radiosicherung durchgebrannt ist.
Falls das Radio codiert ist, Radiocode vor Abklemmen der Batterie oder Ausbau des Radios feststellen. Die individuelle Code-Nummer ist in der Radio-Bedienungsanleitung angegeben. Sie sollte nicht im Fahrzeug aufbewahrt werden.
Ist der Code nicht bekannt, kann nur die AUDI-Werkstatt das Autoradio wieder in Betrieb nehmen.

Ausbau

- Batterie-Massekabel (–) bei ausgeschalteter Zündung abklemmen. **Achtung:** Dadurch werden elektronische Speicher gelöscht, wie zum Beispiel der Radiocode. Ohne Code kann das Radio nur vom Radiohersteller freigeschaltet werden, beziehungsweise beim AUDI-Radio von einer AUDI-Werkstatt. Deshalb Hinweise im Kapitel »Batterie aus- und einbauen« durchlesen.

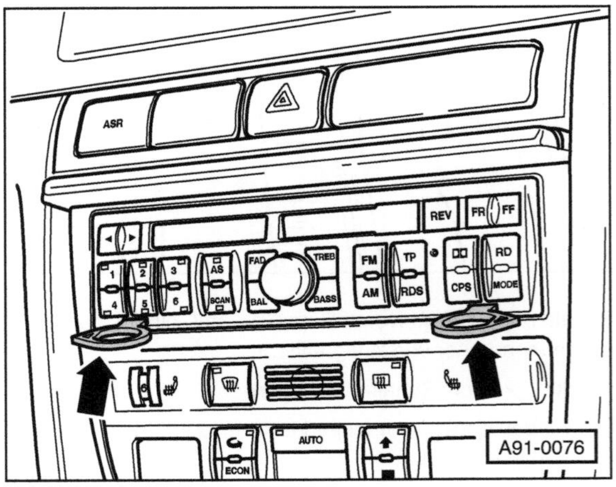

- Entriegelungswerkzeuge in die Entriegelungsschlitze –Pfeile– stecken, bis sie einrasten. Falls beschriftet: »Top L« zeigt nach links oben, »Top R« nach rechts oben.
- Radio an den Griffösen der Werkzeuge aus der Armaturentafel herausziehen.

Achtung: Radio beziehungsweise Entriegelungswerkzeuge dabei nicht verkanten.

- Steckverbindungen für Lautsprecher und Antenne herausziehen, Mehrfachsteckverbindung für Stromversorgung abziehen. Falls das Radio nicht mit den serienmäßigen Mehrfachsteckern angeschlossen ist, Kabel vor dem Abziehen kennzeichnen, damit sie beim Einbau nicht vertauscht werden.

Einbau

- Beide Ausziehbügel aus dem Radio herausziehen.
- Elektrische Anschlüsse an der Rückseite des Radiogerätes anbringen.
- Radio in Armaturentafel eindrücken, bis die Haltefedern einrasten.
- Batterie-Massekabel (–) anklemmen. **Achtung:** Hoch-/Tieflaufautomatik für elektrische Fensterheber aktivieren sowie Zeituhr stellen und Radiocode eingeben, siehe Kapitel »Batterie aus- und einbauen«.
- Radio einschalten und Funktion überprüfen. Falls ein Radio mit Anti-Diebstahl-Codierung eingebaut ist, zuvor Geheimcode eingeben.

Hinweise für den nachträglichen Radioeinbau

- Für Radios anderer Hersteller ist ein AUDI-Adapterkabel erhältlich.

Achtung: Wird das Adapterkabel nicht verwendet, unbedingt darauf achten, daß keine unisolierten Kabel frei herumliegen. Ein sonst möglicher Kurzschluß kann zu einem Kabelbrand führen.

- Darauf achten, daß nur typgeprüfte Entstörsätze (mit allgemeiner Betriebserlaubnis, ABE) verwendet werden, sonst kann die Zulassung des Fahrzeuges erlöschen. Im Handel gibt es speziell auf den AUDI abgestimmte Entstörsätze mit Einbauanleitung.
- **Radio mit Gala-Funktion**, Gala = **G**eschwindigkeits**a**bhängige **L**autstärken**a**npassung: Bei Anschluß des Geschwindigkeitssignals ist unbedingt darauf zu achten, daß dieses nicht kurzgeschlossen wird, da sonst Fehlfunktionen im Fahrzeug auftreten können, zum Beispiel bei der Motorsteuerung. Auch der Anschluß des Geschwindigkeitssignals an fremde Radiofabrikate kann Störungen am Fahrzeug verursachen.
- Falls das AUDI-Radio durch ein Radio eines anderen Herstellers ersetzt wird, ist für den Anschluß an den Antennenverstärker der Fernspeise-Adapter aus dem VW-/AUDI-Programm der Fa. Votex erforderlich. Andernfalls kann die Funktion des eingebauten Antennenverstärkers beeinträchtigt werden. Grund: Bei eingebautem AUDI-Radio erfolgt die Spannungsversorgung des Antennenverstärkers durch das Radio über den Mittelleiter des Antennenkabels.

Hinweis: Der bei Ausstattung »CD-Vorbereitung« eingebaute Leitungssatz für CD-Wechsler kann nur zusammen mit AUDI-CD-Wechslern benutzt werden.

Radio-Codierung eingeben

Gilt nur für AUDI-Radio mit Codierung (erkennbar am roten Schlüssel-Symbol auf der Frontblende)

Die Anti-Diebstahl-Codierung verhindert die unbefugte Inbetriebnahme des Gerätes, wenn die Stromversorgung unterbrochen wurde. Die Stromversorgung wird beispielsweise unterbrochen beim Abklemmen der Batterie, beim Ausbau des Radios oder wenn die Radiosicherung durchgebrannt ist.

Falls das Radio codiert ist, Radiocode vor Abklemmen der Batterie oder Ausbau des Radios feststellen. Ist der Code nicht bekannt, kann nur die AUDI-Werkstatt das Autoradio wieder in Betrieb nehmen.

Die individuelle Code-Nummer ist in der Radio-Bedienungsanleitung angegeben. Sie sollte nicht im Fahrzeug aufbewahrt werden.

Elektronische Sperre aufheben

- Stromversorgung herstellen, Radio einschalten.
- In der Digitalanzeige erscheint »SAFE«.
- Die Tasten »TP« und »RDS« **gleichzeitig** so lange drücken, bis in der Radioanzeige »1000« erscheint.

Achtung: Die Tasten »TP« und »RDS« **keinesfalls** erneut drücken oder festhalten, sonst wird die Zahl 1000 als Code angenommen!

- Mit Hilfe der Stationstasten 1 bis 4 die geheime Code-Nummer eingeben.
  Dabei wird mit Taste 1 die erste Stelle der Code-Nummer eingegeben, mit Taste 2 die zweite Stelle usw.. Taste so oft drücken, bis die entsprechende Code-Ziffer eingegeben ist.
- Anschließend wieder die Tasten »TP« und »RDS« gleichzeitig so lange drücken, bis in der Radioanzeige »SAFE« erscheint. Tasten loslassen. Das Gerät ist jetzt wieder betriebsbereit. Es wird automatisch eine Empfangsfrequenz angezeigt.

Achtung: Wird versehentlich eine falsche Code-Nummer eingegeben, erscheint in der Anzeige »SAFE« zunächst blinkend und dann dauernd. Jetzt kann der gesamte Vorgang **einmal** wiederholt werden. Wird erneut eine falsche Code-Nummer eingegeben, ist das Radio für ca. 1 Stunde gesperrt, es kann nicht in Betrieb genommen werden. Nach Ablauf von 1 Stunde – das Gerät muß dabei eingeschaltet bleiben und der Schlüssel im Zündschloß stecken – kann die elektronische Sperre wieder aufgehoben werden. Dieser Zyklus gilt für alle weiteren Versuche.

Lautsprecher aus- und einbauen

Tieftonlautsprecher

- Türverkleidung ausbauen, siehe Seite 292.
- Auf der Rückseite der Türverkleidung die Dämmatte im Bereich des Tieftonlautsprechers vorsichtig abziehen.

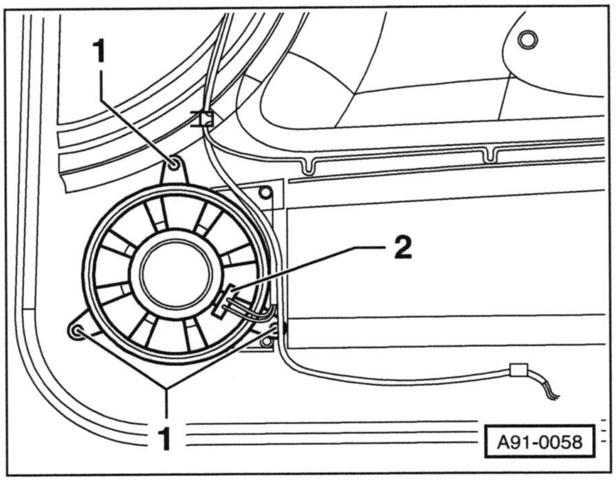

- Stecker –2– vom Lautsprecher abziehen.
- Schrauben –1– herausdrehen und Tieftonlautsprecher von der Verkleidung abnehmen.
- Der Einbau erfolgt in umgekehrter Ausbaureihenfolge.

Mittel-/Hochtonlautsprecher

- Türverkleidung ausbauen, siehe Seite 292.
- Auf der Rückseite der Türverkleidung die Dämmatte im Bereich des Lautsprechers vorsichtig abziehen.

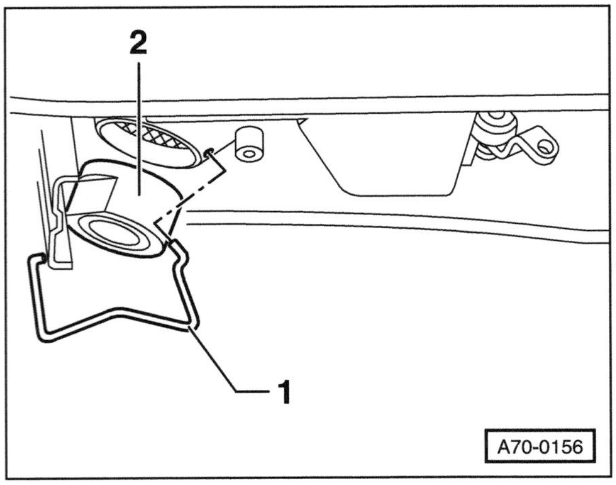

- Haltebügel –1– mit einem Schraubendreher aushängen.
- Lautsprecher –2– aus der Verkleidung herausnehmen.
- Der Einbau erfolgt in umgekehrter Ausbaureihenfolge.

CD-Wechsler aus- und einbauen/ Leitungsverbindung prüfen

Ausbau

- Kofferraumstaufach auf der linken Seite öffnen.

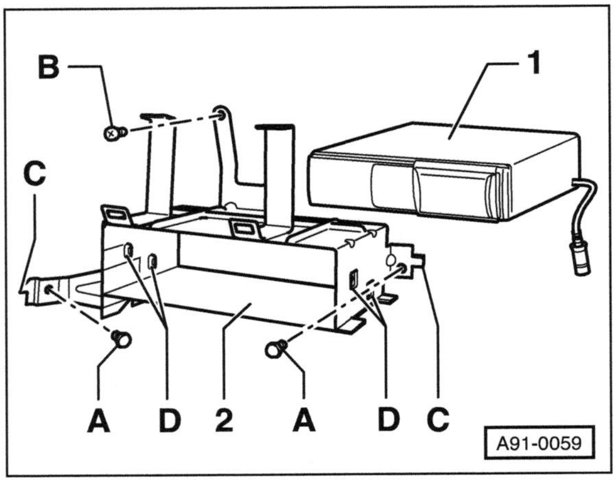

- Sechskantschrauben –A–, Schlüsselweite 8 mm, und 2 Kreuzschlitzschrauben –B– herausdrehen.
- Elektrische Steckverbindung trennen.
- CD-Wechsler –1– an den Haltenasen –C– aushängen und mit Einbaurahmen herausnehmen.
- CD-Wechsler vom Einbaurahmen –2– abschrauben –D–.

Einbau

- Der Einbau erfolgt in umgekehrter Ausbaureihenfolge. Anschließend Leitungsverbindung prüfen.

Leitungsverbindung prüfen.

- Radio ausschalten.
- MODE-Taste am Radio drücken und gleichzeitig das Radio einschalten.
- MODE-Taste loslassen.
- Wenn in der Radioanzeige »CONNECT« oder »CD« angezeigt wird, ist die Leitungsverbindung in Ordnung.
- Wenn in der Radioanzeige »NO CDC« angezeigt wird, Steckverbindung am CD-Wechsler auf festen Sitz und guten Kontakt prüfen. Gegebenenfalls Leitung zum Radio auf Durchgang prüfen, siehe Seite 48.

Stabantenne aus- und einbauen

Limousine

Ausbau

- Kofferraumstaufach auf der linken Seite öffnen.

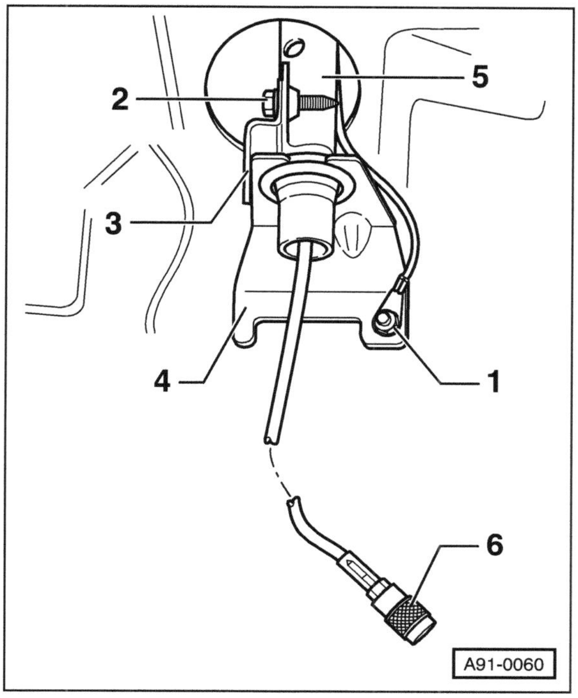

- Masseleitung –1– abschrauben, Schlüsselweite 8 mm.
- Schraube –2– am Verdrehschutz –3– abschrauben.
- Stecker –6– von der Antennenleitung abziehen.
- Antennenhalter –4– und Verdrehschutz –3– abnehmen.
- Stabantenne –5– von außen herausziehen.

Einbau

- Der Einbau erfolgt in umgekehrter Ausbaureihenfolge.

Stabantenne nachträglich einbauen

Limousine

Einbau

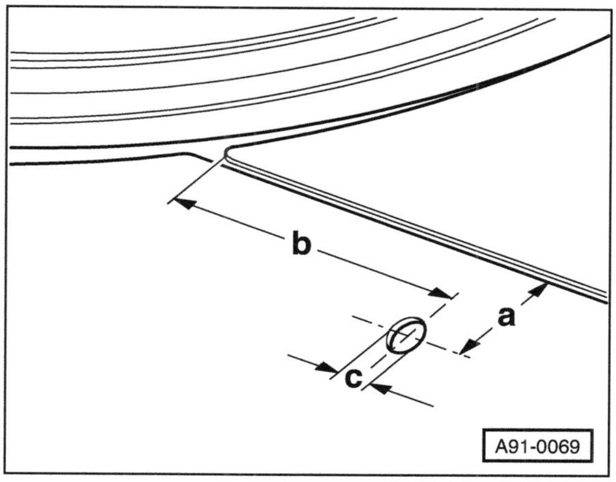

- Maße für Antennenbohrung am Seitenteil hinten links mit Filzstift anzeichnen; a = 88 mm, b = 98 mm, c = 25 mm.
- Antennenloch bohren und vorsichtig entgraten. Bohr- und Feilspäne absaugen. Blankes Metall lackieren und Antenne einbauen.

Freisprechmikrofon aus- und einbauen

Ausbau

- Obere A-Säulen-Verkleidung ausbauen, siehe Seite 263.

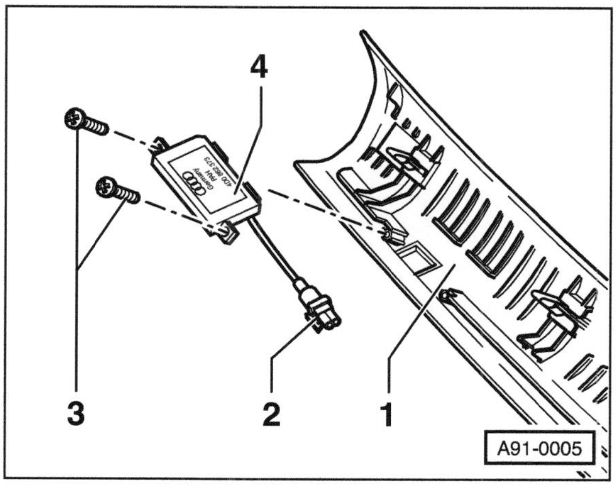

- Steckverbindung –2– trennen und Verkleidung –1– mit Freisprechmikrofon –4– abnehmen.
- Mikrofon –4– abschrauben –3–.

Einbau

- Der Einbau erfolgt in umgekehrter Ausbaureihenfolge.

Achtung: Beim Einbau der Verkleidung darauf achten, daß keine Leitung eingeklemmt wird.

Dachantenne aus- und einbauen

AVANT

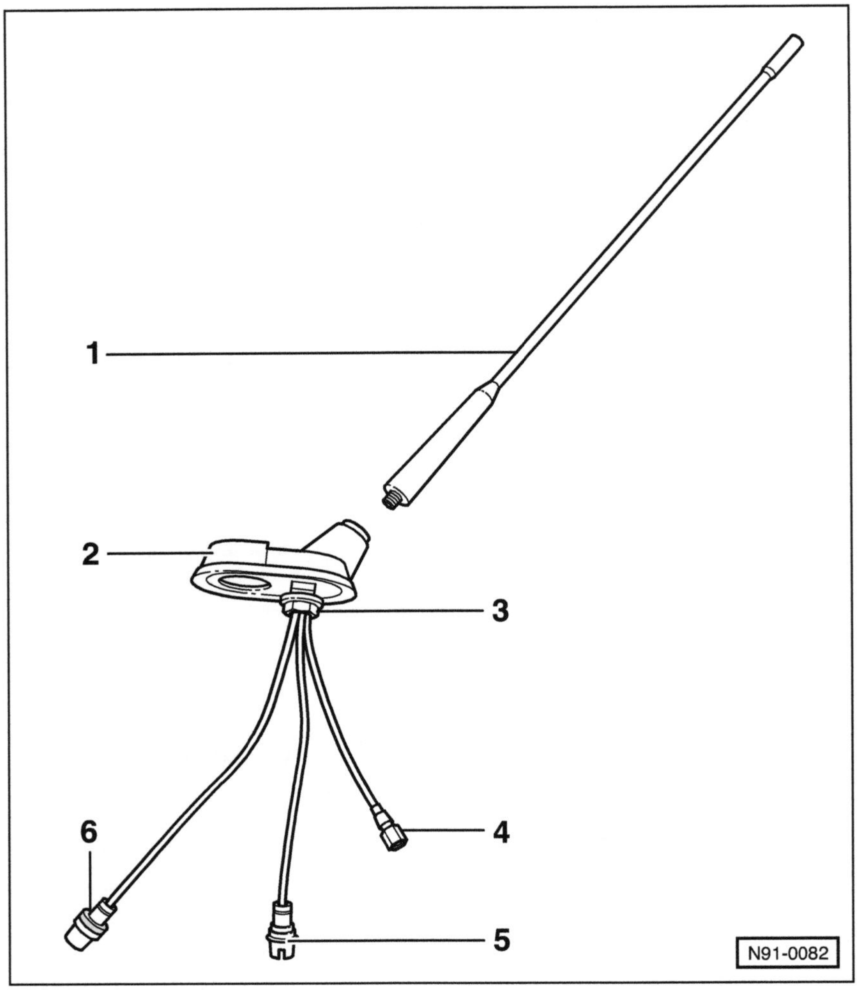

1 – Antennenstab

2 – Antennenfuß
Für Radio und Navigation sind im Antennenfuß 2 Verstärker eingebaut.

3 – Sechskantmutter M14
Mit Zahnscheibe durch Kunststoffring verbunden. Im Bereich der Zahnscheibe Kontaktfett auf der Dachinnenseite auftragen (Masseverbindung).

4 – Schraubanschluß für Navigation

5 – Steckanschluß für Telefon

6 – Steckanschluß für Radio

Ausbau

- Innenleuchte hinten vorsichtig mit einem Schraubendreher aus dem Fahrzeughimmel heraushebeln.
- Antennenstab –1– abschrauben.
- Mutter –3– abschrauben.
- Elektrische Verbindungen –4–, –5– und –6– trennen.
- Antennenfuß –2– nach oben abnehmen.

Einbau

- Der Einbau erfolgt in umgekehrter Ausbaureihenfolge.

Heizung/Klimatisierung

Aus dem Inhalt:

- **Frischluft-/Heizgebläse**
- **Wärmetauscher**
- **Klimakompressor**
- **Bedienteil Klimaanlage**
- **Stellmotoren**
- **Temperaturgeber**
- **Luftausströmer**

Die Frischluft für die Innenraum-Klimatisierung gelangt über den Wasserkasten und den Pollenfilter in das Gebläsegehäuse, wo der Luftdurchsatz durch die Drehzahl des Gebläsemotors bestimmt wird. Angesteuert wird der Gebläsemotor durch das Gebläse-Steuergerät hinter dem Handschuhkasten. Die Luft durchströmt das Klimagehäuse und wird über verschiedene Klappen auf die einzelnen Luftausströmdüsen verteilt.

Entsprechend der eingestellten Innenraumtemperatur wird im Klimagehäuse die Frischluft beim Durchströmen des Verdampfers abgekühlt beziehungsweise durch den Wärmetauscher oder beim TDI-Motor durch das Zusatzheizelement erwärmt.

Der Wärmetauscher wird durch das heiße Kühlmittel aufgeheizt. Die vorbeistreichende Frischluft erwärmt sich an den heißen Lamellen des Wärmetauschers und gelangt dann in

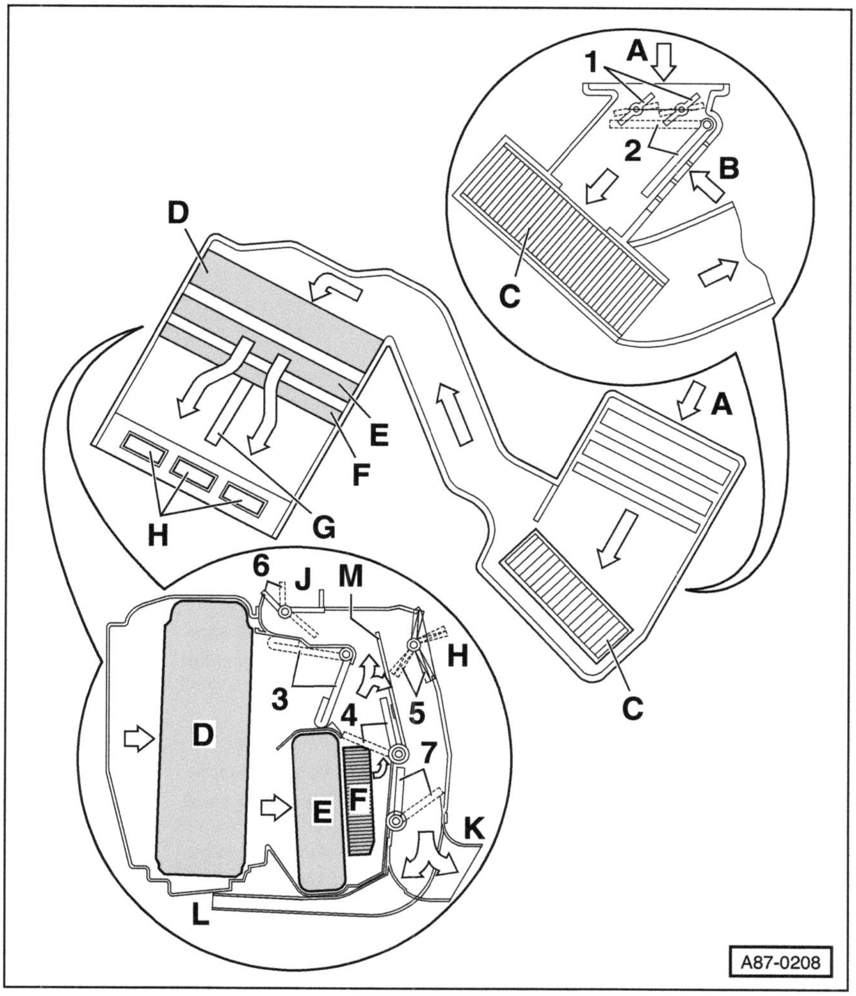

A – Wasserkasten/Staub- und Pollenfilter
B – Fußraum Beifahrerseite
C – Frischluftgebläse
D – Verdampfer
E – Wärmetauscher
F – Zusatzheizelement
G – Abtrennung Fahrer-/Beifahrerseite
H – Zu den Ausströmern in der Armaturentafel
J – Zu den Ausströmern unter der Frontscheibe
K – Zu den Ausströmern im hinteren Fußraum
L – Zu den Ausströmern im Fußraum
M – Drahtgeflecht
1 – Staudruckklappen
2 – Frischluft-/Umluftklappe
3 – Temperaturklappe 1
Je eine Klappe für Fahrer- und Beifahrerseite.
4 – Temperaturklappe 2
Je eine Klappe für Fahrer- und Beifahrerseite.
5 – Zentralklappe
6 – Defrostklappe
7 – Fußraumklappe

den Fahrzeuginnenraum. Der TDI-Motor besitzt aufgrund seiner geringen Heizleistung ein elektrisches Zusatzheizelement, welches bei Bedarf das Kühlmittel zusätzlich erwärmt.

Die Klimatisierung wird luftseitig beeinflußt, das heißt, die Temperatur wird durch das Mischungsverhältnis von kalter und warmer Luft mit Hilfe der Temperaturmischklappen gesteuert. Sämtliche Luftführungsklappen werden durch kleine Elektromotoren betätigt.

Die verbrauchte Luft entweicht durch Entlüftungsöffnungen, die sich beidseitig unter dem hinteren Stoßfänger befinden.

Soll keine Frischluft angesaugt werden, zum Beispiel bei schlechter Außenluft, wird durch Drücken der Umlufttaste auf Umluftbetrieb geschaltet. Es wird dann nur die Luft im Fahrzeuginnenraum umgewälzt.

Kühlfunktion der Klimaanlage

Die Klimaanlage arbeitet wie ein Kühlschrank: Der Klimakompressor, vom Motor angetrieben, verdichtet das gasförmige, umweltverträgliche, FCKW-freie Kältemittel (R 134 a). Dieses erhitzt sich dabei und wird in den Kondensator geleitet. Dort wird das Kältemittel abgekühlt und verflüssigt sich. Über ein Expansionsventil wird das Kältemittel entspannt und in den Verdampfer eingespritzt, wo es aufgrund seines niedrigen Druckes verdampft. Durch diesen Verdampfungsprozess wird der von außen über das Röhren- oder Wabensystem vorbeistreichenden Luft Wärme entzogen.

Die Luft kühlt also ab, und mitgeführte Luftfeuchtigkeit wird zu Kondenswasser, das ins Freie geleitet wird.

Bei laufendem Motor und eingeschaltetem Gebläse kann dem Innenraum über verschiedene Austrittsöffnungen gekühlte Luft zugeführt werden. Die Intensität der Kühlung ist abhängig von der eingestellten Temperatur und von der Gebläseschalterstellung.

Die Luftmengenregelung erfolgt dann stufenlos über die Gebläsedrehzahl in Abhängigkeit von der Temperaturdifferenz zwischen eingestelltem Temperaturwert und der Innenraumtemperatur.

Die Klimaanlage besitzt einen Sonnensensor, der die Sonneneinstrahlung erfaßt. Er ist in der Mitte der Armaturentafel unter der Windschutzscheibe angeordnet. Bei besonders hoher Sonneneinstrahlung erhöht der Sonnensensor automatisch die Gebläsedrehzahl und damit die geförderte Luftmenge im Fahrgastraum. Die gewählte Innenraumtemperatur wird also entsprechend der tatsächlichen Sonneneinstrahlung korrigiert.

Die elektronische Regelung ist im Bedienteil der Klimaanlage integriert.

Achtung: Reparaturen am Kältemittelkreislauf der **Klimaanlage** werden nicht beschrieben. Diese Arbeiten sollten von einer Fachwerkstatt durchgeführt werden.

Sicherheitshinweis
Der **Kältemittelkreislauf der Klimaanlage darf nicht geöffnet** werden, da das Kältemittel bei Hautberührung Erfrierungen hervorrufen kann.
Bei versehentlichem Hautkontakt sofort mindestens 15 Minuten lang mit kaltem Wasser spülen. Kältemittel ist farb- und geruchlos sowie schwerer als Luft. Bei austretendem Kältemittel besteht am Boden beziehungsweise in unteren Räumen Erstickungsgefahr (nicht wahrnehmbar).

Achtung: Wenn im Rahmen von Arbeiten an der Innenraum-Klimatisierung auch Arbeiten an der elektrischen Anlage durchgeführt werden, **grundsätzlich** das Batterie-Massekabel (–) abklemmen. Dazu Hinweise im Kapitel »Batterie aus- und einbauen« durchlesen. Als Arbeit an der elektrischen Anlage ist dabei schon zu betrachten, wenn eine elektrische Leitung vom Anschluß abgezogen beziehungsweise abgeklemmt wird.

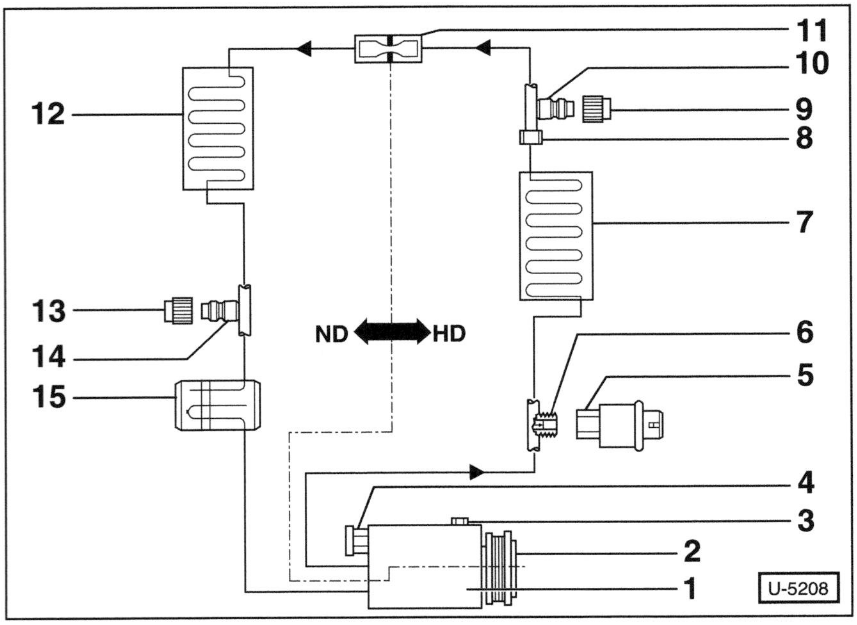

1 – Kompressor
2 – Magnetkupplung
3 – Ablaßschraube
4 – Überdruckablaßventil
5 – Druckschalter für Klimaanlage
6 – Anschluß mit Ventil
7 – Kondensator
8 – Verschraubung in der Kältemittelleitung
9 – Verschlußkappe
10 – Serviceanschluß
Auf der Hochdruckseite.
11 – Drossel
12 – Verdampfer
13 – Verschlußkappe
14 – Serviceanschluß
Auf der Niederdruckseite.
15 – Auffangbehälter
HD – Hochdruckseite
ND – Niederdruckseite

Klimaanlage

Bauteile im Innenraum/Fahrerseite

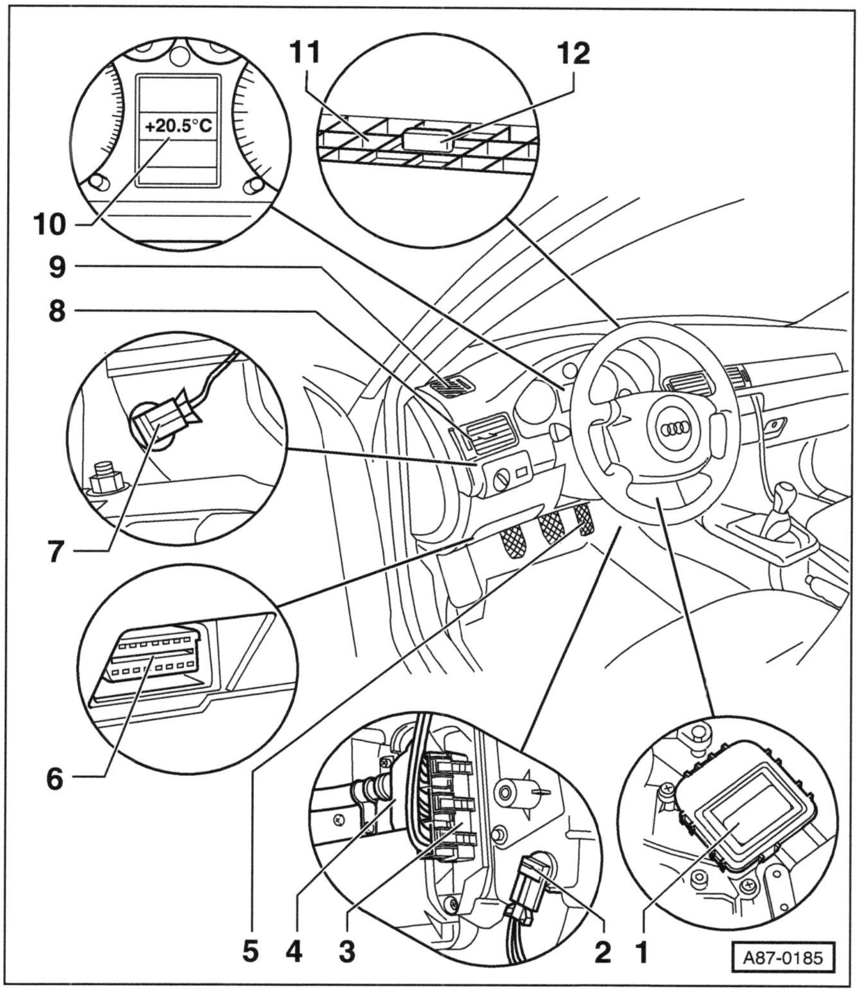

Hinweis: Ab ca. 9/98 wird eine Klimaanlage eingebaut, bei der Luftführung, Ansaugschacht und Frischluftgebläse etwas abgeändert wurden.

1 – **Stellmotor für Temperaturklappe links**

2 – **Geber für Ausströmtemperatur im Fußraum**

3 – **Zusatzheizelement**
Nur bei Fahrzeugen mit TDI-Motor.

4 – **Wärmetauscher**

5 – **Kick-Down-Schalter**
Nur bei Fahrzeugen mit Automatikgetriebe. Je nach Fahrzeuggeschwindigkeit und gewünschter Beschleunigung kann die Magnetkupplung der Klimaanlage durch das Motorsteuergerät abgeschaltet werden.

6 – **Anschlußstecker für Diagnosegerät**

7 – **Geber für Ausströmtemperatur links**

8 – **Luftausströmer links**

9 – **Entfrosterdüse für linke Seitenscheibe**

10 – **Außentemperaturanzeige**

11 – **Entfrosterdüse für Frontscheibe**

12 – **Fotosensor**
Für die Regelung der Klimaanlage entsprechend der Sonneneinstrahlung.

Bauteile im Innenraum/Beifahrerseite

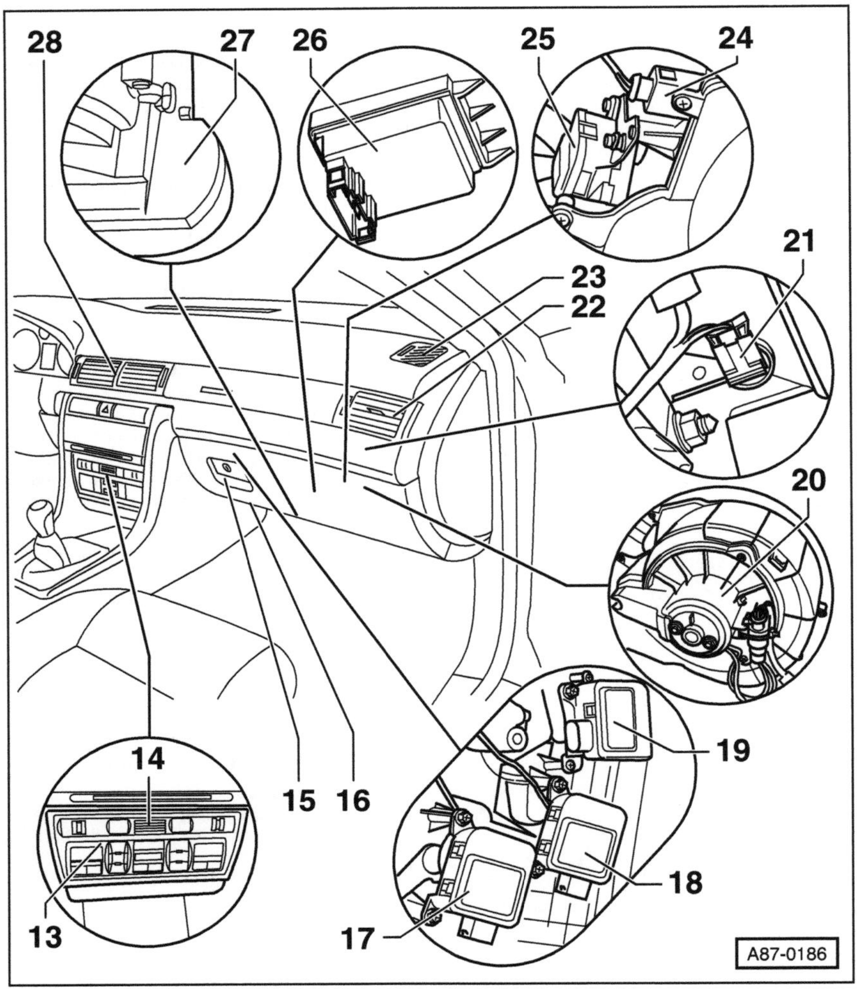

13 – **Bedienteil**
Unterschiedliche Ausführung bei Fahrzeugen mit und ohne Sitzheizung.
Achtung: Die Beleuchtung des Anzeigefeldes und der Bedientasten erfolgt durch Leuchtdioden, die **nicht** ausgewechselt werden können.

14 – **Temperaturfühler für den Innenraum/Gebläse für Temperaturfühler**

15 – **Klimagerät mit Verdampfer**

> **Sicherheitshinweis**
> Das Klimagerät mit Verdampfer darf **nur bei leerem Kältemittelkreislauf** ausgebaut werden **(Werkstattarbeit)**. Unfallgefahr!

16 – **Fußraumausströmer**

17 – **Stellmotor für Zentralklappe**

18 – **Stellmotor für Temperaturklappe rechts**

19 – **Stellmotor für Defrostklappe**

20 – **Frischluftgebläse**
Ab ca. 9/98 ist ein etwa 10 mm kürzeres Lüfterrad eingebaut.

21 – **Geber für Ausströmtemperatur rechts**

22 – **Luftausströmer rechts**

23 – **Entfrosterdüse für rechte Seitenscheibe**

24 – **Temperaturfühler für angesaugte Frischluft**
Sitzt im Frischluft-Ansaugkanal.

25 – **Stellmotor für Staudruckklappe**

26 – **Steuergerät für Gebläse**

27 – **Kondenswasserablauf**

28 – **Luftausströmer in der Mitte**

Luftausströmer aus- und einbauen

Die Ausströmer werden durch 4 Blechklammern in den Öffnungen der Armaturentafel gehalten. Der Ausbau wird am Beispiel des Ausströmers auf der Beifahrerseite beschrieben.

Ausbau

- Handschuhkasten ausbauen, siehe Seite 257.

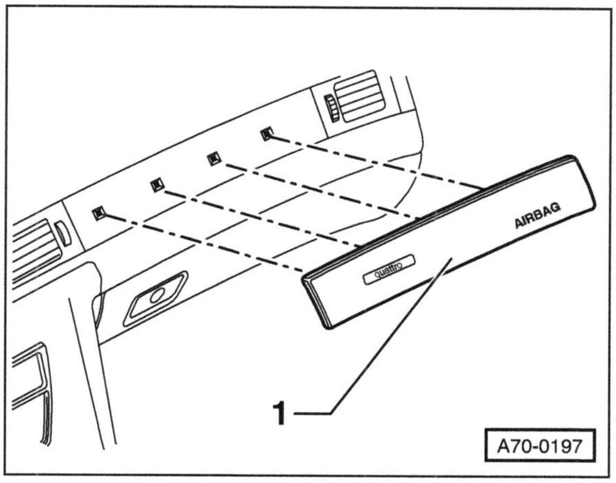

- Blende für Armaturentafel –1– mit Schraubendreher von hinten herausdrücken.

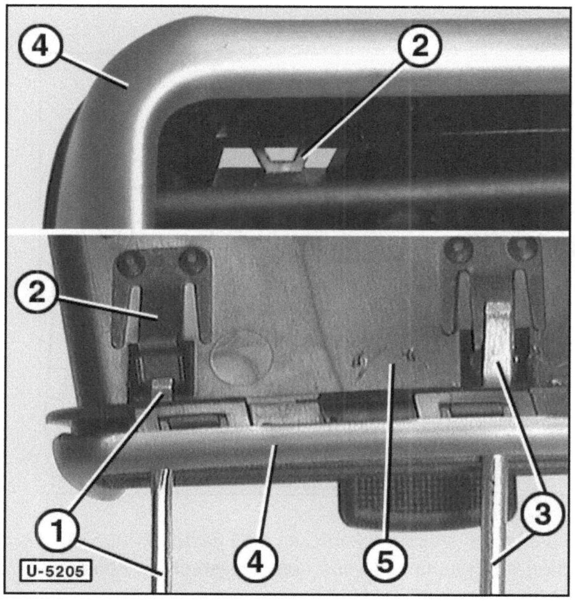

- Blechklammern des Ausströmers –5– entriegeln. Dazu schmalen Schraubendreher –1– in die Öse der oberen Blechklammer –2– einführen. Blechklammer nach unten drücken. Zweiten Schraubendreher über die Blechklammer –2– schieben und dadurch diese in heruntergedrückter Stellung sichern. **Achtung:** Mit dem Schraubendreher –3– ist die rechte Blechklammer in heruntergedrückter Stellung bereits fixiert.

- Auf die gleiche Weise die zweite obere Blechklammer sichern. **Hinweis:** In der Abbildung wird der Arbeitsablauf an 2 Blechklammern des ausgebauten Ausströmers gezeigt. 4 – Blende für Ausströmer.

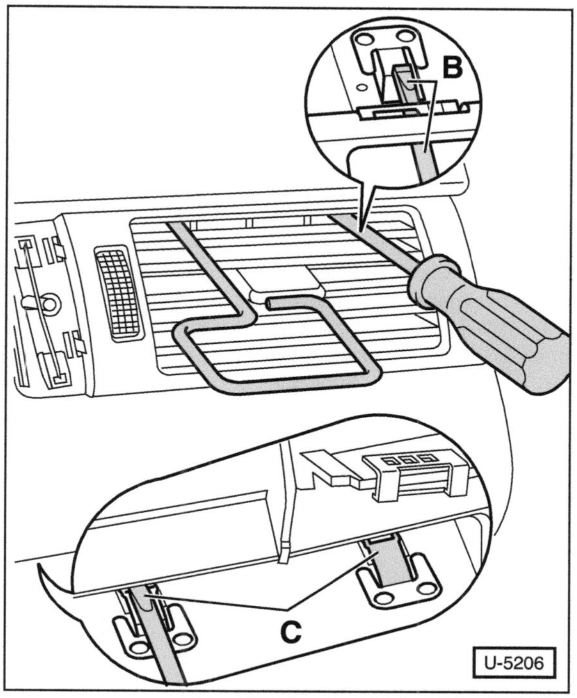

- Die unteren beiden Blechklammern –C– mit 2 Schraubendrehern durch die Öffnung des Handschuhfachs von hinten entriegeln. B – Arretierte obere Blechklammer.

Achtung: Die unteren Blechklammern können wie die oberen Klammern entriegelt und gesichert werden. Allerdings muß dann die Blende –4– (Abbildung U-5205) mit Pappe gegen Eindrückungen durch den Schraubendreher geschützt werden.

- Ausströmer aus der Armaturentafel herausziehen und Schraubendreher abnehmen.

Einbau

- Ausströmer in die Armaturentafel eindrücken und einrasten.
- Blende für Armaturentafel aufdrücken.
- Handschuhkasten einbauen, siehe Seite 257.

Bedienteil für Klimaanlage aus- und einbauen

Die Beleuchtung des Anzeigefeldes und der Bedientasten erfolgt durch Leuchtdioden, die nicht ausgewechselt werden können.

Ausbau

Achtung: Vor dem Ausbau Fehlerspeicher auslesen lassen (Werkstattarbeit).

- Batterie-Massekabel (–) bei ausgeschalteter Zündung abklemmen. **Achtung:** Dadurch werden elektronische Speicher gelöscht, wie zum Beispiel der Radiocode. Ohne Code kann das Radio nur vom Radiohersteller freigeschaltet werden, beziehungsweise beim AUDI-Radio von einer AUDI-Werkstatt. Deshalb Hinweise im Kapitel »Batterie aus- und einbauen« durchlesen.
- Radio ausbauen, siehe Seite 96.
- Vordere Mittelkonsole ausbauen, siehe Seite 261.

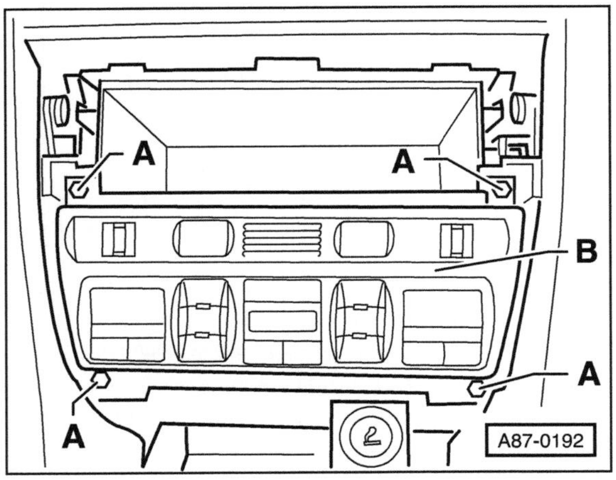

- Schrauben –A– herausdrehen.
- Bedienteil –B– herausziehen.

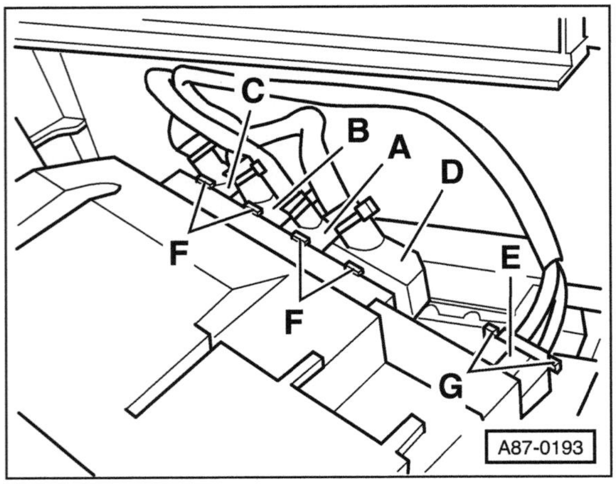

- Steckerverriegelungen –F– zurückdrücken und die Stecker –A/B/C/D– abziehen.
- Steckerverriegelungen –G– zurückdrücken und den Stecker –E– für die heizbare Heckscheibe abziehen.

Einbau

- Bedienteil ansetzen.
- Auf der Rückseite des Bedienteils Mehrfachstecker aufschieben und einrasten.
- Bedienteil einsetzen und anschrauben.
- Vordere Mittelkonsole einbauen, siehe Seite 261.
- Radio einbauen, siehe Seite 96.
- Batterie-Massekabel (–) anklemmen. **Achtung:** Hoch-/Tieflaufautomatik für elektrische Fensterheber aktivieren sowie Zeituhr stellen und Radiocode eingeben, siehe Kapitel »Batterie aus- und einbauen«.
- Codierung des Bedienteils prüfen beziehungsweise neu eingeben. Grundeinstellung durchführen. Fehlerspeicher abfragen (Werkstattarbeit).

Achtung: Blinkt nach dem Einschalten der Zündung das Display eines neu eingebauten Bedienteils für ca. 2 Minuten, Bedienteil neu codieren und Grundeinstellung durchführen (Werkstattarbeit).

Schalter für Sitzheizung aus- und einbauen

Ausbau

- Bedienteil für Klimaanlage ausbauen.

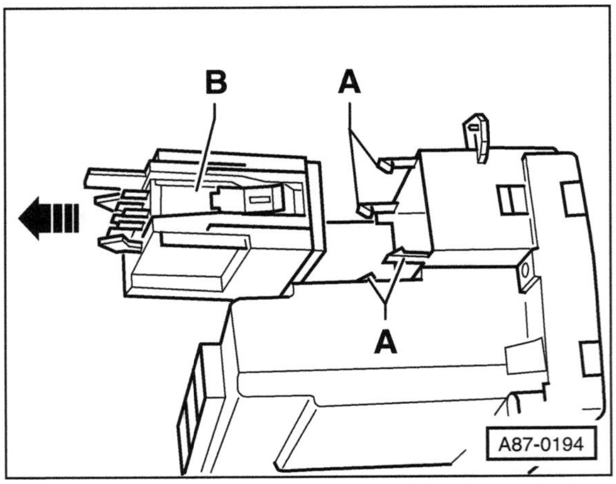

- Rastnasen –A– zurückdrücken und Schalter für Sitzheizung –B– nach hinten aus dem Bedienteil für Klimaanlage herausziehen.

Einbau

- Schalter in das Bedienteil einschieben und einrasten.
- Bedienteil für Klimaanlage einbauen.

Frischluftgebläse aus- und einbauen

Ausbau

- Handschuhkasten ausbauen, siehe Seite 257.

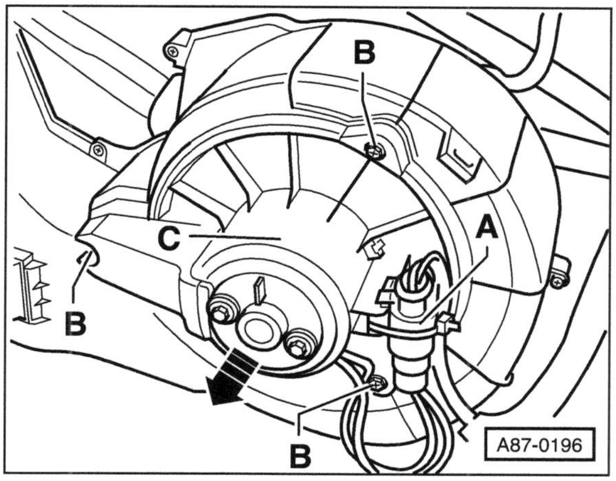

- Steckverbindung –A– trennen.
- Schrauben –B– herausdrehen.
- Gebläse –C– in Pfeilrichtung aus dem Klimagerät ziehen.

Einbau

- Der Einbau erfolgt in umgekehrter Ausbaureihenfolge.

Geber für Ausströmtemperatur links aus- und einbauen

Ausbau

- Untere Ablage auf der Fahrerseite ausbauen, siehe Seite 258.

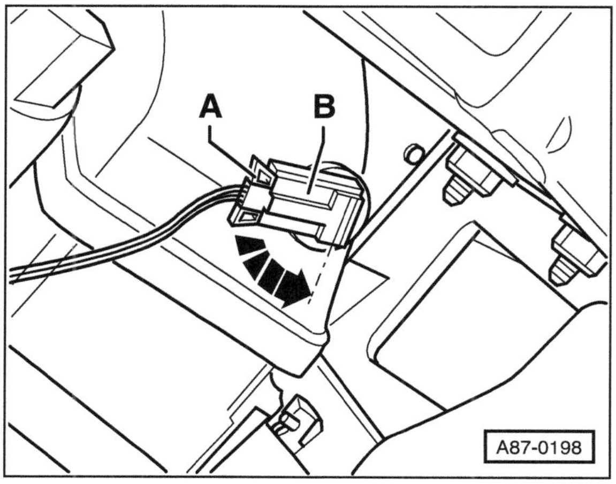

- Stecker –A– abziehen.
- Geber –B– um 90° (¼ Umdrehung) in Pfeilrichtung drehen und aus dem Luftführungskanal herausziehen.

Einbau

- Der Einbau erfolgt in umgekehrter Ausbaureihenfolge.

Stellmotor für Defrostklappe aus- und einbauen

Ausbau

- Handschuhkasten ausbauen, siehe Seite 257.

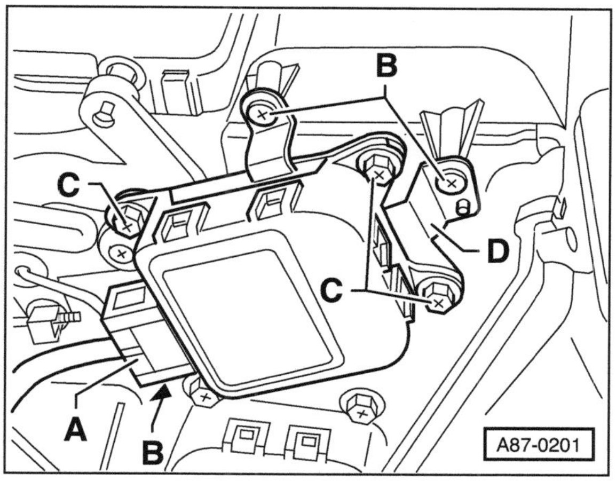

- Stecker –A– abziehen.
- 3 Schrauben –B– herausdrehen.
- Umlenkhebel ausklinken und Stellmotor mit Halter abnehmen.
- 3 Schrauben –C– herausdrehen und Stellmotor –B– vom Halter –D– abnehmen.

Einbau

- Stellmotor am Halter einsetzen und anschrauben.
- Umlenkhebel aufdrücken und Stellmotor mit Halter festschrauben.
- Stecker aufschieben.
- Leitungsstrang so verlegen und mit Kabelbindern befestigen, daß er nicht mit sich bewegenden Teilen, wie zum Beispiel dem Hebel des Stellmotors, in Berührung kommen kann.
- Handschuhkasten einbauen, siehe Seite 257.

Halter für Klimakompressor aus- und einbauen

Der Halter für Klimakompressor und die zugehörigen Teile können aus- und eingebaut werden, ohne den Kältemittelkreislauf zu öffnen. Das gilt auch, wenn der Kältemittelkompressor in Zusammenhang mit anderen Reparaturen abgebaut und im Motorraum aufgehängt wird.

Ausbau

- Untere Motorraumabdeckung ausbauen, siehe Seite 162.
- Schloßträger in Servicestellung bringen, siehe Seite 276.
- Keilrippenriemen ausbauen, siehe Seite 187.

- Kompressor vom Halter abschrauben und mit Draht am Aufbau aufhängen. **Achtung:** Kompressor nicht an den Kältemittelleitungen hängen lassen.
- Halter für Kompressor abschrauben.

Einbau

- Der Einbau erfolgt in umgekehrter Ausbaureihenfolge.

4-Zylinder-Motor

Zexel-Kompressor

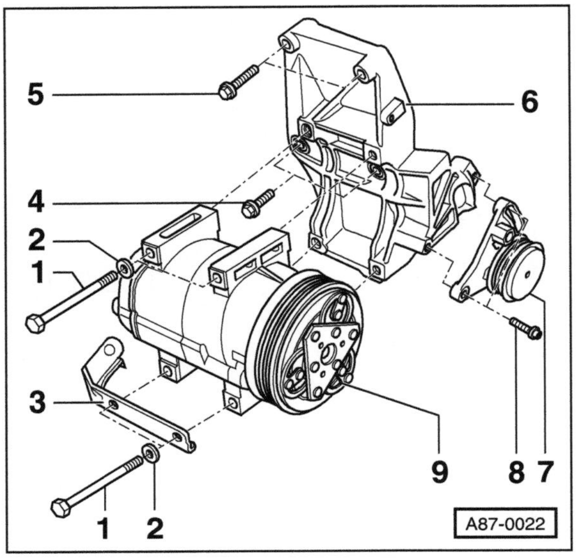

1 – Schraube, 25 Nm
2 – Unterlegscheibe
3 – Halter für Kältemittelschläuche
Zuerst an der Schelle der Kältemittelschläuche befestigen.
4 – Schraube, 25 Nm
5 – Schraube, 25 Nm
6 – Halter für Kompressor
Zentrierbuchse für Kompressor auf richtigen Sitz prüfen.
7 – Spannrolle
8 – Innensechskantschraube, 20 Nm
9 – Kompressor mit Magnetkupplung

Denso-Kompressor

Ab 9/98 kann anstelle des Zexel-Kompressors ein Denso-Kompressor eingebaut sein.

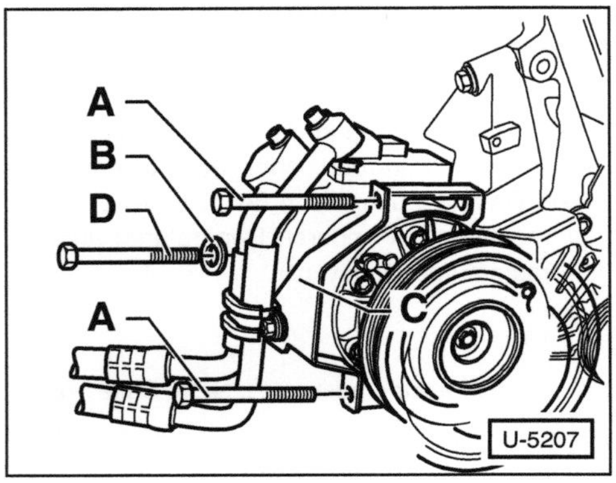

- Kompressor mit den Schrauben –A/D– abschrauben. Anzugsdrehmoment: **25 Nm.**

Achtung: Kältemittelleitungen und Halter –C– nicht lösen. Scheibe –B– nur zusammen mit Schraube –D– einbauen.

V6 2,4-/2,8-l-Benzinmotor

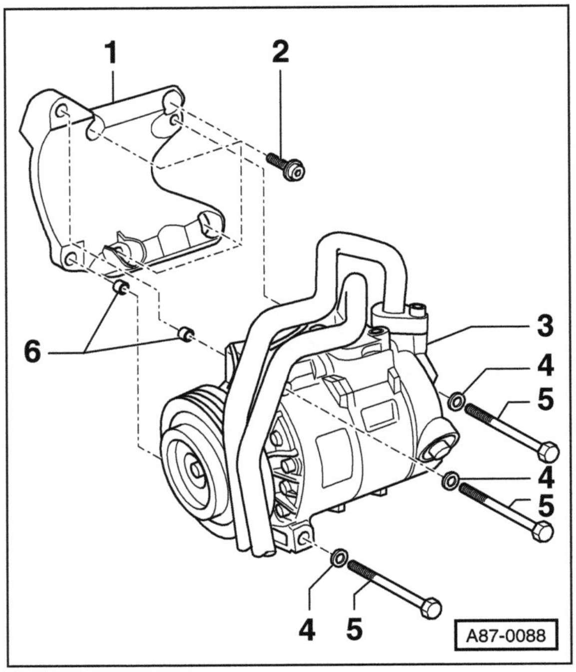

1 – Halter für Kompressor
2 – Innensechskantschraube, 25 Nm
3 – Kompressor mit Magnetkupplung
4 – Unterlegscheibe
5 – Schraube, 25 Nm
6 – Zentrierbuchse

V6 2,5-l-TDI-Motor

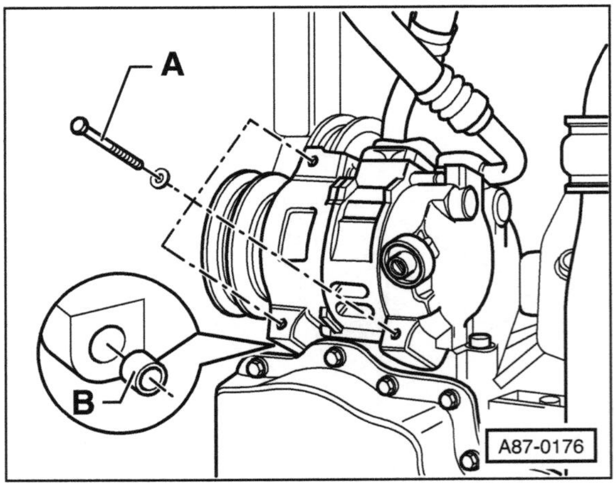

A – Schrauben, 25 Nm
B – Zentrierbuchse

Vorderachse

Aus dem Inhalt:

- Federbein
- Stoßdämpfer
- Schraubenfeder
- Gelenkwelle
- Radaufhängung

Bei der Vier-Lenker-Vorderachse des AUDI A6 wird jedes Vorderrad durch vier unabhängig voneinander aufgehängte Querlenker geführt. Dadurch verringern sich die Krafteinflüsse von Bremse und Antrieb auf die Lenkung.

Schraubenfeder und Stoßdämpfer sind zu einem Federbein zusammengefaßt. Das Federbein ist oben am Lagerbock der oberen Lenker und unten am vorderen Querlenker angeschraubt.

Die Übertragung der Motor-Antriebskraft erfolgt über zwei Gelenkwellen, die über jeweils zwei Gleichlaufgelenke mit den Rädern und dem Achsantrieb verbunden sind.

Optimale Fahreigenschaften und geringster Reifenverschleiß sind nur dann zu erzielen, wenn die Stellung der Räder einwandfrei ist. Bei unnormaler Reifenabnutzung sowie mangelhafter Straßenlage sollte die Werkstatt aufgesucht werden, um den Wagen optisch vermessen zu lassen. Die Fahrwerkvermessung kann ohne eine entsprechende Meßanlage nicht durchgeführt werden.

Sicherheitshinweis:
Schweiß- und Richtarbeiten an tragenden und radführenden Bauteilen der Vorderradaufhängung **sind nicht zulässig. Selbstsichernde Muttern**, sowie korrodierte Schrauben/Muttern im Reparaturfall **immer ersetzen.**

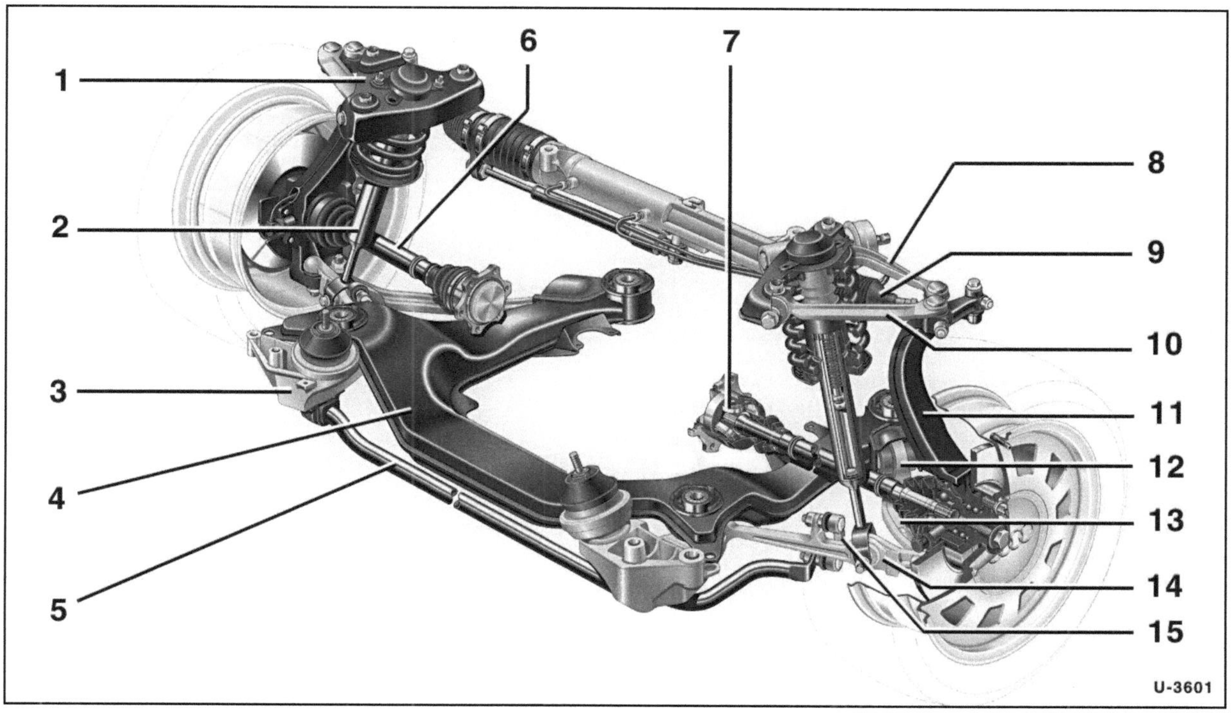

1 – Lagerbock
2 – Federbein
3 – Konsole
4 – Aggregateträger
5 – Stabilisator
6 – Gelenkwelle
7 – Tripodegelenk
8 – Hinterer Lenker oben
9 – Spurstange
10 – Vorderer Lenker oben
11 – Schwenklager
12 – Hydrolager
13 – Hinterer Lenker unten
14 – Vorderer Lenker unten
15 – Koppelstange

Vordere Radaufhängung

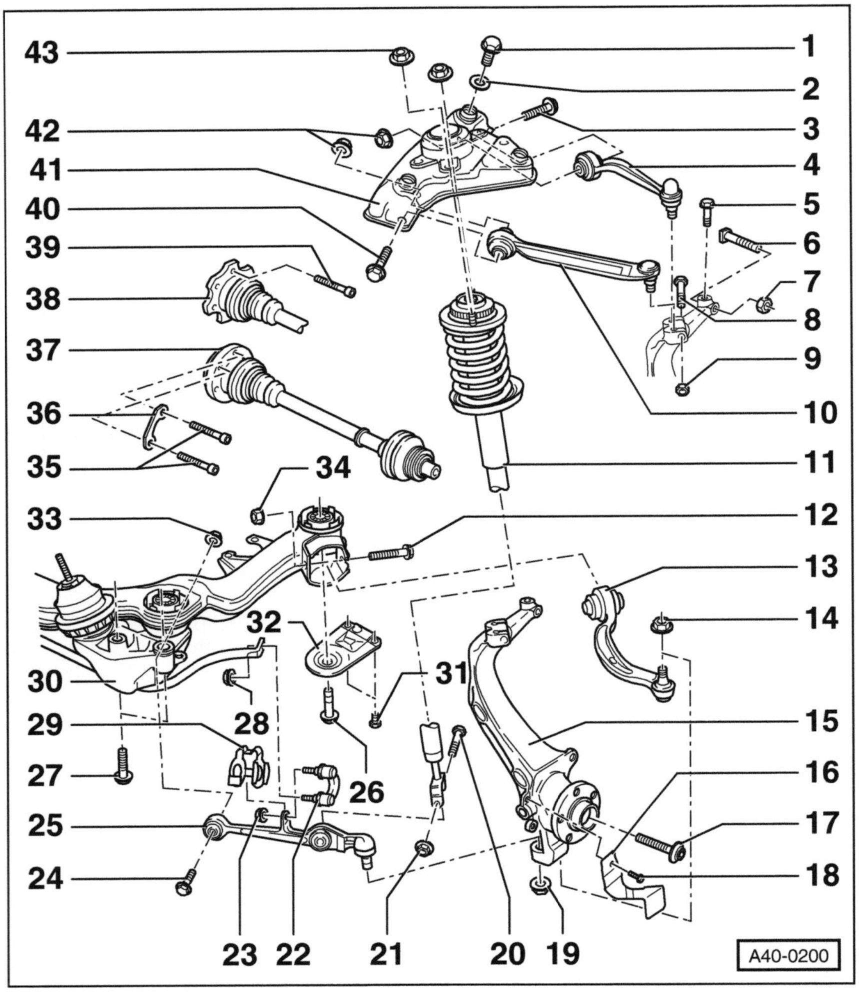

1 – **Sechskantschraube, 75 Nm**

2 – **Scheibe**

3 – **Sechskantschraube M10x62***

4 – **Achslenker oben hinten**
Lager ersetzen.

5 – **Sechskantschraube, 5 Nm**
Bis zur Anlage festschrauben.

6 – **Schraube**

7 – **Mutter***
Anzugsdrehmoment
– bei **Stahl**-Schwenklager: **50 Nm**;
– bei **Alu**-Schwenklager: **45 Nm**.

8 – **Sechskantschraube M10x100**
Für Befestigung der oberen Lenker an das Schwenklager.

9 – **Mutter, 40 Nm***

10 – **Achslenker oben vorn**
Kann nur mit Lagerbock zusammen ausgebaut werden.

11 – **Federbein**

12 – **Kombischraube M12x1,5x120***

13 – **Führungslenker mit Hydrolager**
Sind größere Mengen Lecköl am Hydrolager sichtbar, Lager ersetzen.

14 – **Flanschmutter***
Anzugsdrehmoment
– bei **Stahl**-Schwenklager: **100 Nm**;
– bei **Alu**-Schwenklager: **125 Nm**.

15 – **Schwenklager**
Ausführung mit und ohne Nut für Ring an Spurstangenkopf.

16 – **Bremsabdeckblech**

17 – **Sechskantschraube***
Beim Festziehen muß das Fahrzeug auf dem Boden stehen.
Anzugsdrehmoment:
M14-Schraube: **115 Nm** und anschließend **180°** weiterdrehen,
M16-Schraube: **190 Nm** und anschließend **180°** weiterdrehen.

18 – **Innensechskantschraube, 10 Nm**

19 – **Mutter***
Anzugsdrehmoment
– bei **Stahl**-Schwenklager: **100 Nm**;
– bei **Alu**-Schwenklager: **125 Nm**.

20 – **Sechskantschraube M12x1,5x85**

21 – **Mutter, 90 Nm***

22 – **Koppel**
Pfeil auf der Koppel zeigt in Fahrtrichtung. **Hinweis:** Seit ca. 10/98 wird die abgebildete Koppel mit Kugellagern durch eine Koppel mit Gummilagern ersetzt. Die Gummilager-Koppel wird mit Schrauben und Muttern befestigt.

23 – **Rippmutter, 40 Nm + 90° ***
Achtung: Mutter hat auf der Unterseite Rippen. Bei Ersatz nur diese Spezial-Rippmutter verwenden.
Hinweis: Seit ca. 10/98 wird die Gummilager-Koppel mit Sechskantmuttern und Schrauben befestigt.

24 – **Kombischraube M12x1,5x100***

25 – **Vorderer Achslenker, unten**

26 – **Kombischraube M12x1,5x110*, 110 Nm + 90° (½ Umdrehung) weiterdrehen**

27 – **Sechskantschraube, 70 Nm***
M10x70.

28 – **Rippmutter, 100 Nm***
Achtung: Mutter hat auf der Unterseite Rippen. Bei Ersatz nur diese Spezial-Rippmutter verwenden.
Hinweis: Seit ca. 10/98 wird die Gummilager-Koppel mit Sechskantmuttern und Schrauben befestigt. Anzugsdrehmoment: **60 Nm.**

29 – **Klammer**
Im vorderen Achslenker unten eingesetzt. Immer ersetzen.

30 – **Aggregateträger**
Achtung: Fahrzeug **nicht** am Aggregateträger anheben.

31 – **Sechskantschraube M8x25**
Gebrauchte Schraube ersetzen.
Anzugsdrehmoment bei Schraube
– **ohne** Verrippung: **25 Nm**;
– mit Verrippung: **75 Nm**;
– mit Scheibenverrippung: **30 Nm + 90° weiterdrehen.**

32 – **Abstützung für Aggregateträger**

33 – **Mutter*, 70 Nm + 180° (½ Umdrehung) weiterdrehen**

34 – **Mutter*, 70 Nm + 180° weiterdrehen (½ Umdrehung)**

35 – **Innenvielzahnschraube**
Anzugsdrehmoment:
Schraube M8x48 = **40 Nm**,
Schraube M10x48 = **70 Nm.**

36 – **Unterlegplatte**

37 – **Gelenkwelle mit Kugelgleichlaufgelenk**

38 – **Gelenkwelle mit Tripodegelenk**

39 – **Innenzwölfkantschraube, 70 Nm**
M10x20, für Fahrzeuge mit Tripodegelenk.

40 – **Sechskantschraube M10x62***

41 – **Lagerbock**

42 – **Mutter*, 50 Nm + 90° weiterdrehen (½ Umdrehung)**

43 – **Flanschmutter 20 Nm***

---

*) Schraube/Mutter ist selbstsichernd und daher grundsätzlich zu ersetzen.

Federbein aus- und einbauen

Ausbau

Sicherheitshinweis
Beim Aufbocken des Fahrzeugs besteht Unfallgefahr! Deshalb vorher das Kapitel »Fahrzeug aufbocken« durchlesen.

- Stellung des jeweiligen Vorderrades zur Radnabe mit Farbe kennzeichnen. Dadurch kann das ausgewuchtete Rad wieder in derselben Position montiert werden. Radschrauben bei auf dem Boden stehendem Fahrzeug lösen. Fahrzeug vorn aufbocken und Vorderrad abnehmen.
- Schwenklager mit Werkstattwagenheber und Holzunterlage abstützen, damit die Radaufhängung nach Abschrauben des Federbeins nicht zu weit nach unten hängt. Andernfalls können die Gelenke der unteren Lenker beschädigt werden.

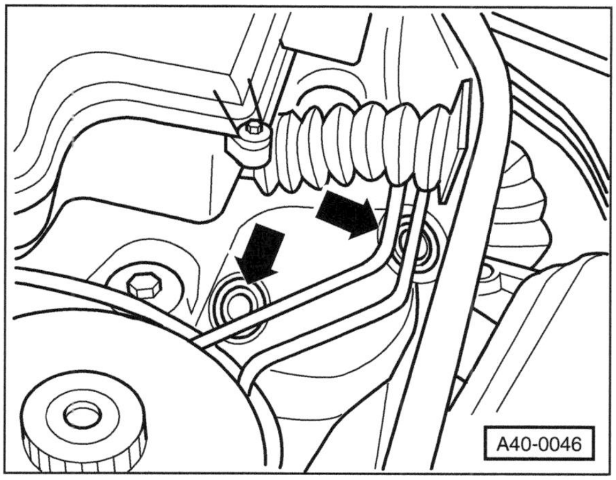

- Gummitüllen –Pfeile– im Wasserkasten herausdrücken.

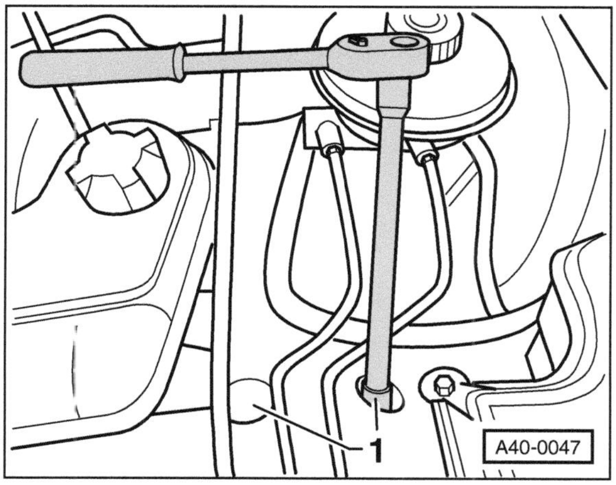

- Federbeinmuttern –1– vorsichtig herausschrauben. **Achtung:** Dabei Oberflächenschutz der Bremsleitung nicht beschädigen.

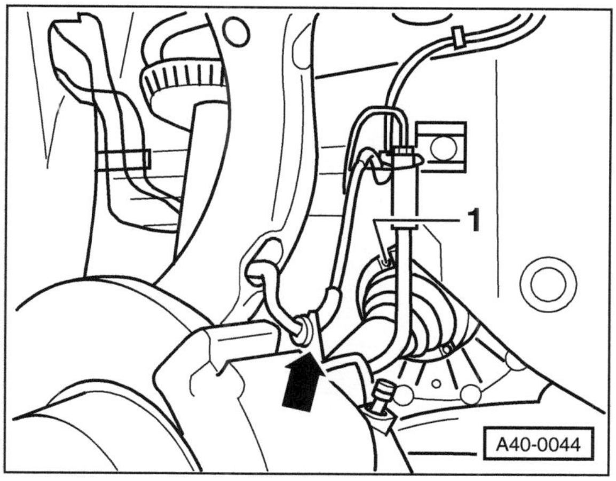

- Leitung für ABS-Drehzahlfühler aus der Halterung –Pfeil– am Bremssattel herausziehen. 1 – Innere Gelenkwellenbefestigung.

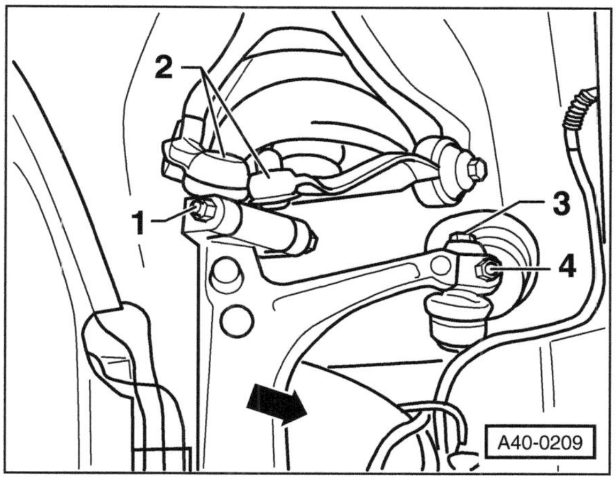

- Mutter –1– abschrauben, Sechskantschraube herausnehmen und beide Lenker –2– nach oben herausziehen.

Achtung: Die Schlitze im Schwenklager dürfen auf keinen Fall mit einem Meißel oder einem anderen Werkzeug aufgeweitet werden. Schrauben –3– und –4– **nicht lösen**. Andernfalls muß das Fahrwerk neu vermessen und eingestellt werden.

- Schwenklager in Pfeilrichtung seitlich wegkippen.
- Mutter für Achsgelenk abschrauben, dabei Führungszapfen mit Innensechskantschlüssel abschrauben, Schlüsselweite 4 mm.

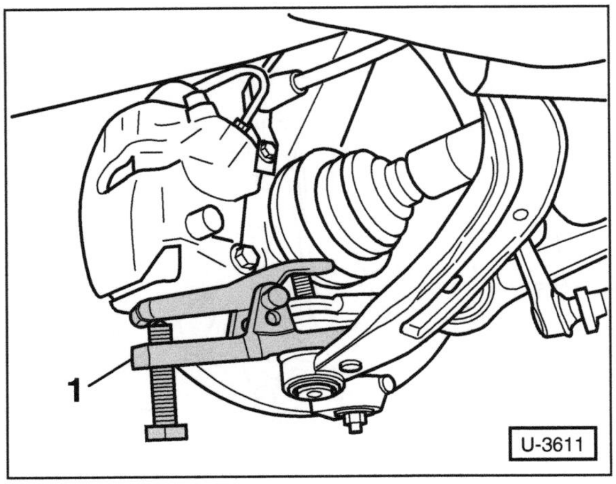

- Gelenkzapfen mit handelsüblichem Ausdrücker –1– am Schwenklager herausdrücken, zum Beispiel mit HAZET 1790-7. **Achtung:** Dabei Gelenkmanschette nicht beschädigen.

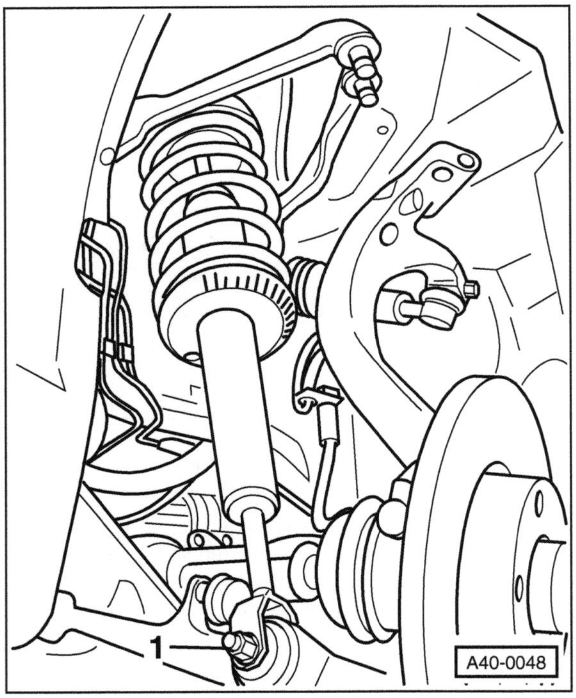

- Federbein unten abschrauben –1–.
- Federbein nach unten herausnehmen. **Achtung:** Dabei darauf achten, daß die Gelenkmanschette nicht beschädigt wird.

Einbau

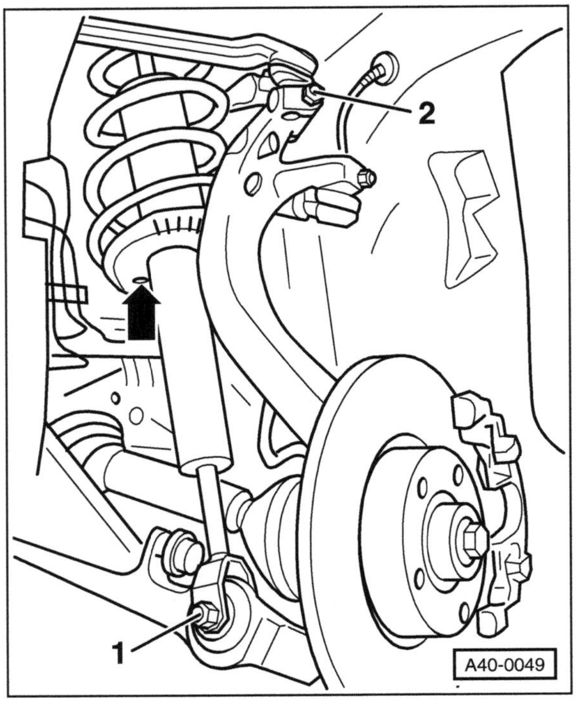

- Federbein so einsetzen, daß die Bohrung im Federteller –Pfeil– zur Fahrzeugmitte zeigt.
- Gabelkopf des Federbeins am Achslenker ansetzen, Schraube durchschieben und **neue** Mutter –1– beiziehen, noch nicht festschrauben. Die Mutter wird erst festgezogen, wenn das Fahrzeug auf dem Boden steht.
- Beide Achslenker oben einsetzen. Achslenkerzapfen so weit wie möglich nach unten drücken und Mutter –2– mit **40 Nm** anziehen.
- Achsgelenk am Schwenklager einsetzen und mit **neuer** Mutter anschrauben. Dabei Gelenkzapfen mit 4-mm-Innensechskantschlüssel gegenhalten.
  Anzugsdrehmoment bei **Stahl-**Schwenklager: **100 Nm**; bei **Alu-**Schwenklager: **125 Nm**.
- ABS-Leitung in Halterung am Bremssattel einsetzen.

Sicherheitshinweis:
Beim Festziehen des Federbeins darauf achten, daß die Oberfläche der Bremsleitungen nicht beschädigt wird.

- Federbein oben mit **neuen** Muttern und **20 Nm** anziehen.
- Gummitüllen im Wasserkasten einsetzen.
- Vorderrad so ansetzen, daß die beim Ausbau angebrachten Markierungen übereinstimmen. Vorher Zentriersitz der Felge an der Radnabe mit Wälzlagerfett dünn einfetten. Radschrauben nicht fetten oder ölen. Korrodierte Radschrauben erneuern. Rad anschrauben. Fahrzeug ablassen und Radschrauben über Kreuz mit **120 Nm** festziehen.
- Untere Federbeinbefestigung bei auf dem Boden stehendem Fahrzeug mit **90 Nm** festziehen.

Stoßdämpfer/Schraubenfeder/Federbeinlager

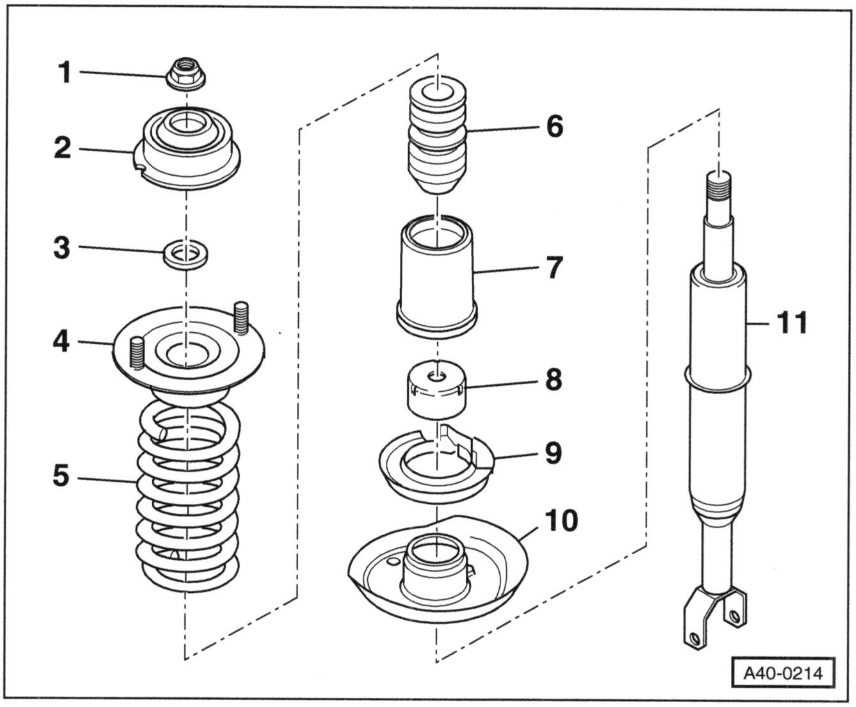

1 – **Bundmutter, 60 Nm**
Selbstsichernd, daher grundsätzlich ersetzen.

2 – **Federbeinlager**

3 – **Scheibe**

4 – **Federteller oben**

5 – **Schraubenfeder**
Oberfläche der Federwindung darf nicht beschädigt werden. Nur Feder mit gleicher Farbkennzeichnung wie ausgebaut einbauen.

6 – **Anschlagpuffer**
In den Federteller oben einsetzen.

7 – **Schutzhülle**

8 – **Schutzkappe**

9 – **Federunterlage unten**
Ist mit einer Aussparung in der Sicke am Federteller fixiert.

10 – **Federteller unten**

11 – **Stoßdämpfer**

Stoßdämpfer aus- und einbauen/ Federbein zerlegen

Ausbau

- Federbein ausbauen, siehe entsprechendes Kapitel.

Achtung: Die Schraubenfeder steht unter hoher Spannung. Um den Stoßdämpfer ausbauen zu können, **muß die Schraubenfeder mit einem geeigneten Federspanner zusammengedrückt werden.** Die AUDI-Werkstätten benutzen dazu eine Spezialvorrichtung, siehe Abbildung V-3612.

Sicherheitshinweis:
Die Stoßdämpfermutter nur lösen, wenn die Feder mit dem Federspanner sicher gespannt ist. Verletzungsgefahr!

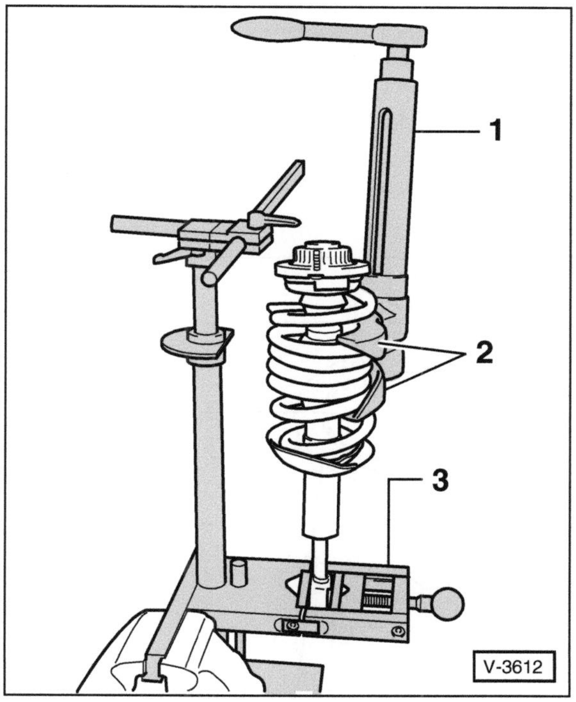

- Federbein mit Gabelkopf in Federbeinaufnahme –3– oder in einen Schraubstock mit Schutzbacken einspannen.
- Schraubenfeder mit geeignetem Federspanner spannen. 1 – Spannvorrichtung, 2 – Aufnahme für Federwindungen.

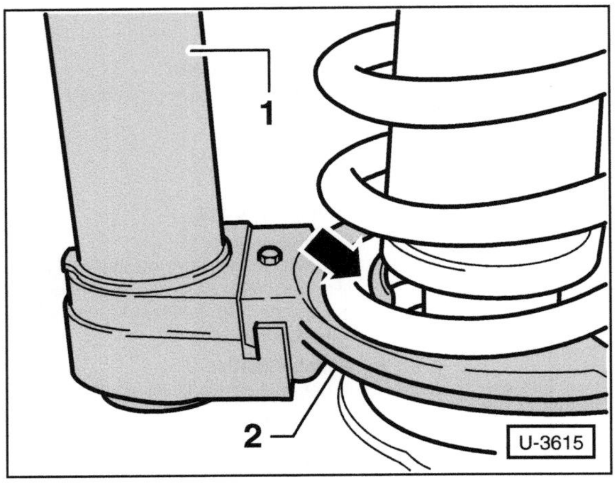

- Beim Spannen auf richtigen Sitz der Schraubenfeder im Adapter achten –Pfeil–. 1 – Spannvorrichtung, 2 – Aufnahme für Federwindungen.

Achtung: Federspanner so in die Windungen der Feder einsetzen, daß die Federwindungen sicher umfaßt werden und der Federspanner nicht abrutschen kann. Die Schraubenfeder steht unter großer Vorspannung, deshalb nur stabiles Werkzeug verwenden. Keinesfalls Feder mit Draht zusammenbinden. Unfallgefahr!

- Schraubenfeder so weit vorspannen, bis der obere Federteller frei ist.
- Bundmutter von Kolbenstange mit AUDI-Werkzeug 3353 oder einem tiefgekröpften Ringschlüssel abschrauben, dabei Kolbenstange mit Innensechskantschlüssel gegenhalten, siehe Abbildung U-3602.
- Dämpferlager, Scheibe und oberen Federteller abnehmen.
- Gespannte Schraubenfeder mit Spannvorrichtung abnehmen.

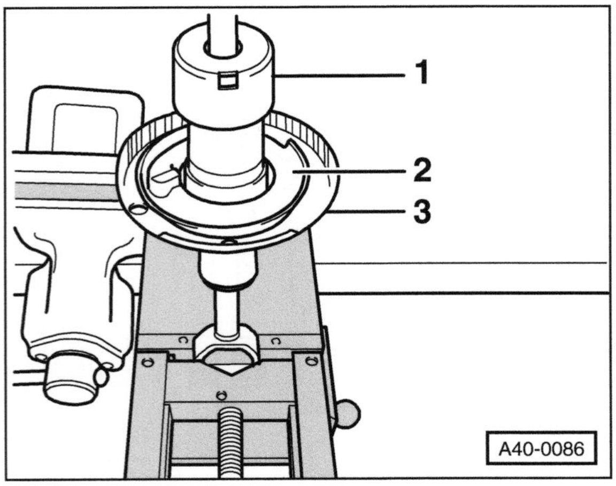

- Schutzkappe –1– und Federunterlage unten –2– abnehmen.
- Federteller –3– durch leichte Schläge mit einem Kunststoffhammer lockern und abnehmen.

Einbau

Achtung: Es stehen Federn in verschiedenen Toleranzgruppen zur Verfügung. Nur Federn mit gleicher Kennung (Farbkennzeichnung) verwenden.

- Neue Stoßdämpferpatrone mit Gabelkopf in Federbeinaufnahme oder in Schraubstock mit Schutzbacken einspannen. Wird der bisherige Dämpfer wieder eingebaut, vorher Stoßdämpfer prüfen, siehe Seite 127.

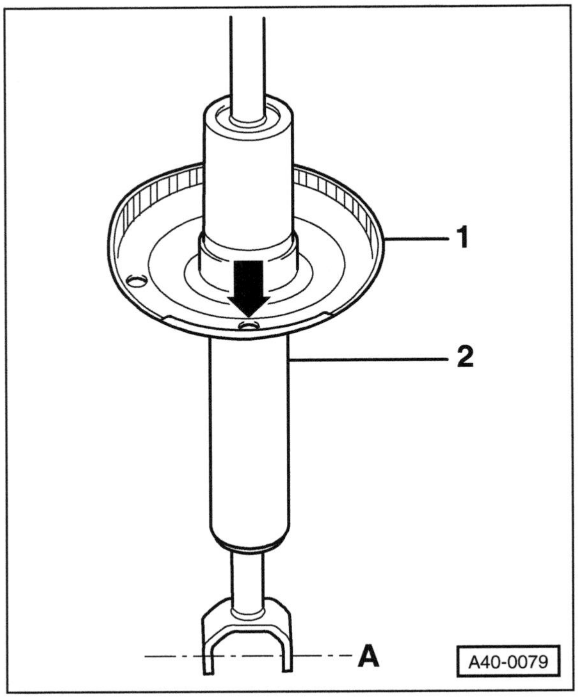

- Federteller unten so einsetzen, daß die Bohrung –Pfeil– im Federteller –1– um 90° zur Schraubachse –A– des Stoßdämpfers –2– gedreht ist. Eine Abweichung vom Federteller zum Stoßdämpfer von ± 2° ist zulässig.
- Federunterlage unten, Schutzkappe und Zusatzfeder aufsetzen.

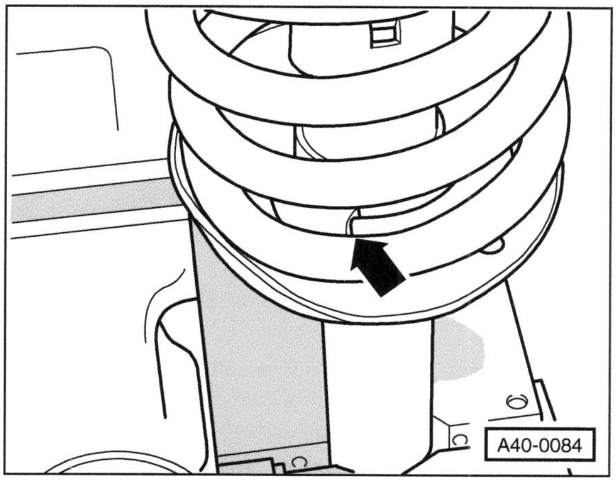

- Vorgespannte Schraubenfeder mit Spannvorrichtung auf Federunterlage unten aufsetzen, dabei muß das Ende der Federwindung am Anschlag –Pfeil– anliegen.

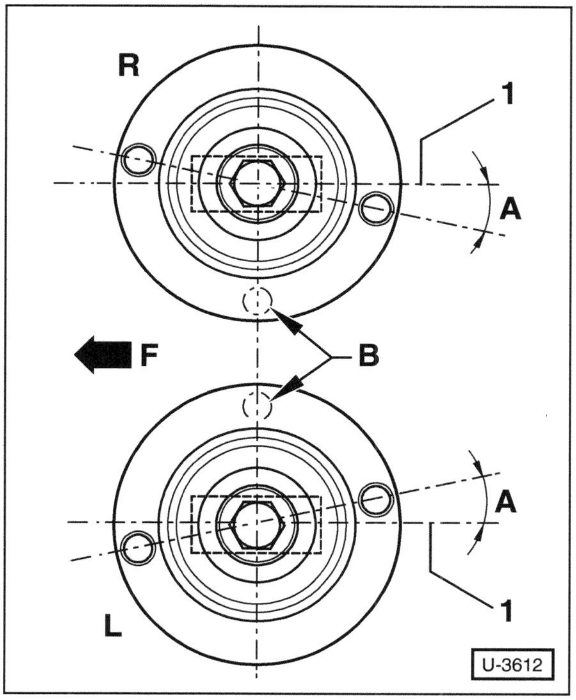

- Federteller oben so einbauen, daß die Gewindestifte im Federteller oben um 11° zur Schraubachse –1– des Gabelkopfes am Stoßdämpfer gedreht sind.
  Achtung: Unterschiedliche Einstellung der linken und rechten Seite beachten. Die Bohrungen –B– der unteren Federteller zeigen zur Fahrzeugmitte.
  F = Fahrtrichtung
  R = Federteller rechte Seite
  L = Federteller linke Seite
  A = 11° ± 2°
  B = Bohrungen in den unteren Federtellern

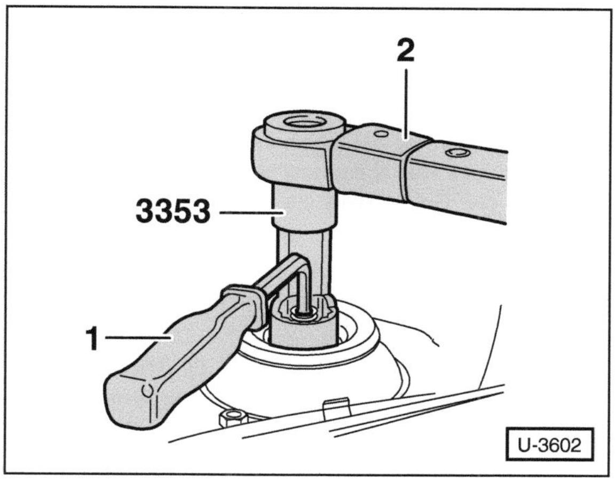

- **Neue** Bundmutter mit AUDI-Werkzeug 3353 und **60 Nm** festziehen. Dabei Kolbenstange mit 7 mm-Innensechskantschlüssel –1– gegenhalten. 2 – Drehmomentschlüssel. **Hinweis:** Es kann auch der KLANN-Steckschlüssel KL-0056-18 mit dem Inbuseinsatz KL-0056-52 werden.

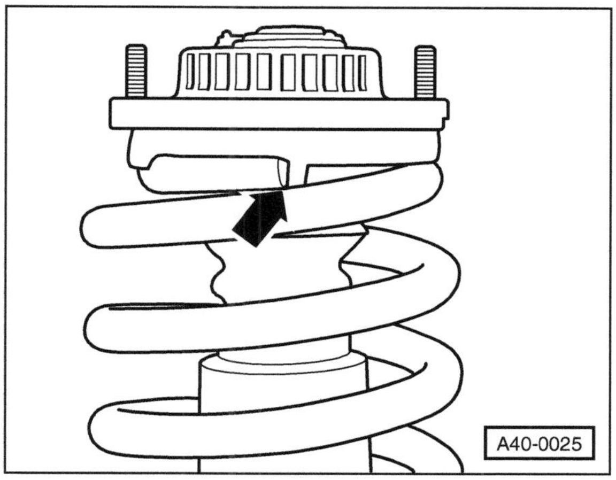

- Schraubenfeder vorsichtig entspannen. Dabei darauf achten, daß das Federende am Anschlag der Federunterlage oben –Pfeil– anliegt.
- Prüfen, ob die Federteller unten und oben parallel zueinander stehen. Andernfalls Federbein erneut zusammenbauen.
- Federbein einbauen.

Gelenkwelle aus- und einbauen

Ausbau

Achtung: Bei demontierter Gelenkwelle darf das Fahrzeug nicht bewegt werden, da bei fehlender axialer Vorspannung die Wälzkörper des Radlagers beschädigt werden. Gegebenenfalls statt der Gelenkwelle ein Außengelenk einbauen und mit **50 Nm** festziehen.

- Bundschraube für Gelenkwelle an Radnabe lösen. **Achtung:** Schraube nur lösen, wenn Fahrzeug auf den Rädern steht. Unfallgefahr!
- Stellung des jeweiligen Vorderrades zur Radnabe mit Farbe kennzeichnen. Dadurch kann das ausgewuchtete Rad wieder in derselben Position montiert werden. Radschrauben nur lösen, wenn Fahrzeug auf den Rädern steht. Fahrzeug vorn aufbocken und Vorderrad abnehmen.
- Befestigungsschraube der Gelenkwelle ganz abschrauben.

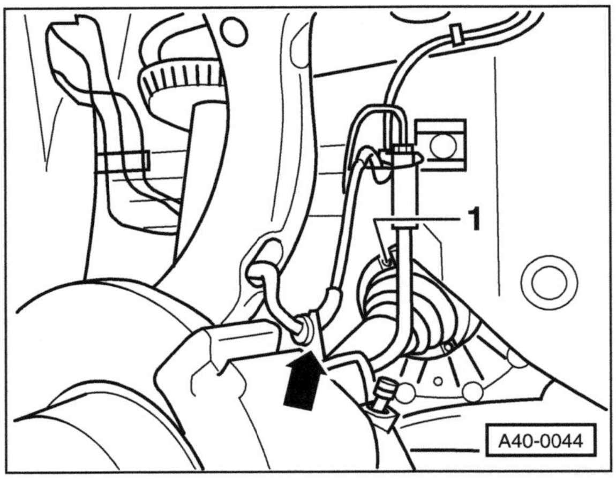

- Schrauben –1– am Innengelenk herausdrehen.
- Leitung für ABS-Drehzahlfühler aus Halter –Pfeil– ziehen.
- ABS-Drehzahlfühler aus dem Schwenklager etwas herausziehen.

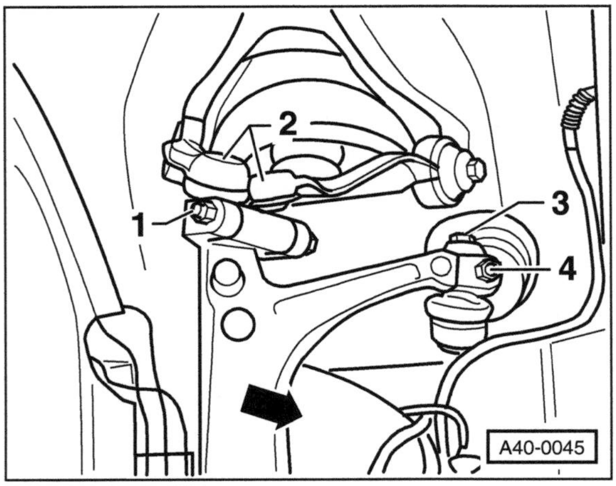

- Mutter –1– lösen, Sechskantschraube herausnehmen und beide Lenker –2– nach oben herausziehen.

Achtung: Die Schlitze im Schwenklager dürfen auf keinen Fall mit einem Meißel oder einem anderen Werkzeug aufgeweitet werden. Schrauben –3– und –4– **nicht lösen**. Andernfalls muß das Fahrwerk neu vermessen und eingestellt werden.

- Schwenklager in Pfeilrichtung seitlich wegschwenken.
- Gelenkwelle herausnehmen.

Einbau

- Gelenkwelle am Getriebewelle und in Schwenklager einsetzen.
- Gelenkwelle am Getriebe über Kreuz anschrauben.
  Anzugsdrehmomente: M8-Schrauben .... **40 Nm**;
  M10-Schrauben ...... **70 Nm.**
- Gelenkwelle an der Radnabe mit **neuer** Schraube handfest anschrauben.
- Beide Achslenker oben einsetzen. Achslenkerzapfen so weit wie möglich nach unten drücken und Mutter mit **40 Nm** anziehen.
- ABS-Drehzahlfühler bis zum Anschlag in das Schwenklager eindrücken und Leitung in Halterung am Bremssattel einsetzen.
- **Neue** Sechskantschraube für Gelenkwelle an Radnabe folgendermaßen festziehen:
  Achtung: Die Schraube wird in 2 Stufen angezogen. Beim Festziehen des Außengelenkes der Gelenkwelle in der 1. Stufe, darf das Fahrzeug den Boden nicht berühren. Für diesen Arbeitsschritt ist ein Helfer erforderlich.
  1. Stufe:
  - Der Helfer setzt sich ins Fahrzeug und betätigt die Fußbremse.
  - M14-Schraube mit **115 Nm** festziehen; M16-Schraube mit **190 Nm** festziehen.
- Vorderrad so ansetzen, daß die beim Ausbau angebrachten Markierungen übereinstimmen. Vorher Zentriersitz der Felge an der Radnabe mit Wälzlagerfett dünn einfetten. Radschrauben nicht fetten oder ölen. Korrodierte Radschrauben erneuern. Rad anschrauben. Fahrzeug ablassen und Radschrauben über Kreuz mit **120 Nm** festziehen.

Sicherheitshinweis
Zum entgültigen Anziehen der Nabenschraube muß das Fahrzeug auf den Rädern stehen; Unfallgefahr!

- **2. Stufe:** Sechskantschraube für Gelenkwelle mit starrem Schlüssel **180° (½ Umdrehung)** weiterdrehen.

Gelenkwelle mit Tripodegelenk

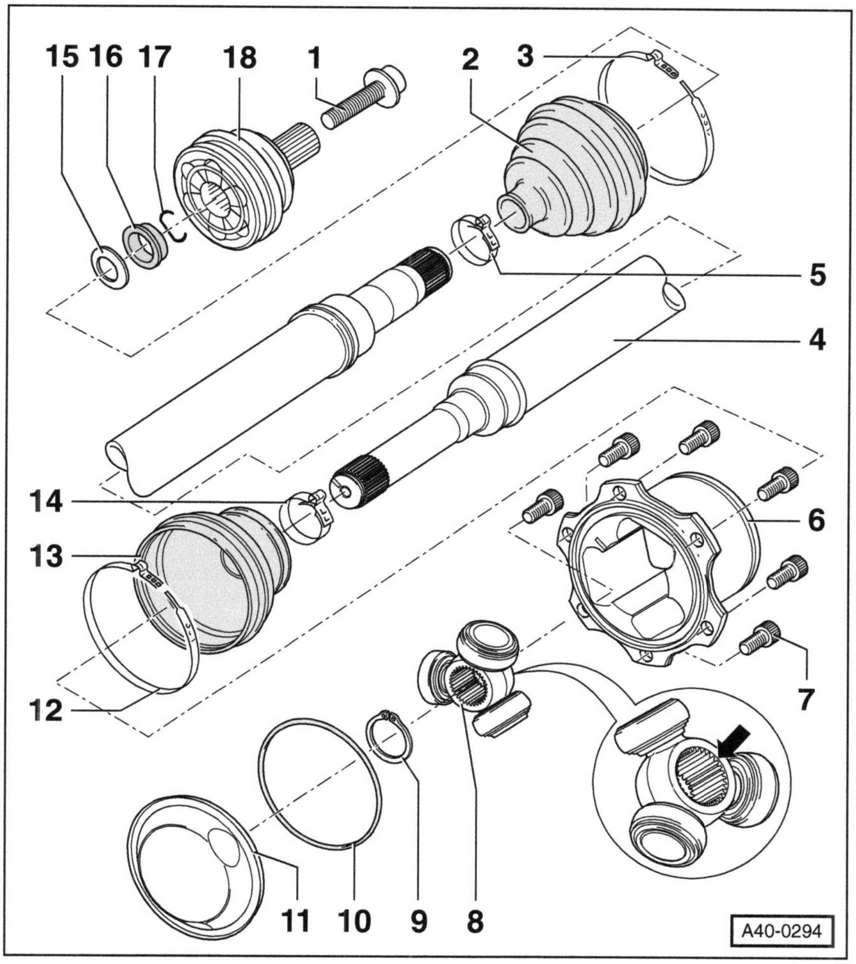

In der Abbildung ist die Gelenkwelle mit dem Tripodegelenk **AAR 2900** dargestellt. Das Tripodegelenk **AAR 3300i** ist am eckigen Gelenkgehäuse erkennbar.

1 – **Sechskantschraube***
Anzugsmethode für Schraube M16: **190 Nm und 180 °** weiterdrehen.

2 – **Gelenkschutzhülle (Manschette) für Gleichlaufgelenk außen**
Auf Risse und Scheuerstellen prüfen. Vor dem Spannen der Schlauchbinder die Gelenkschutzhülle kurz anheben, damit ein Druckausgleich erfolgt.
Es gibt verschiedene Ausführungen aus Gummi oder Hytrel.

3 – **Klemmschelle***
Verschiedene Ausführungen für Manschette aus Gummi oder Hytrel.

4 – **Gelenkwelle**

5 – **Klemmschelle***

6 – **Gelenkstück**

7 – **Innenvielzahnschraube M 10x20, 70 Nm**

8 – **Tripodestern**
Die Fase –Pfeil– zeigt zur Verzahnung der Gelenkwelle.

9 – **Sicherungsring***
In die Nut der Welle einsetzen.

10 – **Runddichtring**
Ein neuer Dichtring liegt dem Reparatursatz bei und muß ersetzt werden.

11 – **Deckel***
Wird bei der Demontage zerstört. Im Reparatursatz ist ein geänderter Deckel enthalten.

12 – **Klemmschelle***
Je nach Bauart sind unterschiedliche Klemmschellen erforderlich.

13 – **Gelenkschutzhülle (Manschette) für Tripodegelenk**

14 – **Klemmschelle***

15 – **Tellerfeder**
Einbaulage siehe Abbildung A40-0157.

16 – **Distanzring (Kunststoff)**
Einbaulage siehe Abbildung A40-0157.

17 – **Sicherungsring***
Vor der Montage in die Ringnut der Welle einsetzen (bei montiertem Gelenk nicht sichtbar).

18 – **Gleichlaufgelenk außen**
Nur komplett ersetzen. Beim Einbau das Gelenk mit einem Kunststoffhammer soweit auf die Welle auftreiben, bis der Sicherungsring einrastet.

*) Immer ersetzen.

Fettfüllung mit Schmierfett G-6:

Gelenk	Außen	Außen	Innen	Innen
Tripodegelenk	–	–	AAR 2900	AAR 3300i
Gelenk-Ø	88 mm	98 mm	100 mm	–
AUDI-Spezialfett	G 000 603	G000633	G 000 605	G 000 605
Gesamt-Fettmenge	90 g	120 g	80 g	130 g
Anteil im Gelenk	40 g	80 g	30 g	70 g
Anteil in der Manschette	50 g	40 g	50 g	60 g

Fettfüllung inneres Tripodegelenk:

- Bei Erneuern der Gelenkschutzhülle Gelenk gegebenenfalls nachfetten.

Einbaulage von Tellerfeder –15– und Distanzring –16–.

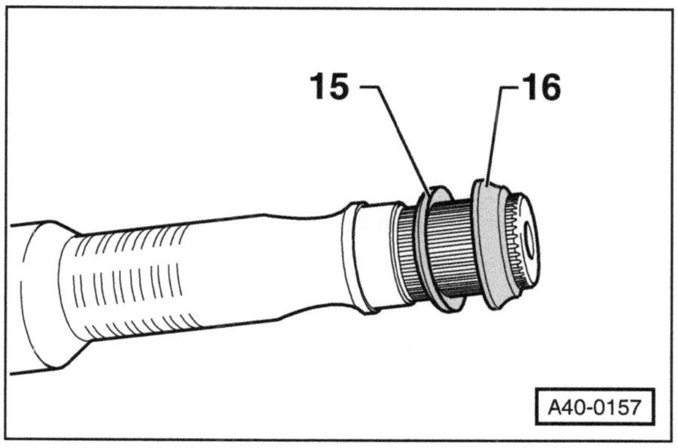

Gelenkwelle mit Gleichlauf-Kugelgelenk

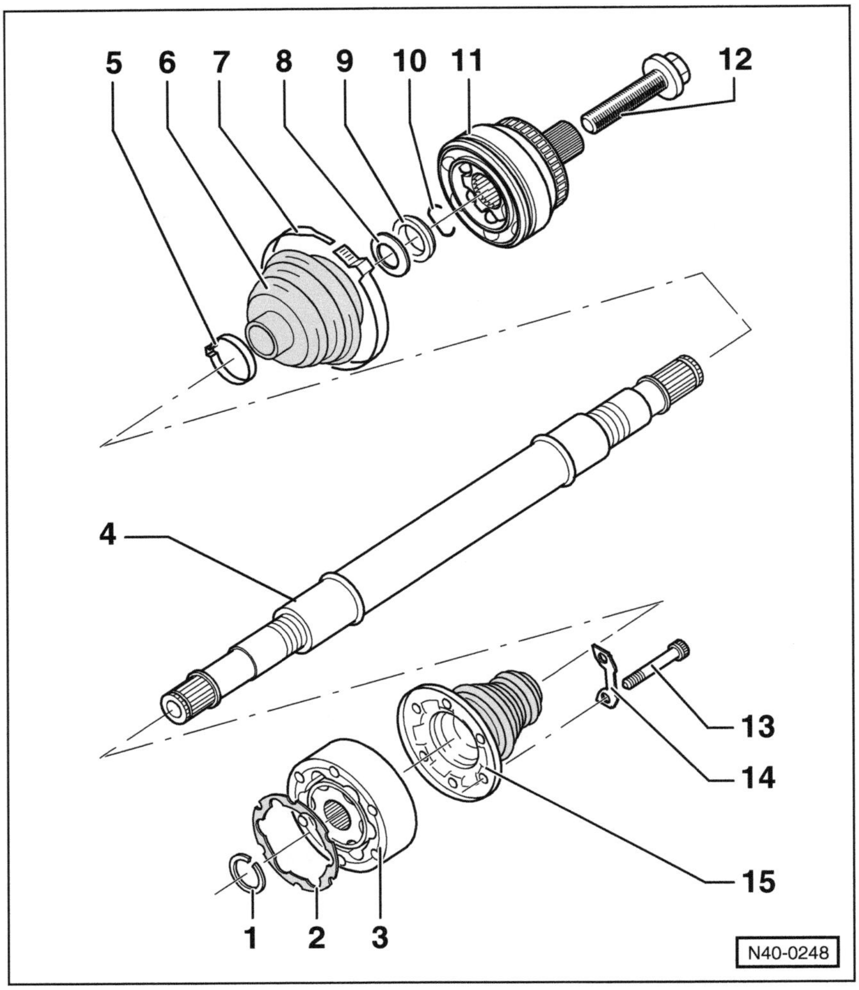

1 – **Sicherungsring**
Immer ersetzen, mit handelsüblicher Sicherungsringzange aus- und einfedern.

2 – **Dichtung**
Immer ersetzen. Schutzfolie abziehen und in das Gelenk einkleben.

3 – **Gleichlaufgelenk innen**
Nur komplett ersetzen. Außendurchmesser je nach Motor-/Getriebe-Kombination 100 mm oder 108 mm.

4 – **Gelenkwelle**

5 – **Klemmschelle**
Immer erneuern.

6 – **Gelenkmanschette**
Auf Risse und Scheuerstellen prüfen. Vor dem Spannen des kleinen Schlauchbinders Gelenkmanschette kurz belüften.

7 – **Klemmschelle**
Immer erneuern.

8 – **Tellerfeder**
Großer ∅ (Konkavseite) liegt am Anlaufring an.

9 – **Anlaufring**

10 – **Sicherungsring**
Immer ersetzen. Bei der Montage in die Ringnut der Welle einsetzen.

11 – **Gleichlaufgelenk außen**
Außendurchmesser je nach Motor-/Getriebe-Kombination 88 mm oder 98 mm. Nur komplett ersetzen. Mit Plastikhammer auftreiben, bis der Sicherungsring in die Ringnut des Gleichlaufgelenks einrastet.

12 – **Sechskantschraube**
Grundsätzlich ersetzen.
Beim Festziehen muß das Fahrzeug auf dem Boden stehen.
Anzugsdrehmomente:
M14-Schraube: **115 Nm und anschließend 180° weiterdrehen;**
M16-Schraube: **190 Nm und anschließend 180° weiterdrehen.**

13 – **Innenvielzahnschraube**
Anzugsdrehmoment:
M8-Schraube = **40 Nm**,
M10-Schraube = **80 Nm.**

14 – **Unterlegplatte**

15 – **Gelenkmanschette mit Kappe**
Mit Belüftungsbohrung. Auf Risse und Scheuerstellen prüfen. Manschette mit Dorn abtreiben. Vor der Montage auf das Gleichlaufgelenk, Stirnseite mit AUDI-Dichtmittel D-3 abdichten.

Fettfüllung für Gleichlaufgelenke/Manschetten mit AUDI-Gelenkwellenfett G 000 603

Außengelenk ∅ mm	Fettmenge gesamt	davon in	
		Gelenk	Manschette
88	90 g	40 g	50 g
98	120 g	80 g	40 g
Innengelenk ∅ mm			
100	80 g	30 g	50 g
108	120 g	35 g	85 g

■ Bei Erneuern der Gelenkmanschette Gelenk gegebenenfalls nachfetten.

Gelenkwelle zerlegen

Achtung: Je nach Motor-/Getriebkombination ist das innere Gelenk als Gleichlauf-Kugelgelenk oder als Tripode-Gelenk ausgelegt. Das Tripodegelenk hat anstelle der 6 Kugeln 3 Rollen, die um 120° versetzt auf einem Tripodestern angeordnet sind. Das Tripodegelenk kann nicht einzeln ausgebaut werden. Bei einem Defekt muß das Tripode-Innengelenk zusammen mit der Gelenkwelle ersetzt werden.

Zerlegen

- Gelenkwelle ausbauen, siehe Seite 116.
- Schlauchbinder an beiden Gelenkmanschetten mit Seitenschneider aufschneiden und abnehmen. Gelenkmanschette zurückschieben.

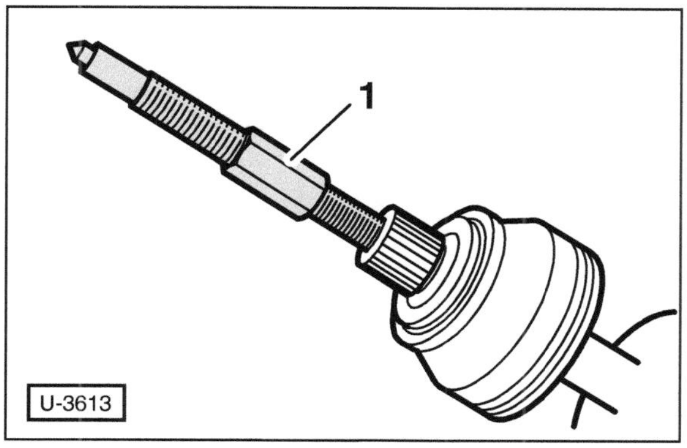

- Äußeres Gelenk abdrücken. Dazu Gelenkwelle mit Schutzbacken in einen Schraubstock einspannen. Manschette zurückstülpen. Werkzeug –1– (V.A.G-3207) mit M14- oder M16-Gewindeseite einschrauben, bis sich das Gleichlaufgelenk von der Profilwelle abdrückt.

Inneres Gleichlauf-Kugelgelenk

- Mit geeignetem Dorn Schutzkappe vom Gelenk abtreiben.
- Sicherungsring mit geeigneter Sprengringzange, zum Beispiel V.A.G-161a, ausfedern.

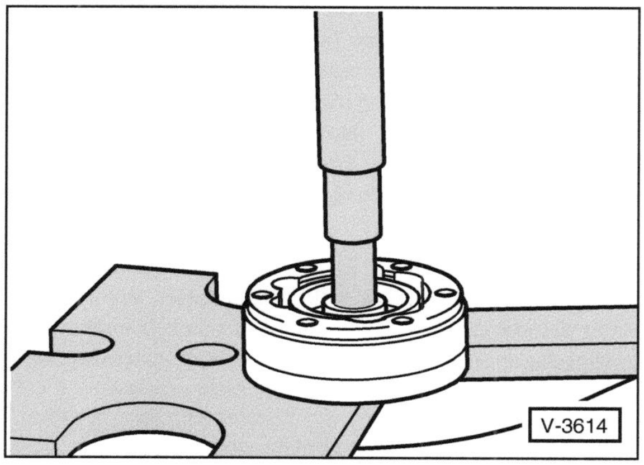

- Gelenk mit geeigneter Presse abpressen, dabei die innere Kugelnabe abstützen.
- Dichtung vom Gelenk abziehen, gegebenenfalls Dichtungsreste entfernen.

Zusammenbau

- Spröde oder defekte Gelenkmanschetten erneuern.
- Gelenkmanschette für inneres Gelenk mit Schlauchbinder auf die Welle schieben. Beim Aufschieben auf die Welle, Wulst auf der Welle leicht einfetten und Gelenkmanschette mit geeignetem Keil vorsichtig über den Wulst der Welle stülpen.

Inneres Gleichlauf-Kugelgelenk

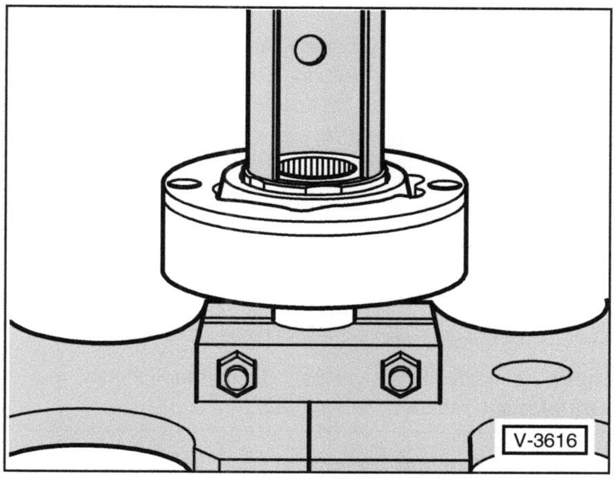

- Gelenk mit geeigneter Presse bis zum Anschlag aufpressen. **Achtung:** Fase am Innendurchmesser der Kugelnabe (Verzahnung) muß zum Anlagebund der Gelenkwelle zeigen.
- Neuen Sicherungsring mit VW 161a in die Nut der Welle einfedern.
- Gelenk und Manschette mit Gelenkwellenfett füllen.
- Saubere Stirnseite der Manschette mit VW-Dichtmittel D-3 bestreichen und Manschette auf das Gelenk auftreiben.
- Neue Dichtung in das Gelenk einkleben, vorher Schutzfolie von der Dichtung abziehen.
- Schlauchbinder am kleinen Durchmesser mit geeigneter Zange spannen, zum Beispiel HAZET 1847-1.
- Gelenkmanschette für äußeres Gelenk mit Schlauchbindern auf die Welle schieben.

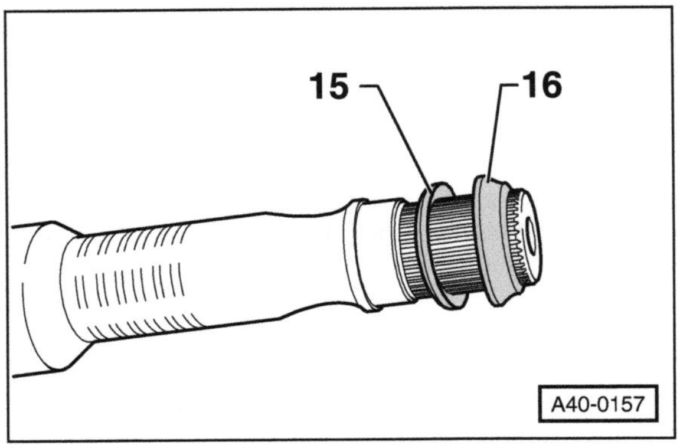

- Tellerfeder –15– und Kunststoff-Anlaufring –16– auf die Welle schieben. Dabei auf die Einbaulage achten. Der große Durchmesser der Tellerfeder –15– stützt sich am Anlaufring ab, der Anlaufring –16– zeigt mit dem kleinen Durchmesser nach außen.
- **Neuen** Sicherungsring –10– (Abbildung N40-0248) in die Ringnut der Welle einsetzen.
- Äußeres Gelenk mit Kunststoffhammer auf die Welle auftreiben, bis der Sicherungsring einrastet.
- Gelenkmanschette am Gelenk aufziehen.

Achtung: Je nach Modell werden Gelenkmanschetten aus Gummi oder aus Kunststoff eingebaut.

Gelenkmanschette aus Gummi:

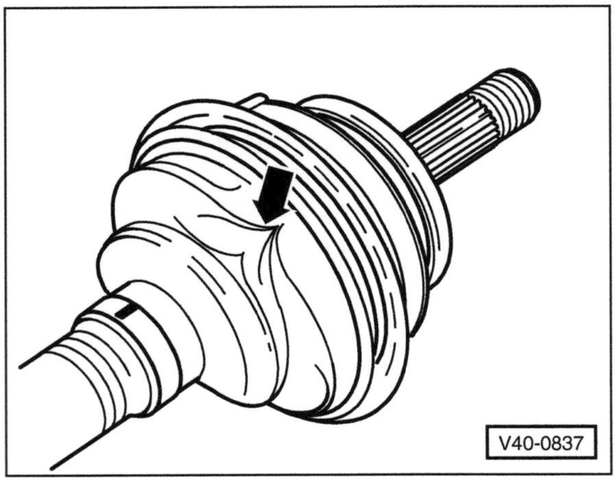

Achtung: Die Gelenkmanschette wird beim Aufsetzen auf den Gelenkkörper häufig eingedrückt. Dadurch entsteht in der Gelenkmanschette ein Unterdruck, der im Fahrbetrieb eine Falte nach innen zieht –Pfeil–. Deshalb nach der Montage Manschette am kleinen Durchmesser kurz mit einem Schraubendreher anlüften und so für einen Druckausgleich sorgen.

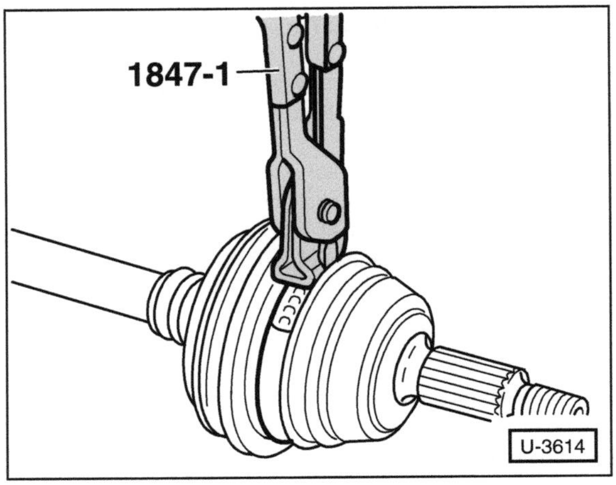

- Schlauchbinder am großen und kleinen Durchmesser mit geeigneter Zange spannen, zum Beispiel HAZET 1847-1.

Gelenkmanschette aus Kunststoff

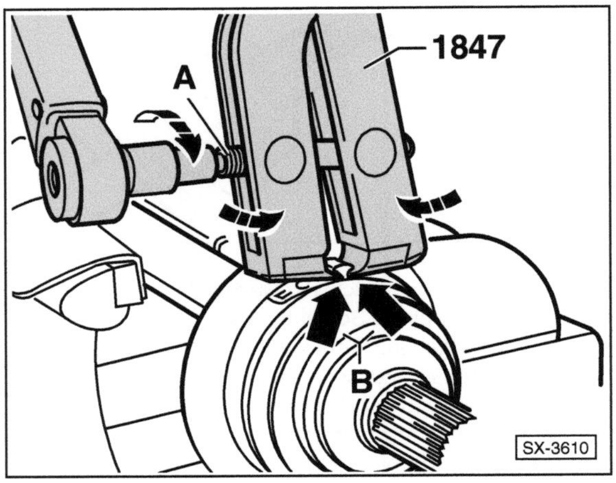

- Schlauchbinder am großen und kleinen Durchmesser spannen.
- **Außengelenk:** Zum Spannen der Schlauchbinder (Edelstahl) muß die abgebildete Zange HAZET 1847 genommen werden, sonst wird die erforderliche Spannkraft nicht erreicht. Zange wie in der Abbildung gezeigt ansetzen, die Schneiden der Zange müssen in den Ecken –B– anliegen. In dieser Stellung Schraube –A– mit Drehmomentschlüssel und **20 Nm** anziehen und dadurch Schlauchbinder spannen. Das Spannen des Schlauchbinders am kleinen Durchmesser der Gelenkmanschette erfolgt in gleicher Weise.

Achtung: Das Gewinde der Zange muß leichtgängig sein, gegebenenfalls vorher mit MoS_2-Fett schmieren. Wenn das Gewinde schwergängig ist, zum Beispiel durch Verschmutzung, wird die erforderliche Spannkraft der Klemmschelle bei dem vorgegebenen Anzugsdrehmoment nicht erreicht.

- Gelenkwelle einbauen, siehe entsprechendes Kapitel.

Hinterachse

Aus dem Inhalt:

- **Stoßdämpfer**
- **Schraubenfeder**
- **Stoßdämpfer prüfen**
- **Radlager**
- **Radnabe**
- **Federbein (Allradantrieb)**

AUDI A6 mit Frontantrieb:

Die Verbundlenker-Hinterachse besteht aus dem Achskörper und zwei Längslenkern. Vor dem V-Profil des Achskörpers befindet sich ein Stabilisator, der die Kurvenneigung des Fahrzeuges verringert und dadurch das Fahrverhalten stabilisiert. Die Hinterachse ist über Gummi-Metall-Lager mit dem Aufbau verbunden. Abgefedert wird das Fahrzeug hinten durch 2 Schraubenfedern und 2 Stoßdämpfer. Schraubenfedern und Stoßdämpfer sind getrennt angeordnet, dadurch ergibt sich eine größere Durchladebreite im Koffer- beziehungsweise Laderaum.

In diesem Kapitel wird vorwiegend auf die Hinterachse von Fahrzeugen mit Frontantrieb eingegangen.

AUDI A6 quattro mit Allradantrieb:

Die Doppelquerlenker-Hinterachse besteht aus einem Aggregateträger, 2 Querlenkern auf jeder Seite und je einem Federbein. Der Aggregateträger ist über 4 Gummimetallager mit dem Aufbau verbunden. Radführung und Abfederung erfolgen über die oberen und unteren Querlenker, die die Federbeine aufnehmen.

Sicherheitshinweis:
Schweiß- und Richtarbeiten an tragenden und radführenden Bauteilen der Hinterradaufhängung **sind nicht zulässig. Selbstsichernde Muttern**, sowie korrodierte Schrauben/Muttern im Reparaturfall **immer ersetzen.**

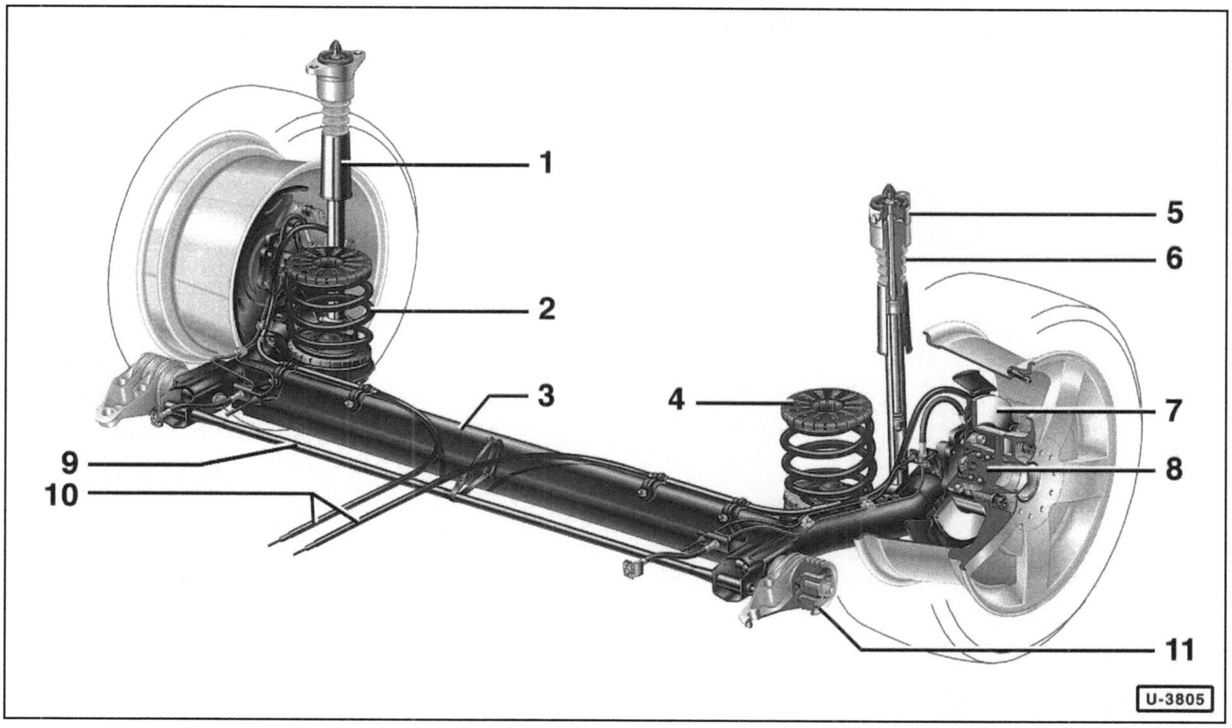

Verbundlenker-Hinterachse:
1 – Stoßdämpfer
2 – Schraubenfeder
3 – Hinterachskörper
4 – Obere Federauflage
5 – Dämpferlager
6 – Anschlagpuffer
7 – Bremsscheibe
8 – Radlager
9 – Stabilisator
10 – Handbremsseile
11 – Gummimetallager

Hinterachsfederung

Fahrzeuge mit Frontantrieb/linke Fahrzeugseite

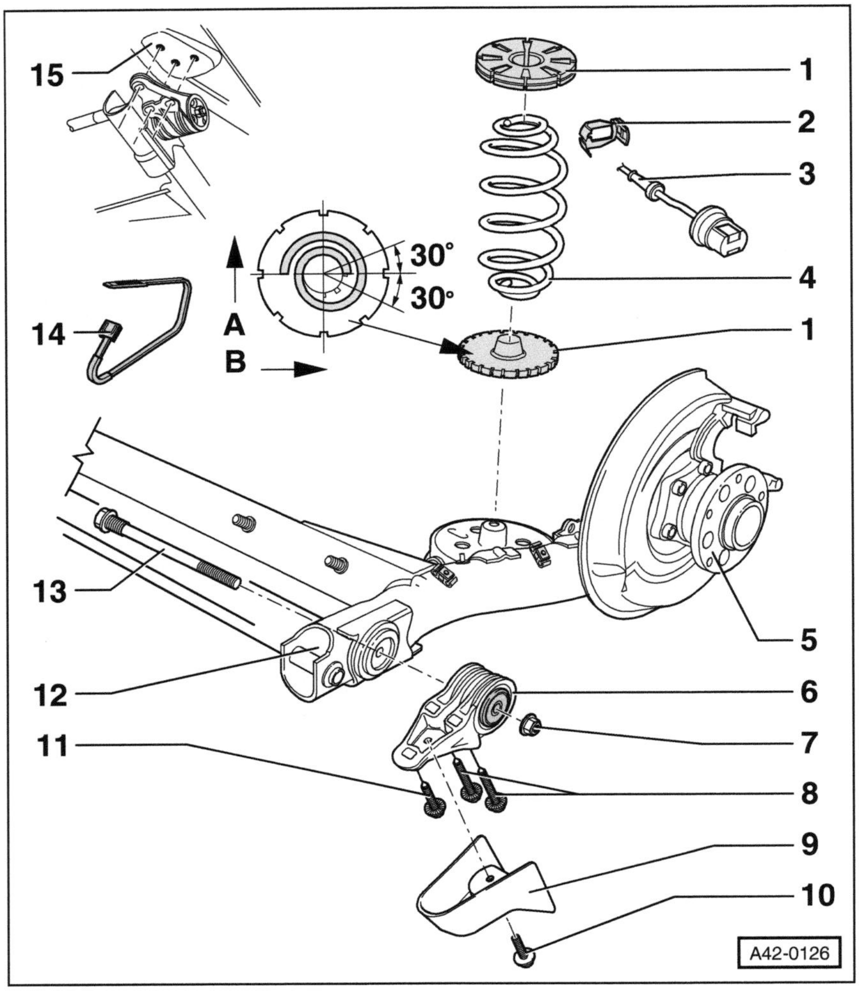

1 – **Federauflage**

2 – **Halter für Drehzahlfühler**

3 – **Drehzahlfühler**
Immer erneuern, wenn eine neue Radlagereinheit eingebaut wird.

4 – **Schraubenfeder**
Auf Lackschäden prüfen, gegebenenfalls Lackschäden beseitigen. Falls an den unteren Windungen Markierungen vorhanden sind, müssen diese nach hinten zeigen.

5 – **Radlagerung**
Wenn die Radlagereinheit erneuert wird, ebenfalls Drehzahlfühler –3– ersetzen.

6 – **Lagerbock**
Die Anlagefläche des Lagerbocks muß sauber und frei von Unterbodenschutz, Lack und Verunreinigungen sein. Schrauben besonders sorgfältig ansetzen.
Nach dem Einbau Gesamtspur der Hinterachse prüfen beziehungsweise einstellen.

7 – **Mutter**
Grundsätzlich ersetzen.

8 – **Sechskantschraube, 110 Nm und anschließend 90° weiterdrehen**
Größe M12x1,5x90.
Grundsätzlich ersetzen.

9 – **Steinschlagschutz für Lagerbock**
Nur bei Schlechtwegefahrwerk.

10 – **Schraube, 10 Nm**

11 – **Sechskantschraube, 110 Nm und anschließend 90° weiterdrehen**
Größe M12x1,5x60.
Grundsätzlich ersetzen.

12 – **Achskörper**
Die Anlagefläche für Radlager/Radnabe und die Gewindelöcher müssen frei von Lack und Verunreinigungen sein.
Nach dem Einbau muß die Fahrwerkeinstellung der Hinterachse geprüft beziehungsweise eingestellt werden.

13 – **Sechskantschraube, 120 Nm und anschließend 90° weiterdrehen**
Größe M14x1,5x190.
Grundsätzlich ersetzen.

14 – **Halteband für Stabilisator**

15 – **Gewinde im Längsträger**
Befestigungsschrauben besonders sorgfältig ansetzen, damit sie nicht verkanten.

A – **Pfeil zeigt in Fahrtrichtung**

B – **Pfeil zeigt zur rechten Fahrzeugseite**

Stoßdämpfer

Fahrzeuge mit Frontantrieb

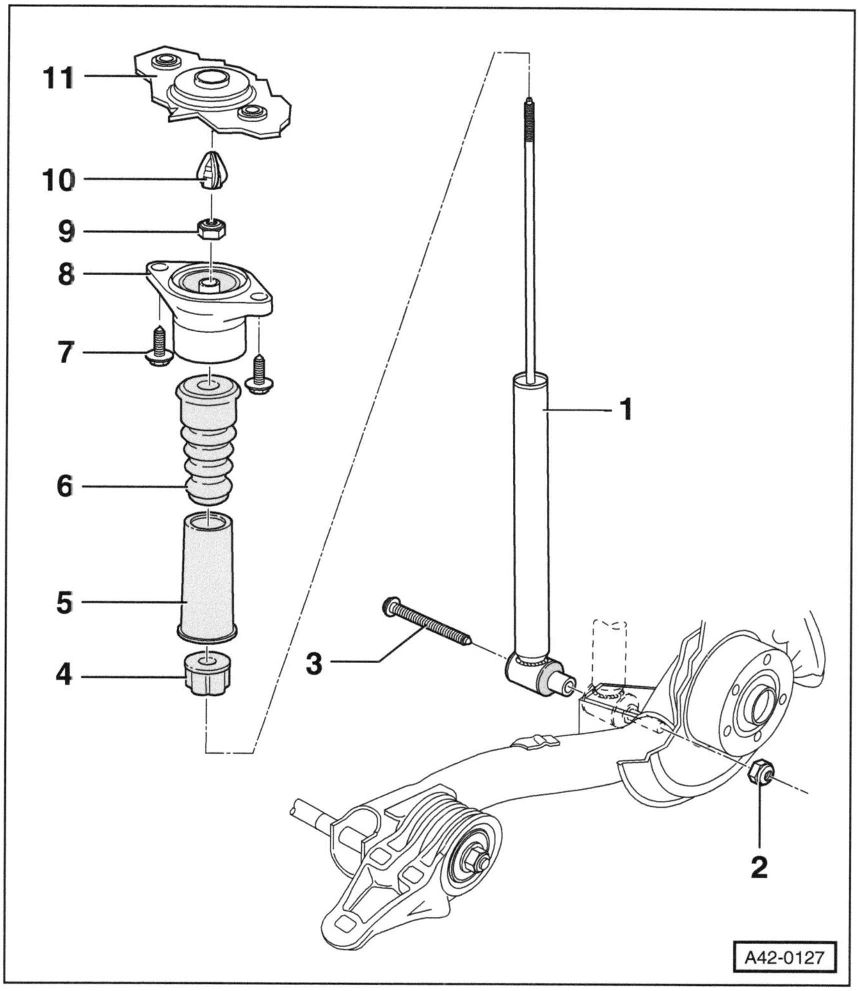

1 – Gasdruck-Stoßdämpfer
Einzeln austauschbar.

2 – Mutter
Grundsätzlich ersetzen.

3 – Sechskantschraube, 50 Nm und anschließend 90° weiterdrehen
Größe M10x90.
Grundsätzlich ersetzen.
Nur bei auf den Rädern stehendem Fahrzeug anziehen.

4 – Schutzkappe
Auf Anschlag aufpressen.

5 – Schutzrohr

6 – Anschlagpuffer

7 – Sechskantschraube, 45 Nm

8 – Dämpferlager

9 – Mutter, 25 Nm
Selbstsichernd, daher immer ersetzen.
Beim Lösen und Festziehen Kolbenstange gegenhalten.

10 – Montagekappe
Nur für Werksmontage, wird beim Ersetzen des Stoßdämpfers nicht benötigt.

11 – Gewinde im Radhaus

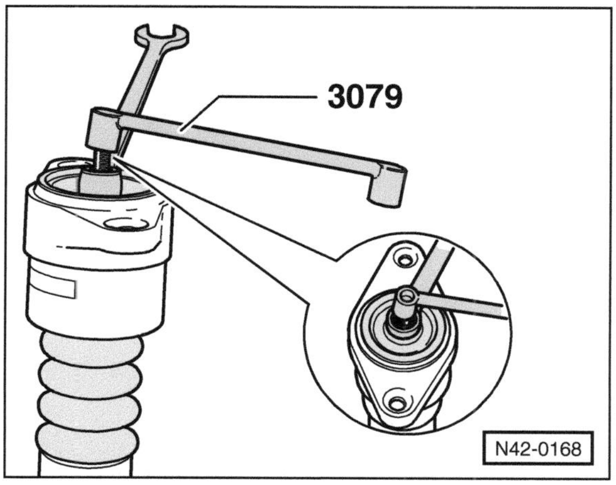

- Beim Lösen und Festziehen der Befestigungsmutter für das Dämpferlager die Kolbenstange gegenhalten. Die Fachwerkstatt verwendet dafür den Schlüssel AUDI-3079 oder HAZET-2594.

Stoßdämpfer/Schraubenfeder aus- und einbauen

Fahrzeuge mit Frontantrieb

Ausbau

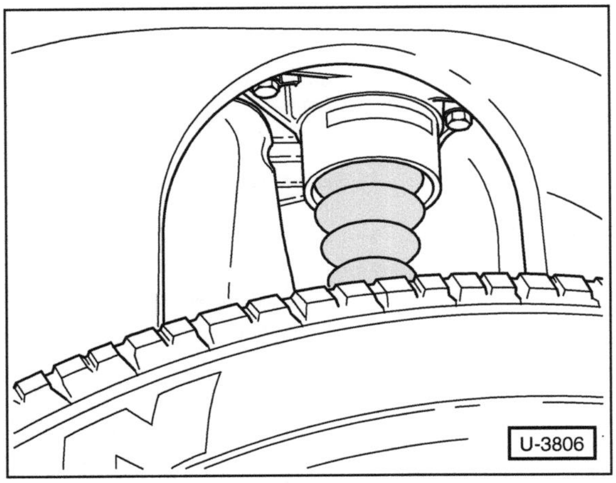

- Obere Befestigungsschrauben des Stoßdämpfers im Radhaus abschrauben. **Achtung:** Dabei muß das Fahrzeug auf den Rädern stehen. Gegebenenfalls Fahrzeug etwas anheben, bis die Befestigungsschrauben zugänglich sind. Das Rad muß aber auf dem Boden bleiben.

Sicherheitshinweis
Beim Aufbocken des Fahrzeugs besteht Unfallgefahr! Deshalb vorher das Kapitel »Fahrzeug aufbocken« durchlesen.

- Schraubenfeder vollständig entlasten und herausnehmen. Dazu Fahrzeug auf Montagehöhe anheben, Räder mindestens 10 cm über dem Boden. Gegebenenfalls Hinterachse durch einen 2. Monteur nach unten ziehen lassen.

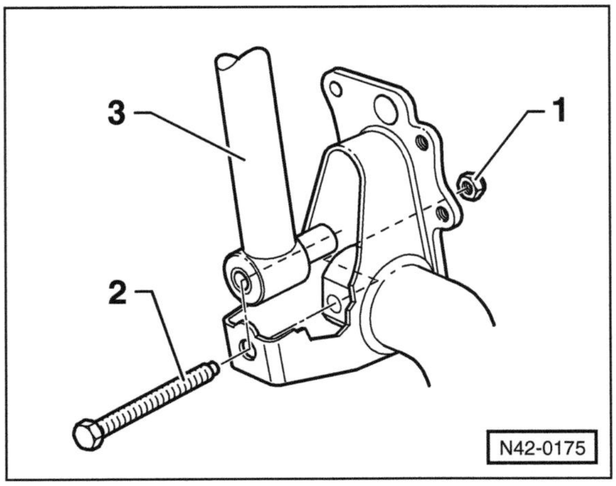

- Stoßdämpfer –3– von der Hinterachse abschrauben –1/2– und herausnehmen.

Einbau

- Stoßdämpfer einsetzen und oben mit **neuen** Schrauben und **45 Nm** anschrauben.
- Schraubenfeder –4– so einsetzen, daß die Enden der Feder nach dem Einbau im markierten Bereich liegen, siehe Abbildung N42-0126. Dabei Hinterachse gegebenenfalls durch Helfer nach unten ziehen lassen.
- Stoßdämpfer unten mit **neuer** Schraube und **neuer** Mutter handfest anschrauben, nicht festziehen.
- Fahrzeug ablassen.
- Untere Schraube für Stoßdämpfer an der Hinterachse mit **50 Nm** anziehen und anschließend mit starrem Schlüssel um **90°** (¼ Umdrehung) weiterdrehen.

Radlager/Radnabeneinheit aus- und einbauen

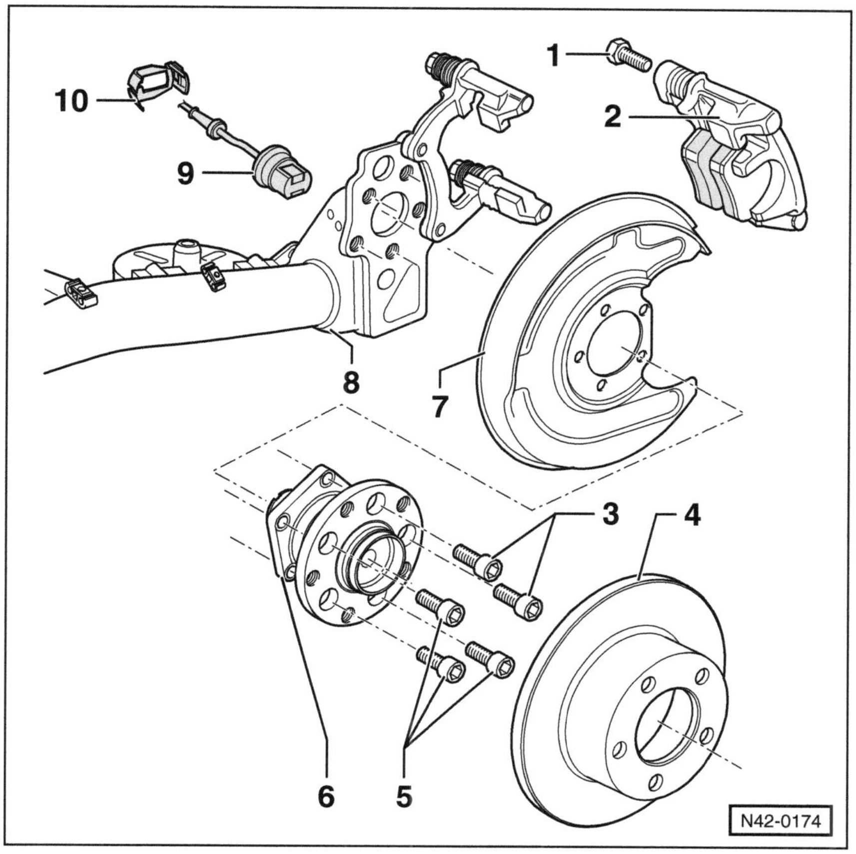

1 – Schraube, 35 Nm
Selbstsichernd, daher immer ersetzen. Beim Lösen und Festziehen am Führungsbolzen gegenhalten.

2 – Bremssattel

3 – Innensechskantschraube, 60 Nm

4 – Bremsscheibe

5 – Innensechskantschraube, 60 Nm

6 – Radlager/Radnabeneinheit
Radlager und Radnabe bilden zusammen eine Einheit.
Die Radlager-/Radnabeneinheit ist wartungs- und spielfrei. Einstell- sowie Instandsetzungsarbeiten sind deshalb nicht möglich!

7 – Abdeckblech

8 – Hinterachskörper

9 – Drehzahlfühler
Immer erneuern, wenn eine neue Radlagereinheit eingebaut wird.
Einbau: Drehzahlfühler bis zum Anschlag eindrücken. Dabei darauf achten, daß die Positionsnase auf der linken Seite nach vorn und auf der rechten Seite nach hinten zeigt. Anschließend Halter für Drehzahlfühler aufdrücken.

10 – Halter für Drehzahlfühler

Ausbau

- Bremsbeläge ausbauen, siehe Seite 146.

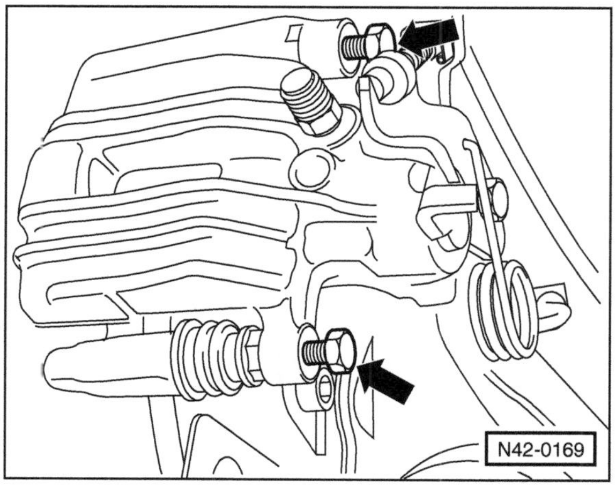

- Bremssattel abschrauben –Pfeile–. Dabei Führungsbolzen gegenhalten.
- Bremsscheibe ausbauen, siehe Seite 149.
- Halter für Drehzahlfühler abziehen und Drehzahlfühler herausziehen.

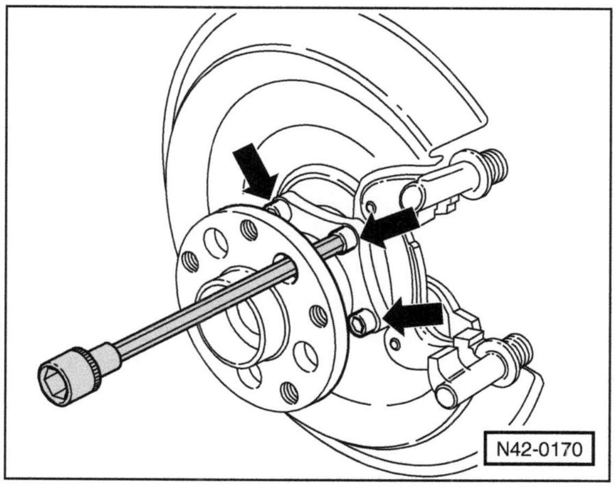

- Schrauben für Radlager/Radnabeneinheit herausdrehen.
- Radlager/Radnabeneinheit mit Abdeckblech abnehmen.

Einbau

- Radlager/Radnabeneinheit mit **60 Nm** anschrauben.
- Falls erforderlich, Drehzahlfühler erneuern.
- Bremsscheibe/Bremsbeläge einbauen, siehe Seite 149.
- Bremssattel mit neuen, selbstsichernden Schrauben anschrauben, dabei Führungsbolzen gegenhalten.

Federbein

Fahrzeuge mit Allradantrieb

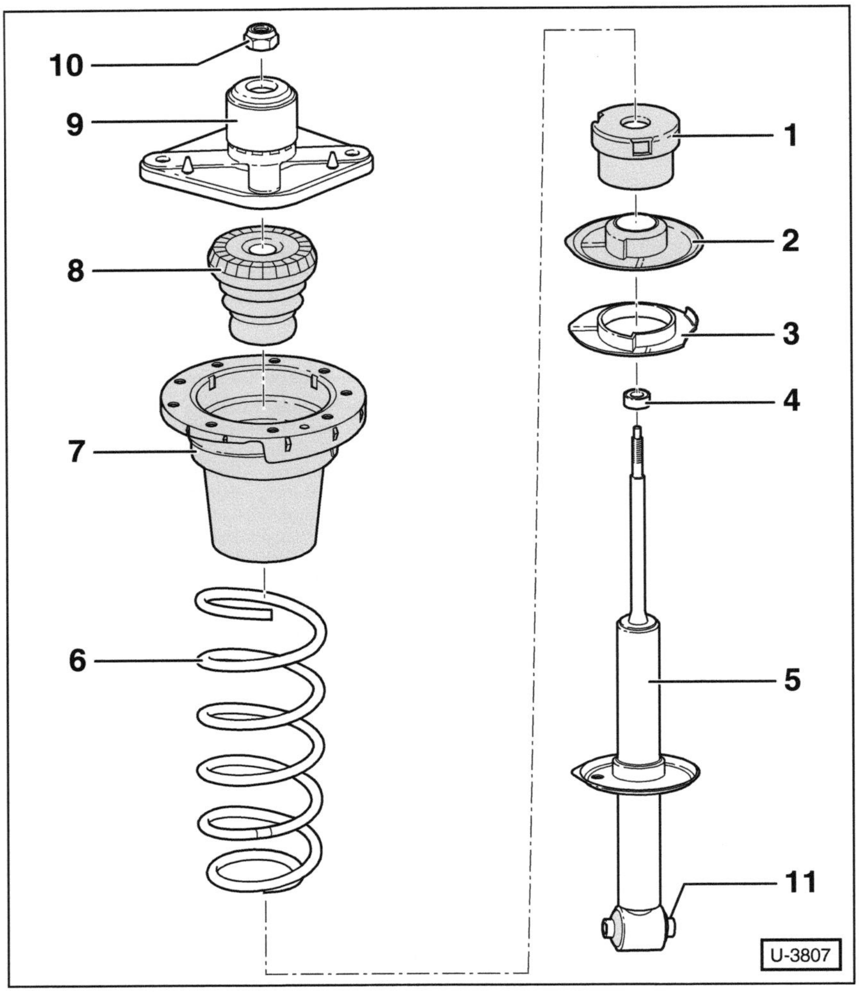

1 – **Schutzkappe**
Ist auf dem Dämpfer vormontiert.

2 – **Gummieinlage**
Ist auf dem Dämpfer vormontiert.

3 – **Federauflage**

4 – **Distanzring**

5 – **Gasdruck-Stoßdämpfer**
Einzeln austauschbar.

6 – **Schraubenfeder**
Oberfläche der Federwindung darf nicht beschädigt werden. Nur Feder mit gleicher Farbkennzeichnung wie ausgebaut einbauen.

7 – **Federauflage mit Schutzrohr**
Besteht aus 2 Teilen.

8 – **Anschlagpuffer**

9 – **Dämpferlager**

10 – **Mutter, 27 Nm**
Selbstsichernd, daher immer ersetzen.

11 – **Dämpferbuchse unten**

Der Ausbau des Federbeins für Fahrzeuge mit Allradantrieb wird nicht detailliert beschrieben. Hier die Anzugsdrehmomente für den Einbau:

Stabilisatorschelle an Achskörper . . . . **25 Nm;**
Koppelstange an Stabilisator . . . . **50 Nm;**
Achslenker an Radlagergehäuse . . . . **70 Nm + 90°;**
Dämpfer an Aufbau . . . . **45 Nm;**
Dämpfer an Achslenker (neue Schrauben) . . . **70 Nm + 90°;**
Bremssattel an Halter (neue Schrauben) . . . . **30 Nm.**

Achtung: Schrauben für Gummimetallager grundsätzlich nur festziehen, wenn das Fahrzeug auf dem Boden steht.

Federbein zerlegen

- Das Federbein der Hinterachse wird prinzipiell auf die gleiche Weise zerlegt wie das Federbein der Vorderachse, siehe Seite 113.
- Beim Zusammenbau ist folgendes zu beachten:

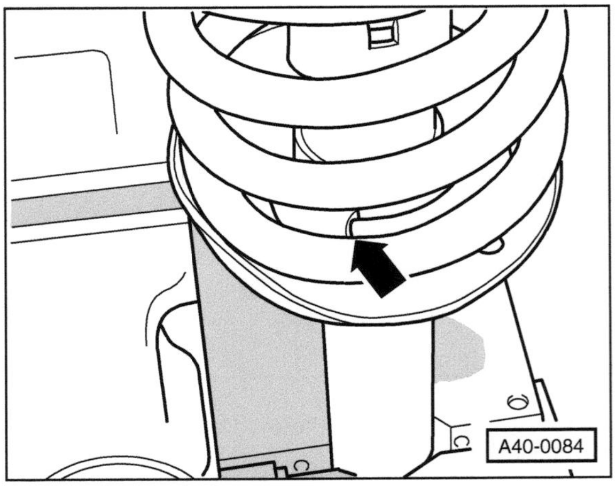

- Der Federanfang oben und unten muß am Anschlag der Federauflage –Pfeil– anliegen. Die Abbildung zeigt das untere Federende. Es muß zur Fahrzeugmitte zeigen.

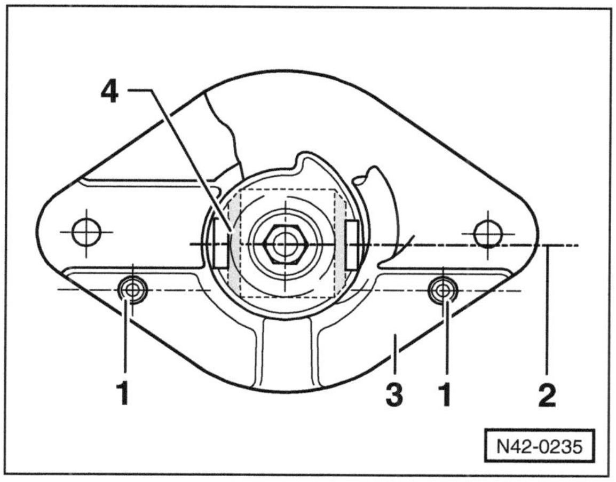

- Dämpferlager –3– wie in der Abbildung gezeigt einbauen.
- Die Achse der Ausrichtbolzen –1– muß mit der Achse –2– der Dämpferbuchse unten –4– fluchten.
- Die Ausrichtbolzen –1– zeigen zur Fahrzeugaußenseite.

Stoßdämpfer prüfen

Folgende Fahreigenschaften weisen auf defekte Stoßdämpfer hin:

- Langes Nachschwingen der Karosserie bei Bodenunebenheiten.
- Aufschaukeln der Karosserie bei aufeinander folgenden Bodenunebenheiten.
- Springen der Räder auch auf normaler Fahrbahn.
- Ausbrechen des Fahrzeuges beim Bremsen. Achtung: Kann auch andere Ursachen haben.
- Kurvenunsicherheit durch mangelnde Spurhaltung, Schleudern des Fahrzeuges.
- Abnorme Reifenabnutzung mit Abflachungen beziehungsweise Auswaschungen am Reifenprofil.
- Defekte Dämpfer erkennt man auch während der Fahrt an Polter- und Knackgeräuschen. Allerdings haben diese Geräusche häufig auch andere Ursachen, zum Beispiel lockere Fahrwerksschrauben, Muttern, defektes Radlager oder Gleichlaufgelenk. Daher Dämpfer vor dem Ersetzen immer prüfen, gegebenenfalls auf einem Stoßdämpferprüfstand prüfen lassen.

Der Stoßdämpfer kann von Hand geprüft werden. Eine genaue Überprüfung der Stoßdämpferleistung ist jedoch nur mit einem Shock-Tester bei eingebautem Stoßdämpfer oder mit einer Stoßdämpfer-Prüfmaschine möglich.

Prüfung von Hand

- Stoßdämpfer ausbauen.

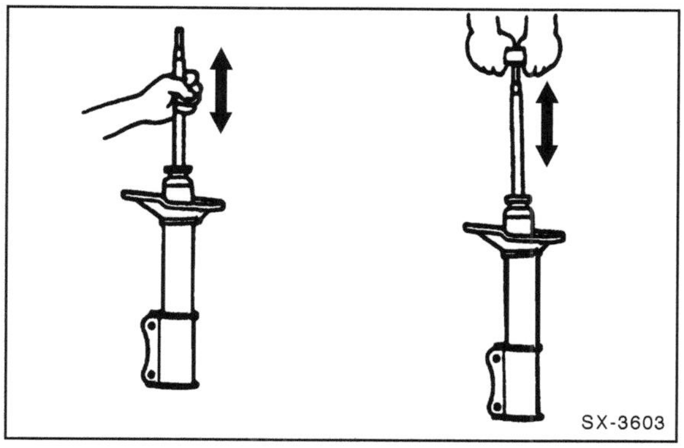

- Stoßdämpfer in Einbaulage halten, Stoßdämpfer auseinanderziehen und zusammendrücken. Der Stoßdämpfer muß sich über den gesamten Hub gleichmäßig schwer und ruckfrei bewegen lassen.
- Bei Gasdruck-Stoßdämpfern geht die Kolbenstange bei ausreichendem Gasfülldruck von selbst wieder in die Ausgangslage zurück. Ist dies nicht der Fall, braucht der Dämpfer nicht unbedingt ersetzt werden. Die Wirkungsweise entspricht, solange kein größerer Ölverlust eingetreten ist, der Wirkungsweise eines konventionellen Dämpfers. Die dämpfende Funktion ist auch ohne Gasdruck vollständig vorhanden. Allerdings kann sich das Geräuschverhalten verschlechtern.
- Bei einwandfreier Funktion sind geringe Spuren von Stoßdämpferöl kein Grund zum Austausch. Als Faustregel gilt: Wenn ein Ölfleck sichtbar ist und sich nicht weiter ausbreitet als vom oberen Stoßdämpferverschluß (Kolbenstangendichtring) bis zum unteren Federteller, gilt der Dämpfer als in Ordnung. Voraussetzung ist, daß der Ölfleck stumpf, matt beziehungsweise durch Staub getrocknet ist. Ein geringfügiger Ölaustritt ist sogar von Vorteil, weil dadurch der Dichtring geschmiert wird und sich somit dessen Lebensdauer erhöht.
- Bei starkem Ölverlust Stoßdämpfer austauschen.

Stoßdämpfer verschrotten

Damit ein defekter Stoßdämpfer entsorgt werden kann, muss das Hydrauliköl aus dem Stoßdämpfer abgelassen werden. Der entleerte Stoßdämpfer kann dann wie normaler Eisenschrott behandelt werden.

Achtung: Hydrauliköl ist ein Problemstoff und darf auf keinen Fall einfach weggeschüttet oder dem Hausmüll mitgegeben werden. Gemeinde- und Stadtverwaltungen informieren darüber, wo sich die nächste Problemstoff-Sammelstelle befindet.

Sicherheitshinweis
Der Gasdruck eines neuen Stoßdämpfer beträgt bis zu 25 bar. Deshalb beim Öffnen des Dämpfers Arbeitsstelle abdecken und **unbedingt Schutzbrille tragen.**

Stoßdämpfer können auf 2 Arten entleert werden, entweder durch Anbohren oder durch Aufsägen der Außenwand.

Stoßdämpfer anbohren

- Ausgebauten Stoßdämpfer senkrecht, mit der Kolbenstange nach unten, in den Schraubstock einspannen.

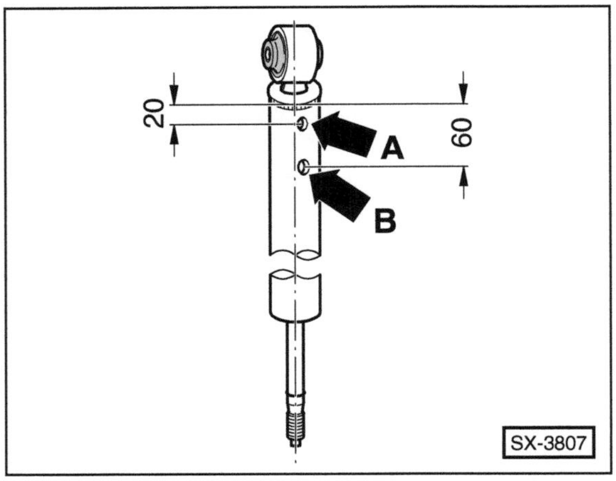

- An der Stelle –A– ein Loch mit 3 mm ∅ in das Außenrohr bohren.

Achtung: Bei Gasdruckstoßdämpfern entweicht nach dem Durchbohren der ersten Rohrwandung Gas. Öffnung während des Entgasens mit Lappen abdecken. Anschließend weiterbohren bis das innenliegende Rohr (ca. 25 mm) durchbohrt ist.

- An der Stelle –B– eine zweite Bohrung mit 6 mm-Bohrer bis durch das innenliegende Rohr bohren.
- Dämpfer über eine Ölauffangwanne halten und Hydrauliköl durch hin- und herbewegen der Kolbenstange über den gesamten Hub herausdrücken.
- Dämpfer abtropfen lassen, bis kein Hydrauliköl mehr austritt.
- Hydrauliköl bei einer Problemstoff-Sammelstelle entsorgen.
- Entleerten Stoßdämpfer als Eisenschrott entsorgen.

Stoßdämpfer aufsägen

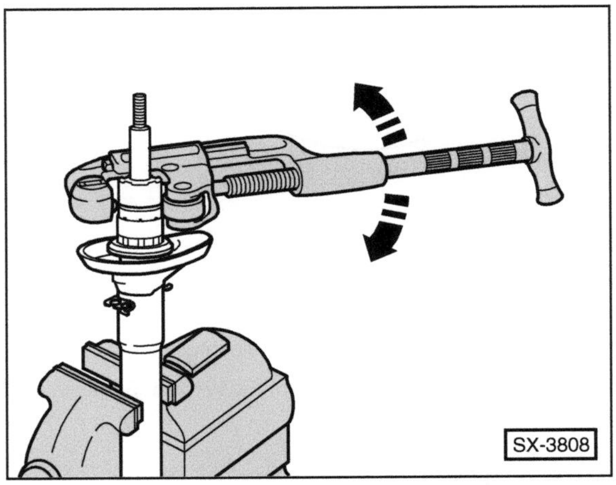

- Federbein in Schraubstock spannen.
- Rohrschneider, z. B. Stahlwille Express 150/3, ansetzen und Außenrohr durchtrennen. **Achtung:** Bei Gasdruck-Stoßdämpfern entweicht dabei das Gas; Schutzbrille tragen.
- Kolbenstange hochziehen, dabei das Innenrohr mit einer Wasserrohrzange festhalten und nach unten drücken, so dass dieses beim langsamen Hochziehen der Kolbenstange im Außenrohr verbleibt.
- Kolbenstange vom Innenrohr abziehen.
- Dämpfer über eine Ölauffangwanne halten und Hydrauliköl ablaufen lassen, bis kein Hydrauliköl mehr austritt.
- Hydrauliköl bei einer Problemstoff-Sammelstelle entsorgen.
- Entleerten Stoßdämpfer als Eisenschrott entsorgen.

Räder und Reifen

Aus dem Inhalt:

- Profiltiefe prüfen
- Radschrauben anziehen
- Reifencode
- Räder austauschen
- Reifenpflege
- Reifenfülldruck
- Schneeketten
- Fahrzeug aufbocken

Das Fahrzeug ist je nach Modell und Ausstattung mit schlauchlosen Gürtelreifen sowie Felgen unterschiedlicher Größe ausgerüstet. Sofern Reifen montiert werden, die nicht in den Fahrzeugpapieren vermerkt sind, müssen sie in der EU-Übereinstimmungsbescheinigung (CoC = EC Certification of Conformity) zum Fahrzeug stehen. Die Bescheinigung oder eine Kopie davon ist dann grundsätzlich im Fahrzeug mitzuführen. **Achtung:** Bei einigen Reifen-/Felgengrößen dürfen keine Schneeketten aufgezogen werden.

Neben der Felgenbreite und dem Felgendurchmesser ist bei einem Wechsel der Felge auch die Einpreßtiefe zu beachten. Die Einpreßtiefe ist das Maß von der Felgenmitte bis zur Anlagefläche der Radschüssel an die Bremsscheibe.

Alle Scheibenräder sind als Hump-Felgen ausgelegt. Der Hump ist ein in die Felgenschulter eingepreßter Wulst, der auch bei extrem scharfer Kurvenfahrt nicht zuläßt, daß der schlauchlose Reifen von der Felge gedrückt wird.

Achtung: Beim Wechsel des Reifenformats muß das Navigationssystem in der AUDI-Werkstatt neu kalibriert werden.

Profiltiefe messen

Reifen dürfen aufgrund gesetzlicher Vorschriften lediglich bis zu einer Profiltiefe von 1,6 mm abgefahren werden, und zwar muß die gesamte Lauffläche noch 1,6 mm Tiefe aufweisen. Es empfiehlt sich aus Sicherheitsgründen, die Sommerreifen bei einer Profiltiefe von 2 mm und die Winterreifen bei einer Tiefe von 4 mm auszutauschen.

Die Tiefe der Reifenprofilrillen ist in den Hauptprofilrillen an den am stärksten verschlissenen Stellen des Reifens zu

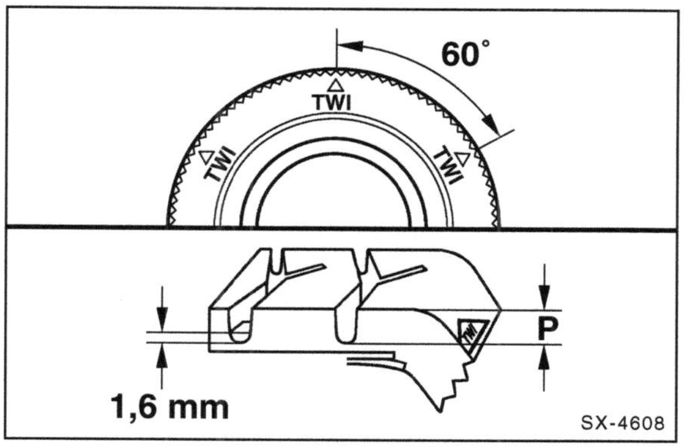

messen. Hauptprofilrillen sind an den Abnutzungsindikatoren (TWI) zu erkennen. Die Positionen der TWI-Indikatoren sind mehrmals an der Reifenflanke gekennzeichnet. Die Flächen der Abnutzungsindikatoren haben eine Höhe von 1,6 mm. Sie dürfen nicht in die Messung mit einbezogen werden. Für die Meßwerte entscheidend ist das Maß an der tiefsten Stelle der Profilrille –P–.

Reifenfülldruck

Für den AUDI A6 sind viele unterschiedliche Reifendimensionen und Felgengrößen vom Werk zugelassen. Die vorliegende Reifentabelle listet nur einen kleinen Querschnitt möglicher Reifen-/Felgenkombinationen auf. Eine komplette Liste aller für den AUDI A6 zugelassenen Reifen und Felgen hat

Eine Auswahl von Reifen-/Felgenkombinationen für den AUDI A6

Motor/Modell	Reifengröße	Scheibenrad (Felge) *) Schneeketten nicht erlaubt	Einpreßtiefe	Reifenfülldruck (Überdruck) in bar			
				halbe Zuladung		volle Zuladung	
				vorn	hinten	vorn	hinten
1,9-l-TDI Limousine	195/65 R 15 91 V 205/60 R 15 91 V 205/55 R 16 91 V 215/55 R 16 93 W	6 J x 15 H2 7 J x 15 H2* 7 J x 16 H2* 7 J x 16 H2*	45 mm 45 mm 45 mm 45 mm	2,1	2,1	2,6	2,8
2,5-l-TDI AVANT	195/65 R 15 M+S (Winter) 205/60 R 15 91 W 205/55 R 16 91 W 215/55 R 16 93 W	6 J x 15 H2 7 J x 15 H2* 7 J x 16 H2* 7 J x 16 H2*	45 mm 45 mm 45 mm 45 mm	2,6 2,4 2,4 2,2	2,6 2,4 2,4 2,2	3,4 2,9 2,9 2,7	3,4 3,2 3,2 3,1

jede AUDI-Vertragswerkstatt. Der Reifenfülldruck wird vom Automobilhersteller in Abhängigkeit verschiedener Parameter festgelegt. Dazu zählen unter anderem die Fahrzeugbelastung und die Fahrzeug-Höchstgeschwindigkeit.

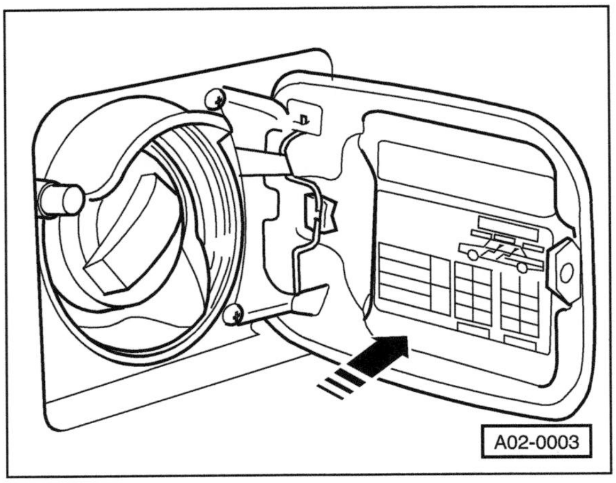

Es ist wichtig, daß der für den speziellen Reifen ermittelte Reifenfülldruck eingehalten wird. Der vorgeschriebene Reifenfülldruck für Winter- und Sommerreifen steht auf der Innenseite der Tankklappe. Wird das Reifenformat gewechselt, neue Reifenfülldruckwerte in der Tankklappe vermerken. Für die Lebensdauer und die Fahrzeugsicherheit ist das Einhalten des Reifenfülldrucks von großer Wichtigkeit. Reifenfülldruck deshalb alle 2 Wochen und vor jeder größeren Fahrt prüfen.

- Reifendruckangaben beziehen sich auf **kalte** Reifen. Der sich bei längerer Fahrt einstellende und um ca. 0,2 bis 0,4 bar höhere Überdruck darf nicht reduziert werden. **Winterreifen** werden in der Regel mit einem **etwa 0,2 bar höheren Überdruck** als Sommerreifen gefahren. Dies gilt nicht für Fahrzeuge mit einer in den Fahrzeugpapieren vermerkten Höchstgeschwindigkeit über 210 km/h. Unterliegen die Winterreifen einer Geschwindigkeitsbeschränkung, muß ein Hinweis über die zulässige Höchstgeschwindigkeit im Blickfeld des Fahrers angebracht werden (§ 36, Absatz 1 StVZO).
- Bei Anhängerbetrieb Reifenfülldruck auf den unter »volle Zuladung« angegebenen Wert erhöhen.
- Der Reifenfülldruck für das **Reserverad** entspricht dem höchsten Fülldruck bei der maximalen Belastung. Für das **Reserve-Notrad** steht der richtige Fülldruck für das Notrad auf der Reifenflanke. **Achtung: Das Notrad ist nur für den vorübergehenden und kurzzeitigen Einsatz bestimmt.** Nicht über 80 km/h fahren. Vollgasbeschleunigung, starkes Bremsen und rasante Kurvenfahrten vermeiden. Niemals mit mehr als einem Notrad fahren. Keine Schneekette auf das Notrad montieren.

Schneeketten

Schneeketten sind nur auf den Rädern der **Vorderachse** zulässig, auch bei Fahrzeugen mit Allradantrieb. Keine Schneeketten auf dem Notrad verwenden. Muß bei einer Vorderrad-Reifenpanne mit Schneeketten gefahren werden, Notrad an der Hinterachse montieren und ein Hinterrad an der Vorderachse. Reifenfülldruck korrigieren.

Mit Schneeketten darf nicht schneller als **50 km/h** gefahren werden. Auf schnee- und eisfreien Straßen sind die Schneeketten abzunehmen.

Nur Schneeketten verwenden, die einschließlich Kettenschloß nicht mehr als 15 mm auftragen. Bei einigen Breitreifen-/Felgenkombinationen dürfen keine Ketten verwendet werden.

Um Beschädigungen an den Radblenden zu vermeiden, sollten diese bei Schneekettenbetrieb abgenommen werden.

Austauschen der Räder/ Laufrichtung beachten

Es ist nicht zweckmäßig, bei einem Austausch der Räder die Drehrichtung der Reifen zu ändern, da sich die Reifen nur unter vorübergehend stärkerem Verschleiß der veränderten Drehrichtung anpassen. Bei einigen Reifen ist eine Laufrichtung durch einen Pfeil auf der Seitenwand vorgegeben, die Laufrichtung ist dann unbedingt einzuhalten.

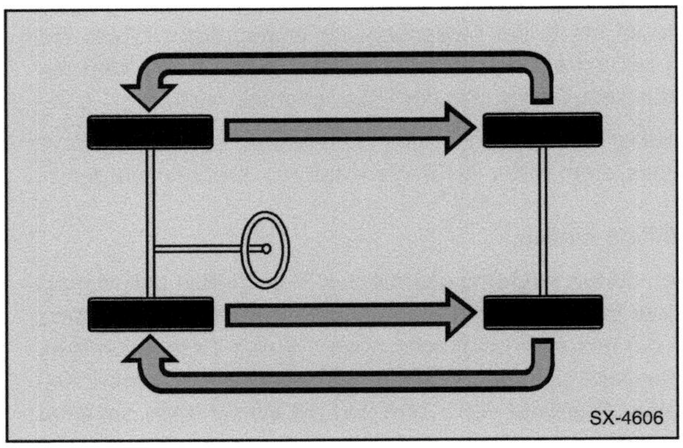

Bei größerem Verschleiß der vorderen Reifen empfiehlt es sich, die Vorderräder gegen die Hinterräder zu tauschen. Dadurch haben alle 4 Reifen etwa die gleiche Lebensdauer.

Sicherheitshinweise
Reifen nicht einzeln, sondern mindestens achsweise ersetzen. Reifen mit der größeren Profiltiefe **vorn** montieren. An Vorder- und Hinterachse nur Reifen **gleicher** Größe und Bauart, insbesondere bei Allradfahrzeugen auch gleichen Fabrikats und Profilausführung montieren. Reifen, die älter als 6 Jahre sind, nur im Notfall und bei vorsichtiger Fahrweise verwenden. Beim Erneuern und Demontieren schlauchloser Reifen unbedingt das Reifenventil mit austauschen.

- Bei **laufrichtungsgebundenem Profil**, erkennbar an Pfeilen auf der Reifenflanke, muß die Laufrichtung des Reifens unbedingt eingehalten werden. Die Pfeile auf dem Reifen müssen bei montiertem Rad in Drehrichtung der Räder zeigen. Dadurch werden optimale Laufeigenschaften bezüglich Aquaplaning, Haftvermögen, Geräusch und Abrieb sichergestellt. Falls das Reserverad bei einer Reifenpanne entgegen der Laufrichtung montiert werden muß, sollte dieser Einsatz nur vorübergehend sein. Das gilt insbesondere bei Nässe.

Rad ausbauen

- Vor der Demontage des Rades dieses mit Kreide oder Farbstift zur Radnabe markieren, damit es in gleicher Stellung wieder montiert werden kann.

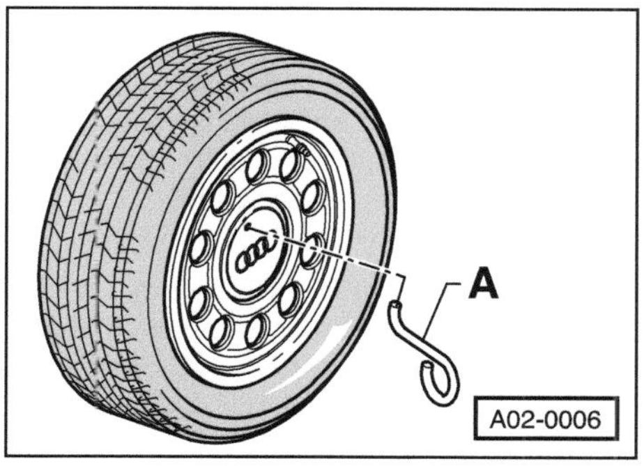

- Abdeckkappe abziehen, dazu Abziehhaken –A– aus dem Bordwerkzeug nehmen und in die Bohrung der Abdeckkappe einsetzen. Bei einigen Leichtmetallfelgen die Abdeckkappen für die Radschrauben mit einer Kunststoffklammer aus dem Bordwerkzeug abziehen.
- **Radschrauben lösen (nicht abschrauben), wenn das Fahrzeug auf dem Boden steht.** Dazu Handbremse anziehen und 1. Gang einlegen.

Achtung: Leichtmetallfelgen sind durch einen Klarlacküberzug gegen Korrosion geschützt. Beim Radwechsel darauf achten, daß die Schutzschicht nicht beschädigt wird, andernfalls mit Klarlack ausbessern.

- Fahrzeug aufbocken, siehe Seite 133.

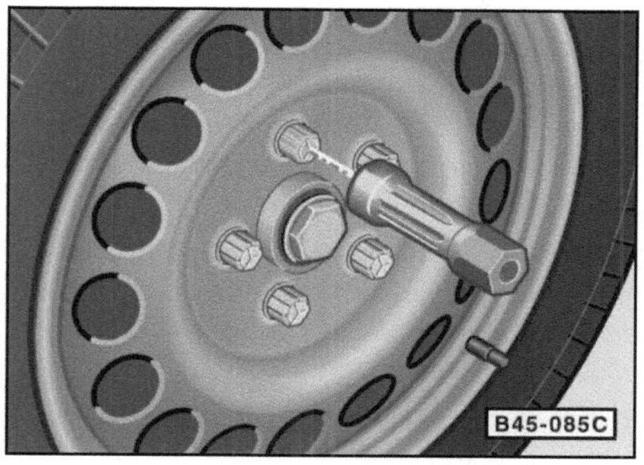

- Radschraube oben herausdrehen.

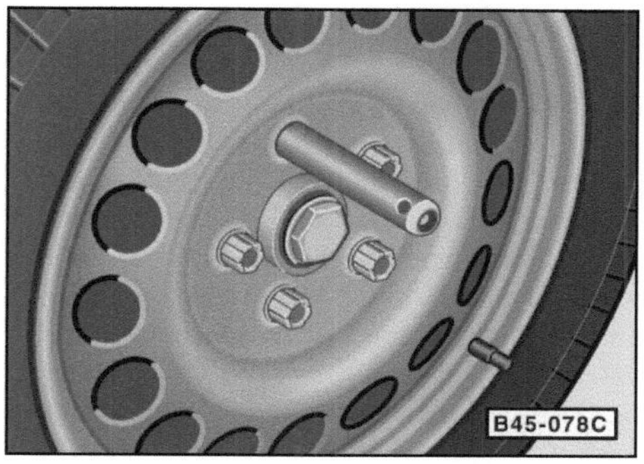

- Montagestift aus dem Bordwerkzeug handfest in die freigewordene Bohrung einschrauben. Anschließend alle anderen Radschrauben herausdrehen. Der Montagestift bleibt in der Bohrung, damit das Ersatzrad leichter montiert werden kann.

Hinweis: Zum Lösen diebstahlhemmender Radschrauben ist ein Adapter für die Radschrauben erforderlich, der in der Regel dem Bordwerkzeug beigelegt ist. Vor dem Lösen der diebstahlhemmenden Radschrauben die Kappe abnehmen. Adapter in Radschraube einsetzen und Radschraube mit Radschlüssel lösen. **Hinweis:** An der Stirnseite des Adapters ist eine Code-Nummer eingeschlagen. Nummer notieren und sicher aufbewahren, damit ein verlorengegangener Adapter wiederbeschafft werden kann.

Rad anbauen/Radschrauben anziehen

- Zum Schutz gegen das Festrosten des Rades ist der Zentriersitz des Scheibenrades an der Radnabe mit Wälzlagerfett dünn einzufetten.
- Verschmutzte oder leicht korrodierte Schrauben mit einer Drahtbürste reinigen. Stark korrodierte oder beschädigte Schrauben ersetzen.
- Leicht korrodierte Schrauben im Gewindebereich und an der Kalotte (schräge Auflagefläche des Schraubenkopfs) dünn fetten, zum Beispiel mit »Optimol TA«. **Achtung:** Bei 2-teiliger Radschraube die Kalotte **nicht** fetten, stattdessen zwischen Schraubenkopfauflagefläche und Kalottenring etwas Fett auftragen.

Hinweis: Felgen und Radschrauben sind aufeinander abgestimmt. Bei jeder Umrüstung auf andere Felgen, zum Beispiel Leichtmetallfelgen oder Räder mit Winterbereifung, müssen deshalb die dazugehörigen Radschrauben mit der richtigen Länge und Kalottenform verwendet werden.

- Radschrauben über Kreuz in mehreren Durchgängen festziehen. Zum Festziehen der Radschrauben sollte immer ein Drehmomentschlüssel verwendet werden. Dadurch wird sichergestellt, daß die Radschrauben gleichmäßig fest angezogen sind. **Das Anzugsdrehmoment beträgt für alle Radschrauben 120 Nm.**
- Wurde beim Radwechsel festgestellt, daß die Radschrauben korrodiert und schwergängig sind, müssen sie baldmöglichst erneuert werden. Bis dahin vorsichtshalber nur mit mäßiger Geschwindigkeit fahren.
- Nach dem Reifenwechsel unbedingt Reifenfülldruck prüfen und gegebenenfalls korrigieren.

Auswuchten von Rädern

Die serienmäßigen Räder werden im Werk ausgewuchtet. Das Auswuchten ist notwendig, um unterschiedliche Gewichtsverteilung und Materialungenauigkeiten auszugleichen. Im Fahrbetrieb macht sich die Unwucht durch Trampel- und Flattererscheinungen bemerkbar. Das Lenkrad beginnt dann bei höherem Tempo zu zittern. In der Regel tritt dieses Zittern nur in einem bestimmten Geschwindigkeitsbereich auf und verschwindet wieder bei niedrigerer und höherer Geschwindigkeit. Solche Unwuchterscheinungen können mit der Zeit zu Schäden an Achsgelenken, Lenkgetriebe und Stoßdämpfern führen.

Räder nach jeder Reifenreparatur auswuchten lassen, da sich durch Abnutzung und Reparatur die Gewichts- und Materialverteilung am Reifen ändert.

Reifen- und Scheibenrad-Bezeichnungen/Herstellungsdatum

Reifen-Bezeichnungen

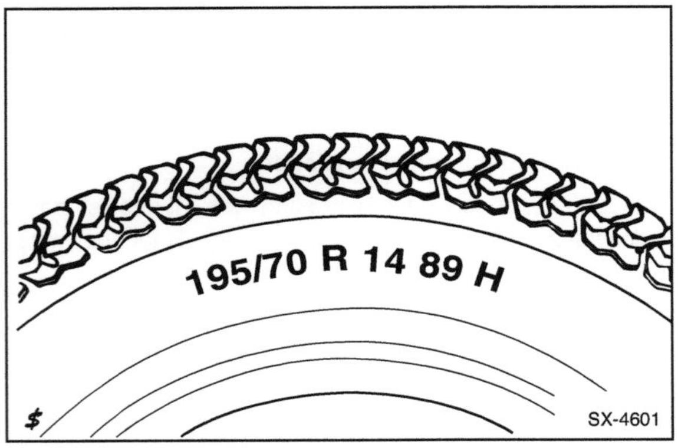

195 = Reifenbreite in mm

70 = Verhältnis Höhe zu Breite (die Höhe des Reifenquerschnitts beträgt 70 % von der Breite)

Fehlt eine besondere Angabe des Querschnittverhältnisses (z. B. 155 R 13), so beträgt das Höhen-Breiten-Verhältnis 82 %.

R = Radial-Bauart (= Gürtelreifen).

14 = Felgendurchmesser in Zoll.

89 = Tragfähigkeits-Kennzahl.

Achtung: Bei Winterreifen steht zwischen den Angaben 14 und 89 die Bezeichnung M+S.

H = Kennbuchstabe für zulässige Höchstgeschwindigkeit, H: bis 210 km/h.

Der Geschwindigkeitsbuchstabe steht hinter der Reifengröße. Die Geschwindigkeitssymbole gelten sowohl für Sommer- als auch für Winterreifen.

Geschwindigkeits-Kennbuchstabe

Kennbuchstabe	Zulässige Höchstgeschwindigkeit
Q	160 km/h
S	180 km/h
T	190 km/h
H	210 km/h
V	240 km/h
W	270 km/h

Reifen-Herstellungsdatum

Das Herstellungsdatum steht auf dem Reifen im Hersteller-Code.

Beispiel: DOT CUL2 UM8 3804 TUBELESS

DOT = Department of Transportation (US-Verkehrsministerium)
CU = Kürzel für Reifenhersteller
L2 = Reifengröße
UM8 = Reifenausführung
3804 = Herstellungsdatum = 38. Produktionswoche 2004
Hinweis: Falls anstelle der 4-stelligen Ziffer eine 3-stellige Ziffer gefolgt von einem ◁-Symbol aufgeführt ist, dann wurde der Reifen im vergangenen Jahrzehnt produziert. Die Bezeichnung 509◁ bedeutet beispielsweise: 50. Produktionswoche 1999.
TUBELESS = schlauchlos (TUBETYPE = Schlauchreifen)

Achtung: Neureifen müssen seit 10/98 zusätzlich mit einer ECE-Prüfnummer an der Reifenflanke versehen sein. Diese Prüfnummer weist nach, daß der Reifen dem ECE-Standard entspricht. Werden Reifen seit 10/98 **ohne** ECE-Prüfnummer montiert, erlischt die Allgemeine Betriebserlaubnis (ABE) des Fahrzeuges.

Scheibenrad-Bezeichnungen

Beispiel : 5½J x 15 H2, LK4/100, ET 43

5½ = Maulweite (Innenbreite) der Felge in Zoll.
J = Kennbuchstabe für Höhe und Kontur des Felgenhorns (B = niedrigere Hornform).
x = Kennzeichen für einteilige Tiefbettfelge.
15 = Felgen-Durchmesser in Zoll.
H2 = Felgenprofil an Außen- und Innenseite mit Hump-Schulter (Hump = Sicherheitswulst, damit der Reifen nicht von der Felge rutscht).
LK4 = Anzahl der Bohrungen in der Felge für die Radschrauben/-muttern (= Lochkreise).
100 = Lochkreis-Durchmesser in mm.
ET 43 = Einpresstiefe des Scheibenrades von 43 mm.

Fahrzeug aufbocken

Bei Arbeiten unter dem Fahrzeug muß dieses, falls es nicht auf einer Hebebühne steht, auf zwei oder vier stabilen Unterstellböcken stehen.

Sicherheitshinweis
Wenn unter dem Fahrzeug gearbeitet werden soll, muß es mit geeigneten Unterstellböcken sicher abgestützt werden. Abstützen nur mit dem Wagenheber ist unzureichend. **Lebensgefahr!**

- Das Fahrzeug nur in unbeladenem Zustand auf ebener, fester Fläche aufbocken.
- Fahrzeug mit Unterstellböcken so abstützen, daß jeweils ein Bein seitlich nach außen zeigt.

Anheb- und Aufbockpunkte für Bordwagenheber

Die Aufnahmepunkte für den Bordwagenheber sind am Unterholm des Fahrzeuges vorn ca. 15 cm und hinten ca. 25 cm vom jeweiligen Radausschnitt entfernt. Dort sind Markierungen –Pfeil– eingeprägt.

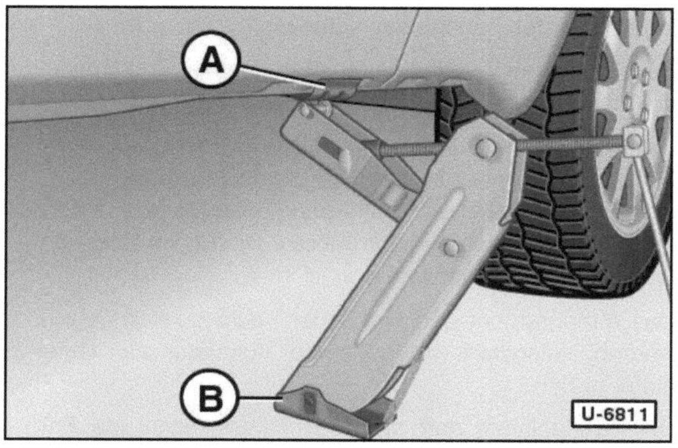

- Wagenheber am Unterholm so ansetzen, daß der Steg von der Klaue –A– des Wagenhebers umfaßt wird. Die bewegliche Grundplatte –B– muß ganz auf dem Boden aufliegen.
- Wagenheber hochkurbeln, bis das Rad vom Boden abgehoben hat. Fahrzeug mit Unterstellböcken abstützen.
- Die Räder, die beim Anheben auf dem Boden stehen bleiben, mit Keilen gegen Vor- oder Zurückrollen sichern. Nicht nur auf die Feststellbremse verlassen, diese muß bei einigen Reparaturen gelöst werden.

Aufnahmepunkte für Hebebühne und Werkstattwagenheber

Achtung: Um Beschädigungen am Unterbau zu vermeiden, geeignete Gummi- oder Holzzwischenlage verwenden. Der Wagen darf keinesfalls am Antriebsaggregat, an Vorder- oder Hinterachse angehoben werden, da dadurch große Schäden entstehen können.

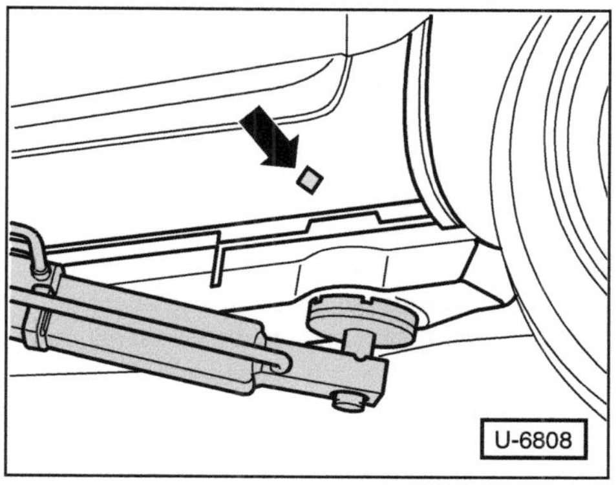

- **Vorn** an der Längsversteifung des Bodenblechs in Höhe der eingeprägten Markierung –Pfeil–. **Achtung:** Aufnahmeteller am Bodenblech ansetzen, siehe Abbildung. Nicht außen am Steg für den Bordwagenheber ansetzen.

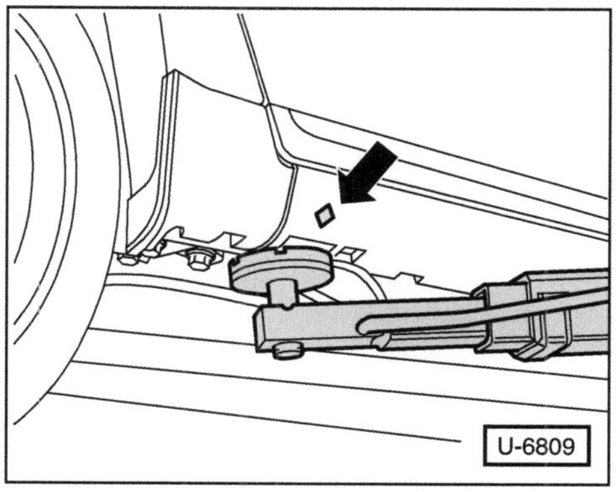

- **Hinten** an der senkrechten Versteifung des Unterholms im Bereich der eingeprägten Markierung –Pfeil–, an der auch der Bordwagenheber angesetzt wird. Die Versteifung des Unterholms muß mittig auf dem Aufnahmeteller der Hebebühne aufliegen.

Lenkung

Aus dem Inhalt:

- Airbag ausbauen
- Airbag-Sicherheitshinweise
- Lenkradausbau
- Spurstangenausbau
- Servopumpe

Die Lenkbewegungen des Fahrers werden vom Lenkrad über die Lenksäule und das Lenkgetriebe sowie dem Lenkgestänge auf die Räder übertragen. Die Lenksäule läßt sich manuell in der Höhe um 30 mm und in Längsrichtung um 48 mm verstellen.

Der Kraftaufwand beim Einschlagen der Räder, insbesondere bei stehendem Fahrzeug, wird durch eine hydraulische Lenkhilfe (Servolenkung) verringert. Die Lenkhilfe besteht aus der Ölpumpe, dem Vorratsbehälter und den Öldruckleitungen. Angetrieben wird die Ölpumpe vom Motor über den Keilrippenriemen. Die Pumpe saugt das Hydrauliköl aus dem Vorratsbehälter an und fördert es mit hohem Druck zum Ventilkörper. Der Ventilkörper sitzt im Lenkgetriebe. Er ist mit der Lenksäule mechanisch verbunden und leitet das Öl je nach Lenkeinschlag in die entsprechende Seite des Arbeitszylinders. Dort drückt das Öl gegen den Zahnstangenkolben und unterstützt dadurch die Lenkbewegung.

Im Lenkrad ist der Fahrer-**Airbag** untergebracht. Der Airbag ist ein zusammengefalteter Luftsack, der im Fall einer Frontalkollision aufgeblasen wird und dadurch Oberkörper und Kopf des Fahrers vor einem Aufprall auf das Lenkrad schützt. Bei einer entsprechend starken Frontalkollision wird über ein Steuergerät eine kleine Sprengladung in der Airbag-Einheit gezündet, und die Abgase der Explosion blasen den Luftsack innerhalb weniger Millisekunden auf. Diese Zeit reicht aus, den Aufprall des nach vorn schnellenden Fahrer-Oberkörpers zu dämpfen. Der Airbag fällt anschließend innerhalb weniger Sekunden wieder in sich zusammen, da die Gase durch Austrittsöffnungen entweichen.

Achtung: Schweiß- und Richtarbeiten an Lenkungsteilen sind nicht zulässig. Selbstsichernde Muttern immer ersetzen.

Airbag-Sicherheitshinweise

Neben dem Fahrer-Airbag gibt es auch den Beifahrer-Airbag sowie Seitenairbags vorn und hinten. Wird auf dem Beifahrersitz ein gegen die Fahrtrichtung angeordneter Babysitz montiert, muß der Beifahrer-Airbag deaktiviert werden. Diese Arbeit kann nur von einer AUDI-Werkstatt durchgeführt werden. Außerdem muß ein entsprechendes Warnschild »kein Babysitz vorn« an Türholm, Sonnenblende oder Armaturenbrett auf der rechten Fahrzeugseite vorhanden sein, sonst kann es bei einer polizeilichen Überprüfung zu einem Bußgeldverfahren kommen.

Bei Ausstattung mit Seitenairbags dürfen für die Sitzlehnen nur spezielle, von AUDI freigegebene Bezüge verwendet werden.

Für den Aus- und Einbau der Airbageinheit folgende Punkte unbedingt beachten:

- Batterie-Massekabel (–) bei ausgeschalteter Zündung abklemmen. **Achtung:** Dadurch werden elektronische Speicher gelöscht, wie zum Beispiel der Radiocode. Ohne Code kann das Radio nur vom Radiohersteller freigeschaltet werden, beziehungsweise beim AUDI-Radio von einer AUDI-Werkstatt. Deshalb Hinweise im Kapitel »Batterie aus- und einbauen« durchlesen.
- Minuspol (–) der Batterie isolieren, um versehentlichen Kontakt zu vermeiden.
- **Nach dem Verbinden der Airbagkabel, jedoch vor dem Anklemmen der Batterie, die Zündung einschalten, Zündschlüssel auf Position »Fahren« stellen.**

Achtung: Werden diese Hinweise nicht beachtet, kann es im späteren Betrieb zum Ausfall des Airbag-Systems kommen.

Allgemeine Hinweise:

- Die Airbageinheit ist im ausgebauten Zustand immer so abzulegen, daß die gepolsterte Seite nach oben zeigt.
- Beim Anklemmen der Batterie darf sich keine Person im Innenraum des Fahrzeuges aufhalten.
- Bei Arbeitsunterbrechung die Airbageinheit nicht unbeaufsichtigt liegen lassen.
- Die Airbageinheit darf nicht zerlegt werden, bei einem Defekt ist sie immer komplett zu ersetzen. Da die Airbageinheit Explosivstoffe enthält, ist sie unter Verschluß oder geeigneter Aufsicht aufzubewahren. Die Entsorgung sollte die AUDI-Werkstatt vornehmen.
- Das Airbagsystem darf nur in der Fachwerkstatt geprüft werden. Keinesfalls mit Prüflampe, Voltmeter oder Ohmmeter prüfen.
- Die Airbageinheit darf nicht mit Flüssigkeiten wie Fett oder Reinigungsmitteln behandelt werden.
- Eine Airbageinheit, die auf eine harte Unterlage herabgefallen ist, darf nicht mehr eingebaut werden.
- Die Airbageinheit darf auf keinen Fall einer Temperatur über +100° C ausgesetzt werden, auch nicht kurzfristig.

Airbageinheit am Lenkrad aus- und einbauen

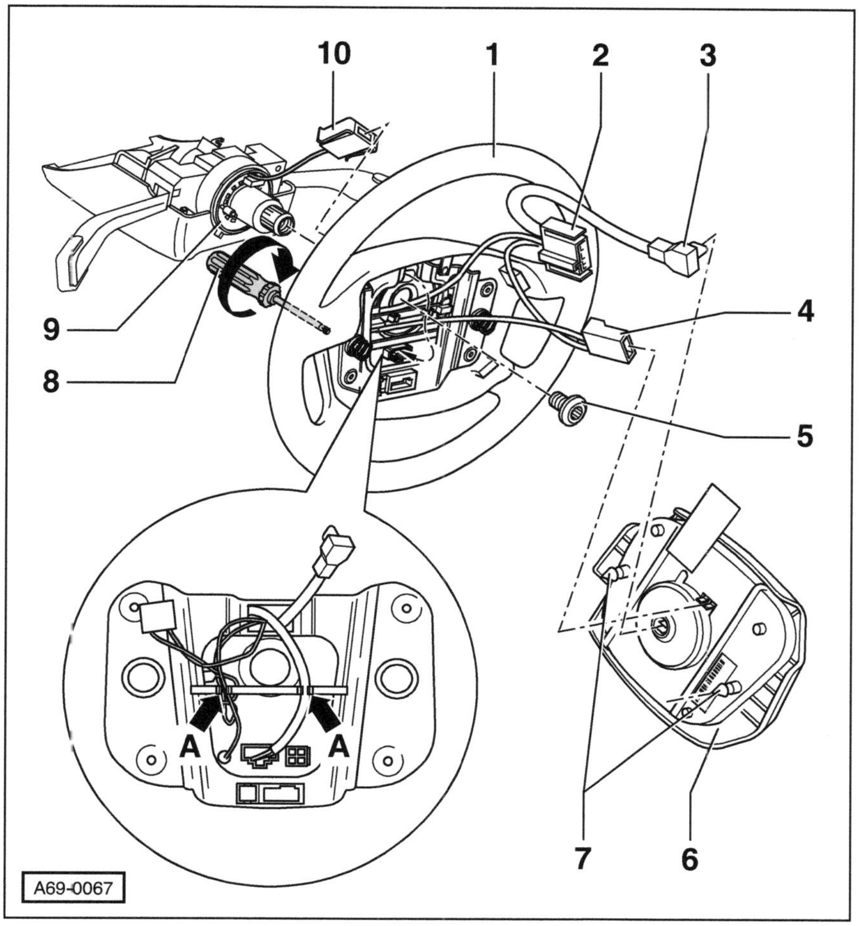

Hinweis: In der Abbildung ist die Airbageinheit beim Vierspeichenlenkrad dargestellt.

1 – **Lenkrad**
Lose Kabel an den mit –A– gekennzeichneten Stellen befestigen.

2 – **Stecker für Wickelfeder**

3 – **Stecker für Airbageinheit**

4 – **Stecker für elektrostatische Entladung**

5 – **Innenvielzahnschraube, 60 Nm**
Grundsätzlich ersetzen.

6 – **Airbageinheit**

7 – **Rasthaken**

8 – **Torxschlüssel T30**

9 – **Rückstellring mit Schleifring**

10 – **Stecker für Lenkradheizung**

Achtung: Bevor die Airbageinheit ausgebaut wird, unbedingt Sicherheitshinweise zum Airbag durchlesen.

Ausbau

- Batterie-Massekabel (–) bei ausgeschalteter Zündung abklemmen. **Achtung:** Dadurch werden elektronische Speicher gelöscht, wie zum Beispiel der Radiocode. Ohne Code kann das Radio nur vom Radiohersteller freigeschaltet werden, beziehungsweise beim AUDI-Radio von einer AUDI-Werkstatt. Deshalb Hinweise im Kapitel »Batterie aus- und einbauen« durchlesen.
- Minuspol (–) der Batterie isolieren, um versehentlichen Kontakt zu vermeiden.
- Lenksäule entriegeln und Lenkrad so weit wie möglich herausziehen und ganz nach oben stellen. Lenksäulenverstellung sichern.
- Lenkrad um 90° (1/4 Umdrehung) aus der Mittelstellung drehen, so daß die Lenkradspeichen senkrecht stehen.
- Airbag entriegeln. Dazu Torx-Schraubendreher T30 an der Rückseite des Lenkrades nacheinander durch die beiden Bohrungen am Lenkradtopf in die Rasthaken –7– stecken. Schraubendreher um 90° (1/4 Umdrehung) in Pfeilrichtung drehen und dadurch die Rasthaken –7– entriegeln.
- Airbageinheit etwas abheben und die Stecker –3– und –4– abziehen.
- Airbageinheit abnehmen und mit der gepolsterten Seite nach oben ablegen.

Einbau

- Stecker für Airbageinheit hörbar einrasten.
- Airbag am Lenkrad so ansetzen, daß die Rasthaken über den Aufnahmebohrungen liegen. Airbag vorsichtig andrücken und einrasten.

Sicherheitshinweis:
Während des Anklemmens der Batterie dürfen sich keine Personen im Fahrzeug aufhalten.

- **Zündung einschalten,** dann Batterie-Massekabel (–) anklemmen. **Achtung:** Hoch-/Tieflaufautomatik für elektrische Fensterheber aktivieren sowie Zeituhr stellen und Radiocode eingeben, siehe Kapitel »Batterie aus- und einbauen«.

Lenkrad aus- und einbauen

Vierspeichenlenkrad

Ausbau

Achtung: Bevor die Airbageinheit ausgebaut wird, unbedingt Sicherheitshinweise zum Airbag durchlesen.

Die Bezeichnungen im Text beziehen sich auf Abbildung A69-0067, siehe Seite 135.

- Airbageinheit –6– am Lenkrad ausbauen, siehe entsprechendes Kapitel.
- Räder in Geradeausstellung, Lenkrad in Mittelstellung bringen.
- Schraube –5– herausdrehen.
- Stecker –2– und –10– abziehen.
- Lenkrad –1– von der Lenkspindel abziehen.
- Stellung der Lenksäule, Geradeausstellung der Räder, nicht verändern.

Einbau

- Lenkrad in Mittelstellung auf die Verzahnung der Lenkspindel aufschieben. **Achtung:** Beim Aufsetzen des Lenkrades müssen sich die Räder in Geradeausstellung und der Blinkerschalter in Mittelstellung befinden.
- Stecker –2– und –10– aufstecken und hörbar einrasten.
- Lenkrad mit **neuer** Innenvielzahnschraube –5– anschrauben und mit **60 Nm** festziehen.
- Airbageinheit einbauen, siehe entsprechendes Kapitel.
- Probefahrt durchführen und bei Geradeausfahrt Stellung des Lenkrades überprüfen. Die Speichen des Lenkrades müssen sich in waagerechter Lage befinden.
- Falls das Lenkrad schräg steht, Lenkrad ausbauen und entsprechend umsetzen. Gegebenenfalls Spur der Vorderräder überprüfen lassen (Werkstattarbeit)
- Hupe und automatische Rückstellung des Blinkerschalters prüfen.

Sportlenkrad: Airbag und Lenkrad aus- und einbauen

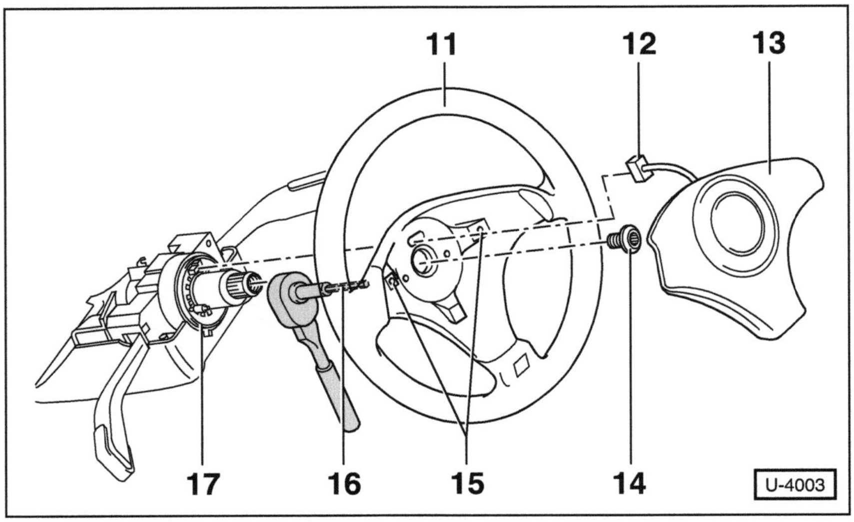

11 – Sportlenkrad
12 – Stecker für Wickelfeder
13 – Airbageinheit
14 – Innenvielzahnschraube, 60 Nm
Grundsätzlich ersetzen.
15 – Innentorxschrauben T30
16 – Torx-Steckschlüsseleinsatz T30
17 – Rückstellring mit Schleifring

Der Aus- und Einbau erfolgt prinzipiell auf die gleiche Weise wie beim Vierspeichenlenkrad. Hier werden nur die Abweichungen beschrieben, die den Airbagausbau betreffen.

Ausbau/Airbag

- Airbageinheit –13– von der Rückseite des Lenkrades –11– her mit einem Torxschlüssel T30 –16–, zum Beispiel HAZET 2223LG-T 30 H, abschrauben.
- Stecker –12– abziehen.

Einbau

- Stecker hörbar einrasten.
- Airbageinheit mit **7 Nm** anschrauben.

Lenkgetriebe/Spurstange/Spurstangenkopf

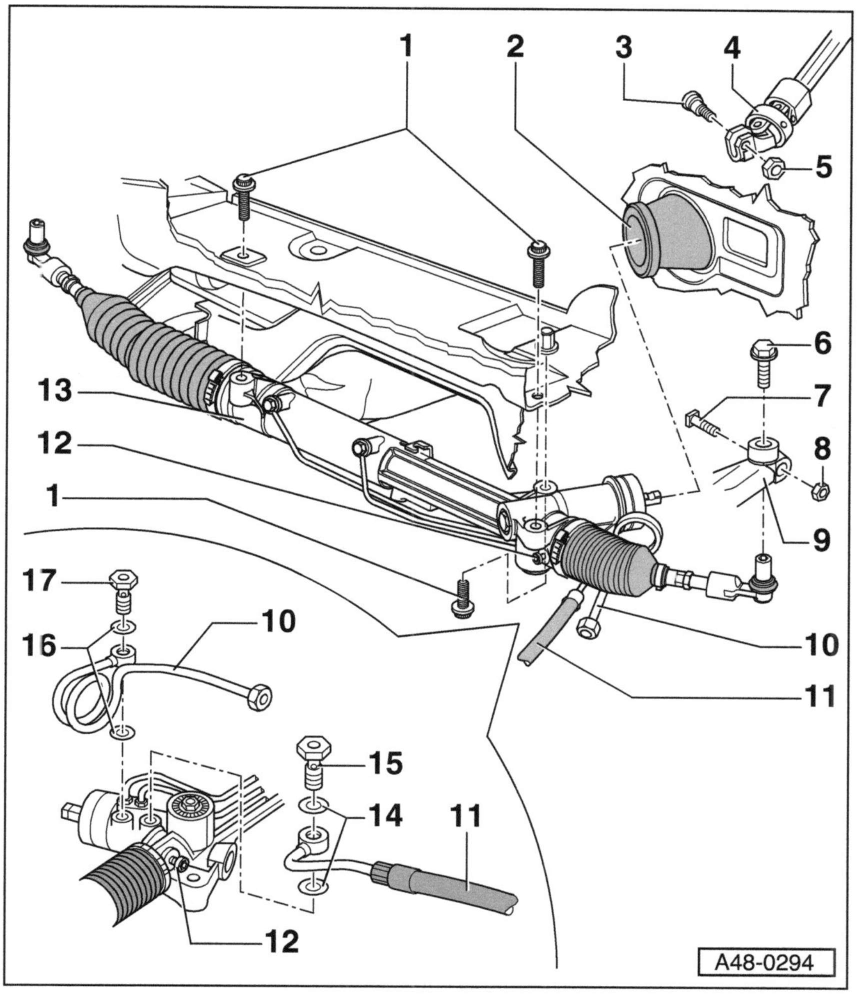

Fahrzeuge ab 10/98

1 – **Schraube, 67 Nm**

2 – **Dichtbalg**
Auf Risse und Scheuerstellen prüfen, gegebenenfalls ersetzen.

3 – **Torx-Exzenterschraube T50**
Zum Entspannen im Uhrzeigersinn drehen.

4 – **Lenksäule**

5 – **Mutter, 30 Nm**
Selbstsichernd, deshalb grundsätzlich ersetzen.

6 – **Kombischraube, 7 Nm**
Zur Einstellung der Vorspurkurve.

7 – **Schraube**

8 – **Mutter, 45 Nm**
Selbstsichernd, daher grundsätzlich ersetzen.

9 – **Lenkspurhebel**

10 – **Druckrohrleitung**
Überwurfmutter mit **40 Nm** festziehen.

11 – **Rücklaufschlauch**
Einbaulage am Lenkgetriebe beachten.

12 – **Zylinderschraube, 13 Nm**
Verschlußschraube der Lenkmittenzentrierung.

13 – **Servolenkgetriebe mit Spurstangen**

14 – **Dichtring**
Größe 16 x 22, immer ersetzen.

15 – **Hohlschraube, 47 Nm**

16 – **Dichtring**
Größe 14 x 20, immer ersetzen.

17 – **Hohlschraube, 40 Nm**
Mit integriertem Rückschlagventil.

Spurstange aus- und einbauen

Die Spureinstellung erfolgt grundsätzlich an beiden Spurstangen durch Verdrehen der Gewindestücke. Die Spurstangenköpfe müssen spielfrei sein. Die Staubkappen dürfen nicht beschädigt sein, gegebenenfalls sofort erneuern.

Die Spurstangen links und rechts sind baugleich. Sie können bei eingebautem Lenkgetriebe aus- und eingebaut werden.

Ausbau

- Stellung des jeweiligen Vorderrades zur Radnabe mit Farbe kennzeichnen. Dadurch kann das ausgewuchtete Rad wieder in derselben Position montiert werden. Radschrauben lösen, dabei muß das Fahrzeug auf dem Boden stehen. Fahrzeug vorn aufbocken und Vorderrad abnehmen.

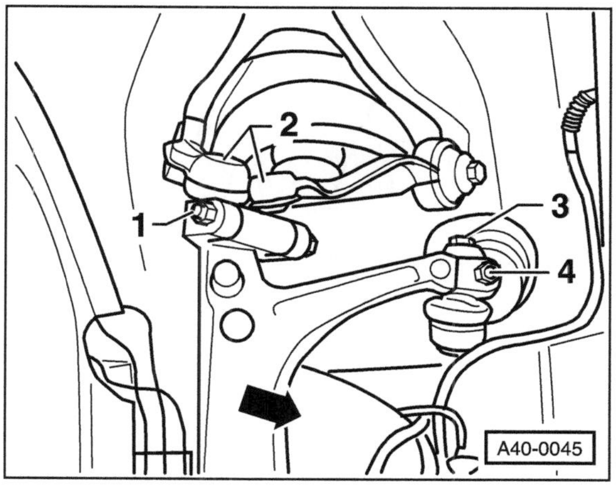

- Schrauben –3– und –4– lösen, Spurstangenkopf nach unten herausziehen. 1 – Mutter für Befestigung obere Lenker; 2 – Obere Lenker.

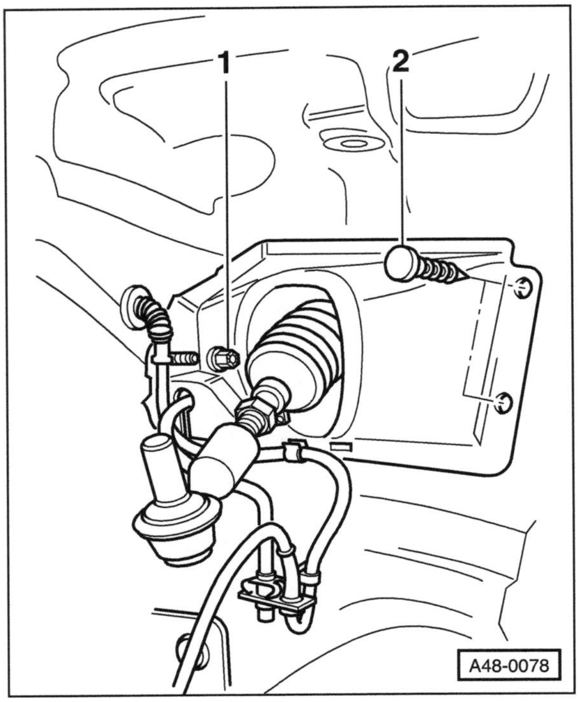

- Kunststoffmutter –1– abschrauben.
- 2 Clips –2– mit kleinem Schraubendreher heraushebeln.
- Abdeckung für Spurstange abnehmen.

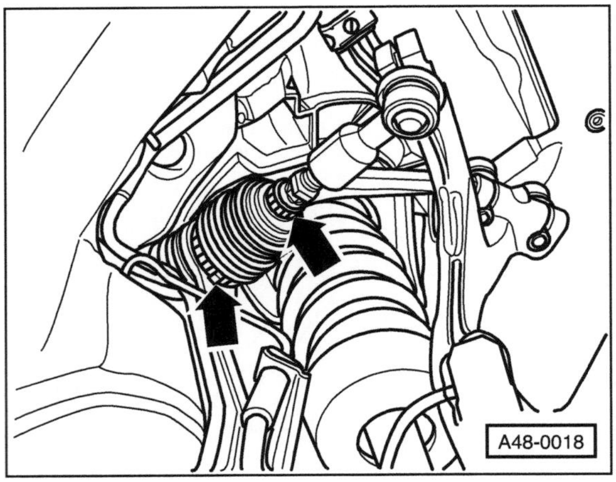

- Schellen am Faltenbalg öffnen.

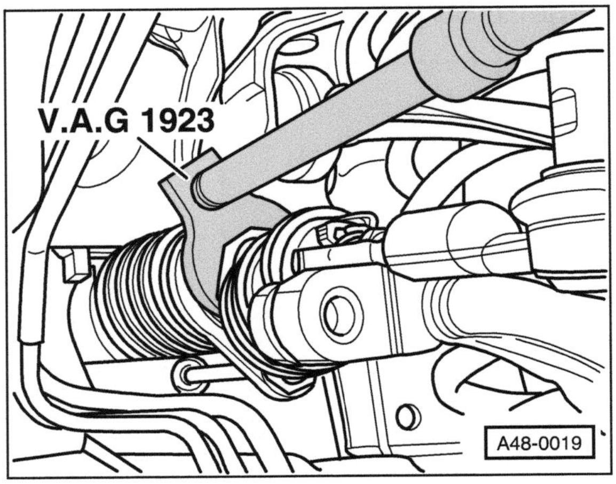

- Faltenbalg so weit wie möglich nach außen schieben und Spurstange abschrauben. Die Werkstatt verwendet hierzu das Spezialwerkzeug V.A.G 1923.
- Spurstange herausnehmen.

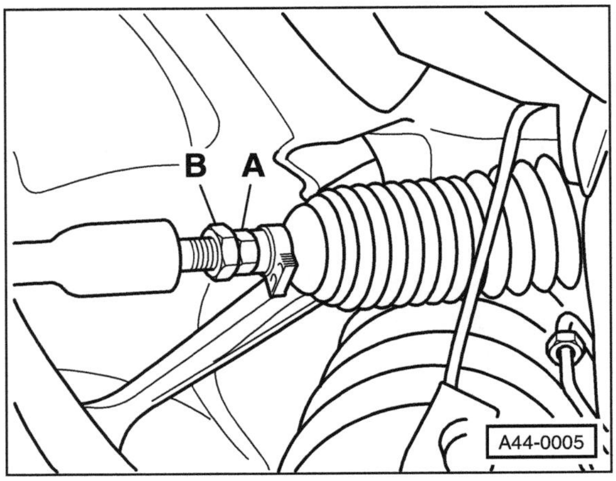

- Falls erforderlich, Kontermutter –B– lösen und Spurstangenkopf von der Spurstange abschrauben. Dabei am Sechskant –A– der Spurstange gegenhalten. Beim Abschrauben des Spurstangenkopfes Umdrehungen zählen. Neuen Spurstangenkopf mit der gleichen Umdrehungsanzahl aufschrauben.

Einbau

- Spurstange oder Spurstangenkopf erneuern.
- Falls abgebaut, Spurstangenkopf mit der gleichen Umdrehungsanzahl wie beim Ausbau aufschrauben.
- Kontermutter –B– mit **40 Nm** festziehen, dabei am Sechskant der Spurstange –A– gegenhalten.
- Spurstange einsetzen und mit **100 Nm** an der Zahnstange des Lenkgetriebes anschrauben.

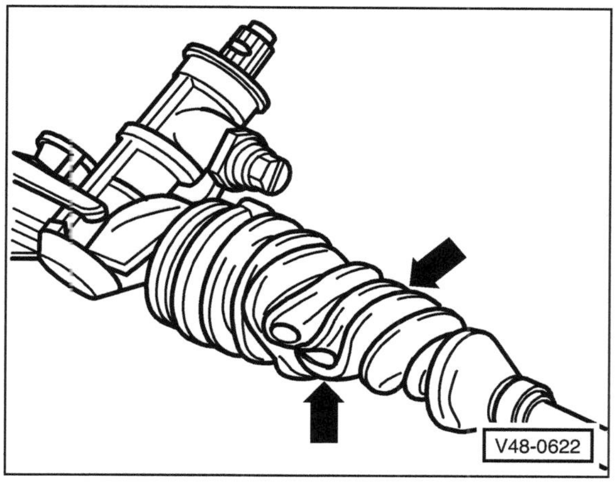

- Faltenbalg mit dem kleinen Durchmesser in die Nut der Spurstange einschnappen. **Achtung:** Darauf achten, daß sich der Faltenbalg nicht verdrillt, wie in der Abbildung dargestellt.
- Faltenbalg mit **neuen** Schellen sichern.
- Spurstangenkopf einsetzen, Kombischraube –3– mit **7 Nm** und **neue** selbstsichernde Mutter –4– mit **45 Nm** festziehen, siehe Abbildung A40-0045 auf Seite 137.
- Vorderrad so ansetzen, daß die beim Ausbau angebrachten Markierungen übereinstimmen. Vorher Zentriersitz der Felge an der Radnabe mit Wälzlagerfett dünn einfetten. Radschrauben nicht fetten oder ölen. Korrodierte Radschrauben erneuern. Rad anschrauben. Fahrzeug ablassen und Radschrauben über Kreuz mit **120 Nm** festziehen.
- Spur prüfen lassen (Werkstattarbeit).

Lenksystem entlüften

Das Lenksystem muß entlüftet werden sobald Luft in den Hydraulikkreislauf eingedrungen ist, beispielsweise beim Öffnen eines Schlauchanschlusses.

- Hydraulikölstand prüfen, gegebenenfalls Hydrauliköl nachfüllen, siehe Kapitel »Wartung«.
- Fahrzeug soweit aufbocken, bis die Vorderräder vom Boden abgehoben haben.
- Lenkrad bei abgestelltem Motor 10mal von Anschlag zu Anschlag drehen.
- Hydraulikölstand prüfen, gegebenenfalls Hydrauliköl nachfüllen.
- Fahrzeug absenken.
- Motor starten.
- Lenkrad bei laufendem Motor 10mal von Anschlag zu Anschlag drehen.
- Hydraulikölstand prüfen, gegebenenfalls Hydrauliköl nachfüllen.

Hinweis: Eventuell im Lenksystem verbliebene Restluft entweicht im Fahrbetrieb nach einer Fahrstrecke von ca. 10 bis 20 km von selbst.

Lenksystem auf Dichtheit prüfen

- Schlauchbinder für Faltenbälge am Lenkgetriebe öffnen und Faltenbälge zurückschieben.
- Motor starten.

Achtung: Diese Prüfung nicht länger als ca. 10 Sekunden durchführen, sonst kann die Servopumpe beschädigt werden.

- Lenkrad bis zum Anschlag drehen und kurzzeitig festhalten. Dadurch baut sich der größtmögliche Druck auf.

Folgende Bauteile auf Dichtheit prüfen:

- ■ Dichtring für Lenkritzel am Ventilgehäuse des Lenkgetriebes.
- ■ Alle Leitungsanschlüsse.
- ■ Zahnstangendichtringe.

- Lenkrad auf die andere Seite bis zum Anschlag drehen, kurzzeitig festhalten und Prüfung wiederholen.
- Faltenbälge aufschieben und mit Schlauchbindern sichern.

Hinweis: Wenn Hydrauliköl im Lenkgetriebegehäuse und/oder in den Faltenbälgen sichtbar ist, muß in der Regel das Lenkgetriebe ersetzt werden (Werkstattarbeit).

Servopumpe/Lenkgetriebe/Vorratsbehälter

4-Zylinder-Motor

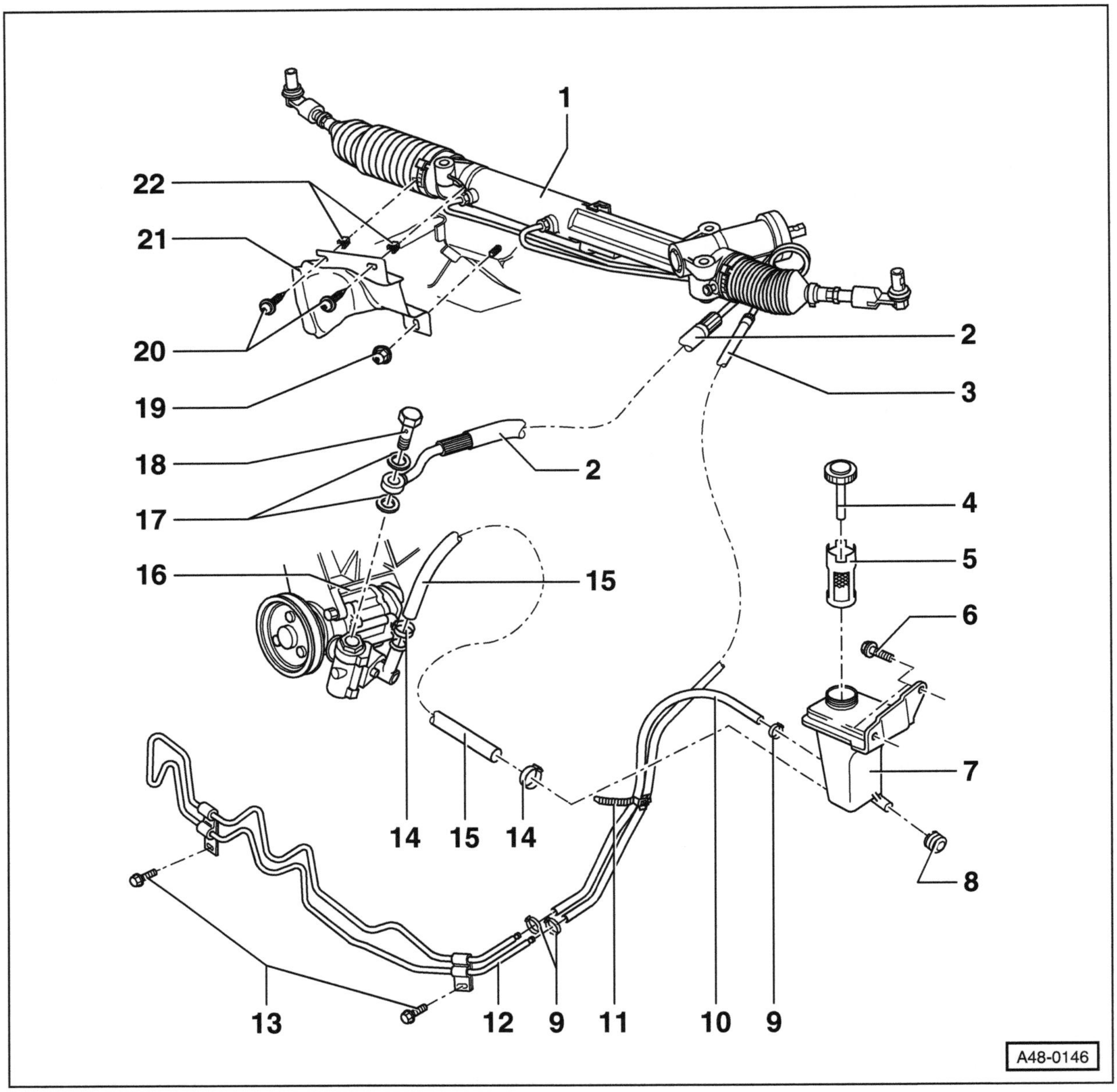

1 – **Servolenkgetriebe**

2 – **Druckleitung**

3 – **Rücklaufschlauch**

4 – **Verschlußdeckel mit Peilstab**

5 – **Sieb**

6 – **Sechskantschraube, 9 Nm**

7 – **Vorratsbehälter**

8 – **Gummilager**

9 – **Klemmschelle**

10 – **Rücklaufschlauch**
Zwischen Vorratsbehälter und Kühlleitung.

11 – **Kabelbinder**

12 – **Kühlleitung**

13 – **Torxschrauben T30, 9 Nm**

14 – **Klemmschelle**

15 – **Saugschlauch**

16 – **Servopumpe**

Ausbau

◆ Servopumpe mit 2 Sechskantschrauben sowie 1 Innensechskantschraube vom Halter abschrauben.

Einbau

◆ Wird die Servopumpe erneuert, neue Pumpe vor dem Einbau mit neuem Hydrauliköl füllen. Dazu Hydrauliköl am Saugstutzen der Pumpe einfüllen und die Nabe von Hand drehen, bis Öl an der Druckseite der Pumpe austritt.

◆ Servopumpe mit **20 Nm** am Halter anschrauben.

17 – **Dichtringe**
Größe 16 x 22, immer ersetzen.

18 – **Hohlschraube, 50 Nm**

19 – **Federmutter**

20 – **Kombischraube**

21 – **Abschirmblech**

22 – **Spreizmutter**

Bremsanlage

Aus dem Inhalt:

- Bremsbeläge wechseln
- Bremsscheibe prüfen
- Bremsscheibe wechseln
- Bremse entlüften
- Handbremse einstellen
- ABS/EBV/EDS/ASR/ESP
- Handbremsseil
- Bremskraftverstärker
- Bremslichtschalter

Das Bremssystem besteht aus dem Hauptbremszylinder, dem Bremskraftverstärker und den Scheibenbremsen für die Vorder- und Hinterräder. Das hydraulische Bremssystem ist in zwei Kreise aufgeteilt, die diagonal wirken. Ein Bremskreis ist mit den Bremssätteln vorn rechts/hinten links verbunden, der zweite mit den Bremssätteln vorn links/hinten rechts. Dadurch kann bei Ausfall eines Bremskreises, zum Beispiel durch Undichtigkeit, das Fahrzeug über den anderen Bremskreis zum Stehen gebracht werden. Der Druck für beide Bremskreise wird im Tandem-Hauptbremszylinder über das Bremspedal aufgebaut.

Der Bremsflüssigkeitsbehälter befindet sich im Motorraum über dem Hauptbremszylinder und versorgt das ganze Bremssystem mit Bremsflüssigkeit.

Der Bremskraftverstärker speichert beim Benzinmotor einen Teil des vom Motor erzeugten Ansaugunterdruckes. Über Ventile wird dann bei Bedarf die Pedalkraft durch den Unterdruck verstärkt. Da beim Dieselmotor der Ansaug-Unterdruck nicht vorhanden ist, erzeugt eine Vakuumpumpe den Unterdruck für den Bremskraftverstärker. Die Vakuumpumpe ist beim 4-Zylinder-Dieselmotor am Motorblock hinten links angeflanscht und wird über die Zwischenwelle angetrieben. Beim 6-Zylinder-Dieselmotor sitzt die Vakuumpumpe an der Stirnseite des linken Zylinderkopfs.

Die Scheibenbremsen sind mit einem sogenannten Faustsattel ausgestattet. Bei dem Faustsattel wird nur ein Kolben benötigt, um beide Bremsbeläge gegen die Bremsscheibe zu drücken.

Die Handbremse wirkt über Seilzüge auf die Hinterräder.

Sicherheitshinweis:
Das Arbeiten an der Bremsanlage erfordert peinliche Sauberkeit und exakte Arbeitsweise. Falls die nötige Arbeitserfahrung fehlt, sollten die Arbeiten an der Bremse von einer Fachwerkstatt durchgeführt werden.

Die Bremsbeläge sind Bestandteil der Allgemeinen Betriebserlaubnis (ABE), außerdem sind sie vom Werk auf das jeweilige Fahrzeugmodell abgestimmt. Es empfiehlt sich deshalb, nur vom Automobilhersteller beziehungsweise vom Kraftfahrtbundesamt freigegebene Bremsbeläge zu verwenden. Diese Bremsbeläge haben eine KBA-Freigabenummer.

Hinweis: Auf stark regennassen Fahrbahnen sollte während des Fahrens die Bremse von Zeit zu Zeit betätigt werden, um die Bremsscheiben von Rückständen zu befreien. Durch die Zentrifugalkraft während der Fahrt wird zwar das Wasser von den Bremsscheiben geschleudert, doch bleibt teilweise ein dünner Film von Silikonen, Gummiabrieb, Fett und Verschmutzungen zurück, der das Ansprechen der Bremse vermindert.

Eingebrannter Schmutz auf den Bremsbelägen und zugesetzte Regennuten in den Bremsbelägen führen zur Riefenbildung auf den Bremsscheiben. Dadurch kann eine verminderte Bremswirkung eintreten.

Sicherheitshinweis:
Beim Reinigen der Bremsanlage fällt Bremsstaub an. Dieser Staub kann zu gesundheitlichen Schäden führen. Deshalb beim Reinigen der Bremsanlage darauf achten, daß der Bremsstaub nicht eingeatmet wird.

ABS/EBV/EDS/ASR/ESP

ABS: Das **A**nti-**B**lockier-**S**ystem verhindert bei scharfem Abbremsen das Blockieren der Räder. Dadurch bleibt das Fahrzeug lenkbar.

EBV: Die **E**lektronische **B**remskraft**v**erteilung verteilt mittels ABS-Hydraulik die Bremskraft an die Hinterräder. Da die EBV-Regelung wesentlich sensibler arbeitet als ein mechanisch wirkender Bremskraftregler, wird ein deutlich größerer Regelbereich ausgenutzt.

Bei Geradeausfahrt wird die Hinterradbremse voll an der Bremsleistung beteiligt. Um auch bei Kurvenbremsungen die Fahrstabilität zu gewährleisten, muß der Bremskraftanteil der Hinterachse reduziert werden. Über die ABS-Drehzahlsensoren erkennt die EBV, ob das Fahrzeug geradeaus oder durch eine Kurve fährt. Bei Kurvenfahrt wird der Bremsdruck für die Hinterräder reduziert. Dadurch können die Hinterräder die maximale Seitenführungskraft aufbringen.

EDS: Mit der **E**lektronischen **D**ifferential**s**perre werden beim Anfahren durchdrehende Räder abgebremst. Dadurch wird das Antriebsdrehmoment auf »greifende« Räder umgelenkt.

Die elektronische Differentialsperre wird beim Anfahren wirksam und schaltet sich bei einer Geschwindigkeit von 40 km/h automatisch ab. Besonders vorteilhaft an dieser Traktionshilfe: Sie beeinflußt weder das Fahrverhalten negativ noch beeinträchtigt sie den Lenkkomfort beim Anfahren.

ASR: Die **A**ntriebs-**S**chlupf-**R**egelung verringert das Antriebsdrehmoment beim Durchdrehen beider Antriebsräder durch Zurücknahme der Motorleistung.

Während EDS den gezielten Bremseneingriff zur Traktionsverbesserung einsetzt, sorgt die Antriebs-Schlupf-Regelung ASR bei Bedarf für einen zusätzlichen Eingriff in die Motorsteuerung. Und zwar wird bei aufkommendem Schlupf der Antriebsräder die Motorleistung so weit abgeregelt, daß nur noch das auf die Fahrbahn übertragbare Drehmoment bereitgestellt wird.

Sinn der Antriebs-Schlupf-Regelung ist es, die aktive Sicherheit durch Gewinn an Fahrstabilität und Lenkbarkeit auch bei Kurvenfahrt zu erhöhen, und zwar unabhängig davon, wieviel Gas der Fahrer gibt. ASR wirkt vom Anfahren bis zur Höchstgeschwindigkeit.

ESP: Das **E**lektronisches **S**tabilitäts**p**rogramm verringert die Schleudergefahr durch automatischen Bremseneingriff. Beginnt beispielsweise das Heck des Fahrzeugs auszubrechen, wird durch die ABS-Hydraulik das kurvenäußere Vorderrad abgebremst und dadurch das Fahrzeug stabilisiert.

Hinweise zum ABS/EBV/EDS/ASR/ESP

Eine Sicherheitsschaltung im elektronischen Steuergerät sorgt dafür, daß sich die Anlage bei einem Defekt, zum Beispiel Kabelbruch, oder bei zu niedriger Betriebsspannung – Batteriespannung unter 10 Volt – selbst abschaltet. Angezeigt wird dies durch das Leuchten der Kontrollampen am Armaturenbrett. Die herkömmliche Bremsanlage bleibt dabei in Betrieb. Das Fahrzeug verhält sich dann beispielsweise beim Bremsen so, als ob keine ABS-Anlage eingebaut wäre.

Sicherheitshinweis:
Wenn während der Fahrt die Kontrolleuchten für ABS und für Bremsanlage leuchten, können bei starkem Bremsen die Hinterräder blockieren, da die Bremskraftverteilung ausgefallen ist.

Leuchten eine oder mehrere Kontrollampen im Armaturenbrett während der Fahrt auf, folgende Punkte beachten:

- Fahrzeug kurz anhalten, Motor abstellen und wieder starten.
- Batteriespannung prüfen. Wenn die Spannung unter 10,5 Volt liegt, Batterie laden.

Achtung: Wenn die Kontrolleuchten am Anfang einer Fahrt aufleuchten und nach einiger Zeit wieder erlöschen, deutet das darauf hin, daß die Batteriespannung zunächst zu gering war, bis sie sich während der Fahrt durch Ladung über den Generator wieder erhöht hat.

- Prüfen, ob die Batterieklemmen richtig festgezogen sind und einwandfreien Kontakt haben.
- Fahrzeug aufbocken, Räder abnehmen, elektrische Leitungen zu den Drehzahlfühlern auf äußere Beschädigungen (Scheuerstellen) prüfen. Weitere Prüfungen der ABS/EBV/EDS/ASR/ESP-Anlage sollten der Werkstatt vorbehalten bleiben.

Achtung: Vor Schweißarbeiten mit einem elektrischen Schweißgerät muß der Stecker vom elektronischen Steuergerät abgezogen werden. Stecker nur bei ausgeschalteter Zündung abziehen. Bei Lackierarbeiten darf das Steuergerät kurzzeitig mit max. +95° C, langzeitig (max. 2 Std.) mit +85° C belastet werden.

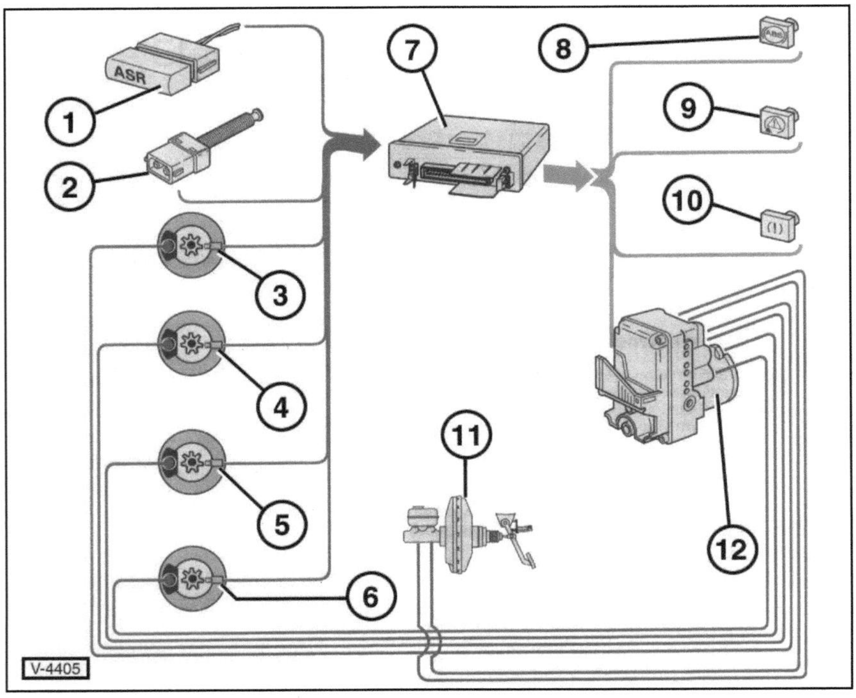

1 – Schalter für ASR
2 – Bremslichtschalter
3 – Drehzahlfühler hinten links
4 – Drehzahlfühler hinten rechts
5 – Drehzahlfühler vorn rechts
6 – Drehzahlfühler vorn links
7 – Steuergerät für ABS/EBV/EDS/ASR/ESP Integriert in die Hydraulik-Steuereinheit
8 – Kontrollampe ABS/EDS
9 – Kontrollampe ASR/ESP
10 – Kontrollampe Bremsflüssigkeitsstand
11 – Hauptbremszylinder, Bremskraftverstärker, Bremspedal
12 – Hydraulik-Steuereinheit

Technische Daten Bremsanlage

Scheibenbremse		vorn			hinten		
Bremssattel-Ausführung		**FN-3 (15")**	**FN-3 (16")**	**HP-2 (16")**	**C 38**	**C 43 (16")**	**C 43 (16")**
Bremsbelag: Dicke neu	∅ mm	14	14	14	12	12	12
Bremsbelag: Verschleißgrenze (ohne Rückenplatte)	mm	2	2	2	2	2	2
Bremsscheibe: Durchmesser	mm	288	312	321	245	255	269
Dicke der Bremsscheibe innenbelüftet	mm	25	25	30	–	–	22
Dicke der Bremsscheibe unbelüftet	mm	–	–	–	10	10	–
Bremsscheibe: Verschleißgrenze	mm	23	23	28	8	8	20

Bremsbeläge vorn aus- und einbauen

Teves-Ate-Bremssattel FN-3

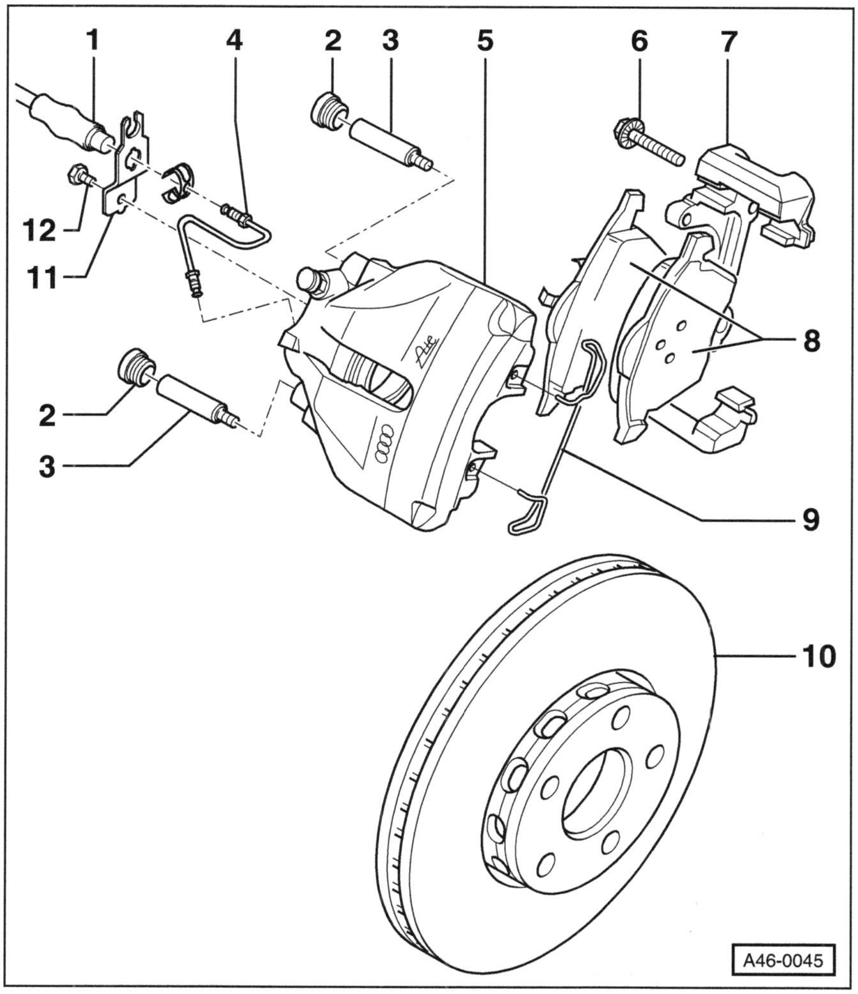

1 – Bremsschlauch
Zum Ersetzen der Bremsbeläge nicht abschrauben.

2 – Abdeckkappe

3 – Führungsbolzen, 25 Nm

4 – Bremsleitung, 15 Nm

Einbau
- ◆ Bremsleitung in Bremssattel einschrauben.
- ◆ Bremsleitung mit Bremsschlauch verschrauben, dabei am Sechskant des Bremsschlauches gegenhalten.
- ◆ Auf einwandfreien Sitz der Rastnasen in den Nuten am Halter –11– achten.

5 – Bremssattel

6 – Rippschraube, 120 Nm
Bei Wiederverwendung Verrippung reinigen.

7 – Bremsträger

8 – Bremsbeläge
Die äußeren Bremsbeläge sind auf der Belagrückenplatte mit einer Klebefolie versehen. Diese ist vor dem Einsetzen abzuziehen.
Grundsätzlich alle 4 Beläge einer Achse ersetzen.

9 – Haltefeder
In beide Bohrungen des Bremssattels einsetzen.

10 – Bremsscheibe
Grundsätzlich beide Bremsscheiben einer Achse ersetzen. Zum Ausbauen vorher Bremssattel mit Bremsträger abschrauben.

11 – Halter

12 – Sechskantschraube, 10 Nm

Ausbau

Achtung: Die Bremsbeläge sind Bestandteil der Allgemeinen Betriebserlaubnis (ABE), außerdem sind sie vom Werk auf das jeweilige Modell abgestimmt. Es empfiehlt sich deshalb, nur vom Automobilhersteller freigegebene Bremsbeläge zu verwenden.

- Stellung der Vorderräder zur Radnabe mit Farbe kennzeichnen. Dadurch kann das ausgewuchtete Rad wieder in derselben Position montiert werden. Radschrauben bei auf dem Boden stehendem Fahrzeug lösen. Fahrzeug vorn aufbocken und Vorderräder abnehmen.

Achtung: Sollen die Bremsbeläge wieder verwendet werden, so müssen sie beim Ausbau gekennzeichnet werden. Ein Wechsel der Beläge von der Außen- zur Innenseite und umgekehrt oder auch vom rechten zum linken Rad ist nicht zulässig. **Grundsätzlich alle Scheibenbremsbeläge vorn gleichzeitig ersetzen, auch wenn nur ein Belag die Verschleißgrenze erreicht hat.**

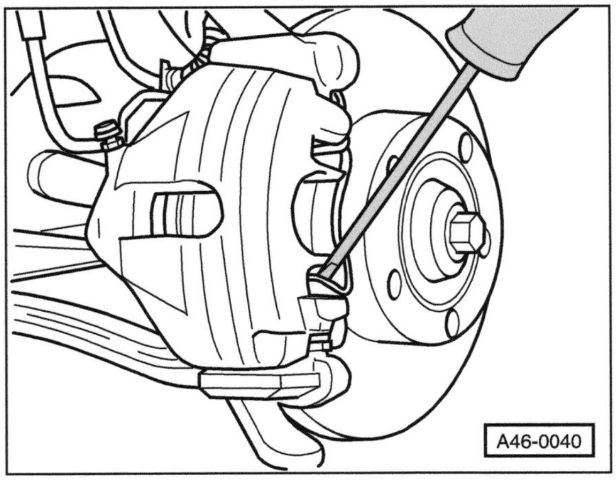

- Haltefeder für Bremsbeläge aus Bremssattel mit Schraubendreher heraushebeln und abnehmen.

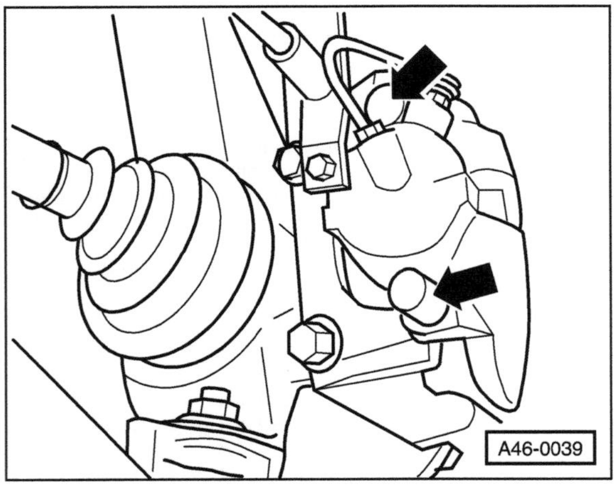

- Obere und untere Abdeckkappe –Pfeile– abnehmen.

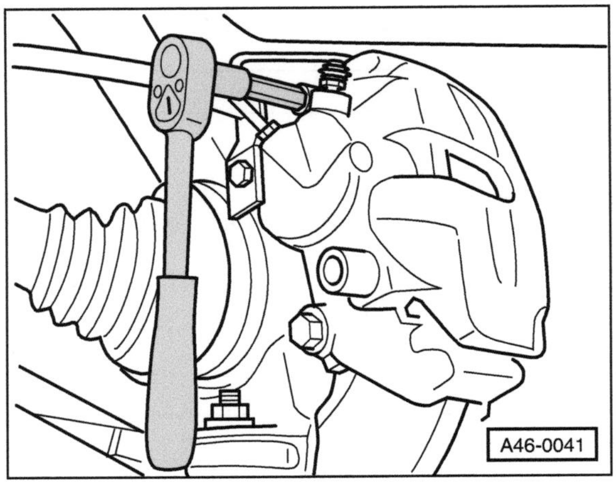

- Beide Führungsbolzen aus Bremssattel herausdrehen.
- Bremssattel mit Draht am Aufbau aufhängen. **Achtung:** Bremssattel nicht einfach nach unten hängen lassen; der Bremsschlauch darf nicht auf Zug beansprucht oder verdreht werden.
- Äußeren Bremsbelag aus dem Bremsträger nehmen.
- Inneren Bremsbelag aus dem Bremskolben herausziehen.

Einbau

Achtung: Bei ausgebauten Bremsbelägen nicht auf das Bremspedal treten, sonst wird der Kolben aus dem Gehäuse herausgedrückt. In diesem Fall Bremssattel komplett ausbauen und Kolben in der Werkstatt einsetzen lassen.

- Führungsfläche beziehungsweise Sitz der Beläge im Gehäuseschacht mit einem Lappen und Spiritus fettfrei reinigen. Keine mineralölhaltigen Lösungsmittel oder scharfkantigen Werkzeuge verwenden. Besonders auf das Entfernen eventueller Klebefolienreste an den Anlageflächen der äußeren Bremsbeläge achten. **Achtung:** Zum Reinigen der Bremse ausschließlich Spiritus verwenden.
- Vor Einbau der Beläge ist die Bremsscheibe durch Abtasten mit den Fingern auf Riefen zu untersuchen. Riefige Bremsscheiben können abgedreht werden (Werkstattarbeit), sofern sie noch eine ausreichende Dicke aufweisen.
- Bremsscheibendicke messen, siehe Seite 148.
- Staubkappe am Bremskolben auf Anrisse prüfen. Eine beschädigte Staubkappe umgehend ersetzen lassen, da eingedrungener Schmutz schnell zu Undichtigkeiten des Bremssattels führt. Der Bremssattel muß hierzu zerlegt werden (Werkstattarbeit).

Achtung: Bei hohem Bremsbelagverschleiß Leichtgängigkeit des Kolbens prüfen. Bei der Prüfung muß der andere Bremssattel eingebaut sein. Zum Prüfen einen Holzklotz in den Bremssattel einsetzen und durch Helfer langsam auf das Bremspedal treten lassen. Der Bremskolben muß sich leicht heraus- und hineindrücken lassen. Darauf achten, daß der Bremskolben nicht ganz herausgedrückt wird. Bei schwergängigem Kolben Bremssattel instandsetzen (Werkstattarbeit).

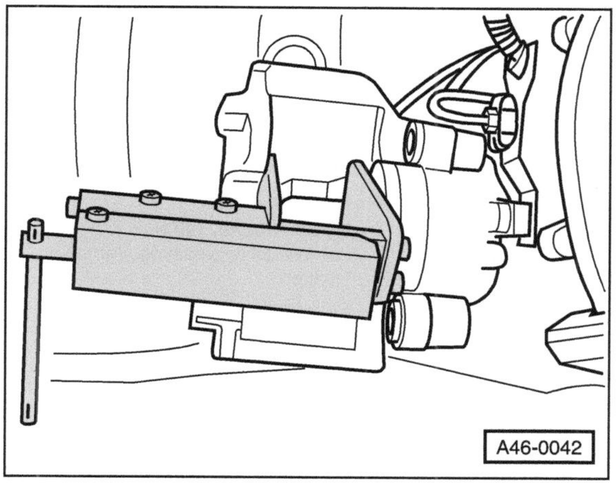

- Bremskolben mit Rücksetzvorrichtung, zum Beispiel HAZET 4971-1, zurückdrücken. Es geht auch mit einem Hartholzstab (Hammerstiel), dabei jedoch besonders darauf achten, daß der Kolben nicht verkantet wird und Kolbenfläche sowie Staubkappe nicht beschädigt werden.

Achtung: Beim Zurückdrücken des Kolbens wird Bremsflüssigkeit aus dem Bremszylinder in den Ausgleichbehälter gedrückt. Flüssigkeit im Behälter beobachten, eventuell Bremsflüssigkeit mit einem Saugheber absaugen.

Sicherheitshinweis:
Zum Absaugen eine Entlüfter- oder Plastikflasche verwenden, die nur mit Bremsflüssigkeit in Berührung kommt. Keine Trinkflaschen verwenden! **Bremsflüssigkeit ist giftig und darf auf gar keinen Fall mit dem Mund über einen Schlauch abgesaugt werden. Saugheber verwenden.** Auch nach dem Belagwechsel darf die MAX.-Marke am Bremsflüssigkeitsbehälter nicht überschritten werden, da sich die Flüssigkeit bei Erwärmung ausdehnt. Ausgelaufene Bremsflüssigkeit läuft am Hauptbremszylinder herunter, zerstört den Lack und führt zur Rostbildung.

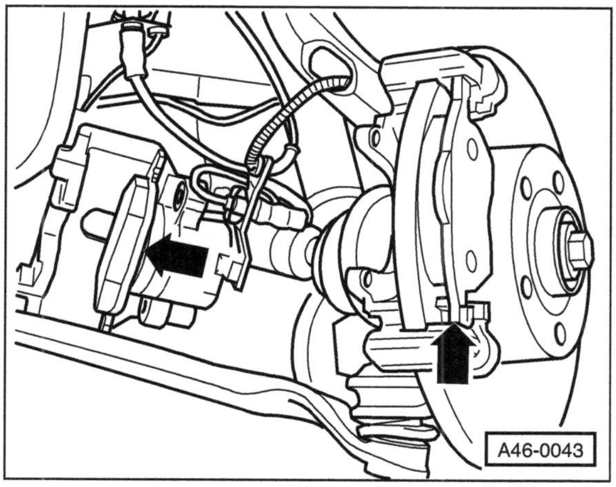

- Inneren Bremsbelag mit Spreizfeder –Pfeil links– in den Bremskolben einsetzen.

Achtung: Der innere Bremsbelag ist mit einem Pfeil versehen. Der Pfeil muß in Drehrichtung der Bremsscheibe bei Vorwärtsfahrt zeigen. Bei Falschmontage, wenn der Bremsbelag beispielsweise auf der anderen Fahrzeugseite eingesetzt ist, kann es zu Geräuschen kommen.

- Schutzfolie von der Rückenplatte des äußeren Bremsbelages abziehen.
- Äußeren Bremsbelag –Pfeil rechts– auf den Bremsträger aufsetzen. Dabei nicht die Klebeschicht auf der Rückenplatte beschädigen.
- Bremssattel mit beiden Führungsbolzen am Bremsträger mit **25 Nm** anschrauben.
- Beide Abdeckkappen auf die Führungsbolzen aufschieben.
- Haltefeder in den Bremssattel einsetzen. **Achtung:** Nach dem Einsetzen in die beiden Bohrungen muß die Haltefeder unter den Bremsträger gedrückt werden. Bei fehlerhafter Montage stellt sich trotz Verschleiß der äußere Bremsbelag nicht nach, so daß sich der Pedalweg vergrößert.
- Vorderräder so ansetzen, daß die beim Ausbau angebrachten Markierungen übereinstimmen. Radschrauben **nicht** fetten oder ölen. Korrodierte Radschrauben erneuern. Räder anschrauben. Fahrzeug ablassen und Radschrauben über Kreuz mit **120 Nm** festziehen.

Achtung: Bremspedal im Stand mehrmals kräftig niedertreten, bis fester Widerstand spürbar ist. Dadurch legen sich die Bremsbeläge an die Bremsscheiben an und nehmen einen dem Betriebszustand entsprechenden Sitz ein.

- Bremsflüssigkeit im Ausgleichbehälter prüfen, gegebenenfalls bis zur MAX.-Marke auffüllen.

Achtung, Sicherheitskontrolle durchführen:
- ◆ Sind die Bremsschläuche festgezogen?
- ◆ Befindet sich der Bremsschlauch in der Halterung?
- ◆ Sind die Entlüftungsschrauben angezogen?
- ◆ Ist genügend Bremsflüssigkeit eingefüllt?
- ◆ Bei laufendem Motor Dichtheitskontrolle durchführen. Hierzu Bremspedal mit 200 bis 300 N (entspricht 20 bis 30 kg) etwa 10 Sekunden betätigen. Das Bremspedal darf nicht nachgeben. Sämtliche Anschlüsse auf Dichtheit kontrollieren.

- Neue Bremsbeläge vorsichtig einbremsen, dazu Fahrzeug mehrmals von ca. 80 km/h auf 40 km/h mit geringem Pedaldruck abbremsen. Dazwischen Bremse etwas abkühlen lassen.

Achtung: Nach dem Einbau von neuen Bremsbelägen müssen diese eingebremst werden. Während einer Fahrtstrecke von rund 200 km sollten unnötige Vollbremsungen unterbleiben.

Hinweis: Bremsbeläge müssen in einigen Kommunen als Sondermüll entsorgt werden. Die örtlichen Behörden geben darüber Auskunft, ob auch eine Entsorgung über den hausmüllähnlichen Gewerbemüll zulässig ist.

Doppelkolben-Bremssattel vorn HP-2

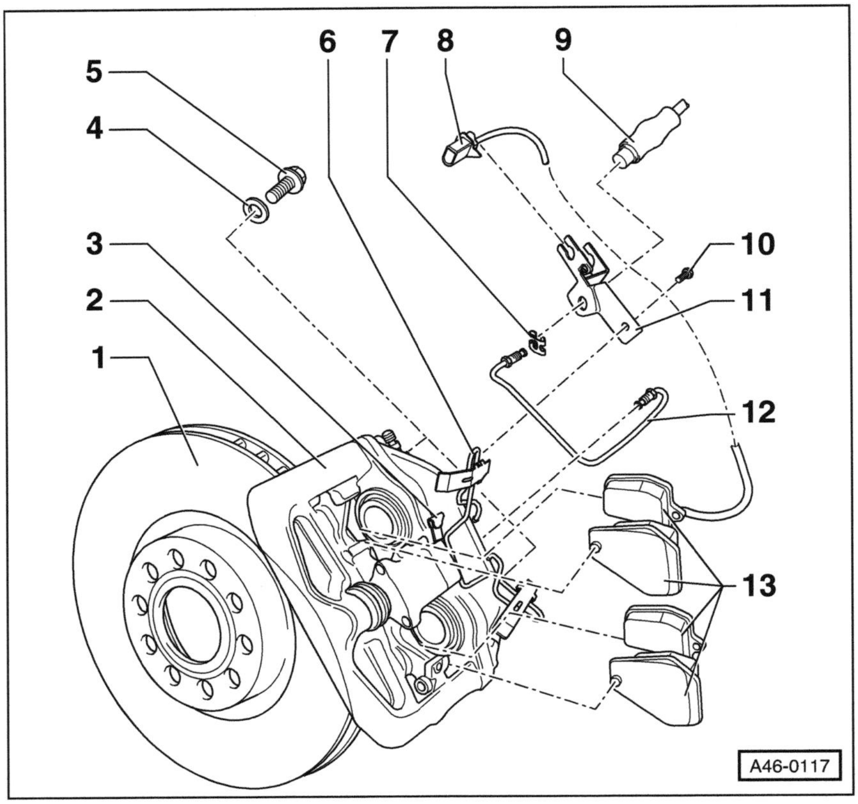

Aluminium-Ausführung

1 – Bremsscheibe

2 – Bremssattel

3 – Leitungshalter

4 – Rippscheibe

5 – Rippschraube, 190 Nm
Bei Wiederverwendung Verrippung reinigen.

6 – Spannfeder
Seitlich wegschwenken, keine Demontage möglich.

7 – Haltefeder

8 – Steckverbindung

9 – Bremsschlauch

10 – Sechskantschraube, 25 Nm

11 – Halter

12 – Bremsleitung, 15 Nm

13 – Bremsbeläge
Unterschiedliche Ausführung links und rechts.
Ansprechen der Verschleißanzeige bei einer Dicke von 3 mm.
Schutzfolie für Verklebung der äußeren Bremsbeläge erst kurz vor dem Einsetzen abziehen. Vor dem Einbau Anlagefläche am Bremssattel gründlich reinigen.
Innere Bremsbeläge in die Kolben einsetzen.

Bremsbeläge hinten aus- und einbauen

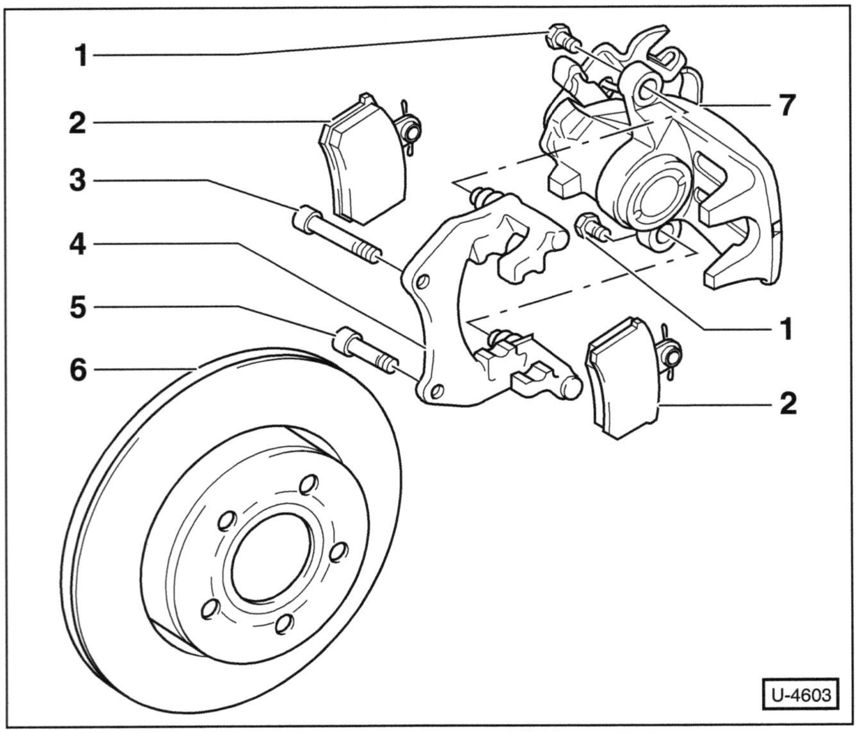

1 – Schraube, 35 Nm
Selbstsichernd, daher grundsätzlich ersetzen. Beim Lösen und Festziehen am Führungsbolzen mit Maulschlüssel gegenhalten.

2 – Bremsbeläge
Grundsätzlich alle 4 Beläge einer Achse ersetzen.

3 – Rippschraube, 95 Nm

4 – Bremsträger
Mit Führungsbolzen und Schutzkappe.
Wird zusammengebaut mit ausreichender Fettmenge an den Führungsbolzen als Ersatzteil geliefert.
Bei Beschädigungen an den Schutzkappen kompletten Reparatursatz einbauen. Beiliegendes Fettkissen zum Befetten der Führungsbolzen verwenden.

5 – Rippschraube, 95 Nm

6 – Bremsscheibe
Grundsätzliche beide Bremsscheiben einer Achse ersetzen.

7 – Bremssattel

Ausbau

Achtung: Sollen die Bremsbeläge wieder verwendet werden, so müssen sie beim Ausbau gekennzeichnet werden. Ein Wechsel der Beläge vom rechten zum linken Rad und umgekehrt ist nicht zulässig. Der Seitenwechsel kann zu ungleichmäßiger Bremswirkung führen. Grundsätzlich sollte man nur Original-Ersatzteil-Bremsbeläge beziehungsweise vom Hersteller freigegebene Bremsbeläge verwenden. **Grundsätzlich alle Scheibenbremsbeläge einer Achse gleichzeitig ersetzen, auch wenn nur ein Belag die Verschleißgrenze erreicht hat.**

- Stellung der Hinterräder zur Radnabe mit Farbe kennzeichnen. Dadurch kann das ausgewuchtete Rad wieder in derselben Position montiert werden. Radschrauben lösen, dabei muß das Fahrzeug auf dem Boden stehen. Fahrzeug aufbocken und Hinterräder abnehmen.

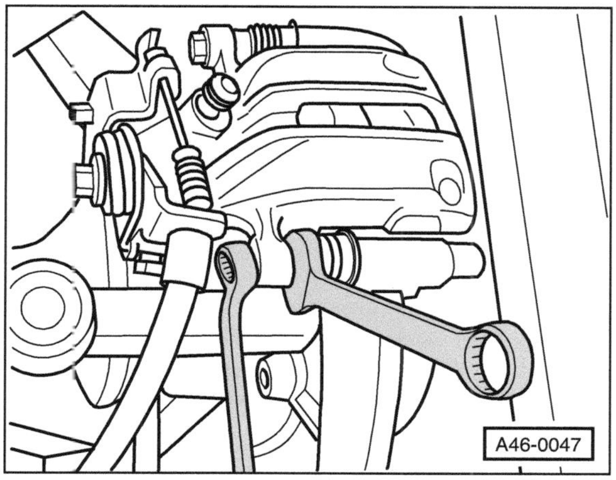

- Bremssattel oben und unten abschrauben. Dabei jeweils am Führungsbolzen mit Maulschlüssel gegenhalten.
- Bremssattel abnehmen und mit Draht am Aufbau aufhängen. Dabei darf der Bremsschlauch nicht auf Zug beansprucht werden.
- Bremsbeläge herausnehmen.

Einbau

Achtung: Bei ausgebauten Bremsbelägen nicht auf das Bremspedal treten, sonst wird der Kolben aus dem Gehäuse herausgedrückt. In diesem Fall Bremssattel komplett ausbauen und Kolben in der Werkstatt einsetzen lassen.

- Führungsfläche beziehungsweise Sitz der Beläge im Gehäuseschacht mit einem Lappen und Spiritus reinigen (fettfrei). Keine mineralölhaltigen Lösungsmittel oder scharfkantigen Werkzeuge verwenden. **Achtung:** Zum Reinigen der Bremse ausschließlich Spiritus verwenden.
- Vor Einbau der Beläge ist die Bremsscheibe durch Abtasten mit den Fingern auf Riefen zu untersuchen. Riefige Bremsscheiben sind zu erneuern.
- Bremsscheibendicke messen, gegebenenfalls verschlissene Bremsscheibe erneuern, siehe Seite 149.

- Staubkappe am Bremskolben auf Anrisse prüfen. Beschädigte Teile umgehend ersetzen lassen, da eingedrungener Schmutz schnell zu Undichtigkeiten des Bremssattels führt. Der Bremssattel muß hierzu ausgebaut und zerlegt werden (Werkstattarbeit).

Achtung: Beim Zurückdrehen des Kolbens wird Bremsflüssigkeit aus dem Bremszylinder in den Ausgleichbehälter gedrückt. Flüssigkeit im Behälter beobachten, eventuell Bremsflüssigkeit mit einem Saugheber absaugen.

Sicherheitshinweis:
Zum Absaugen eine Entlüfter- oder Plastikflasche verwenden, die nur mit Bremsflüssigkeit in Berührung kommt. Keine Trinkflaschen verwenden! **Bremsflüssigkeit ist giftig und darf auf gar keinen Fall mit dem Mund über einen Schlauch abgesaugt werden. Saugheber verwenden.** Auch nach dem Belagwechsel darf die MAX.-Marke am Bremsflüssigkeitsbehälter nicht überschritten werden, da sich die Flüssigkeit bei Erwärmung ausdehnt. Ausgelaufene Bremsflüssigkeit läuft am Hauptbremszylinder herunter, zerstört den Lack und führt zur Rostbildung.

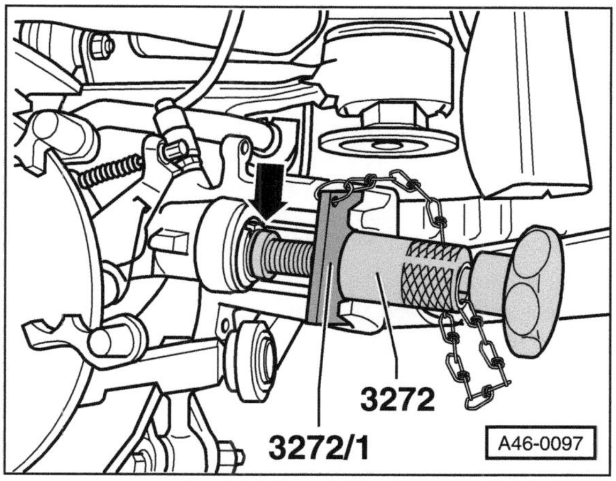

- Kolben in den Bremssattel zurück**drehen**.

Achtung: Der Kolben darf **auf keinen Fall** mit einer handelsüblichen Kolbenrücksetzvorrichtung oder einem Hammerstiel zurück**gedrückt** werden, **sonst wird der Feststellmechanismus für die Handbremse beschädigt.**

- Zum Zurückdrehen Spezialwerkzeug so einsetzen, daß der Bund des Werkzeugs 3272 am Bremssattel beziehungsweise an Werkzeug 3272/1 anliegt. Rändelrad nach links bis zum Anschlag drehen. Gewindespindel nach rechts drehen und Bremskolben einschrauben. Bei schwergängigem Kolben Maulschlüssel, Schlüsselweite 13 mm, an den Abflachungen –Pfeil– ansetzen. **Hinweis:** Es kann auch das HAZET-Werkzeug 4970/6 verwendet werden.
- Falls das Spezialwerkzeug nicht zur Verfügung steht, Flacheisen entsprechend zurechtfeilen und in die beiden Nuten des Bremskolbens einsetzen. Kolben unter kräftigem Druck zurückdrehen.

Einbau

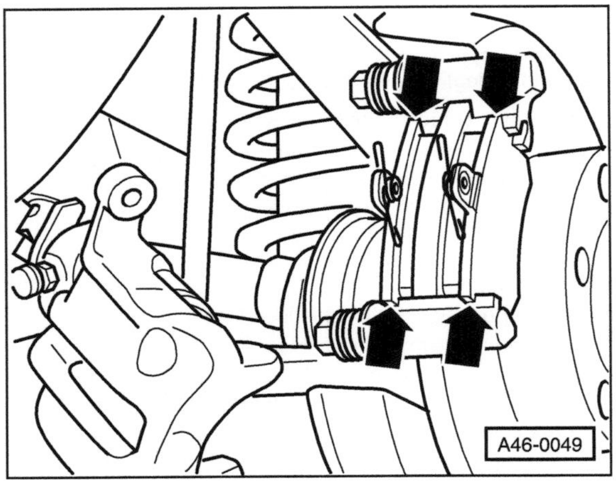

- Von neuen Bremsbelägen die Schutzfolie an der Rückenplatte abziehen und Bremsbeläge in den Bremsträger einsetzen.
- Bremssattel ansetzen und mit **neuen**, selbstsichernden Befestigungsschrauben und **35 Nm** anziehen, dabei an den Führungsbolzen mit Maulschlüssel gegenhalten. **Achtung:** Im Reparatursatz sind vier selbstsichernde Sechskantschrauben enthalten, die in jedem Falle einzubauen sind.
- Hinterräder so ansetzen, daß die beim Ausbau angebrachten Markierungen übereinstimmen. Radschrauben **nicht** fetten oder ölen. Korrodierte Radschrauben erneuern. Räder anschrauben. Fahrzeug ablassen und Radschrauben über Kreuz mit **120 Nm** festziehen.

Achtung: Bremspedal im Stand mehrmals kräftig niedertreten, bis fester Widerstand spürbar ist. Dadurch nehmen die Beläge den richtigen Sitz ein.

- Bremsflüssigkeitsstand im Ausgleichbehälter prüfen, gegebenenfalls bis zur MAX.-Marke auffüllen.
- Handbremse einstellen, siehe entsprechendes Kapitel.

Achtung, Sicherheitskontrolle durchführen:
- ◆ Sind die Bremsschläuche festgezogen?
- ◆ Befindet sich der Bremsschlauch in der Halterung?
- ◆ Sind die Entlüftungsschrauben angezogen?
- ◆ Ist genügend Bremsflüssigkeit eingefüllt?
- ◆ Bei laufendem Motor Dichtheitskontrolle durchführen. Hierzu Bremspedal mit 200 bis 300 N (entspricht 20 bis 30 kg) etwa 10 Sekunden betätigen. Das Bremspedal darf nicht nachgeben. Sämtliche Anschlüsse auf Dichtheit kontrollieren.

- Neue Bremsbeläge vorsichtig einbremsen, dazu Fahrzeug auf wenig befahrener Straße mehrmals von ca. 80 km/h auf 40 km/h mit geringem Pedaldruck abbremsen. Dazwischen Bremse etwas abkühlen lassen.

Hinweis: Bremsbeläge müssen in einigen Kommunen als Sondermüll entsorgt werden. Die örtlichen Behörden geben darüber Auskunft, ob auch eine Entsorgung über den hausmüllähnlichen Gewerbemüll zulässig ist.

Bremsscheibendicke prüfen

- Stellung der Räder zur Radnabe mit Farbe kennzeichnen. Dadurch kann das ausgewuchtete Rad wieder in derselben Position montiert werden. Radschrauben bei auf dem Boden stehendem Fahrzeug lösen. Fahrzeug aufbocken und Räder abnehmen.

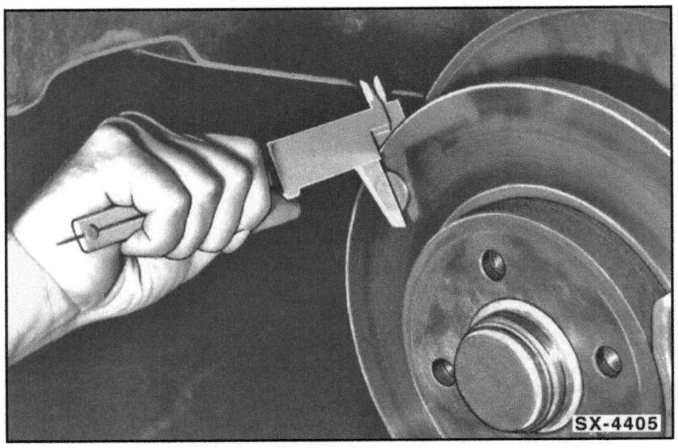

- Bremsscheibendicke messen. Die Werkstätten benutzen dazu eine spezielle Lehre oder eine Mikrometer-Bügelmeßschraube, da sich durch Abnutzung der Bremsscheibe ein Rand bildet. Man kann auch eine normale Schieblehre verwenden, allerdings muß dann auf jeder Seite der Bremsscheibe eine entsprechend starke Unterlage zwischengelegt werden (beispielsweise 2 Münzen). Um die exakte Bremsscheibendicke zu erhalten, müssen von dem gemessenen Maß die Dicke der Münzen abgezogen werden.

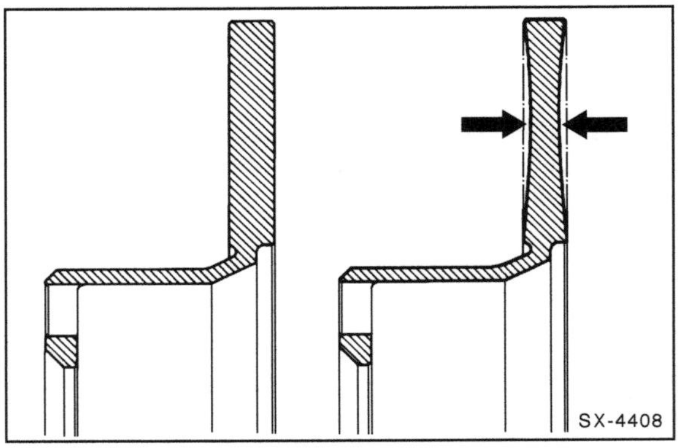

Achtung: Bremsscheibendicke an mehreren Punkten des Umfangs, jeweils an der dünnsten Stelle –Pfeile– messen.

- Maße für Bremsscheiben, siehe Seite 143.
- Wird das Verschleißmaß erreicht, Bremsscheibe erneuern.
- Bei größeren Rissen oder bei Riefen, die tiefer als 0,5 mm sind, Bremsscheibe erneuern.
- Räder so ansetzen, daß die beim Ausbau angebrachten Markierungen übereinstimmen. Radschrauben **nicht** fetten oder ölen. Korrodierte Radschrauben erneuern. Räder anschrauben. Fahrzeug ablassen und Radschrauben über Kreuz mit **120 Nm** festziehen.

Bremsscheibe/Bremssattel aus- und einbauen

Ausbau

- Stellung der Räder zur Radnabe mit Farbe kennzeichnen. Dadurch kann das ausgewuchtete Rad wieder in derselben Position montiert werden. Radschrauben bei auf dem Boden stehendem Fahrzeug lösen. Fahrzeug aufbocken und Räder abnehmen.

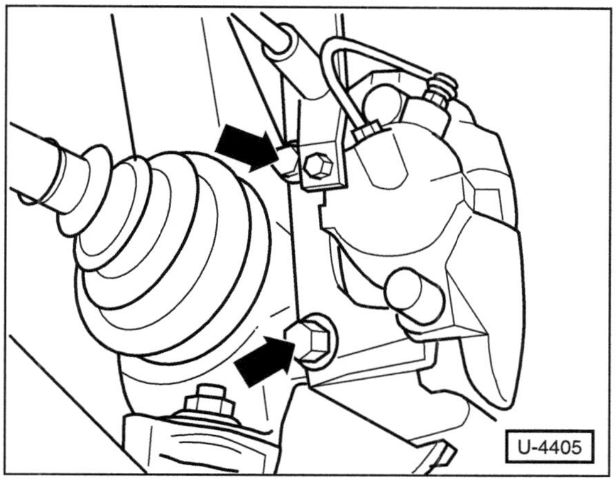

- 2 Befestigungsschrauben –Pfeile– herausdrehen und Bremssattel mit Bremsträger von der Bremsscheibe abnehmen. Die Abbildung zeigt den Bremssattel an der Vorderachse. Am Bremsträger der Hinterachse 2 Innensechskantschrauben herausdrehen.
- Gegebenenfalls Bremsschlauch am Radlagergehäuse ausclipsen.
- Bremssattel mit selbstangefertigtem Drahthaken so am Aufbau aufhängen, daß der Bremsschlauch nicht verdreht oder auf Zug beansprucht wird.

Achtung: Bremsschlauch nicht lösen, sonst muß das Bremssystem nach dem Einbau entlüftet werden.

- Soll der Bremssattel ganz abgenommen werden:
  - An der Vorderachse Bremsleitung an der Bremsschlauchkupplung abschrauben.
  - An der Hinterachse zuerst die Bremsleitung an der Verbindungsstelle vom Bremsschlauch abschrauben, dann, falls erforderlich, Bremsschlauch am Bremssattel abschrauben. Zusätzlich Handbremsseil aushängen, siehe entsprechendes Kapitel.

Sicherheitshinweis:
Beim Öffnen vom Bremskreis läuft Bremsflüssigkeit aus. Bremsflüssigkeit in einer Flasche sammeln, die ausschließlich für Bremsflüssigkeit vorgesehen ist. Man kann auch zuvor die Bremsflüssigkeit mit einem Saugheber aus dem Vorratsbehälter absaugen.

- Bremsscheibe abnehmen.

Einbau

Um ein gleichmäßiges Bremsen beidseitig zu gewährleisten, müssen beide Bremsscheiben die gleiche Oberfläche bezüglich Schliffbild und Rauhtiefe aufweisen. Deshalb **grundsätzlich beide** Bremsscheiben ersetzen beziehungsweise abdrehen lassen.

- Falls vorhanden, Rost am Flansch der Bremsscheibe und der Radnabe entfernen.
- Neue Bremsscheiben mit Verdünnung vom Schutzlack reinigen.
- Bremsscheibe auf Radnabe aufsetzen.
- Bremssattel mit den eingesetzten Bremsbelägen ansetzen. Dabei darf der Bremsschlauch nicht verdreht oder gedehnt werden.
- Gegebenenfalls Bremsschlauch am Radlagergehäuse einclipsen.
- **Vorderen Bremssattel** anschrauben. Einkolben-Bremssattel FN-3 mit **120 Nm**, Doppelkolben-Bremssattel HP-2 mit **190 Nm** festziehen. Werden die bisherigen Rippschrauben wiederverwendet, vorher Verrippung mit Drahtbürste reinigen.
- **Hinteren Bremssattel** mit **95 Nm** festschrauben. Werden die bisherigen Rippschrauben wiederverwendet, vorher Verrippung mit Drahtbürste reinigen.

Achtung: War der Bremsschlauch demontiert, Bremsschlauch anschrauben und Bremsanlage entlüften, siehe Seite 150.

- Nach dem Einbau des Bremsschlauchs an der Vorderachse, bei entlasteten Rädern, Wagen angehoben, Lenkung nach links und rechts einschlagen und sicherstellen, daß der Schlauch allen Radbewegungen folgt, ohne irgendwo anzuscheuern.
- Freigängigkeit des Bremsschlauches bei vollem Lenkradeinschlag prüfen.
- Am hinteren Bremssattel das Handbremsseil einhängen.
- Räder so ansetzen, daß die beim Ausbau angebrachten Markierungen übereinstimmen. Radschrauben **nicht** fetten oder ölen. Korrodierte Radschrauben erneuern. Räder anschrauben. Fahrzeug ablassen und Radschrauben über Kreuz mit **120 Nm** festziehen.

Achtung: Bremspedal im Stand mehrmals kräftig niedertreten, bis fester Widerstand spürbar ist.

- Falls ein Bremsschlauch an der Vorderachse abgebaut war, bei auf dem Boden stehendem Fahrzeug prüfen, ob der Bremsschlauch allen Radbewegungen folgt, ohne irgendwo anzuscheuern.
- Bremsflüssigkeitsstand im Ausgleichbehälter prüfen, siehe Seite 34.
- Handbremse einstellen, siehe entsprechendes Kapitel.

Die Bremsflüssigkeit

Beim Umgang mit Bremsflüssigkeit ist zu beachten:

Sicherheitshinweis:
Bremsflüssigkeit ist giftig. Keinesfalls Bremsflüssigkeit mit dem Mund über einen Schlauch absaugen. Bremsflüssigkeit nur in Behälter füllen, bei denen ein versehentlicher Genuß ausgeschlossen ist.

- Bremsflüssigkeit ist ätzend und darf deshalb nicht mit dem Autolack in Berührung kommen, gegebenenfalls sofort abwischen und mit viel Wasser abwaschen.
- Bremsflüssigkeit ist hygroskopisch, das heißt, sie nimmt aus der Luft Feuchtigkeit auf. Bremsflüssigkeit deshalb nur in geschlossenen Behältern aufbewahren.
- **Bremsflüssigkeit, die schon einmal im Bremssystem verwendet wurde, darf nicht wieder verwendet werden. Auch beim Entlüften der Bremsanlage nur neue Bremsflüssigkeit verwenden.**
- Bremsflüssigkeits-Spezifikation: **FMVSS 116 DOT 4.**
- **Bremsflüssigkeit darf nicht mit Mineralöl in Berührung kommen.** Schon geringe Spuren Mineralöl machen die Bremsflüssigkeit unbrauchbar beziehungsweise führen zum Ausfall des Bremssystems. Stopfen und Manschetten der Bremsanlage werden beschädigt, wenn sie mit mineralölhaltigen Mitteln zusammenkommen. Zum Reinigen keine mineralölhaltigen Putzlappen verwenden.
- Bremsflüssigkeit alle 2 Jahre wechseln, möglichst nach der kalten Jahreszeit.

Achtung: Bremsflüssigkeit ist ein Problemstoff und darf auf keinen Fall einfach weggeschüttet oder dem Hausmüll mitgegeben werden. Gemeinde- und Stadtverwaltungen informieren darüber, wo sich die nächste Problemstoff-Sammelstelle befindet.

Bremsanlage entlüften

Nach jeder Reparatur an der Bremse, bei der die Anlage geöffnet wurde, kann Luft in die Druckleitungen eingedrungen sein. Dann ist das Bremssystem zu entlüften. Luft ist auch dann in den Leitungen, wenn sich beim Tritt auf das Bremspedal der Bremsdruck schwammig anfühlt. In diesem Fall muß die Undichtigkeit beseitigt und die Bremsanlage entlüftet werden.

In der Werkstatt wird die Bremse in der Regel mit einem Bremsenfüll- und Entlüftungsgerät entlüftet. Es geht aber auch ohne das Gerät. Die Bremsanlage wird dann durch Pumpen mit dem Bremspedal entlüftet, dazu ist eine zweite Person notwendig.

Muß die ganze Anlage entlüftet werden, jede Radbremse einzeln entlüften. Das ist immer dann der Fall, wenn Luft in jeden einzelnen Bremszylinder gedrungen ist. Falls nur ein Bremssattel erneuert bzw. überholt wurde, genügt in der Regel das Entlüften des betreffenden Bremssattels.

Sicherheitshinweis:
Ist eine Kammer des Bremsflüssigkeit-Ausgleichbehälters komplett leergelaufen, zum Beispiel bei Undichtigkeiten im Bremssystem oder wenn beim Entlüften vergessen wurde, Bremsflüssigkeit nachzufüllen, **Bremsanlage sicherheitshalber von der Fachwerkstatt entlüften lassen.**

Die Reihenfolge der Entlüftung: 1. Bremssattel hinten rechts, 2. Bremssattel hinten links, 3. Bremssattel vorn rechts, 4. Bremssattel vorn links.

Achtung: Entlüftungsventile vorsichtig öffnen, damit sie nicht abgedreht werden. Es empfiehlt sich, die Ventile ca. 2 Stunden vor dem Entlüften mit Rostlöser einzusprühen. Bei festsitzenden Ventilen das Entlüften von einer Werkstatt durchführen lassen.

Achtung: Während des Entlüftens ab und zu den Ausgleichbehälter beobachten. Der Flüssigkeitsspiegel darf nicht zu weit sinken, sonst wird über den Ausgleichbehälter Luft angesaugt. **Immer nur neue Bremsflüssigkeit nachgießen!**

- Staubkappe vom Entlüfterventil des Bremssattels abnehmen. Entlüfterventil reinigen, sauberen Schlauch aufstecken, anderes Schlauchende in eine mit Bremsflüssigkeit halbvoll gefüllte Flasche stecken. Einen geeigneten Schlauch und ein passendes Gefäß gibt es auch im Autozubehör-Handel.
- Bremspedal von Helfer so oft niedertreten lassen, »pumpen«, bis sich im Bremssystem Druck aufgebaut hat. Zu spüren am wachsenden Widerstand beim Betätigen des Pedals.
- Sobald sich Druck aufgebaut hat, Bremspedal kräftig treten und Fuß auf dem Bremspedal halten.

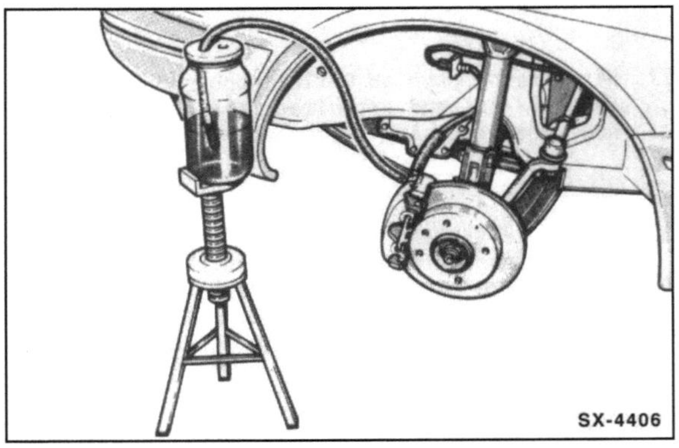

- Entlüfterventil am Bremssattel etwa eine halbe Umdrehung mit Ringschlüssel öffnen. Ausfließende Bremsflüssigkeit in der Flasche sammeln. Durch das Öffnen des Bremssystems gibt das Bremspedal nach.
- Sobald das Bremspedal bis zum Anschlag durchgetreten ist und nur noch wenig Bremsflüssigkeit aus dem Entlüfterschlauch fließt, Entlüfterschraube zudrehen.

- Pumpvorgang wiederholen, bis sich Druck aufgebaut hat. Bremspedal niedertreten, Fuß auf dem Bremspedal lassen. Entlüfterschraube öffnen, bis das Bremspedal am Anschlag anliegt und nur noch wenig Bremsflüssigkeit austritt. Entlüfterschraube schließen.
- Entlüftungsvorgang an einem Bremssattel so lange wiederholen, bis sich in der Bremsflüssigkeit, die in die Entlüfterflasche strömt, keine Luftblasen mehr zeigen.
- Nach dem Entlüften Schlauch von Entlüfterschraube abziehen, Staubkappe auf das Ventil stecken.
- Die Bremssättel an den anderen Rädern auf die gleiche Weise entlüften, Reihenfolge einhalten.
- Nach dem Entlüften den Ausgleichbehälter für Bremsflüssigkeit bis zur MAX.-Markierung auffüllen.

Achtung, Sicherheitskontrolle durchführen:
- ◆ Sind die Entlüftungsschrauben angezogen?
- ◆ Ist genügend Bremsflüssigkeit eingefüllt?
- ◆ Bei laufendem Motor Dichtheitskontrolle durchführen. Hierzu Bremspedal mit 200 bis 300 N (entspricht 20 bis 30 kg) etwa 10 Sekunden betätigen. Das Bremspedal darf nicht nachgeben. Sämtliche Anschlüsse auf Dichtheit kontrollieren.

- Nach dem Entlüften darf sich beim Treten auf das Bremspedal der Druck nicht schwammig anfühlen. Falls doch, Anlage nochmals entlüften. Dabei an jedem Bremssattel den Entlüftungsvorgang 5-mal durchführen.
- Anschließend einige Bremsungen auf einer Straße ohne Verkehr durchführen. Dabei sollte mindestens einmal die Bremsregelung des ABS-Systems geprüft werden, beispielsweise auf losem Untergrund. Dazu Bremse stark betätigen, bis am spürbaren Pulsieren des Bremspedals der Beginn der Bremsregelung erkennbar ist.

Achtung: Falls der Bremspedalweg nach der Probefahrt zu groß ist, obwohl er direkt nach dem Entlüften in Ordnung war, dann ist möglicherweise Luft in der ABS-Hydraulikeinheit. In diesem Fall Bremsanlage umgehend in der Fachwerkstatt entlüften lassen.

Achtung: Alte Bremsflüssigkeit ist ein Problemstoff und darf auf keinen Fall einfach weggeschüttet oder dem Hausmüll mitgegeben werden. Gemeinde- und Stadtverwaltungen informieren darüber, wo sich die nächste Problemstoff-Sammelstelle befindet.

Bremsschlauch aus- und einbauen

Das Bremsleitungssystem stellt die Verbindung vom Hauptbremszylinder zu den vier Radbremsen her.

Achtung: Die starren Bremsleitungen aus Metall sollen von einer Fachwerkstatt verlegt werden, da zur fachgerechten Montage einige Erfahrung nötig ist.

Als flexible Verbindungen zwischen den starren und beweglichen Fahrzeugteilen, beispielsweise den Bremssätteln, werden druckfeste Bremsschläuche verwendet. Diese müssen bei erkennbaren Schäden ausgewechselt werden.

Achtung: Bremsschläuche nicht mit Öl oder Petroleum in Berührung bringen, nicht lackieren oder mit Unterbodenschutz besprühen.

Ausbau

Achtung: Regeln im Umgang mit Bremsflüssigkeit beachten, siehe Seite 150.

- Fahrzeug aufbocken.
- Bremssattel ausbauen, siehe Seite 149.
- Bremsschlauch an Führung und Halter für Kupplung ausclipsen.
- Bremsschlauch an der starren Leitung und an der Bremsleitung am Bremssattel abschrauben, dabei Bremsschlauch nicht verdrillen. **Achtung:** Auslaufende Bremsflüssigkeit mit Lappen auffangen. Leitungsanschluß in Richtung Hauptbremszylinder mit geeignetem Stopfen verschließen.

Einbau

- Nur vom Werk freigegebene Bremsschläuche einbauen. Neuen Bremsschlauch so einbauen, daß er ohne Drall durchhängt, und Überwurfmuttern an beiden Seiten mit **15 Nm** festziehen.
- Nach dem Einbau bei entlasteten Rädern, Wagen angehoben, Lenkung nach links und rechts einschlagen und sicherstellen, daß der Schlauch allen Radbewegungen folgt, ohne irgendwo anzuscheuern.
- Bremssattel einbauen, siehe Seite 149.
- Bremsanlage entlüften, siehe Seite 150.
- Fahrzeug ablassen.
- Bei auf dem Boden stehendem Fahrzeug prüfen, ob der Bremsschlauch allen Radbewegungen folgt, ohne irgendwo anzuscheuern.

Bremslichtschalter aus- und einbauen

Ausbau

- Ablage im Fahrerfußraum ausbauen, siehe Seite 258.
- Stecker vom Bremslichtschalter abziehen.

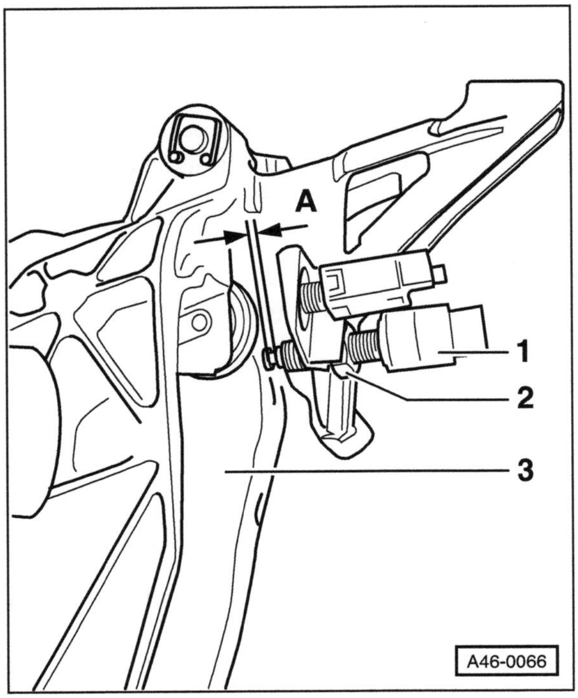

1 – Bremslichtschalter
2 – Kontermutter M12x1,5
3 – Bremspedal

- Kontermutter –2– lösen und Bremslichtschalter –1– am Pedalbock herausschrauben. **Achtung:** Federring zwischen Mutter –2– und Pedalbock nicht verlieren.

Einbau

- Bremslichtschalter –1– mit Federring soweit einschrauben bis das Maß **A = 0,1 mm bis 0,5 mm** beträgt. In dieser Stellung Kontermutter –2– mit 4,5 Nm anziehen.
- Maß –A– nochmals prüfen, gegebenenfalls Einstellung wiederholen.

Achtung: Für eine korrekte Einstellung muß das Bremspedal unbelastet am Endanschlag anliegen.

- Stecker am Schalter aufschieben. **Achtung:** Anschließend Funktion des Bremslichts prüfen. Schon bei leicht betätigtem Pedal muß das Bremslicht aufleuchten.
- Ablage im Fahrerfußraum einbauen, siehe Seite 258.

Bremskraftverstärker prüfen

Der Bremskraftverstärker ist auf Funktion zu überprüfen, wenn zur Erzielung ausreichender Bremswirkung die Pedalkraft außergewöhnlich hoch ist.

- Bremspedal bei stehendem Motor mindestens 5mal kräftig durchtreten, dann bei belastetem Bremspedal Motor starten. Das Bremspedal muß jetzt unter dem Fuß spürbar nachgeben.
- Andernfalls Unterdruckschlauch am Bremskraftverstärker abschrauben, Motor starten. Durch Fingerauflegen am Ende des Unterdruckschlauches prüfen, ob Unterdruck vorhanden ist.
- Ist kein Unterdruck vorhanden: Unterdruckschlauch auf Undichtigkeiten und Beschädigungen prüfen, gegebenenfalls ersetzen. Sämtliche Schellen fest anziehen.
- Dieselmotor: Unterdruckschlauch von der Vakuumpumpe abziehen und mit dem Finger prüfen, ob Unterdruck am Schlauchanschluß anliegt. – Die Vakuumpumpe ist beim 4-Zylinder-Dieselmotor am Motorblock hinten links angeflanscht, beim 6-Zylinder-Dieselmotor sitzt die Vakuumpumpe an der Stirnseite des linken Zylinderkopfs.
- Ist Unterdruck vorhanden: Unterdruck messen, gegebenenfalls Bremsservo ersetzen (Werkstattarbeit).

Handbremshebel aus- und einbauen

Ausbau

- Hintere Mittelkonsole ausbauen, siehe Seite 259.

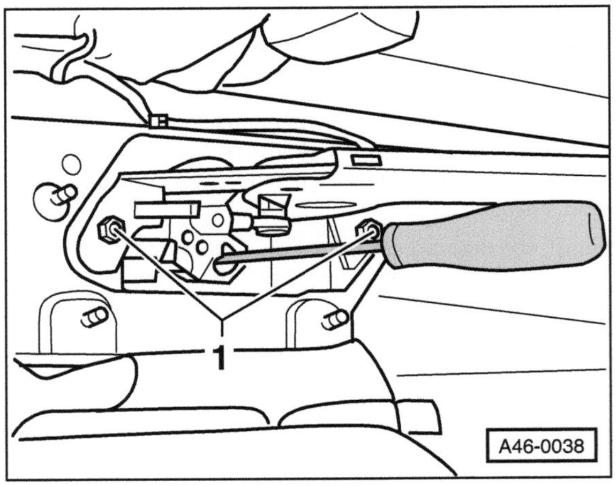

- 2 Muttern –1– abschrauben.
- Handbremsseil mit Schraubendreher nach innen drücken und Handbremshebel herausnehmen.

Einbau

- Handbremsseil in den Ausgleichbügel einsetzen.
- Handbremshebel mit **25 Nm** anschrauben.
- Handbremse einstellen, siehe entsprechendes Kapitel.
- Hintere Mittelkonsole einbauen, siehe Seite 259.

Handbremse einstellen

Achtung: Durch die automatische Nachstellung der Hinterradbremse ist ein Nachstellen der Handbremse in der Regel nicht erforderlich. Nur bei Ersatz der Handbremsseile oder der hinteren Bremsbeläge, Bremssättel oder Bremsscheiben muß die Handbremse neu eingestellt werden.

- **Einstellvoraussetzung:** Die Fußbremsanlage muß entlüftet sein und ordnungsgemäß funktionieren.
- Bremspedal mindestens 1x kräftig betätigen.
- Handbremshebel lösen, falls angezogen.
- Luftausströmer aus der hinteren Mittelkonsole herausziehen, siehe Seite 259.
- Stellung der Hinterräder zur Radnabe mit Farbe kennzeichnen. Dadurch kann das ausgewuchtete Rad wieder in derselben Position montiert werden. Radschrauben bei auf dem Boden stehendem Fahrzeug lösen. Fahrzeug hinten aufbocken und Hinterräder abnehmen.

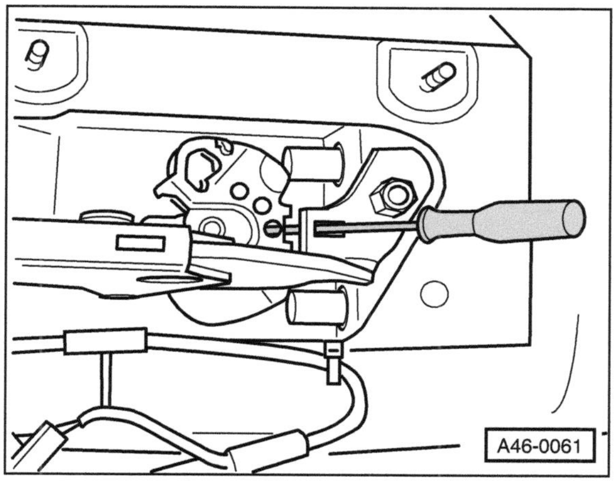

- Falls vorhanden, Kunststoffteile am Ausgleichbügel herausnehmen. Diese Teile brauchen nicht wieder eingebaut zu werden.
- Ausgleichbügel mit einem Schraubendreher der Größe 2 gegen Verdrehen fixieren. Die Mittelkonsole ist in der Abbildung nur zur besseren Darstellung weggelassen worden.

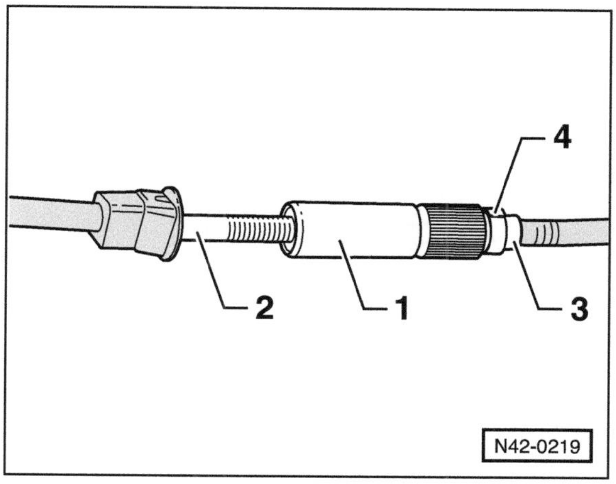

- Handbremsseil folgendermaßen entspannen:
  - Sicherungselement –4– herausnehmen.
  - Einstellmutter –1– bis zum Anschlag eindrehen, so daß die Nut für das Sicherungselement verdeckt wird.
  - Beide Seilzughüllen –2– und –3– gegeneinander zusammenschieben.
- Einstellmutter –1– herausdrehen, bis die Nut für das Sicherungselement sichtbar ist.
- Sicherungselement –4– einsetzen.

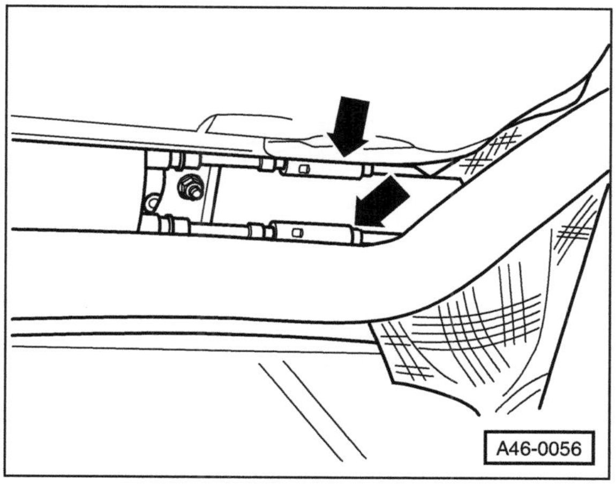

- Seilzughüllen –2– und –3–, Abbildung N42-0219, der beiden Seilzüge –Pfeile– gleichzeitig auseinander ziehen, bis die Seile vorgespannt sind. Dabei darauf achten, daß der Bremshebel am Bremssattel noch nicht abhebt, siehe Abbildung N46-0144.
- Schraubendreher am Ausgleichhebel herausnehmen, siehe Abbildung A46-0061.
- Handbremse 3x anziehen und wieder lösen.

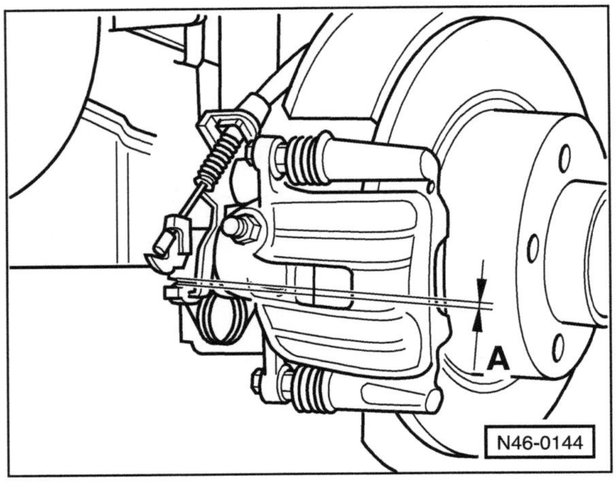

- Vorspannung der Handbremsseile überprüfen. Zwischen Bremshebel und Anschlag muß ein Spalt –A– sichtbar sein. Der Spalt darf allerdings nicht größer als 1,5 mm sein. Andernfalls Feineinstellung vornehmen.

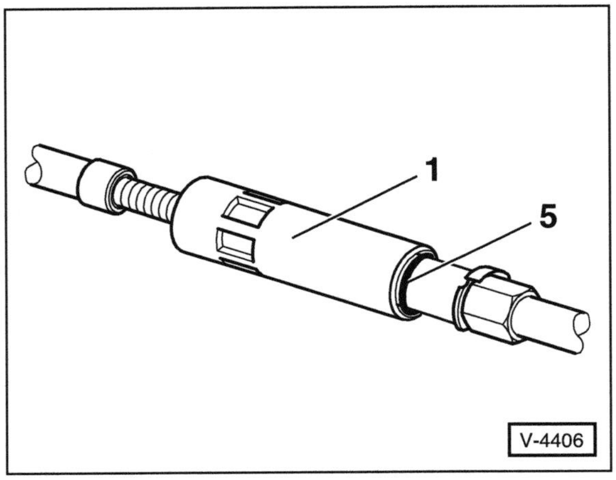

- Zur Feineinstellung die Einstellmutter –1– heraus- oder hineindrehen, bis der Handbremshebel am Bremssattel abhebt. Der Abstand am Bremssattel darf A = max. 1,5 mm betragen.

Achtung: Einstellmutter –1– nicht bis an den Anschlag herausdrehen, der farbige O-Dichtring –5– darf nicht am Rand der Hülse des Einstellelements sichtbar sein. Sonst dringt Wasser und Schmutz in das Einstellelement ein.

- Hinterräder so ansetzen, daß die beim Ausbau angebrachten Markierungen übereinstimmen. Radschrauben **nicht** fetten oder ölen. Korrodierte Radschrauben erneuern. Räder anschrauben. Fahrzeug ablassen und Radschrauben über Kreuz mit **120 Nm** festziehen.
- Ausströmer hinten in die Mittelkonsole einschieben und einrasten.

Handbremsseile aus- und einbauen

Frontantrieb

Ausbau

Achtung: Die Beschreibung bezieht sich auf Fahrzeuge mit Frontantrieb. Aufgrund der anderen Hinterachskonstruktion bei allradgetriebenen Fahrzeugen sind die Seilzüge unterschiedlich verlegt. Aus- und Einbau erfolgen aber prinzipiell auf die gleiche Weise.

- Stellung der Hinterräder zur Radnabe mit Farbe kennzeichnen. Dadurch kann das ausgewuchtete Rad wieder in derselben Position montiert werden. Radschrauben bei auf dem Boden stehendem Fahrzeug lösen. Fahrzeug hinten aufbocken und Hinterräder abnehmen.

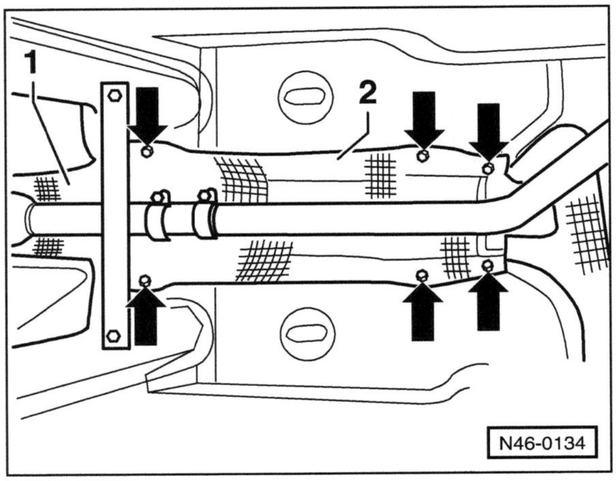

- Wärmeabschirmblech für Abgasanlage –1– ausbauen.
- Muttern –Pfeile– für Wärmeabschirmblech –2– abschrauben und Abschirmblech nach vorn schieben.

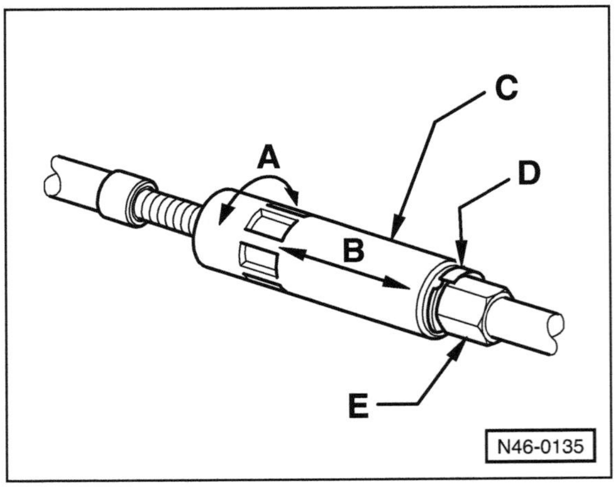

- Handbremsseile folgendermaßen entspannen:
  - Sicherungselement –D– herausnehmen.
  - Einstellmutter –C– bis zum Anschlag eindrehen –A–. Dabei mit einem Maulschlüssel, Schlüsselweite 13 mm, im Bereich –E– gegenhalten.
  - Seilverstellung –B– zusammenschieben.

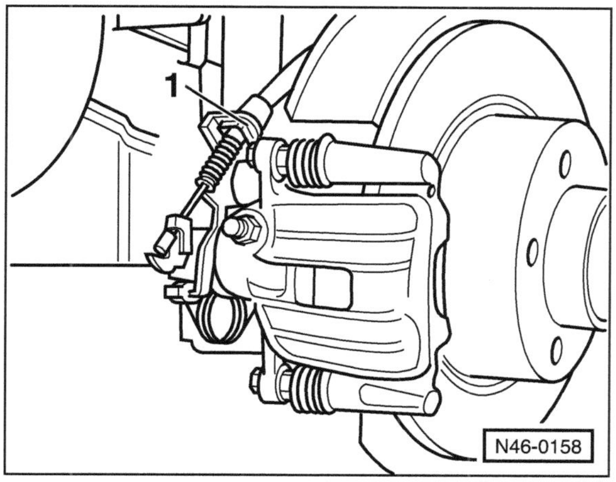

- Sicherungsscheibe –1– herausziehen.
- Handbremsseile an den Bremssätteln aushängen, dabei Faltenbalg des Handbremsseils nicht beschädigen.

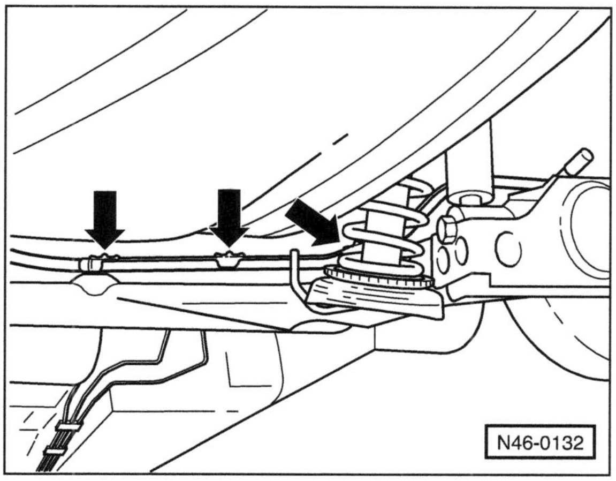

- Handbremsseile aus den Halterungen am Hinterachskörper aushängen. Dazu Schrauben –Pfeile– der Halterungen lösen.

- Wärmedämmung am Nachschalldämpfer abschrauben –Pfeile– und zur Seite schieben.

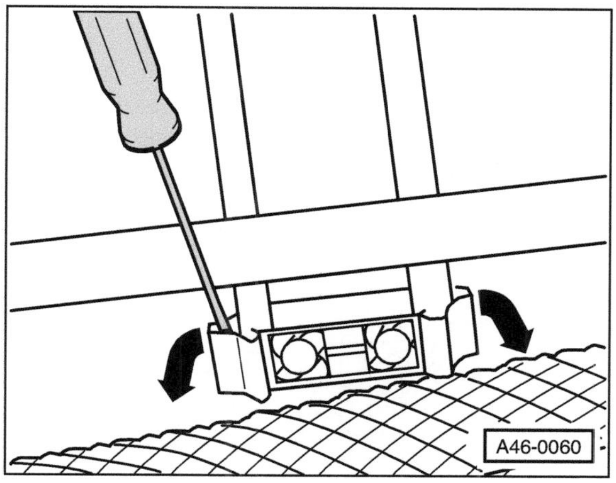

- Halterung öffnen –Pfeile– und Handbremsseile herausnehmen.

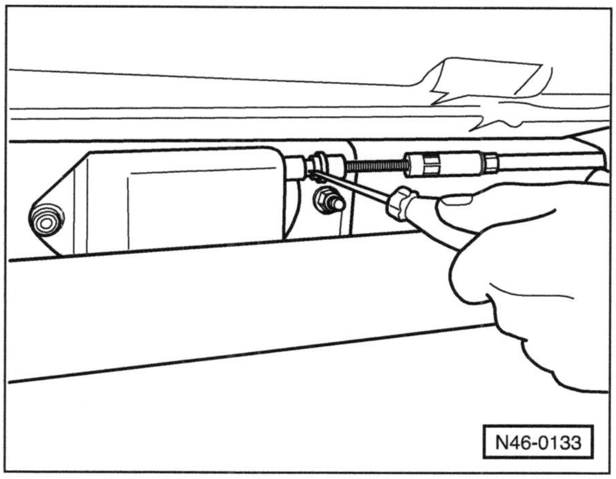

- Handbremsseile mit Schraubendreher aus der Konsole heraushebeln.
- Hintere Mittelkonsole ausbauen, siehe Seite 259.

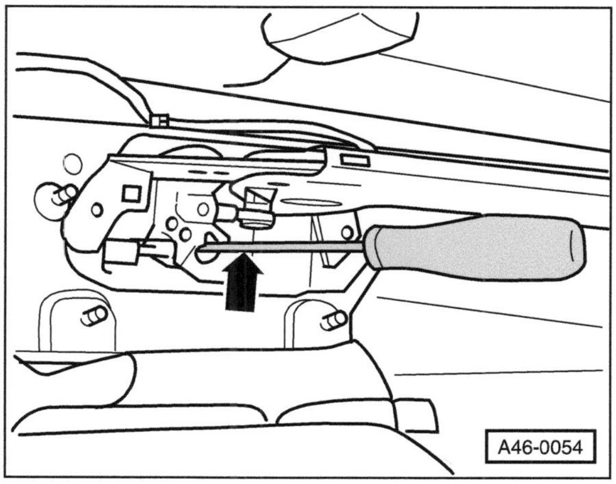

- Handbremsseile mit einem Schraubendreher in Richtung Handbremshebel –Pfeil– drücken und Kugelkopf aus der Halterung herausdrücken.

- Handbremsseile herausnehmen.

Einbau

- Falls vorhanden, Kunststoffteile am Ausgleichbügel herausnehmen. Diese Teile brauchen nicht wieder eingebaut zu werden.

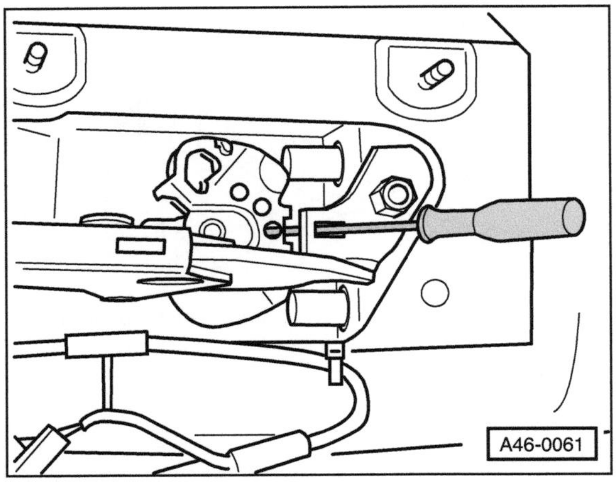

- Ausgleichbügel mit einem Schraubendreher der Größe 2 gegen Verdrehen fixieren.
- Kugelkopf durch die Konsole in den Ausgleichbügel einsetzen.
- Handbremsseil in die Konsole einrasten.
- Handbremsseile am Bremssattel einhängen und mit Sicherungsscheiben sichern.
- Handbremsseile in Halterungen am Hinterachskörper einhängen, Halterungen festziehen.
- Handbremse einstellen, siehe entsprechendes Kapitel.
- Hintere Mittelkonsole einbauen, siehe Seite 259.
- Wärmedämmung am Nachschalldämpfer anschrauben.
- Wärmeabschirmbleche anschrauben.
- Hinterräder so ansetzen, daß die beim Ausbau angebrachten Markierungen übereinstimmen. Radschrauben **nicht** fetten oder ölen. Korrodierte Radschrauben erneuern. Räder anschrauben. Fahrzeug ablassen und Radschrauben über Kreuz mit **120 Nm** festziehen.

Speziell Allradantrieb

- Einstellelemente der Handbremsseile entspannen. Die Einstellelemente befinden sich vor den hinteren unteren Achslenkern.
- Handbremsseile an den Bremssätteln aushängen.

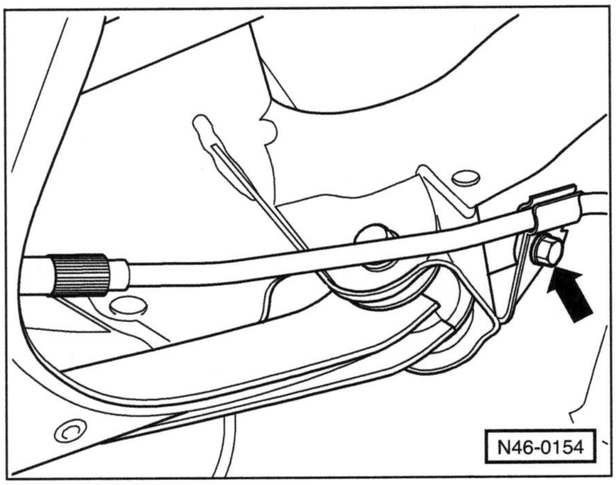

- Schraube -Pfeil– lösen und Handbremsseile aus den Halterungen am Hinterachskörper herausnehmen.

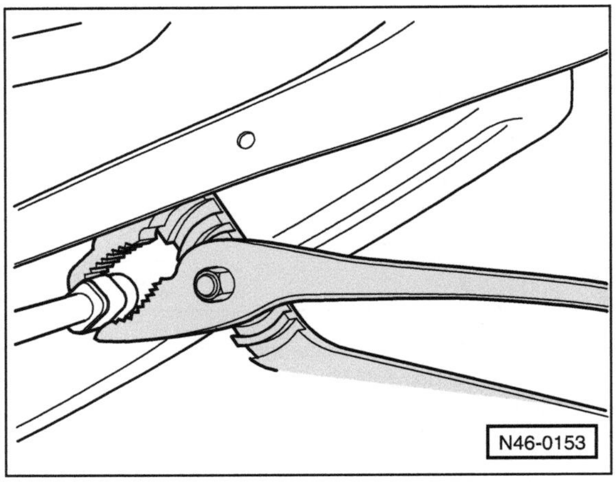

- Rastnasen zusammendrücken und Handbremsseil aus dem Achslenker herausziehen.

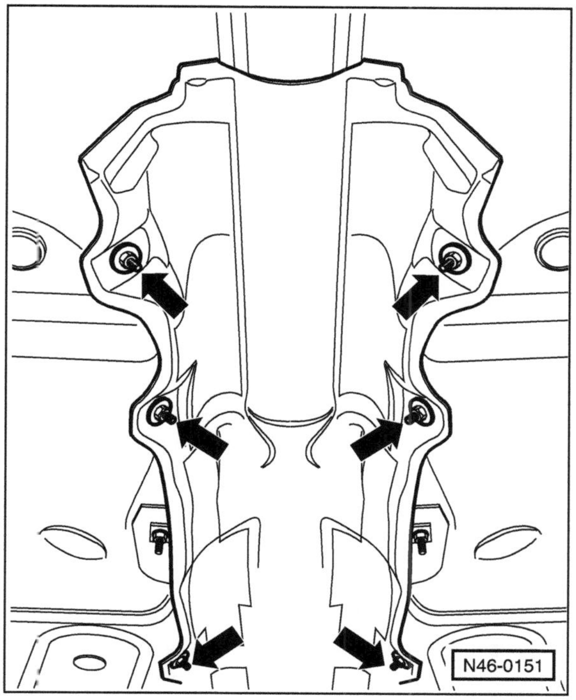

- Wärmeabschirmblech abschrauben –Pfeile– und herausnehmen.

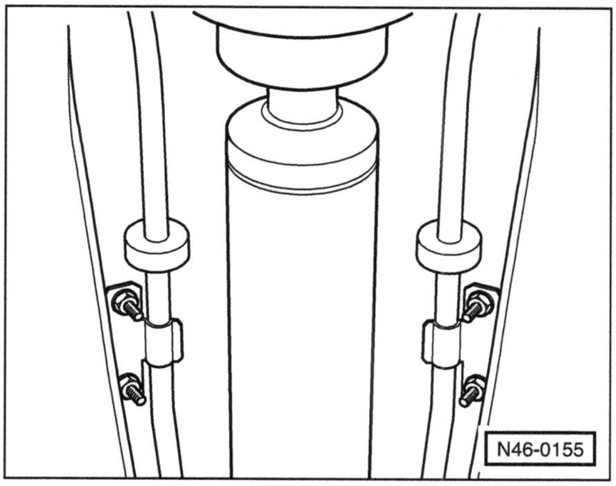

- Muttern lösen und Bremsseile aus den Haltern aushängen.

Störungsdiagnose Bremse

Störung	Ursache	Abhilfe
Leerweg des Bremspedals zu groß.	Bremsbeläge teilweise oder völlig abgenutzt.	■ Bremsbeläge erneuern.
	Ein Bremskreis ausgefallen.	■ Bremskreise auf Flüssigkeitsverlust prüfen.
Bremspedal läßt sich weit und federnd durchtreten.	Luft im Bremssystem.	■ Bremse entlüften.
	Zu wenig Bremsflüssigkeit im Ausgleichbehälter.	■ Neue Bremsflüssigkeit nachfüllen Bremse entlüften.
	Dampfblasenbildung. Tritt meist nach starker Beanspruchung auf, z. B. Paßabfahrt.	■ Bremsflüssigkeit wechseln. Bremse entlüften.
Bremswirkung läßt nach, und Bremspedal läßt sich durchtreten.	Undichte Leitung.	■ Leitungsanschlüsse nachziehen oder Leitung erneuern.
	Beschädigte Manschette im Hauptbremszylinder oder Bremssattel.	■ Manschette erneuern. Beim Hauptbremszylinder Innenteile ersetzen, ggf. Hauptbremszylinder ersetzen.
Schlechte Bremswirkung trotz hohen Fußdrucks.	Bremsbeläge verölt.	■ Bremsbeläge erneuern.
	Ungeeigneter oder verhärteter Bremsbelag.	■ Beläge erneuern. Nur Original-Bremsbeläge vom Automobilhersteller verwenden.
	Bremskraftverstärker defekt, Unterdruckleitung porös, defekt.	■ Bremsservo, Unterdruckleitung prüfen.
	Bremsbeläge abgenutzt.	■ Bremsbeläge erneuern.
Bremse zieht einseitig.	Unvorschriftsmäßiger Reifendruck.	■ Reifendruck prüfen und berichtigen.
	Bereifung ungleichmäßig abgefahren.	■ Abgefahrene Reifen ersetzen.
	Bremsbeläge verölt.	■ Bremsbeläge erneuern.
	Verschiedene Bremsbelagsorten auf einer Achse.	■ Beläge erneuern. Nur Original-Bremsbeläge vom Automobilhersteller verwenden.
	Schlechtes Tragbild der Bremsbeläge.	■ Bremsbeläge austauschen.
	Verschmutzte Bremssattelschächte.	■ Sitz- und Führungsflächen der Bremsbeläge im Bremssattel reinigen.
	Korrosion in den Bremssattelzylindern.	■ Bremssattel erneuern.
	Bremsbelag ungleichmäßig verschlissen.	■ Bremsbeläge erneuern (beide Räder), Bremssättel auf Leichtgängigkeit prüfen.
Bremse zieht von selbst an.	Ausgleichsbohrung im Hauptbremszylinder verstopft.	■ Hauptbremszylinder reinigen und Innenteile erneuern lassen.
	Spiel zwischen Betätigungsstange und Hauptbremszylinderkolben zu gering.	■ Spiel prüfen.
Bremsen erhitzen sich während der Fahrt.	Ausgleichsbohrung im Hauptbremszylinder verstopft.	■ Hauptbremszylinder reinigen und Innenteile erneuern lassen.
	Bremse schwergängig.	■ Bewegliche Teile der Scheibenbremse schmieren. Bremssattel überholen lassen (Werkstattarbeit).

Störung	Ursache	Abhilfe
Bremsen rattern.	Ungeeigneter Bremsbelag.	■ Beläge erneuern. Nur Original-Bremsbeläge vom Automobilhersteller verwenden.
	Bremsscheibe stellenweise korrodiert.	■ Scheibe mit Schleifklötzen sorgfältig glätten.
	Bremsscheibe hat Seitenschlag.	■ Scheibe nacharbeiten oder ersetzen.
Bremsbeläge lösen sich nicht von der Bremsscheibe, Räder lassen sich schwer von Hand drehen.	Korrosion in den Bremssattelzylindern.	■ Bremssattel überholen lassen, eventuell austauschen.
Ungleichmäßiger Belag-Verschleiß.	Ungeeigneter Bremsbelag.	■ Beläge erneuern, Nur Original-Bremsbeläge vom Automobilhersteller verwenden.
	Bremssattel verschmutzt.	■ Bremssattelschächte reinigen.
	Kolben nicht leichtgängig.	■ Kolben gangbar machen (Werkstattarbeit).
	Bremssystem undicht.	■ Bremssystem auf Dichtigkeit prüfen.
Keilförmiger Bremsbelag-verschleiß.	Bremsscheibe läuft nicht parallel zum Bremssattel.	■ Anlagefläche des Bremssattels prüfen.
	Korrosion in den Bremssätteln.	■ Verschmutzung beseitigen.
Bremse quietscht.	Oft auf atmosphärische Einflüsse (Luftfeuchtigkeit) zurückzuführen.	■ Keine Abhilfe erforderlich, und zwar dann, wenn Quietschen nach längerem Stillstand des Wagens bei hoher Luftfeuchtigkeit auftrat, aber nach den ersten Bremsungen sich nicht wiederholt.
	Ungeeigneter Bremsbelag.	■ Beläge erneuern. Nur Original-Bremsbeläge vom Automobilhersteller verwenden Rückenplatte mit Anti-Quietsch-Paste bestreichen.
	Bremsscheibe läuft nicht parallel zum Bremssattel.	■ Anlagefläche des Bremssattels prüfen.
	Verschmutzte Schächte im Bremssattel.	■ Bremssattelschächte reinigen.
Bremse pulsiert.	**ABS** in Funktion.	■ Normal, keine Abhilfe.
	Seitenschlag oder Dickentoleranz der Bremsscheibe zu groß.	■ Schlag und Toleranz prüfen. Scheibe nacharbeiten oder ersetzen.
	Bremsscheibe läuft nicht parallel zum Bremssattel.	■ Anlagefläche des Bremssattels prüfen.
ABS-Kontrolleuchte leuchtet während der Fahrt.	Betriebsspannung zu niedrig (unter ca. 10 Volt).	■ Batteriespannung prüfen. Prüfen, ob Kontrollampe für Generator nach dem Motorstart erlischt, andernfalls Keilrippenriemen und Generator prüfen.
		■ Hinweise zum ABS/EBV/EDS/ASR/ESP am Anfang des Kapitels beachten.
		■ Masseverbindung zur Rückförderpumpe (in der Hydraulikeinheit) auf festen Sitz und Korrosion prüfen.
	ABS-Anlage defekt.	■ ABS-Anlage in der Fachwerkstatt prüfen lassen.

Motor-Mechanik

Aus dem Inhalt:

- **Zahnriemen**
- **Zylinderkopf**
- **Keilrippenriemen**
- **Kompression prüfen**

Für den Antrieb stehen im AUDI A6 Motoren mit 4, 6 und 8 Zylindern zur Verfügung. Bei den 4-Zylinder-Motoren sind die Zylinder hintereinander in einer Reihe angeordnet, beim 6-Zylinder stehen sich je 3 Zylinder in einem Winkel von 90° gegenüber. Deshalb spricht man auch von einem V6-Motor. Alle Triebwerke sind flüssigkeitsgekühlt und im Motorraum längs zur Fahrtrichtung eingebaut.

Der Zylinderblock der Motoren besteht aus Grauguß, der Zylinderkopf aus einer Aluminiumlegierung. Nur beim 125-PS-Motor besteht auch der Zylinderblock aus Aluminium. Den unteren Abschluß der Motoren bildet die Ölwanne, in der sich das für die Schmierung und Kühlung erforderliche Motoröl sammelt.

Bei Zylinderköpfen für die Benzinmotoren und den 2,5-l-TDI-Motor wird das Querstromprinzip angewendet. Dadurch strömt die Verbrennungsluft auf einer Seite des Zylinderkopfs ein und die verbrannten Gase strömen auf der gegenüberliegenden Seite aus. Zusammen mit der Mehrventiltechnik ermöglicht dies eine bessere Füllung der Zylinder und einen effektiveren Gasaustausch, so daß die Energie des Kraftstoff-Luftgemisches besser ausgenutzt wird.

1,8-/2,0-l-Motor: Für jeden Zylinder sind drei Einlaß- und zwei Auslaßventile vorhanden, die von 2 Nockenwellen-betätigt werden; jeweils eine für die Auslaß- und eine für die Einlaßventile. Die Auslaßnockenwelle wird von der Kurbelwelle durch einen Zahnriemen angetrieben und treibt ihrerseits über eine Antriebskette die Einlaßnockenwelle an.

1,9-l-TDI-Motor: Die im Zylinderkopf untergebrachte Nockenwelle wird über einen Zahnriemen von der Kurbelwelle angetrieben. Für die Dieseleinspritzung sorgt eine seitlich am Zylinderblock angeflanschte Verteilereinspritzpumpe, die ebenfalls durch den Zahnriemen angetrieben wird.

2,5-l-TDI-Motor: Der V6-TDI-Motor ist eine AUDI-Neuentwicklung, die erstmals im A6 zum Einsatz kommt. Er besitzt pro Zylinder 2 Einlaß- und 2 Auslaßventile. Für die beiden Zylinderbänke sind je 2 Nockenwellen vorhanden. Ein Zahnriemen steuert die Einlaßnockenwellen, welche die Auslaßnockenwellen über eine Verzahnung antreiben. Die Diesel-Verteilereinspritzpumpe wird durch einen separaten Zahnriemen angetrieben.

2,4- und 2,8-l-Motor: Der V6-Benzinmotor hat wie der 1,8-l-Motor drei Einlaß- und zwei Auslaßventile pro Zylinder. Für die beiden Zylinderbänke sind je 2 Nockenwellen vorhanden. Ein Zahnriemen treibt die Auslaßnockenwellen an, die Einlaßnockenwellen sind durch eine Steuerkette mit der jeweiligen Auslaßnockenwelle verbunden.

Alle Motoren: Die Ein- und Auslaßventile werden von der Nockenwelle über Hydrostößel betätigt. Durch die Hydrostößel wird bei allen Motoren automatisch das Ventilspiel konstant gehalten, so daß das Einstellen des Ventilspiels im Rahmen der Wartung entfällt.

Für die Motorschmierung sorgt eine Ölpumpe, die in der Ölwanne untergebracht ist. Beim V6-Benzinmotor ist die Ölpumpe vorn am Zylinderkurbelgehäuse befestigt. Beim V6-TDI-Motor dient die Ölpumpen-Antriebskette auch als Antrieb für eine Ausgleichswelle. Durch die Ausgleichswelle werden unerwünschte Motorvibrationen verringert.

Die Kühlmittelpumpe ist beim 150-PS-Benzinmotor seitlich am Motorblock angeflanscht. Der Antrieb der Pumpe erfolgt über einen separaten Keilriemen. Nebenaggregate wie beispielsweise Generator, Servopumpe und, wo vorhanden, Klimakompressor werden von einem breiten Keilrippenriemen angetrieben. Beim 125 PS- und V6-Motor sitzt die vom Zahnriemen der Motorsteuerung angetriebene Kühlmittelpumpe vorn im Motorblock. Zu beachten ist, daß der Kühlmittelkreislauf ganzjährig mit einer Mischung aus Kühlerfrost- und Korrosionsschutzmittel sowie kalkarmem Wasser befüllt sein muß.

Für die Aufbereitung und Zündung des Kraftstoff-Luftgemisches werden wartungsfreie Motormanagement-Systeme verwendet, so daß ein Einstellen des Zündzeitpunktes oder Leerlaufs im Rahmen der Wartung entfällt.

Sicherheitshinweis
Der Kühler-Lüfter kann sich auch bei abgestelltem Motor und ausgeschalteter Zündanlage einschalten. Hervorgerufen durch Stauwärme im Motorraum kann dies auch mehrmals geschehen. Bei Arbeiten im Motorraum und warmem Motor muß deshalb immer mit einem plötzlichen Einschalten des Kühler-Lüfters gerechnet werden. **Abhilfe:** Stecker vom Lüftermotor abziehen.

1,8-l-Benzinmotor

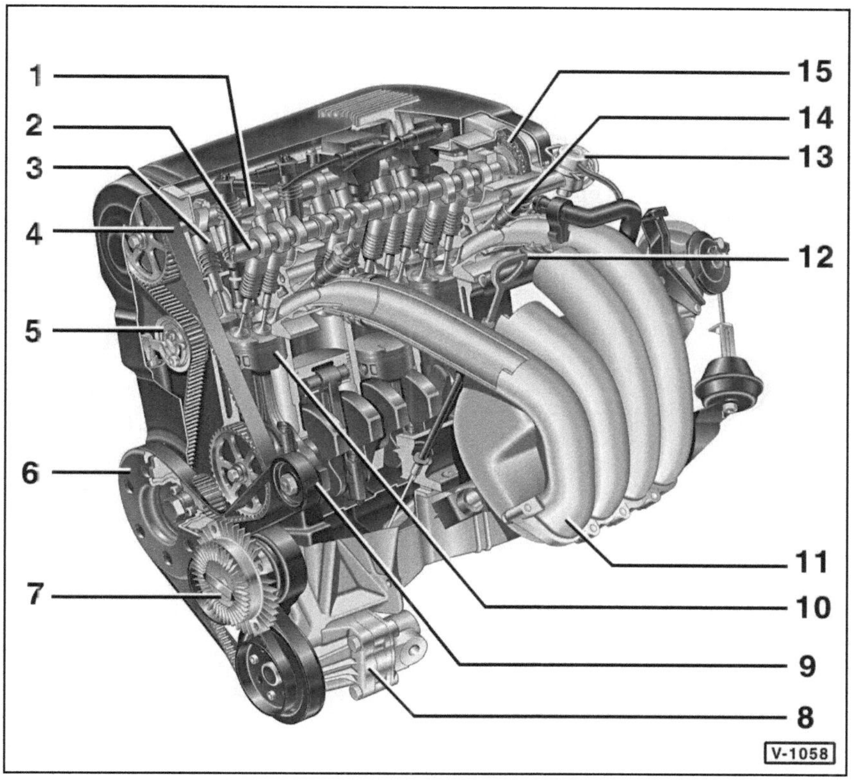

Hinweis: Die Abbildung zeigt den 1,8-l/125-PS-Motor ohne Turbolader.

1 – **Auslaßnockenwelle**
2 – **Einlaßnockenwelle**
3 – **Hydrostößel**
4 – **Zahnriemen**
5 – **Zahnriemen-Spannrolle** Pneumatisch gedämpfte Thermospannrolle.
6 – **Schwingungsdämpfer**
7 – **Nabe für Viscolüfter**
8 – **Pumpe für Servolenkung**
9 – **Generator-Riemenrad**
10 – **Kolben**
11 – **Schaltsaugrohr** Mit Unterdruck-Umschaltventil zur Veränderung der Saugrohrlänge.
12 – **Ölpeilstab**
13 – **Kraftstoff-Druckregler**
14 – **Einspritzventil**
15 – **Antriebskette** Mit hydraulischem Kettenspanner und Nockenwellenverstellung.

V6 2,4-/2,8-l-Benzinmotor

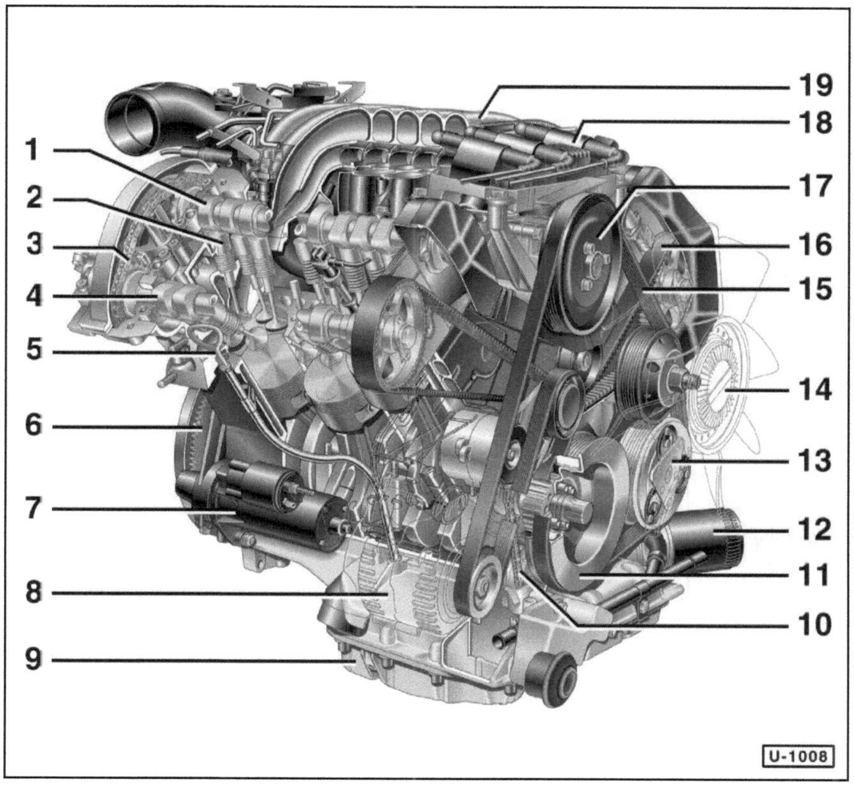

1 – **Einlaßnockenwelle**
2 – **Hydrostößel**
3 – **Antriebskette** Mit hydraulischem Kettenspanner und Nockenwellenverstellung.
4 – **Auslaßnockenwelle**
5 – **Ölpeilstab**
6 – **Schwungrad**
7 – **Anlasser**
8 – **Generator**
9 – **Ölwanne**
10 – **Antriebskette für Ölpumpe**
11 – **Schwingungsdämpfer**
12 – **Ölfilter**
13 – **Riemenrad für Klimakompressor**
14 – **Nabe für Viscolüfter**
15 – **Keilrippenriemen**
16 – **Zahnriemen**
17 – **Riemenrad für Servopumpe**
18 – **Zündspule**
19 – **Schaltsaugrohr** Mit Unterdruck-Umschaltventil zur Veränderung der Saugrohrlänge.

Motorraumabdeckung unten aus- und einbauen

Ausbau

Sicherheitshinweis
Beim Aufbocken des Fahrzeugs besteht Unfallgefahr! Deshalb vorher das Kapitel »Fahrzeug aufbocken« durchlesen.

- Fahrzeug aufbocken.

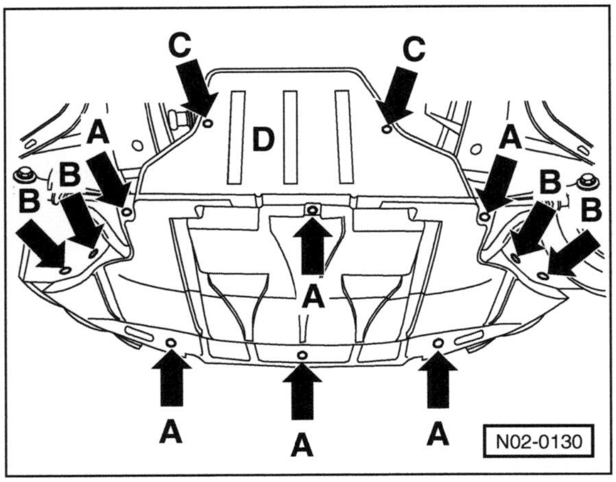

- Schnellverschlußschrauben –A– herausdrehen. Klemmstifte –B– in den Radhäusern herausdrehen und abziehen. Wo vorhanden, hintere Abdeckung –D– ausbauen, dazu Schnellverschlußschrauben –C– herausdrehen.
- Abdeckungen nach hinten abziehen.

Einbau

- Abdeckungen einsetzen. Schrauben festziehen.
- Fahrzeug ablassen.

Speziell 2,5-l-Dieselmotor

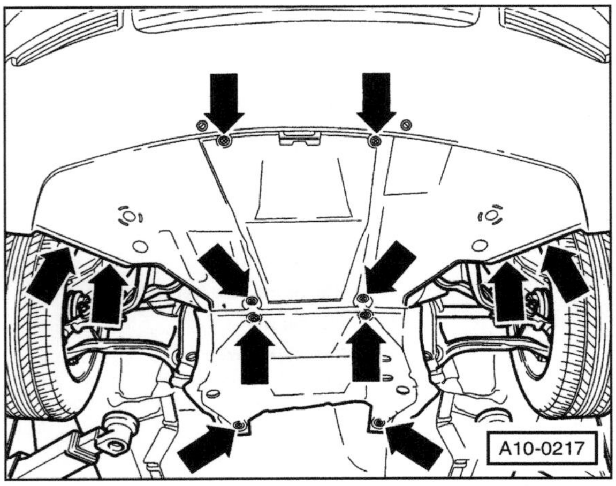

- Schrauben und Klemmstifte –Pfeile– herausdrehen. Hintere sowie vordere Abdeckung abnehmen.

Zahnriemen spannen: 1,9-l-TDI-Pumpe-Düse-Motor (115/130 PS) mit reibgedämpftem Spannsystem

Achtung: Zusätzliche Arbeitsschritte sind im Kapitel für den Motor mit hydraulischem Spannsystem beschrieben, siehe Seite 174.

Entspannen

- Befestigungsschrauben für Nockenwellenrad lösen.

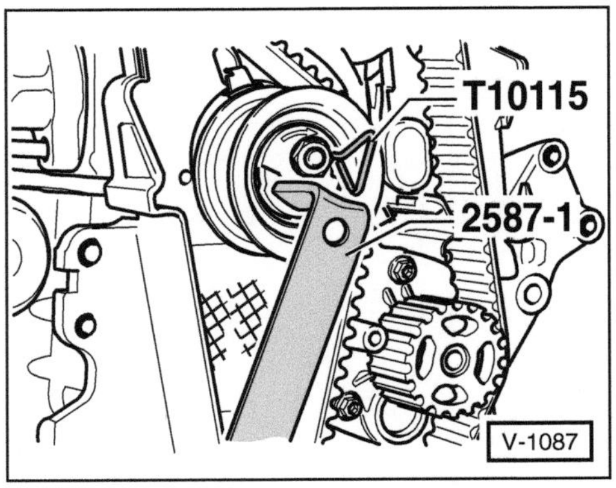

- Mutter der Spannrolle lösen. Spannrolle mit Mutterndreher HAZET 2587-1 im Gegenuhrzeigersinn drehen, bis sie mit einem geeigneten Absteckstift, zum Beispiel AUDI-T10115, arretiert werden kann. Anschließend Mutterndreher im Uhrzeigersinn bis zum Anschlag drehen und Befestigungsmutter handfest anziehen.
- Zahnriemen abnehmen, zuerst von der Kühlmittelpumpe.

Spannen

- Prüfen, ob die Lasche der Spannrolle in den Zahnriemenschutz hinten eingreift.

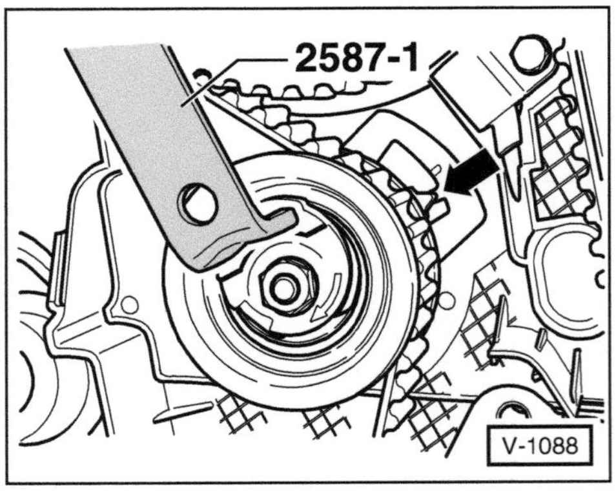

- Klemmutter lösen, Spannrolle mit Mutterndreher im Gegenuhrzeigersinn drehen und Absteckstift herausziehen.
- Spannrolle mit Mutterndrehr im Uhrzeigersinn drehen, bis der Zeiger mittig in der Lücke der Grundplatte steht –Pfeil–.
- Spannrolle in dieser Position festhalten und Klemmutter mit **20 Nm** und **45°** (1/8 Umdrehung) festziehen.

Zahnriemen aus- und einbauen/ spannen

1,8-l-Motor (125 PS/150 PS), außer Motor AWT

Der 1,8-l-Motor ist mit einer Thermospannrolle am Zahnriementrieb ausgestattet, die die Zahnriemenspannung bei allen Motortemperaturen konstant hält. Dadurch wird die Lebensdauer und Laufruhe des Zahnriemens erhöht.

Hinweis: Je nach Modell wird die Kühlmittelpumpe durch den Zahnriemen oder einen Keilriemen angetrieben.

Ausbau

- Schloßträger/vorderes Abschlußblech in Servicestellung bringen, siehe Seite 276.
- **Fahrzeuge mit Klimaanlage:** Spannvorrichtung lösen, Keilrippenriemen entspannen und ausbauen, siehe Seite 187.
- Visco-Kühlerlüfter mit Riemenscheibe ausbauen, siehe Seite 192.
- **150-PS-Motor/Antrieb der Kühlmittelpumpe durch Keilriemen:** Keilriemen ausbauen, siehe Seite 192.

Motor auf OT für Zylinder 1 stellen

- Oberen Zahnriemenschutz ausbauen.
- Laufrichtung auf dem Zahnriemen mit Filz- oder Fettstift durch einen Pfeil kennzeichnen. Der Motor dreht, von vorn gesehen, rechtsherum, also im Uhrzeigersinn.

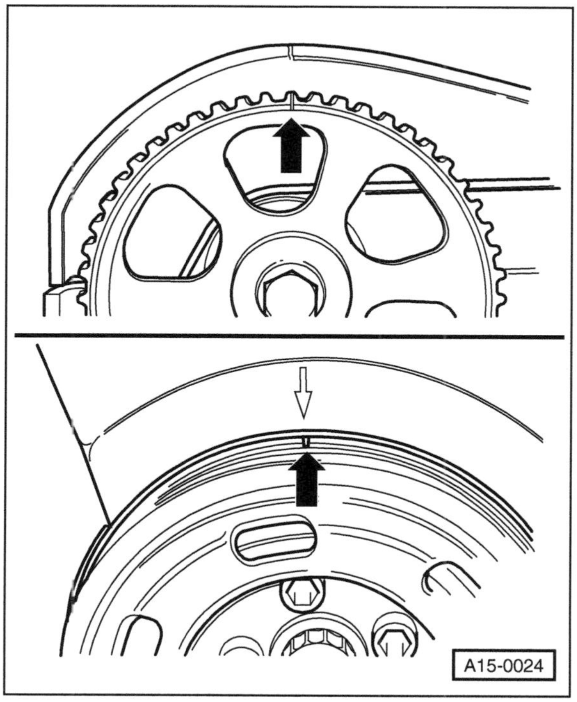

A15-0024

- Motor-Kurbelwelle drehen, bis sich die Nockenwelle in OT-Stellung für Zylinder 1 befindet.

Achtung: Motor **nicht** an der Befestigungsschraube des Nockenwellenrades durchdrehen. Dadurch wird der Zahnriemen überbeansprucht.

- Das Durchdrehen des Motors kann auf mehrere Arten erfolgen:
  1. Fahrzeug seitlich vorn aufbocken. Fünften Gang einlegen, Handbremse anziehen. Angehobenes Vorderrad von Hilfsperson mit der Hand durchdrehen lassen. Dadurch dreht sich auch die Motor-Kurbelwelle.
  2. Fahrzeug auf ebene Fläche stellen. Fünften Gang einlegen. Fahrzeug vor- oder zurückschieben.
  3. Getriebe in Leerlaufstellung schalten, Handbremse anziehen. Kurbelwelle an der Zentralschraube der Riemenscheibe durchdrehen.
- Motor durchdrehen, bis die Markierung auf dem Nockenwellenrad mit der OT-Markierung am Zylinderkopfdeckel übereinstimmt (oberer Teil der Abbildung A15-0024). Gleichzeitig steht die Markierung des Kurbelwellenrades gegenüber dem Pfeil der unteren Zahnriemenabdeckung. Der Motor steht dann in Zünd-OT-Stellung für Zylinder 1.

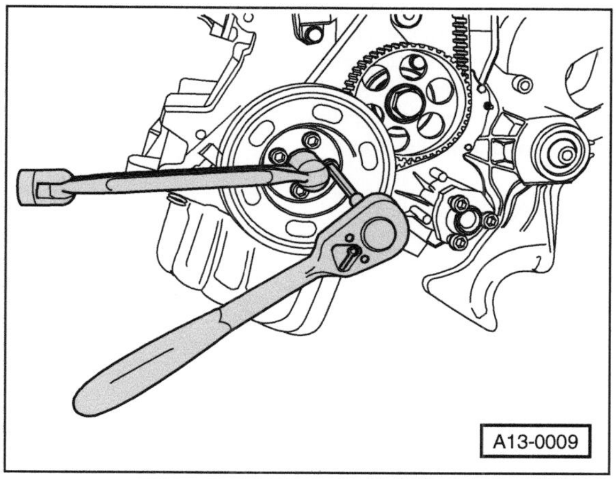

A13-0009

- Riemenscheibe (Schwingungsdämpfer) mit 4 Innensechskantschrauben von der Kurbelwelle abschrauben. Dabei mit einer Stecknuß an der Zentralschraube gegenhalten, siehe Abbildung.

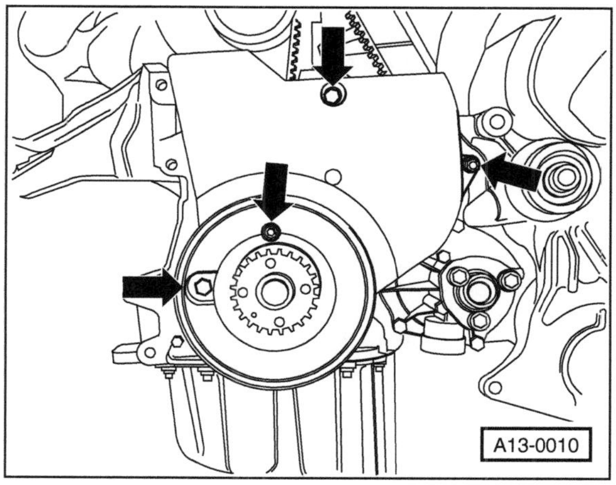

A13-0010

- Untere Zahnriemenabdeckung abschrauben –Pfeile–.

Hinweis: Je nach Motortyp kann die Verschraubung der Zahnriemenabdeckung leicht variieren.

Zahnriemenspannrolle, Typ1

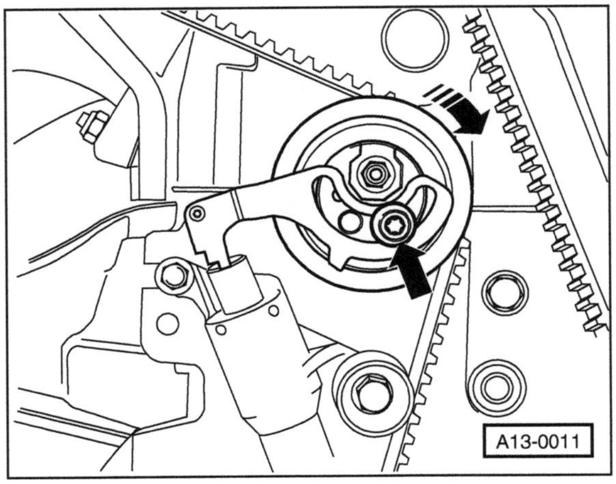

- Befestigungsschraube für Zahnriemenspannrolle mit Torxschlüssel lösen und Spannrolle nach unten drücken, um den Zahnriemen zu entspannen.

Zahnriemenspannrolle, Typ 2

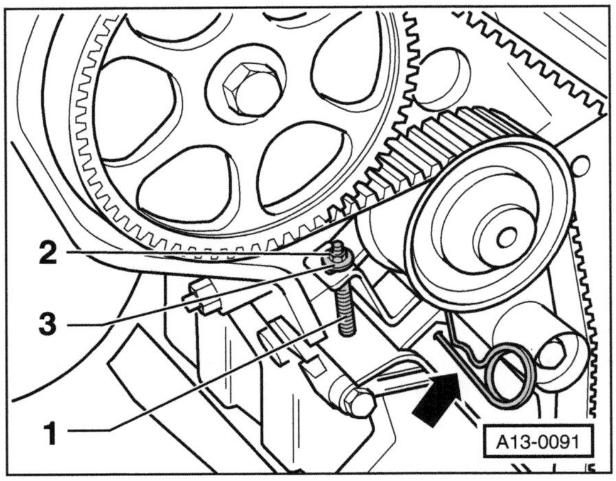

- Gewindestift –1–, Größe M5x55, in die Spannvorrichtung für Zahnriemen einschrauben.
- Sechskantmutter –2– mit großer Unterlegscheibe –3– auf den Gewindestift –1– drehen und damit Kolben der Spannvorrichtung zusammendrücken.
- Kolben der Spannvorrichtung soweit zusammendrücken, bis die Bohrungen von Kolben und Gehäuse fluchten und sich ein kleiner Dorn ∅ 1,5 mm, beispielsweise Bohrerschaft oder Splint –Pfeil–, einsetzen läßt. Der Spannkolben ist jetzt arretiert, der Zahnriemen ist entspannt. **Hinweis:** Fluchten die Bohrungen von Spannkolben und Gehäuse nicht, Spannkolben vorsichtig mit einer Spitzzange verdrehen, bis die Bohrungen fluchten.

Zahnriemenspannrolle, Typ 3

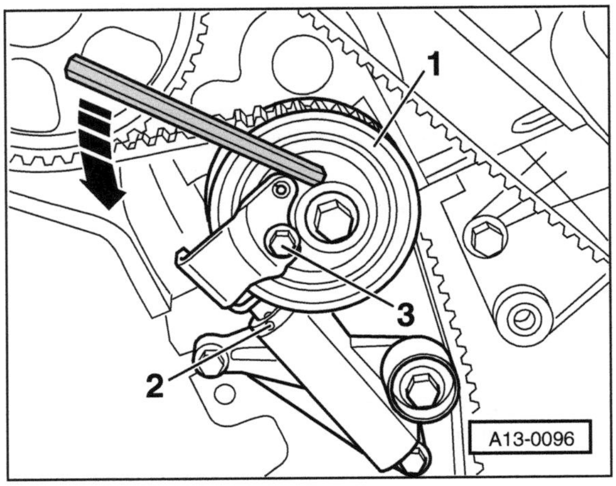

- Zahnriemenspannrolle –1– mit einem 8 mm-Innensechskantschlüssel langsam mit gleichmäßiger Kraft in Pfeilrichtung drehen, bis die Bohrungen –2– von Spannkolben und Gehäuse fluchten und sich ein kleiner Dorn ∅ 1,5 mm, beispielsweise Bohrerschaft, einsetzen läßt. Der Spannkolben ist jetzt arretiert, der Zahnriemen ist entspannt. **Achtung:** Schraube –3– darf nicht gelöst werden.

- Zahnriemen abnehmen.

Achtung: Der Zahnriemen darf nicht geknickt werden. Ein einmal geknickter Zahnriemen muß immer ersetzt werden, da der Riemen im späteren Betrieb reißen kann, was zu schweren Motorschäden führt.

- Stellung der Zahnriemenräder möglichst nicht verändern.

Achtung: OT-Stellung von Nockenwelle und Kurbelwelle bei ausgebautem Zahnriemen **nicht** mehr verändern. Falls die Nockenwelle bei ausgebautem Zahnriemen verdreht werden muß, darauf achten, daß die Kurbelwelle nicht auf OT steht, sonst Beschädigungsgefahr für Ventile und Kolbenböden. Dazu Stellung des Kurbelwellenrades markieren: Mit Farbe Markierungen auf Kurbelwellenrad und Motorblock anbringen. Anschließend Kurbelwellenrad um 1/4 Umdrehung (90°) vor- oder zurückdrehen.

Einbau

- Sicherstellen, daß die Markierung auf dem Nockenwellenrad mit der OT-Markierung am Zylinderkopfdeckel übereinstimmt.
- Zahnriemen auf Kurbelwellen- und Zwischenwellenrad beziehungsweise je nach Motortyp auf Kühlmittelpumpenrad auflegen. **Achtung:** Wird der bisherige Zahnriemen wiederverwendet, unbedingt Laufrichtung beachten. Der Einbau des Zahnriemens in umgekehrter Laufrichtung kann zum Reißen des Riemens und dadurch zu Motorschäden führen. Daher Zahnriemen immer so einbauen, daß der angebrachte Pfeil in Drehrichtung des Motors zeigt, von vorn gesehen im Uhrzeigersinn.

- Untere Zahnriemenabdeckung einsetzen, M6-Befestigungsschrauben mit Schraubensicherungsmittel, zB. LOCTITE 243, bestreichen und mit **10 Nm** festziehen. M8-Schrauben mit **20 Nm** festziehen.
- Kurbelwellen-Riemenscheibe vorerst mit nur einer Schraube handfest anschrauben. **Hinweis:** Die Riemenscheibe läßt sich nur in einer Stellung richtig aufsetzen, Fixierung beachten.
- Sicherstellen, daß die Markierungen an der Kurbelwellen-Riemenscheibe und am Nockenwellenrad mit den OT-Markierungen fluchten. Der Motor befindet sich dann in OT-Stellung für Zylinder 1.
- Zahnriemen auf die Spannrolle und dann auf das Nockenwellenrad auflegen.

Zahnriemenspannrolle, Typ1

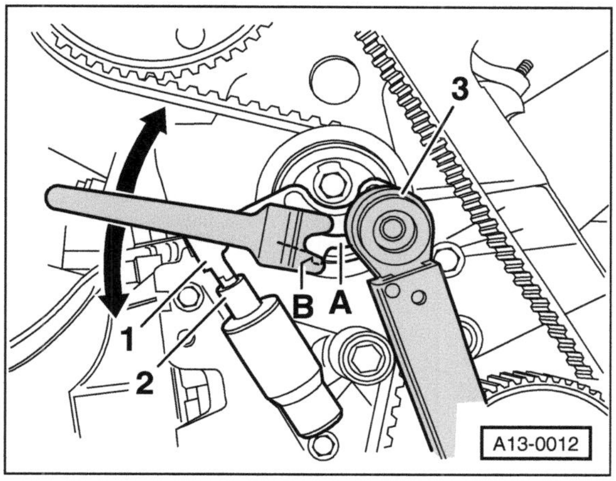

- Spannrolle, Typ 1, mit Mutterndreher –B–, zum Beispiel HAZET 2587, im Uhrzeigersinn, also rechtsherum drehen, bis der Kolben –1– ganz ausgefahren ist und der Kolben –2– der Spannvorrichtung etwa 1 mm abhebt. In dieser Stellung Schraube –3– handfest anziehen.
- Kurbelwelle 2 Umdrehungen in Motor-Laufrichtung drehen und Nockenwelle wieder auf OT-Stellung bringen.

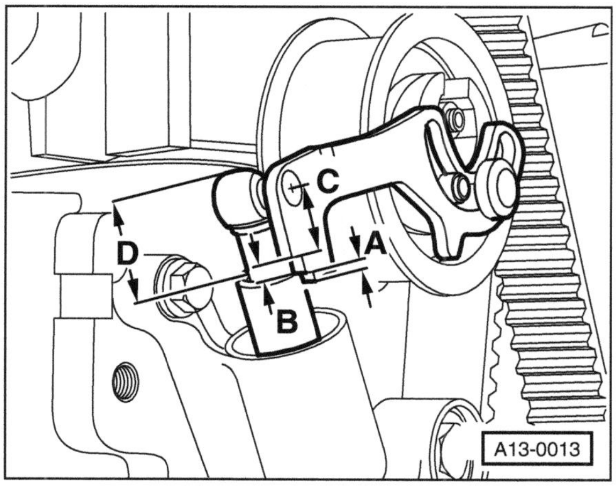

- Prüfen, ob der Bereich –A– mit der Oberkante vom Kolben übereinstimmt, andernfalls nachstellen.
- Maß –D– messen, es soll 25 mm bis 29 mm betragen.

Achtung: Bei einer Überprüfung des Zahnriemens, ohne Ausbau, ist folgendes zu beachten: Liegt die Kolbenoberkante bei einem gebrauchten Zahnriemen im Bereich –B–, hat sich der Zahnriemen gelängt, die Spannrolle muß aber noch nicht nachgestellt werden. Wird Bereich –C– erreicht, muß die Spannrolle nachgestellt werden. In diesem Fall muß auch der Zahnriemen einschließlich der Spannrolle auf Verschleiß geprüft werden, gegebenenfalls Neuteile einbauen.

- Klemmschraube –3– an der Spannrolle mit **25 Nm** festziehen. Dabei mit Mutterndreher –B– gegenhalten, damit sich die Spannrolle nicht verstellt, siehe Abbildung A13-0012.
- **Zahnriemenspannrolle, Typ 2:** Sicherungsdorn –Pfeil– herausziehen und Gewindestift –1– herausdrehen, siehe Abbildung A13-0092. Der Spannkolben sorgt für die richtige Zahnriemenspannung.
- **Zahnriemenspannrolle, Typ 3:** Zahnriemenspannrolle –1– mit Innensechskantschlüssel in Pfeilrichtung drehen und Sicherungsdorn herausziehen, siehe Abbildung A13-0096. Der Spannkolben sorgt für die richtige Zahnriemenspannung. Wenn nötig, Zahnriemenspannrolle mit Innensechskantschlüssel entgegen der Pfeilrichtung drehen, bis der Spannkolben ganz ausgefahren ist.
- Motor 2 Umdrehungen an der Zentralschraube des Kurbelwellen-Riemenrades rechtsherum durchdrehen und OT-Stellung von Nocken- und Kurbelwelle nochmals prüfen. **Sämtliche Markierungen müssen bei gespanntem Zahnriemen gleichzeitig übereinstimmen**, gegebenenfalls Zahnriemen abnehmen und Einstellung wiederholen.
- Kurbelwellen-Riemenrad mit 4 Schrauben und **40 Nm** festziehen.
- Oberen Zahnriemenschutz anschrauben/anclipsen.
- **150-PS-Motor/Antrieb der Kühlmittelpumpe durch Keilriemen:** Keilriemen einbauen, siehe Seite 192.
- Visco-Kühlerlüfter mit Riemenscheibe einbauen, siehe Seite 192.
- **Fahrzeuge mit Klimaanlage:** Keilrippenriemen einbauen und Spannvorrichtung festschrauben, siehe Seite 187.
- Schloßträger/vorderes Abschlußblech in Normalstellung bringen und befestigen, siehe Seite 276.

Zahnriementrieb

1,8-/2,0-l-Benzinmotor AWT/ALT mit 110/96 kW (150/130 PS)

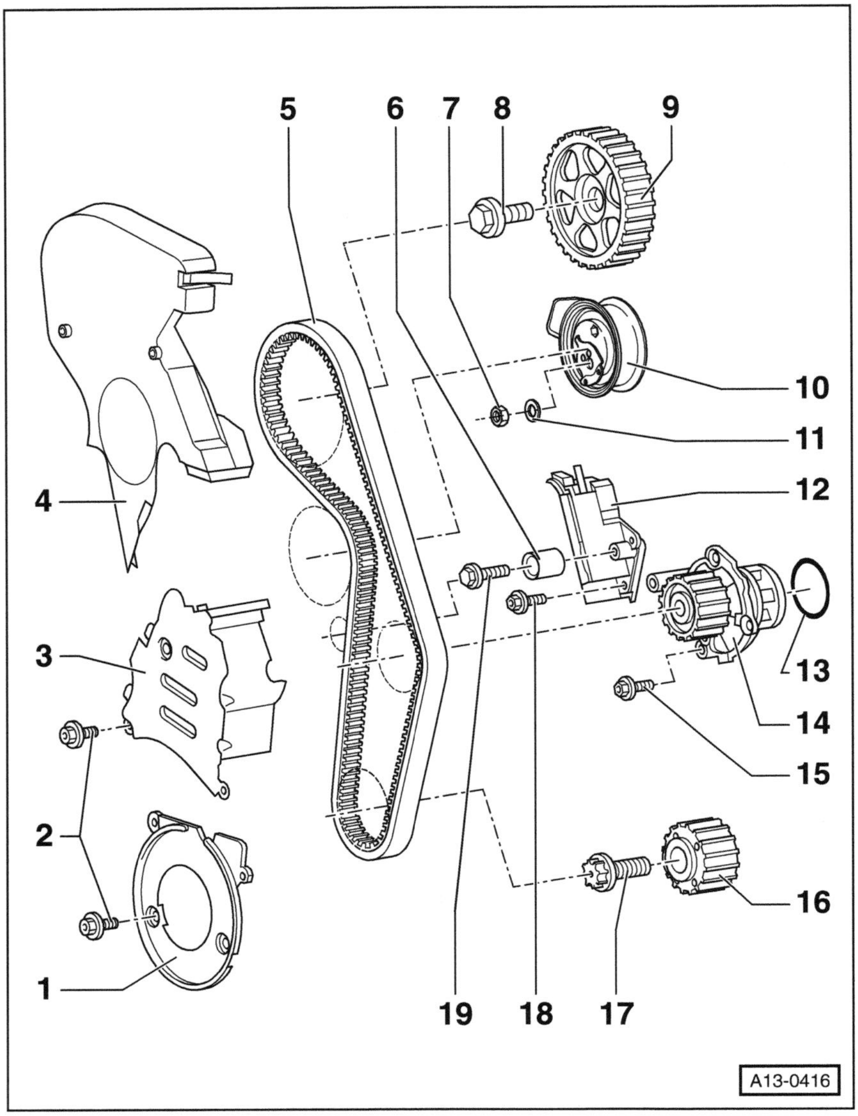

1 – **Zahnriemen-Abdeckung unten**

2 – **Schraube, 10 Nm**
Mit Sicherungsmittel einsetzen.

3 – **Zahnriemen-Abdeckung Mitte**
Zum Ausbau Spannvorrichtung für Keilrippenriemen abschrauben.

4 – **Zahnriemen-Abdeckung oben**
Beim Einbauen sorgfältig in die Zahnriemen-Abdeckung Mitte einhängen. **Motor ALT: 10 Nm.**

5 – **Zahnriemen**

6 – **Umlenkrolle**

7 – **Klemmmutter, 27 Nm**

8 – **Schraube, 65 Nm**

9 – **Nockenwellenrad**
Für Auslass-Nockenwelle.

10 – **Spannrolle**

11 – **Scheibe**

12 – **Zahnriemen-Spannvorrichtung**

13 – **O-Ring**
Immer ersetzen. Beim Einbau mit Kühlmittel benetzen.

14 – **Kühlmittelpumpe**

15 – **Schraube, 15 Nm**

16 – **Zahnriemenrad Kurbelwelle**
Hinweis: An der Anlagefläche zwischen Zahnriemenrad und Kurbelwelle darf sich kein Öl befinden.

17 – **Schraube, 90 Nm + 90° (¼ Umdr.)**
Immer ersetzen. Nicht ölen.

18 – **Schraube, 15 Nm**

19 – **Schraube, 25 Nm**

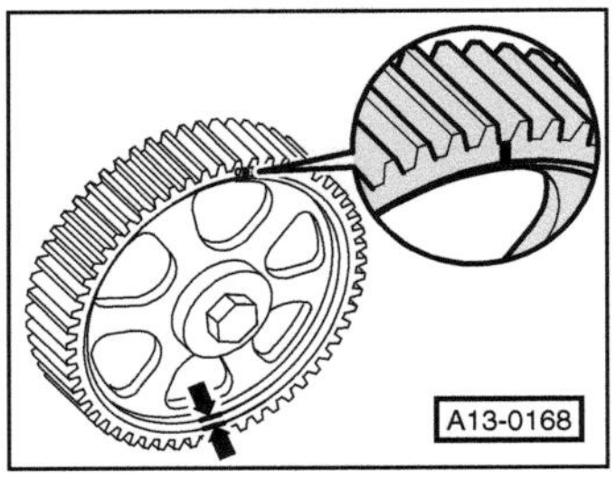

Einbaulage Nockenwellenrad: Der schmale Steg des Nockenwellenrades zeigt nach außen –Pfeile– und die Markierung für OT von Zylinder 1 ist von vorn sichtbar.

Zahnriemen aus- und einbauen

1,8-/2,0-l-Benzinmotor AWT/ALT 110/96 kW (150/130 PS)

Hinweis: Der Aus- und Einbau erfolgt auf ähnliche Weise wie bei den anderen 1,8-l-Benzinmotoren. Daher werden hier nur die Abweichungen beschrieben.

Ausbau

- Spannelement für Keilrippenriemen mit 3 Schrauben abschrauben und herausnehmen.

Achtung: Das Spannelement der Zahnriemenspannvorrichtung –A– ist ölgedämpft und lässt sich nur langsam und mit gleichmäßiger Kraft zusammendrücken. Zu großer Kraftaufwand beim Zusammendrücken kann die Spannrolle beschädigen.

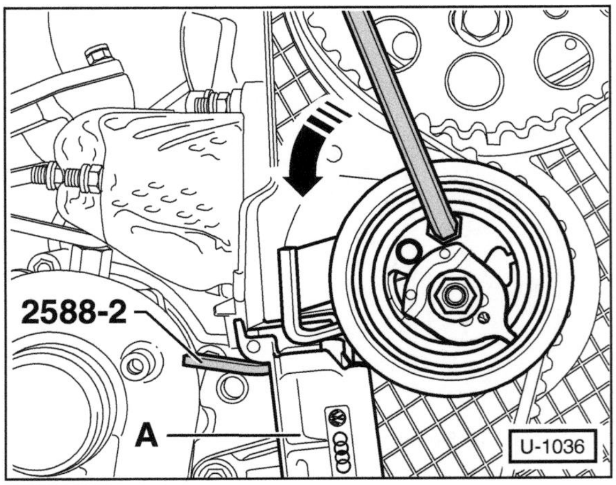

- Innensechskantschlüssel bis zum Anschlag in den Innensechskant der Spannrolle einsetzen und die Spannrolle entgegen dem Uhrzeigersinn –Pfeilrichtung– drehen, bis die Spannvorrichtung mit dem Absteckplättchen HAZET 2588-2 arretiert werden kann, siehe Abbildung U-1036. **Achtung:** Spannrolle mit gleichmäßigem, nicht zu großem Kraftaufwand drehen.

Achtung: Innensechskantschlüssel bis zum Anschlag einstecken, damit der Innensechskant an der Spannrolle beim Drehen nicht beschädigt wird.

Hinweis: Das Zahnriemenspannelement ist ölgedämpft und lässt sich nur langsam mit gleichmäßiger Kraft zurückdrücken.

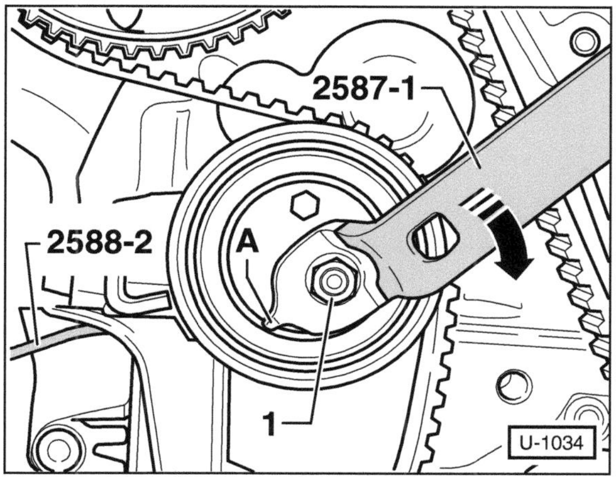

Hinweis: Die Anschlagnase –A –des Exzenterhebels darf nicht verbogen werden.

- Um den Zahnriemen zu entspannen, Mutter –1– der Spannrolle lösen und den Exzenter mit Mutterndreher HAZET 2587-1 in Pfeilrichtung drehen.
- Falls der bisherige Zahnriemen wieder eingebaut wird, Laufrichtung des Zahnriemens mit Kreide oder Filzstift kennzeichnen.
- Zahnriemen abnehmen.

Einbau (Steuerzeiten einstellen)

Der Einbau erfolgt auf ähnliche Weise wie bei den anderen 1,8-l-Benzinmotoren.

Zahnriemen spannen

Achtung: Ist das Zahnriemenspannelement ganz ausgefahren, muss es im eingebauten Zustand mit der Spannrolle zurückgedrückt werden. Dieser Vorgang kann bis zu 5 Minuten dauern. Zu großer Kraftaufwand beim Zusammendrücken kann die Spannrolle beschädigen.

- Falls das Zahnriemenspannelement ganz ausgefahren ist: Spannrolle mit einem Innensechskantschlüssel entgegen dem Uhrzeigersinn in Pfeilrichtung drücken, bis der Kolben der Spannvorrichtung mit dem Sperrplättchen HAZET 2588-2 arretiert werden kann. **Achtung:** Spannrolle mit gleichmäßigem, nicht zu großen Kraftaufwand drehen, siehe Abbildung U-1036.

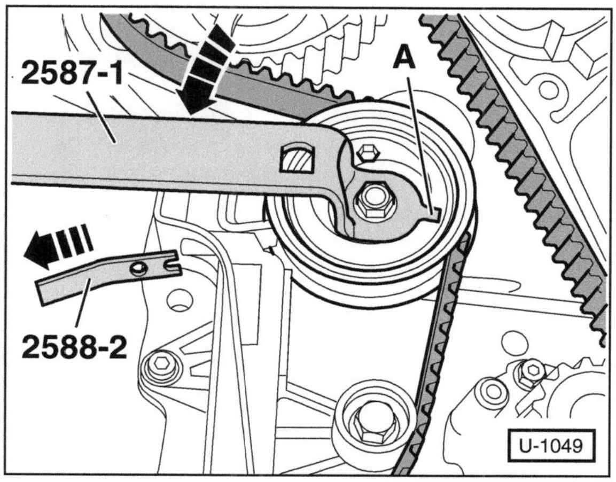

Hinweis: Die Anschlagnase –A– des Exzenterhebels darf nicht verbogen werden.

- Exzenter mit Mutterndreher HAZET 2587-1 gegen den Uhrzeigersinn in Pfeilrichtung drehen, bis das Sperrplättchen HAZET 2588-2 herausgezogen werden kann.

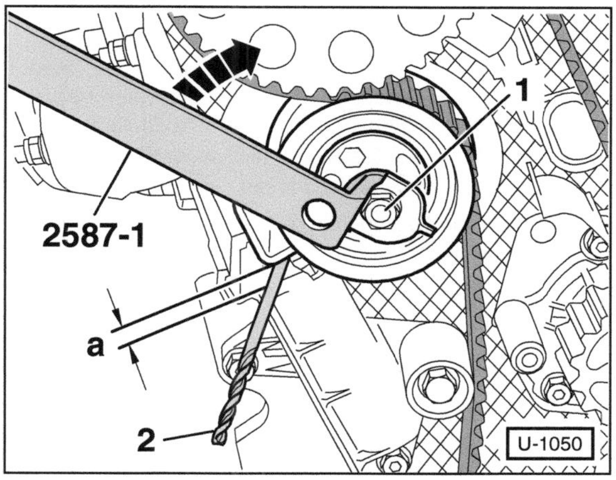

- Anschließend den Exzenter im Uhrzeigersinn so weit nach rechts in Pfeilrichtung drehen, bis sich ein Bohrerschaft –2– mit Maß a = 8 mm zwischen Spannhebel und Gehäuse der Spannvorrichtung durchziehen lässt.
- Exzenter in dieser Lage festhalten und die Mutter –1– der Spannrolle mit **27 Nm** festziehen. Anschließend Mutterndreher abnehmen.
- Motor an der Zentralschraube der Kurbelwelle zwei Umdrehungen in Motordrehrichtung (im Uhrzeigersinn) durchdrehen und wieder auf Zünd-OT stellen.
- Maß –a– zwischen Spannhebel und Gehäuse der Spannvorrichtung mit geeignetem Bohrerschaft prüfen. Sollwert a = 6 – 10 mm.
- Wird das Maß –a– nicht erreicht, Zahnriemen entspannen, ölgedämpftes Spannelement zusammendrücken und Zahnriemen erneut spannen.
- Wird Maß –a– erreicht, Einbauvorgang vervollständigen.
- Keilrippenriemen-Spannvorrichtung mit **23 Nm** anschrauben.

Zylinderkopf aus- und einbauen

1,8-l-Motor (125 PS/150 PS)

Zylinderkopf nur bei abgekühltem Motor (Raumtemperatur) ausbauen. Der Abgaskrümmer bleibt angeschlossen, beim Benziner wird der Ansaugkrümmer ausgebaut.

Eine defekte Zylinderkopfdichtung ist an einem oder mehreren der folgenden Merkmale erkennbar:

- Leistungsverlust.
- Kühlflüssigkeitsverlust. Weiße Abgaswolken bei warmem Motor.
- Ölverlust.
- Kühlflüssigkeit im Motoröl, Ölstand nimmt nicht ab, sondern zu. Graue Farbe des Motoröls, Schaumbläschen am Peilstab, Öl dünnflüssig.
- Motoröl in der Kühlflüssigkeit.
- Kühlflüssigkeit sprudelt stark.
- Schlechte Kompression auf 2 benachbarten Zylindern.

Ausbau

- Batterie-Massekabel (–) bei ausgeschalteter Zündung abklemmen. **Achtung:** Dadurch werden elektronische Speicher gelöscht, wie zum Beispiel der Radiocode. Ohne Code kann das Radio nur vom Radiohersteller freigeschaltet werden, beziehungsweise beim AUDI-Radio von einer AUDI-Werkstatt. Deshalb Hinweise im Kapitel »Batterie aus- und einbauen« durchlesen.
- Luftfilter-Abdeckung abnehmen. Luftansaugschlauch am Schloßträger abschrauben und ausbauen, siehe Seite 220.
- Obere Motorabdeckung abschrauben, siehe Seite 27.

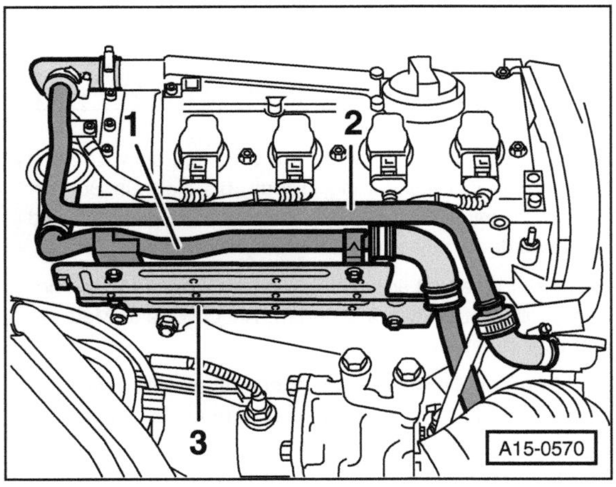

A15-0570

- Rohr der Kurbelgehäuseentlüftung –2– am Zylinderkopfdeckel abschrauben und zur Seite schwenken.
- **Motor mit Sekundärlufteinblasung:** Rohr –1– für Sekundärlufteinblasung am Kombiventil, am Zylinderkopfdeckel sowie am Wärmeschutzblech –3– abschrauben und zur Seite schwenken. Wärmeschutzblech –3– abschrauben.
- Kühlmittel ablassen, siehe Seite 202.
- Kühlmittel-Ausgleichbehälter am Halter abschrauben und mit angeschlossenen Schläuchen zur Seite legen.
- Schloßträger in Servicestellung bringen, siehe Seite 276.
- Zündkerzen ausbauen, siehe Seite 27.

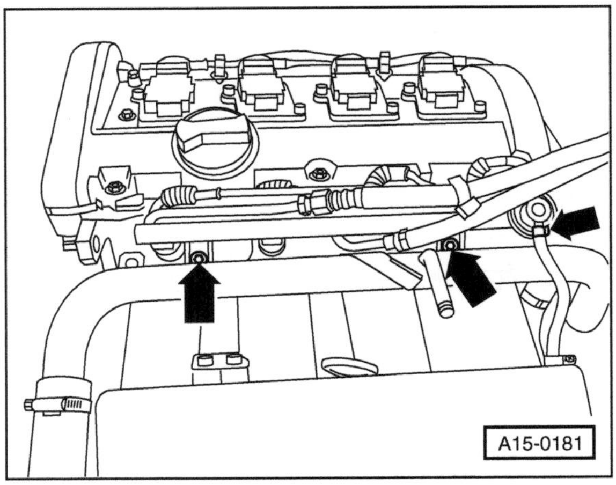

A15-0181

- Halteschrauben für Kraftstoffverteiler herausdrehen und Unterdruckleitung am Kraftstoffdruckregler abziehen –Pfeile–.

Hinweis: Das Kraftstoffsystem muß nicht geöffnet werden.

> **Sicherheitshinweis**
> **Das Kraftstoffsystem steht unter Druck!** Falls Leitungen geöffnet werden, dicken Putzlappen um die Verbindungsstelle legen. Dann durch vorsichtiges Abziehen der Leitung den Druck abbauen. **Schutzbrille tragen, Spritzgefahr!**

- Kraftstoffverteiler zusammen mit den Einspritzventilen am Ansaugrohr herausziehen und hinten im Motorraum auf einem sauberen Lappen ablegen.

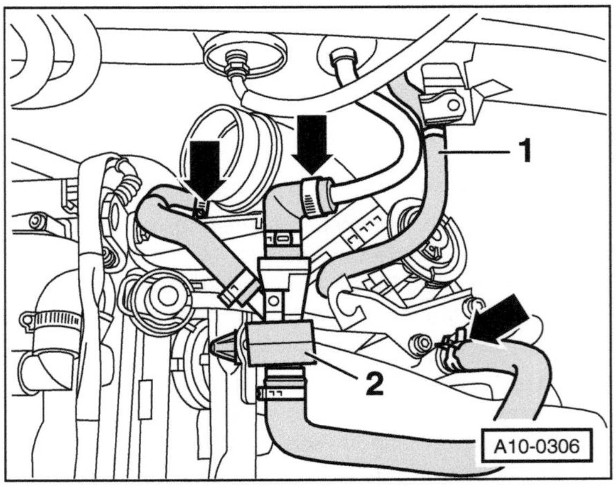

A10-0306

- Unterdruckschlauch –1– zum Aktivkohlefilter-Ventil abziehen.

- Schläuche –Pfeile– abziehen, beim Abziehen Klemmschellen an den Laschen mit einer Flachzange zusammendrücken und dadurch spreizen.
- Halter –2– für Saugstrahlpumpe am Kühlmittelrohr abclipsen und Saugstrahlpumpe mit Schläuchen abnehmen.
- Oberes Kühlmittelrohr am Ansaugrohr und hinten am Zylinderkopf abschrauben.
- Luftschlauch am Drosselklappenteil abziehen, dazu Schlauchschelle lösen.
- Gaszug am Drosselklappenteil aushängen, siehe Seite 216.

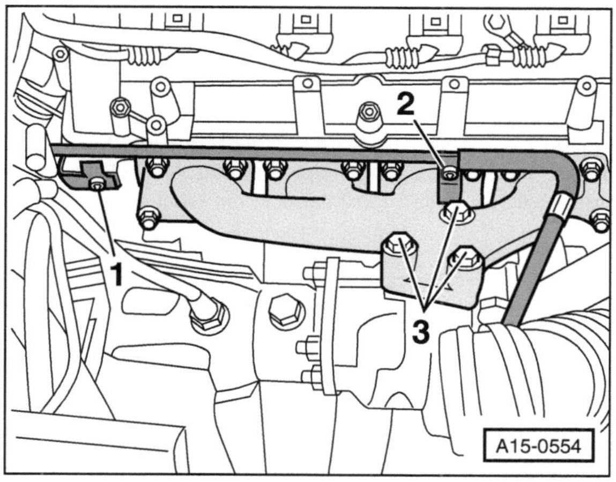

- **150-PS-Motor:** Schrauben –1–, –2– der Ölvorlaufleitung sowie Schrauben –3– für Abgasturbolader herausdrehen.
- **150-PS-Motor:** Haltestrebe zwischen Zylinderkopf und Ansaugrohr im Bereich des Generators abschrauben.

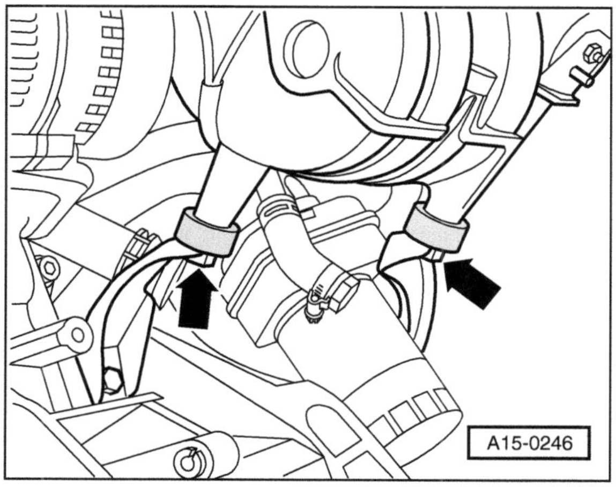

- **125-PS-Motor:** Ansaugrohr unten an beiden Gummimetallagern abschrauben. Außerdem Anschlußstecker und Unterdruckschlauch am Ventil für Saugrohrumschaltung abziehen.
- Ölmeßstab herausziehen.

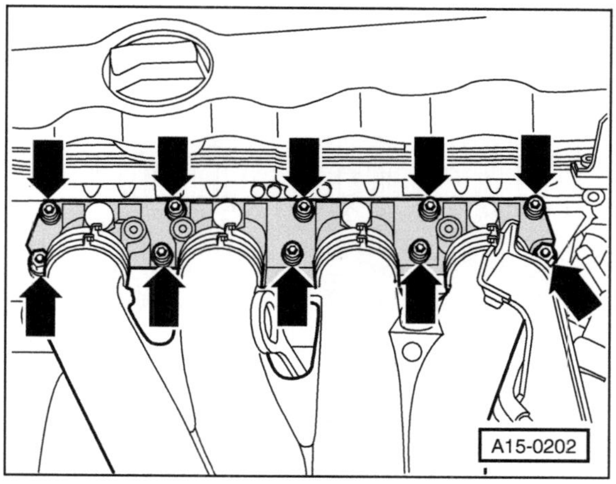

- Ansaugrohr am Zylinderkopf abschrauben und abnehmen.
- Alle elektrischen Leitungen vom Zylinderkopf zum Aufbau abklemmen. Markierungen mit Tesaband an den Leitungen anbringen, damit sie beim Einbau wieder an gleicher Stelle angeschlossen werden.
- 2 Kühlmittelleitungen zum Heizungs-Wärmetauscher am Motor trennen, dazu Halteklammern am Anschlußflansch abziehen.
- Stecker für Lambdasonde aus dem Halter ausclipsen und trennen.
- Vorderes Abgasrohr mit Katalysator am Krümmer abschrauben, siehe Seite 233.
- Oberen Zahnriemenschutz ausbauen, Motor auf OT für Zylinder 1 stellen, siehe Seite 163.
- Zahnriemen durch Lösen der Spannrolle entspannen. Zahnriemen nur oben vom Nockenwellenrad abnehmen, er muß nicht ausgebaut werden. Zahnriemen-Spannrolle lösen, siehe Seite 163.

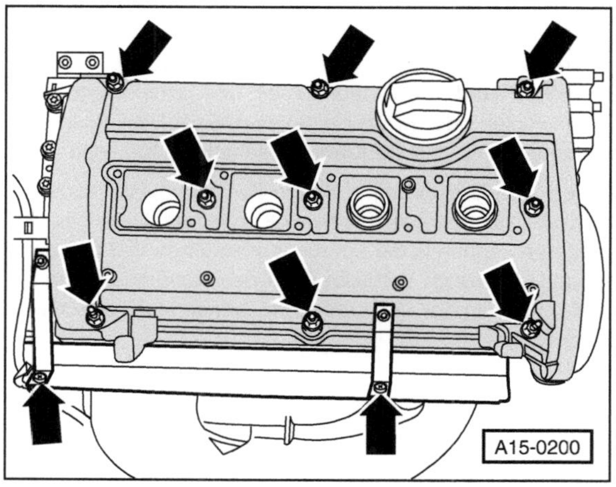

- Zylinderkopfdeckel abschrauben –Pfeile– und mit Dichtungen abnehmen.

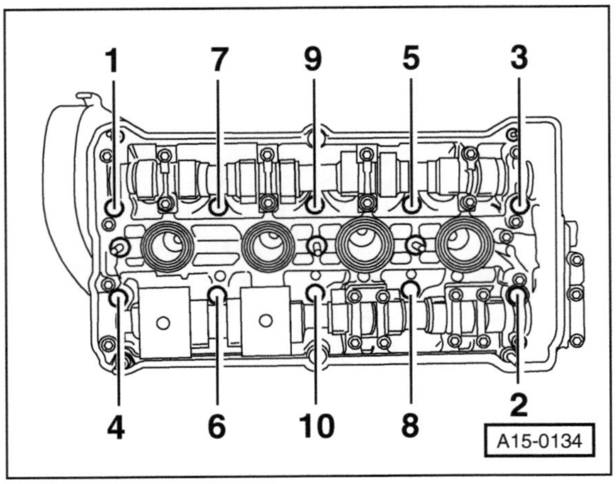

Achtung: Die Schrauben müssen in der Reihenfolge der Numerierung von 1 bis 10 gelöst werden.

- Zylinderkopfschrauben mit langem 8 mm Innensechskantschlüssel herausdrehen.
- Prüfen, ob sämtliche Leitungen und Schläuche, die zum Zylinderkopf führen, abgezogen sind.
- Zylinderkopf mit Helfer abheben und auf zwei Holzleisten legen.
- Zylinderkopfdichtung abnehmen.

Einbau

Achtung: Bei einem neuen Zylinderkopf sind Plastikunterlagen zum Schutz der offenen Ventile vorhanden. Plastikunterlagen erst unmittelbar vor dem Aufsetzen des Zylinderkopfes abnehmen.

Zylinderkopfdichtung erst unmittelbar vor dem Einbau aus der Verpackung nehmen. Dichtung äußerst sorgfältig behandeln. Beschädigungen führen zu Undichtigkeiten.

- Vor dem Einbau Zylinderkopf und Motorblock mit geeignetem Schaber vorsichtig von Dichtungsresten freimachen. Darauf achten, daß kein Schmutz in die Motorblock-Öffnungen fällt. Bohrungen mit Lappen verschließen. **Achtung:** Darauf achten, daß keine langgezogenen Riefen oder Kratzer entstehen. Falls Schleifpapier verwendet wird, darf die Körnung nicht unter 100 liegen.
- Prüfen, ob die Bohrungen für die Zylinderkopfschrauben frei von Öl sind, gegebenenfalls Öl entfernen. Dazu einen sauberen Lappen in die Bohrungen einführen und Öl aufsaugen. **Achtung:** Verbleibt Öl in den Bohrungen, kann beim Anziehen der Schrauben der Zylinderblock beschädigt werden.

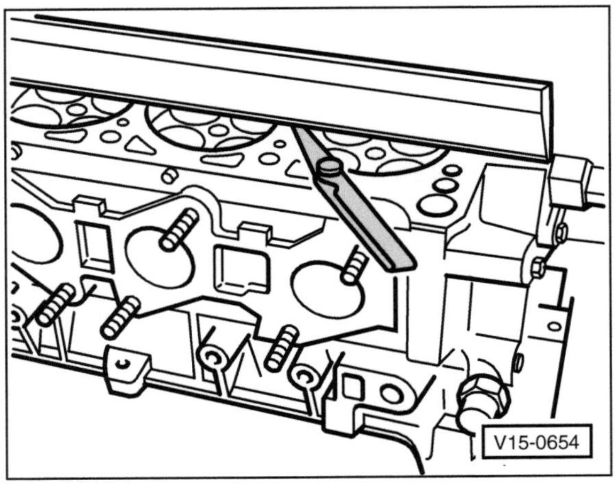

- Verzug mit Stahllineal und Fühlerblattlehre an verschiedenen Stellen des Zylinderkopfes prüfen. Die zulässigen Unebenheiten dürfen maximal 0,1 mm nicht überschreiten.

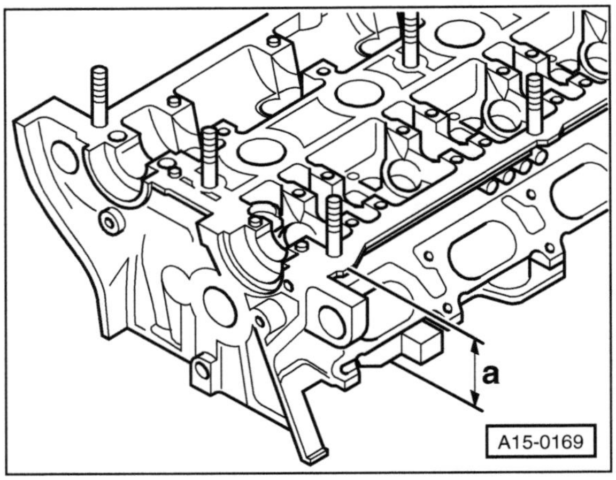

Achtung: Werden die Dichtflächen des Zylinderkopfes plangeschliffen, darf die zulässige Mindesthöhe a = 139,25 mm nicht unterschritten werden.

- Zylinderköpfe mit Rissen zwischen den Ventilsitzen beziehungsweise dem Ventilsitzring und den ersten Gewindegängen des Zündkerzengewindes können ohne Herabsetzung der Lebensdauer weiterverwendet und überholt werden, wenn die Risse eine Breite von max. 0,5 mm nicht überschreiten.
- Zylinderkopfschrauben und Zylinderkopfdichtung **immer erneuern**.

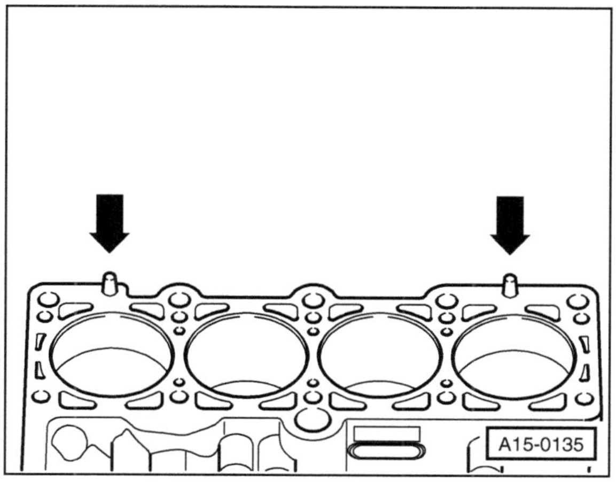

- Sicherstellen, daß die Zentrierhülsen zum Zentrieren des Zylinderkopfes und der Zylinderkopfdichtung vorhanden sind, gegebenenfalls einsetzen.
- **Neue** Zylinderkopfdichtung so auflegen, daß die Ersatzteil-Nummer von der Seite des Ansaugrohrs her lesbar ist. Kein zusätzliches Dichtungsmittel auftragen. **Achtung:** Zylinderkopfdichtung sorgfältig behandeln. Selbst kleine Beschädigungen führen zu Undichtigkeiten. Neue Dichtung erst unmittelbar vor dem Einbau aus der Verpackung nehmen.

Hinweis: Beim 125-PS-Motor vor dem Aufsetzen des Zylinderkopfs den Betätigungshebel der Zahnriemen-Spannrolle in Einbauposition schwenken, siehe Seite 163.

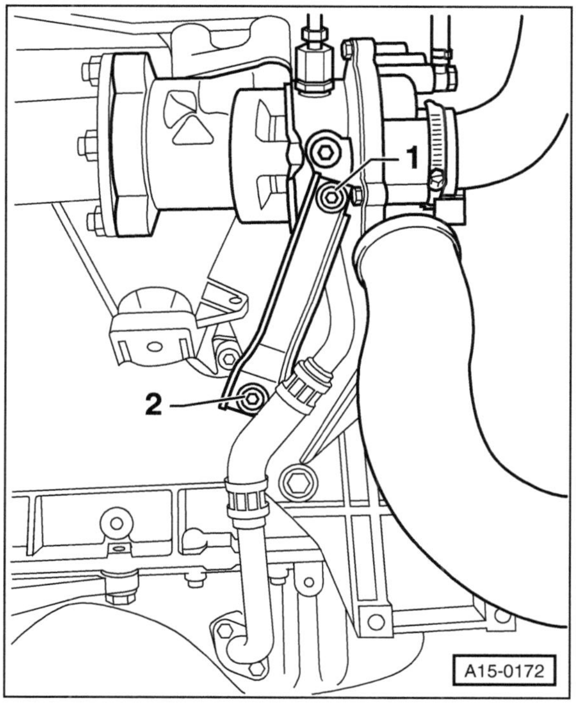

- **150-PS-Motor:** Schrauben –1– und –2– an der Stütze für Turbolader ca. 2 Umdrehungen lösen, damit keine Verspannungen beim Einbau des Zylinderkopfs auftreten.
- Nockenwelle und Kurbelwelle auf OT für Zylinder 1 stellen, siehe Seite 163.
- Zylinderkopf mit Helfer aufsetzen, dabei Zentrierhülsen im Zylinderblock beachten.
- **Zylinderkopfschrauben grundsätzlich erneuern.** Die Zylinderkopfschrauben einschrauben und noch nicht festziehen.

Achtung: Das Anziehen der Zylinderkopfschrauben ist mit größter Sorgfalt durchzuführen. Vor dem Anziehen der Schrauben Drehmomentschlüssel auf seine Genauigkeit prüfen. Die Schrauben bei auf Umgebungstemperatur abgekühltem Motor anziehen.

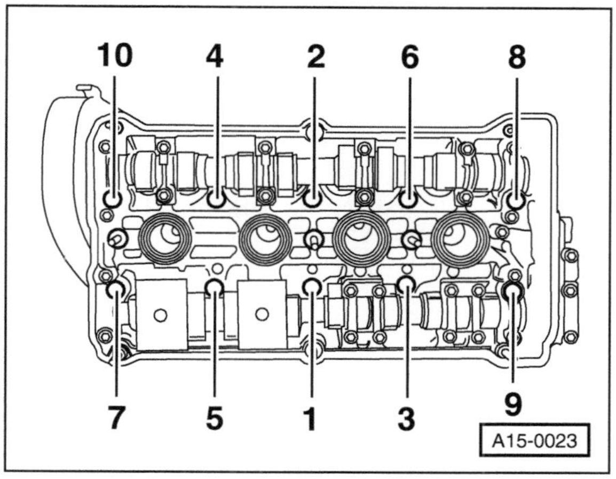

- Die Zylinderkopfschrauben werden in mehreren Stufen angezogen. Schrauben in jeder Stufe jeweils in der Reihenfolge von 1 bis 10 anziehen. Motoren nach Kennbuchstaben zuordnen, siehe Seite 13.

Motor AJP/AWT/ALT:

1. Stufe: mit Drehmomentschlüssel **40 Nm**

2. Stufe: **1/4 Umdrehung (90°)** mit **starrem** Schlüssel ohne abzusetzen weiterdrehen.

3. Stufe: **1/4 Umdrehung (90°)** mit **starrem** Schlüssel ohne abzusetzen weiterdrehen.

Motor AEB/ANB/APU/ADR:

1. Stufe: mit Drehmomentschlüssel **60 Nm**

2. Stufe: **1/4 Umdrehung (90°)** mit **starrem** Schlüssel ohne abzusetzen weiterdrehen.

3. Stufe: **1/4 Umdrehung (90°)** mit **starrem** Schlüssel ohne abzusetzen weiterdrehen.

1,9-l-TDI-Motor:

1. Stufe: mit Drehmomentschlüssel **40 Nm**

2. Stufe: mit Drehmomentschlüssel **60 Nm**

3. Stufe: **1/4 Umdrehung (90°)** mit **starrem** Schlüssel ohne abzusetzen weiterdrehen.

4. Stufe: **1/4 Umdrehung (90°)** mit **starrem** Schlüssel ohne abzusetzen weiterdrehen.

Hinweis: Beim Anziehen der Zylinderkopfschrauben Drehwinkel abschätzen. Schlüsselgriff längs zum Motor ansetzen und in einem Zug drehen, bis der Griff quer zum Motor steht (1/4 Umdrehung = 90°).

Achtung: Ein Nachziehen der Zylinderkopfschrauben bei warmem Motor, im Rahmen der Wartung oder nach Reparaturen, ist **nicht zulässig.**

Achtung: Beim Einbau eines Austausch-Zylinderkopfes mit montierter Nockenwelle müssen die Berührungsflächen zwischen Tassenstößel und Nockenbahn nach Einbau des Zylinderkopfes geölt werden.

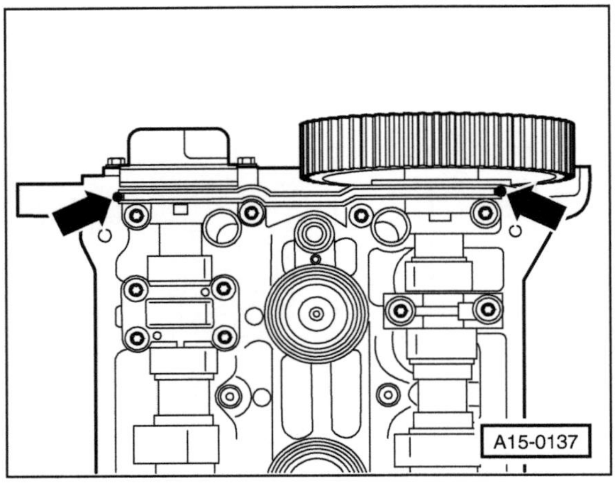

- Vor dem Auflegen der Zylinderkopfdeckel-Dichtung die Übergänge vom Lagerdeckel zum Zylinderkopf mit geeignetem Dichtmittel, beispielsweise »Loctite Ultra Black« bestreichen, ebenso auf der gegenüberliegenden Seite. Die Werkstatt verwendet das AUDI-Dichtmittel »D 454 300 A2«.
- Dichtung für Zylinderkopfdeckel auflegen. Beschädigte Dichtung erneuern.
- Zylinderkopfdeckel auflegen und mit **10 Nm** über Kreuz anschrauben.
- **150-PS-Motor:** Stütze für Turbolader an Motorblock und Turbolader anschrauben. Anzugsmoment beim Motor AWT **25 Nm**, beim Motor AEB/ANB/APU **40 Nm**.
- Zahnriemen einbauen, siehe Seite 163.
- Keilriemen und Keilrippenriemen mit Spannvorrichtung einbauen, siehe Seite 187.
- Vorderes Abgasrohr mit Katalysator am Krümmer anschrauben, siehe Seite 233.
- Stecker für Lambdasonde zusammenfügen und in den Halter einclipsen.
- Ansaugrohr mit **neuen** Dichtungen und **10 Nm** über Kreuz am Zylinderkopf anschrauben.
- **125-PS-Motor:** Ansaugrohr unten an beiden Gummimetallagern anschrauben.
- **150-PS-Motor:** Haltestrebe zwischen Zylinderkopf und Ansaugrohr mit **20 Nm** anschrauben.
- Verteilerrohr mit Einspritzventilen am Ansaugrohr einstecken und mit **10 Nm** anschrauben.
- Halter mit Saugstrahlpumpe am Kühlmittelrohr anclipsen.
- Zündkerzen und Zündspulen einbauen, siehe Seite 27.
- Elektrische Leitungen, beispielsweise zum Ansaugrohr und zum Hallgeber, entsprechend der beim Ausbau angebrachten Kennzeichnungen aufschieben und einrasten beziehungsweise anklemmen.
- Oberes Kühlmittelrohr am Ansaugrohr und hinten am Zylinderkopf mit **10 Nm** anschrauben.
- Kühlmittel-Ausgleichsbehälter am Halter anschrauben.
- **150-PS-Motor:** Ölvorlaufleitung mit **20 Nm** am Zylinderkopf sowie Abgasturbolader mit neuer Dichtung und mit **35 Nm** am Abgaskrümmer anschrauben.
- Gaszug anklemmen und einstellen, siehe Seite 216.
- Heizungsschläuche vom und zum Wärmetauscher am Motor aufschieben und mit Halteklammern sichern.
- Prüfen, ob alle elektrischen Leitungen, Unterdruck-, Kühlmittel- und Kraftstoffschläuche entsprechend den angebrachten Markierungen angeschlossen sind.
- Ölmeßstab in den Motor einführen.
- Ölstand im Motor prüfen, gegebenenfalls auffüllen. **Achtung:** Wurde der Zylinderkopf aufgrund einer defekten Zylinderkopfdichtung abgebaut, empfiehlt sich ein vorgezogener Ölwechsel einschließlich eines Ölfilterwechsels, da sich im Motoröl Kühlflüssigkeit befinden kann.
- **Neues** Kühlmittel aus G12 und Wasser mischen und auffüllen, siehe Seite 202.
- **Motor mit Sekundärlufteinblasung:** Wärmeschutzblech –3– am Zylinderkopf anschrauben. Rohr –1– für Sekundärlufteinblasung am Kombiventil, am Zylinderkopfdeckel mit **10 Nm** sowie am Wärmeschutzblech –3– mit **5 Nm** anschrauben, siehe Abbildung A15-0181, Seite 168.
- Rohr der Kurbelgehäuseentlüftung mit **10 Nm** am Zylinderkopfdeckel anschrauben.
- Luftansaugschlauch am Schloßträger anschrauben und Luftfilter-Abdeckung aufsetzen, siehe Seite 220.
- Batterie-Massekabel (–) anklemmen. **Achtung:** Hoch-/Tieflaufautomatik für elektrische Fensterheber aktivieren sowie Zeituhr stellen und Radiocode eingeben, siehe Kapitel »Batterie aus- und einbauen«.
- Probefahrt unternehmen, anschließend Ölstand und Kühlmittelstand überprüfen und sämtliche Schlauchanschlüsse auf Dichtheit prüfen.

Achtung: Beim Trennen der verschiedenen elektrischen Steckverbindungen werden Fehler in Steuergeräten abgespeichert, die nach dem Einbau gelöscht werden sollen. Da hierzu ein elektronischer Tester erforderlich ist, der am Diagnoseanschluß des Fahrzeugs angeschlossen wird, baldmöglichst eine Fachwerkstatt aufsuchen.

1,9-l-TDI-Motor

Zahnriemen aus- und einbauen/spannen (1,9-l-TDI-Motor 110 PS)

Achtung: In diesem Kapitel sind nur die Abweichungen beschrieben, die speziell den 110-PS-Motor betreffen. Arbeitsschritte und Hinweise, die für alle Motoren gelten, stehen im Kapitel für den 1,8-l-Motor (125 PS/150 PS), siehe Seite 163.

- Keilrippenriemen ausbauen, siehe Seite 188.
- Oberen Zahnriemenschutz abnehmen.

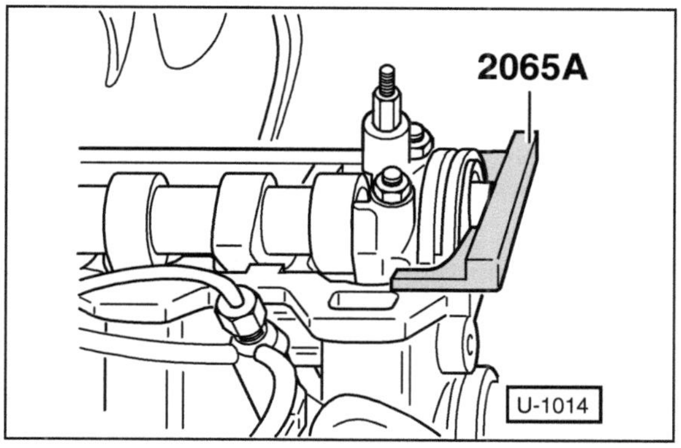

- Motor auf OT stellen.

Hinweis: In dieser Stellung läßt sich das Einstellineal 2065A in den Schlitz der Nockenwelle einsetzen. Das Einstellineal verhindert, daß sich die Nockenwelle verdrehen kann. Das Einstellineal kann auch selbst angefertigt werden, siehe Abbildung U-1024.

- Einstellineal parallel zum Zylinderkopf ausrichten (ausmitteln). Dazu Motor an der Kurbelwelle etwas verdrehen, bis ein Ende des Einstellineals am Zylinderkopf anschlägt. Am anderen Ende des Einstellineals mit Fühlerlehre das entstandene Spiel messen. Fühlerlehre mit halbiertem Spielmaß zwischen Einstellineal und Zylinderkopf einschieben. Motor so drehen, bis das Einstellineal auf der Fühlerlehre aufliegt. Zweite Fühlerlehre mit dem gleichen Maß am anderen Ende zwischen Einstellineal und Zylinderkopf einführen.

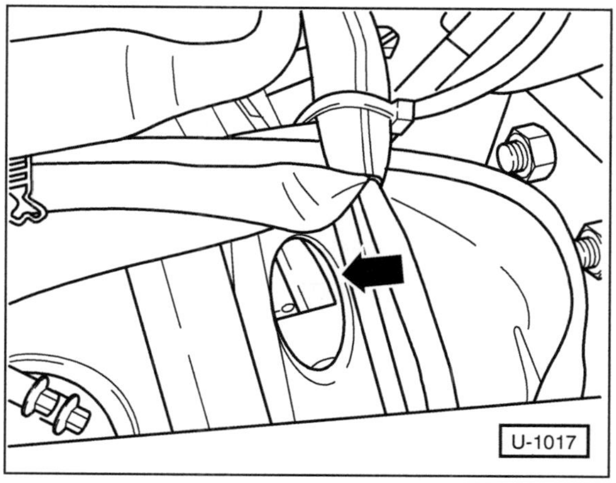

- In der Öffnung am Kupplungsgehäuse stehen sich OT-Markierung am Schwungrad und Bezugsmarke gegenüber, siehe Abbildung.

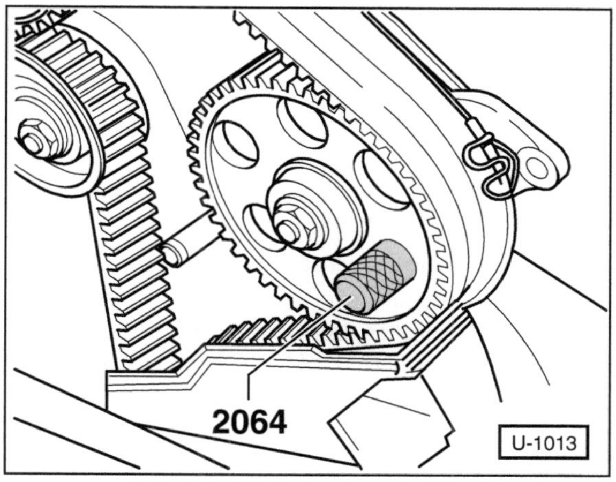

- Arretierdorn AUDI-2064 in die Bohrung für Einspritzpumpenrad und Einspritzpumpenhalter einstecken und dadurch Einspritzpumpenrad arretieren. **Hinweis:** Es kann auch ein Dorn ∅ 15 mm, Länge 36 mm verwendet werden, zum Beispiel ein Bohrerschaft.
- Umlenkrolle abschrauben.

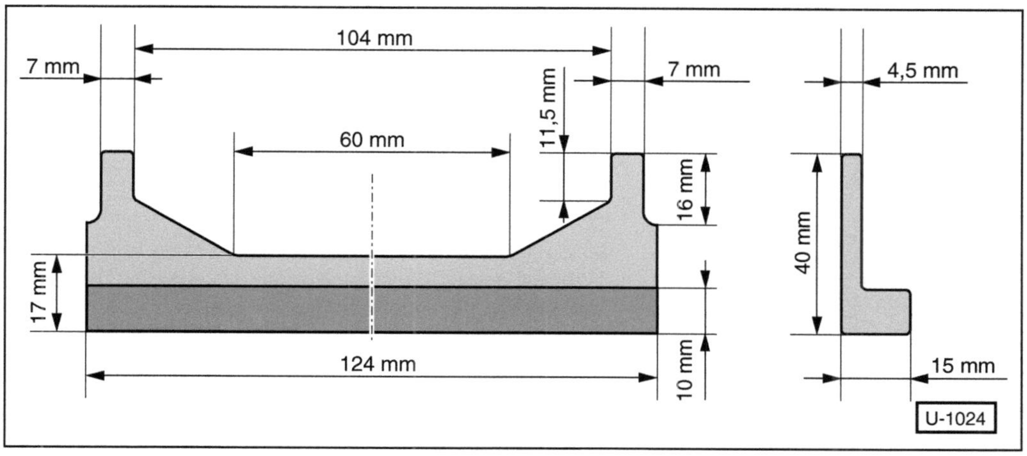

- Kurbelwellen-Riemenrad und unteren Zahnriemenschutz abschrauben, wie beim 1,8-l-Motor (125 PS/150 PS).
- Spannrolle lösen und Zahnriemen abnehmen.
- Befestigungsschraube des Nockenwellenrades um 1/2 Umdrehung lösen. **Achtung:** Beim Lösen des Nockenwellenrades die Nockenwelle am abgeflachten Teil mit Gabelschlüssel gegenhalten. Das Einstellineal darf nicht als Gegenhalter verwendet werden.

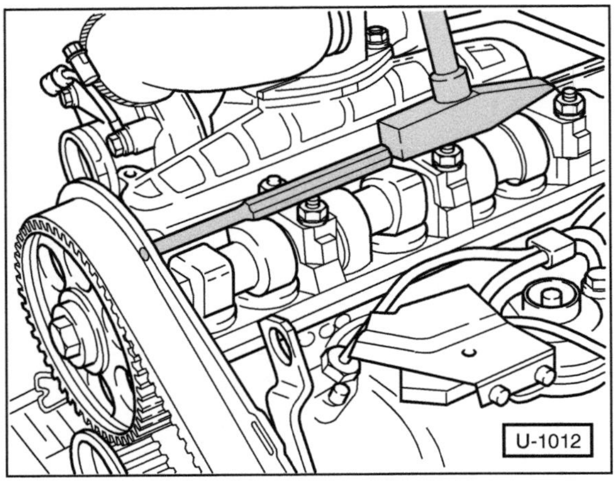

- Nockenwellenrad durch Hammerschlag mit einem Dorn durch die Bohrung im hinteren Zahnriemenschutz vom Konus lösen. Nockenwellenrad abschrauben.
- Zahnriemen-Umlenkrolle mit **25 Nm** anschrauben.
- Zahnriemen auflegen, bei gebrauchtem Zahnriemen Laufrichtung beibehalten. Der beim Ausbau angebrachte Pfeil zeigt in Drehrichtung des Motors, in Uhrzeigersinn.
- Zahnriemen in der Reihenfolge Kurbelwellenrad, Umlenkrolle, Kühlmittelpumpe, Einspritzpumpenrad und Spannrolle auflegen.
- Nockenwellenrad zusammen mit Zahnriemen auf Nockenwelle setzen und Befestigungsschraube handfest anschrauben. Das Nockenwellenrad muß noch auf der Nockenwelle verdrehbar sein.
- Arretierdorn für Einspritzpumpenrad entfernen.

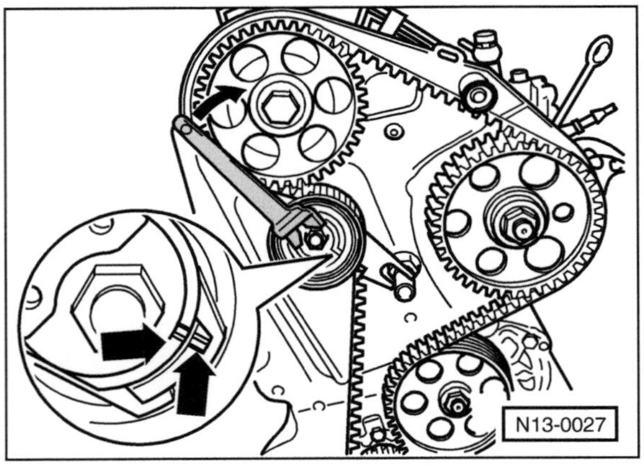

- Spannrolle mit Mutterndreher, zum Beispiel HAZET 2587, nach rechts drehen, bis sich an der Spannrolle Kerbe und Erhebung –Pfeile– gegenüber stehen.
- **Wichtig:** Mutter an der Spannrolle mit **20 Nm** festziehen.
- Nochmals prüfen, ob OT-Markierung am Schwungrad und Bezugsmarke übereinstimmen.
- Nockenwellenrad mit **45 Nm** festziehen, dabei die Nockenwelle mit Gabelschlüssel gegenhalten.
- Einstellineal an der Nockenwelle und Absteckstift am Einspritzpumpenrad entfernen.
- Kurbelwelle um 2 Umdrehungen weiterdrehen und Zahnriemenspannung an der Spannrolle erneut überprüfen. Kerbe und Erhebung müssen sich gegenüber stehen, siehe Abbildung N13-0027.
- Zahnriemenschutz, Schwingungsdämpfer, Keilrippenriemen-Spannrolle und Zylinderkopfdeckel einbauen.
- Keilrippenriemen einbauen, siehe Seite 187.
- Einspritzbeginn der Einspritzpumpe dynamisch prüfen lassen (Werkstattarbeit), siehe Hinweise auf Seite 226.

Zahnriemen aus- und einbauen/spannen (1,9-l-TDI-Pumpe-Düse-Motor 115/130 PS)

Achtung: In diesem Kapitel sind nur die Abweichungen beschrieben, die speziell den 115-/130-PS-Motor mit **hydraulisch gedämpfter Spannrolle** betreffen. Hinweise für den Motor mit reibgedämpftem Spannsystem, siehe Seite 162.

Arbeitsschritte, die für alle Motoren gelten, stehen im Kapitel für den 1,8-l-Motor (125 PS/150 PS), siehe Seite 163.

- 2 Schrauben herausdrehen und Spannvorrichtung für Keilrippenriemen ausbauen.
- **115-PS-Motor:** Die über dem Zahnriemenschutz verlegten Kühlmittelleitungen vom Motor abschrauben.
- Oberen Zahnriemenschutz ausbauen.
- Magnetventil vom Motor abschrauben, zur Seite legen.

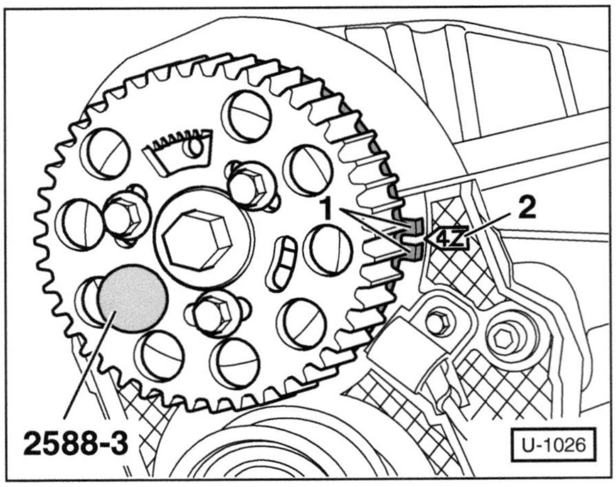

- Kurbelwelle auf OT-Stellung bringen. Dazu Kurbelwelle soweit drehen, bis 4Z-Markierung –2– zwischen den beiden Nasen –1– am Nockenwellenrad steht.
- Nabe des Nockenwellen-Zahnriemenrades mit Absteckstift HAZET-2588-3 arretieren. Dazu den Absteckstift durch das linksseitige freie Langloch in den Zylinderkopf stecken. **Hinweis:** Anstelle des Spezialwerkzeuges kann auch ein Dorn mit 6 mm ∅ genommen werden.

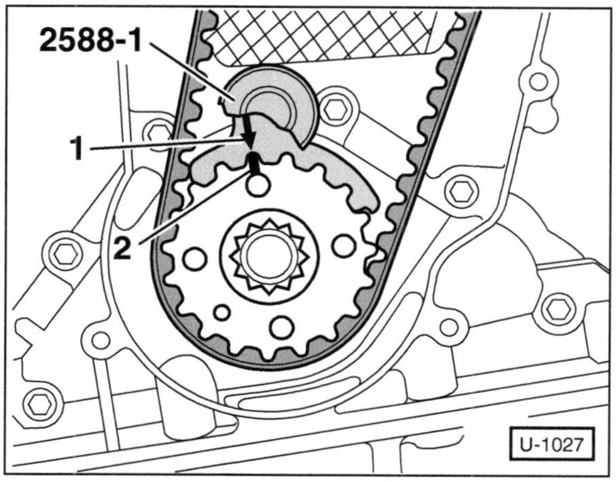

- Zahnriemenrad der Kurbelwelle mit HAZET-2588-1 arretieren. Dazu das Spezialwerkzeug (Kurbelwellenstop) von der Stirnseite des Zahnriemenrades her in dessen Verzahnung schieben.

Achtung: Die Markierungen auf dem Kurbelwellen-Zahnriemenrad –2– und dem Arretierungswerkzeug –1– müssen sich gegenüberstehen. Dabei muß der Zapfen des Werkzeuges in die Bohrung des Dichtflansches eingreifen. Steht das Werkzeug nicht zur Verfügung, OT-Markierung auf dem Dichtflansch anbringen.

- Laufrichtung des Zahnriemens mit Filzstift kennzeichnen.

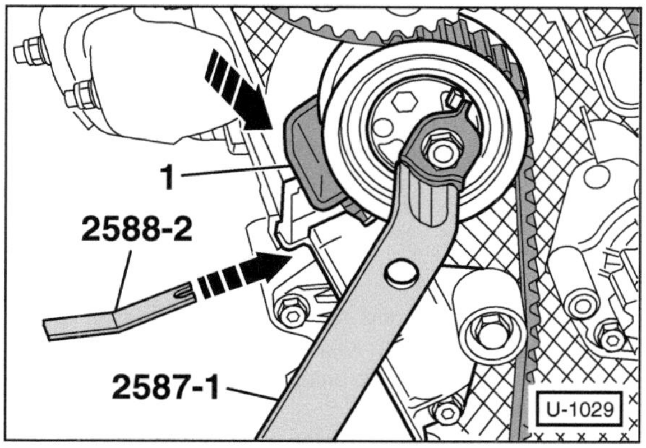

- Exzenter der Spannrolle mit dem Mutterndreher HAZET-2587-1 festhalten, Mutter um 1 Umdrehung lösen und Exzenter gegen den Uhrzeigersinn bis Anschlag drehen.
- Hebel –1– nach unten drücken –Pfeil–, Sperrblättchen 2588-2 einstecken und Spannvorrichtung arretieren.
- Exzenter mit dem Mutterndreher 2587-1 im Uhrzeigersinn bis zum Anschlag drehen und Spannrolle entlasten.
- Umlenkrolle abschrauben und Zahnriemen abnehmen.
- Befestigungsschrauben lösen, bis sich das Nockenwellenrad in den Langlöchern verdrehen läßt.
- Nockenwellenrad auf Mitte Langlöcher ausrichten und Befestigungsschrauben handfest anziehen, so daß sich das Nockenwellenrad gerade noch verdrehen läßt.
- Zahnriemen in folgender Reihenfolge auflegen: Nockenwellenrad, Spannrolle, Kurbelwellen-Zahnriemenrad, Kühlmittelpumpenrad.
- Umlenkrolle anschrauben.
- Exzenter mit dem Mutterndreher 2587-1 im Uhrzeigersinn bis zum Anschlag drehen.
- Zahnriemen auflegen auf Nockenwellenrad, Spannrolle, Kurbelwellenrad und zuletzt auf das Kühlmittelpumpenrad.
- Spannvorrichtung für Zahnriemen einbauen.
- Exzenter gegen den Uhrzeigersinn bis zum Anschlag drehen und das Sperrplättchen herausziehen.

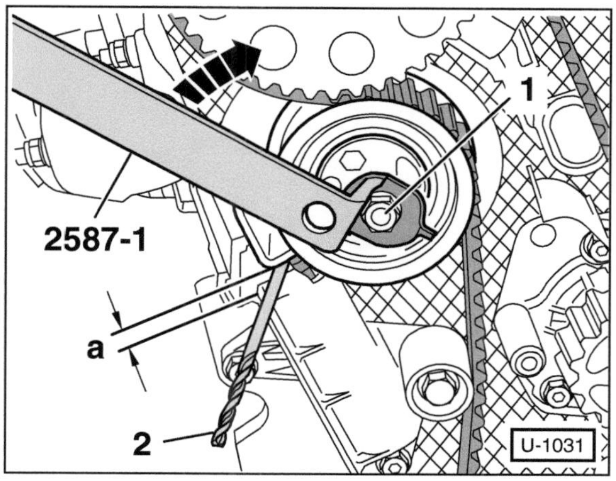

- Zahnriemen spannen. Dazu Exzenter im Uhrzeigersinn drehen, bis sich ein Bohrer –2– mit dem ∅ 4 mm zwischen Spannhebel und Gehäuse leicht durchziehen läßt. Sollwert-Maß a = 4,0 ± 1,0 mm.
- Spannrolle mit Mutterndreher in dieser Lage festhalten und Klemmutter –1– mit **25 Nm** festziehen.
- Befestigungsschrauben des Nockenwellen-Zahnriemenrades mit **20 Nm** festziehen. Anschließend nochmals 1/2 Umdrehung.
- Absteckstift und Kurbelwellen-Arretierwerkzeug abnehmen.
- Kurbelwelle 2 Umdrehungen in Motordrehrichtung weiterdrehen und wieder auf OT für Zylinder 1 stellen und Maß –a– erneut prüfen, gegebenenfalls nachspannen. Klemmutter mit **30 Nm** festziehen.
- Motordrehrichtung wieder auf OT für Zylinder 1 stellen. Kurz vor OT-Stellung Kurbelwellen-Arretierwerkzeug in der Drehbewegung einsetzen.
- Nabe des Nockenwellen-Zahnriemenrades mit dem Absteckstift 2588-3 arretieren. Wenn nötig, Nockenwellenrad lösen und Nabe verdrehen, bis der Absteckstift paßt.
- Wurde die Zahnriemenspannung oder die Stellung der Nabe des Nockenwellenrades geändert, Einstellung wiederholen, bis Arretierung von Kurbelwelle und Nockenwellenrades gelingt sowie sich das Maß –a– einstellt.
- Zahnriemenabdeckung anschrauben.
- Kurbelwellen-Riemenscheibe mit **10 Nm** anschrauben. Vorher Schrauben mit Sicherungsmittel bestreichen.
- Magnetventil anschrauben und obere Zahnriemenabdeckung einclipsen.
- Kühlmittelleitungen mit 2 Haltern anschrauben sowie Spannvorrichtung für Keilrippenriemen anschrauben.

Zylinderkopf aus- und einbauen (1,9-l-TDI-Motor)

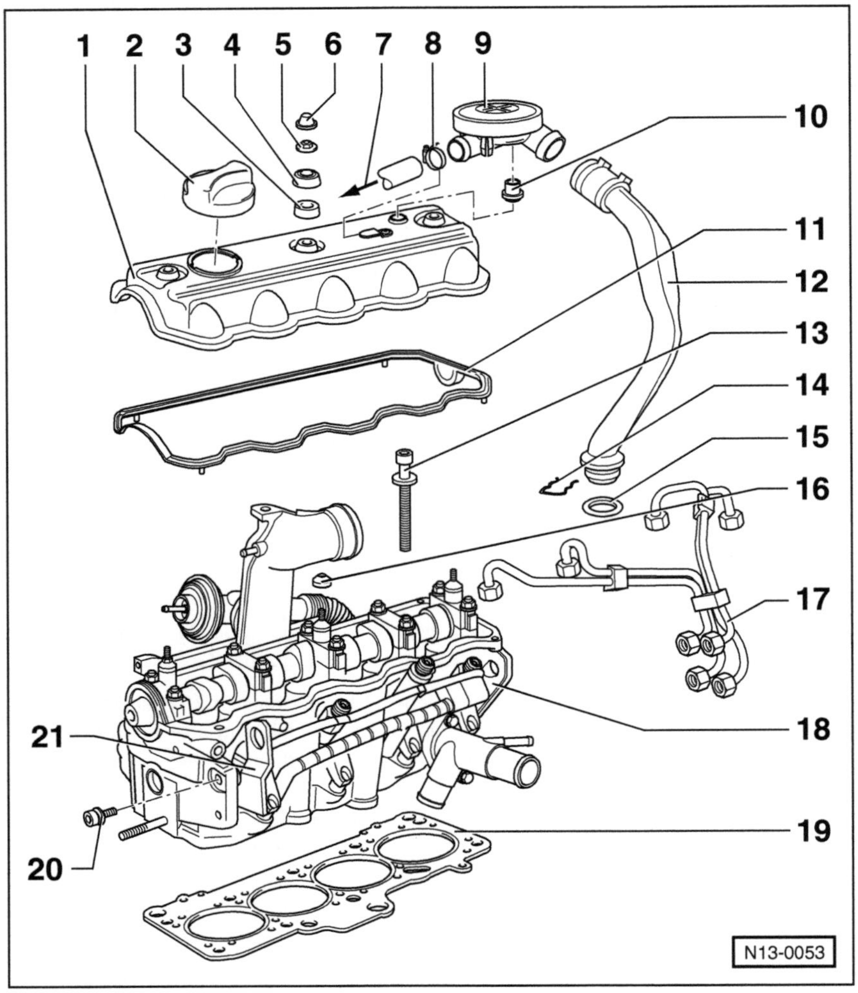

1 – **Zylinderkopfdeckel**

2 – **Öleinfülldeckel**
Dichtung bei Undichtigkeit ersetzen.

3 – **Dichtscheibe oben**
Bei Beschädigung ersetzen.

4 – **Tellerscheibe**

5 – **Mutter, 10 Nm**

6 – **Abdeckkappe**

7 – **zum Ansaugschlauch**

8 – **Halteschelle**

9 – **Druckregelventil**

10 – **Dichtung**
Bei Beschädigung ersetzen.

11 – **Dichtung für Zylinderkopfdeckel**
Noppen in die Bohrungen am Zylinderkopf einsetzen.

12 – **Kurbelgehäuse-Entlüftung**

13 – **Zylinderkopfschraube**
Immer ersetzen. Reihenfolge beim Lösen und Anziehen beachten.
Die Schrauben werden auf die gleiche Weise angezogen, wie beim 1,8-l-Motor (125 PS/150 PS).

14 – **Halteklammer**

15 – **O-Ring**
Immer ersetzen.

16 – **Dichtkegel unten**

17 – **Einspritzleitungen**
Leitungssatz immer komplett ausbauen. Biegeform nicht verändern. Mit **25 Nm** festziehen.

18 – **Zylinderkopf**
Der Diesel-Zylinderkopf darf **nicht** nachgearbeitet werden.

19 – **Zylinderkopfdichtung**
Kennzeichnung beachten.

20 – **Schraube, 20 Nm**

21 – **Aufhängeöse**

Hinweis: In Abbildung N13-0053 ist der Zylinderkopf des 110-PS-Motors dargestellt.

Achtung: In diesem Kapitel sind nur die Abweichungen beschrieben, die speziell den **110-PS-Motor** betreffen. Besondere Anweisungen für den 115- und 130-PS-Motor stehen am Ende des Kapitels. Arbeitsschritte und Hinweise, die für alle Motoren gelten, stehen im Kapitel für den 1,8-l-Motor (125 PS/150 PS), siehe Seite 168.

- Obere Motorabdeckung abschrauben. Dazu 2 Abdeckkappen abclipsen, 2 Muttern herausdrehen und Abdeckung abheben. **Hinweis:** Beim 115-/130-PS-Motor ist die Motorabdeckung mit 3 Muttern angeschraubt.
- Zahnriemen ausbauen, siehe Seite 173.
- Elektrische Leitungen vom Absteller und den Glühkerzen abklemmen.

Achtung: Sicherheits- und Sauberkeitsregeln für Arbeiten an der Kraftstoffanlage beachten, siehe Seite 212.

- Einspritzleitungen an den Anschlüssen der Pumpe und den Einspritzdüsen mit Kaltreiniger reinigen und abschrauben. Öffnungen mit entsprechenden Kappen verschließen.
- Glühkerzen und Einspritzdüsen ausbauen, siehe Seite 228.
- Stellung des Kurbelwellenrades markieren: Mit Farbe Markierungen auf Kurbelwellenrad und gegenüber am Zylinderblock anbringen. Anschließend Kurbelwellenrad um 1/4 Umdrehung (90°) vor- oder zurückdrehen, damit kein Kolben ganz oben im Oberen Totpunkt steht. Vor dem Einbau des Zahnriemens muß die Kurbelwelle wieder auf OT für Zylinder 1 gestellt werden.
- Beim Dieselmotor sind Innenvielzahn-Zylinderkopfschrauben eingebaut, daher wird ein Innenvielzahnschlüssel (zum Beispiel HAZET 990 Slg-12) benötigt. Zylinderkopfschrauben in der umgekehrten Reihenfolge der Numerierung von 10 nach 1 lösen, siehe Abbildung V15-0738.

- Der Zylinderkopf vom Dieselmotor darf **nicht** nachgearbeitet werden.

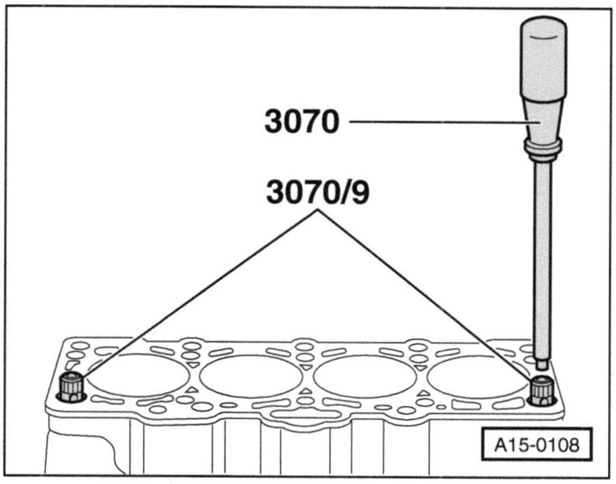

- Zylinderkopf beim Aufsetzen zentrieren. Dazu Führungsbolzen HAZET 2570-09 mit Bolzendreher 2570 (oder AUDI-Werkzeug 3070/9 mit Bolzendreher 3070) in die äußeren Bohrungen der Zylinderkopfschrauben an der Ansaugseite einschrauben. **Hinweis:** Stehen die Bolzen nicht zur Verfügung, können stattdessen 2 alte Zylinderkopfschrauben mit abgesägten Köpfen verwendet werden. Zum späteren Herausdrehen empfiehlt es sich, oben jeweils eine Nut für den Schraubendreher einzusägen.

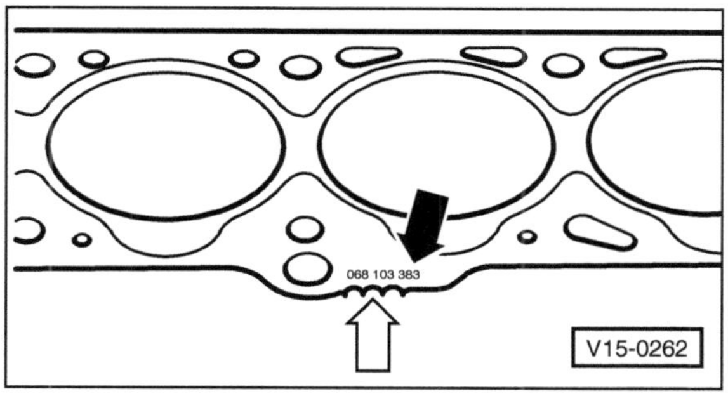

- Je nach Kolbenüberstand werden in der Dicke unterschiedliche Zylinderkopfdichtungen eingebaut. Beim Ersetzen der Dichtung Kennzeichnung beachten und nur eine neue Dichtung gleicher Kennzeichnung einbauen. Schwarzer Pfeil = Ersatzteil-Nummer, weißer Pfeil = Kennzeichnung (Löcher oder Kerben), ist auch bei eingebauter Dichtung sichtbar.
- Wenn neue Kolben eingebaut werden, Kolbenüberstand prüfen und entsprechend andere Dichtung verwenden (Werkstattarbeit).

Achtung: Zylinderkopf mit Helfer aufsetzen, dabei die seitlichen Ösen der Zylinderkopfdichtung nicht mit dem Wärmeschutzblech des Abgaskrümmers abknicken.

- Neue Zylinderkopfschrauben einschrauben und leicht anziehen. Führungsbolzen herausdrehen und restliche 2 Zylinderkopfschrauben einschrauben.

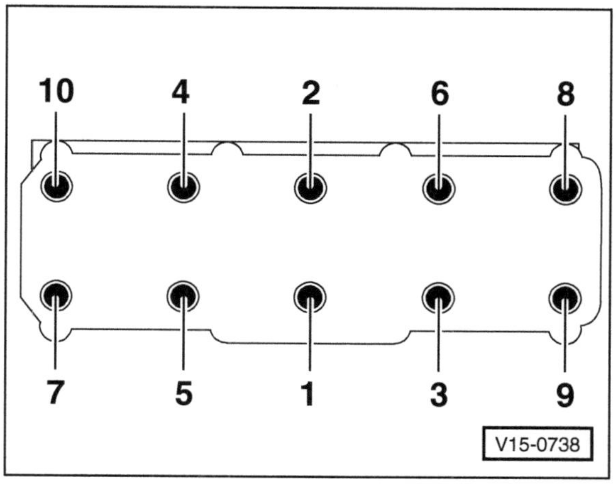

- Die Zylinderkopfschrauben werden auf die gleiche Weise angezogen wie beim 1,8-l-Motor (125 PS/150 PS). Anzugsmomente für den 1,9-l-Dieselmotor, siehe Seite 171.
- Einspritzbeginn der Einspritzpumpe dynamisch prüfen lassen (Werkstattarbeit), siehe Hinweise auf Seite 226.

115-/130-PS-Dieselmotor

- Nockenwellenrad von der Nabe abschrauben und Nabe vom Konus der Nockenwelle abziehen. Dazu werden der Gegenhalter T10051 und das Abziehwerkzeug T10052 von AUDI benötigt.
- Zahnriemen-Spannrolle abschrauben. Stehbolzen für Spannrollenbefestigung mit 2 gekonterten Muttern herausdrehen.

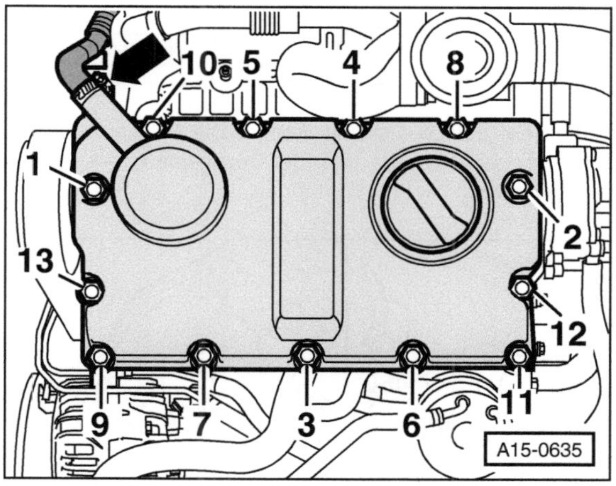

- Zylinderkopfdeckel: Schrauben in der Reihenfolge von 13 bis 1 lösen. Schrauben in der Reihenfolge von 1 bis 13 mit **10 Nm** festziehen. **Achtung:** Vor Einbau des Zylinderkopfdeckels die beiden Kanten an den Dichtflächen Nockenwellenlagerdeckel/Zylinderkopf vorn und hinten jeweils mit einem Tropfen Dichtmittel, zum Beispiel VW/AUDI-AMV174 004 01 (∅ ca. 5 mm) versehen.
- Zylinderkopf: Lösen und Festziehen der Schrauben in der Reihenfolge wie beim 1,8-l-Benzinmotor, siehe Seite 168.
- Anzugsmomente: siehe Seite 171.

V6 2,4- und 2,8-l-Benzinmotor

Zahnriemen aus- und einbauen/spannen

Achtung: Arbeitsschritte und Hinweise, die für alle Motoren gelten, stehen im Kapitel für den 1,8-l-Motor (125 PS/150 PS), siehe Seite 163.

In diesem Kapitel sind nur die Abweichungen beschrieben, die den V6 2,4- und 2,8-l-Benzinmotor, sowie den 2,7-l-Motor betreffen.

Hinweis: Es werden zur Montage Fixierwerkzeuge benötigt, die unter anderem von der Fa. KLANN, Donaueschingen, angeboten werden und mit Bestellnummer angegeben sind.

- Keilrippenriemen ausbauen, siehe Seite 187.
- Spannvorrichtung für Keilrippenriemen abschrauben.
- **Fahrzeuge mit Sekundärlufteinblasung:** Schlauch vom Verbindungsrohr abziehen.

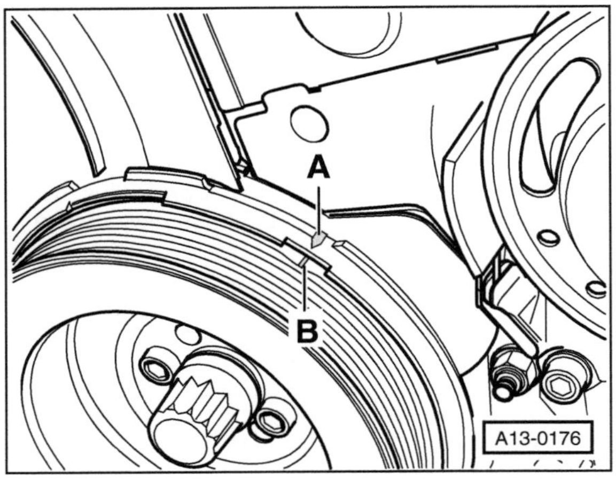

- Kurbelwelle auf OT-Stellung drehen. Die Markierung an der Riemenscheibe –B– muß der Bezugsmarke –A– gegenüberstehen.

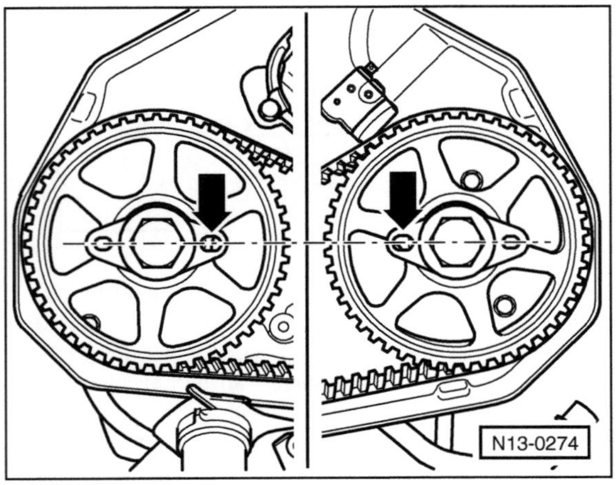

- Gleichzeitig müssen die großen Bohrungen der Fixierplatten an den Nockenwellenrädern nach innen zueinander stehen, andernfalls Kurbelwelle um eine Umdrehung weiterdrehen.

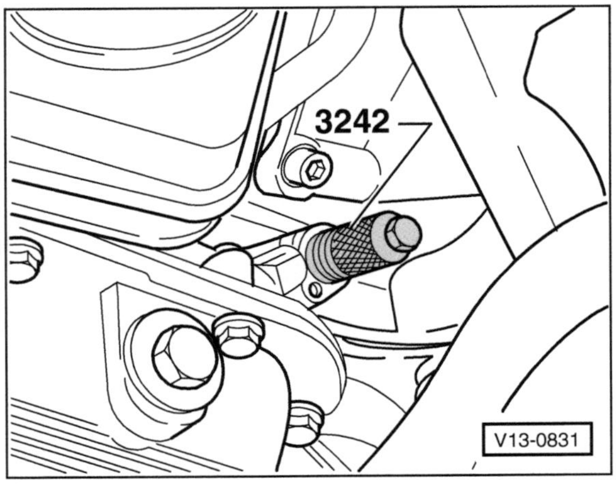

- Kurbelwelle in dieser Stellung arretieren. Dazu Verschlußstopfen auf der linken Seite aus dem Kurbelgehäuse herausschrauben. Der Stopfen befindet sich oberhalb der Ölwanne auf Höhe des mittleren Zylinders.
- Anstelle des Stopfens den Dorn AUDI-3242 (oder KLANN KL-0280-10) in die Bohrung einschrauben und leicht festziehen. Der Dorn greift dabei in eine Bohrung oder Nut am Gegengewicht der Kurbelwelle ein und arretiert diese. Bevor der Dorn eingeschraubt wird, prüfen ob die Bohrung/Nut sicht- oder fühlbar ist.

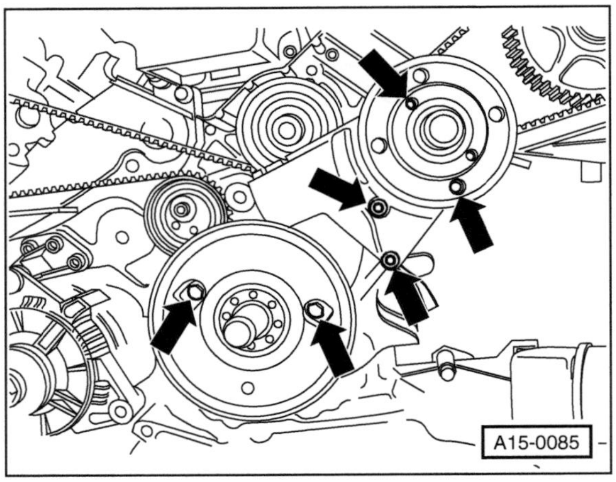

- Unteren Zahnriemenschutz abschrauben –Pfeile–.
- Zum Blockieren der Nockenwellen die Nockenwellenbefestigung AUDI-3391 (oder KLANN KL-0280-13) einsetzen, siehe Abbildung A15-0247. Befestigungsschrauben der beiden Nockenwellenräder um ca. 5 Umdrehungen lösen, nicht abschrauben. Nockenwellenbefestigung wieder abbauen.
- Beide Nockenwellenräder mit handelsüblichem Klauenabzieher vom Konus der Nockenwelle lösen. Der Abzieher stützt sich auf der Befestigungsschraube für das Nockenwellenrad ab.

Achtung: Die Nockenwellenräder müssen auf dem Konus so lose sein, daß sie sich auf den Nockenwellen verdrehen lassen, jedoch nicht kippen können. Dazu Befestigungsschrauben bis zur Anlage wieder leicht anschrauben.

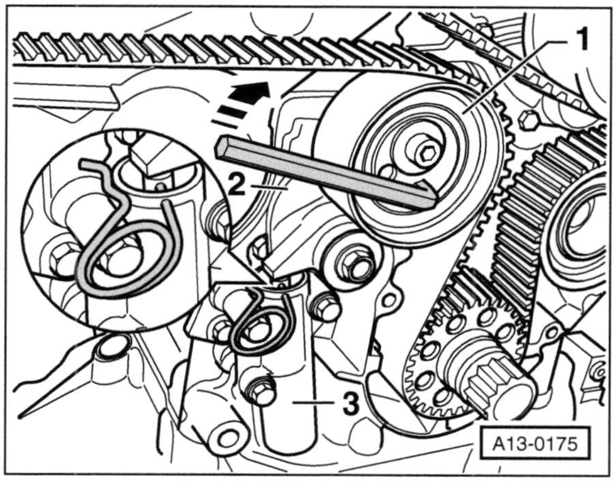

- Zahnriemenspannrolle –1– mit 8 mm-Innensechskantschlüssel langsam nach rechts drehen, bis der Spannhebel –2– das Spannelement –3– so weit zusammengedrückt hat, daß ein Federsplint mit ∅ 2 mm in die Bohrung und in den Stößel paßt. Splint einsetzen, die Spannrolle ist jetzt arretiert. Innensechskantschlüssel loslassen.
- Riemenscheibe (Schwingungsdämpfer) mit Innensechskantschrauben von der Kurbelwelle abschrauben. **Hinweis:** Das Lösen der Zentralschraube ist nicht erforderlich.
- Umlenkrolle für Keilrippenriemen abschrauben.
- Zahnriemen abnehmen. **Achtung:** Wird der bisherige Zahnriemen wiederverwendet, unbedingt Laufrichtung des Motors, von vorn gesehen in Uhrzeigersinn, mit Kreide oder Fettstift am Zahnriemen kennzeichnen. Dadurch kann er in gleicher Lage wieder eingebaut werden. Sonst kann er reißen, was teure Motorschäden verursacht.
- Vor Einbau des Zahnriemens sicherstellen, daß die Markierung auf dem Nockenwellenrad mit der OT-Markierung am Zylinderkopfdeckel übereinstimmt.

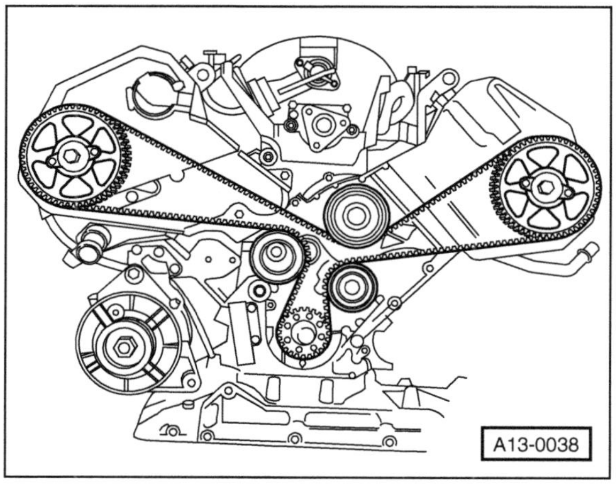

- Zahnriemen auflegen, zuletzt über die Spannrolle legen. **Achtung:** Wird der bisherige Zahnriemen wiederverwendet, unbedingt Laufrichtung beibehalten. Der angebrachte Pfeil zeigt in Drehrichtung des Motors, von vorn gesehen in Uhrzeigersinn.

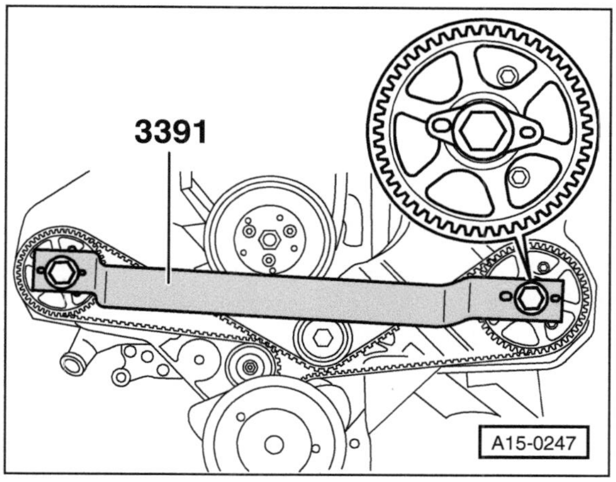

- Nockenwellenbefestigung AUDI-3391 (oder KLANN KL-0280-13) einsetzen. Dadurch wird verhindert, daß sich die Nockenwellen beim Spannen des Zahnriemens verdrehen.
- Zahnriemen-Spannrolle entlasten und Splint herausziehen. Spannrolle loslassen, der Zahnriemen wird nun automatisch gespannt. Drehmomentschlüssel am Innensechskant der Spannrolle ansetzen und mit **15 Nm** in Spannrichtung drehen und halten, damit der Zahnriemen richtig vorgespannt ist.
- Beide Nockenwellenräder mit **55 Nm** festziehen.
- Nockenwellenbefestigung entfernen.
- Sicherstellen, daß die Schraube an der Zahnriemenspannrolle mit **20 Nm** festgezogen ist.
- Umlenkrolle für Keilrippenriemen mit **45 Nm** festziehen.
- Spannvorrichtung für Keilrippenriemen mit **55 Nm** anschrauben.

Achtung: Fixierdorn an der Kurbelwelle entfernen. Verschlußstopfen mit 10 Nm in den Zylinderblock einschrauben.

- Schwingungsdämpfer mit Innensechskantschrauben an der Kurbelwelle mit **20 Nm** anschrauben.

Zylinderkopf aus- und einbauen/ V6 2,4- und 2,8-l-Benzinmotor

Achtung: Arbeitsschritte und Hinweise, die für alle Motoren gelten, stehen im Kapitel für den 1,8-l-Motor (125 PS/150 PS), siehe Seite 168.

In diesem Kapitel sind nur die Abweichungen beschrieben, die speziell den V6 2,4- und 2,8-l-Benzinmotor betreffen.

Hinweis: Der Aus- und Einbau erfolgt beim 2,7-Liter-Motor in ähnlicher Weise.

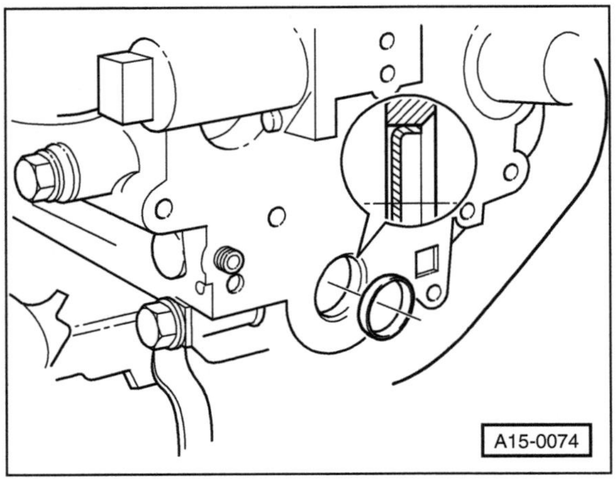

A15-0074

Hinweis: Der als Ersatzteil lieferbare Zylinderkopf kann sowohl auf der rechten als auch an der linken Motorseite eingebaut werden. Die Öffnung an der vorn liegenden Stirnseite muß durch einen Deckel verschlossen werden. Dazu den Rand des Verschlußdeckels mit Dichtpaste AUDI-»AMV 188 001 02« oder »Loctite Ultra Grey« einstreichen. Anschließend den Deckel mit einem passenden Dorn (AUDI-Werkzeug 295) so weit eintreiben, bis der äußere Rand des Deckels mit dem Fasenende am Zylinderkopf abschließt.

- Lüftführungsschlauch zwischen Saugrohr und Luftmassenmesser ausbauen.
- Kraftstoffverteiler am Saugrohr abschrauben und zusammen mit den Einspritzventilen herausziehen.
- Kraftstoffverteiler seitlich ablegen, die Kraftstoffschläuche bleiben angeschlossen.
- Führungsrohr für den Ölmeßstab am Zylinderkopf abschrauben, aber nicht aus dem Motorblock herausziehen.
- Zündspulen mit Halter abschrauben.
- Registersaugrohr abschrauben. Anzugsmoment beim Einbau: **10 Nm**.
- Halteplatte für Registersaugrohr-Umschaltung am Zylinderkopf abschrauben.
- Zahnriemen ausbauen und Nockenwellenrad abnehmen, siehe Seite 178.
- Hinteren Zahnriemenschutz abschrauben.
- Schlauch der Kurbelgehäuseentlüftung ausbauen.
- **Motor mit Sekundärlufteinblasung:** Schläuche am Kombiventil abziehen und Kombiventil vom Zylinder abschrauben.
- Kühlmittelrohr vom Zylinder abschrauben.
- Druckleitung an der Servolenkungspumpe und am Zylinderkopfdeckel abschrauben. Beim Einbau Druckleitung mit **40 Nm** an Pumpe und mit **10 Nm** an Zylinderkopfdeckel anschrauben.

Achtung: Zum Lösen und Anziehen der Zylinderkopfschrauben wird ein Spezialschlüssel mit Polydriveprofil, zum Beispiel AUDI 3452, benötigt.

- Zylinderkopfschrauben entgegen ihrer Numerierung von 8 nach 1 zunächst 1/2 Umdrehung lösen, dann herausdrehen, siehe Abbildung A15-0163.
- Verzug des Zylinderkopfes mit Stahllineal und Fühlerblattlehre prüfen. Der Verzug darf **maximal 0,1 mm** nicht überschreiten. Werden die Dichtflächen des Zylinderkopfes nachgearbeitet, darf die zulässige Mindesthöhe von **139,25 mm** nicht unterschritten werden.
- Zylinderkopfdichtung grundsätzlich ersetzen. Die Aufschrift muß nach oben, also zum Zylinderkopf zeigen.

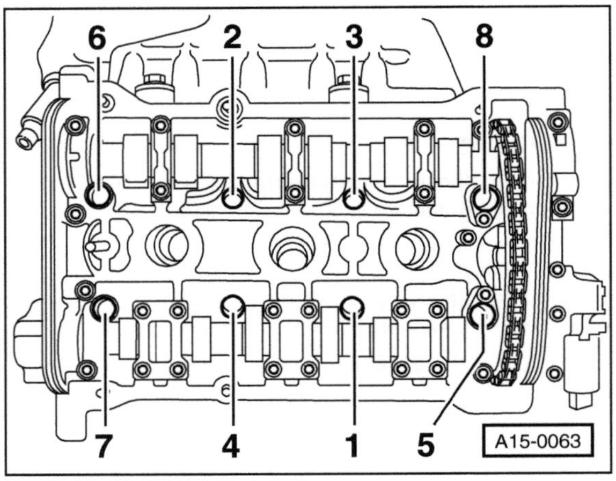

A15-0063

- Die Zylinderkopfschrauben werden in 3 Stufen angezogen. Schrauben in jeder Stufe jeweils in der Reihenfolge von 1 bis 8 anziehen.

1. Stufe: mit Drehmomentschlüssel **60 Nm**

2. Stufe: **1/4 Umdrehung (90°)** mit **starrem** Schlüssel ohne abzusetzen weiterdrehen.

3. Stufe: **1/4 Umdrehung (90°)** mit **starrem** Schlüssel ohne abzusetzen weiterdrehen.

- Vor dem Auflegen der Zylinderkopfdeckel-Dichtung die Übergänge vom äußeren Lagerdeckel zum Zylinderkopf mit geeignetem Dichtmittel, beispielsweise »Loctite Ultra Black« bestreichen, ebenso auf der gegenüberliegenden Seite. Die Werkstatt verwendet das AUDI-Dichtmittel AMV174 004 01.
- Zuerst die inneren Muttern des Zylinderkopfdeckels mit **10 Nm** gleichmäßig anziehen, danach die äußeren Muttern in Stufen über Kreuz mit **10 Nm** festziehen.

V6 2,5-l-TDI-Motor

Zahnriemen aus- und einbauen/spannen

Achtung: Arbeitsschritte und Hinweise, die für alle Motoren gelten, stehen im Kapitel für den 1,8-l-Motor (125 PS/150 PS). In diesem Kapitel sind nur die Abweichungen beschrieben, die den V6 2,5-l-TDI-Motor betreffen.

- Keilrippenriemen und Viscolüfter ausbauen, siehe Seite 187.

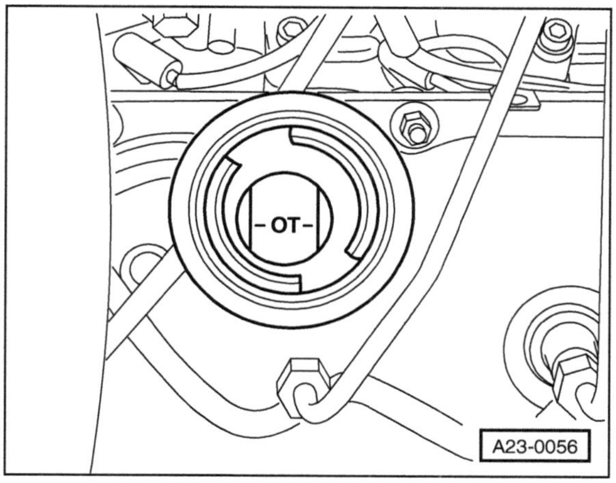

- Motor auf OT für Zylinder 3 drehen. Dazu Öleinfülldeckel abnehmen und Kurbelwelle mit Steckschlüssel an der Zentralschraube der Riemenscheibe rechtsherum durchdrehen, bis auf der Nockenwelle die Aufschrift »OT« sichtbar wird.
- Kurbelwelle in dieser Stellung mit dem Dorn AUDI-3242 (oder KLANN KL-0280-10) arretieren, in gleicher Weise wie beim V6 2,4- und 2,8-l-Benzinmotor, siehe Abbildung V13-0831 auf Seite 178.

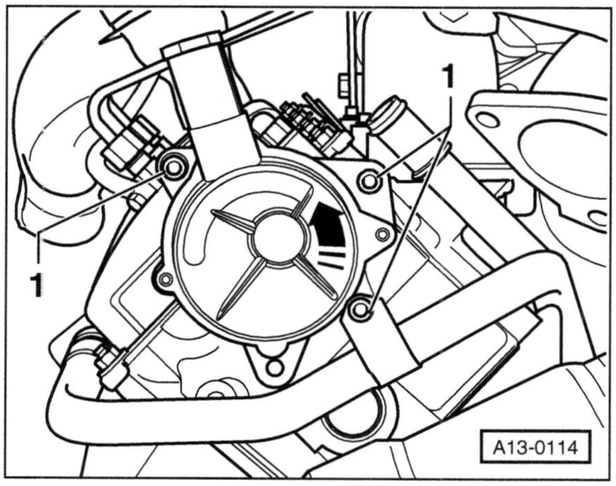

- Vakuumpumpe an linker Zylinderkopf-Stirnseite ausbauen, dazu Schrauben –1– ausschrauben und Pumpe linksherum drehen.
- An der rechten Zylinderkopf-Stirnseite befindet sich ein Verschlußdeckel. Verschlußdeckel abschrauben. **Hinweis:** Nach dem Ausbau muß der Verschlußdeckel immer erneuert werden.

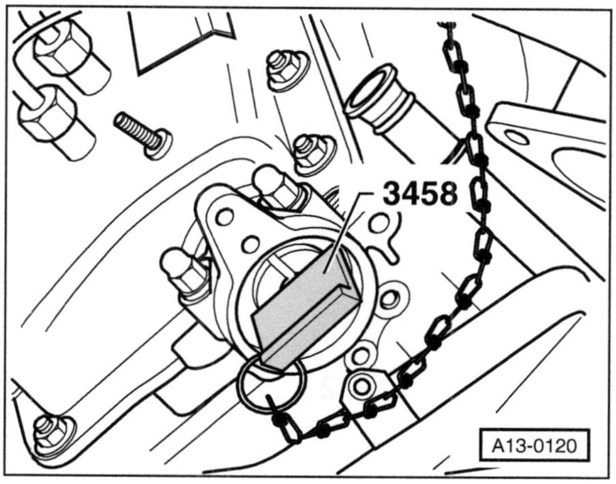

- Nockenwellenfixierungen AUDI-3458 an beiden Zylinderköpfen in den Schlitz der Nockenwelle einsetzen und mit der Kette gegen Herunterfallen sichern. Steht das Werkzeug nicht zur Verfügung, passende Lineale (Breite 40 mm, Dicke 5 mm) anfertigen und in die Nockenwelle einsetzen.

Achtung: Die Nockenwellenfixierungen dürfen nicht als Gegenhalter beim Lösen der Nockenwellenräder verwendet werden.

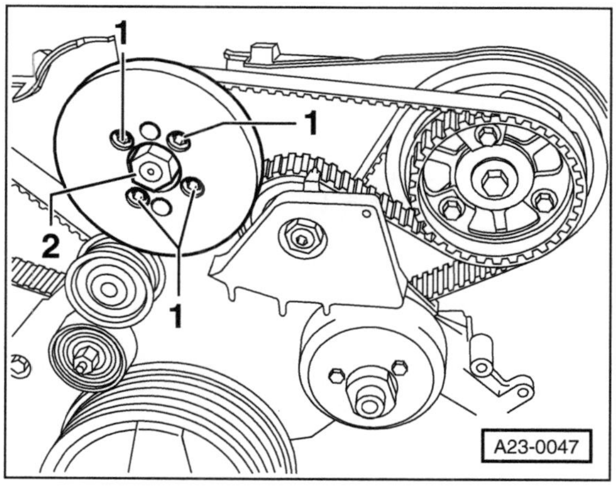

- Schwingungsdämpfer des Einspritzpumpenrades mit Schrauben –1– abschrauben.

Achtung: Die Mutter –2– des Einspritzpumpenrades darf auf keinen Fall gelöst werden. Die Grundeinstellung der Einspritzpumpe ist sonst verstellt und kann mit Werkstattmitteln nicht eingestellt werden.

- Spanner für Einspritzpumpenzahnriemen lösen, siehe Abbildung U-1009. Zahnriemen für Einspritzpumpe abnehmen. **Achtung:** Wird der bisherige Zahnriemen wiederverwendet, Laufrichtung, von vorn gesehen in Uhrzeigersinn, mit Kreide oder Fettstift am Zahnriemen kennzeichnen. Er muß in gleicher Lage wieder eingebaut werden.
- Riemenscheibe (Schwingungsdämpfer) mit Innensechskantschrauben von der Kurbelwelle abschrauben. **Hinweis:** Das Lösen der Zentralschraube ist nicht erforderlich.

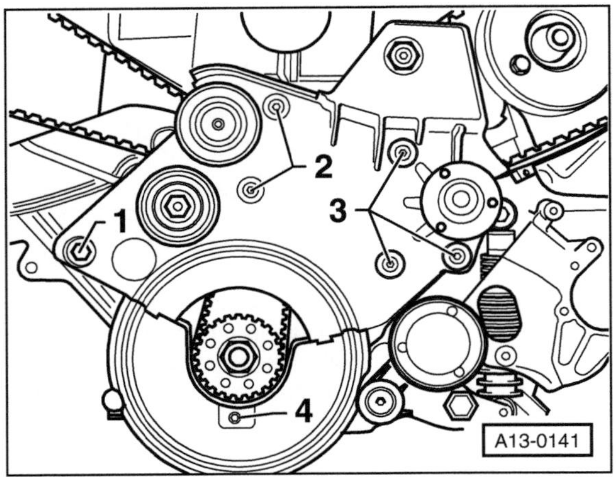

- Viscolüfterhalter und Umlenkrollen mit Schrauben –1–, –2–, –3– abschrauben.
- Unteren Deckel für das Kurbelwellenrad mit Schraube –4– abschrauben.
- Antriebsrad für Einspritzpumpen-Zahnriemen mit 3 Schrauben am Nockenwellenrad abschrauben. Die Zentralschraube muß dazu nicht gelöst werden.

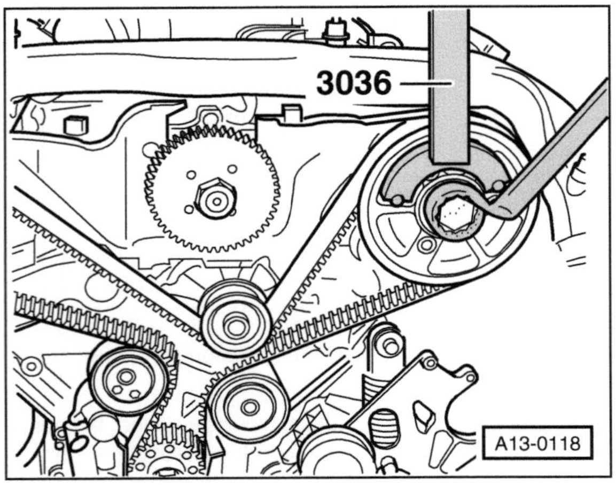

- Zahnriemenräder an beiden Nockenwellen abschrauben, dabei die Zahnriemenräder mit einem geeigneten Werkzeug, zum Beispiel AUDI-3036 oder KLANN-0315, gegenhalten.

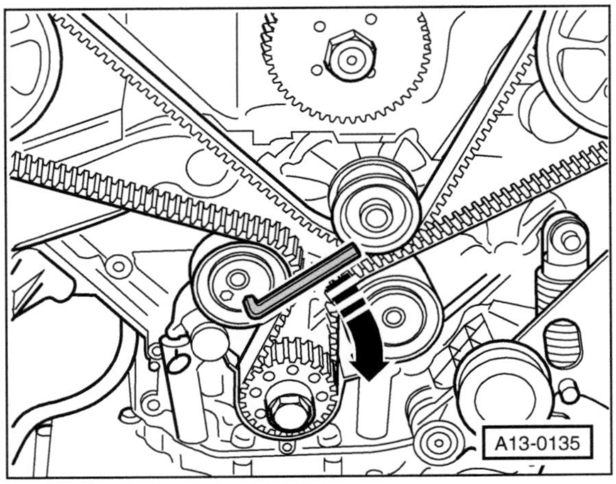

- Zahnriemenspannrolle mit 8 mm-Innensechskantschlüssel langsam nach rechts drehen, bis das Spannelement so weit zusammengedrückt ist, daß ein Federsplint mit ∅ 2 mm in die Bohrung und in den Stößel paßt. Splint einsetzen, die Spannrolle ist jetzt arretiert. Innensechskantschlüssel loslassen.
- Befestigungsschrauben der beiden Nockenwellenräder um ca. 5 Umdrehungen lösen, nicht abschrauben.
- Beide Nockenwellenräder mit handelsüblichem Klauenabzieher vom Konus der Nockenwelle lösen. Der Abzieher stützt sich auf der Befestigungsschraube für das Nockenwellenrad ab.
- Linkes Nockenwellenrad zusammen mit dem Zahnriemen abnehmen. **Achtung:** Wird der bisherige Zahnriemen wiederverwendet, unbedingt Laufrichtung des Motors, von vorn gesehen in Uhrzeigersinn, mit Kreide oder Fettstift am Zahnriemen kennzeichnen Er muß in gleicher Lage wieder eingebaut werden. Sonst kann er reißen, was schwere Motorschäden verursacht.

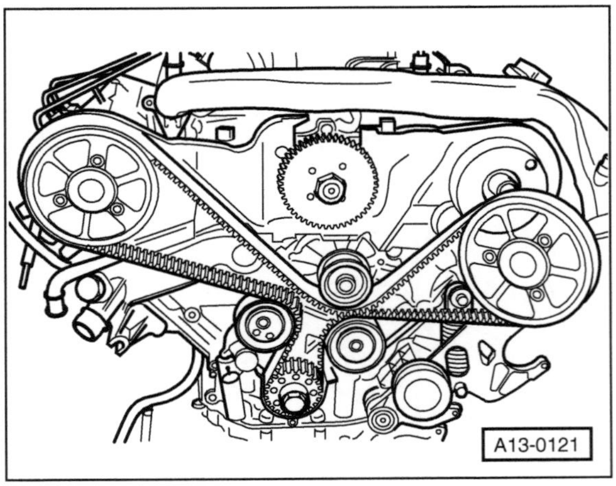

- Zahnriemen zuerst auf Kurbelwellenrad, dann auf die Spannrolle, rechte Nockenwelle und Kühlmittelpumpe auflegen.
- Linkes Nockenwellenrad zusammen mit dem Zahnriemen aufsetzen, siehe Abbildung. Nockenwellenrad leicht anschrauben.

Achtung: Beide Nockenwellenräder müssen auf dem Konus so lose sein, daß sie sich auf den Nockenwellen verdrehen lassen, jedoch nicht kippen können. Dazu Befestigungsschrauben bis zur Anlage leicht anschrauben.

- Zahnriemen-Spannrolle entlasten und Splint herausziehen. Spannrolle loslassen, dadurch wird der Zahnriemen automatisch gespannt. Drehmomentschlüssel am Innensechskant der Spannrolle ansetzen und mit **15 Nm** in Spannrichtung (linksherum) drehen und halten, damit der Zahnriemen richtig vorgespannt ist.
- Sicherstellen, daß die Schraube an der Zahnriemenspannrolle mit **45 Nm** festgezogen ist.
- Bei vorgespanntem Zahnriemen von einem Helfer beide Nockenwellenräder mit **80 Nm** festziehen lassen, dabei Nockenwellenräder mit Werkzeug gegenhalten. Drehmomentschlüssel an der Spannrolle abnehmen. **Achtung:** Die beim Ausbau angebrachten Fixierwerkzeuge an der Nockenwellen-Stirnseite dürfen nicht als Gegenhalter verwendet werden.
- Viscolüfterhalter, Umlenkrollen und unteren Deckel mit Schrauben –1– bis –4– anschrauben, siehe Abbildung A13-0141.

Anzugsdrehmomente:		
	Schraube 1:	**45 Nm**
	Schrauben 2:	**10 Nm**
	Schrauben 3:	**20 Nm**
	Schraube 4:	**10 Nm**

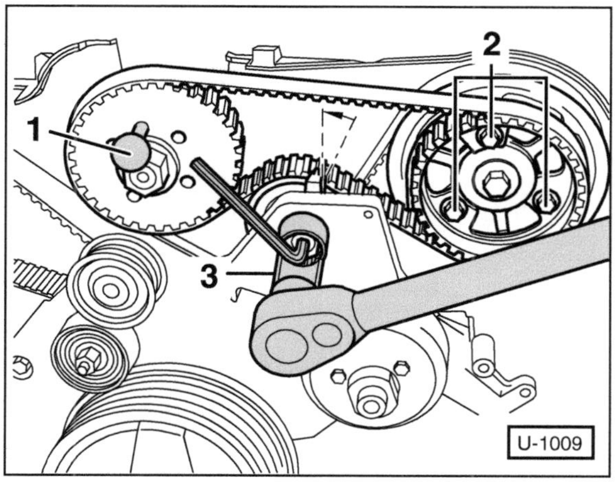

- Einspritzpumpenrad mit dem Dorn AUDI-3359 –1– arretieren, dazu Dorn durch die Bohrung des Einspritzpumpenrades in die dahinter liegende Bohrung im Motorblock stecken. Steht das Werkzeug nicht zur Verfügung, kann auch ein anderer Dorn ∅ 6 mm, Länge 59 mm verwendet werden. **Hinweis:** Der Zahnriemen für die Einspritzpumpe ist noch nicht aufgelegt, im Unterschied zur Abbildung.
- Zahnriemenrad für Einspritzpumpenantrieb an das Nockenwellenrad mit Schrauben –2– leicht anschrauben, noch nicht festziehen. Zahnriemenrad so ausrichten, daß die Schrauben –2– in der Mitte der Langlöcher liegen.
- Zahnriemen für Einspritzpumpenantrieb auflegen, dabei bei bisherigem Zahnriemen die vor Ausbau gekennzeichnete Laufrichtung beibehalten.
- Zahnriemenspannrolle mit Innensechskantschlüssel entgegen dem Uhrzeigersinn drehen, bis der Zeiger an der Spannrolle gegenüber der angebrachten Markierung steht. In dieser Stellung die Befestigungsmutter mit einem tiefgekröpften Ringschlüssel oder Sonderwerkzeug –3– (AUDI-3078) mit **36 Nm** festziehen.
- Schrauben –2– am Zahnriemenrad für Einspritzpumpenantrieb mit **20 Nm** festziehen.

Achtung: Fixierdorne an der Kurbelwelle und am Einspritzpumpenrad entfernen. Verschlußstopfen mit 10 Nm in den Zylinderblock einschrauben.

- Nockenwellenfixierungen an der Hinterseite der Zylinderköpfe entfernen.
- Kurbelwelle um 2 Umdrehungen weiterdrehen und wieder auf OT für Zylinder 3 stellen. Stellung der Nockenwellen mit Fixierwerkzeug überprüfen.
- Markierungen am Zahnriemenspanner der Einspritzpumpe überprüfen, sie müssen übereinstimmen, andernfalls Zahnriemenspannung korrigieren.
- Nockenwellen-Fixierwerkzeug abnehmen.
- Schwingungsdämpfer des Einspritzpumpenrades mit Schrauben –1– und **20 Nm** anschrauben, siehe Abbildung A23-0047.

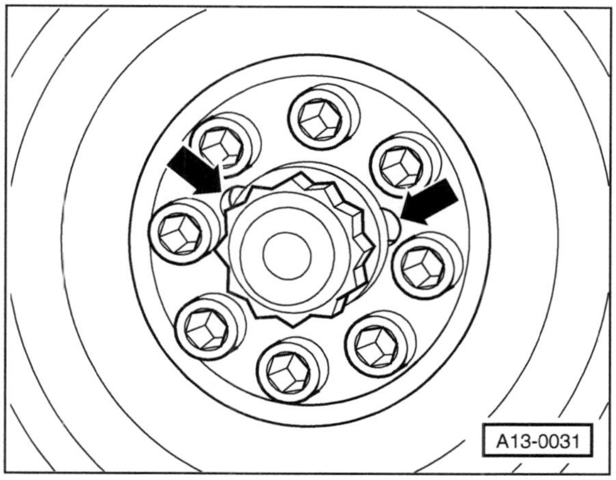

- Schwingungsdämpfer mit Innensechskantschrauben an der Kurbelwelle mit **25 Nm** anschrauben. Der Schwingungsdämpfer läßt sich durch die Arretiernasen –Pfeile– am Zahnriemenrad nur in einer Stellung aufsetzen.
- Vakuumpumpe am linken Zylinderkopf mit **10 Nm** anschrauben.
- Verschlußdeckel am rechten Zylinderkopf immer erneuern, mit **10 Nm** anschrauben.
- Keilrippenriemen und Viscolüfter einbauen, siehe Seite 187.
- Einspritzbeginn der Einspritzpumpe dynamisch prüfen lassen (Werkstattarbeit), siehe Hinweise auf Seite 226.

Zylinderkopf aus- und einbauen/ V6 2,5-l-TDI-Motor

Achtung: Arbeitsschritte und Hinweise, die für alle Motoren gelten, stehen im Kapitel für den 1,8-l-Motor (125 PS/150 PS). In diesem Kapitel sind nur die Abweichungen beschrieben, die speziell den V6 2,5-l-TDI-Motor betreffen.

- Zahnriemen ausbauen, siehe entsprechendes Kapitel.

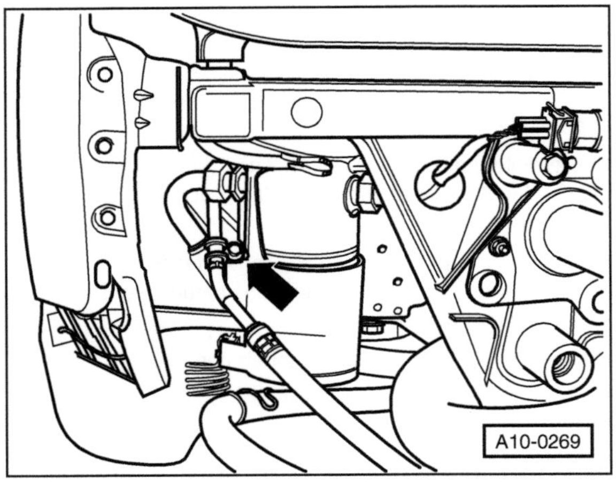

- Fahrzeuge mit Klimaanlage: Nach dem Ausbau des Stoßfängers vorn, Halterung für Kältemittelleitung abschrauben –Pfeil–.

Sicherheitshinweis
Der **Kältemittelkreislauf der Klimaanlage darf nicht geöffnet** werden, da das Kältemittel bei Hautberührung Erfrierungen hervorrufen kann.
Bei versehentlichem Hautkontakt sofort mindestens 15 Minuten lang mit kaltem Wasser spülen, Arzt aufsuchen.

- Wärmeschutzblech über dem Abgaskrümmer/Turbolader mit 3 Schrauben abschrauben.

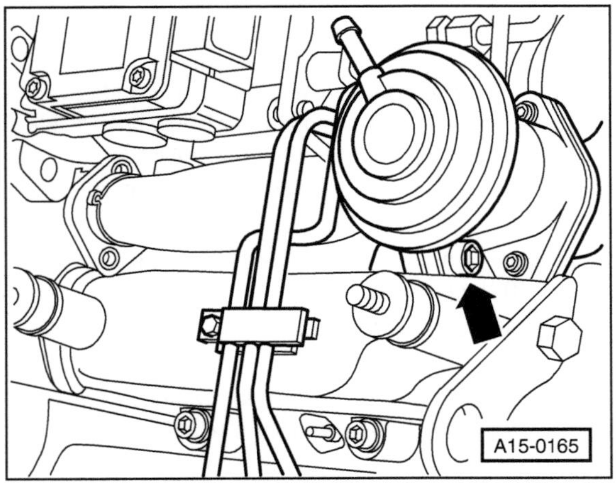

- Abgasrückführventil vom Zylinderkopf abschrauben –Pfeil–.

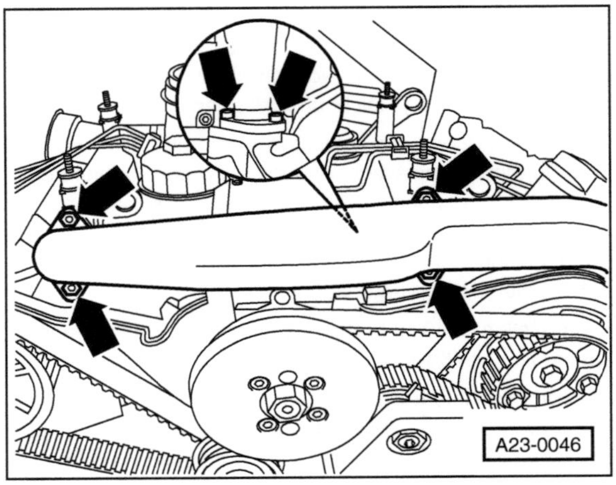

- Vorderes Saugrohr abschrauben –Pfeile–.

Achtung: Sicherheits- und Sauberkeitsregeln für Arbeiten an der Kraftstoffanlage beachten, siehe Seite 212.

- Kraftstoffvorlaufleitung und Kraftstoffrücklaufleitung an der Einspritzpumpe abschrauben. Öffnungen mit einem sauberen Lappen abdecken.
- Einspritzleitungen an den Anschlüssen der Einspritzdüsen mit Kaltreiniger reinigen und abschrauben.

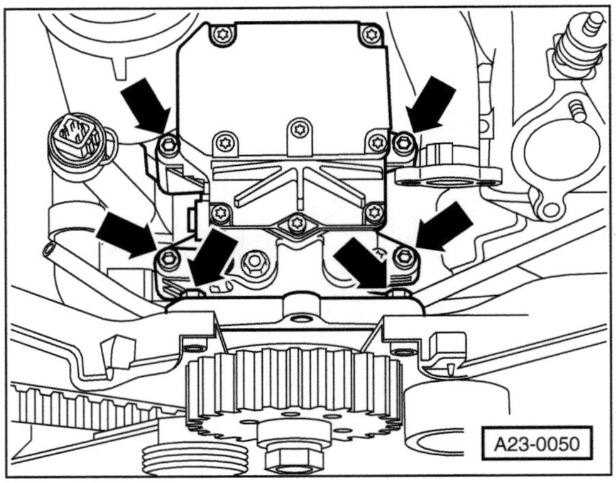

- Einspritzpumpe abschrauben –Pfeile–. Einspritzpumpe mit angeschlossenen Einspritzleitungen herausheben.

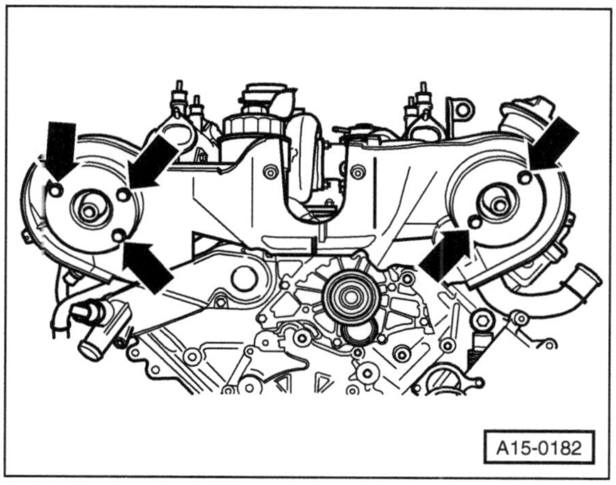

A15-0182

- Hintere Zahnriemenabdeckung abschrauben –Pfeile–.

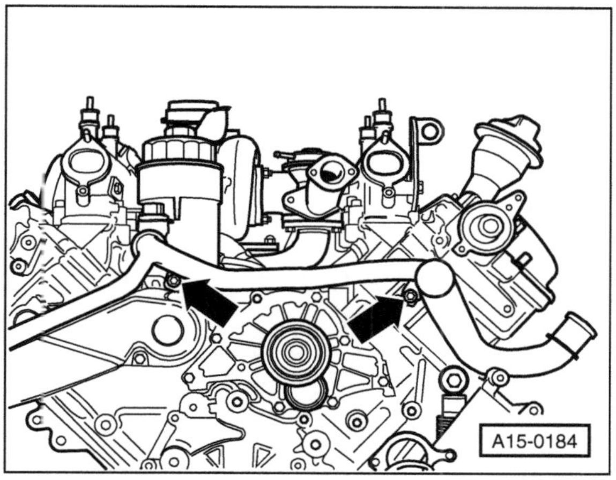

A15-0184

- Vorderes Kühlmittelrohr abschrauben –Pfeile–.
- Zylinderkopfschrauben in der umgekehrten Reihenfolge der Numerierung von 8 nach 1 lösen, siehe Abbildung A15-0189.
- Zylinderkopf auf eine weiche Unterlage ablegen, sonst werden Einspritzdüsen und Glühkerzen beschädigt.

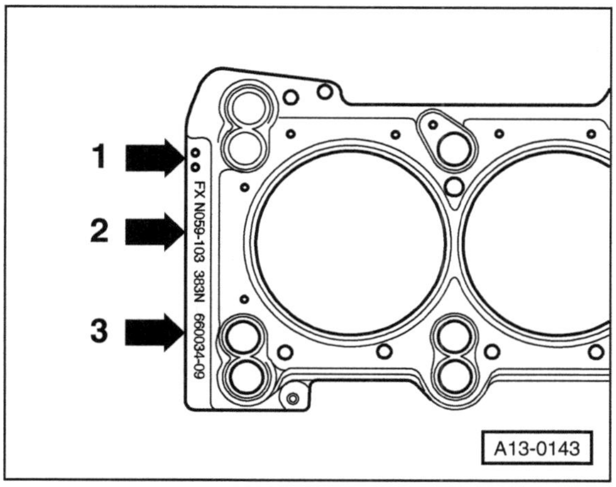

A13-0143

- Je nach Kolbenüberstand werden in der Dicke unterschiedliche Zylinderkopfdichtungen eingebaut. Beim Ersetzen der Dichtung Kennzeichnung beachten und nur eine neue Dichtung gleicher Kennzeichnung einbauen. Pfeil 1 = Kennzeichnung durch Löcher, Pfeil 2 = Ersatzteil-Nummer, Pfeil 3 = Code (nicht zu beachten).
- Wenn neue Kolben eingebaut werden, Kolbenüberstand prüfen und entsprechend andere Dichtung verwenden (Werkstattarbeit).
- Neue Zylinderkopfdichtung so auf die Paßhülsen auflegen, daß die Aufschrift »oben« und die Teilenummer nach oben, also zum Zylinderkopf, zeigen.
- Zylinderkopf mit Helfer aufsetzen, neue Zylinderkopfschrauben einschrauben und leicht anziehen.

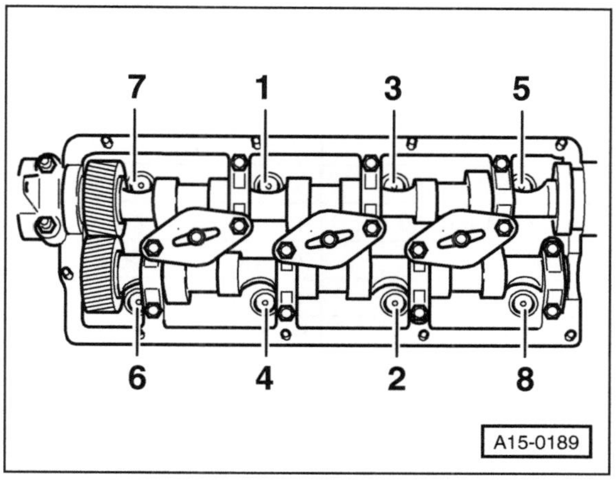

A15-0189

- Die Zylinderkopfschrauben werden in 4 Stufen angezogen. Schrauben in jeder Stufe jeweils in der Reihenfolge von 1 bis 8 anziehen.

1. Stufe: mit Drehmomentschlüssel **35 Nm**

2. Stufe: mit Drehmomentschlüssel **60 Nm**

3. Stufe: **1/4 Umdrehung (90°)** mit **starrem** Schlüssel ohne abzusetzen weiterdrehen.

4. Stufe: **1/4 Umdrehung (90°)** mit **starrem** Schlüssel ohne abzusetzen weiterdrehen.

- Kraftstoffanlage entlüften, siehe Seite 22.
- Zahnriemen einbauen, siehe Seite 181.

Achtung: Anschließend den Einspritzbeginn der Einspritzpumpe dynamisch prüfen (Werkstattarbeit), siehe Hinweise auf Seite 226.

Kompression prüfen

Die Kompressionsprüfung erlaubt Rückschlüsse über den Zustand des Motors. Die Prüfwerte zeigen an, ob der Motor austauschreif ist oder komplett überholt werden muß. Für die Prüfung wird ein Kompressionsdruckprüfer benötigt, der für Benzinmotoren recht preiswert in Fachgeschäften angeboten wird. **Achtung:** Für den Dieselmotor wird ein Kompressionsdruckprüfer mit größerem Meßbereich, bis 40 bar, benötigt.

Der Druckunterschied zwischen den einzelnen Zylindern darf beim Benzinmotor maximal **3,0 bar** und beim Dieselmotor **5,0 bar** betragen. Falls ein oder mehrere Zylinder gegenüber den anderen diesen Wert überschreiten, ist dies ein Hinweis auf eine undichte Zylinderkopfdichtung, defekte Ventile, verschlissene Kolbenringe beziehungsweise Zylinderlaufbahnen. **Hinweis:** 1,8-l- und 2,5-l-Motoren nach Kennbuchstaben zuordnen, siehe Tabelle auf Seite 13.

Motor/Kennbuchstaben	Kompressionsdruck in bar	
	Neu	Verschleißgrenze
1,8-/2,4-/2,8-l-Motor	9 – 14	7,5
1,8-l-Motor AEB/ANB/APU	10 – 13	7,0
2,7-l-Motor	9 – 13	7,0
3,0-l-Motor	10 – 14	9,0
1,9-l-Dieselmotor	25 – 31	19,0
2,5-l-TDI AFB/AKN	27 – 30	20,0
2,5-l-TDI AKE/AYM/BAU/BCZ/BFC	26 – 29	19,0
2,5-l-TDI BDG/BDH	24 – 27	17,0

- Zur Prüfung der Kompression muß die Motoröltemperatur mindestens +30° C betragen. Der Ölfilter ist dann gut handwarm, gegebenenfalls Motor warmfahren.
- Die Batterie muß voll geladen sein. Batterie prüfen, gegebenenfalls laden, siehe Seite 60.

Benzinmotor

- Zündung ausschalten.
- Anschlußstecker von den Zündspulen abziehen.
- Sämtliche Zündkerzen ausbauen, siehe Seite 27.
- Anschlußstecker von allen Einspritzventilen abziehen.
- **6-Zylinder-Benzinmotor:** Stecker von der Leistungsendstufe der Zündung abziehen. Die Leistungsendstufe ist in einem Gehäuse mit den Zündspulen am Motor befestigt.

> **Sicherheitshinweis**
> Beim Durchdrehen des Motors **nicht** über den Motor beugen. Verletzungsgefahr durch herausschleudernde Rußpartikel.

- Motor mit Anlasser durchdrehen, damit Rückstände und Ruß herausgeschleudert werden. **Achtung:** Getriebe in Leerlaufstellung und Handbremse angezogen.
- Kompressionsdruckprüfer entsprechend der Bedienungsanleitung des Herstellers in eine Zündkerzenöffnung drücken oder einschrauben.
- Von Helfer Gaspedal ganz durchtreten und während der ganzen Prüfung mit dem Fuß festhalten lassen.
- Motor ca. 8 Umdrehungen drehen lassen, bis kein Druckanstieg mehr auf dem Meßgerät erfolgt.
- Nacheinander sämtliche Zylinder prüfen und mit Sollwert vergleichen.
- Anschließend Stecker an den Einspritzventilen wieder aufstecken.
- **6-Zylinder-Benzinmotor:** Stecker an der Leistungsendstufe der Zündung aufstecken.
- Zündkerzen einbauen und mit **30 Nm** festziehen, siehe Seite 27.

Achtung: Durch das Abziehen der Anschlußstecker werden Fehler im Motor-Steuergerät abgespeichert. Es empfiehlt sich, die gespeicherten Fehler baldmöglichst von einer AUDI-Werkstatt löschen zu lassen.

Dieselmotor

- Elektrische Leitungen an der Einspritzpumpe abziehen, damit kein Kraftstoff eingespritzt wird.
- Alle Glühkerzen ausbauen, siehe Seite 228.

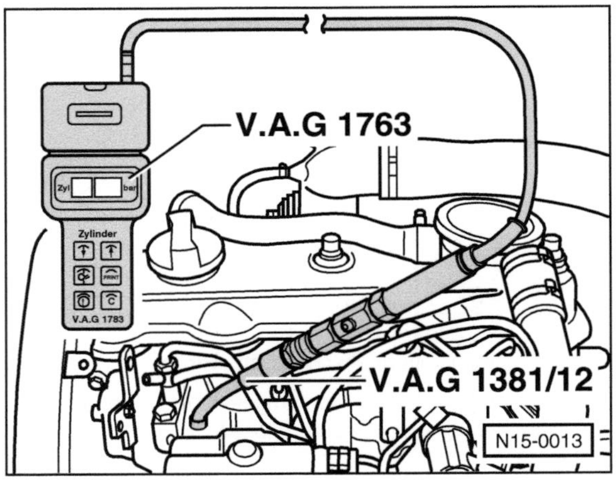

- Kompressionsdruckprüfer mit flexiblem Verbindungsschlauch anstelle der Glühkerzen einschrauben.

Achtung: Die in der Tabelle angegebenen Kompressionsdruckwerte sind nur durch Messung mit dem V.A.G-Kompressionsdruckprüfer 1763 sowie dem Adapter 1381/12 erzielbar (2,5-l-Motor: Adapter 1763/5). Bei Verwendung anderer Meßgeräte sind die Druckwerte nicht reproduzierbar, so daß nur die Abweichung der einzelnen Zylinder untereinander geprüft werden kann.

- Motor ca. 8 Umdrehungen drehen lassen, bis kein Druckanstieg mehr auf dem Meßgerät angezeigt wird.
- Glühkerzen einschrauben und mit **15 Nm** festziehen. Leitungen anschließen.
- Stecker an der Einspritzpumpe aufstecken.

Achtung: Beim Dieselmotor werden durch das Trennen der Steckverbindungen zur Einspritzpumpe Fehler im Motor-Steuergerät abgespeichert. Es empfiehlt sich, die gespeicherten Fehler baldmöglichst von einer AUDI-Werkstatt löschen zu lassen.

Keilrippenriemen aus- und einbauen

Ein Keilrippenriemen ist breiter als ein herkömmlicher Keilriemen und besitzt mehrere längslaufende Rippen. Der Keilrippenriemen treibt Nebenaggregate wie den Generator, die Ölpumpe für die Servolenkung, den Kühlerlüfter und je nach Motor auch den Klimakompressor und die Kühlmittelpumpe an. 1,8-l-Motoren (125 PS/150 PS) mit Klimaanlage haben einen separaten Keilrippenriemen für den Antrieb des Klimakompressors. **Achtung:** Bei einigen 150-PS-Benzinmotoren sorgt ein zusätzlicher, schmaler Keilriemen für den Antrieb der Kühlmittelpumpe, der Ausbau wird in einem separaten Kapitel beschrieben, siehe Seite 192.

4-Zylinder-Motor mit Klimaanlage: Keilrippenriemen für Klimakompressor ausbauen

- Untere Motorraumabdeckung ausbauen, siehe Seite 162.
- Wird der bisherige Keilrippenriemen wieder eingebaut, Laufrichtung kennzeichnen. Dazu mit Filz- oder Fettstift auf dem Riemen einen Pfeil in Laufrichtung anbringen. Der Motor dreht, von vorn gesehen, rechtsherum, also im Uhrzeigersinn.

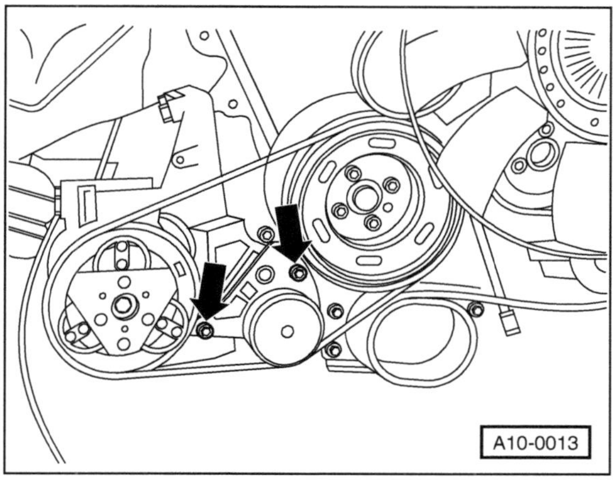

A10-0013

- Schrauben –Pfeile– für Riemenspanner lösen, Keilrippenriemen abnehmen.

Einbau

- Keilrippenriemen auflegen.

Achtung: Wird der bisherige Riemen wieder eingebaut, Markierung der Laufrichtung beachten. Ein Einbau entgegen der bisherigen Laufrichtung erhöht den Verschleiß des Riemens beziehungsweise kann diesen zerstören. Daher Keilrippenriemen immer so einbauen, daß der angebrachte Pfeil in Laufrichtung des Motors zeigt, also in Uhrzeigersinn.

- Sicherstellen, daß der Keilrippenriemen in sämtlichen Riemenscheiben bündig sitzt.

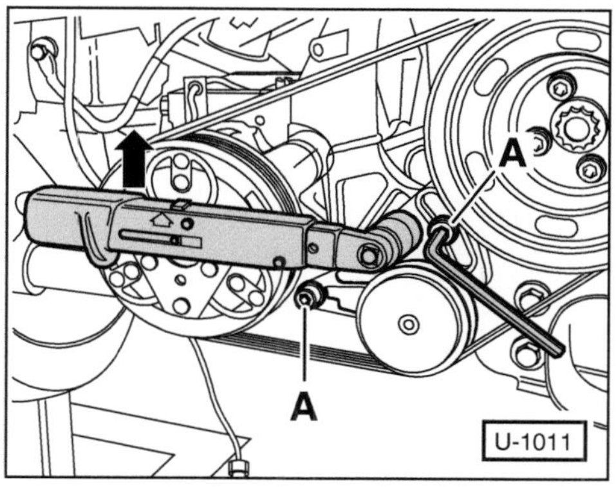

U-1011

- Drehmomentschlüssel an Spannrollenhalter ansetzen und mit **25 Nm** spannen. In dieser Stellung Schrauben –A– mit **25 Nm** festziehen.
- Untere Motorraumabdeckung einbauen, siehe Seite 162.

1,8-l-Motor (125 PS/150 PS):

Keilrippenriemen für Hydraulikpumpe, Generator und Kühlerlüfter ausbauen

- Untere Motorraumabdeckung ausbauen, siehe Seite 162.
- Wird der bisherige Keilrippenriemen wieder eingebaut, Laufrichtung kennzeichnen. Dazu mit Filz- oder Fettstift auf dem Riemen einen Pfeil in Laufrichtung anbringen. Der Motor dreht, von vorn gesehen, rechts herum, also im Uhrzeigersinn.
- Wo vorhanden, zuvor Keilrippenriemen für Klimaanlage ausbauen.
- Schloßträger/vorderes Abschlußblech in Servicestellung bringen, siehe Seite 276.

Hinweis: Wird der Schloßträger nicht nach vorn geklappt, kann der Arretierdorn nicht in die Keilrippenriemen-Spannvorrichtung eingesetzt werden.

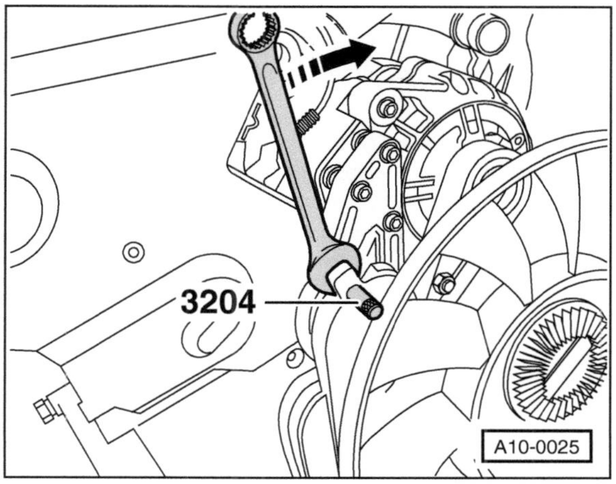

A10-0025

- Keilrippenriemen entspannen. Dazu Spannvorrichtung mit Gabelschlüssel in Pfeilrichtung drehen und geeigneten Arretierdorn (∅ 5 mm) in die Bohrung am Spannarm einsetzen, zum Beispiel AUDI-3204 oder einen abgewinkelten Schlüssel für Innensechskantschrauben.
- Keilrippenriemen abnehmen.

Einbau

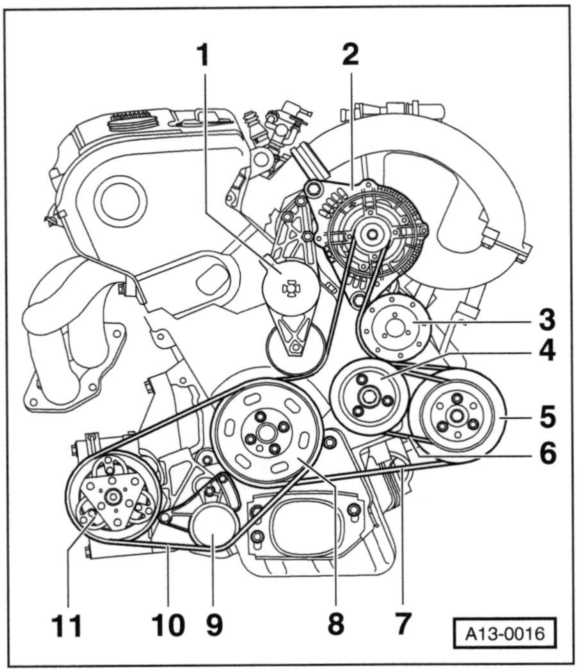

1 – **Keilrippenriemenspanner**
2 – **Generator**
3 – **Viscolüfter**
4 – **Kühlmittelpumpe (nur 150-PS-Motor)**
5 – **Hydraulikpumpe für Servolenkung**
6 – **Keilriemen für Kühlmittelpumpe (nur 150-PS-Motor)**
7 – **Keilrippenriemen für Servopumpe, Viscolüfter, Generator**
8 – **Schwingungsdämpfer**
9 – **Keilrippenriemenspanner für Klimakompressor**
10 – **Keilrippenriemen für Klimakompressor**
11 – **Klimakompressor**

Hinweis: Die Kühlmittelpumpe wird entweder vom Nockenwellen-Zahnriemen angetrieben oder von einem zusätzlichen, schmalen Keilriemen. Der Ausbau des schmalen Keilriemens wird in einem separaten Kapitel beschrieben, siehe Seite 192.

- Keilrippenriemen auf die Riemenscheiben auflegen. **Achtung:** Gebrauchten Keilrippenriemen immer so einbauen, daß der beim Ausbau angebrachte Pfeil in Drehrichtung des Motors zeigt, von vorn gesehen im Uhrzeigersinn. Ein Einbau entgegen der bisherigen Laufrichtung erhöht den Verschleiß.

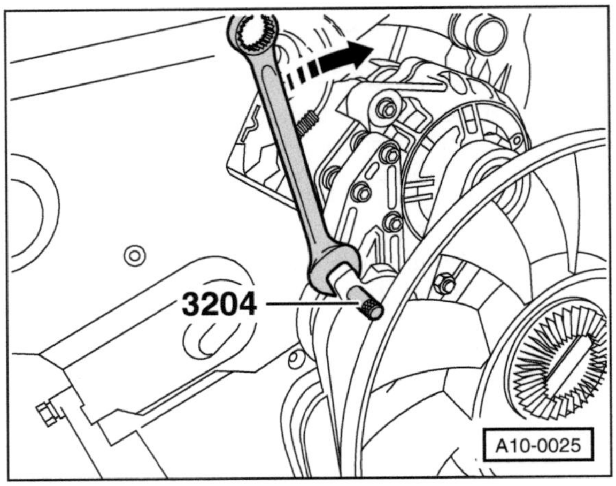

- Spannvorrichtung etwas in Pfeilrichtung drücken, Arretierdorn AUDI-3204 beziehungsweise Winkel-Innensechskantschlüssel herausziehen. Anschließend Spanner langsam loslassen, dabei auf richtige Lage der Keilriemenrippen auf den Riemenscheiben achten. Die Spannung stellt sich automatisch ein.
- Schloßträger/vorderes Abschlußblech in Normalstellung bringen und befestigen, siehe Seite 276.
- Untere Motorraumabdeckung einbauen, siehe Seite 162.
- Motor starten und Riemenlauf kontrollieren.

4-Zylinder-TDI-Motor:

Keilrippenriemen für Hydraulikpumpe, Generator, Kühlmittelpumpe und Kühlerlüfter ausbauen

Achtung: Arbeitsschritte und Hinweise, die für alle Motoren gelten, stehen im Kapitel für den 1,8-l-Motor (125 PS/150 PS). In diesem Kapitel sind nur die Abweichungen beschrieben.

- Wo vorhanden, zuvor Keilrippenriemen für Klimaanlage ausbauen.

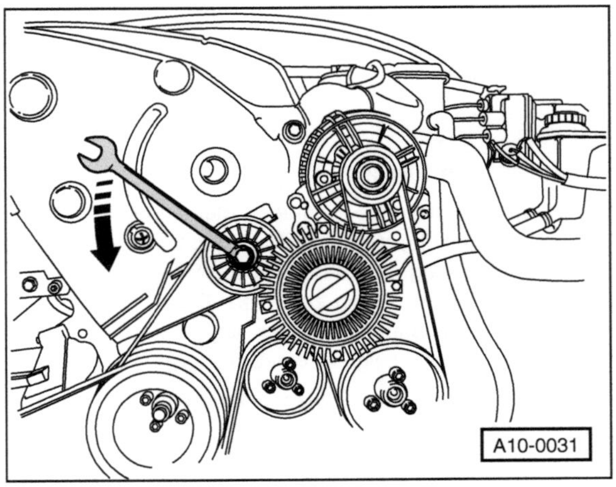

- Spannrolle mit Ringschlüssel an der Schraube nach links drehen und Keilrippenriemen abnehmen. Die Schraube hat Linksgewinde, lockert sich also nicht in dieser Richtung.

- Zum Einbau des Keilrippenriemens die Spannrolle mit Ringschlüssel rechtsherum drehen und Keilrippenriemen auflegen. Spannrolle langsam loslassen, dabei auf richtige Lage der Keilriemenrippen auf den Riemenscheiben achten. Die Spannung stellt sich automatisch ein.

6-Zylinder-Benzinmotor:

Ausbau

Achtung: Arbeitsschritte und Hinweise, die für alle Motoren gelten, stehen im Kapitel für den 1,8-l-Motor (125 PS/150 PS). In diesem Kapitel sind nur die Abweichungen für den 6-Zylinder-Benzinmotor beschrieben.

- Obere Motorabdeckung abschrauben, siehe Kapitel »Zündkerzen aus- und einbauen«, Seite 27.
- Schloßträger/vorderes Abschlußblech in Servicestellung bringen, siehe Seite 276.

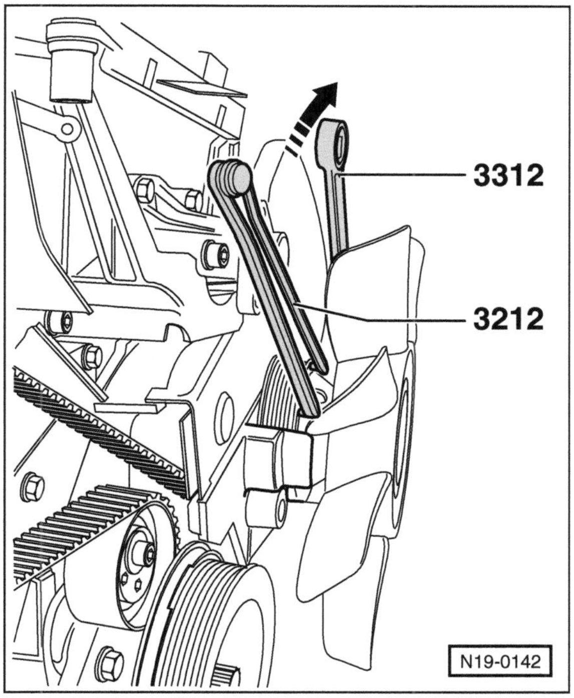

- Riemenscheibe für Visco-Kühlerlüfter mit handelsüblichem Zweilochmutterndreher, zum Beispiel von Firma KLANN, Nr. 0149 (AUDI-Werkzeug 3212), gegenhalten und Lüfter am Sechskant mit einem Gabelschlüssel (AUDI-3312) **rechtsherum** abschrauben. **Achtung: Linksgewinde**, zum Lösen also rechtsherum drehen.

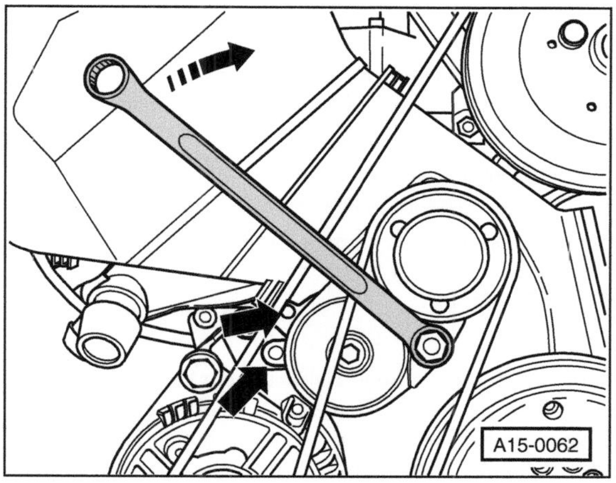

- Spannvorrichtung mit Ringschlüssel rechtsherum drehen bis beide Bohrungen übereinander stehen. Spannvorrichtung mit geeignetem Dorn ∅ 5 mm, zum Beispiel einem abgewinkelten Schlüssel für Innensechskantschrauben oder Bohrerschaft arretieren.

Einbau

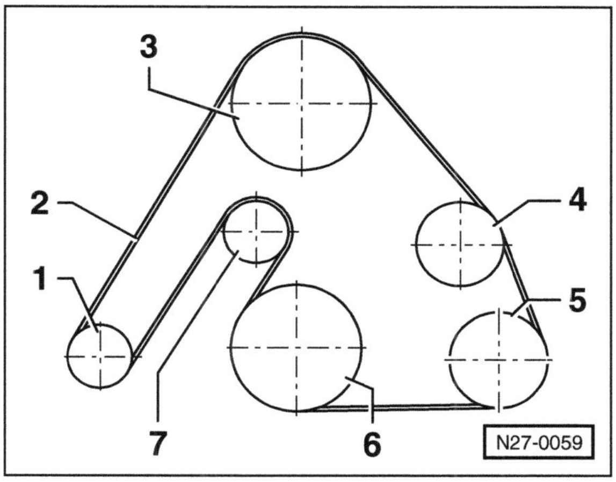

Übersicht Riementrieb:
1 – Generator
2 – Keilrippenriemen
3 – Hydraulikpumpe für Servolenkung
4 – Visco-Kühlerlüfter
5 – Klimakompressor
6 – Kurbelwelle
7 – Spannrolle

Hinweis: Bei Fahrzeugen ohne Klimaanlage verläuft der Riemen direkt von Riemenscheibe –6– zu –4–.

- Keilrippenriemen gegen den Uhrzeigersinn auflegen, zuerst auf die Kurbelwellen-Riemenscheibe und zuletzt auf die Spannrolle.
- Spannvorrichtung mit Ringschlüssel etwas nach links drehen und Arretierdorn herausziehen. Ringschlüssel langsam loslassen, dadurch wird der Keilrippenriemen gespannt.

- Visco-Kühlerlüfter mit **70 Nm** festziehen. **Achtung: Linksgewinde**, also Lüfter linksherum festschrauben. Wenn der Drehmomentschlüssel am Gabelschlüssel AUDI-3312 angesetzt wird, gilt ein Anzugsmoment von **40 Nm**.
- Schloßträger/vorderes Abschlußblech in Normalstellung bringen und befestigen, siehe Seite 276.
- Obere Motorabdeckung anschrauben, siehe Seite 27.

6-Zylinder-TDI-Motor:

Ausbau

Achtung: Arbeitsschritte und Hinweise, die für alle Motoren gelten, stehen im Kapitel für den 1,8-l-Motor (125 PS/150 PS). In diesem Kapitel sind nur die Abweichungen für den 6-Zylinder-TDI-Motor beschrieben.

- Stoßfänger vorn ausbauen, siehe Seite 277.
- **Fahrzeuge mit Klimaanlage:** Nach dem Ausbau des Stoßfängers vorn, Halterung für Kältemittelleitung abschrauben, siehe Abbildung A10-0269 auf Seite 184.

Sicherheitshinweis
Der **Kältemittelkreislauf der Klimaanlage darf nicht geöffnet** werden, da das Kältemittel bei Hautberührung Erfrierungen hervorrufen kann.
Bei versehentlichem Hautkontakt sofort mindestens 15 Minuten lang mit kaltem Wasser spülen, Arzt aufsuchen.

- Schloßträger/vorderes Abschlußblech in Servicestellung bringen, siehe Seite 276.

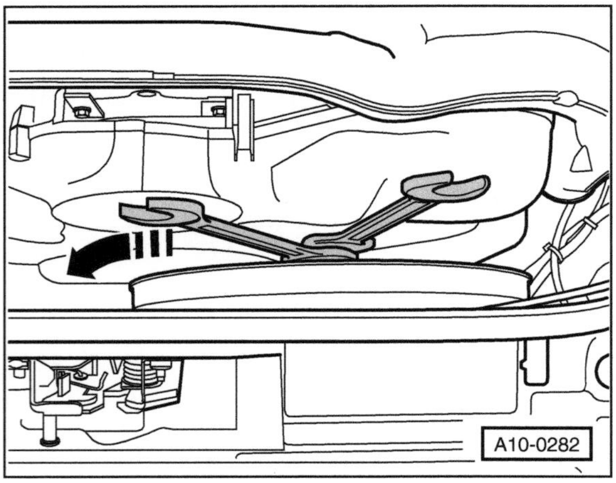

- Visco-Kühlerlüfter abschrauben, dabei mit zweitem Gabelschlüssel die Nabe gegenhalten.

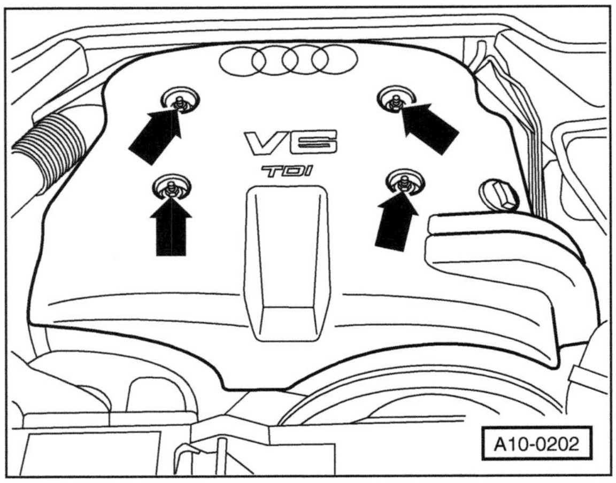

- Schrauben-Abdeckkappen abhebeln und obere Motorabdeckung abschrauben –Pfeile–.
- Obere Zahnriemenabdeckung abschrauben.

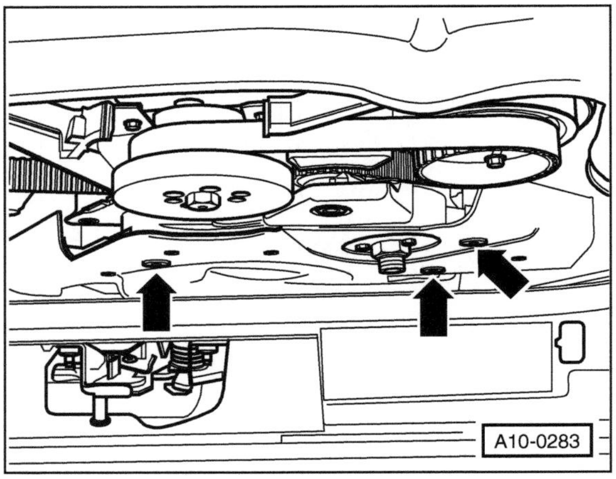

- Keilrippenriemenabdeckung abschrauben –Pfeile–. **Achtung:** Einbaulage der Schrauben-Abstandshülsen für den Wiedereinbau notieren.
- **Fahrzeuge mit Klimaanlage:** Keilrippenriemen für Klimakompressor ausbauen: Schraube –A– für Riemenspanner lösen, siehe Abbildung A87-0175. Laufrichtung markieren, Keilrippenriemen abnehmen.

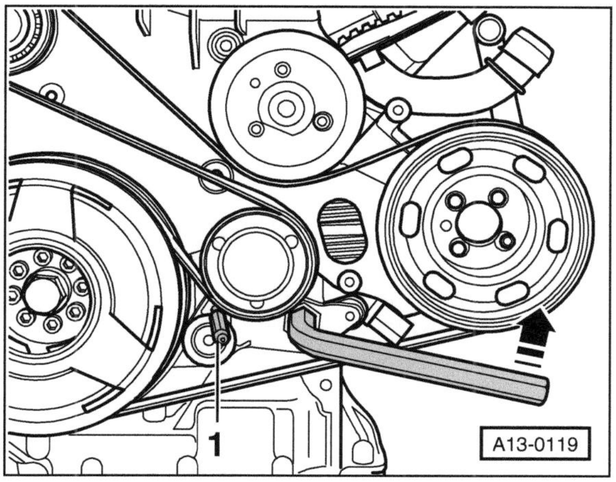

- Haupt-Keilrippenriemen entspannen. Dazu Spannvorrichtung mit Schlüssel für Innensechskantschraube in Pfeilrichtung drehen und geeigneten Arretierdorn (∅ 4 mm) –1– in die Bohrung einsetzen, zum Beispiel einen Schlüssel für Innensechskantschrauben.
- Laufrichtung markieren, Keilrippenriemen abnehmen.

Einbau

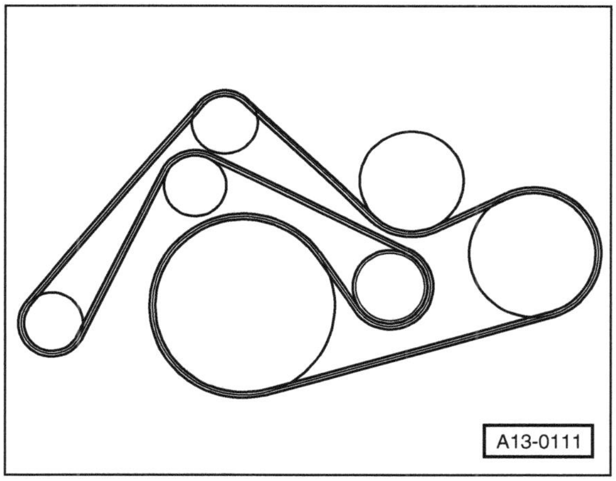

- Haupt-Keilrippenriemen gegen den Uhrzeigersinn, zuerst auf die Kurbelwellen-Riemenscheibe, zuletzt auf die Spannrolle auflegen.
- Spannvorrichtung mit Ringschlüssel etwas nach links drehen und Arretierdorn –1– herausziehen, siehe Abbildung A13-0119. Ringschlüssel langsam loslassen, dadurch wird der Keilrippenriemen gespannt.

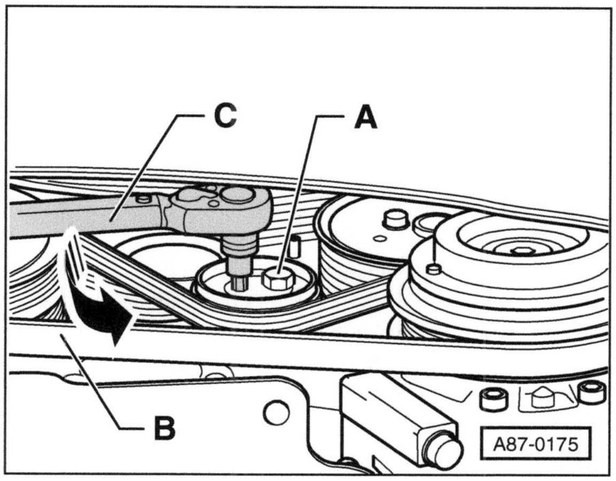

- **Fahrzeuge mit Klimaanlage:** Keilrippenriemen –B– für Klimakompressor auflegen. Drehmomentschlüssel –C– am 8 mm-Innensechskant der Spannrolle einsetzen und mit **7 Nm** linksherum vorspannen –Pfeilrichtung–. In dieser Stellung Schraube –A– mit **25 Nm** festziehen.
- Keilrippenriemenabdeckung und obere Zahnriemenabdeckung anschrauben.
- Obere Motorabdeckung anschrauben.
- Visco-Kühlerlüfter anschrauben, dabei mit zweitem Gabelschlüssel die Nabe gegenhalten.
- Schloßträger/vorderes Abschlußblech einbauen, siehe Seite 276.
- **Fahrzeuge mit Klimaanlage:** Vor Einbau des Stoßfängers, Halterung für Kältemittelleitung anschrauben, siehe Abbildung A10-0269 auf Seite 184.
- Stoßfänger vorn einbauen, siehe Seite 277.

Keilriemen aus- und einbauen

1,8-l/150-PS-Benzinmotor

Bei diesem Motor verbindet ein schmaler Keilriemen die Riemenscheibe der Hydraulikpumpe für Lenkung mit der Kühlmittelpumpe.

Ausbau

- Wird der bisherige Keilriemen wieder eingebaut, Laufrichtung kennzeichnen. Dazu mit Filz- oder Fettstift auf dem Riemen einen Pfeil in Laufrichtung anbringen. Der Motor dreht, von vorn gesehen, rechts herum, also im Uhrzeigersinn.
- Keilrippenriemen für Hydraulikpumpe, Generator und Kühlerlüfter entspannen. Spannrolle mit Dorn fixieren, siehe Kapitel »Keilrippenriemen ausbauen«. **Hinweis:** Der Schloßträger/das vordere Abschlußblech muß nicht nach vorn geklappt werden.

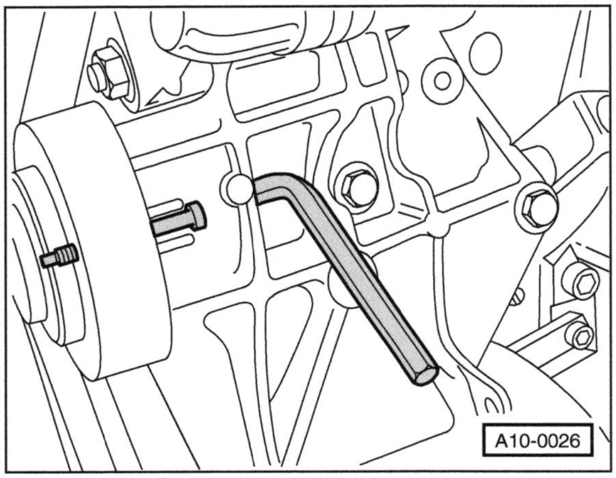

- Riemenscheibe für Visco-Kühlerlüfter mit einer handelsüblichen Schraube ∅5 mm, Länge 60mm, arretieren. Die Schraube wird von hinten in die Bohrung der Riemenscheibe eingesetzt. Riemenscheibe mit 8 mm Innensechskantschlüssel –2– abschrauben, siehe Abbildung. Kühlerlüfter abnehmen und nach vorn am Kühler ablegen.

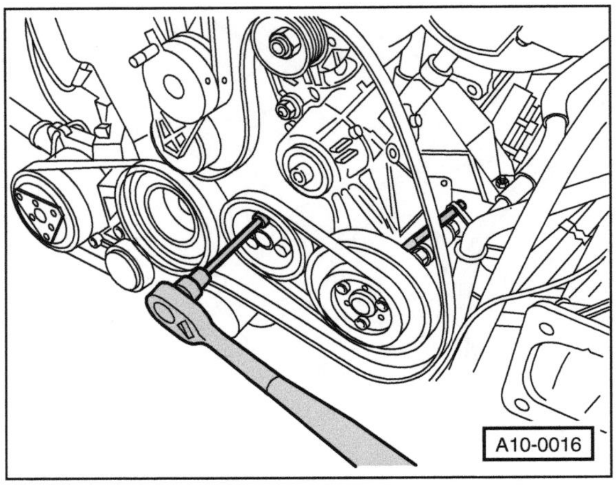

- Keilriemenscheibe an der Kühlmittelpumpe abschrauben. Damit die Riemenscheibe nicht mitdreht, geeigneten Schraubendreher oder Dorn hinten an der Riemenscheibe der Hydraulikpumpe einsetzen, siehe Abbildung. **Achtung:** Dorn nach Lösen der Schrauben entfernen.
- Keilriemen abnehmen.

Einbau

- Keilriemen auflegen und Keilriemenscheibenhälften an der Kühlmittelpumpe lose anschrauben.
- Keilriemenscheibenhälften gleichmäßig zusammenschrauben. Dabei Riemenscheibe der Kühlmittelpumpe öfters weiterdrehen, damit der Keilriemen nicht eingeklemmt wird. Der Keilriemen wandert nach außen auf die richtige Auflagefläche und wird dabei gespannt.
- Riemenscheiben von Hand durchdrehen, damit der Riemen richtig auf den Riemenscheiben sitzt.
- Befestigungsschrauben der Riemenscheibe mit **25 Nm** festziehen. Eine weitere Einstellung der Keilriemenspannung ist nicht erforderlich.
- Keilrippenriemen auf die Nabe für Visco-Kühlerlüfter auflegen.
- Visco-Kühlerlüfter mit **45 Nm** anschrauben, dabei Nabe mit der Schraube 5x60mm arretieren, siehe Abbildung A10-0026. **Achtung:** Schraube anschließend entfernen.
- Keilrippenriemen für Hydraulikpumpe, Generator und Kühlerlüfter auflegen und spannen, siehe entsprechendes Kapitel.

Motor starten

Alle Motoren

- **Schaltgetriebe:** Handbremse anziehen, Kupplung ganz durchtreten und halten, Schaltgetriebe in Leerlauf schalten. Besonders bei niedrigen Außentemperaturen erleichtert eine betätigte Kupplung das Starten, da die Reibung vom Getriebe entfällt.
- **Automatikgetriebe:** Wählhebel in »P« oder »N« stellen. Fußbremse treten und halten.

Achtung: Anlasser nicht länger als 30 Sekunden ununterbrochen betätigen, sonst können Anlasser und Verkabelung überhitzen.

Benzinmotor

- Zündschlüssel drehen und Anlasser betätigen, dabei **kein Gas geben**. Sobald der Motor läuft, Schlüssel loslassen. Wenn der Motor nicht innerhalb von 5 Sekunden anspringt, Gaspedal niedertreten und weiter starten. Springt der Motor nach 10 Sekunden nicht an oder bleibt sofort wieder stehen, 30 Sekunden warten und Startvorgang mit halb getretenem Gaspedal und bei einem eventuell folgenden Startversuch mit ganz getretenem Gaspedal wiederholen. Bei heißem Motor Gaspedal während des Startens langsam niedertreten.
- Grundsätzlich sofort losfahren, nur bei strengem Frost Motor ca. 30 Sekunden warm laufen lassen.

Achtung: Vergebliche Startversuche hintereinander können den Katalysator schädigen, da unverbranntes Benzin in den Katalysator gelangt und bei Erwärmung explosionsartig verbrennt.

Dieselmotor

- **Bei kaltem Motor:** Zündung einschalten, bis die Vorglüh-Kontrolllampe erlischt. Sofort nach Verlöschen der Kontrolllampe Motor anlassen, dabei **kein Gas geben**. Setzen beim Starten nur unregelmäßige Zündungen ein, Anlasser so lange weiter betätigen (maximal 20 Sekunden), bis der Motor aus eigener Kraft durchläuft. Springt der Motor nicht an, Zündschlüssel in Stellung 0 zurückdrehen und ca. 30 Sekunden warten. Anschließend nochmals vorglühen und Startvorgang wie beschrieben wiederholen.

Achtung: Solange vorgeglüht wird, dürfen keine größeren elektrischen Verbraucher (Licht, heizbare Heckscheibe) eingeschaltet sein, sonst wird die Batterie unnötig belastet.

Hinweis: Aufgrund der guten Kaltstarteigenschaften des **Diesel-Direkteinspritzers**, braucht in der Regel erst bei Außentemperaturen unter 0° C vorgeglüht zu werden.

Wurde der Tank völlig leergefahren, dauert der Anlassvorgang nach dem Tanken deutlich länger (bis zu 1 Minute), da hierbei die Kraftstoffanlage entlüftet wird.

- **Bei warmem Motor** braucht nicht vorgeglüht zu werden. Motor sofort anlassen, kein Gas geben.

Störungsdiagnose Motor

Benzinmotor: Zünd-, Einspritz- und Kraftstoffanlage prüfen, siehe Kapitel »Kraftstoffanlage« und »Motormanagement«. Störungen in der Steuerelektronik lassen sich nur noch mit speziellen Messgeräten herausfinden.
Dieselmotor: Vorglüh- und Kraftstoffanlage prüfen.
Störung: Der Motor springt schlecht oder gar nicht an.

Ursache	Abhilfe
Sicherung für Kraftstoffpumpe, Einspritzanlage oder Vorglühanlage defekt.	■ Sicherung prüfen, siehe »Elektrische Anlage«.
Fehler im Motormanagement.	■ Motormanagement prüfen lassen (Werkstattarbeit).
Kraftstoffanlage defekt, verschmutzt.	■ Kraftstoffpumpe und -leitungen überprüfen.
Anlasser dreht zu langsam.	■ Batterie laden. Anlasserstromkreis überprüfen. Korrodierte Anschlüsse reinigen.
Wegfahrsperre sperrt den Motor. Der Motor springt normal an und geht kurz danach wieder aus. Dabei leuchtet das Symbol für Wegfahrsperre im Kombiinstrument kurz auf.	■ Um eine Weiterfahrt zu ermöglichen empfiehlt es sich folgendermaßen vorzugehen: ◆ Zündschlüssel rausziehen und **etwas warten**. ◆ Zündschlüssel um 180° gedreht ins Zündschloss stecken und **etwas warten**. ◆ Zündung einschalten, dabei Zündschlüssel langsam drehen. Wenn die Kontrollleuchte für Wegfahrsperre jetzt leuchtet (nicht blinkt) kann der Motor gestartet werden. ◆ Ersatzschlüssel verwenden. ■ Führt dies nicht zum Erfolg, beziehungsweise tritt der Fehler häufig auf, System der Wegfahrsperre in der Werkstatt überprüfen lassen.

Motor-Schmierung

Aus dem Inhalt:

- **Ölvorschriften**
- **Ölverbrauch**
- **Ölkreislauf im Motor**
- **Öldruckkontrolle**
- **Ölwannenausbau**

Für die Motor-Schmierung sind **Mehrbereichsöle** vorgeschrieben, so daß ein jahreszeitbedingter (Sommer/Winter) Ölwechsel nicht erforderlich ist. Mehrbereichsöle bauen auf einem dünnflüssigen Einbereichsöl auf (z. B. 10 W) und werden durch sogenannte »Viskositätsindexverbesserer« im heißen Zustand stabilisiert. Dadurch ist sowohl für den kalten wie auch für den heißen Motor die richtige Schmierfähigkeit gegeben.

Die SAE-Bezeichnung gibt die Viskosität des Motoröls an. Beispiel: SAE 10 W 40:

10 – Viskosität des Öls in kaltem Zustand. Je kleiner die Zahl, desto dünnflüssiger ist das kalte Motoröl.

W – Das Motoröl ist wintertauglich.

40 – Viskosität des Öls in heißem Zustand. Je größer die Zahl, desto dickflüssiger ist das heiße Motoröl.

Es können auch **Leichtlauföle** (Hochleistungsöle) verwendet werden. Dabei handelt es sich um Mehrbereichsöle, denen unter anderem Reibwertverminderer zugesetzt wurden, wodurch sich die Reibung innerhalb des Motors vermindert. Für das Leichtlauföl wird als Grundöl ein Synthetiköl verwendet.

Anwendungsbereich/Viskositätsklassen

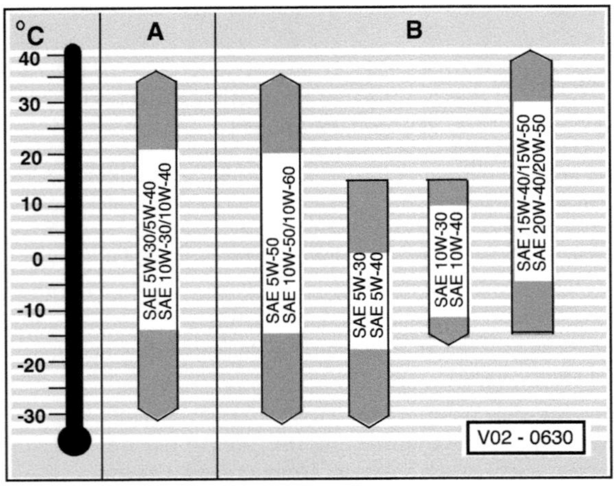

Benziner

A – Mehrbereichs-Leichtlauföle, Spezifikation VW-500 00 oder VW-502 00.

B – Mehrbereichsöle, Spezifikation VW-501 01 beziehungsweise API-SF oder SG.

Turbodiesel

B – Mehrbereichsöle, Spezifikation VW-505 00.

In der Abbildung wird die Motoröl-Viskosität in Abhängigkeit von der Außentemperatur für Benzin- und Dieselmotoren dargestellt. Da die Einsatzbereiche benachbarter SAE-Klassen sich überschneiden, können kurzfristige Temperaturschwankungen unberücksichtigt bleiben. Es ist zulässig, Öle verschiedener Viskositätsklassen miteinander zu mischen, wenn einmal Öl nachgefüllt werden muß und die Außentemperaturen nicht mehr der Viskositätsklasse des im Motor befindlichen Öles entsprechen.

Achtung: Bei Verwendung von Mehrbereichsöl SAE 5W-30 müssen anhaltend hohe Motordrehzahlen und ständige starke Belastung vermieden werden. Diese Einschränkung gilt nicht für Mehrbereichs-Leichtlauföle.

Zusatzschmiermittel – gleich welcher Art – sollen weder dem Kraftstoff noch den Schmierölen beigemischt werden.

Spezifikation des Motoröls

Die Qualität eines Motoröls wird durch Normen der Automobil- sowie der Ölhersteller gekennzeichnet.

Die Klassifikation der Motoröle amerikanischer Ölhersteller erfolgt nach dem **API**-System (API: American Petroleum Institut): Die Kennzeichnung erfolgt durch jeweils zwei Buchstaben. Der erste Buchstabe gibt den Anwendungsbereich an: **S** = Service, für **Ottomotoren** geeignet; **C** = Commercial, für **Dieselmotoren** geeignet. Der zweite Buchstabe gibt die Qualität in alphabetischer Reihenfolge an. Von höchster Qualität sind Öle der API-Spezifikation **SJ** für Ottomotoren und **CF** für Dieselmotoren.

Europäische Ölhersteller klassifizieren ihre Öle nach der **ACEA-Spezifikation** (**A**ssociation des **C**onstructeurs **E**uropéens de l'**A**utomobile), die vor allem die europäische Motorentechnologie berücksichtigt. Öle für PKW-Benzinmotoren haben die ACEA-Qualitätsklassen A1 bis A3; Dieselmotoröle von B1 bis B4, wobei **A3** beziehungsweise **B3** die höchsten Qualitätsstufen markieren. Die Spezifikation **B4** bezieht sich speziell auf Diesel-Direkteinspritzmotoren. Wird als Spezifikation beispielsweise A3-96 angegeben, dann steht **»96«** für den Beginn der Gültigkeit der ACEA-Klassifikation im Jahr 1996 an. Motoröle mit höheren Jahreszahlangaben können ebenfalls verwendet werden.

Das richtige Motoröl für den AUDI A6

VW/AUDI hat für seine Modelle **eigene Ölnormen** festgelegt. Grundsätzlich sollen nur Öle verwendet werden, die diese Normen erfüllen. Die VW/AUDI-Norm steht auf der Öldose.

Der AUDI A6 ab Modelljahr 2000 (Modelljahr-Kennbuchstabe Y) und Fahrgestellnummer 4BYN 002 888 wird nach dem so genannten »Longlife-Service«-System gewartet.

Fahrzeuge	**VW/AUDI-Norm für**	
	Benziner	**Diesel**
bis einschließlich Modelljahr 1999 (Herstellungs-Kennbuchstabe **X**)	500 00 501 01 502 00	505 00 505 01
ab Modelljahr 2000 (Herstellungs-Kennbuchstabe **Y**) **mit Longlife-Service**	503 00 503 01 [1)]	506 00
mit **Pumpe/Düse-Motor** 115/130 PS (85/96 kW)	–	506 01

[1)] Nur für 2,7-l-Biturbo-Motor.

Achtung: Motoröl der Spezifikation **503 00, 503 01, 506 00, 506 01** ist **nur** für Fahrzeuge **mit Longlife-Service** vorgesehen und darf **nicht** in Motoren vor Modelljahr 2000 eingefüllt werden, **sonst können Motorschäden auftreten.**

Hinweise zu den VW/AUDI-Motoröl-Normen

- Hinter der VW/AUDI-Norm muß ein Datum nicht älter als 10/91 stehen.
- Wenn bei Fahrzeugen **ohne** Longlife-Service Motoröl nachgefüllt werden muß und kein Öl der VW/AUDI-Norm zur Verfügung steht, kann für Benzinmotoren ein Öl der Spezifikation API-SF oder API-SG, bei Dieselmotoren, **außer Pumpe/Düse-Motor**, ein Öl der Spezifikation API-CD, verwendet werden.
- Wird bei Fahrzeugen **mit** Longlife-Service beim Ölwechsel kein Longlife-Öl verwendet, dann muß die flexible Service-Intervallanzeige auf »nicht flexibel« umprogrammiert werden, siehe Seite 15.
- Bei Fahrzeugen **mit** Longlife-Service empfiehlt es sich, für längere Fahrten oder Fahrten ins Ausland eine Öldose mit dem richtigen Motoröl im Kofferraum mitzuführen. Falls zum Nachfüllen kein Longlife-Öl verfügbar ist, kann beim Dieselmotor bis zu 0,5 l Motoröl der VW/AUDI-Norm 505 00 oder 505 01 nachgefüllt werden, ohne daß die Service-Intervallanzeige auf »nicht flexibel« umgestellt werden muß. Beim Benzinmotor muß Motoröl der VW/AUDI-Norm 502 00 verwendet werden.

Öldruck und Öldruckschalter prüfen

Zur Prüfung ist ein Manometer mit Einschraubmöglichkeit für den Öldruckschalter erforderlich. Der Öldruckschalter befindet sich am Ölfilterhalter.

Prüfen

- Ölstand kontrollieren, gegebenenfalls richtigstellen.
- Motor warmfahren.

Hinweis: Die Öltemperatur soll ca. +80° C betragen. Diese Temperatur wird erreicht, wenn die Kühlmittel-Temperaturanzeige normale Betriebstemperatur anzeigt.

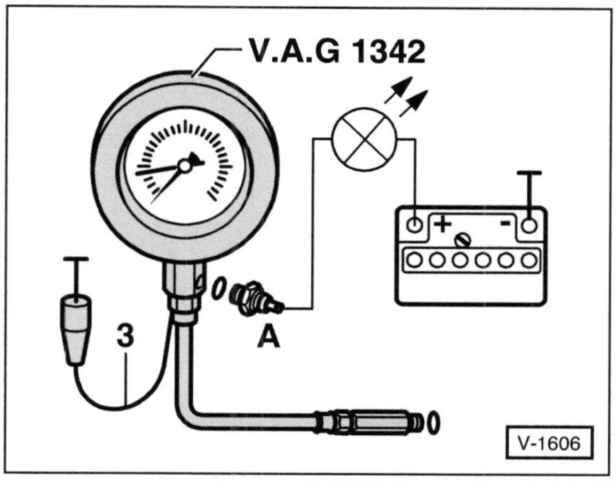

- Kabelstecker am Öldruckschalter abziehen. Öldruckschalter –A– am Ölfilterhalter abschrauben und in das Manometer einschrauben. Beim V6-Benzinmotor den Öldruckschalter an der Ölwanne ausschrauben.
- Manometer anstelle des Öldruckschalters am Motor einschrauben.
- Braune Leitung –3– des AUDI-Prüfgerätes (V.A.G 1342) an Masse (–) legen.
- Diodenprüflampe mit Hilfsleitungen an Batterie-Pluspol (+) und Öldruckschalter –A– anschließen. Die Leuchtdiode darf **nicht** aufleuchten.
- Motor anlassen und Drehzahl langsam erhöhen. **Achtung:** Der Schaltpunkt des Öldruckschalters kann bereits beim Anlassen überschritten werden.
  Benzinmotor außer 8-Zylinder: Bei 1,2 – 1,6 bar Überdruck muß die Leuchtdiode aufleuchten, andernfalls Öldruckschalter ersetzen.
  1,9-l-TDI AJM/AWX/AVF: Bei 0,55 – 0,85 bar Überdruck muß die Leuchtdiode aufleuchten, andernfalls Öldruckschalter ersetzen..
  1,9-l-TDI AFN/AVG und 2,5-l-TDI: Bei 0,75 – 1,05 bar Überdruck muß die Leuchtdiode aufleuchten, andernfalls Öldruckschalter ersetzen.
- Drehzahl weiter erhöhen und Öldruck prüfen, siehe Tabelle auf Seite 196.

Hinweis: Geringerer Öldruck weist auf verschlissene Kurbelwellenlager hin.

- Drehzahl weiter erhöhen. Der Öldruck darf dabei den Maximalwert 7,0 bar (Motor BAS: 4,0 bar) **nicht** überschreiten. Andernfalls Ölpumpendeckel mit Überdruckventil ersetzen (Werkstattarbeit).
- Öldruckschalter einsetzen und mit **25 Nm** festziehen. Bei Undichtigkeit den Dichtring mit Seitenschneider aufkneifen und ersetzen.
- Kabelstecker am Öldruckschalter aufstecken.

Ölwanne/Ölpumpe

1,8-l/125-PS-Motor

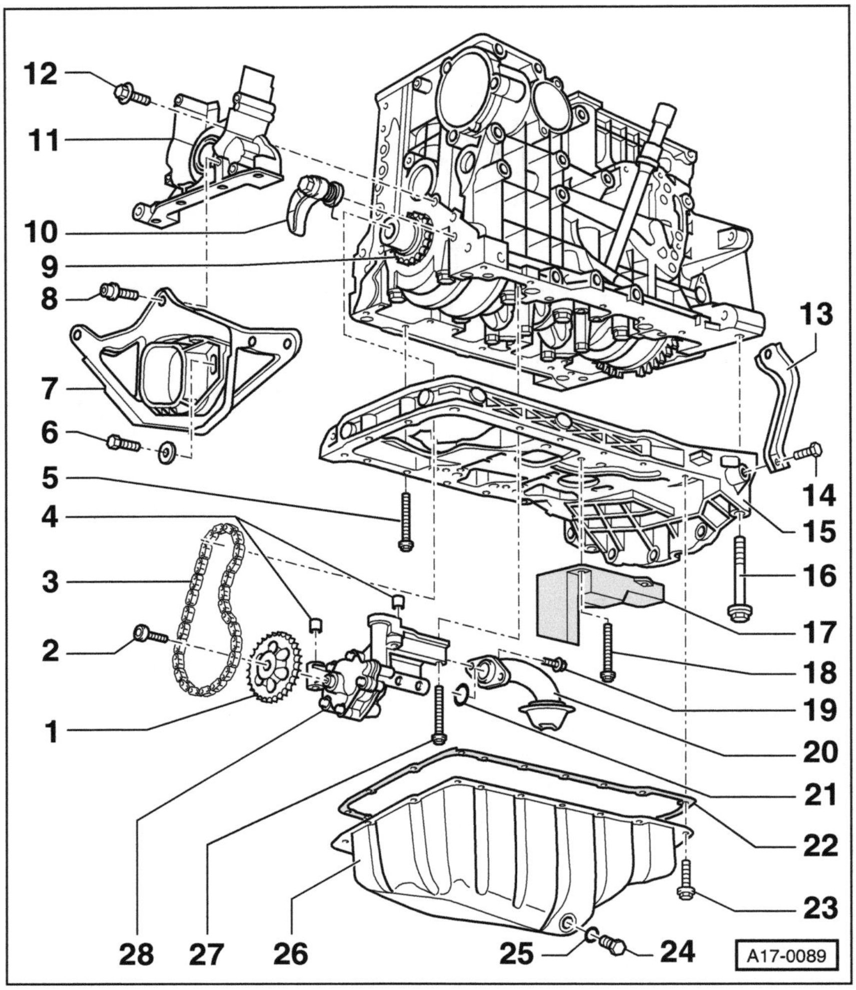

1 – Kettenrad
Für Ölpumpenantrieb. Läßt sich nur in einer Stellung auf die Welle aufstecken.

2 – Schraube, 20 Nm

3 – Kette für Ölpumpe
Vor Ausbau Laufrichtung kennzeichnen. Bei Verschleiß erneuern.

4 – Paßhülsen
Zur Zentrierung Ölpumpe/Zylinderblock.

5 – Schraube, 15 Nm

6 – Schraube, 30 Nm

7 – Drehmomentstütze

8 – Schraube, 40 Nm

9 – Kettenrad

10 – Kettenspanner mit Spannschiene, 15 Nm
Nicht zerlegen. Bei gebrochener Feder Kettenspanner komplett ersetzen.

11 – Dichtflansch vorn
Mit Silikon-Dichtmittel AUDI-D176404A2 einbauen.

12 – Schraube, 15 Nm

13 – Stütze für Ansaugrohr

14 – Schraube, 20 Nm

15 – Versteifungsrahmen
Mit Silikon-Dichtmittel AUDI-D176404A2 einbauen. Beim Einbau des Versteifungsrahmens bei ausgebautem Motor darauf achten, daß der Versteifungsrahmen an der Getriebeseite 0,8 mm gegenüber dem Zylinderblock übersteht.

16 – Schraube, 40 Nm

17 – Ölrücklaufstutzen

18 – Schraube, 15 Nm

19 – Schraube, 10 Nm

20 – Saugleitung
Sieb bei Verschmutzung reinigen.

21 – O-Ring
Immer ersetzen.

22 – Ölwannendichtung
Immer ersetzen.

23 – Schraube, 15 Nm
Über Kreuz in mehreren Durchgängen festziehen.

24 – Ölablaßschraube, 30 Nm

25 – Dichtring
Immer ersetzen.

26 – Ölwanne

27 – Schraube, 15 Nm

28 – Ölpumpe
Wird von den Paßhülsen zentriert. Mit Überdruckventil 12 bar. Ölpumpe bei Riefenbildung auf den Laufflächen und Zahnrädern erneuern. Ölpumendeckel mit **10 Nm** anschrauben.

Öldruckwerte

Motor	Drehzahl	Sollwert
Dieselmotor	Leerlauf	mind. 0,8 bar
	2000/min	mind. 2,0 bar
4-Zyl.-Benziner AJP	Leerlauf	mind. 1,5 bar
	2000/min	2,5 – 4,5 bar
4-Zyl.-Benziner Turbo	Leerlauf	1,0 – 3,5 bar
	3000/min	5,0 – 7,0 bar
6-Zyl.-Benziner	2000/min	mind. 2,0 bar

Motor	Drehzahl	Sollwert
6-Zyl.-Benziner ASN	Leerlauf	mind. 1,8 bar
	2000/min	mind. 4,0 bar
8-Zyl.-Benziner BCY	Leerlauf	mind. 1,0 bar
	2000/min	mind. 3,5 bar
8-Zyl. AQG/ARS/AQJ/ASG/ANK	Leerlauf	1,0 – 2,5 bar
	3000/min	3,0 – 5,0 bar
8-Zyl.-Benziner BAS	2000/min	mind. 2,0 bar
	3000/min	mind. 3,5 bar

Ölwanne aus- und einbauen/ Dichtung für Ölwanne ersetzen

Zum Ausbau der Ölwanne müssen Motorlager gelöst und der Motor etwas angehoben werden. Dafür ist ein geeigneter Kran oder eine geeignete Motorbrücke erforderlich.

Ausbau/4-Zylinder-Benzinmotor

Sicherheitshinweis
Beim Aufbocken des Fahrzeugs besteht Unfallgefahr! Deshalb vorher das Kapitel »Fahrzeug aufbocken« durchlesen.

- Fahrzeug aufbocken und Motoröl ablassen, siehe Seite 17.

Achtung: Um Umweltschäden zu vermeiden, keinesfalls Altöl wegschütten oder dem Hausmüll mitgeben. Die Öl-Verkaufsstellen nehmen die entsprechende Menge Altöl kostenlos entgegen, daher beim Ölkauf Quittung und Ölkanister für spätere Altölrückgabe aufbewahren!

- Keilrippenriemen ausbauen, siehe Seite 187.
- Fahrzeuge mit Klimaanlage: Spannrolle für Keilrippenriemen des Klimakompressors abschrauben. Keilrippenriemen für Klimakompressor ausbauen, siehe Seite 187.
- **1,8-l/150-PS-Motor:** Riemenscheibe für Visco-Kühlerlüfter mit einer Schraube arretieren und mit 8 mm Innensechskantschlüssel abschrauben. Viscolüfter abschrauben, siehe Kapitel »Keilriemen ausbauen«, Seite 192.

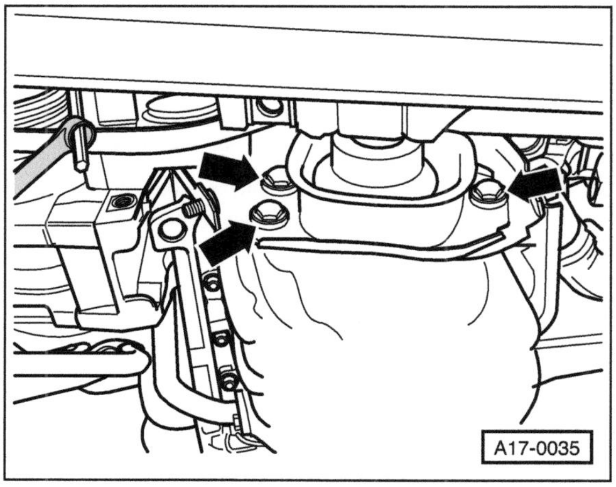

- Anschlagtopf für Drehmomentstütze vom Halter am Motor abschrauben und am Anschlagpuffer hängen lassen.

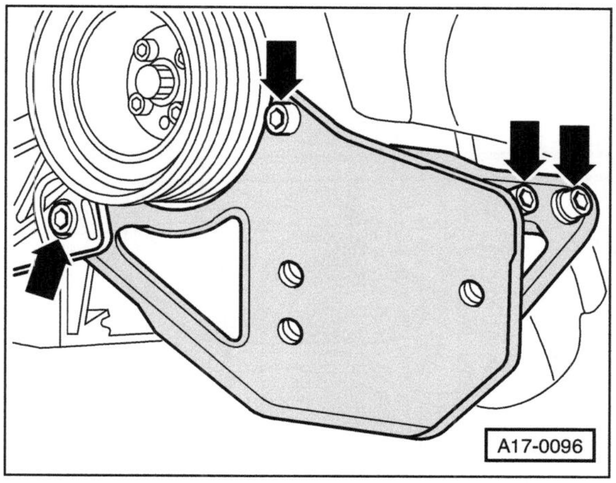

- Halter für Drehmomentstütze am Motor abschrauben. Die Abbildung zeigt zur Verdeutlichung den Halter am ausgebauten Motor.
- **1,8-l/150-PS-Motor:** Kabel für Anlasser im Bereich des Motorlagers am Halter abbauen, dazu Kabelbinder durchtrennen. Luftschlauch vom Turbolader am Luftführungsrohr im Schloßträger abziehen, dazu Schlauchschelle öffnen.
- **1,8-l/150-PS-Motor:** Obere Mutter für linkes Motorlager abschrauben.

- Beide Motorlager von unten abschrauben –Pfeil–.

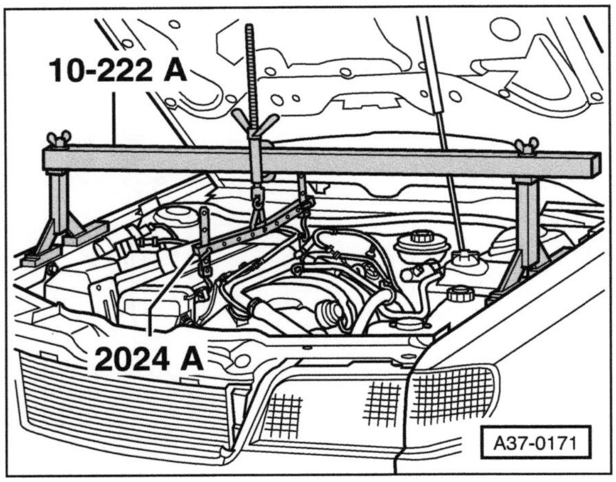

- Motor an den Aufhängeösen anseilen und so weit anheben, bis er hinten die Spritzwand berührt. **Hinweis:** In der Abbildung werden die AUDI-Werkzeugnummern angegeben. Eine ähnliche Motorbrücke ist von der Fa. KLANN (Nr. KL-0205-3 US und KL-0205-6) erhältlich.
- **1,8-l/150-PS-Motor:** Linkes Motorlager herausnehmen. Außerdem die Ölrücklaufleitung vom Abgasturbolader an der Ölwanne abschrauben. **Achtung:** Auslaufendes Motoröl mit einem Lappen auffangen.

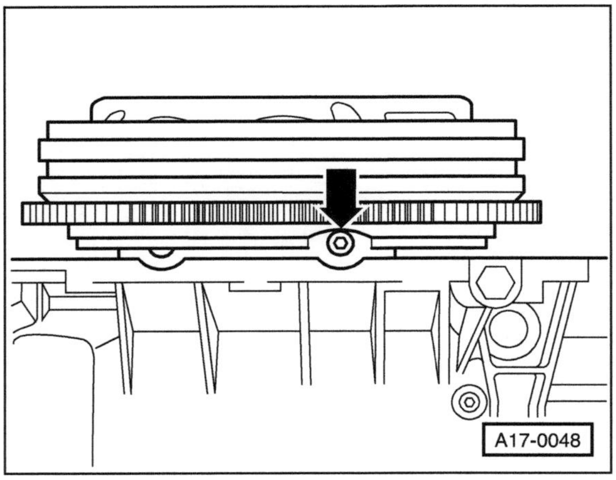

- Ölwanne abschrauben. **1,8-l/150-PS-Motor:** Die beiden hinteren Ölwannenschrauben müssen mit einer langen Stecknuß für Innensechskantschrauben durch die Aussparung im Schwungrad ausgeschraubt werden. Dazu Motor-Kurbelwelle verdrehen, bis die Aussparung unterhalb der Schraube liegt. Motor verdrehen, siehe Seite 163.

Achtung: Bei Fahrzeugen mit automatischem Getriebe müssen die Aussparungen etwas vergrößert (ausgefeilt) werden, damit die Schrauben entnommen werden können.

- Eine festsitzende Ölwanne gegebenenfalls durch leichte Schläge mit einem Gummihammer lösen und abnehmen.
- **1,8-l/150-PS-Motor:** Ölwanne nach links schwenken und nach vorn über den Aggregateträger herausnehmen. Dabei unteren Kühlmittelschlauch vom Kühler zur Seite drücken.

Einbau

- Dichtungsreste sorgfältig entfernen.
- Neue Dichtung ansetzen, auf richtige Lage der Dichtung zu den Bohrungen achten. Dichtung nicht ankleben.
- Ölwanne gleichmäßig zuerst mit etwa **5 Nm** am Motor anschrauben. Beim 150-PS-Motor die beiden hinteren Ölwannenschrauben durch die Aussparung einschrauben, siehe Abbildung A17-0048.
- **1,8-l/150-PS-Motor:** Anschließend Schrauben für Ölwanne an Getriebe mit **45 Nm** festziehen.
- Ölwanne mit **15 Nm** am Motor anschrauben. Nicht fester anziehen, sonst wird die Dichtung zerquetscht. Dicke M10-Ölwannenschrauben mit **45 Nm** anziehen.
- **1,8-l/150-PS-Motor:** Ölrücklaufleitung vom Abgasturbolader an der Ölwanne mit **neuer** Dichtung und **10 Nm** anschrauben.
- Motor ablassen, Kran entfernen. Beim 150-PS-Motor das linke Motorlager beim Ablassen einsetzen.
- Obere und untere Muttern für Motorlager mit **25 Nm** festziehen.
- Halter für Drehmomentstütze am Motor beim 125-PS-Motor mit **40 Nm,** beim 150-PS-Motor mit **25 Nm** anschrauben. Anschlagtopf mit Eigengewicht auf den Puffer legen und an den Halter für die Drehmomentstütze beim 125-PS-Motor mit **30 Nm,** beim 150-PS-Motor mit **25 Nm** anschrauben.
- Anlasserleitung in den Halter an der Ölwanne verlegen, Halter zuklappen und mit neuen Kabelbindern fixieren.
- **1,8-l/150-PS-Motor:** Kühlerlüfter und Keilriemen einbauen, siehe Seite 192.
- Keilrippenriemen einbauen, siehe Seite 187.
- Fahrzeuge mit Klimaanlage: Spannrolle für Keilrippenriemen des Klimakompressors anschrauben. Keilrippenriemen für Klimakompressor einbauen, siehe Seite 187.
- Öl auffüllen. Nach Probefahrt Ölwannendichtung auf Ölaustritt kontrollieren, gegebenenfalls Schrauben für Ölwanne etwas nachziehen.

Speziell 1,9-l-TDI-Motor

Achtung: Arbeitsschritte und Hinweise, die für alle Motoren gelten, stehen im Kapitel für den 4-Zylinder-Benzinmotor. In diesem Kapitel sind nur die Abweichungen beschrieben, die speziell den 1,9-l-TDI-Motor betreffen.

- Zum Ausbau der Ölwanne müssen die Motorlager und die Drehmomentstütze nicht gelöst werden.
- Die beiden hinteren Ölwannenschrauben sind schwer erreichbar, daher mit einem 10 mm-Gelenksteckschlüssel, zum Beispiel HAZET 2528-10, ausschrauben.
- Vor Einbau der Ölwanne, Dichtflächen-Übergänge der Abschlußdeckel zum Zylinderblock (Fugen) mit Dichtmasse AUDI-»D2« oder »Loctite Ultra Black« bestreichen.
- Ölwanne mit **neuer** Dichtung und **20 Nm** über Kreuz anschrauben.

Dynamische Öldruckkontrolle

Blinkt während der Fahrt die Öl-Warnleuchte und ein Summer ertönt, so kann das folgende Ursachen haben:

1. Ölstand zu niedrig
2. Störung in der Elektrik von Schalter und Warnleuchte
3. Ölpumpe fördert nicht
4. Lager der Kurbelwelle defekt

Zunächst also sofort den Motor abstellen und den Ölstand am Ölmeßstab kontrollieren, gegebenenfalls Öl nachfüllen. Anschließend Motor starten und im Leerlauf drehen lassen, die Warnleuchte darf nun nicht mehr blinken. Drehzahl auf über 1500/min erhöhen, Leuchte darf nicht blinken und der Summer darf nicht ertönen. Ist dies der Fall, kann die Fahrt fortgesetzt werden.

Ist der Ölstand jedoch in Ordnung und besteht am Ort keine weitere Prüfmöglichkeit, keinesfalls weiterfahren, sondern Fahrzeug abschleppen lassen und Öldruck prüfen.

Bei ausreichendem Öldruck den Öldruckschalter und die elektrische Zuleitung prüfen. In der Fachwerkstatt kann zusätzlich das Steuergerät im Schalttafeleinsatz geprüft werden.

Störungsdiagnose Ölkreislauf

Störung	Ursache	Abhilfe
Kontrolleuchte leuchtet nicht nach Einschalten der Zündung.	Öldruckschalter defekt.	■ Zündung einschalten, Leitung vom Öldruckschalter abziehen und gegen Masse halten. Wenn die Kontrollampe leuchtet, Schalter ersetzen.
	Strom zum Schalter unterbrochen, Kontakte korrodiert.	■ Elektrische Leitung und Anschlüsse prüfen.
	Kontrollampe defekt.	■ Kontrollampe ersetzen.
Kontrollicht verlischt nicht nach Anspringen des Motors.	Öl sehr warm.	■ Unbedenklich, wenn Kontrollicht beim Gasgeben verlischt.
Kontrollicht verlischt nicht beim Gasgeben bzw. leuchtet während der Fahrt.	Öldruck zu gering.	■ Ölstand prüfen, ggf. auffüllen; Öldruck nach Vorschrift prüfen.
	Elektrische Leitung zum Öldruckschalter hat Kurzschluß gegenüber Masse.	■ Kabel am Schalter abziehen und isoliert ablegen (nicht gegen Masse legen), Zündung einschalten. Wenn die Kontrollampe aufleuchtet, Leitung überprüfen.
	Öldruckschalter defekt.	■ Schalter auswechseln.
Zu niedriger Öldruck im gesamten Drehzahlbereich.	Zu wenig Öl im Motor.	■ Motoröl nachfüllen.
	Ansaugsieb in der Saugglocke verschmutzt, Saugrohr gebrochen.	■ Ölwanne ausbauen, Ansaugsieb reinigen, ggf. Saugrohr ersetzen.
	Ölpumpe defekt.	■ Ölpumpe ausbauen und prüfen, gegebenenfalls ersetzen.
	Lagerschaden.	■ Motor demontieren.
Zu niedriger Öldruck im unteren Drehzahlbereich.	Öldruckregelventil klemmt im offenen Zustand durch Verschmutzung.	■ Öldruckregelventil ausbauen und prüfen.
Zu hoher Öldruck bei Drehzahlen über 2.000/min.	Öldruckregelventil öffnet nicht wegen Verschmutzung.	■ Öldruckregelventil ausbauen und prüfen.

Motor-Kühlung

Aus dem Inhalt:

- Kühlmittelkreislauf
- Kühlsystem prüfen
- Frostschutzmischung
- Kühlmittel wechseln
- Kühlmittelregler
- Kühler
- Kühlmittelpumpe

Kühlmittelkreislauf

Zur Kühlung des Motors wird das Kühlmittel von der Kühlmittelpumpe ständig in Bewegung gehalten. Solange der Motor kalt ist, zirkuliert das Kühlmittel nur im Zylinderkopf sowie im Motorblock und im Wärmetauscher der Innenraumheizung. Mit zunehmender Erwärmung öffnet ein Thermostat (Kühlmittelregler) den großen Kühlmittelkreislauf. Die Kühlflüssigkeit durchströmt dann den Kühler und wird dabei durch die an den Kühlrippen vorbeistreichende Luft abgekühlt.

Der Kühlluftstrom wird durch einen hinter dem Kühler angebrachten Lüfter verstärkt. Der Lüfter wird über einen Keilrippenriemen von der Kurbelwelle angetrieben. Bei niedrigeren Temperaturen wird der Lüfter durch eine Visco-Kupplung in der Nabe des Lüfterrotors ausgekuppelt. Sobald sich die Temperatur auf einen festgelegten Wert erhöht, wird der Lüf-

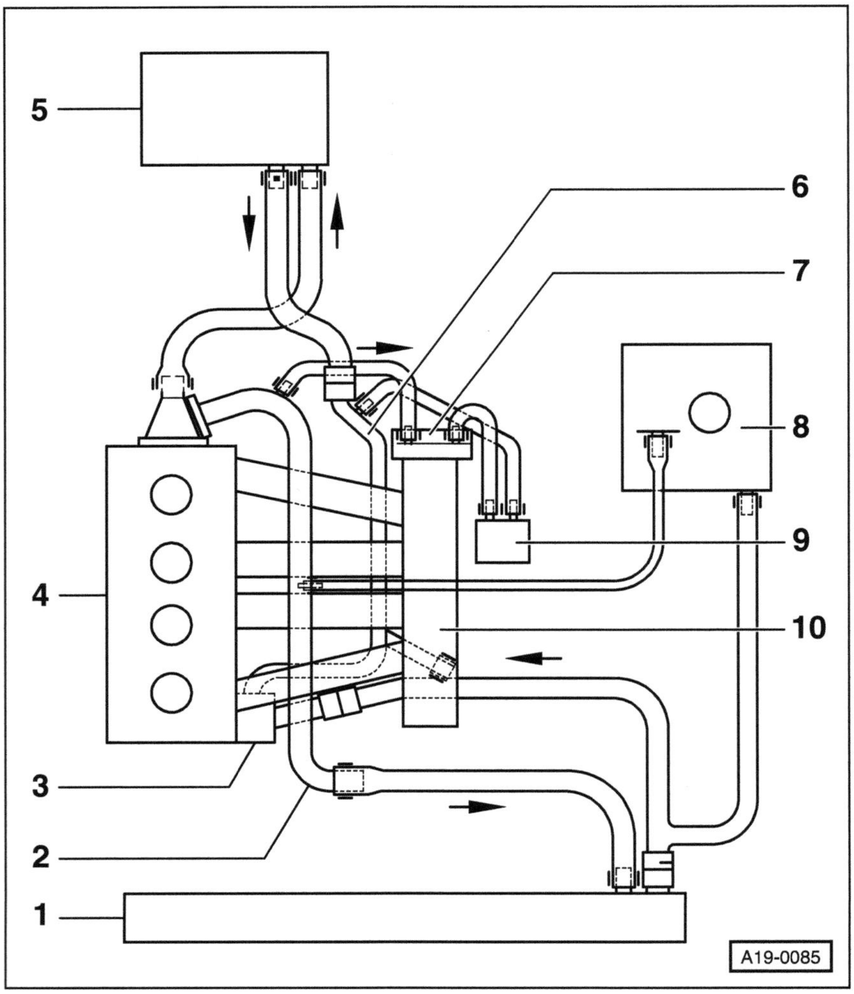

Kühlmittelkreislauf 1,8-l-Motoren

1 – **Kühler**
2 – **Kühlmittelrohr oben**
3 – **Kühlmittelpumpe/Kühlmittelregler**
4 – **Zylinderkopf/Zylinderblock**
5 – **Heizungs-Wärmetauscher**
6 – **Kühlmittelrohr unten**
7 – **Drosselklappenstutzen**
Wird durch Kühlmittel beheizt.
8 – **Ausgleichbehälter**
9 – **Ölkühler**
10 – **Ansaugrohr**

Hinweis: Beim 1,8-l-Turbomotor ist auch der Abgas-Turbolader an den Kühlmittelkreislauf angeschlossen.

terrotor eingekuppelt und dadurch die Lüftergeschwindigkeit erhöht. Allerdings kann die Lüfterdrehzahl nicht die Motordrehzahl übersteigen.

Je nach Ausstattung, zum Beispiel mit Klimaanlage, ist ein zusätzlicher, elektrisch betriebener Kühlerlüfter vorhanden. Angesteuert wird der Elektrolüfter über einen 2stufigen Thermoschalter, der links unten in den Kühler oder in den unteren Kühlmittelschlauch eingeschraubt ist. Bei einer Kühlmitteltemperatur von +92° bis +97° C schaltet der Thermoschalter den Lüfter in der ersten Stufe (halbe Drehzahl) ein. Steigt die Kühlmitteltemperatur auf +99° bis +105° C, wird der Lüfter auf volle Drehzahl geschaltet.

Durch die nicht ständig mitlaufenden Lüfter und die thermostatische Regelung des Kühlmittelstroms wird die Betriebstemperatur schneller erreicht und der Kraftstoffverbrauch vermindert sich.

Sicherheitshinweis
Der Elektrolüfter kann sich auch bei ausgeschalteter Zündung einschalten. Durch Stauwärme im Motorraum ist auch **mehrmaliges Einschalten möglich.** Abhilfe: **Stecker für Kühlerlüfter abziehen.**

Achtung: Bei Arbeiten am Kühlsystem unbedingt darauf achten, daß **kein Kühlmittel auf den Zahnriemen** gelangt. Der Glykolanteil des Kühlmittels kann das Gewebe des Zahnriemens so schädigen, daß der Riemen nach einiger Betriebszeit reißt, wodurch schwerwiegende Motorschäden auftreten können.

Kühlsystem prüfen

Undichtigkeiten im Kühlsystem und die Funktion des Überdruckventils im Kühlerverschluß können mit einem handelsüblichen Druckprüfgerät überprüft werden.

- Motor warmfahren, bis die Kühlmittel-Temperaturanzeige normale Betriebstemperatur anzeigt.

Sicherheitshinweis:
Bei heißem Motor vor dem Öffnen des Ausgleichbehälters einen dicken Lappen auflegen, um Verbrühungen durch heiße Kühlflüssigkeit oder Dampf zu vermeiden. Deckel nur bei Kühlmitteltemperaturen unter +90° C abnehmen.

- Handelsübliches Druckprüfgerät, zum Beispiel HAZET 4800-1 mit Adapter 4800-5, auf den Einfüllstutzen am Kühlmittel-Ausgleichbehälter aufsetzen.
- Mit der Handpumpe des Gerätes einen Überdruck von ca. 1,0 bar erzeugen und halten. Fällt der Druck ab, Kühlsystem auf Undichtigkeit sichtprüfen und Leckstelle beseitigen.
- Zum Überprüfen des Überdruckventils im Verschlußdeckel des Ausgleichbehälters das Druckprüfgerät auf Verschlußdeckel aufsetzen. Überdruck mit der Handpumpe erzeugen. Bei einem Überdruck von 1,4 bar – 1,6 bar muß das Überdruckventil öffnen.

Kühler-Frostschutzmittel

Die Kühlanlage wird ganzjährig mit einer Mischung aus Wasser und VW/AUDI-Kühlerfrost- und Korrosions-Schutzmittel befüllt. Dies verhindert Frost- und Korrosionsschäden, Kalkansatz und hebt außerdem die Siedetemperatur des Kühlmittels an. Im Kühlkreislauf entsteht durch die Ausdehnung der Flüssigkeit bei Erwärmung ein Überdruck, was ebenfalls zur Siedepunkterhöhung der Kühlflüssigkeit beiträgt. Der Druck wird durch ein Ventil im Verschlußdeckel am Ausgleichbehälter begrenzt, das bei 1,4 - 1,6 bar öffnet. Erforderlich ist der höhere Siedepunkt der Kühlflüssigkeit für ein einwandfreies Funktionieren der Motorkühlung. Bei zu niedrigem Siedepunkt der Flüssigkeit kann es zu einem Hitzestau kommen, wodurch die Kühlung des Motors vermindert wird. Deshalb muß das Kühlsystem unbedingt ganzjährig mit einer Kühlkonzentrat-Mischung gefüllt sein.

Als Kühlmittelzusatz nur VW/AUDI-Kühlerfrost- und Korrosionsschutzmittel »**G12 A8D**« oder ein anderes Kühlkonzentrat mit der Spezifikation »TL-VW 774 **D**« verwenden, zum Beispiel »Glysantin-Alu-Protect/G30«. Das in älteren AUDI-Modellen verwendete Frostschutzmittel G11 darf nicht verwendet werden. G11 ist an der grünen Farbe erkennbar, G12 hat eine rote Färbung. **Achtung:** Die Kühlmittelzusätze **G12-rot** und **G11-grün** dürfen **nicht** vermischt werden, **sonst kommt es zu schwerwiegenden Motorschäden.** Braunes Kühlmittel (G11 und G12 vermischt) sofort wechseln.

Hinweis: Wurde versehentlich ein falscher Kühlmittelzusatz eingefüllt, Kühlsystem durchspülen. Dazu Kühlsystem entleeren, dann mit reinem Wasser auffüllen. Motor 2 Minuten laufen lassen. Wasser wieder ablassen und anschließend mit Druckluft in den Ausgleichbehälter blasen, damit das Kühlsystem vollständig entleert wird. Ablaßöffnung schließen und neue Wasser/G12-rot-Mischung einfüllen.

Achtung: Zum Nachfüllen – auch in der warmen Jahreszeit – nur eine Mischung aus **G12-rot** und kalkarmem, sauberem Wasser verwenden. Auch im Sommer darf der Kühlerfrostschutzanteil im Kühlmittel nicht unter 40 % liegen. Daher beim Nachfüllen Frostschutz ergänzen.

Hinweis: Es darf auch das Kühlkonzentrat »**G12 Plus**« (TL-VW-774-**F**) verwendet werden. Es hat die Farbe lila. **G12-lila** darf mit **G12-rot** gemischt werden.

Kühlmittel-Mischungsverhältnis in Litern

Motor	Frostschutz				Füllmenge
	bis –25° C		bis –35° C		
	G 12	Wasser	G 12	Wasser	
1,8-l-Turbo 6-Zylinder-Benziner 2,5-l-Diesel	2,4	3,6	3,0	3,0	6,0
1,8-/2,0-l-Benziner	2,6	3,9	3,25	3,25	6,5
1,9-l-Diesel	3,0	4,0	3,5	3,5	7,0

Der Frostschutz sollte in unseren Breiten bis –25° C, besser bis –35° C reichen. Der Anteil des Frostschutzmittels darf 60 % (Frostschutz dann bis –40° C) nicht überschreiten, sonst verringern sich Frostschutz und Kühlwirkung wieder. **Hinweis:** Die Kühlmittel-Füllmenge kann je nach Fahrzeug-Ausstattung von dem angegebenen Wert etwas abweichen.

Kühlmittel wechseln

Das Kühlmittel muß nur nach Reparaturen am Kühlsystem erneuert werden, wenn dabei das Kühlmittel abgelassen wurde. Ein Wechsel im Rahmen der Wartung ist nicht vorgesehen. Falls bei Reparaturen der Zylinderkopf, die Zylinderkopfdichtung, der Kühler, der Wärmetauscher oder der Motor ersetzt wurden, muß die Kühlflüssigkeit auf jeden Fall ersetzt werden. Das ist erforderlich, weil sich die Korrosionsschutzanteile in der Einlaufphase an den neuen Leichtmetallteilen absetzen und somit eine dauerhafte Korrosionsschutzschicht bilden. Bei gebrauchter Kühlflüssigkeit ist der Korrosionsschutzanteil in der Regel nicht mehr groß genug, um eine ausreichende Schutzschicht an den neuen Teilen zu bilden.

Hinweis: Kühlmittel ist leicht giftig. Gemeinde- und Stadtverwaltungen informieren darüber, wie das alte Kühlmittel entsorgt werden soll.

Kühlmittel ablassen

Sicherheitshinweis
Beim Aufbocken des Fahrzeugs besteht Unfallgefahr! Hinweise im Kapitel »Fahrzeug aufbocken« durchlesen.

- Motorraumabdeckung unten ausbauen, siehe Seite 162.

Sicherheitshinweis
Bei heißem Motor vor dem Öffnen des Ausgleichbehälters einen dicken Lappen auflegen, um Verbrühungen durch heiße Kühlflüssigkeit oder Dampf zu vermeiden. Deckel nur bei Kühlmitteltemperaturen unter +90° C abnehmen.

- Verschlußdeckel am Kühlmittel-Ausgleichbehälter öffnen.
- Sauberes Auffanggefäß unter den Kühler stellen.

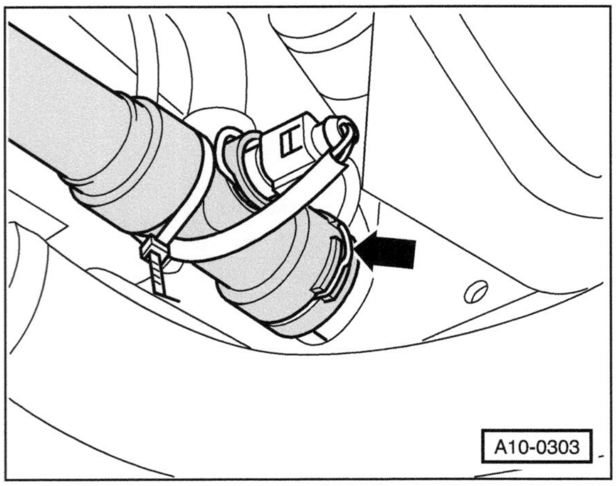

- **Benzinmotoren:** Unteren Schlauch am Kühler abziehen. Dazu Halteklammer –Pfeil– am Anschlußstutzen seitlich abziehen, dann Schlauch abziehen. Kühlmittel auffangen.

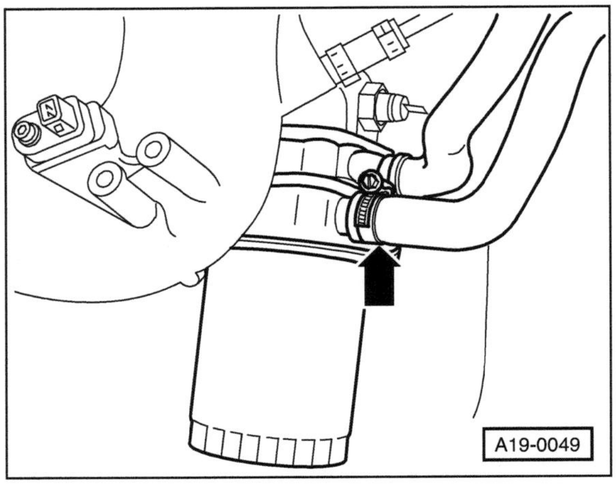

- **1,8-l-/125-PS-Motor:** Zusätzlich Kühlmittelschlauch unten am Öl-/Kühlmittel-Wärmetauscher (Ölkühler) abziehen, dazu Schelle –Pfeil– aufschrauben und ganz zurückschieben. Der Ölkühler befindet sich am Ölfilterflansch. Kühlmittel vollständig ablassen.

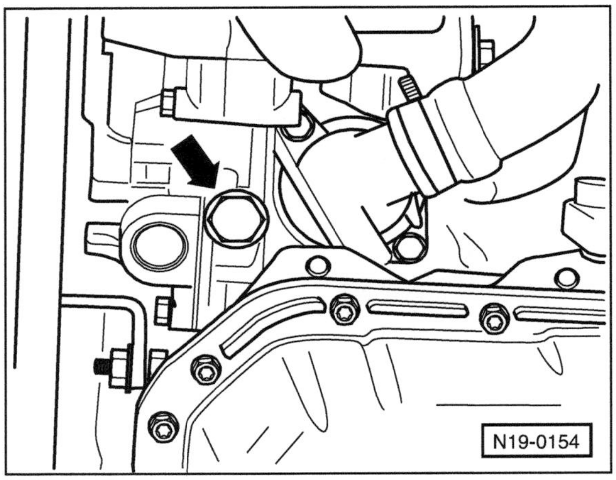

- **1,8-l-/150-PS-Motor:** Ablaßschraube an der Kühlmittelpumpe –Pfeil– herausschrauben und Kühlmittel auffangen.

1,9-l-TDI-Motor

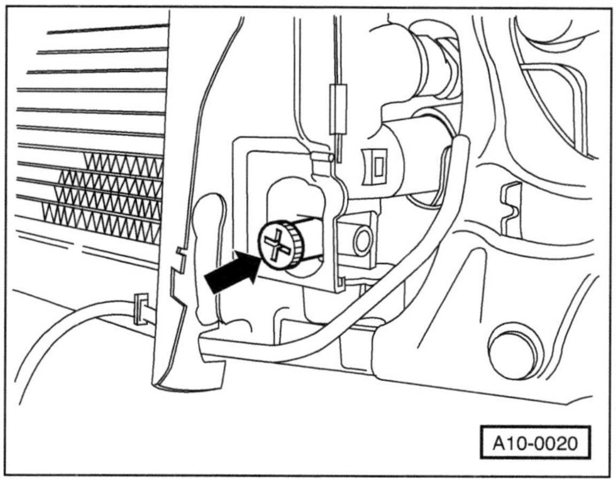

- Ablaßschraube –Pfeil– am Kühler mit Münze oder breitem Schraubendreher öffnen. Kühlmittel auffangen.
- Kühlmittel aus dem Motor ablassen. Dazu Kühlmittelregler ausbauen, siehe entsprechendes Kapitel.

V6 2,4-/2,8-l-Benzinmotor

- Ablaßschraube –Pfeil– am Motorblock mit Innensechskantschlüssel herausdrehen. Die Schraube befindet sich unten auf der linken Seite im Bereich des Flanschs Motor/Getriebe. Kühlmittel vollständig ablassen.

V6 2,5-l-TDI-Motor

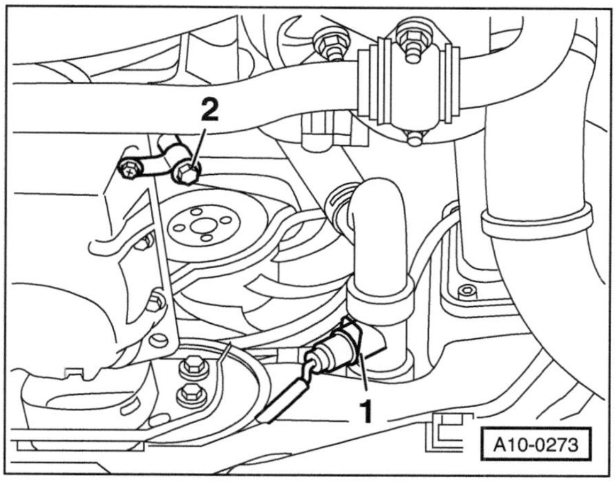

- Am Kühlerschlauch rechts unten den Thermoschalter abnehmen, dazu die Halteklammer –1– seitlich abziehen. Kühlmittel auffangen.
- Kühlmittel aus dem Motor ablassen. Dazu Ablaßschraube –2– ausschrauben.

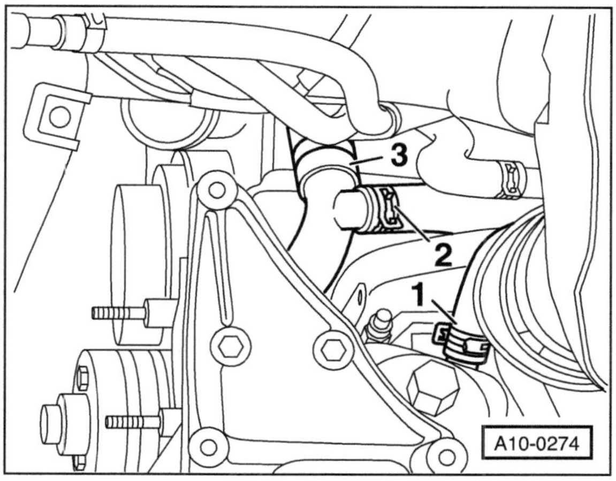

- Auf der linken Motorseite den Kühlmittelschlauch am Ölkühler abziehen, dazu Schelle –1– mit Zange, zum Beispiel HAZET 798-5, spreizen und ganz zurückschieben. **Hinweis:** Die Schläuche –2– und –3– müssen nicht abgezogen werden.

Kühlmittel einfüllen

- Kühlmittelmischung aus 50 % Wasser und 50 % VW/AUDI-Kühlerfrost- und Korrosions-Schutzmittel »G12 A8D« herstellen.
- **Benzinmotor:** Unteren Kühlmittelschlauch am Kühler aufschieben und mit Halteklammer befestigen.
- **1,9-l-TDI-Motor:** Ablaßschraube am Kühler leicht anziehen, etwa mit 10 Nm. Kühlmittelregler einbauen, siehe entsprechendes Kapitel.
- **1,8-l-/125-PS-Motor, V6 2,5-l-TDI-Motor:** Kühlmittelschlauch am Ölkühler aufschieben und mit Schelle sichern.
- **V6 2,5-l-TDI-Motor:** Am Kühlerschlauch rechts unten den Thermoschalter mit Halteklammer –1– befestigen. Ablaßschraube –2– anziehen, siehe Bild A10-0273.
- **1,8-l-/150-PS-Motor:** Ablaßschraube an der Kühlmittelpumpe mit **neuem** Dichtring und **30 Nm** einschrauben.
- **V6 2,4-/2,8-l-Benzinmotor:** Ablaßschraube am Motorblock mit **neuem** Dichtring und **20 Nm** einschrauben.
- Motorraumabdeckung unten einbauen, siehe Seite 162.
- Fahrzeug ablassen, Zündung einschalten.
- Regulierung für Innenraumheizung beziehungsweise Klimaanlage ganz auf Position »warm« stellen.
- Zündung ausschalten.

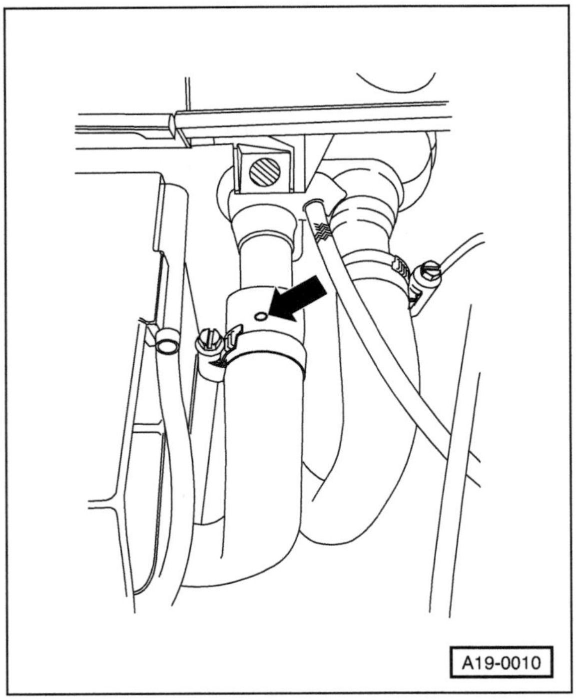

- **1,8-l-Motor:** Windlaufgrill ausbauen, siehe Seite 77.
- **1,8-l-Motor:** An der Motorraum-Stirnwand die Schlauchschelle für den Heizungs-Rücklaufschlauch lösen und Schlauch soweit vom Anschlußstutzen zurückziehen, daß die Entlüftungsbohrung nicht mehr vom Anschlußstutzen verdeckt wird.

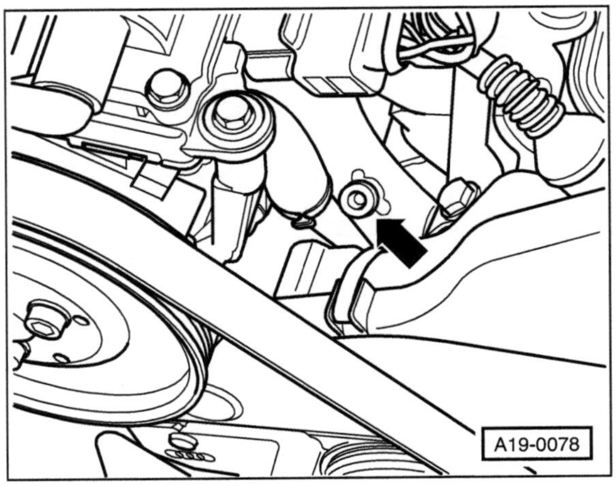

- **V6 2,4-/2,8-l-Benzinmotor:** Entlüftungsschraube –Pfeil– am Kühlmittelrohr vorn im Bereich zwischen Servopumpe und linkem Zylinderkopf öffnen.

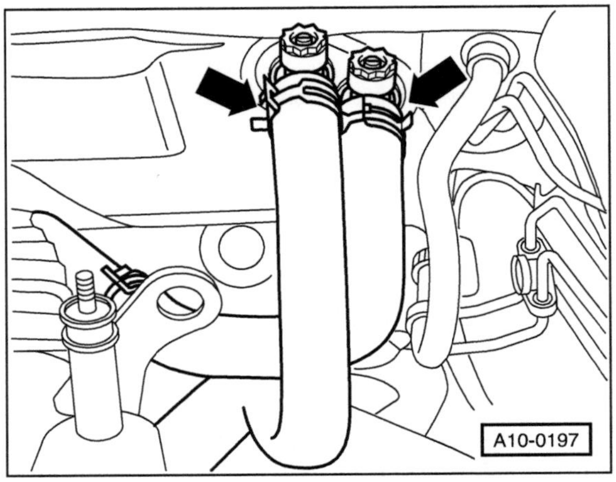

- **V6 2,5-l-TDI-Motor:** An der Motorraum-Stirnwand die Entlüftungsschrauben für die Heizungschläuche –Pfeile– etwa 2 Umdrehungen öffnen.

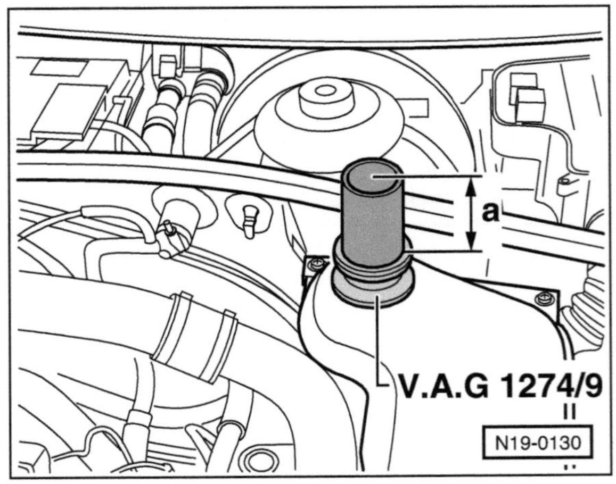

- Am Ausgleichbehälter den Schraubstutzen V.A.G 1274/9 mit einem Hilfsschlauch ∅ 42 mm und Länge –a– = 100 mm aufschrauben (oder Schraubstutzen V.A.G 1274/8 mit Verlängerung V.A.G 1274/10 verwenden).

Hinweis: Dies dient dazu, ein Überquellen der Kühlflüssigkeit nach dem Starten des Motors zu vermeiden und die erforderliche Füllmenge zu erreichen, damit das Kühlmittel an den Entlüftungsbohrungen austritt. Steht der Stutzen nicht zur Verfügung, ähnliches Werkzeug selbst anfertigen. Es kann stattdessen auch der Ausgleichbehälter vom Halter abgeschraubt, mit angeschlossenen Leitungen 10 cm angehoben und in dieser Position mit Draht aufgehängt werden.

- **1,8-l-Motor:** Kühlmittel auffüllen, bis es an der Entlüftungsbohrung am Heizungs-Rücklaufschlauch austritt. Heizungs-Rücklaufschlauch vollständig aufschieben und mit Schlauchschelle sichern. Windlaufgrill einbauen, siehe Seite 77.
- **V6 2,4-/2,8-l-Benzinmotor:** Kühlmittel am Ausgleichbehälter einfüllen, bis es an der Entlüftungsschraube am Kühlmittelrohr austritt. Entlüftungsschraube mit **20 Nm** festziehen.
- **V6 2,5-l-TDI-Motor:** Kühlmittel einfüllen, bis es an den Entlüftungsschrauben der Heizungsschläuche austritt. Oberen dicken Kühlmittelschlauch mehrmals von Hand zusammendrücken, dadurch wird das Entweichen der Luft unterstützt. Entlüftungsschrauben festziehen.
- Falls ausgebaut, Ausgleichbehälter am Halter anschrauben. Einfüllvorrichtung abbauen. Deckel am Ausgleichbehälter schließen.
- Motor starten und Drehzahl durch Gasgeben für etwa 3 Minuten auf 2000/min halten.
- Motor im Leerlauf so lange weiter laufen lassen, bis der Kühler am unteren Anschluß heiß wird. Motor abstellen.

Sicherheitshinweis
Bei heißem Motor vor dem Öffnen des Ausgleichbehälters einen dicken Lappen auflegen, um Verbrühungen durch heiße Kühlflüssigkeit oder Dampf zu vermeiden. Deckel nur bei Kühlmitteltemperaturen unter +90° C abnehmen.

- Kühlmittelstand prüfen und gegebenenfalls bis an die MAX-Markierung ergänzen.
- Bei betriebswarmem Motor muß der Kühlmittelstand an der MAX-Markierung, bei kaltem Motor zwischen der MAX- und der MIN-Markierung liegen.
- Schalter für Heizung/Klima wieder auf normale Stellung bringen.

Kühlmittelregler (Thermostat) aus- und einbauen

Motor: 1,8 l/125 PS

Ausbau

Der Kühlmittelregler befindet sich im Kühlmittel-Auslaßstutzen am Zylinderblock, im Bereich hinter dem Generator.

- Batterie-Massekabel (–) bei ausgeschalteter Zündung abklemmen. **Achtung:** Dadurch werden elektronische Speicher gelöscht, wie zum Beispiel der Radiocode. Ohne Code kann das Radio nur vom Radiohersteller freigeschaltet werden, beziehungsweise beim AUDI-Radio von einer AUDI-Werkstatt. Deshalb Hinweise im Kapitel »Batterie aus- und einbauen« durchlesen.
- Kühlmittel ablassen, siehe entsprechendes Kapitel.
- Abdeckung am Vorratsbehälter für Servolenkung abclipsen.

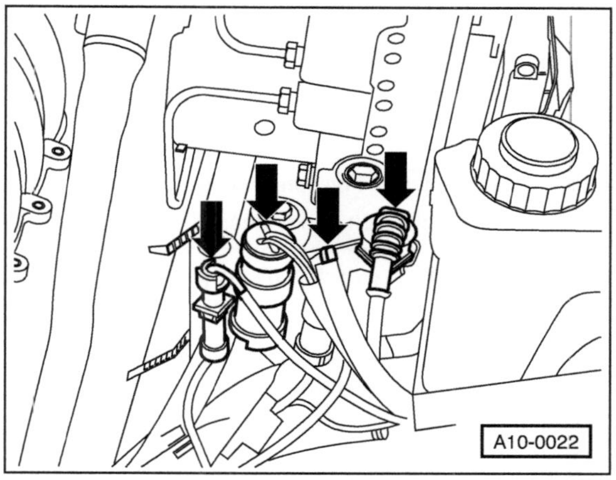

- Stecker –Pfeile– vor der ABS-Einheit aus dem Halter nehmen. **Hinweis:** Die Stecker müssen nicht getrennt werden.
- Halter für Stecker nach oben abnehmen.
- Luftführung zum Luftfilter am Schloßträger abschrauben und abnehmen.
- Generator ausbauen, siehe Seite 65.

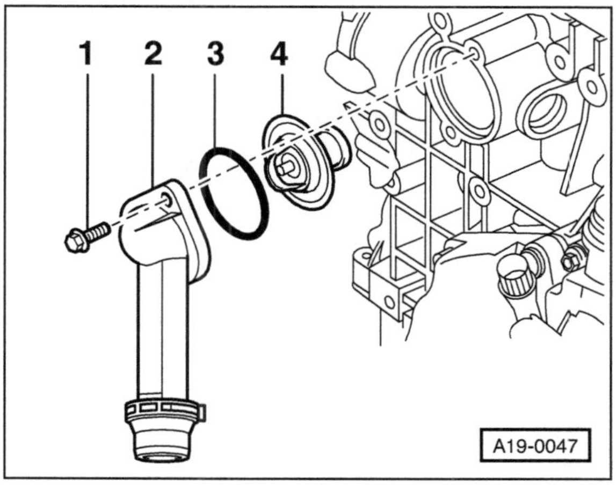

- Anschlußstutzen –2– mit 2 Schrauben –1– vom Motorblock abschrauben, auslaufendes Kühlmittel auffangen. Dichtring –3– und Kühlmittelregler –4– abnehmen.
- Kühlmittelregler prüfen, siehe entsprechendes Kapitel.

Einbau

- Dichtfläche für Dichtring reinigen.
- **Neuen** Dichtring mit Kühlmittel benetzen und einsetzen.
- Kühlmittelregler mit neuem Dichtring einsetzen. **Achtung:** Der Bügel des Kühlmittelreglers muß senkrecht stehen.
- Anschlußstutzen mit **15 Nm** anschrauben.
- Generator einbauen, siehe Seite 65.
- Luftführung zum Luftfilter am Schloßträger anschrauben.
- Batterie-Massekabel (–) anklemmen. **Achtung:** Hoch-/Tieflaufautomatik für elektrische Fensterheber aktivieren sowie Zeituhr stellen und Radiocode eingeben, siehe Kapitel »Batterie aus- und einbauen«.
- Stecker vor der ABS-Einheit in den Halter einsetzen, siehe Abbildung A10-0022.
- Abdeckung am Vorratsbehälter für Servolenkung aufclipsen.
- Kühlmittel auffüllen, siehe entsprechendes Kapitel.
- Kühlsystem auf Dichtigkeit sichtprüfen.

Motor: 1,8 l/150 PS und 1,9 l/110 PS TDI

Ausbau

Der Kühlmittelregler befindet sich im Gehäuse der links am Motor angeflanschten Kühlmittelpumpe.

- Kühlmittel ablassen, siehe entsprechendes Kapitel.

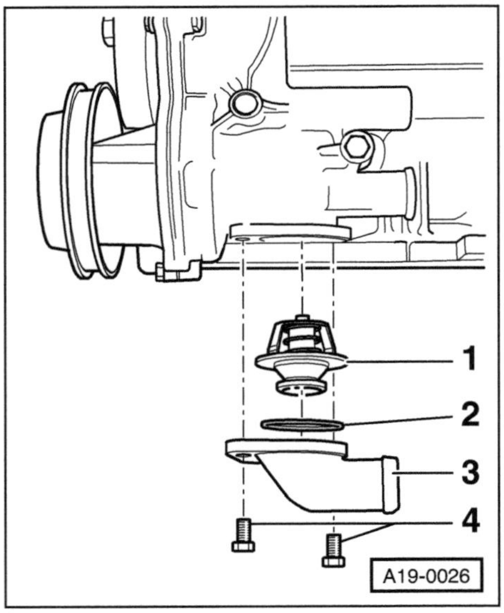

- Anschlußstutzen –3– mit 2 Schrauben –4– von der Kühlmittelpumpe abschrauben, auslaufendes Kühlmittel auffangen. Anschlußstutzen mit angeschlossenem Schlauch zur Seite legen. **Hinweis:** Die Abbildung zeigt die Kühlmittelpumpe beim 1,8 l/150 PS-Motor.
- Kühlmittelregler –1– und Dichtring –2– abnehmen.
- Kühlmittelregler prüfen, gegebenenfalls erneuern.

Einbau

- Kühlmittelregler mit **neuem** Dichtring einsetzen.
- Anschlußstutzen mit **10 Nm** anschrauben.
- Kühlmittel auffüllen, siehe entsprechendes Kapitel.
- Kühlsystem auf Dichtigkeit sichtprüfen.

Motor: V6 2,4-/2,8-l-Benziner (165/193 PS)

Ausbau

Der Kühlmittelregler befindet sich im Kühlmittelschlauch-Anschlußstutzen vorn am Motorblock.

- Kühlmittel ablassen, siehe entsprechendes Kapitel.
- Keilrippenriemen ausbauen, siehe Seite 187.
- Zahnriemen entspannen und nur von den Nockenwellenrädern abnehmen, siehe Seite 178.

Achtung: Zum Schutz vor auslaufendem Kühlmittel, Zahnriemen mit Lappen abdecken.

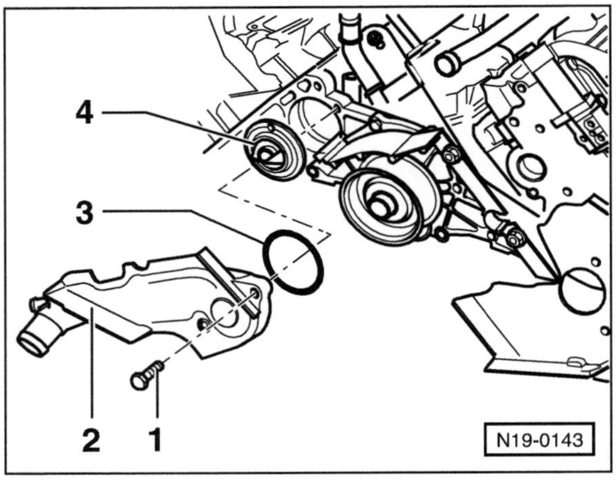

- Anschlußstutzen –2– mit 2 Schrauben –1– abschrauben.
- Dichtring –3– und Kühlmittelregler –4– herausnehmen. Kühlmittelregler prüfen, gegebenenfalls erneuern.

Einbau

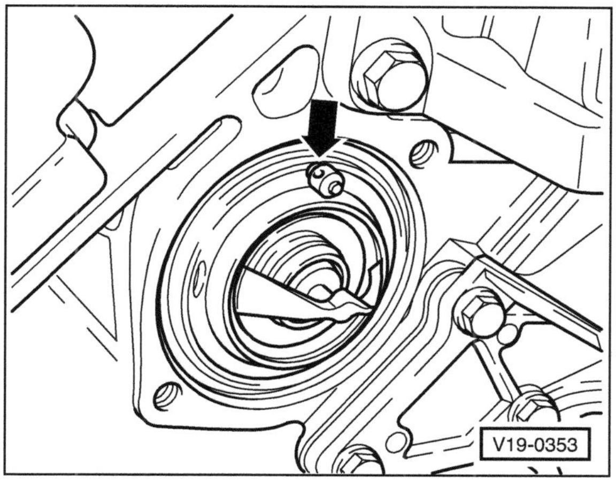

- Kühlmittelregler so einsetzen, daß sich das Entlüftungsventil –Pfeil– oben befindet.
- Gehäuse mit **neuem** Dichtring und **10 Nm** anschrauben.
- Zahnriemen einbauen, siehe Seite 178.
- Keilrippenriemen einbauen, siehe Seite 187.
- Kühlmittel auffüllen, siehe entsprechendes Kapitel.

Motor: V6 2,5-l-TDI/150 PS

Ausbau

Der Kühlmittelregler befindet sich im Kühlmittelschlauch-Anschlußstutzen vorn am Motorblock.

- Keilrippenriemen ausbauen, siehe Seite 187.

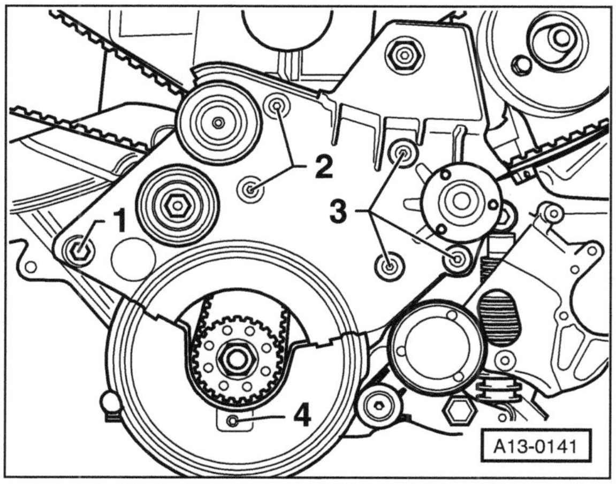

- Viscolüfterhalter und Umlenkrollen mit Schrauben –1–, –2– und –3– abschrauben.
- Unteren Deckel für das Kurbelwellenrad mit Schraube –4– abschrauben.
- Zahnriemenspannrolle mit 8 mm-Innensechskantschlüssel langsam nach rechts drehen und Spannelement mit Arretierdorn ∅ 2 mm arretieren, siehe Abbildung A13-0135 auf Seite 182.

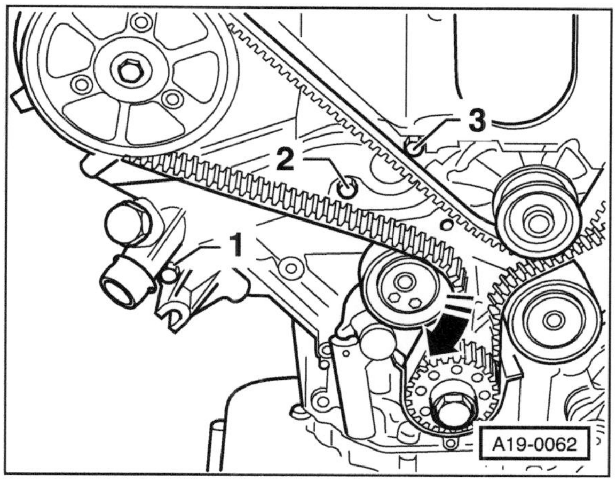

- Zahnriemen auf der Umlenkrolle etwas nach vorn ziehen –Pfeil–. **Achtung:** Zahnriemen nicht von der Umlenkrolle springen lassen, sonst muß die Motorsteuerung komplett neu eingestellt werden, andernfalls teure Motorschäden, siehe Kapitel »Zahnriemen aus- und einbauen«.
- Gehäuse für Kühlmittelregler mit Schrauben –1– bis –3– abschrauben und seitlich herausziehen.
- Kühlmittelregler mit Dichtring herausnehmen. Kühlmittelregler prüfen, gegebenenfalls erneuern.

Einbau

- Kühlmittelregler so einsetzen, daß sich das Entlüftungsventil oben befindet, siehe Abbildung V19-0353.
- **Neuen** Dichtring einsetzen, er zeigt zum Gehäuse.
- Gehäuse für Kühlmittelregler ansetzen. Gewinde von Schraube –2– mit Sicherungsmittel, zum Beispiel Loctite 243 bestreichen und einschrauben, siehe Abbildung A19-0062. Schrauben –1– bis –3– mit **10 Nm** anschrauben.
- Zahnriemen nach hinten auf die Umlenkrolle schieben und Arretierdorn aus der Spannrolle entfernen. **Achtung:** Ist der Zahnriemen von der Umlenkrolle abgefallen, muß die Motorsteuerung neu eingestellt werden, siehe Kapitel »Zahnriemen aus- und einbauen«.
- Zahnriemen spannen, siehe Seite 181.
- Viscolüfterhalter, Umlenkrollen und unteren Deckel mit Schrauben –1– bis –4– anschrauben, siehe Abbildung A13-0141.

Anzugsdrehmomente:	Schraube 1: . . . . . . **45 Nm**
	Schrauben 2: . . . . . . **10 Nm**
	Schrauben 3: . . . . . . **20 Nm**
	Schraube 4: . . . . . . **10 Nm**

- Keilrippenriemen und Viscolüfter einbauen, siehe Seite 187.

Kühlmittelregler prüfen

Hinweis: Der 2,0-l-Motor ALT verfügt über eine kennfeldgesteuerte Kühlmitteltemperaturregelung und besitzt daher keinen herkömmlichen Kühlmittelregler.

Prüfen

- Kühlmittelregler ausbauen, siehe entsprechendes Kapitel.
- Maß –a– am Regler messen, siehe Abbildung SX-1802.

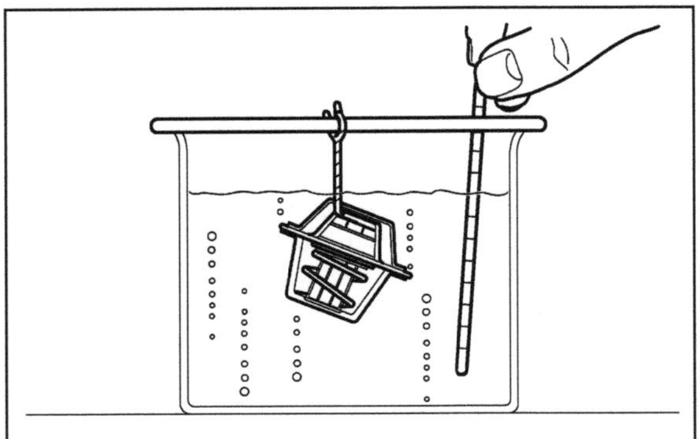

SX-1801

- Regler im Wasserbad erwärmen. Dabei darf der Thermostat nicht die Wände des Behälters berühren.
- Temperatur mit einem Thermometer kontrollieren.
  Regler-Öffnungsbeginn ca. +87° C
  Regler-Öffnungsende ca. +102° C.

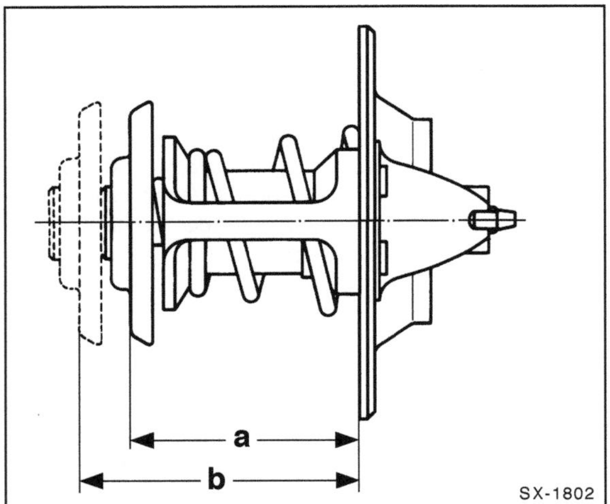

SX-1802

- Nach Erhitzen des Reglers auf ca. +100° C muß Maß –b– gegenüber Maß –a– um ca. 8 mm größer sein. Von Öffnungsbeginn bis Öffnungsende muß der Öffnungshub ca. 8 mm betragen.
- Kühlmittelregler einbauen, siehe entsprechendes Kapitel.

Kühler aus- und einbauen

Ausbau

- Kühlmittel ablassen und auffangen, siehe entsprechendes Kapitel.
- Vorderen Stoßfänger ausbauen, siehe Seite 277.
- Kühlmittelschlauch oben und unten vom Kühler abnehmen, dazu Halteklammern seitlich herausziehen.
- **Fahrzeuge mit Automatikgetriebe:** Verschraubungen vor dem Lösen reinigen. ATF-Leitungen am Kühler abschrauben. **Achtung:** Auslaufendes Öl mit Lappen auffangen. Darauf achten, daß kein Schmutz in die Leitungen gelangt. Offene Leitungen mit Kunststofftüten und Gummiringen vor Verschmutzungen schützen.

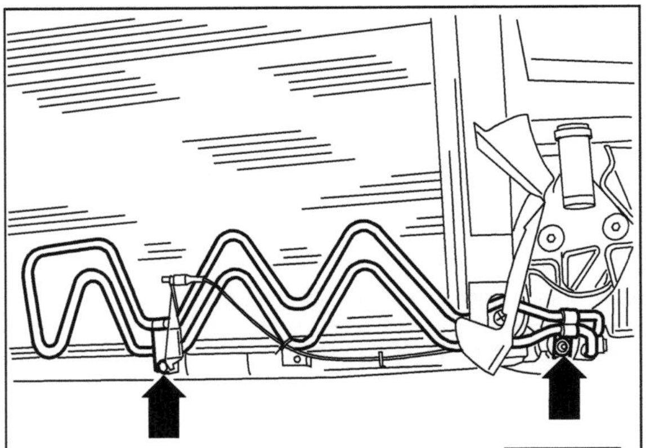

A10-0227

- Hydraulikölkühler der Servolenkung am Kühler unten abschrauben –Pfeile–. **Achtung:** Leitungen nicht trennen, sonst läuft Öl aus.

Fahrzeuge mit Klimaanlage:

Sicherheitshinweis
Der **Kältemittelkreislauf der Klimaanlage darf nicht geöffnet** werden, da das Kältemittel bei Hautberührung Erfrierungen hervorrufen kann.
Bei versehentlichem Kontakt betroffene Hautpartie sofort mindestens 15 Minuten lang mit kaltem Wasser spülen. Kältemittel ist farb- und geruchlos sowie schwerer als Luft. Bei austretendem Kältemittel besteht am Boden beziehungsweise in unteren Räumen Erstickungsgefahr (nicht wahrnehmbar).

Achtung: Die Leitungen und Schläuche der Klimaanlage dürfen nicht überdehnt, geknickt oder verbogen werden.

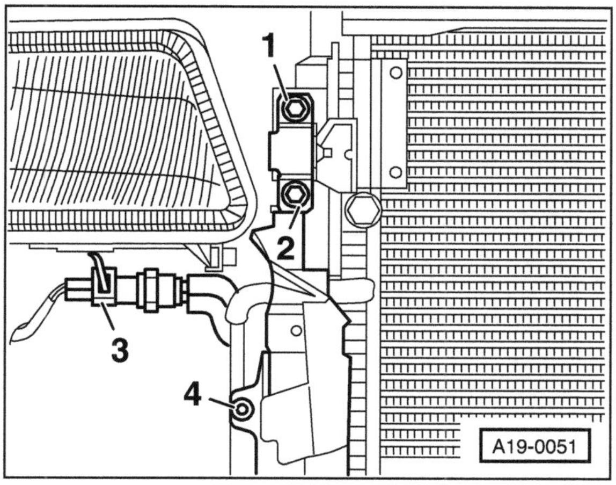

- Luftführungen rechts und links am Kühler abschrauben –4–.
- Schrauben –1– und –2– für Kondensator abschrauben.
- Stecker –3– am Druckschalter für Klimaanlage abziehen.
- Kondensator nach oben aus dem Halter ziehen.
- Kondensator mit Draht so am Aufbau aufhängen, daß die Kältemittelleitungen entlastet sind.

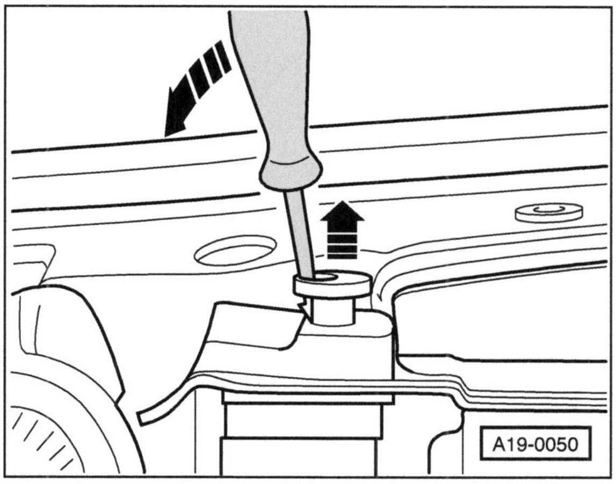

- Obere Befestigungsclips des Kühlers entriegeln und nach oben aushebeln –Pfeile–.
- Kühler nach vorn schwenken und komplett mit Lüfterring und Lüfter aus den Gummilagern herausheben.

Einbau

- Verschlissene Gummilager an den Kühlerhaltern ersetzen.
- Kühler mit Lüfter von oben einsetzen.
- Obere Clips am Kühler einrasten.
- Kühlmittelschläuche am Kühler aufschieben und mit Halteklammern sichern.
- Hydraulikölkühler der Servolenkung am Kühler unten mit **10 Nm** anschrauben.
- **Fahrzeuge mit Klimaanlage:** Kondensator und Luftführungen am Kühler mit **10 Nm** anschrauben. Stecker –3– für Druckschalter der Klimaanlage verbinden, siehe Abbildung A10-0304.
- **Fahrzeuge mit Automatikgetriebe:** ATF-Leitungen mit **neuen** Dichtringen am Kühler anschrauben. Dichtringe vor dem Einsetzen mit ATF benetzen. ATF auffüllen, dazu Fachwerkstatt aufsuchen, da Spezialwerkzeuge benötigt werden.
- Elektrische Leitungen für Lüfter und Thermoschalter verbinden beziehungsweise aufschieben, Leitungen mit Kabelbindern befestigen.
- Stoßfänger vorn einbauen, siehe Seite 277.
- Kühlmittel auffüllen und Kühlsystem entlüften, siehe entsprechendes Kapitel.

Achtung: Wird ein neuer Kühler eingebaut, muß das gesamte Kühlmittel erneuert werden.

- Nach Probefahrt sämtliche Anschlüsse auf Dichtigkeit überprüfen.

Kühlmittelpumpe aus- und einbauen

Motor: V6 2,4-/2,7-/2,8-l-Benziner

Die Kühlmittelpumpe befindet sich im Zylinderblock und wird vom Nockenwellen-Zahnriemen angetrieben.

Ausbau

- Stoßfänger vorn ausbauen, siehe Seite 277.
- Schloßträger in Servicestellung bringen, siehe Seite 276.
- Kühlmittel ablassen, siehe entsprechendes Kapitel.
- Keilrippenriemen ausbauen, siehe Seite 187.
- **2,4-/2,8-l-Motor:** Riemenscheibe für Servopumpe abschrauben.
- Zahnriemen mit Spannrolle und Umlenkrolle ausbauen, siehe Seite 178.
- Kühlmittelpumpe vom Zylinderblock abschrauben.

Einbau

- Dichtungen und Dichtringe ersetzen.
- Der Einbau erfolgt in umgekehrter Ausbaureihenfolge.
  Anzugsdrehmomente:
  Kühlmittelpumpe .... **10 Nm**
  Spannrolle .... **20 Nm**
  Umlenkrolle .... **45 Nm**
  Riemenscheibe (2,4-/2,8-l-Motor) .... **20 Nm**

Motor: 1,8 l/125 PS

Die Kühlmittelpumpe befindet sich im Zylinderblock und wird vom Nockenwellen-Zahnriemen angetrieben.

Ausbau

- Kühlmittel ablassen, siehe entsprechendes Kapitel.
- Keilrippenriemen ausbauen, siehe Seite 187.

- Spanner für Keilrippenriemen mit 3 Innensechskantschrauben vom Halter abschrauben.
- Motor auf OT Zylinder 1 stellen, Zahnriemen entspannen und nur vom Nockenwellen- und Kühlmittelpumpenrad abnehmen, siehe Seite 163.

Hinweis: Der Kurbelwellen-Schwingungsdämpfer und der untere Zahnriemenschutz können eingebaut bleiben.

- **Wichtig:** Zum Schutz vor herauslaufendem Kühlmittel, Zahnriemen unterhalb der Kühlmittelpumpe mit einem Lappen abdecken.

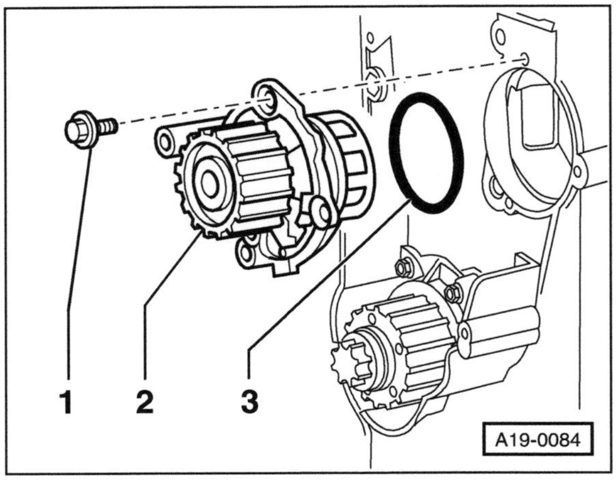

- Kühlmittelpumpe –2– mit Schrauben –1– abschrauben und mit Dichtring –3– herausnehmen.
- Abdecklappen vom Zahnriemen abnehmen.

Einbau

- Dichtfläche für Dichtring sorgfältig reinigen.
- **Neuen** Dichtring mit Kühlmittel benetzen und einsetzen.
- Kühlmittelpumpe so einsetzen, daß der Verschlußstopfen im Gehäuse nach unten zeigt.
- Kühlmittelpumpe mit 3 Schrauben und **15 Nm** anschrauben.
- Zahnriemen einbauen, siehe Seite 163.
- Spanner für Keilrippenriemen mit 3 Innensechskantschrauben und **25 Nm** anschrauben.
- Keilrippenriemen einbauen, siehe Seite 187.
- Kühlmittel auffüllen, siehe entsprechendes Kapitel.

Motor: 1,8 l/150 PS

Die Kühlmittelpumpe ist zusammen mit dem Halter für Generator, Servopumpe und Viscolüfter am Zylinderblock angeschraubt.

Ausbau

- Kühlmittelregler ausbauen, siehe entsprechendes Kapitel.

Achtung: Der Keilrippenriemen für Klimakompressor und die Drehmomentstütze müssen nicht ausgebaut werden.

- Generator-Keilrippenriemen und Viscolüfter ausbauen, siehe Seite 187.
- Keilriemen für Kühlmittelpumpe ausbauen, siehe Seite 192.
- Generator ausbauen, siehe Seite 65.
- Spanner für Keilrippenriemen mit 3 Innensechskantschrauben vom Halter abschrauben.
- Stütze für Ansaugrohr, Strebe zum Zylinderblock und Strebe zur Drehmomentstütze an Halter und Motor abschrauben.
- Keilrippenriemenscheibe für Servopumpe abschrauben. Dabei an der Riemenscheibe einen Dorn zum Gegenhalten ansetzen.
- Servopumpe mit angeschlossenen Leitungen am Halter abschrauben und mit Draht am Aufbau aufhängen.

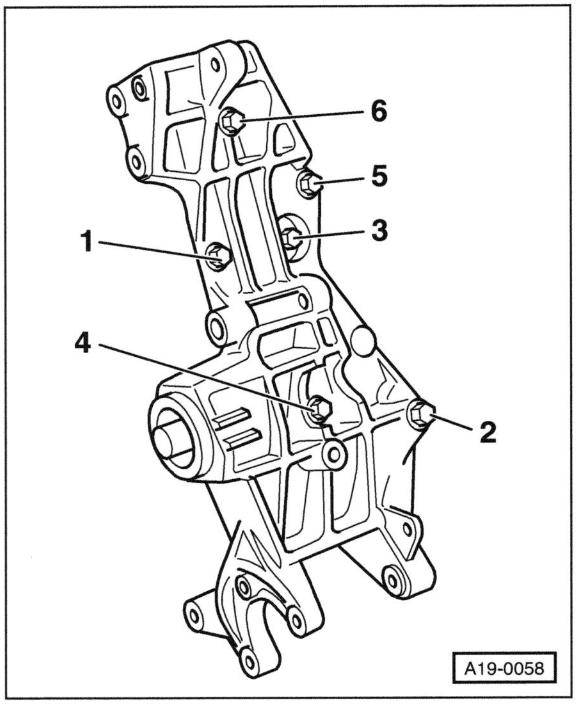

1 – Schraube M8x70 mm
2 – Schraube M8x110 mm
3 – Schraube M8x50 mm
4 – Schraube M8x90 mm
5 – Schraube M8x70 mm
6 – Schraube M8x100 mm

- Der Halter für Generator, Hydraulikpumpe und Viscolüfter ist mit unterschiedlich langen Schrauben befestigt. Halter mit Schrauben –1– bis –6– abschrauben und herausheben.

Hinweis: Die Schrauben müssen beim Einbau in der Reihenfolge 1 bis 6 festgezogen werden.

- Schellen für Kühlmittelschläuche am Kühlmittelpumpengehäuse lösen, Kühlmittelschläuche abziehen.
- Kühlmittelpumpengehäuse vorn am Zahnriemenschutz abschrauben.
- Kühlmittelpumpe abnehmen.

Einbau

- Welle der Kühlmittelpumpe drehen und auf leichten Lauf prüfen. Bei Beschädigung sowie Undichtigkeiten am Pumpenlager, Teile ersetzen.

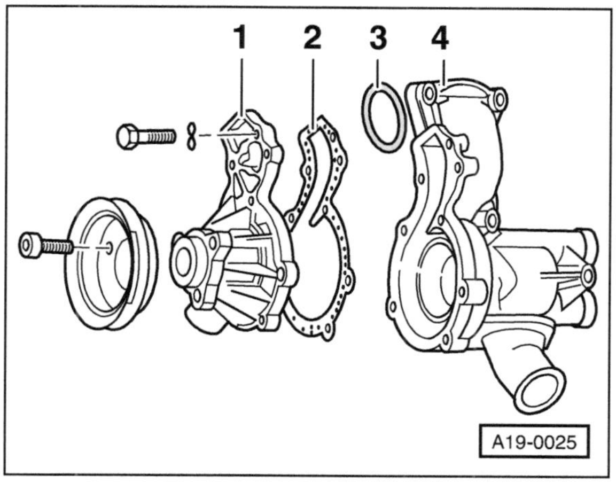

Achtung: Wurde die Papierdichtung –2– oder das Lagergehäuse –1– mit Pumpenrad ersetzt, Pumpe mit **10 Nm** zusammenschrauben. Schrauben auf keinen Fall zu stark anziehen. 4 – Gehäuse.

- Schrauben für Halter an gleicher Stelle einsetzen, wie ausgebaut. Kühlmittelpumpe mit **neuem** Dichtring –3– zusammen mit Halter ansetzen und mit **25 Nm** am Motorblock anschrauben. Die Schrauben müssen beim Einbau in der Reihenfolge –1– bis –6– festgezogen werden, siehe Abbildung A19-0058.
- Kühlmittelpumpengehäuse vorn am Zahnriemenschutz mit **10 Nm** anschrauben.
- Kühlmittelregler einbauen, siehe entsprechendes Kapitel.
- Kühlmittelschläuche aufschieben und Schellen festziehen.
- Stütze für Ansaugrohr, Strebe zum Zylinderblock und Strebe zur Drehmomentstütze mit **25 Nm** anschrauben.
- Spanner für Keilrippenriemen mit 3 Innensechskantschrauben und **25 Nm** anschrauben.
- Generator einbauen, siehe Seite 65.
- Viscolüfter, Keilriemen und Keilrippenriemen montieren, siehe Seite 192.
- Kühlmittel auffüllen und Kühlsystem entlüften, siehe entsprechendes Kapitel.
- Nach Probefahrt Kühlmittelschläuche und Kühlmittelpumpe auf Dichtheit überprüfen.

Störungsdiagnose Motor-Kühlung

Störung: Die Kühlmitteltemperatur ist zu hoch, die Kontrolleuchte im Instrumenteneinsatz blinkt während der Fahrt.

Ursache	Abhilfe
Zu wenig Kühlflüssigkeit im Kreislauf.	■ Ausgleichbehälter muß bis zur Max.-Markierung voll sein. Gegebenenfalls Kühlmittel nachfüllen. Druckprüfung von Werkstatt durchführen lassen, um gegebenenfalls Leckstelle aufzuspüren.
Kühlmittelregler (Thermostat) öffnet nicht, Kühlflüssigkeit zirkuliert nur im kleinen Kreislauf.	■ Prüfen, ob die Kühlmittelschläuche zum Kühler warm werden. Wenn nicht, Kühlmittelregler ausbauen und prüfen, gegebenenfalls Regler ersetzen.
Kühlerlamellen verschmutzt.	■ Kühler von der Motorseite her mit Preßluft durchblasen.
Kühler innen durch Kalkablagerungen oder Rost zugesetzt, Kühlerschläuche werden nicht warm.	■ Kühler erneuern.
Lüfter läuft nicht.	■ Keilrippenriemen für Viscolüfter erneuern. ■ Elektrischer Zusatzlüfter: Stecker am Thermoschalter und Lüftermotor auf festen Sitz und guten Kontakt prüfen. Thermoschalter prüfen. Prüfen, ob Spannung am Stecker für Lüftermotor anliegt (Zündung eingeschaltet, Stecker für Thermoschalter überbrückt). Wenn ja, Lüftermotor ersetzen.
Ventil im Ausgleichbehälter-Verschlußdeckel defekt.	■ Druckprüfung durchführen.
Kühlmitteltemperaturanzeige defekt.	■ Anzeigegerät/Geber überprüfen lassen.
150-PS-Benzinmotor: Kühlmittelpumpe läuft nicht.	■ Keilriemen erneuern.

Kraftstoffanlage

Aus dem Inhalt:

- **Tank/Tankgeber**
- **Kraftstoffilter erneuern**
- **Gaszugbetätigung**
- **Kraftstoff sparen**
- **Kraftstoffpumpe ausbauen**

Zur Kraftstoffanlage gehören der Kraftstoffbehälter, die Kraftstoffleitungen, der Kraftstoffilter, die Kraftstoffpumpe und die Einspritzanlage (separates Kapitel).

Der aus Kunststoff gefertigte Kraftstoffbehälter ist am Fahrzeugunterboden hinter der Hinterachse angeordnet. Der jeweilige Kraftstoffvorrat wird dem Fahrer im Kombiinstrument angezeigt. Durch ein geschlossenes Entlüftungssystem wird der Tank belüftet. Beim Benziner werden die schädlichen Benzindämpfe der Tankentlüftung in einem Aktivkohlespeicher aufgefangen und dem Motor kontrolliert zur Verbrennung zugeführt.

Kraftstoff sparen beim Fahren

Wesentlichen Einfluß auf den Kraftstoffverbrauch hat die Fahrweise des Fahrzeuglenkers. Hier einige Tips für den sinnvollen Umgang mit dem Gaspedal.

- Nach dem Motorstart gleich losfahren, auch bei Frost.
- Motor abschalten bei voraussichtlichen Stops über 40 Sekunden Dauer.
- Im höchstmöglichen Gang fahren.
- Möglichst gleichmäßige Geschwindigkeiten über längere Strecken fahren, hohe Geschwindigkeiten meiden. Vorausschauend fahren. Nicht unnötig bremsen.
- Keine unnötige Zuladung mitführen, Aufbauten am Fahrzeug, beispielsweise Dachgepäckträger, möglichst abbauen.
- Immer mit richtigem, nie mit zu niedrigem Reifendruck fahren.

Sicherheits- und Sauberkeitsregeln bei Arbeiten an der Kraftstoffversorgung

Bei Arbeiten an der Kraftstoffversorgung sind die folgenden Regeln zur Sicherheit und Sauberkeit sorgfältig zu beachten:

Sicherheitshinweise

- **Kein offenes Feuer, nicht rauchen, keine glühenden oder sehr heißen Teile in die Nähe des Arbeitsplatzes bringen. Unfallgefahr! Feuerlöscher bereitstellen.**
- **Unbedingt für gute Belüftung des Arbeitsplatzes sorgen. Kraftstoffdämpfe sind giftig.**
- Das Kraftstoffsystem steht unter Druck. Beim Öffnen der Anlage kann Kraftstoff herausspritzen, daher austretenden Kraftstoff mit einem Lappen auffangen. **Schutzbrille tragen.**

- Schlauchverbindungen sind mit Federband- beziehungsweise Klemmschellen gesichert. Klemmschellen grundsätzlich durch Federbandschellen beziehungsweise Schellen nach neuester Serienausführung ersetzen. Daher Ersatzschellen bei einer AUDI-Werkstatt kaufen. Zur Montage von Federbandschellen gibt es spezielle Zangen, zum Beispiel HAZET 798-5.
- Verbindungsstellen und deren Umgebung vor dem Lösen gründlich reinigen.
- Ausgebaute Teile auf einer sauberen Unterlage ablegen und abdecken. Folien oder Papier verwenden. Keine fasernden Lappen benutzen!
- Geöffnete Bauteile sorgfältig abdecken bzw. verschließen, wenn die Reparatur nicht umgehend ausgeführt wird.
- Nur saubere Teile einbauen. Ersatzteile erst unmittelbar vor dem Einbau aus der Verpackung nehmen. Keine Teile verwenden, die unverpackt (z. B. in Werkzeugkästen usw.) aufgehoben wurden.
- Bei geöffneter Kraftstoffanlage möglichst nicht mit Druckluft arbeiten. Das Fahrzeug möglichst nicht bewegen.
- Keine silikonhaltigen Dichtmittel verwenden. Vom Motor angesaugte Spuren von Silikonbestandteilen werden im Motor nicht verbrannt und schädigen die Lambdasonde.

Kraftstoffpumpe/Tankgeber aus- und einbauen

Die Kraftstoffpumpe befindet sich zusammen mit dem Tankgeber im Kraftstoffvorratsbehälter. Beim AUDI A6 mit 1,9-l-Dieselmotor, 110 PS und Frontantrieb wird der Kraftstoff durch die Einspritzpumpe angesaugt, im Tank befindet sich deshalb nur der Tankgeber. Der 1,9-l-Pumpe/Düse-Motor mit 115/130 PS und der V6-Dieselmotor sowie alle Diesel mit Allradantrieb haben eine Vorförderpumpe im Tank.

Der Tankgeber besteht aus einem Schwimmer und einem Potentiometer. Mit sinkendem Kraftstoffspiegel sinkt auch der Schwimmer des Tankgebers ab. Ein mit dem Schwimmer verbundenes Potentiometer senkt dabei den elektrischen Widerstand des Gebers. Dadurch steigt die Spannung am Anzeigeinstrument, und der Zeiger der Kraftstoffanzeige geht in Richtung »leer« zurück. **Hinweis:** Fahrzeuge mit Allradantrieb haben 3 Tankgeber, da der Tank verwinkelt ist. Ein Tankgeber beinhaltet die Kraftstoffpumpe und ist durch eine Öffnung rechts unter der Rücksitzbank erreichbar.

Sicherheitshinweis
Beim Ausbau der Kraftstoffpumpe kann etwas Kraftstoff austreten. Kraftstoffdämpfe sind giftig und feuergefährlich, deshalb auf besonders gute Belüftung des Arbeitsplatzes achten. Hautkontakt mit Kraftstoff vermeiden. Kraftstoffbeständige Handschuhe tragen. Kein offenes Feuer, Brandgefahr! Feuerlöscher bereitstellen.

Vor Ausbau von Kraftstoffpumpe und Tankgeber den Tank möglichst leer fahren. Zur Belüftung des Arbeitsplatzes kann auch ein Radiallüfter verwendet werden, **dessen Motor außerhalb des Luftstromes liegt.**

Ausbau

- Batterie-Massekabel (–) bei ausgeschalteter Zündung abklemmen. **Achtung:** Dadurch werden elektronische Speicher gelöscht, wie zum Beispiel der Radiocode. Ohne Code kann das Radio nur vom Radiohersteller freigeschaltet werden, beziehungsweise beim AUDI-Radio von einer AUDI-Werkstatt. Deshalb Hinweise im Kapitel »Batterie aus- und einbauen« durchlesen.
- **Fahrzeuge mit Frontantrieb:** Im Kofferraum den Bodenteppich herausnehmen und Abdeckung für Tankgeber und Kraftstoffpumpe abschrauben.
- **Fahrzeuge mit Allradantrieb:** Rücksitzbank ausbauen, um an die Abdeckung für Tankgeber und Kraftstoffpumpe zu gelangen.

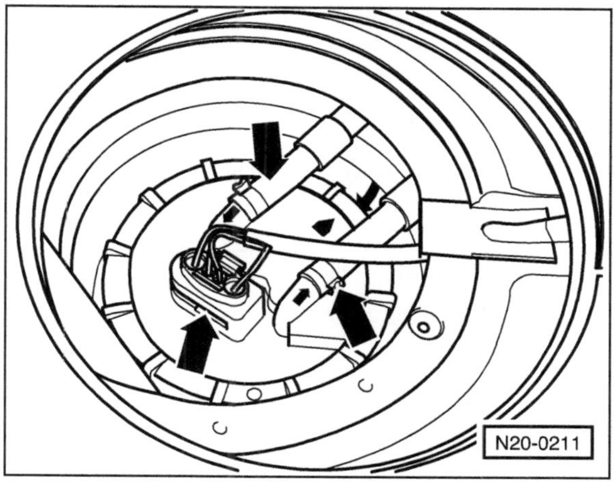

- Steckverbindung für Tankgeber und Kraftstoffpumpe abziehen –Pfeil links–. Dabei mit Schraubendreher die Rastzunge am Stecker entriegeln.

Sicherheitshinweis
Die Kraftstoffvorlaufleitung steht unter Druck! Vor dem Lösen der Schlauchverbindungen dicken Putzlappen um die Verbindungsstelle legen. Dann durch vorsichtiges Abziehen des Schlauches den Druck abbauen. **Schutzbrille tragen.**

- Vor- und Rücklaufleitung –Pfeile rechts– abziehen, vorher Schellen lösen. Leitungen mit geeigneten Stopfen verschließen, zum Beispiel jeweils eine saubere Schraube mit geeignetem Durchmesser in die Leitungen stecken.

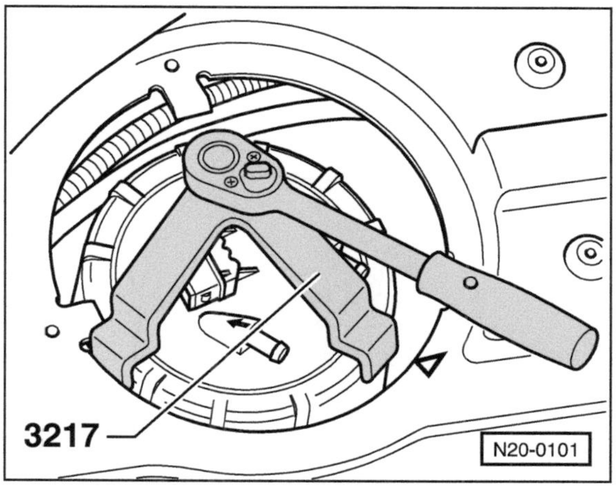

- Überwurfmutter mit Spezialwerkzeug AUDI-3217 lösen. Bei Fahrzeugen mit Allradantrieb wird das Werkzeug AUDI-3087 benötigt. **Hinweis:** Falls das Werkzeug nicht zur Verfügung steht, Überwurfmutter **mit Holzstange** und leichten Hammerschlägen lösen. **Achtung: Auf jeden Fall Funkenschlag verhindern.**
- Flansch und Dichtring aus der Öffnung des Kraftstoffbehälters ziehen.

- **Fahrzeuge mit Allradantrieb:** Leitung zum 2. Tankgeber an der Unterseite des Flansches abziehen.
- Kraftstoffleitungen und Anschlußstecker an der Unterseite des Flansches abziehen. Beim Abziehen Entriegelungstasten an den Kraftstoffleitungen drücken, beziehungsweise Klemmschellen durchschneiden. Einbaulage für Wiedereinbau notieren.

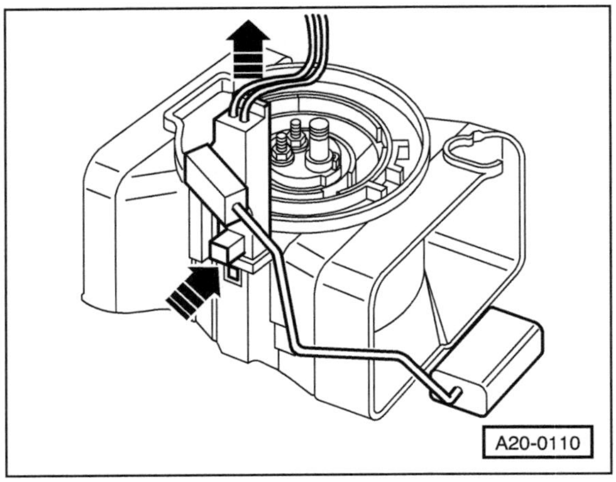

- **Fahrzeuge mit Benzinmotor:** Tankgeber unter gleichzeitigem Drücken der Rastnase –Pfeile– aus dem Staugehäuse im Tank herausziehen.

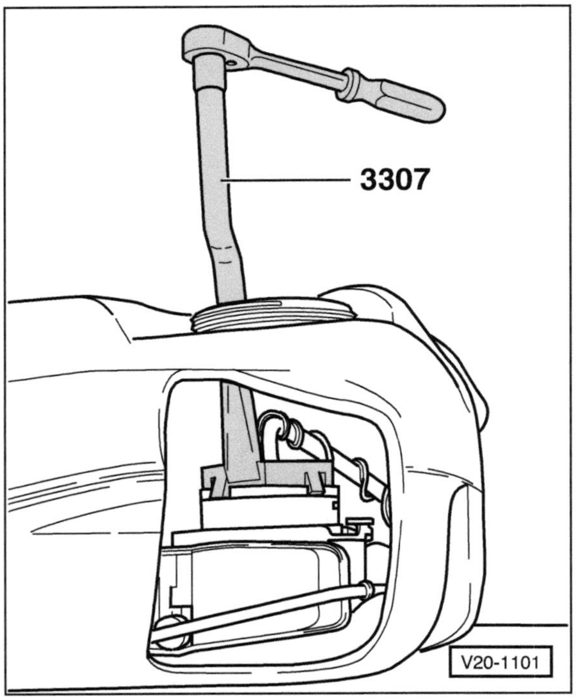

- **Fahrzeuge mit Benzinmotor:** Kraftstoff-Fördereinheit mit Sonderwerkzeug AUDI-3307 durch Drehen um ca. 15° nach links aus dem Bajonettverschluß lösen und herausnehmen. Das Werkzeug greift in die Nuten des Staugehäuses ein. **Achtung:** Kraftstoff aus der Fördereinheit in einen geeigneten Behälter entleeren.
- **Fahrzeuge mit Dieselmotor:** Tankgeber im Tank ausclipsen und herausnehmen. **Achtung:** Beim Herausziehen Lappen unterlegen und eventuell austretenden Kraftstoff auffangen.

Einbau

- Dichtring für Tankgeber/Fördereinheit vor dem Einbau mit Kraftstoff benetzen.

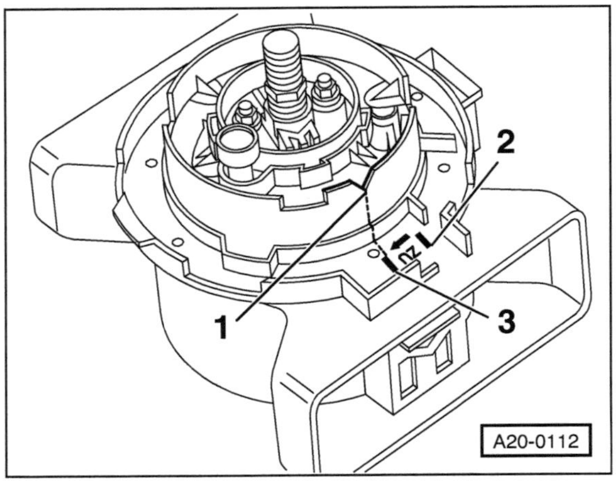

- **Benzinmotor:** Kraftstoff-Fördereinheit so einsetzen, daß die Kerbe –1– mit der Markierung –2– am Halter übereinstimmt. Dann Kraftstoff-Fördereinheit mit Sonderwerkzeug AUDI-3307 bis zum Anschlag nach rechts drehen, Kerbe –1– steht gegenüber Markierung –3– (Bajonettverschluß). **Hinweis:** Aus Darstellungsgründen ist die Fördereinheit ohne Tank gezeigt.
- Tankgeber einsetzen. Beim Benzinmotor den Tankgeber in die Führung an der Fördereinheit einsetzen und bis zum Einrasten nach unten drücken.
- Kraftstoffleitungen und Anschlußstecker an der Unterseite des Flansches aufstecken, wie beim Ausbau notiert. Kraftstoffleitungen mit neuen Federbandschellen befestigen beziehungsweise Schnellkupplungen einrasten.

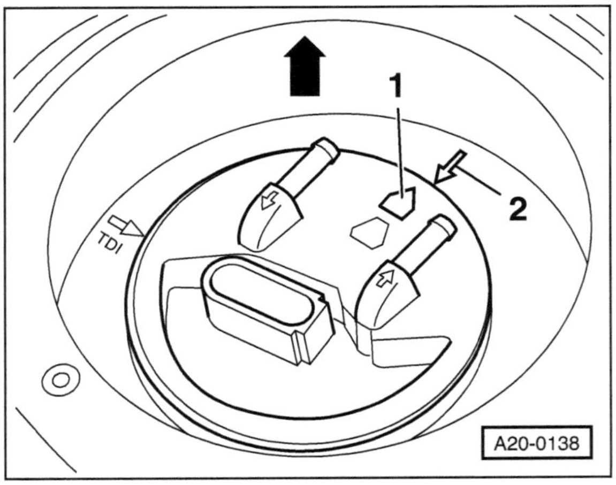

- **Benzinmotor:** Einbaulage des Flansches kontrollieren. Der Pfeil –1– auf dem Flansch muß zum Pfeil –2– auf dem Tank zeigen. Der –Pfeil– zeigt in Fahrtrichtung.

Achtung: Bei Fahrzeugen mit **Dieselmotor** muß der auf dem Flansch angebrachte Pfeil zum seitlichen Pfeil mit Beschriftung »TDI« zeigen, siehe Abbildung.

- Überwurfmutter ansetzen und mit Spezialwerkzeug AUDI-3217 festschrauben, Anhaltswert **80 Nm**. Oder Überwurfmutter mit Holzstange und leichten Hammerschlägen festschrauben.
- Vor- und Rücklaufschlauch aufstecken und mit Federbandschellen sichern. Der Rücklaufschlauch ist blau, die Pfeile auf dem Flansch zeigen jeweils in Durchflußrichtung. Klemmschellen grundsätzlich durch Federbandschellen beziehungsweise Schellen neuester Serienausführung ersetzen. Daher Ersatzschellen bei einer AUDI-Werkstatt kaufen. Zur Montage von Federbandschellen gibt es spezielle Zangen, zum Beispiel HAZET 798-5.
- Elektrischen Anschlußstecker aufschieben und einrasten.
- Abdeckung für Tankgeber anschrauben.
- Nach dem Einbau prüfen, ob die Kraftstoff- und Entlüftungsleitungen noch ordnungsgemäß am Tank eingeclipst sind.
- Bodenteppich einlegen. Bei Fahrzeugen mit Allradantrieb, Rücksitzbank einbauen.
- Batterie-Massekabel (–) anklemmen. **Achtung:** Hoch-/Tieflaufautomatik für elektrische Fensterheber aktivieren sowie Zeituhr stellen und Radiocode eingeben, siehe Kapitel »Batterie aus- und einbauen«.

Kraftstoffilter aus- und einbauen

Benzinmotor

Kraftstoffilter für Dieselmotor, siehe Kapitel »Wartung«.

Ausbau

Sicherheitshinweis
Beim Aufbocken des Fahrzeugs besteht Unfallgefahr! Deshalb das Kapitel »Fahrzeug aufbocken« durchlesen.

- Fahrzeug aufbocken.

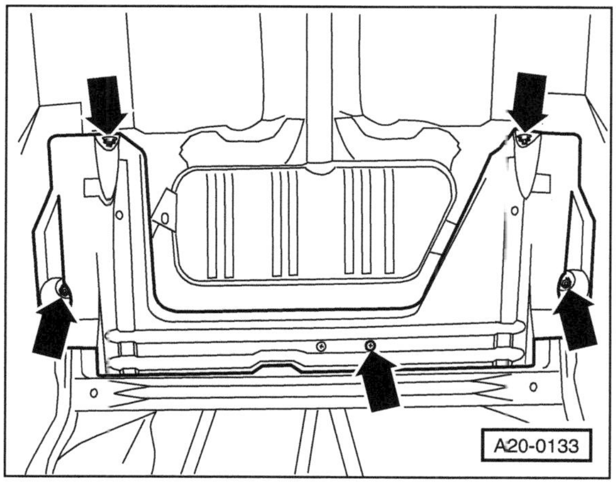

- **Fahrzeuge mit Frontantrieb:** Unterverkleidung vor der Hinterachse abschrauben –Pfeile–.

Sicherheitshinweis
Die Kraftstoffvorlaufleitung steht unter Druck! Vor dem Lösen der Schlauchverbindungen dicken Putzlappen um die Verbindungsstelle legen. **Kraftstoffdämpfe sind giftig und feuergefährlich, deshalb auf besonders gute Belüftung des Arbeitsplatzes achten. Hautkontakt mit Kraftstoff vermeiden. Schutzbrille und kraftstoffbeständige Handschuhe tragen. Kein offenes Feuer, Brandgefahr! Feuerlöscher bereitstellen.**

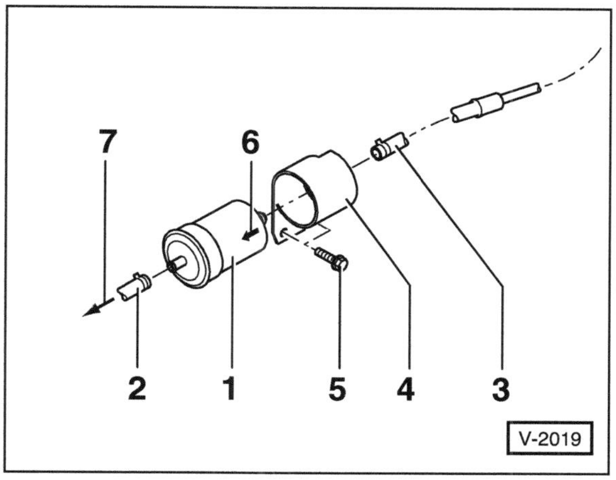

- Geeignetes Gefäß unter den Kraftstoffilter –1– am Unterboden rechts vor dem Tank stellen, um auslaufenden Kraftstoff aufzufangen.
- Kraftstoffschläuche –2/3– mit geeigneten Klemmschellen abklemmen, zum Beispiel HAZET 4590.
- Schlauchklemmen mit Seitenschneider durchschneiden.
- Kraftstoffilter –1– aus beiden Kraftstoffschläuchen herausziehen. Dabei dicken Lappen um den Anschluß legen. Dann durch vorsichtiges Abziehen des Schlauches eventuellen Druck abbauen.
- Schraube –5– am Halter –4– lösen, Filter abnehmen und in einen geeigneten Behälter ausleeren.

Einbau

- Neuen Kraftstoffilter so einsetzen, daß die Pfeilmarkierung –6– auf dem Filter in Durchflußrichtung vom Tank zum Motor zeigt. 7 – zum Motor.
- Schläuche aufschieben und mit Federbandschellen befestigen. Schlauchverbindungen sind mit Federband- beziehungsweise Klemmschellen gesichert. Klemmschellen grundsätzlich durch Federbandschellen beziehungsweise Schellen nach neuester Serienausführung ersetzen. Daher Ersatzschellen bei einer AUDI-Werkstatt kaufen. Zur Montage von Federbandschellen gibt es spezielle Zangen, zum Beispiel HAZET 798-5.
- Nach einer Probefahrt sichtprüfen, ob die Schlauchanschlüsse dicht sind.
- **Fahrzeuge mit Frontantrieb:** Unterverkleidung vor der Hinterachse anschrauben.

Gaszug/Gasbetätigung

Benzinmotor

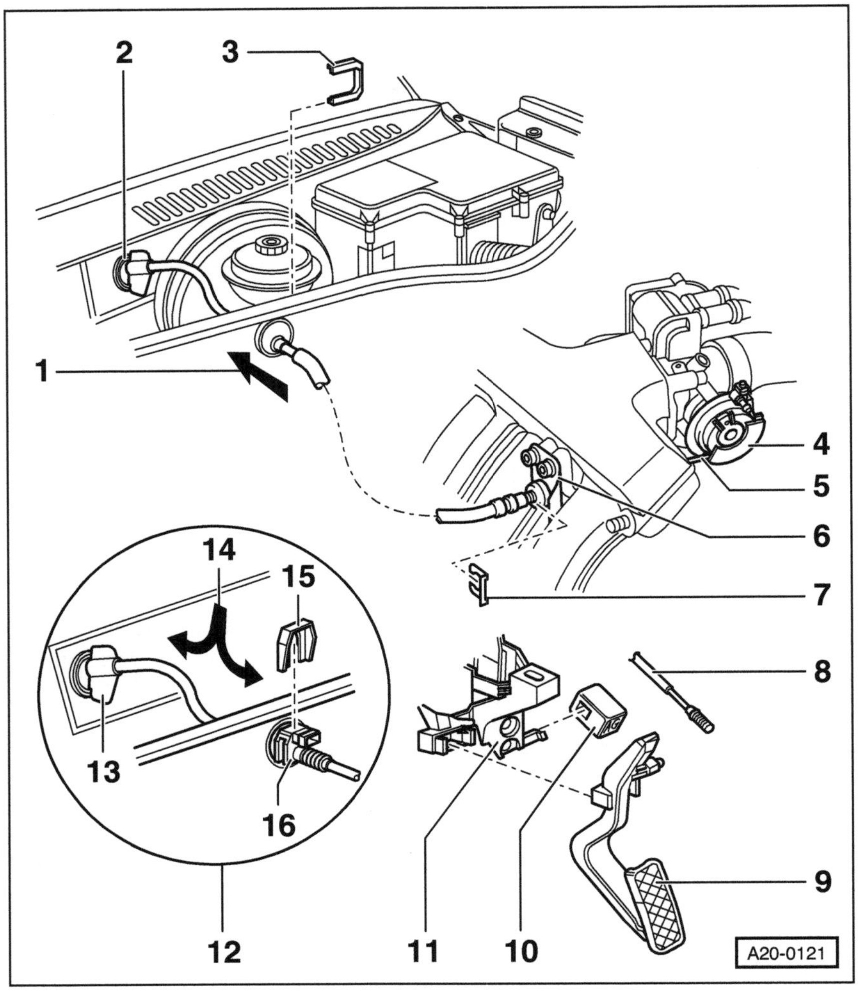

1 – **Gaszug-Einbaurichtung**
Nur bei Schaltgetriebe.

2 – **Gaszughüllenbefestigung**
Zum Ausbau ca. 90° (¼ Umdrehung) entgegen dem Uhrzeigersinn drehen.

3 – **Steckraste**

4 – **Seilscheibe am Drosselklappenteil**

5 – **Gaszug**

6 – **Widerlager für Gaszug**

7 – **Steckraste für Gaszugeinstellung**

8 – **Gaszug**
Rastkugel des Gaszugs muß in die Aufnahme des Gaspedals eingerastet sein.

9 – **Gaspedal**

10 – **Gaspedalanschlag**
Einbaurichtung darf nicht verändert werden.

11 – **Anordnung bei Fahrzeugen mit Automatikgetriebe**

12 – **Gaszughüllenbefestigung,**
Zum Ausbau ca. 90° entgegen dem Uhrzeigersinn drehen.

13 – **Gaszug-Einbaurichtung**
Nur bei Automatikgetriebe.

14 – **Steckraste für Kickdown-Schalter-Einstellung**

15 – **Kickdown-Schalter, Automatikgetriebe**

Gaszug einstellen

Benzinmotor

Hinweis: Dieselmotoren haben keinen Gaszug. Von einem Geber am Gaspedal wird die Gaspedalstellung an das Motor-Steuergerät übermittelt.

Achtung: Der Gaszug ist sehr knickempfindlich und daher beim Einbau besonders sorgfältig zu behandeln. Ein einziger leichter Knick kann zum späteren Bruch im Fahrbetrieb führen. Züge, die geknickt wurden, dürfen deswegen **nicht** eingebaut werden.

- Gaspedal in Vollgasstellung drücken und in dieser Stellung festklemmen oder durch Helfer halten lassen.
- Prüfen, ob der Drosselklappenhebel am Vollastanschlag anliegt, andernfalls Gaszug einstellen.

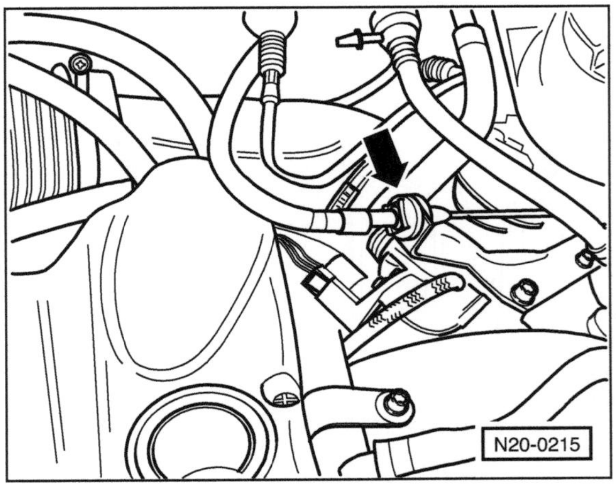

- Steckraste –Pfeil– am Widerlager des Drosselklappenteils herausziehen.

- Gaszug am Widerlager herausziehen bis der Drosselklappenhebel am Vollastanschlag anliegt. In dieser Stellung Steckraste aufstecken.
- Gaspedal loslassen.

Zusätzlich bei Automatikgetriebe:

- 2poligen Stecker vom Kickdown-Schalter im Motorraum vorn, an der Querwand, abziehen.

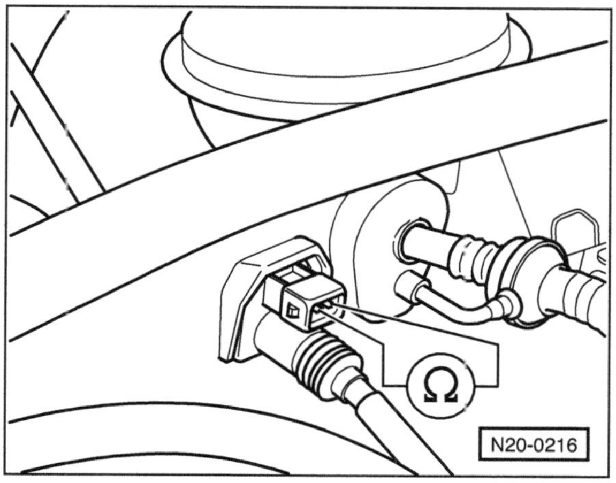

N20-0216

- Ohmmeter an die Kontakte des Kickdown-Schalters anschließen und Widerstand messen. Sollwert: ∞ Ω (unendlich, kein Durchgang).
- Gaspedal langsam in Richtung Vollgas bewegen.
- Kurz nach den Kickdown-Druckpunkt muß der Widerstand auf 0 Ω abfallen. Das Gaspedal muß sich dabei kurz vor dem Anschlag befinden.
- Andernfalls Kickdown-Schalter durch Umstecken der Steckraste entsprechend einstellen.
- Gaszugeinstellung nochmals überprüfen, gegebenenfalls korrigieren.

Fernbedienung für Kraftstoffpumpe herstellen/anschließen

Benzinmotor, 2,5-l-V6-TDI-Motor

Die Fernbedienung wird für Arbeiten benötigt, bei denen die elektrische Kraftstoffpumpe Kraftstoff fördern soll, ohne daß der Motor läuft.

Folgende Bauteile werden benötigt:

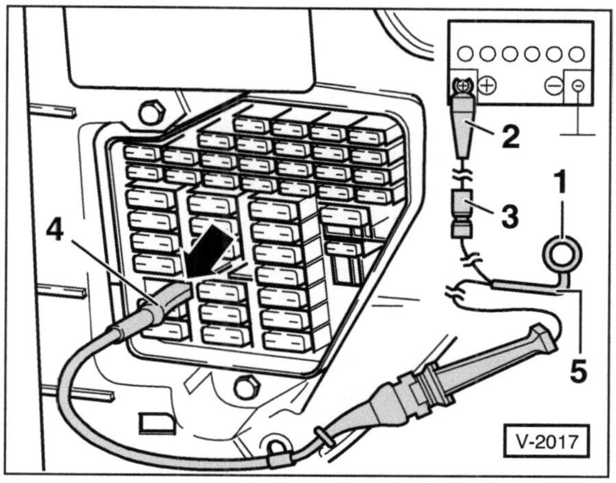

V-2017

1 Druckkontaktschalter –1–,
1 Krokodilklemme –2– (ausreichend groß für Batteriepol),
1 »Fliegende Sicherung« –3– : Gehäuse und 8-Ampere-Sicherung,
1 geeigneter Flachstecker –4–, der anstelle der Sicherung für Kraftstoffpumpe eingesteckt werden kann,
1 doppeladriges Kabel –5– mit je 1,5 mm^2 Querschnitt und ca. 5 m Länge.

- Sicherung Nr. 28 für Kraftstoffpumpe im Sicherungskasten herausziehen. Sicherungsbelegung, siehe Seite 57.
- Fernbedienung mit dem Flachstecker in den rechten Kontakt der Sicherung einstecken.
- Fernbedienung mit der Krokodilklemme an den Batterie-Pluspol (+) anschließen.
- Wird der Druckkontaktschalter der Fernbedienung betätigt, läuft die Kraftstoffpumpe hörbar an.

Kraftstoffpumpe prüfen

Benzinmotor, 2,5-l-V6-TDI-Motor

Die Kraftstoffpumpe befindet sich im Tank.

Sicherheitshinweise:

- **Kein offenes Feuer, nicht rauchen, keine glühenden oder sehr heißen Teile in die Nähe des Arbeitsplatzes bringen. Unfallgefahr! Feuerlöscher bereitstellen.**
- **Unbedingt für gute Belüftung des Arbeitsplatzes sorgen. Kraftstoffdämpfe sind giftig.**
- Das Kraftstoffsystem steht unter Druck. Beim Öffnen der Anlage kann Kraftstoff herausspritzen, daher austretenden Kraftstoff mit einem Lappen auffangen. **Schutzbrille tragen.**

Prüfvoraussetzungen: Batterie sollte voll geladen sein, jedoch mindestens eine Spannung von 11,5 Volt aufweisen.

Spannungsversorgung prüfen

- Sicherung Nr. 28 für Kraftstoffpumpe prüfen. Defekte Sicherung auswechseln.
- Anlasser kurz betätigen, die Kraftstoffpumpe muß **kurzzeitig** (ca. 1 Sekunde) hörbar anlaufen. Bei hohem Umgebungsgeräuschpegel ist zur Hörprobe ein Helfer in der Nähe der Kraftstoffpumpe erforderlich.
- Läuft die Pumpe nicht, Fernbedienung anschließen, siehe entsprechendes Kapitel.
- Schalter der Fernbedienung drücken. Wenn die Pumpe jetzt anläuft, Kraftstoffpumpenrelais prüfen, siehe entsprechendes Kapitel.

Läuft die Kraftstoffpumpe nicht an, ist folgendermaßen vorzugehen:

- Abdeckung für Tankgeber und Kraftstoffpumpe abschrauben, siehe Kapitel »Kraftstoffpumpe/Tankgeber aus- und einbauen«.

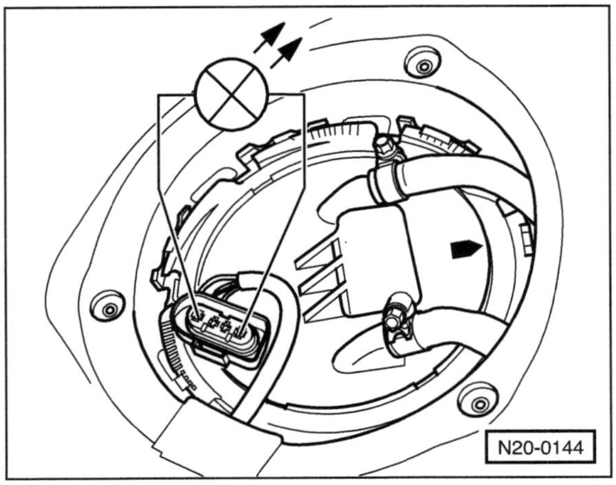

N20-0144

- Steckverbindung für Tankgeber und Kraftstoffpumpe mit Schraubendreher entriegeln und abziehen.
- Diodenprüflampe oder Voltmeter an die beiden äußeren Kontakte des Steckers anschließen, siehe Abbildung.
- Fernbedienung drücken. Das Meßgerät muß ca. Batteriespannung (12 Volt) anzeigen, sonst Leitungsunterbrechung nach Stromlaufplan ermitteln und beseitigen.
- Wenn Batteriespannung angezeigt wird, Tankgeber ausbauen, siehe Seite 213.
- Prüfen, ob die elektrischen Leitungen zwischen Flansch und Kraftstoffpumpe angeschlossen sind beziehungsweise guten Kontakt haben. Leitungen vom Gebergehäuse zur Kraftstoffpumpe mit Ohmmeter und Hilfsleitungen auf Durchgang prüfen und gegebenenfalls Unterbrechung beseitigen, siehe Seite 48.
- Liegt keine Unterbrechung vor, Kraftstoffpumpe ersetzen.
- Kraftstoffpumpe und Tankgeber einbauen, elektrische Leitungen anschließen, siehe entsprechendes Kapitel.

Fördermenge prüfen/Benzinmotoren

- Zum Druckabbau Tank-Verschlußdeckel abnehmen.
- Motorabdeckung ausbauen, siehe Kapitel »Zündkerzen aus- und einbauen«, Seite 27.

Sicherheitshinweis:
Die Kraftstoffvorlaufleitung steht unter Druck! Vor dem Lösen der Schlauchverbindung dicken Putzlappen um die Verbindungsstelle legen. Dann durch vorsichtiges Abziehen des Schlauches den Druck abbauen. **Schutzbrille tragen.**

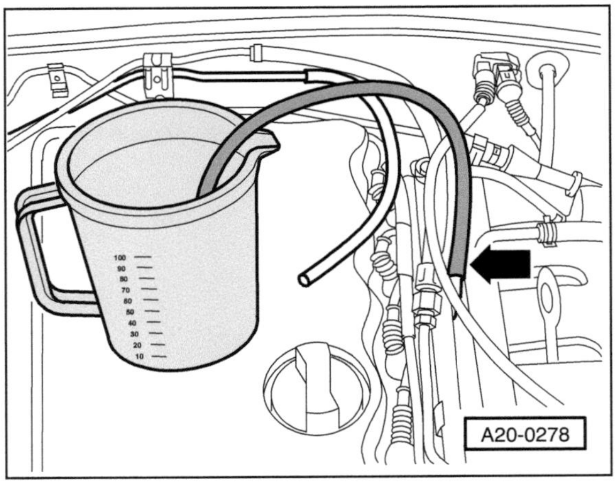

A20-0278

- Kraftstoff-Rücklaufleitung am Kraftstoffverteiler abziehen, dabei Entriegelungstasten der Schnellkupplung eindrücken. **Hinweis:** Die Abbildung zeigt die Anordnung beim 4-Zylindermotor.
- Kraftstoffresistenten Hilfsschlauch –Pfeil– an die Kraftstoff-Rücklaufleitung vom Motor anschließen und in ein Meßgefäß halten.
- Voltmeter an die Batterie anschließen.

- Schalter der Fernbedienung **15 Sekunden** betätigen. Dabei angezeigte Batteriespannung ablesen und merken beziehungsweise notieren.

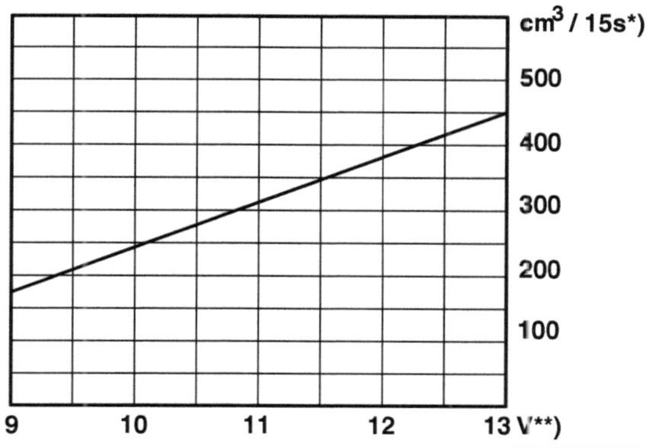

A20-0260

*) Mindestfördermenge $cm^3/15$ s.
**) Spannung an der Kraftstoffpumpe bei Motorstillstand und laufender Pumpe (ca. 2 Volt weniger als Batteriespannung).

- Geförderte Kraftstoffmenge mit dem Sollwert im Diagramm vergleichen.

Beispiel: Während der Prüfung wird eine Spannung von 12,5 Volt an der Batterie gemessen. Da die Spannung an der Kraftstoffpumpe ca. 2 Volt geringer als die Batteriespannung ist, ergibt sich daraus eine Spannung an der Kraftstoffpumpe von 10,5 Volt (12,5 – 2 = 10,5). Dieser Spannung entspricht eine Mindest-Fördermenge von ca. 275 $cm^3/15$ s.

- Ist die Spannungsversorgung in Ordnung, die Fördermenge jedoch zu gering, prüfen, ob die Kraftstoffleitungen geknickt oder verstopft sind.
- Prüfen, ob der Kraftstoffilter verstopft ist. Dazu Prüfung der Fördermenge mit neuem Kraftstoffilter wiederholen.
- Wird die Mindestfördermenge weiterhin nicht erreicht, Kraftstoff-Fördereinheit ausbauen und Filtersieb auf Verschmutzung prüfen, gegebenenfalls reinigen.
- Wird kein Fehler gefunden, Rückschlagventil der Kraftstoffpumpe prüfen (Werkstattarbeit).

Achtung: Falls die Mindestfördermenge erreicht wird, der Fehler aber dennoch in der Kraftstoffversorgung vermutet wird (z. B. zeitweiser Ausfall der Kraftstoffversorgung), Stromaufnahme der Kraftstoffpumpe mit Amperemeter prüfen. **Sollwert:** max. 8 A. Wird die Stromaufnahme überschritten, Kraftstoffpumpe ersetzen.

Hinweis: Bei zeitweiser Störung der Kraftstoffanlage kann diese Prüfung auch während einer Probefahrt durchgeführt werden. Dazu ist ein Helfer erforderlich.

- Kraftstoff-Rücklaufleitung aufschrauben.
- Fernbedienung abbauen und Sicherung Nr. 28 einsetzen.
- Abdeckung für Tankgeber anschrauben.
- Tank-Verschlußdeckel aufschrauben.

Kraftstoffpumpenrelais prüfen

Benzinmotor

Das Kraftstoffpumpenrelais befindet sich in der Zentralelektrik, Relaisplatz 4 auf der Fahrerseite hinter dem Ablagefach, siehe Abbildung A24-0100. Es ist zu prüfen, wenn die Kraftstoffpumpe nicht läuft.

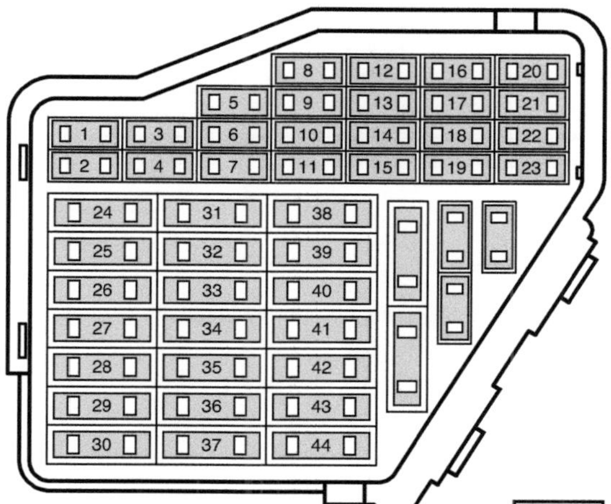

U-5412

- Sicherung Nr. 28 für Kraftstoffpumpe herausziehen.
- Diodenprüflampe mit Hilfsleitungen zwischen Masse und einem der beiden Kontakte der Sicherung für die Kraftstoffpumpe anschließen.
- Ablagefach im Fahrerfußraum ausbauen, siehe Seite 258.
- Anlasser betätigen, das Kraftstoffpumpenrelais muß fühl- und hörbar anziehen. Außerdem muß die Diodenprüflampe aufleuchten.
- Zieht das Relais nicht an, Spannungsversorgung und Ansteuerung prüfen, siehe Kapitelende.
- Leuchtet die Diodenprüflampe nicht, obwohl das Relais anzieht, Prüfung am anderen Sicherungskontakt wiederholen.
- Leuchtet die Diodenprüflampe wieder nicht, Leitungsverbindung zwischen Kontakt 23 am Relaisplatz 4 und der Sicherung für die Kraftstoffpumpe nach Stromlaufplan auf Durchgang prüfen, gegebenenfalls Leitungsunterbrechung beseitigen.
- Sind die Spannungsversorgung, die Ansteuerung und die Leitungsverbindungen des Kraftstoffpumpenrelais in Ordnung, Kraftstoffpumpenrelais erneuern.

Spannungsversorgung prüfen

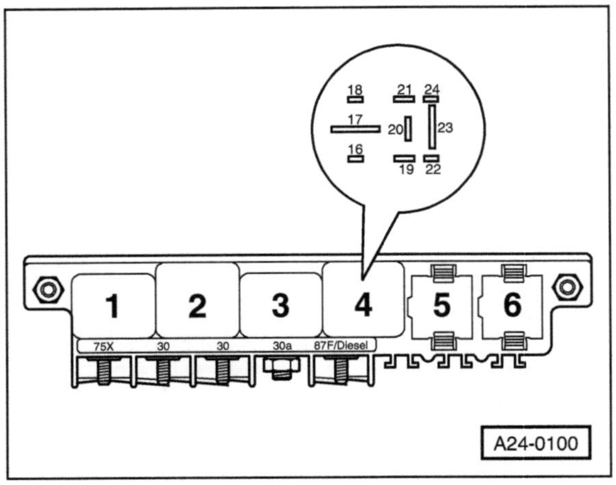

- Kraftstoffpumpen-Relais aus der Relaisplatte (Relaisplatz Nr. 4) herausziehen.
- Zündung einschalten.
- Voltmeter nacheinander am Relaissockel anschließen:
  - zwischen Kontakt 19 (plus vom Zündschloß) und Masse;
  - zwischen Kontakt 17 (Dauerplus von Batterie) und Masse.

  Sollwert: jeweils ca. 12 Volt (Batteriespannung). Andernfalls Leitungsunterbrechung nach Stromlaufplan ermitteln und beseitigen.

Ansteuerung prüfen

- Diodenprüflampe mit Hilfsleitungen zwischen Kontakt 16 (Masseansteuerung vom Motorsteuergerät) und Kontakt 17 (plus) des Relaissockels anschließen.
- Anlasser betätigen. Dabei muß die Leuchtdiode ständig aufleuchten. Andernfalls Leitungsunterbrechung zum Einspritz-Steuergerät nach Stromlaufplan ermitteln und beseitigen beziehungsweise Steuergerät ersetzen (Werkstattarbeit).

Hinweis: Diodenprüflampen mit geringer Stromaufnahme leuchten bei nicht betätigtem Anlasser schwach, sie verlöschen nicht ganz.

- Sicherung für Kraftstoffpumpe einsetzen.
- Ablage im Fahrerfußraum einbauen, siehe Seite 258.

Luftfilter/Luftmassenmesser

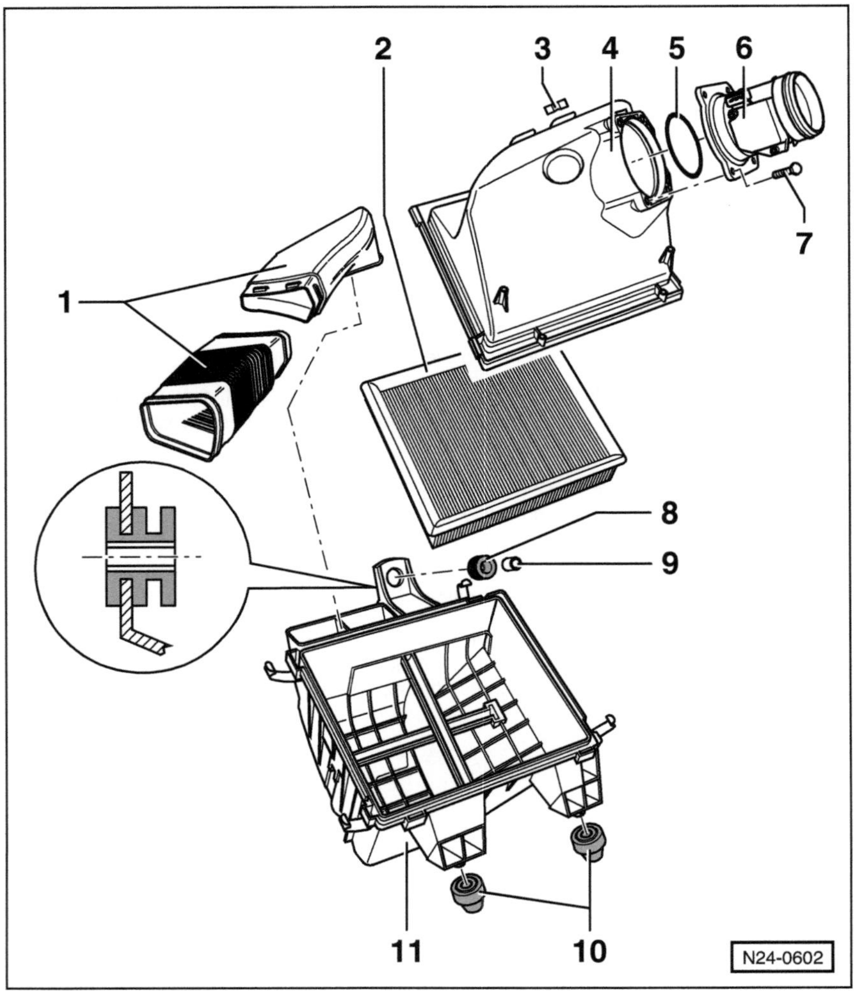

1 – Luftführung
2 – Filtereinsatz
3 – Klammer
4 – Luftfilteroberteil
5 – Dichtring
6 – Luftmassenmesser
7 – Schraube, 10 Nm
8 – Gummitülle
9 – Abstandshülse
10 – Unterlage
11 – Luftfilterunterteil

Motormanagement

Aus dem Inhalt:

- Benzineinspritzung
- Systemübersicht
- Zündung
- Dieseleinspritzung
- Diesel-Vorglühanlage

Benzineinspritzung

Das elektronische Motormanagement regelt die Kraftstoffmenge und das Zündsystem. Bei den AUDI A6-Benzinmotoren kommt eine BOSCH-Motronic zum Einsatz, die auf den jeweiligen Motor abgestimmt ist.

Die Vorteile des elektronischen Motormanagements:

- Genau dosierte Kraftstoffmenge in jedem Betriebszustand des Motors, dadurch geringer Verbrauch bei guten Fahrleistungen.
- Reduzierung der Abgas-Schadstoffe durch exakte Kraftstoffzumessung und den Einsatz eines Katalysators.
- Eigendiagnose des Motormanagements, dadurch schnelleres Auffinden von Defekten. Das System ist mit einem Fehlerspeicher ausgestattet. Treten während des Betriebs Defekte auf, so werden diese im Speicher abgelegt. Sollte der Motor nicht einwandfrei arbeiten, so kann die Fachwerkstatt gegen Kostenerstattung eine Fehlerliste ausdrucken, damit gegebenenfalls der Defekt dann selbst behoben werden kann.

Das Motor-Steuergerät entspricht einem kleinen, sehr schnell arbeitenden Computer. Es bestimmt den optimalen Zündzeitpunkt, den Einspritzzeitpunkt und die Kraftstoffeinspritzmenge. Dabei erfolgt eine Abstimmung des Steuergeräts mit anderen Fahrzeugsystemen, beispielsweise der Getriebesteuerung oder der Wegfahrsperre.

Die Bauteile des Motormanagements sind langzeitstabil und praktisch wartungsfrei. Nur der Luftfiltereinsatz sowie die Zündkerzen müssen im Rahmen der Wartung gewechselt werden. Wesentliche Einstell- und Reparaturarbeiten können nur mit Hilfe von teuren Prüfgeräten durchgeführt werden, so daß diese Arbeiten nur noch von entsprechend ausgerüsteten Fachwerkstätten ausgeführt werden können.

Das Einstellen von Leerlaufdrehzahl und CO-Wert ist im Rahmen der Fahrzeugwartung nicht erforderlich.

Sicherheitsmaßnahmen bei Arbeiten am Motormanagement/Benzinmotor

Das Kraftstoffsystem steht unter Druck! Beim Öffnen der Anlage kann Kraftstoff herausspritzen, daher austretenden Kraftstoff mit einem Lappen auffangen. **Kraftstoffdämpfe sind giftig und brennbar. Schutzbrille tragen. Für gute Belüftung des Arbeitsplatzes sorgen. Feuerlöscher bereitstellen.**
Um Verletzungen von Personen und/oder eine Zerstörung der Einspritz- und Zündanlage zu vermeiden, ist folgendes zu beachten:

- Zündleitungen bei laufendem Motor bzw. bei Anlaßdrehzahl nicht berühren oder abziehen.
- Leitungen der Einspritz- und Zündanlage –auch Meßgeräteleitungen– nur bei ausgeschalteter Zündung ab- und anklemmen.
- Personen mit einem Herzschrittmacher sollen keine Arbeiten an der elektronischen Zündanlage durchführen.
- Bei der Kompressionsdruckprüfung darf kein Kraftstoff eingespritzt werden, daher Hinweise im Kapitel »Kompressionsdruck prüfen« beachten.

Achtung: Bei Arbeiten am Einspritzteil des Systems sind auch die allgemeinen Sicherheits- und Sauberkeitsregeln zu beachten, siehe Kapitel »Kraftstoffanlage«.

Funktionsweise der Benzin-Einspritzanlage

Der Kraftstoff wird aus dem Kraftstoffbehälter von der elektrischen Kraftstoffpumpe angesaugt und über den am Fahrzeugunterboden angebrachten Kraftstoffilter zu den Einspritzventilen gefördert. Ein Druckregler hält den Druck im Kraftstoffsystem konstant.

Über elektrisch angesteuerte Einspritzventile wird der Kraftstoff stoßweise in das entsprechende Ansaugrohr direkt vor die Einlaßventile des Motors gespritzt. Das Motor-Steuergerät regelt die Einspritzzeit und dadurch die Einspritzmenge.

Die vom Motor über den Luftfilter angesaugte Verbrennungsluft gelangt über das Drosselklappenteil sowie das Ansaugrohr bis zu den Einlaßventilen.

Die angesaugte Luftmasse bestimmt die einzuspritzende Kraftstoffmenge. Gemessen wird die Luftmasse im Ansaugrohr von einem Heißfilm-Luftmassenmesser. Im Gehäuse des Luftmassenmessers befindet sich eine dünne, elektrisch beheizte Platte, die durch die vorbeistreichende Ansaugluft abgekühlt wird. Die Regelelektronik regelt den Heizstrom so, daß die Temperatur der Platte konstant bleibt. Steigt beispielsweise die Menge der angesaugten Luft, neigt die erhitzte Platte stärker zum Abkühlen. Daraufhin wird der Heizstrom sofort erhöht, damit die Temperatur gleich bleibt. Anhand der Schwankungen des Heizstromes erkennt das Motor-Steuergerät den Lastzustand des Motors und regelt dementsprechend die Einspritzmenge.

Informationen von verschiedenen Sensoren (Fühlern) und Befehle an Stellglieder (Aktoren) sorgen in jeder Fahrsituation für einen optimalen Motorbetrieb. Fallen wichtige Sensoren aus, schaltet das Steuergerät auf ein Notlaufprogramm um, damit Motorschäden vermieden werden und weitergefahren werden kann. Der Ausfall von Sensoren kann nicht unbedingt durch schlechteren Motorlauf wahrgenommen werden, spätestens bei der nächsten Abgasuntersuchung (AU) wird er jedoch beim Abfragen des Fehlerspeichers der Motorregelung angezeigt.

- Die **Drosselklappe** sitzt in einer zentralen **Steuereinheit**, in der verschiedene Funktionen integriert sind. Vornehmliche Aufgabe der Steuereinheit ist, unter allen Betriebsbedingungen und Motorbelastungen den Leerlauf des Motors zu stabilisieren: Der Leerlaufschalter übermittelt dem Steuergerät die Leerlaufstellung der Drosselklappe. Das Steuergerät öffnet oder schließt über einen Stellmotor (Drosselklappensteller) die Drosselklappe und regelt so die Leerlaufdrehzahl auf den Sollwert.
- Die **Geber für Kühlmitteltemperatur** und **Geber für Ansauglufttemperatur** übermitteln die aktuelle Temperatur durch ihren elektrischen Widerstand. Der Widerstand verringert sich bei steigender Temperatur.
- Die Tankentlüftung besteht aus dem **Aktivkohlebehälter** und einem **Magnetventil.** Im Aktivkohlebehälter werden Kraftstoffdämpfe gespeichert, die sich durch Erwärmung des Kraftstoffs im Tank bilden. Bei laufendem Motor werden die Kraftstoffdämpfe aus dem Aktivkohlebehälter abgesaugt und dem Motor zur Verbrennung zugeführt.
- Die **Lambdasonde** (Sauerstoffsensor) mißt den Sauerstoffgehalt im Abgasstrom und schickt entsprechende Spannungssignale an das Motor-Steuergerät.
- Eine **Anti-Klopfregelung** dient der Ermittlung und Einstellung des optimalen Zündzeitpunkts. Bei einer Zündstörung wird die Kraftstoffzufuhr zum betreffenden Zylinder abgeschaltet.
- **1,8-l/125-PS-Motor, 2,0-/2,4-/2,8-l-V6-Motor:** Das **Schaltsaugrohr** regelt in Abhängigkeit von der Motordrehzahl die Ansaugluftstrecke zu den Zylindern. Dazu ist im Ansaugrohr eine pneumatisch betätigte Umlenkwalze eingebaut. Ein langer Ansaugweg sorgt bei niedrigen Drehzahlen durch Resonanzeffekte für eine gute Zylinderfüllung und damit für ein hohes Drehmoment. Bei hohen Drehzahlen wird der Ansaugweg verkürzt, um das Leistungspotential des Motors voll nutzen zu können.
- **1,8-l/125-PS-Motor, 2,0-/2,4-/2,8-l-V6-Motor:** Mit Hilfe einer **Nockenwellenverstellung** werden die Steuerzeiten der Einlaßnockenwelle der Motordrehzahl angepaßt. Durch ein elektrisch/hydraulisches Stellglied wird die Einlaßnockenwelle gegenüber der Auslaßnockenwelle verstellt. Durch Verstellung in Richtung »spätes Schließen« der Einlaßventile wird die Laufruhe des Motors im Leerlauf verbessert, beziehungsweise bei hohen Drehzahlen die Leistung gesteigert. Im unteren und mittleren Drehzahlbereich wird durch frühes Schließen der Einlaßventile die Zylinderfüllung und dadurch das Drehmoment verbessert.

Leerlaufdrehzahl/Zündzeitpunkt/CO-Gehalt prüfen/einstellen

Im Rahmen der Wartung ist es nicht mehr erforderlich, Leerlaufdrehzahl, Zündzeitpunkt und CO-Gehalt einzustellen, da die Werte elektronisch entsprechend den Anforderungen nachgeregelt werden.

Falls einmal die tatsächlichen Betriebswerte von den Sollwerten abweichen, liegt die Ursache in defekten Bauteilen, die ersetzt werden müssen. Eine sinnvolle Prüfung des Motormanagements ist nur mit speziellen Diagnosegeräten möglich.

Hinweis: Die **Leerlaufdrehzahl** läßt sich in der Fachwerkstatt durch Umprogrammieren des Steuergerätes mit dem V.A.G-Diagnosegerät etwas verändern.

Zündsystem

Das Zündsystem erzeugt einen Zündfunken, der das angesaugte Kraftstoffluftgemisch zündet. Dazu wird in den Zündspulen die Batteriespannung von 12 Volt auf über 30.000 Volt umgeformt.

Der Dieselmotor besitzt kein Zündsystem, da sich aufgrund der hohen Verdichtung die Luft so weit erwärmt, daß nach Einspritzen des Kraftstoffes die Zündung von selbst erfolgt.

Das Zündsystem beim Benzinmotor ist Bestandteil des Motormanagements. Der richtige Zündzeitpunkt wird vom Motor-Steuergerät berechnet. Dabei stützt sich das Steuergerät auf ein elektronisch gespeichertes Zündkennfeld und verarbeitet zusätzlich Signale von verschiedenen Sensoren. Synchronisiert wird das Zündsystem durch Signale, die ein Hall- beziehungsweise Impulsgeber an der Nocken- beziehungsweise Kurbelwelle abgibt.

Eine Antiklopfregelung ermöglicht den wirtschaftlichen Betrieb des Motors mit hoher Verdichtung. Dazu senden Klopfsensoren Impulse an das Motor-Steuergerät, woraufhin dieses bei Bedarf den Zündzeitpunkt in Richtung »spät« verstellt.

Ausgelöst wird der Zündfunken durch das Motor-Steuergerät mit Hilfe der **Direktzündung.** Dabei erfolgt die Verteilung des Zündstromes auf die einzelnen Zündkerzen durch elektronische Bauteile, die den herkömmlichen mechanisch arbeitenden Verteiler mit Verteilerläufer ersetzen. Jede Zündkerze verfügt über eine Zündspule, die direkt am Zylinderkopf befestigt sind, siehe auch Abbildungen im Kapitel »Zündkerzen aus- und einbauen«.

Das Zündsystem arbeitet verschleiß- und wartungsfrei. Nur die Zündkerzen müssen regelmäßig im Rahmen der Wartung erneuert werden.

Kraftstoffqualität

Motor	Kraftstoff/ROZ	alternativ möglich*
1,8-/2,0-/2,4-l	Super bleifrei/95	Normal bleifrei/91
2,8-l ACK/ALG	Super bleifrei/95	Normal bleifrei/91
2,8-l APR/AQD	Super bleifrei/98	Super bleifrei/95
2,7-/3,0-/4,2-l	Super bleifrei/98	Super bleifrei/95

*) Durch Verwendung dieses Kraftstoffes kann sich die Leistung verringern und der Kraftstoffverbrauch erhöhen.

Die Research-Oktanzahl (ROZ) gibt die Klopffestigkeit des Kraftstoffes an.

Bei Arbeiten an der elektronischen Zündanlage sind Sicherheitsmaßnahmen zu beachten, um Verletzungen von Personen oder die Zerstörung der Zündanlage zu vermeiden, siehe Seite 221.

Zündkerzentechnik

Die Zündkerze besteht aus der Mittel-Elektrode, dem Isolator mit Gehäuse und der Masse-Elektrode. Die Mittel-Elektrode ist gasdicht im Isolator befestigt, der Isolator ist fest mit dem Gehäuse verbunden. Zwischen Mittel- und Masse-Elektrode springt der Zündfunke über, der das Kraftstoffluftgemisch entzündet. Von der Zündkerze hängen Startbereitschaft, Leerlaufverhalten, Beschleunigung und Höchstgeschwindigkeit ab. Man sollte deshalb nicht ohne Grund von dem vom Werk vorgeschriebenen Zündkerzentyp abweichen, der unter anderem von der Wärmewert-Kennzahl bestimmt wird.

Die Wärmewert-Kennzahl gibt den Grad der Wärmebelastbarkeit einer Zündkerze an. Je niedriger die Wärmewert-Kennzahl einer Kerze ist, desto höher ist die Wärmebelastbarkeit. Die Kerze kann also die Wärme besser ableiten, wodurch schädliche Glühzündungen und Motorklopfen verhindert werden. Eine Kerze mit hoher Wärmebelastbarkeit hat allerdings den Nachteil, daß ihre Selbstreinigungstemperatur ebenfalls höher liegt. Sie neigt daher schneller zum Verrußen, insbesondere dann, wenn der Motor häufig seine Betriebstemperatur während der Fahrt nicht erreicht, zum Beispiel im Stadtverkehr und Kurzstreckenverkehr im Winter.

Der richtige Zündkerzen-Wärmewert wird vom Automobilhersteller festgelegt. Es gibt Zündkerzen mit einem oder mehreren Polen, mit unterschiedlicher Gewindelänge und unterschiedlichem Gewindedurchmesser. Beim Auswechseln von Zündkerzen ist es deshalb wichtig, daß nur solche Kerzen verwendet werden, die der Vorschrift des Automobilherstellers entsprechen.

Die durchschnittliche Lebensdauer von Zündkerzen ist recht unterschiedlich. Dabei spielt auch der Elektrodenwerkstoff eine wichtige Rolle. Die Chrom-Nickel-Legierung zeichnet sich durch sehr hohe Wärmeableitung und hohe Korrosionsfestigkeit aus; Silber bietet das beste Wärmeleitvermögen aller Metalle und Platin-Elektroden verfügen über eine hohe Korrosions- und Abbrandfestigkeit. Die Lebensdauer von Zündkerzen kann zwischen 30.000 Kilometer und bis zu 100.000 Kilometer betragen, je nachdem, welcher Elektrodenwerkstoff verwendet wird und ob ein- oder mehrpolige Zündkerzen zum Einsatz kommen.

Je nach Bauart der Motoren unterscheidet man zwischen zwei verschiedenen Abdichtungsarten zwischen Zündkerze und Zylinderkopf.

Der Flachdichtsitz hat einen unverlierbaren Außendichtring, der am Kerzenkörper angebracht ist. Beim Kegeldichtsitz ist keine zusätzliche Dichtung erforderlich. Bei beengten Einbauverhältnissen, wie beispielsweise in den A6-Motoren, werden meistens Zündkerzen mit Flachdichtsitz und kleiner Schlüsselweite des Sechskants verwendet. Kegeldichtsitzkerzen haben aufgrund ihrer kompakten Bauart kleinere Außenmaße.

Beim AUDI A6 müssen die Zündkerzen alle 60.000 km im Rahmen der Wartung gewechselt werden, siehe Kapitel »Wartung«.

Motronic-Einbauübersicht

1,8-l/125-PS-Motor

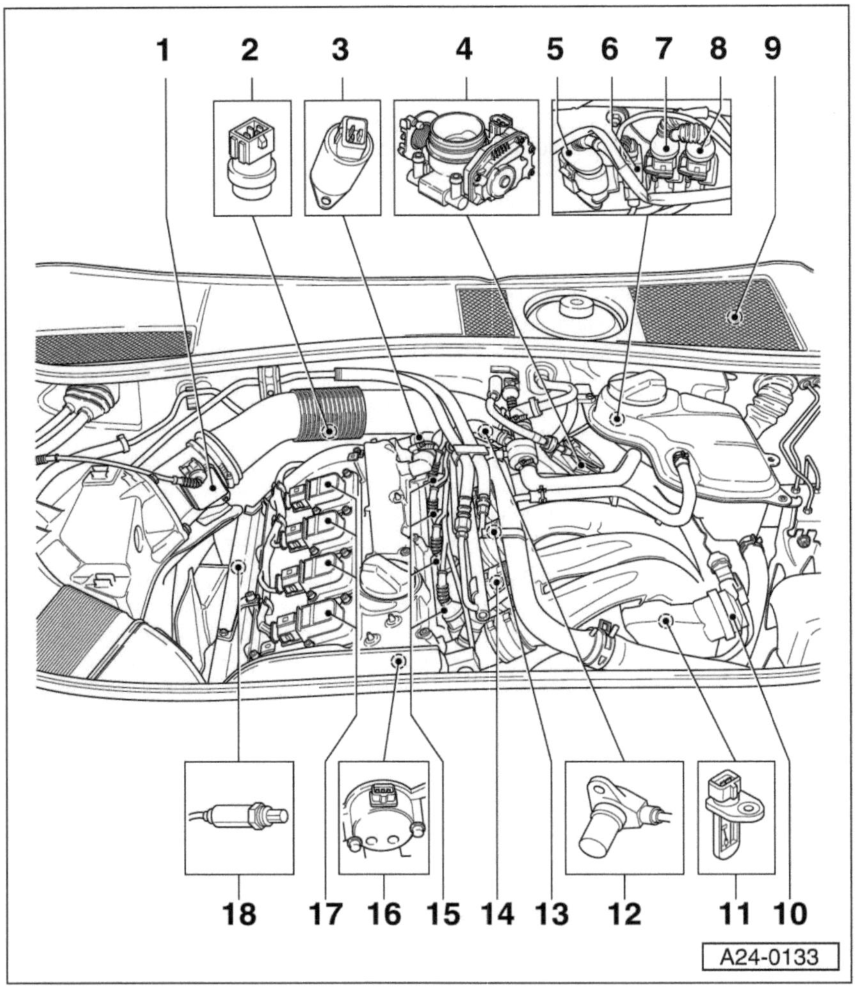

1 – **Luftmassenmesser**
2 – **Geber für Kühlmitteltemperatur**
3 – **Ventil für Nockenwellenverstellung**
4 – **Drosselklappen-Steuereinheit**
5 – **Steckverbindung** Für Lambdasonde.
6 – **Steckverbindung** Für Motordrehzahlgeber.
7 – **Steckverbindung** Für Klopfsensor 2.
8 – **Steckverbindung** Für Klopfsensor 1.
9 – **Elektronikbox** Mit dem Motronic-Steuergerät und einem Höhengeber.
10 – **Ventil für Registersaugrohr-Umschaltung**
11 – **Geber für Ansauglufttemperatur**
12 – **Geber für Motordrehzahl**
13 – **Klopfsensor 2**
14 – **Klopfsensor 1**
15 – **Einspritzventile**
16 – **Hallgeber**
17 – **Zündspulen mit Leistungsendstufen**
18 – **beheizte Lambdasonde**

Technische Daten Benzin-Einspritzanlage

Motor **Motor-Kennbuchstaben** Einspritzanlage		1,8 l **AJP** Motronic	1,8 l **ARH/AQE** Motronic	1,8 l **AEB** Motronic	1,8 l **ANB/APU/ AWT** Motronic	2,0 l **ALT** Motronic	2,4 l **AGA/ALF** Motronic	2,4 l **APS/ARJ** Motronic	2,8 l **ACK/ALG** Motronic	2,8 l **APR/AQD** Motronic
Leerlaufdrehzahl – Frontantrieb	1/min	720 – 800	770 – 870	860 – 950	740 – 860	700 – 960	670 – 850	670 – 770	740 – 860	720 – 820
– Allradantrieb	1/min	–	–	–	800 – 920[1]	–	–	–	660 – 780	670 – 770
CO-Gehalt	Vol.%	max. 0,5	max. 0,5	max. 0,5	max. 0,5	max. 0,5	max. 0,5	max. 0,5	max. 0,5	max. 0,5
Drehzahlbegrenzung	1/min	6800	6800	6800	6800	6500	6920	6800	6500	6800
Kraftstoff-Druckregler										
Kraftstoffdruck bei Leerlaufdrehzahl und										
Unterdruckschlauch **aufgesteckt**	bar	3,5	03,5	3,5	3,5	3,5	3,2 – 3,8	3,2 – 3,8	3,2 – 3,8	3,2 – 3,8
abgezogen	bar	4,0	4,0	4,0	4,0	4,0	3,8 – 4,2	3,8 – 4,2	3,8 – 4,2	3,8 – 4,2
Haltedruck nach 10 Minuten (bei 20° C)	bar	2,5	2,5	2,5	2,5	2,5	2,2	2,2	2,2	2,2
Einspritzventile										
Abspritzmenge/30 sec.	ml	85 – 105	85 – 105	85 – 105	125 – 145	85 – 105	90 – 125	90 – 125	90 – 125	90 – 125
Widerstand am einzeln. Ventil (bei 20° C)	Ω	11 –13	12 – 13	10 – 18	12 – 13	14 – 17	13 – 18	13,5 – 15,5	13,5 – 15,5	13,5 – 15,5

[1]) AWT/Allradantrieb: 760 – 860

Zünd- und Einspritzanlage prüfen

Für eine systematische Fehlersuche beziehungsweise Fehlerbehebung sind markenspezifische Meßgeräte erforderlich. Diese Meßgeräte sind sehr teuer und in der Regel nur in der Fachwerkstatt vorhanden. Deshalb wird hier nur eine Grundprüfung beschrieben:

- Spannung und Ladezustand der Batterie prüfen, siehe Seite 60.
- Alle Sicherungen prüfen, siehe Seite 56.
- Sämtliche Stecker und Steckverbindungen des betroffenen elektronischen Systems abziehen und aufstecken. Festen Sitz der Steckverbindungen und Fixierung der Kabel im Motorraum prüfen.
- Alle Masseverbindungen auf festen Sitz und einwandfreien Kontakt prüfen.
- Schläuche und Leitungen auf Undichtigkeiten prüfen. Dabei auf Porosität und Risse achten. Lockere Anschlüsse befestigen.

Störungsdiagnose Benzin-Einspritzanlage

Störungen in der Steuerelektronik lassen sich praktisch nur noch mit speziellen Meßgeräten herausfinden. Bevor anhand der Störungsdiagnose ein anderweitiger Fehler aufgespürt wird, müssen folgende Prüfvoraussetzungen erfüllt sein: Bedienungsfehler beim Starten ausschließen. Sowohl für den kalten wie warmen Motor gilt: Gaspedal während des Startvorgangs nicht betätigen.

Kraftstoff im Tank, Motor mechanisch in Ordnung, Batterie geladen, Anlasser dreht mit ausreichender Drehzahl, Zündanlage ist in Ordnung, keine Undichtigkeiten an der Kraftstoffanlage, Verschmutzungen im Kraftstoffsystem ausgeschlossen, Kurbelgehäuse-Entlüftung in Ordnung, elektrische Masseverbindungen (Motor-Getriebe-Aufbau) vorhanden. Fehlerspeicher abfragen (Werkstattarbeit). **Achtung:** Wenn Kraftstoffleitungen gelöst werden, müssen diese vorher mit Kaltreiniger oder Benzin gesäubert werden. Anschließend dicken Lappen darüberlegen, um eventuelle Kraftstoffspritzer aufzufangen. Schutzbrille tragen.

Störung	Ursache	Abhilfe
Motor springt nicht an.	Elektro-Kraftstoffpumpe läuft beim Betätigen des Anlassers nicht an (keine Laufgeräusche hörbar).	■ Prüfen, ob Spannung an der Pumpe anliegt. Elektrische Kontakte auf gute Leitfähigkeit überprüfen.
	Sicherung für Kraftstoffpumpe defekt.	■ Sicherung überprüfen.
	Kraftstoffpumpenrelais defekt.	■ Relais überprüfen.
	Einspritzventile erhalten keine Spannung.	■ Stecker von den Einspritzventilen abziehen, -Diodenprüflampe an Zuleitung anschließen und Starter betätigen. Prüflampe muß flackern.
Der kalte Motor springt schlecht an, läuft unrund.	Temperaturfühler defekt.	■ Temperaturfühler Kühlmittel/Ansaugluft prüfen (Werkstattarbeit).
Der Motor setzt aus.	Elektrische Verbindungen zur Kraftstoffpumpe zeitweise unterbrochen.	■ Steckverbindungen und Anschlüsse der Kraftstoffpumpe und dem Kraftstoffpumpen-Relais auf gute Leitfähigkeit prüfen.
	Kraftstoffilter verstopft.	■ Kraftstoffilter erneuern.
	Kraftstoffpumpe defekt.	■ Kraftstoffpumpe prüfen, ggf. erneuern.
	Einspritzdüse defekt.	■ Einspritzventile prüfen, erneuern (Werkstattarbeit).
Der Motor hat Übergangsstörungen.	Luftansaugsystem undicht.	■ Ansaugsystem prüfen. Dazu Motor im Leerlauf drehen lassen und Dichtstellen sowie Anschlüsse im Ansaugtrakt mit Benzin bestreichen. Wenn sich die Drehzahl kurzfristig erhöht, undichte Stelle beseitigen. **Achtung:** Benzindämpfe sind giftig, nicht einatmen!
	Kraftstoffsystem undicht.	■ Sichtprüfung an allen Verbindungsstellen im Bereich des Motors und der elektrischen Kraftstoffpumpe. Alle Anschlüsse nachziehen.
Der heiße Motor springt nicht an.	Druck im Kraftstoffsystem zu hoch.	■ Kraftstoffdruck prüfen lassen, gegebenenfalls Druckregler ersetzen.
	Rücklaufleitung zwischen Druckregler und Tank verstopft oder geknickt.	■ Leitung reinigen oder ersetzen.

Dieseleinspritzung

Bei den AUDI A6-Dieselmotoren kommt das elektronische Diesel-Motormanagement EDC von BOSCH zum Einsatz, welches die Einspritzmenge und den Einspritzzeitpunkt regelt. EDC = **E**lectronic **D**iesel **C**ontrol.

Die Vorteile des elektronischen Motormanagements:

- Eigendiagnose des Motormanagements, dadurch schnelleres Auffinden von Defekten. Das System ist mit einem Fehlerspeicher ausgestattet. Treten während des Betriebs Defekte auf, so werden diese im Speicher abgelegt. Sollte der Motor nicht einwandfrei arbeiten, so kann die Fachwerkstatt gegen Kostenerstattung eine Fehlerliste ausdrucken, damit gegebenenfalls der Defekt dann selbst behoben werden kann.
- Genau dosierte Kraftstoffmenge in jedem Betriebszustand des Motors, dadurch geringer Verbrauch bei guten Fahrleistungen.
- Reduzierung der Abgas-Schadstoffe durch exakte Kraftstoffzumessung und den Einsatz eines Katalysators.

Die Bauteile des Motormanagements sind langzeitstabil und praktisch wartungsfrei. Nur der Luftfiltereinsatz und der Kraftstoffilter müssen im Rahmen der Wartung gewechselt werden. Wesentliche Einstell- und Reparaturarbeiten können nur mit Hilfe von teuren Prüfgeräten durchgeführt werden, so daß diese Arbeiten nur noch von entsprechend ausgerüsteten Fachwerkstätten ausgeführt werden können.

Motorraum-Übersicht 1,9-l-TDI-Motor

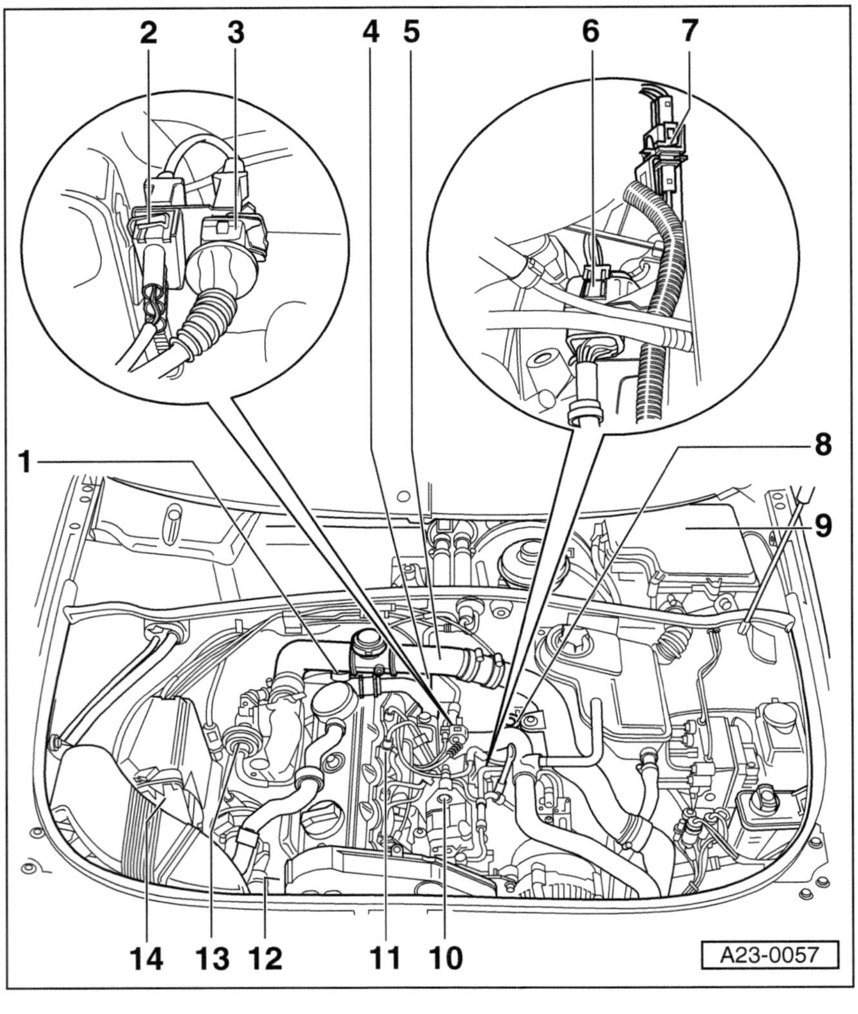

1 – **Geber für Ladeluftdruck mit Geber für Ladelufttemperatur**

2 – **Steckverbindung für Geber Motordrehzahl.**

3 – **Steckverbindung**
Für Geber Nadelhub.

4 – **Ventil für Abgasrückführung**

5 – **Geber für Kühlmitteltemperatur**

6 – **Steckverbindung Einspritzpumpe**
8poliger Stecker für Geber Kraftstofftemperatur, Mengensteller und Geber Regelschieberweg.

7 – **Steckverbindung Einspritzpumpe**
3poliger Stecker für Kraftstoffabschaltventil und Ventil für Einspritzbeginn.

8 – **Geber für Motordrehzahl**

9 – **Elektronikbox**
Mit Steuergerät für Diesel-Direkteinspritzanlage, Relais für Diesel-Direkteinspritzanlage und Sicherung für Glühkerzen.

10 – **Einspritzpumpe**
Mit Ventil für Einspritzbeginn, Kraftstoffabschaltventil, Geber für Kraftstofftemperatur.

11 – **Einspritzdüse mit Geber für Nadelhub**

12 – **Magnetventil**
Für Ladedruckbegrenzung.

13 – **Ventil für Abgasrückführung**

14 – **Luftmassenmesser**

Hinweis: Folgende Bauteile sind nicht dargestellt:

A – **Relais für Glühkerzen**
Einbauort, Zentralelektrik Relaisplatz 4, siehe Kapitel »Relaisbelegung«.

B – **Geber für Gaspedalstellung**
Einbauort: Am Pedalbock.

C – **Bremslichtschalter und Bremspedalschalter**
Einbauort: Am Pedalbock.

Das Einstellen von Leerlaufdrehzahl und Abregeldrehzahl ist im Rahmen der Fahrzeugwartung nicht erforderlich.

Motor		1,9-l-TDI	2,5-l-TDI
Leerlaufdrehzahl	1/min	780 – 900	680 – 860
Abregeldrehzahl	1/min	4800 – 5200	4500 – 5500

Diesel-Prinzip

Beim Dieselmotor wird reine Luft in die Zylinder angesaugt und dort sehr hoch verdichtet. Dadurch steigt die Temperatur in den Zylindern über die Zündtemperatur des Dieselöls an. Wenn der Kolben kurz vor dem Oberen Totpunkt steht, wird in die hochverdichtete und etwa +600° C heiße Luft Dieselöl eingespritzt. Das Dieselöl zündet von selbst, Zündkerzen sind also nicht erforderlich.

Bei sehr kaltem Motor kann es vorkommen, daß durch die Verdichtung die Zündtemperatur nicht erreicht wird. In diesem Fall muß vorgeglüht werden. Dazu befindet sich in jeder Wirbelkammer eine Glühkerze, die den Brennraum aufheizt. Die Dauer des Vorglühens ist abhängig von der Umgebungstemperatur und wird durch ein Vorglühzeit-Relais gesteuert.

Für die Einspritzung beim Dieselmotor gibt es unterschiedliche Verfahren:

Bei der **Wirbel- oder Vorkammereinspritzung** wird der Kraftstoff in die Vorkammer des betreffenden Zylinders eingespritzt. Das heiße Gemisch entzündet sich sofort. Die Sauerstoffmenge, die in der Vorkammer vorhanden ist, reicht aber nur zur Verbrennung eines Teils des eingespritzten Kraftstoffs. Der übrige, unverbrannte Teil wird durch den bei der Verbrennung entstandenen Überdruck in den Verbrennungsraum geblasen. Dort verbrennt der Kraftstoff vollständig.

Bei der **Direkteinspritzung** wird der Kraftstoff von der Hochdruck-Einspritzpumpe direkt in den Brennraum eingespritzt, und zwar in die Brennmulde im Kolben. Dabei baut die Einspritzpumpe einen Druck von ca. 900 bar auf, um den Kraftstoff in 2 Stufen einzuspritzen. Durch die Mehrstrahl-Einspritzdüsen erfolgt zunächst eine Voreinspritzung einer geringen Menge Kraftstoff. Dies verbessert die Zündbedingungen für die Hauptkraftstoffmenge. Dadurch ergibt sich eine weichere und somit leisere Verbrennung, ähnlich der bei der Wirbelkammereinspritzung. Das Motor-Steuergerät regelt dabei die Einspritzmenge vollelektronisch. Die Vorteile sind: Höhere Leistung bei geringerem Kraftstoffverbrauch.

Beim **Pumpe/Düse-Einspritzsystem** (1,9-l-Motor 115/130 PS) hat jeder Zylinder eine eigene Einspritzpumpe. Einspritzpumpe, Steuerventil und Einspritzdüse sind zu einem Bauteil zusammengefaßt, der sogenannten Pumpe/Düse-Einheit. Die über die Nockenwelle betätigten Einspritzpumpen erzeugen einen hohen Druck von ca. 2.000 bar, durch den der Kraftstoff sehr fein zerstäubt wird. Um den sich dabei stark erwärmenden Kraftstoff abzukühlen, ist im Kraftstoff-Rücklauf ein Kraftstoffkühler vorhanden.

Bevor der Kraftstoff in die Einspritzpumpe beziehungsweise zu den Pumpe-Düse-Einheiten gelangt, wird er im Kraftstoffilter von Verunreinigungen und Wasser befreit. Daher ist es äußerst wichtig, den Kraftstoffilter im Rahmen der Wartung regelmäßig zu entwässern beziehungsweise auszuwechseln.

Die Einspritzpumpe ist wartungsfrei. Alle beweglichen Teile werden mit Dieselöl geschmiert. Angetrieben wird die Einspritzpumpe durch einen Zahnriemen.

Funktionsweise der Diesel-Einspritzanlage

In der Diesel-Einspritzpumpe wird der Einspritzdruck aufgebaut und über die Einspritzleitungen und die Einspritzdüsen in den Brennraum eingespritzt.

Die Verbrennungsluft wird vom Motor über den Luftfilter angesaugt und durch den Abgasturbolader verdichtet, siehe Seite 232.

Das Motor-Steuergerät wertet die Signale verschiedener Geber aus, berechnet danach Einspritzmenge und Einspritzzeitpunkt und gibt entsprechende Befehle an die Stellglieder weiter. Dabei erfolgt eine Abstimmung des Steuergeräts mit anderen Fahrzeugsystemen, beispielsweise der Getriebesteuerung, Klimaanlage oder Wegfahrsperre.

- Der **Geber für Gaspedalstellung** sitzt an der Gaspedallagerung. Durch ein Potentiometer werden Informationen über die Gaspedalstellung an das Motor-Steuergerät übermittelt. Ein Gaszug zur Einspritzpumpe ist nicht vorhanden, daher auch die Bezeichnung »elektronisches Gaspedal«.
- Ein **Luftmassenmesser** mit integriertem Ansaugluft-Temperaturfühler mißt die angesaugte Luftmenge.
- Durch den **Kurbelwellen-Impulsgeber** wird die Motordrehzahl erfaßt.
- Durch den **Geber für Nadelhub** an einer Einspritzdüse wird der tatsächliche Einspritzbeginn erfaßt und die last- und drehzahlabhängige Einspritzverstellung gesteuert.
- Der **Geber für Ladeluftdruck** mißt den Druck im Einlaßkrümmer. Seine Signale sorgen für eine Begrenzung der Einspritzmenge, wenn die Ladedruckregelung oder der Luftmassenmesser ausfällt.
- Die **Abgasrückführung** (AGR) führt je nach Motor-Betriebszustand über ein geregeltes Ventil eine bestimmte Menge Abgas wieder der Ansaugluft zu. Dadurch wird die Verbrennungstemperatur abgesenkt. Je niedriger die Verbrennungstemperatur ist, desto weniger giftige Stickoxid-Anteile bilden sich im Abgas.
- Der **Kupplungspedalschalter** dient zur Vermeidung von Lastwechselschlägen und Ruckeln beim Auskuppeln.
- Der **Bremspedalschalter** sorgt zusammen mit dem Bremslichtschalter für ein Abregeln des Motors auf Leerlaufdrehzahl, falls der Geber für Gaspedalstellung ausfällt und der Fahrer das Fahrzeug abbremst.
- Aufgrund der guten Kaltstarteigenschaften des Direkteinspritzers ist ein **Vorglühen** überwiegend erst bei Temperaturen unter ca. –10° C erforderlich. Die Glühkerzen werden vom Steuergerät über ein Relais geschaltet.

Kraftstoffilter-Vorwärmanlage

Mit abnehmenden Außentemperaturen verringert sich das Fließvermögen des Dieselkraftstoffes durch Paraffin-Ausscheidung. Der Dieselkraftstoff kann dickflüssig wie Honig werden. Aus diesem Grund werden von den Mineralölfirmen dem Diesel im Winter Zusätze beigemischt, die das Fließverhalten heraufsetzen und ein Starten bis etwa –15° C beziehungsweise –22° C (Super-Diesel) garantieren.

Nicht immer reichen jedoch diese Zusätze für einen störungsfreien Betrieb aus, daher wird der Kraftstoffilter vorgewärmt. Das geschieht durch den zuviel geförderten Kraftstoff, der normalerweise von der Einspritzpumpe in den Tank zurückfließt. Dieser Kraftstoff erwärmt sich beim Durchfluß durch die Einspritzpumpe. In der Kraftstoffrücklaufleitung befindet sich ein Regelventil, welches in Abhängigkeit von der Filtertemperatur den erwärmten Kraftstoff umleitet. Bei Temperaturen unter +15° C wird der wärmere Kraftstoff von der Einspritzpumpe in den Filter geleitet. Steigt die Kraftstofftemperatur im Filter auf über +31° C, schaltet das Regelventil um, und der zuviel geförderte Kraftstoff gelangt über die Rücklaufleitung direkt in den Tank. Das Regelventil sitzt oben im Kraftstoffilter.

Glühkerzen prüfen/aus- und einbauen

Prüfvoraussetzungen:

- Batteriespannung beträgt mindestens 11,5 V.
- Sicherung für Glühkerzen ist in Ordnung. Sicherungsbelegung, siehe Kapitel »Elektrische Anlage«.

Prüfen

- Zündung ausschalten.
- Glühkerzenstecker von den Glühkerzen abziehen.

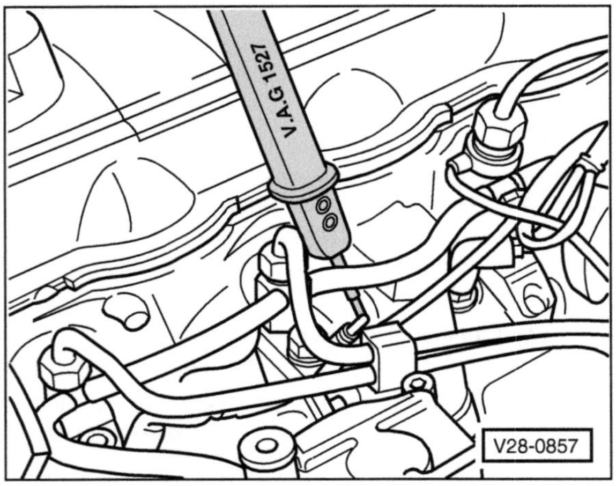

- Diodenprüflampe an den Pluspol der Batterie (+) anklemmen und nacheinander an jede Glühkerze anlegen.
  Diode leuchtet: Glühkerze ist in Ordnung.
  Diode leuchtet nicht: Glühkerze ist defekt, ersetzen.

Hinweis: In der Abbildung ist die Prüfung beim 4-Zylinder-Dieselmotor dargestellt.

Ausbau

- Elektrische Leitungen an den Glühkerzen abschrauben.
- Glühkerzen herausschrauben. **Achtung:** Dazu wird ein Gelenkschlüssel, zum Beispiel HAZET-2530 oder VW-3220, benötigt.

Einbau

- Glühkerze einschrauben und mit **15 Nm** festziehen.

Achtung: Anzugsdrehmoment **nicht** überschreiten, sonst wird der Ringspalt zwischen Glühstab und Gewindeteil der Glühkerze zugezogen. Dies führt zu vorzeitigem Ausfall der Glühkerze.

- Elektrische Leitungen anschrauben.

Einspritzdüsen aus- und einbauen

1,9-l-TDI 110 PS/2,5-l-TDI

Defekte Einspritzdüsen können zu starkem Klopfen des Motors führen und Lagerschäden vermuten lassen. Bei derartigen Beanstandungen Motor im Leerlauf laufen lassen und Einspritzleitungs-Überwurfmuttern der Reihe nach lösen. Verschwindet das Klopfen nach dem Lösen einer Überwurfmutter, so zeigt dies eine defekte Düse an. Geprüft werden kann die Einspritzdüse mit Hilfe eines Manometers (Werkstattarbeit).

Achtung: Defekte Düsen müssen ersetzt werden, da weder Druckeinstellung noch Instandsetzungen möglich sind.

Die ersten Anzeichen von Düsenstörungen treten wie folgt auf:

- Leistungsabfall des Motors
- Übermäßig starker schwarzer Auspuffqualm
- Verstärkter Blaurauch beim Kaltstart
- Hoher Kraftstoffverbrauch
- Motor überhitzt
- Klopfen in einem oder mehreren Zylindern
- Fehlzündungen

Ausbau

- Einspritzleitungen mit Kaltreiniger reinigen.

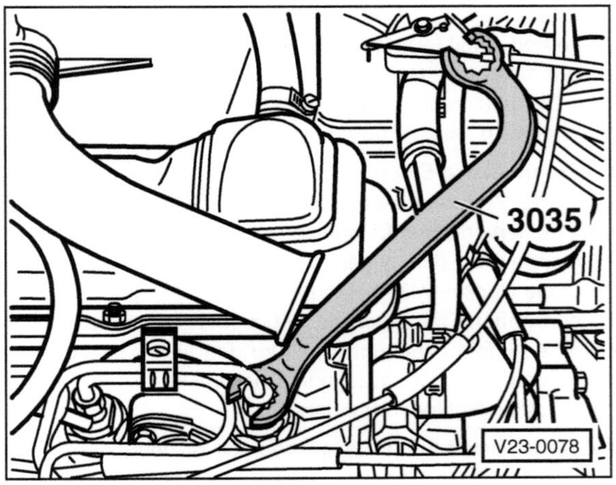

- Einspritzleitungen komplett ausbauen, dazu Überwurfmuttern mit offenem Ringschlüssel, zum Beispiel HAZET 4560 oder VW-3035, lösen. **Achtung:** Biegeform nicht verändern. Leitungssatz immer komplett ausbauen. **Hinweis:** In der Abbildung ist der Ausbau beim 1,9-l-TDI-Motor dargestellt.
- Leckölleitungen zwischen den Einspritzdüsen abschrauben.
- **V6 2,5-l-TDI-Motor:** Zylinderkopfdeckel ausbauen.

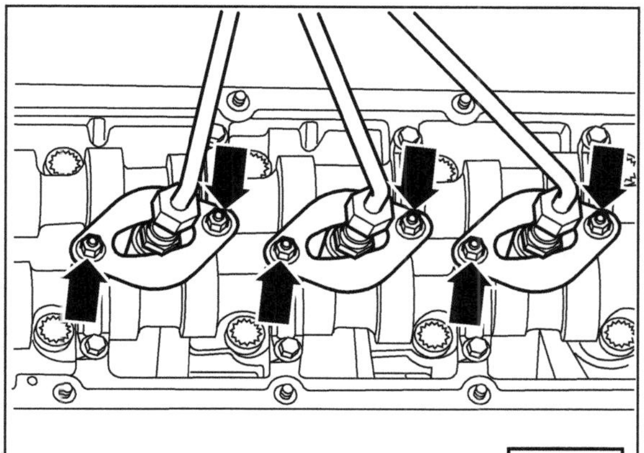

A23-0054

- Spannbügel für Einspritzdüsen abschrauben –Pfeile– und Einspritzdüse herausziehen. Falls sich die Einspritzdüse nicht herausziehen läßt, nachfolgende Hinweise beachten. **Hinweis:** In der Abbildung ist der Ausbau beim V6-Dieselmotor dargestellt.

1,9-l-TDI-Motor:

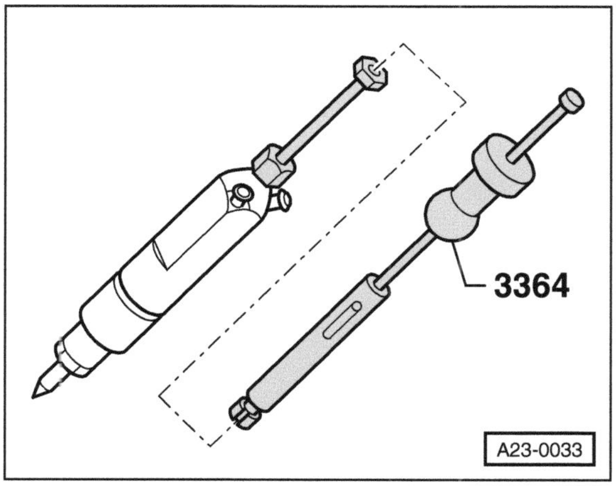

A23-0033

Achtung: Festsitzende Einspritzdüsen können mit einem Schlagauszieher, zum Beispiel AUDI 3364 oder Hazet 1966, herausgezogen werden. Zum Ansetzen des Schlagausziehers ein Hilfswerkzeug anfertigen, welches auf die Einspritzdüse aufgeschraubt wird, siehe Abbildung.

Hilfswerkzeug folgendermaßen anfertigen: Eine alte Einspritzleitung ca. 5 cm hinter der Düsen-Überwurfmutter absägen. Durch Hartlöten eine M6-Mutter am abgesägten Ende des Leitungsstücks befestigen. **Achtung:** Angefertigtes Werkzeug gründlich reinigen, durch eindringenden Schmutz wird die Einspritzdüse unbrauchbar!

- Hilfswerkzeug auf die festsitzende Einspritzdüse schrauben und Schlagauszieher an der angelöteten Mutter des Hilfswerkzeugs ansetzen. Einspritzdüse herausziehen.

V6 2,5-l-TDI-Motor:

- **Schaltgetriebe:** Sollte ein Nocken der Nockenwelle das Herausziehen einer Einspritzdüse behindern, 4. Gang einlegen. Fahrzeug verschieben und dadurch Motor verdrehen, bis der Nocken nicht mehr im Weg ist.
- **Automatikgetriebe:** Sollte ein Nocken der Nockenwelle das Herausziehen einer Einspritzdüse behindern, Spannbügel für alle Einspritzdüsen wieder anschrauben. Mehrfachstecker von der Einspritzpumpe abziehen. Anlasser kurz betätigen, bis der Nocken nicht mehr im Weg ist. **Achtung:** Anlasser nur betätigen, wenn alle Einspritzdüsen durch Spannbügel befestigt sind und der Mehrfachstecker von der Einspritzpumpe abgezogen ist.

- Wärmeschutzdichtung abnehmen.

Einbau

- Grundsätzlich **neue** Wärmeschutzdichtung zwischen Zylinderkopf und Einspritzdüse verwenden.
- Einspritzdüse einsetzen.
- Spannbügel für Einspritzdüse auflegen. Beim 4-Zylinder-Dieselmotor dabei auf richtigen Sitz des Lagerbockes achten.
- Muttern für Einspritzdüsen-Spannbügel beim 1,9-l-TDI-Motor mit **20 Nm,** beim V6 2,5-l-TDI-Motor mit **10 Nm** festziehen.
- **V6 2,5-l-TDI-Motor:** Zylinderkopfdeckel einbauen und mit **10 Nm** anschrauben.
- Leckölleitungen zwischen den Einspritzdüsen anschrauben.
- Einspritzleitungen beim 1,9-l-TDI-Motor mit **25 Nm,** beim V6 2,5-l-TDI-Motor mit **30 Nm** festziehen.

Störungsdiagnose Diesel-Einspritzanlage

Bevor anhand der Störungsdiagnose der Fehler aufgespürt wird, müssen folgende Prüfvoraussetzungen erfüllt sein: Bedienungsfehler beim Starten ausgeschlossen. Kraftstoff im Tank, Kraftstoffanlage entlüftet, Kompression in Ordnung, Batterie geladen, Anlasser dreht mit ausreichender Drehzahl. Störungen in der Steuerelektronik lassen sich praktisch nur noch mit speziellen Meßgeräten herausfinden. **Achtung:** Wenn Kraftstoffleitungen gelöst werden, diese vorher mit Kaltreiniger säubern.

Störung	Ursache	Abhilfe
1. Motor springt nicht oder schlecht an.	1. Kraftstoffversorgung defekt.	■ Prüfen, ob Kraftstoff gefördert wird.
	a) Kraftstoffleitungen geknickt, verstopft, undicht, porös.	■ Kraftstoffleitungen reinigen.
	b) Kraftstoffilter verstopft.	■ Kraftstoffilter ersetzen.
	c) Im Winter: Eis oder Wachs in Filter und Leitungen, Filterheizung defekt.	■ Fahrzeug in beheizte Garage schieben, Vorwärmanlage für Kraftstoffilter prüfen.
	d) Tankbelüftung verschlossen. Kraftstoffsieb im Tank verschmutzt.	■ Reinigen.
	2. Einspritzdüsen defekt.	■ Einspritzdüsen prüfen, Überwurfmuttern nacheinander lösen und prüfen, ob die Zylinder arbeiten (Werkstattarbeit).
2. Motor ruckelt im Leerlauf, beim Anfahren.	1. Kraftstoffschläuche an der Kraftstoffpumpe bzw. am Kraftstoffilter lose.-	■ Kraftstoffschläuche ersetzen, mit Schlauchschellen befestigen, Hohlschrauben anziehen.
	2. Zu- und Rücklaufleitung an der Einspritzpumpe vertauscht.	■ Anschlüsse der Kraftstoffleitungen prüfen.
	3. Wie unter 1.1 – 2.	■ Wie unter 1.1 – 2.
3. Kraftstoffverbrauch zu hoch.	1. Luftfilter verschmutzt.	■ Filtereinsatz ersetzen.
	2. Kraftstoffanlage undicht.	■ Sichtprüfung an allen Kraftstoffleitungen durchführen.
	3. Rücklaufleitung verstopft.	■ Rücklaufleitung von Einspritzpumpe zum Kraftstoffbehälter mit Luft durchblasen.
	4. Leerlauf- bzw. Höchstdrehzahl zu hoch.	■ Prüfen, Fehlerspeicher auslesen lassen.
	5. Motor hat mechanische Fehler.	■ Kompression prüfen, ggf. Motor überholen. Verengung in der Abgasanlage beseitigen.
	6. Wie unter 1.2.	■ Wie unter 1.2.

Abgasanlage

Aus dem Inhalt:

- **Katalysatorsysteme**
- **Abgasanlage demontieren**
- **Abgasanlage prüfen**
- **Abgasanlagen-Übersicht**

Die Abgasanlage besteht aus folgenden Teilen: Turbolader (nur TDI- und 150-PS-Benzinmotor), Abgaskrümmer, Katalysator, vorderes Abgasrohr sowie Mittel- und Nachschalldämpfer. In Abhängigkeit von der Motorisierung und dem Antrieb weisen die Abgasanlagen Unterschiede auf. Bei Allradfahrzeugen mit V6-Motor ist die Abgasanlage durchgehend zweiflutig, das heißt es sind 2 Abgasrohre und 2 Katalysatoren vorhanden. Andere allradgetriebene Fahrzeuge haben ein doppeltes Endrohr mit zwei Nachschalldämpfern.

Mittel- und Nachschalldämpfer sind serienmäßig miteinander verschweißt. Sie können im Reparaturfall getrennt werden und sind einzeln als Ersatzteil erhältlich. Die Teile der Abgasanlage sind miteinander verschraubt beziehungsweise mit Klemmschellen verbunden und lassen sich einzeln auswechseln. Selbstsichernde Muttern und Dichtungen sind nach dem Ausbau zu ersetzen. Halteringe und Gummipuffer auf Porosität und Beschädigung prüfen, gegebenenfalls auswechseln.

Funktion des Katalysators

Alle Motoren sind mit einem oder mehreren Katalysatoren zur Abgasreinigung ausgestattet.

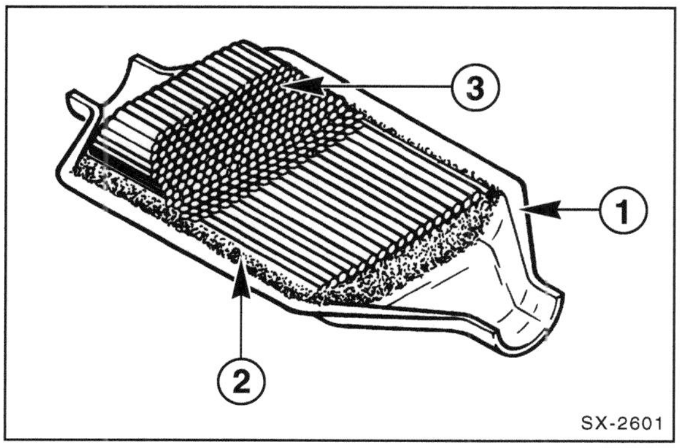

Der Katalysator besteht aus einem Keramik-Wabenkörper –3–, der mit einer Trägerschicht überzogen ist. Auf der Trägerschicht befinden sich Edelmetallsalze, die den Umwandlungsprozeß bewirken. Im Gehäuse –1– wird der Katalysator durch eine Isolations-Stützmatte –2– fixiert, die außerdem Wärmeausdehnungen ausgleicht.

Benzinmotoren

Damit der Katalysator die Schadstoffe optimal reduzieren kann, muß die Einspritzanlage mit Hilfe der Lambdasonde die Kraftstoffmenge für die Verbrennung exakt dosieren. Die Lambdasonde sitzt im Abgasrohr vor dem Katalysator und wird vom Abgasstrom umspült. Bei der Lambdasonde handelt es sich um einen elektrischen Meßfühler, der den Restgehalt an Sauerstoff im Abgas durch elektrische Spannungsschwankungen anzeigt und Rückschlüsse auf die Zusammensetzung des Luft-Kraftstoff-Gemisches ermöglicht. In Bruchteilen von Sekunden kann die Lambdasonde entsprechende Signale an die Steuereinheit der Einspritzanlage weitergeben und dadurch das Kraftstoff-Luftverhältnis ständig verändern. Das ist einerseits erforderlich, da sich ja die Betriebsverhältnisse (Leerlauf, Vollgas) ständig ändern, zum anderen aber auch, weil nur dann eine optimale Nachverbrennung im Katalysator erfolgt, wenn noch genügend Kraftstoffanteile im Motorabgas vorhanden sind.

Damit es also bei einer Temperatur von +300° bis +800° C im Katalysator überhaupt zu einer Nachverbrennung kommen kann, muß das Kraftstoff-Luftgemisch mehr Kraftstoffanteile aufweisen, als für die reine Verbrennung erforderlich wären.

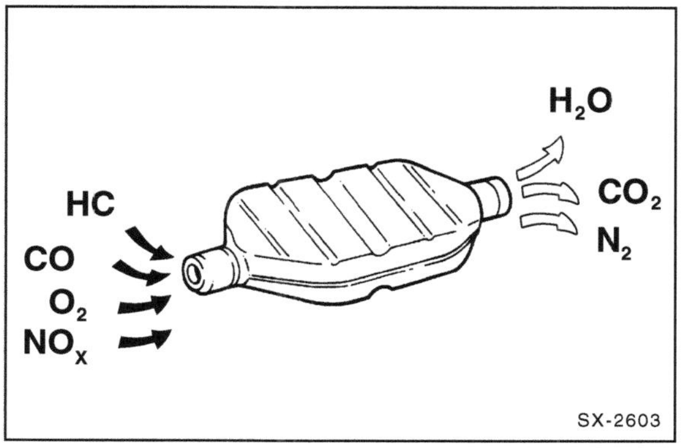

Bei den verwendeten Katalysatoren für Benzinmotoren handelt es sich um sogenannte 3-Wege-Katalysatoren. Das bedeutet, daß aufgrund der Lambda-Regelung die Oxidation von Kohlenmonoxid (CO) und Kohlenwasserstoffen (HC) sowie die Reduktion der Stickoxide (NO_X) gleichzeitig durchgeführt werden.

Katalysator und Abgasrückführung beim Dieselmotor

Bei den Katalysatoren für die Dieselfahrzeuge handelt es sich um Oxidationskatalysatoren. Eine Lambda-Regelung ist hier nicht erforderlich. Die Oxidationskatalysatoren reduzieren hauptsächlich die im Abgas enthaltenen Kohlenmonoxid- und Kohlenwasserstoff-Anteile. Außerdem vermindern sie den typischen Diesel-Abgasgeruch.

Der Anteil von Stickoxiden (NO_X) im Abgas wird beim Dieselmotor durch ein zusätzliches Abgas-Rückführungssystem (EGR-System) auf geringem Niveau gehalten.

Das Abgasrückführungsventil (EGR-Ventil) sitzt am Ansaugkrümmer und wird über Unterdruck angesteuert. Seine Aufgabe besteht darin, bei heißem Motor einen Teil der Abgase in die Verbrennungsräume des Motors zurückzuführen, um die Verbrennungstemperatur zu mindern und dadurch den Schadstoffanteil der Abgase zu reduzieren.

Der richtige Umgang mit Katalysator-Fahrzeugen

Um Beschädigungen an der Lambdasonde und am Katalysator zu vermeiden, sind folgende Hinweise unbedingt zu beachten:

Benzinmotoren

- Grundsätzlich nur bleifreies Benzin tanken.
- Das Anlassen des **betriebswarmen** Benzinmotors durch Anschieben oder Anschleppen ist nur in einem Versuch und über eine Strecke von maximal **50 Metern** erlaubt. Besser: Starthilfekabel verwenden. Unverbrannter Kraftstoff könnte bei einer Zündung zur Überhitzung des Katalysators und zu seiner Zerstörung führen.
- Bei Startschwierigkeiten nicht unnötig lange den Anlasser betätigen. Während des Anlassens wird permanent Kraftstoff eingespritzt. Fehlerursache ermitteln und beseitigen.
- Kraftstofftank nie ganz leerfahren.
- Treten Zündaussetzer auf, hohe Motor-Drehzahlen vermeiden und Fehler umgehend beheben. Bei der Fehleridentifizierung muß verhindert werden, daß während der Betätigung des Anlassers Kraftstoff eingespritzt wird. Dazu das Steuerrelais der Kraftstoffeinspritzung beziehungsweise das Kraftstoffpumpenrelais abziehen.
- Nur die vom Automobilhersteller vorgeschriebenen Zündkerzen verwenden.
- Keine Funkenprüfung mit abgezogenem Zündkerzenstecker durchführen.
- Es darf kein Zylindervergleich (Balancetest) durch Zündabschaltung eines Zylinders durchgeführt werden. Bei Zündabschaltung einzelner Zylinder – auch über Motortester – gelangt unverbrannter Kraftstoff in den Katalysator.

Benzin- und Dieselmotoren

- Fahrzeug nicht über trockenem Laub, Gras oder auf einem Stoppelfeld abstellen. Die Abgasanlage wird im Bereich des Katalysators sehr heiß und strahlt die Wärme auch nach Abstellen des Motors noch ab.
- Keinen Unterbodenschutz auf die Abgasanlage bringen.
- Die Hitzeschutzbleche der Abgasanlage dürfen nicht verändert werden.
- Beim Ein- oder Nachfüllen von Motoröl besonders darauf achten, daß auf keinen Fall die Maximum-Markierung am Ölpeilstab überschritten wird. Das überschüssige Öl gelangt sonst aufgrund unvollständiger Verbrennung in den Katalysator und kann das Edelmetall beschädigen oder den Katalysator vollständig zerstören.

Der Abgasturbolader

Die Dieselmotoren und verschiedene Benzinmotoren sind mit einem oder zwei Abgas-Turboladern ausgerüstet.

Beim Turbolader sitzen auf einer Welle zwei Turbinenräder, die in zwei voneinander getrennten Gehäusen untergebracht sind. Für den Antrieb der Turbinenräder sorgen die Abgase. Sie bringen die Laderwelle auf bis zu 300.000 Umdrehungen in der Minute. Und da Abgas- und Frischluftrotor auf gleicher Welle sitzen, wird mit gleicher Drehzahl Frischluft in die Zylinder gedrückt. Zur Schmierung ist der Lader an den Ölkreislauf des Motors angeschlossen, beim Benziner wird er zusätzlich durch Kühlmittel gekühlt.

Aufgrund des guten Füllungsgrades lassen sich bei vorhandenen Motoren Leistungszuwachsraten von bis zu 100 Prozent verwirklichen. Abhängig ist der Leistungszuwachs unter anderem vom Ladedruck, der bei einem Pkw-Motor zwischen 0,4 bis 0,8 bar (Reifenfülldruck etwa 1,8 bar) liegt. Der Ladedruck wird über einen Druckfühler laufend vom Steuergerät überprüft und geregelt. Dadurch ist auch sichergestellt, daß ein maximaler Ladedruck nicht überschritten wird.

Neben der Motorleistung steigt bei der Verwendung eines Abgasladers auch das Drehmoment an, was vor allem im Hinblick auf einen elastischen Motorlauf wünschenswert ist. Voraussetzung ist allerdings, daß die Laderwelle mit ausreichender Drehzahl rotiert und somit einen ordentlichen Füllungsgrad garantiert. Deswegen ist beim Benziner ein relativ kleiner Turbolader eingebaut, der schon bei geringen Motordrehzahlen anspricht und das Drehmoment steigert.

Zwischen Turbolader und Einlaßkanal des Motors befindet sich ein Ladeluftkühler, der die vorverdichtete Luft abkühlt. Dadurch wird die Leistung erhöht, weil kühle Luft durch die höhere Luftdichte einen höheren Sauerstoffanteil besitzt.

Im Dieselmotor sorgt ein VTG-Turbolader (VTG = Variable Turbinen-Geometrie) für zusätzliche Leistung. Der Abgaslader besitzt verstellbare Leitschaufeln, die vom Motorsteuergerät über ein Magnetventil und eine Unterdruckdose stufenlos geregelt werden. Dadurch kann bei allen Drehzahlen der optimale Ladedruck erzeugt werden, was zu höherem Drehmoment und damit zu mehr Leistung führt, insbesondere bei niedrigen Drehzahlen.

Gegenüber dem Ottomotor ist es beim Dieseltriebwerk nicht erforderlich, aufgrund der Aufladung die normale Verdichtung zu verringern, so daß auch im unteren Drehzahlbereich der eingespritzte Kraftstoff vollständig ausgenutzt wird.

Der Turbolader ist ein äußerst präzise hergestelltes Bauteil. Deshalb wird er in der Regel bei einem Defekt komplett ausgetauscht.

Die Abgasanlagen im AUDI A6

1,8-l-Benzinmotor mit Frontantrieb

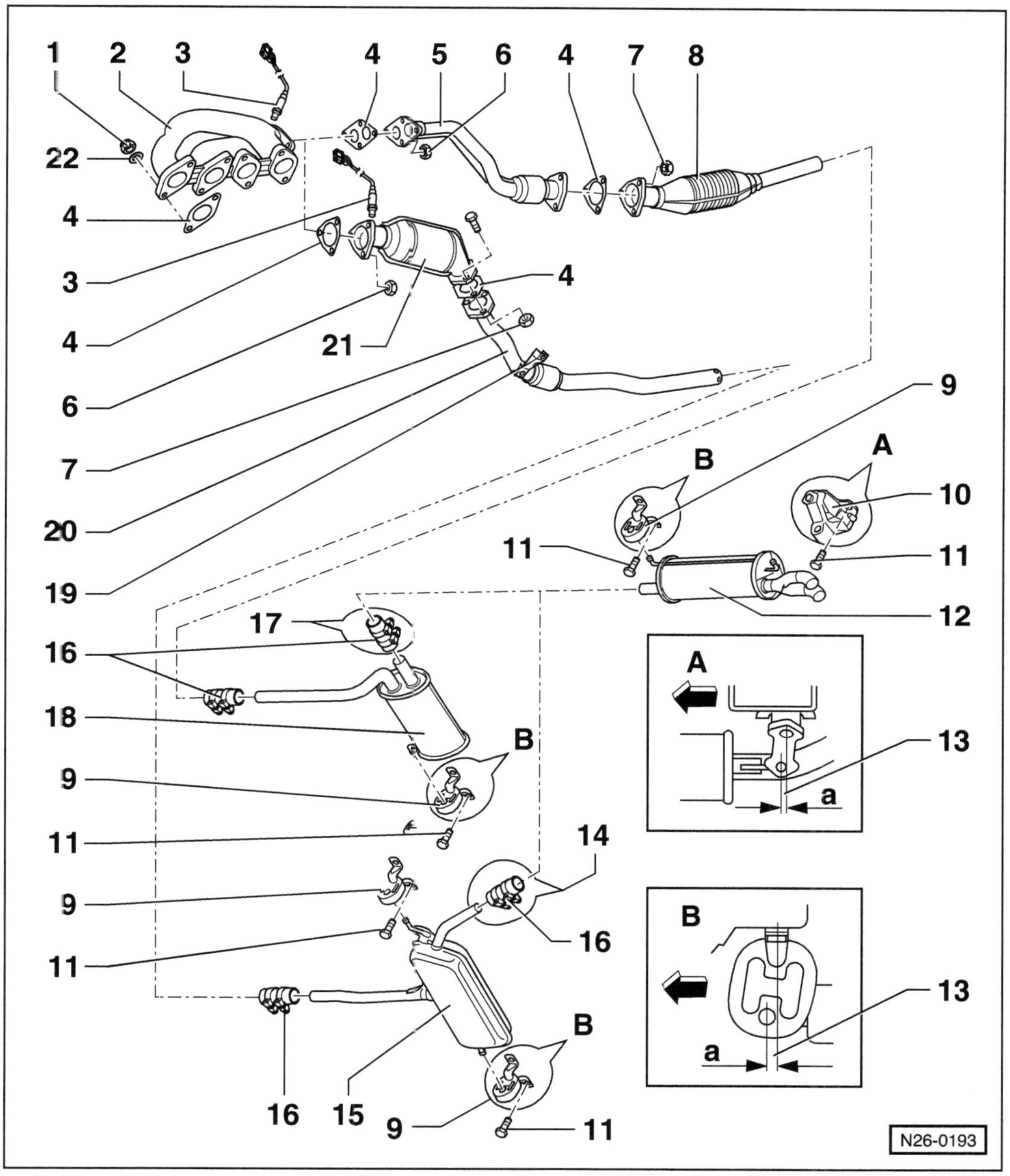

1 – **Mutter, 25 Nm**

2 – **Abgaskrümmer** (Motor AJP)

3 – **Lambdasonde, 50 Nm**
Gewinde mit »G052 112 A3« von AUDI fetten. Neue Lambdasonden sind bereits damit gefettet.

4 – **Dichtung**

5 – **Abgasrohr vorn**

6 – **Mutter, 30 Nm**

7 – **Mutter, 25 Nm**

8 – **Katalysator**

9 – **Halteschlaufe**

10 – **Aufhängung**

11 – **Schraube, 25 Nm**

12 – **Nachschalldämpfer**

13 – **Maß –a– = ca. 7 mm bis 9 mm**
Vorspannung bei kalter Abgasanlage. Der Pfeil zeigt in Fahrtrichtung.

14 – **Trennstelle**
Turbomotor, durch Nut gekennzeichnet.

15 – **Mittelschalldämpfer, Turbomotor**

16 – **Klemmschelle, 40 Nm**

17 – **Trennstelle**
Für Motoren außer Turbomotor, durch Nut gekennzeichnet.

18 – **Mittelschalldämpfer**

19 – **Aufhängung**
Nur Turbomotor.

20 – **Abgasrohr vorn**
Nur Turbomotor.

21 – **Katalysator**
Nur Turbomotor.

22 – **Unterlegscheibe**

1,9-l-TDI-Motor 110 PS mit Frontantrieb

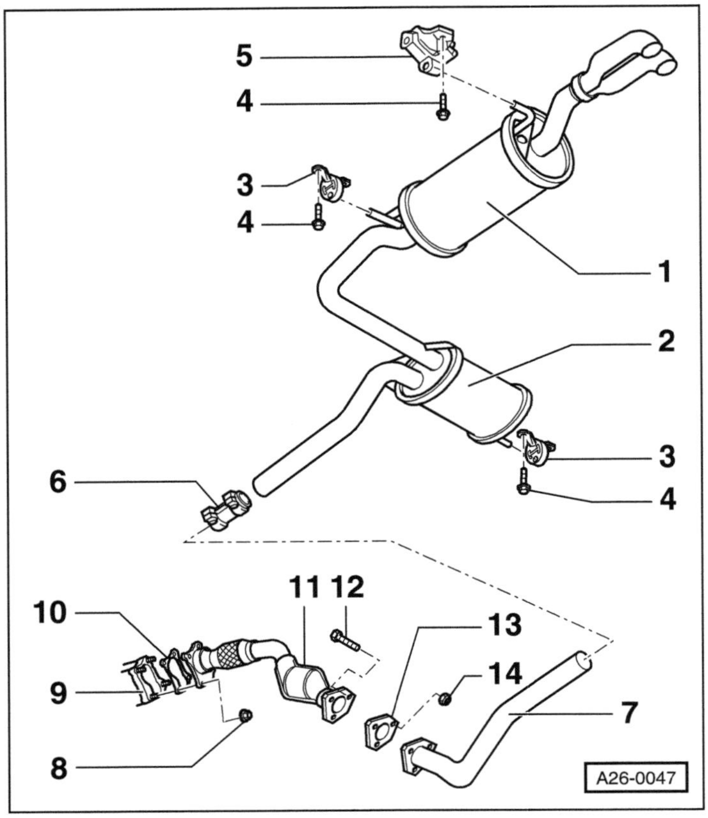

1 – **Nachschalldämpfer**

2 – **Mittelschalldämpfer**
Trennstelle für Ersatzteil-Schalldämpfer ca. 140 mm bis 150 mm vor dem Mittelschalldämpfer.

3 – **Halteschlaufe**

4 – **Schraube, 25 Nm**

5 – **Aufhängung**

6 – **Klemmschelle, 40 Nm**

7 – **Zwischenrohr**

8 – **Mutter, 25 Nm**

9 – **Abgasturbolader**

10 – **Dichtung**

11 – **Katalysator**

12 – **Schraube, 25 Nm**

13 – **Dichtung**

14 – **Mutter, 25 Nm**

V6-Dieselmotor mit Frontantrieb

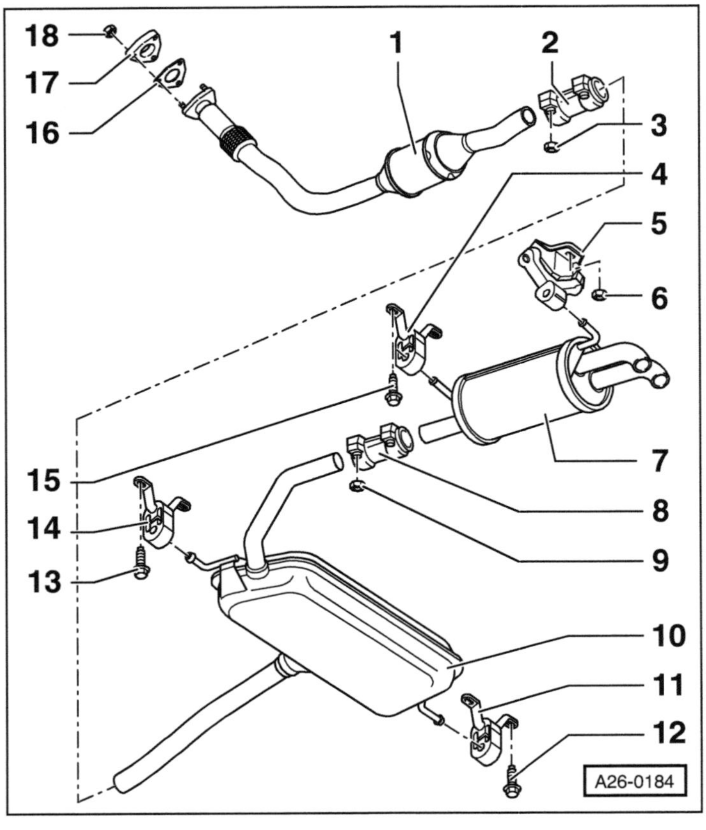

1 – **Katalysator**

2 – **Klemmschelle**

3 – **Mutter, 40 Nm**

4 – **Aufhängung**

5 – **Aufhängung**

6 – **Mutter, 25 Nm**

7 – **Nachschalldämpfer**

8 – **Klemmschelle**

9 – **Mutter, 40 Nm**

10 – **Vorschalldämpfer**

11 – **Aufhängung**

12 – **Schraube, 25 Nm**

13 – **Schraube, 25 Nm**

14 – **Aufhängung**

15 – **Schraube, 25 Nm**

16 – **Dichtung**
Immer erneuern.

17 – **Abgasturbolader**

18 – **Mutter, 25 Nm**

V6-Benzinmotor

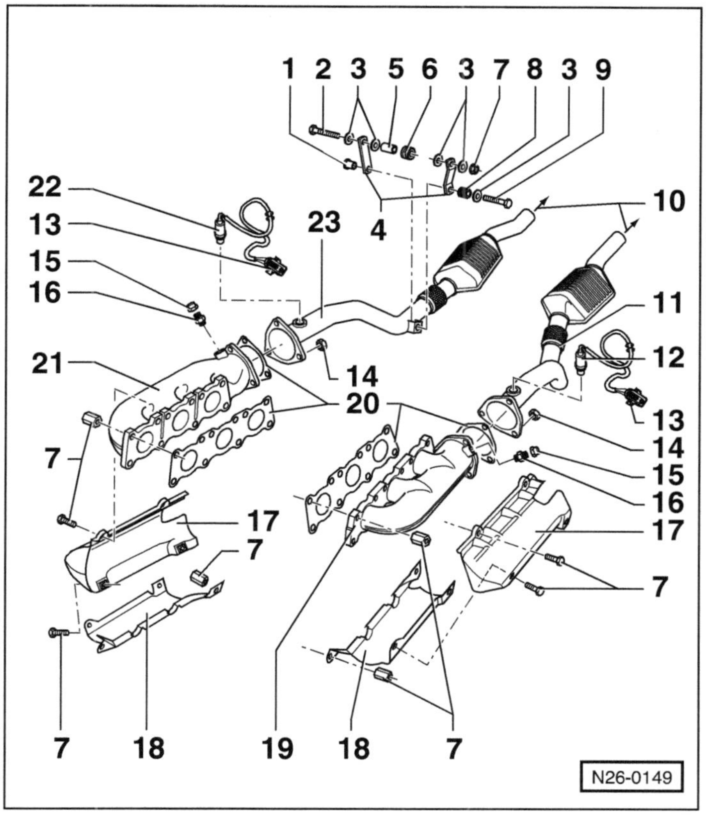

Abgaskrümmer/Abgasrohr vorn

1 – **Distanzhülse**
2 – **Schraube**
3 – **Scheibe**
4 – **Halter**
5 – **Distanzbuchse**
6 – **Gummibuchse**
7 – **Mutter, 25 Nm**
8 – **Feder**
9 – **Schraube, 25 Nm**
10 – **zum Mittelschalldämpfer**
11 – **Abgasrohr links mit Katalysator**
12 – **Lambdasonde Nr. 2, 50 Nm**
Gewinde mit »G052 112 A3« von AUDI fetten.
13 – **4fach-Steckverbindung**
Schwarz, an Spritzwand befestigt.
14 – **Mutter, 25 Nm**
15 – **Abdeckkappe, 10 Nm**
16 – **Stutzen**
17 – **Abschirmblech oben**
18 – **Abschirmblech unten**
19 – **Abgaskrümmer links**
20 – **Dichtung**
Immer erneuern.
21 – **Abgaskrümmer rechts**
22 – **Lambdasonde Nr. 1, 50 Nm**
Gewinde mit »G052 112 A3« von AUDI fetten.
23 – **Abgasrohr rechts mit Katalysator**

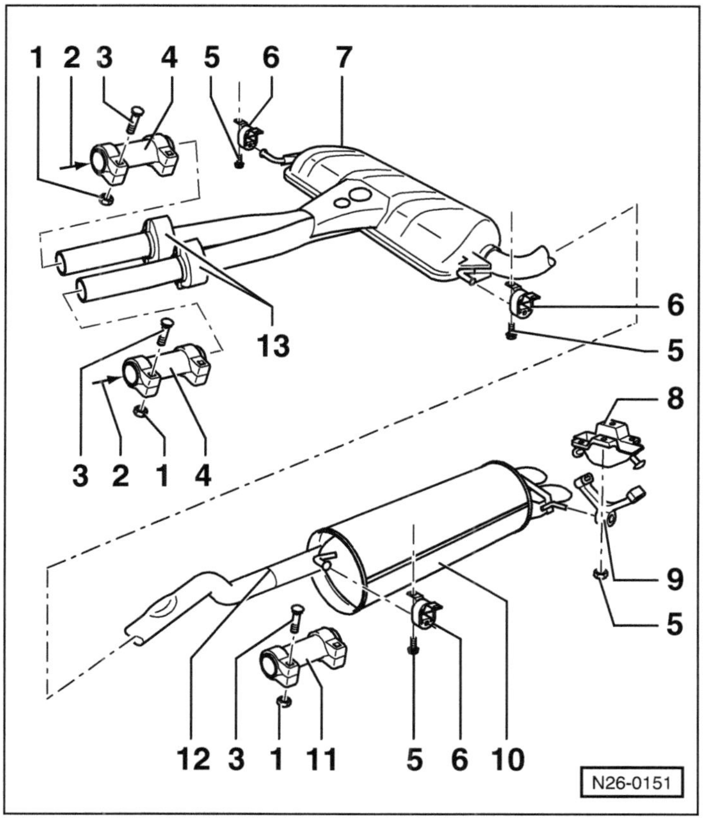

Abgasrohr hinten, Frontantrieb

Hinweis: Das hintere Abgasrohr bei Allradantrieb ist ähnlich wie bei den anderen Fahrzeugen mit Allradantrieb ausgeführt, siehe Abbildung N26-0101.

1 – **Mutter, 40 Nm**
2 – **vom Katalysator**
3 – **Flachrundschraube**
4 – **Doppelschelle**
5 – **Schraube, 25 Nm**
6 – **Aufhängung**
7 – **Mittelschalldämpfer**
8 – **Halter**
9 – **Aufhängung**
10 – **Nachschalldämpfer**
11 – **Klemmschelle**
12 – **Trennstelle**
Durch Nut gekennzeichnet.
13 – **Vorschalldämpfer**

Abgasanlage für quattro-Modelle

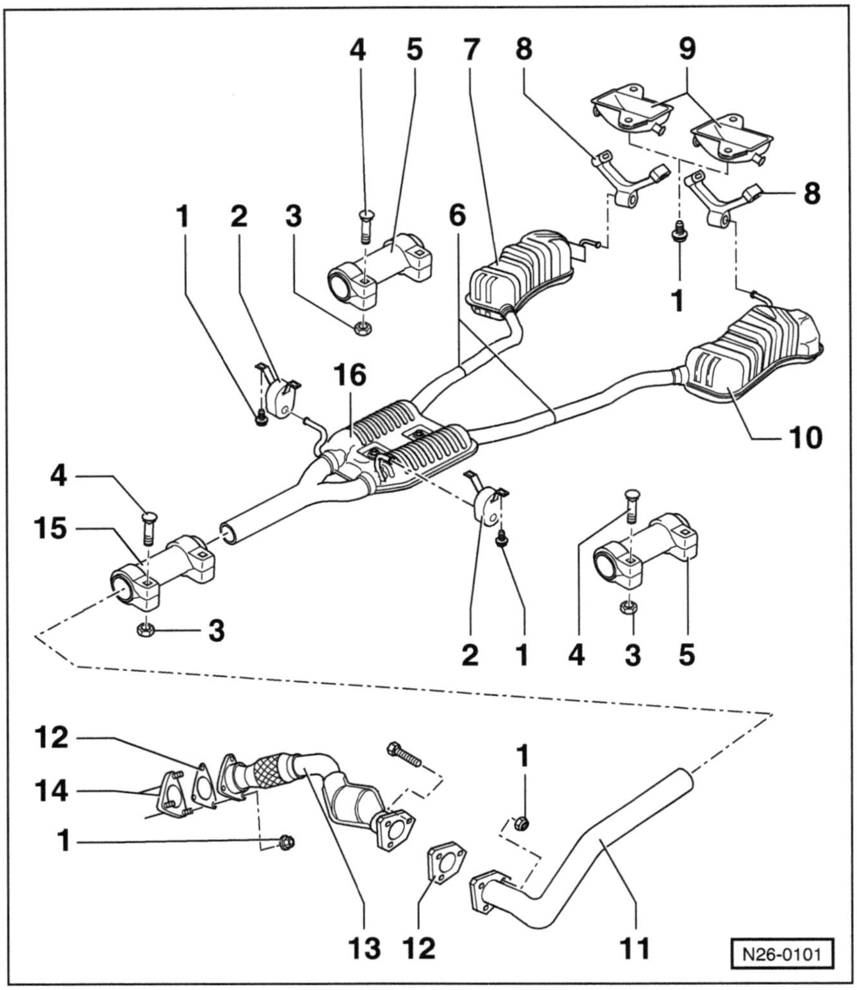

Hinweis: Abgebildet ist die Abgasanlage von Modellen mit 1,9-l-TDI-Motor und Allradantrieb. Je nach Motorisierung ergeben sich Änderungen im Bereich des vorderen Abgasrohrs und Zwischenrohrs.

1 – Schraube, 25 Nm
2 – Aufhängung
3 – Mutter, 40 Nm
4 – Flachrundschraube
5 – Klemmschelle, 40 Nm
6 – Trennstelle
Durch Nut gekennzeichnet.
7 – Nachschalldämpfer rechts
8 – Aufhängung
9 – Halter
10 – Nachschalldämpfer links
11 – Zwischenrohr
12 – Dichtung
13 – Katalysator
14 – Abgasturbolader
15 – Klemmschelle, 40 Nm
16 – Mittelschalldämpfer

Abgasanlage aus- und einbauen

Ausbau

Achtung: Die Teile der Abgasanlage können auch einzeln ausgebaut werden. Die werksseitig eingebauten Mittel- und Nachschalldämpfer können getrennt werden und sind einzeln als Ersatzteil erhältlich, siehe Kapitel »Mittelschalldämpfer/Nachschalldämpfer ersetzen«.

Sicherheitshinweis
Beim Aufbocken des Fahrzeugs besteht Unfallgefahr! Deshalb das Kapitel »Fahrzeug aufbocken« durchlesen.

- Fahrzeug aufbocken.
- Untere Motorraumabdeckung ausbauen, siehe Seite 162.
- **V6-Dieselmotor:** Um an den Flansch des vorderen Abgasrohrs am Turbolader zu gelangen, obere Motorabdeckung abschrauben, siehe Abbildung A10-0202 im Kapitel »Keilrippenriemen aus- und einbauen«, Seite 187.

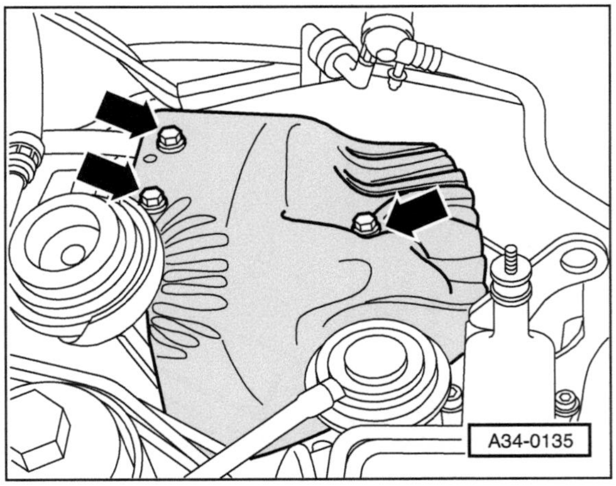

- **V6-Dieselmotor:** Wärmeschutzblech über dem Abgaskrümmer/Turbolader abschrauben –Pfeile–.
- Sämtliche Schrauben und Muttern der Abgasanlage mit rostlösendem Mittel einsprühen. Rostlöser einige Zeit einwirken lassen.

- **Benziner außer 125 PS:** Steckverbindung für Lambdasonde trennen. Die Stecker befinden sich an der Motorraum-Querwand. **Hinweis:** Beim 6-Zylinder-Motor sind 2 Lambdasonden vorhanden, beide Stecker trennen.
- Vorderes Abgasrohr am Abgaskrümmer beziehungsweise Turbolader von unten abschrauben.
- Abgasanlage abstützen oder mit Draht am Unterboden aufhängen, damit sie nicht nach unten fällt. **Achtung:** Die Abgasanlage darf auf keinen Fall herunterfallen, da hierdurch der Keramikkörper im Katalysator brechen kann. Dadurch wird der Katalysator unbrauchbar und muß ersetzt werden.
- **1,8-l-Turbomotor:** Abgasrohr vorn am Getriebehalter abschrauben.
- Abgasanlage aus den Halteschlaufen aushängen und herausnehmen.

Achtung: Biegsames Zwischenstück im vorderen Abgasrohr nicht über ca. 10° abwinkeln, sonst kann es beschädigt werden.

Einbau

Achtung: Dichtungen, Muttern und Schrauben grundsätzlich erneuern. Um die Muttern und Schrauben der Abgasanlage später leichter lösen zu können, empfiehlt es sich, diese mit einer Hochtemperaturpaste, zum Beispiel Liqui Moly LM-508-ASC, einzustreichen.

- Werden Abgasrohre nicht erneuert, Dichtflächen vor dem Zusammenfügen mit Schmirgelleinen von Verbrennungsrückständen und Dichtungsresten reinigen.

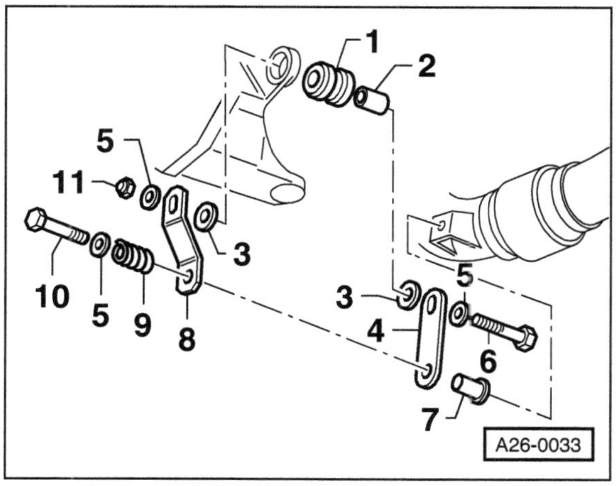

- **1,8-l-Turbomotor:** Abgasrohr vorn am Getriebehalter anschrauben. Einzelteile der Aufhängung:
  1 – Puffer
  2 – Abstandrohr
  3 – Scheibe
  4 – Lasche rechts
  5 – Scheibe
  6 – Sechskantschraube
  7 – Abstandhülse
  8 – Lasche links
  9 – Druckfeder
  10 – Sechskantschraube
  11 – selbstsichernde Mutter, **25 Nm**, immer erneuern

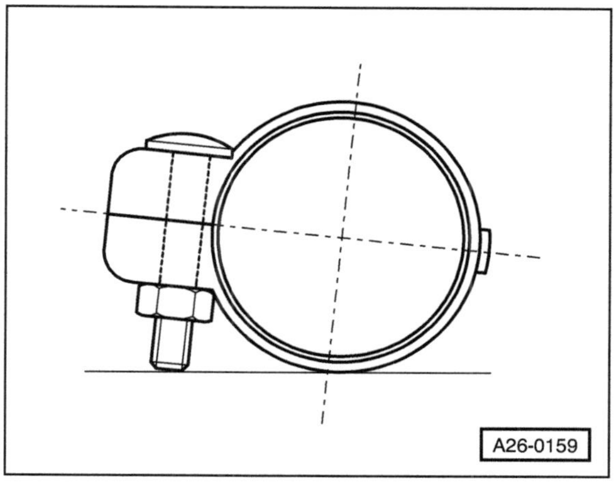

- Vorderes Abgasrohr mit Klemmschelle am Mittelschalldämpfer anschrauben und leicht beiziehen. Die Schrauben der Klemmschelle sollen links vom Abgasrohr liegen und dürfen in eingebautem Zustand nicht über das Abgasrohr hinausragen. In der Abbildung ist die Klemmschelle vom Fahrzeugheck her gesehen dargestellt.
- Mittelschalldämpfer/Nachschalldämpfer mit Klemmschelle verbinden und Klemmschelle ausrichten, siehe Kapitel »Mittelschalldämpfer/Nachschalldämpfer ersetzen«.
- Abgasanlage in die Gummihalterungen einhängen. Schrauben noch nicht festziehen.
- Vorderes Abgasrohr mit neuer Dichtung am Abgaskrümmer beziehungsweise Turbolader von unten anschrauben. Dabei auf richtigen Sitz der Dichtung achten.
- Abgasanlage so ausrichten, daß sie spannungsfrei in den Aufhängungen sitzt. Dabei auf ausreichenden Abstand zum Aufbau achten (mindestens 25 mm), gegebenenfalls Anlage verdrehen oder in Längsrichtung verschieben. Die Halterungen müssen gleichmäßig belastet werden. Darauf achten, daß die Rohre weit genug in die Schellen geschoben werden.

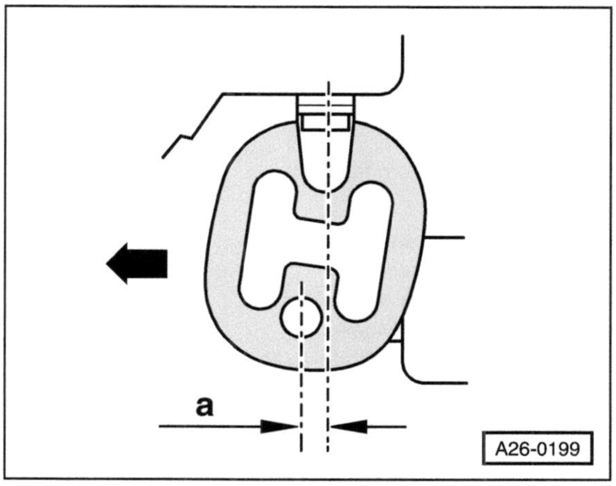

- **125-PS-Motor:** Vorspannung –a– = 7 mm bis 9 mm an der Halteschlaufe vom **Mittelschalldämpfer** einstellen. Der Pfeil zeigt in Fahrtrichtung. Dazu Mittelschalldämpfer in der Schelle zum vorderen Abgasrohr verschieben.

Hinweis: Die Vorspannung ist nötig, weil sich die Abgasanlage im Betrieb durch Erwärmung ausdehnt und dann den richtigen Sitz hat.

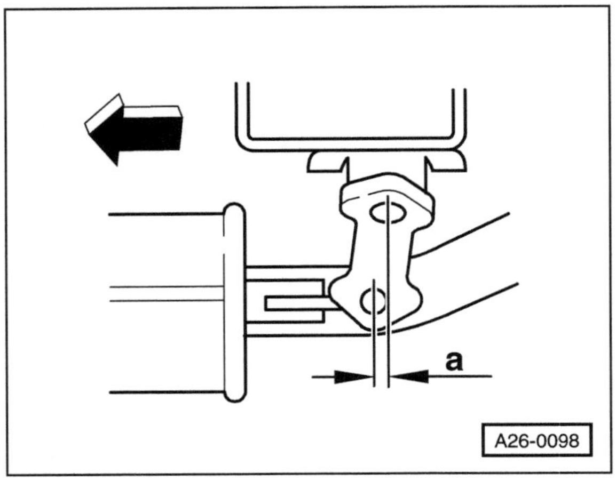

- Vorspannung –a– = 7 mm bis 9 mm an der Halteschlaufe vom **Nachschalldämpfer** einstellen. Beim 125-PS-Motor soll das Maß –a– am Nachschalldämpfer 12 mm bis 14 mm betragen. Der Pfeil zeigt in Fahrtrichtung.

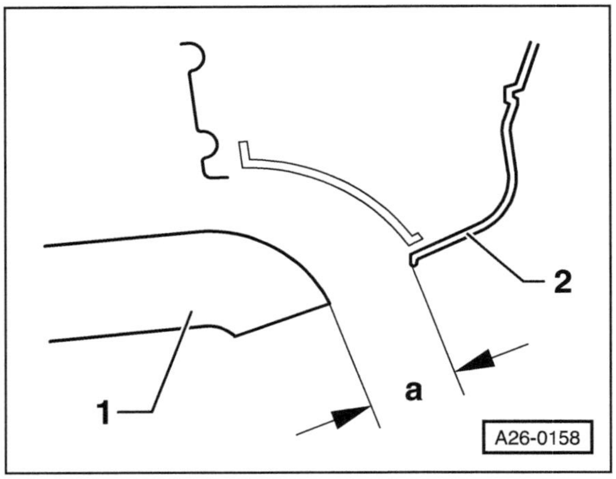

- Endrohr –1– zum Stoßfänger –2– ausrichten. Maß –a– muß mindestens 40 mm betragen.
- Schrauben und Muttern festziehen.

Anzugsdrehmomente:

Abgaskrümmer an Zylinderkopf	25 Nm
Verbindungs-Klemmschellen	40 Nm
6-Zylinder: Abgasrohr an Abgaskrümmer	25 Nm
Sonstige Flanschverbindungen	30 Nm
Benziner: Lambdasonde an Katalysator	50 Nm
1,8-l-Turbo: Abgasrohr vorn an Getriebehalter	25 Nm

- Untere Motorraumabdeckung einbauen, siehe Seite 162.
- Fahrzeug ablassen.
- **Benziner außer 125 PS:** Kabel für Lambdasonde verbinden. Beim V6-Benzinmotor sind 2 Lambdasonden vorhanden, beide Stecker verbinden.
- **V6-Dieselmotor:** Wärmeschutzblech über dem Abgaskrümmer/Turbolader anschrauben, siehe Abbildung A34-0135. Obere Motorabdeckung anschrauben.
- Abgasanlage auf Dichtheit prüfen, siehe entsprechendes Kapitel.

Mittelschalldämpfer/ Nachschalldämpfer ersetzen

Das hintere Abgasrohr und die 2 Schalldämpfer bilden eine Einbaueinheit; die Schalldämpfer können jedoch einzeln erneuert werden. Zum Trennen wird ein handelsüblicher Ketten-Abgasrohrschneider benötigt, zum Beispiel HAZET 4682. Steht das Werkzeug nicht zur Verfügung, Abgasanlage mit Eisensäge durchsägen.

Hinweis: Wenn sich ein Schalldämpfer nicht aus der Klemmschelle ziehen läßt, gibt es zum Lösen zwei Möglichkeiten: 1. Möglichkeit: Abgasrohr etwa 5 cm hinter der Schelle durchsägen. Anschließend das Restrohr längs aufsägen und mit Hammer und Meißel abschlagen. 2. Möglichkeit: Steht ein Autogen-Schweißgerät zur Verfügung, die Klemmschelle erwärmen, dadurch dehnt sie sich aus, und das Rohr läßt sich abziehen.

Sicherheitshinweis
Vor Einsatz des Schweißgerätes den Fahrzeugunterboden mit Asbest schützen, Brandgefahr. Feuerlöscher bereitstellen.

Ausbau bei einteiligem Mittelschalldämpfer/ Nachschalldämpfer

Sicherheitshinweis
Beim Aufbocken des Fahrzeugs besteht Unfallgefahr! Deshalb das Kapitel »Fahrzeug aufbocken« durchlesen.

- Fahrzeug aufbocken.

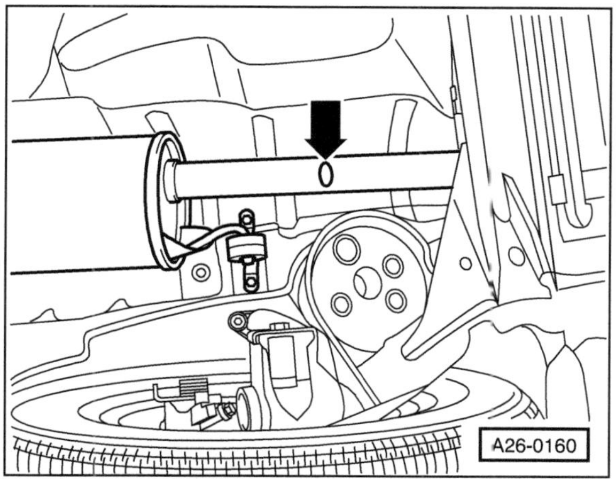

- **1,9-l-TDI-Modelle 110 PS mit Frontantrieb:** Die Trennstelle ist durch eine Nut –Pfeil– gekennzeichnet, das Maß zum Nachschalldämpfer beträgt ca. 160 mm – 180 mm.

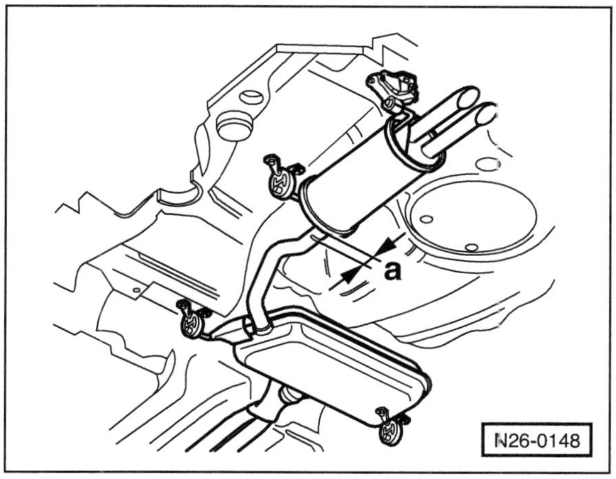

- **V6-Motoren mit Frontantrieb:** Die Trennstelle ist durch eine Nut gekennzeichnet, das Maß –a– zum Nachschalldämpfer beträgt ca. 182 mm.

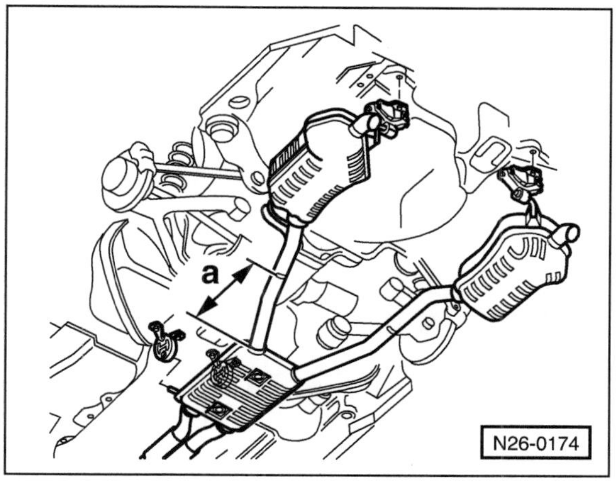

- **Allradantrieb:** Die Trennstelle ist durch eine Nut gekennzeichnet, das Maß –a– zum Mittelschalldämpfer beträgt ca. 244 mm.
- Kette des Abgasrohrschneiders um das Rohr herumlegen und spannen. Kette hin- und herrollen und dabei nachspannen, jedoch nicht zu stark, damit sich das Rohr beim Schneiden nicht verformt.
- Schalldämpfer aus den Gummihalterungen aushängen und herausnehmen.

Einbau

- Schalldämpfer in die Gummihalteringe einhängen.
- Zum Verbinden der Abgasrohre wird eine Ersatzteil-Klemmschelle verwendet. **Achtung:** Bereits montierte Klemmschellen immer erneuern, nicht wiederverwenden. Da je nach Fahrzeug unterschiedliche Rohrdurchmesser verwendet werden, auf richtige Ersatzteilzuordnung achten.

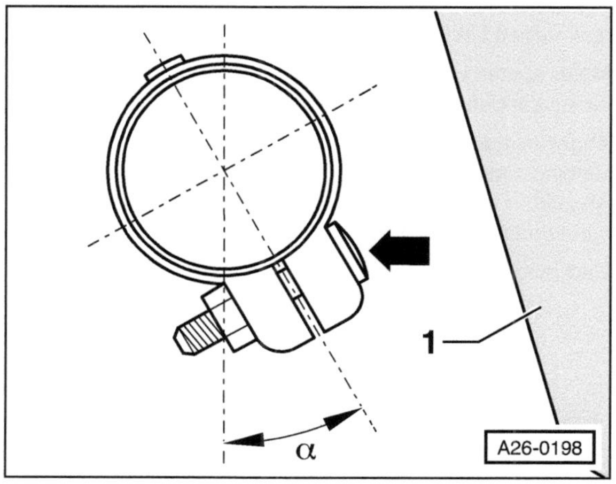

- **125-PS-Motor:** Klemmschelle so ausrichten, daß die Schraubenköpfe –Pfeil– zum Kraftstoffbehälter –1– zeigen, Winkel –α– beträgt ca. 30°. In der Abbildung ist die Klemmschelle vom Fahrzeugheck her gesehen dargestellt.

- **Frontantrieb, außer 125-PS-Motor:** Klemmschelle so ausrichten, daß die Schrauben links vom Abgasrohr liegen und nicht unten über das Abgasrohr hinausragen, siehe Abbildung A26-0159, Seite 237.

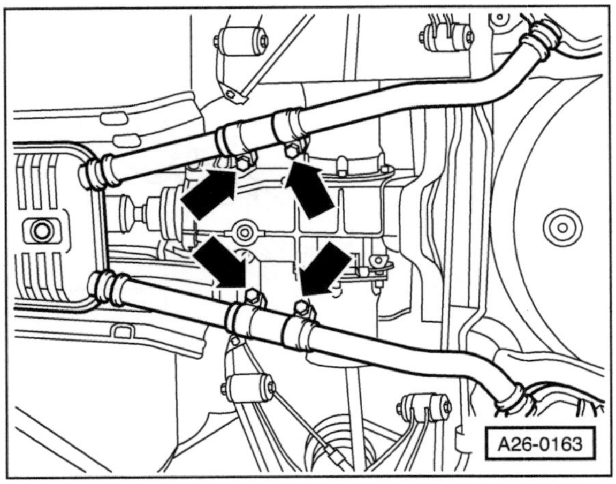

- **Allradantrieb:** Die Schrauben –Pfeile– der Klemmschellen müssen zur Fahrzeugmitte zeigen. Außerdem dürfen sie nicht unten über das Abgasrohr hinausragen, siehe Abbildung A26-0159, Seite 237.
- Abgasanlage ausrichten, siehe Kapitel »Abgasanlage einbauen«.
- Klemmschellen mit **40 Nm** festziehen.

Abgasanlage auf Dichtheit prüfen

Bei Fahrzeugen mit geregeltem Katalysator können Undichtigkeiten der Abgasanlage vor der Lambdasonde zu folgenden Störungen führen:

- Startschwierigkeiten; Motor geht aus, schüttelt im Leerlauf, ruckelt beim Beschleunigen.

- Motor starten und bei laufendem Motor Abgasanlage mit einem Lappen oder Stöpsel verschließen.
- Abgasanlage auf Undichtigkeit abhören. Gegebenenfalls Verbindungsstellen Zylinderkopf/Krümmer und Krümmer/ Abgasrohr vorn mit handelsüblichem »Leck-Sucher« einsprühen und auf Blasenbildung untersuchen.
- Undichtigkeit beseitigen.

Lambdasonde aus- und einbauen

Benzinmotor

Die Lambdasonde dient zur Regelung der Abgaszusammensetzung bei den Benzinmotoren. Sie ist in das vordere Abgasrohr in der Nähe des Katalysators eingeschraubt. Beim 125-PS-Motor sitzt die Lambdasonde im Abgaskrümmer. Beim 6-Zylinder-Motor sind 2 Lambdasonden vorhanden, siehe Übersichtsbilder ab Seite 233.

Ausbau

- Elektrische Steckverbindung der Lambdasonde trennen. Der Stecker befindet sich an der Motorraum-Querwand. Kabelbinder öffnen. **Achtung:** Die Kabelbinder müssen beim Einbau unbedingt wieder an gleicher Stelle eingebaut werden, um eine Berührung des Kabels mit der Abgasanlage zu vermeiden.

Sicherheitshinweis
Beim Aufbocken des Fahrzeugs besteht Unfallgefahr! Deshalb das Kapitel »Fahrzeug aufbocken« durchlesen.

- Fahrzeug aufbocken.
- Untere Motorraumabdeckung ausbauen, siehe Seite 162.
- Lambdasonde aus dem Abgasrohr herausschrauben. **Achtung:** Beim 1,8-l-Motor wird aus Platzgründen dafür der AUDI-Schlüssel 3337/9 benötigt. Falls dieser nicht vorhanden ist, Schrauben für Abgasanlage lösen, Anlage absenken und Lambdasonde herausschrauben.

Einbau

- Das Gewinde der Lambdasonde mit AUDI-Spezialfett »G052 112 A3« bestreichen. Neue Sonden sind bereits damit bestrichen. **Achtung:** Das Spezialfett darf **nicht** an die Schlitze des Sondenkörpers kommen. Sondenkörper der neuen Lambdasonde möglichst nicht berühren, nicht verschmutzen.
- Lambdasonde mit **50 Nm** einschrauben.
- Stecker für Lambdasonde zusammenfügen, Kabel verlegen und mit Kabelbindern fixieren.
- Fahrzeug ablassen.
- Untere Motorraumabdeckung einbauen, siehe Seite 162.

Kupplung

Aus dem Inhalt:

- Kupplungsbetätigung
- Kupplungsdemontage
- Ausrücklager ausbauen
- Kupplungs-Hydrauliksystem entlüften

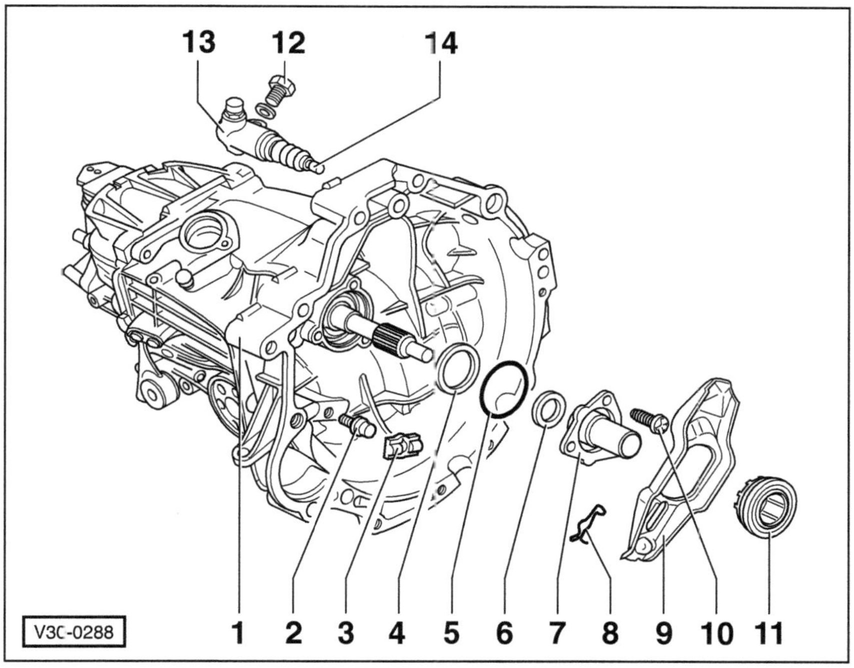

1 – Getriebe für 4-Zylindermotor, V6-Benzinmotor

2 – Kugelzapfen*
Mit MoS_2-Fett bestreichen.
Bei Getriebe aus Aluminium: 25 Nm; Getriebe aus Magnesium: 20 Nm.

3 – Zwischenstück

4 – Tellerfeder
Kleiner Durchmesser (gewölbte Seite) zeigt zur Führungshülse.

5 – O-Ring
Immer ersetzen.

6 – Dichtring für Antriebswelle
Bis zum Anschlag eintreiben.

7 – Führungshülse*

8 – Haltefeder
Am Ausrückhebel befestigen.

9 – Kupplungsausrückhebel

10 – Innentorxschraube*
Selbstsichernd, immer ersetzen.
Bei Getriebe aus Aluminium: 35 Nm; Getriebe aus Magnesium: 25 Nm.

11 – Ausrücklager
Lager nicht auswaschen, nur abwischen. Laute Lager ersetzen.

12 – Schraube, 20 Nm

13 – Kupplungsnehmerzylinder

14 – Stößel
Ende mit Kupferfett bestreichen.

*) Teile sind je nach Getriebegehäuse aus unterschiedlichem Material, daher nach Ersatzteilkatalog zuordnen.

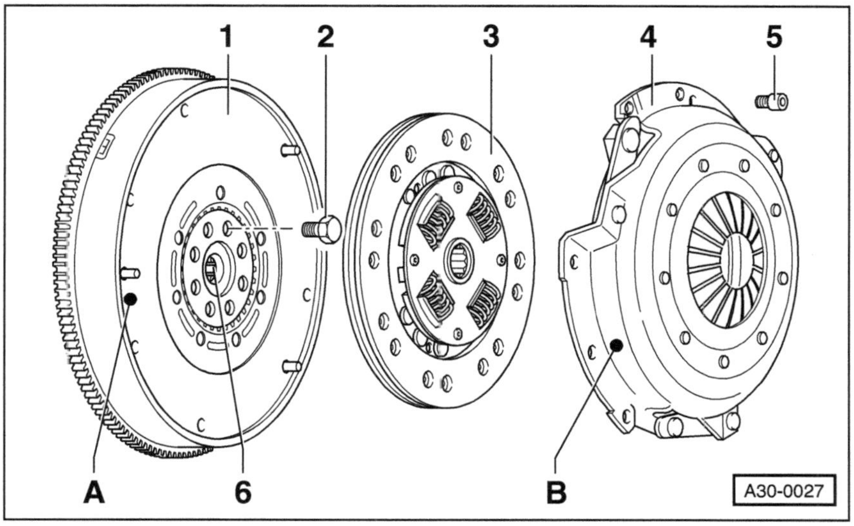

1 – Schwungrad
Reibfläche muß riefen- und fettfrei sein.

2 – Schraube, 60 Nm + 90° (¼ Umdrehung) weiterdrehen
V6 Dieselmotor: 60 Nm + 180° (½ Umdrehung) weiterdrehen. Schrauben nach jedem Lösen erneuern.

3 – Kupplungsscheibe
Einbaulage: Federkäfig zeigt zur Druckplatte. Belag der Kupplungsscheibe liegt am Schwungrad an.

4 – Druckplatte

5 – Schraube, 25 Nm

6 – Nadellager

A, B – Farbpunkte, nur 2,5-/2,8-l-Motor
Farbpunkte auf Schwungrad/Druckplatte müssen zueinander stehen.

Die Kupplung trennt beim Schalten der Gänge den Kraftschluß zwischen Motor und Getriebe und sorgt beim Anfahren durch Reibung für einen ruckfreien Kraftschluß.

Die Kupplung besteht aus der Kupplungsdruckplatte, der Kupplungsmitnehmerscheibe, dem Ausrücklager und der hydraulischen Betätigung.

Die Kupplungsdruckplatte ist fest mit dem Schwungrad verschraubt, das wiederum an der Kurbelwelle des Motors angeflanscht ist. Zwischen der Kupplungsdruckplatte und dem Schwungrad befindet sich die Kupplungsmitnehmerscheibe, die von der Kupplungsdruckplatte gegen das Schwungrad gepreßt wird. Die Mitnehmerscheibe ist über eine Verzahnung fest mit der Getriebewelle verbunden.

Beim Niedertreten des Kupplungspedals (auskuppeln) wird über den Geberzylinder im Fußraum des Fahrzeuges Druck aufgebaut und über eine Hydraulikleitung auf den Kupplungs-Nehmerzylinder übertragen. Der Kolben des Nehmerzylinders drückt das Ausrücklager gegen die Membranfeder der Druckplatte. Dadurch entspannt sich die Kupplungsdruckplatte, und die Mitnehmerscheibe wird nicht mehr gegen die Schwungscheibe gepreßt. Der Kraftschluß zwischen Motor und Getriebe ist also aufgehoben.

Das Hydrauliksystem der Kupplung arbeitet mit Bremsflüssigkeit und wird über den Ausgleichbehälter für Bremsflüssigkeit versorgt.

Bei jedem Ein- und Auskuppeln wird durch den leichten Schleifvorgang etwas Reibbelag von der Mitnehmerscheibe abgeschliffen. Die Mitnehmerscheibe ist also ein Verschleißteil, doch hat sie eine mittlere Lebensdauer von über 100.000 Kilometern. Der Verschleiß hängt im wesentlichen von der Belastung (Anhängerbetrieb) und der Fahrweise ab. Die Kupplung ist wartungsfrei, da sie sich selbst nachstellt.

Die Motoren sind vornehmlich mit einem **Zweimassenschwungrad** ausgerüstet. Das Zweimassenschwungrad besitzt ein Feder- und Dämpfersystem, um die Übertragung der vom Motor erzeugten Drehschwingungen zu reduzieren. Außerdem verringert sich dadurch auch die Geräuschübertragung im unteren Drehzahlbereich.

Hydraulische Kupplungsbetätigung

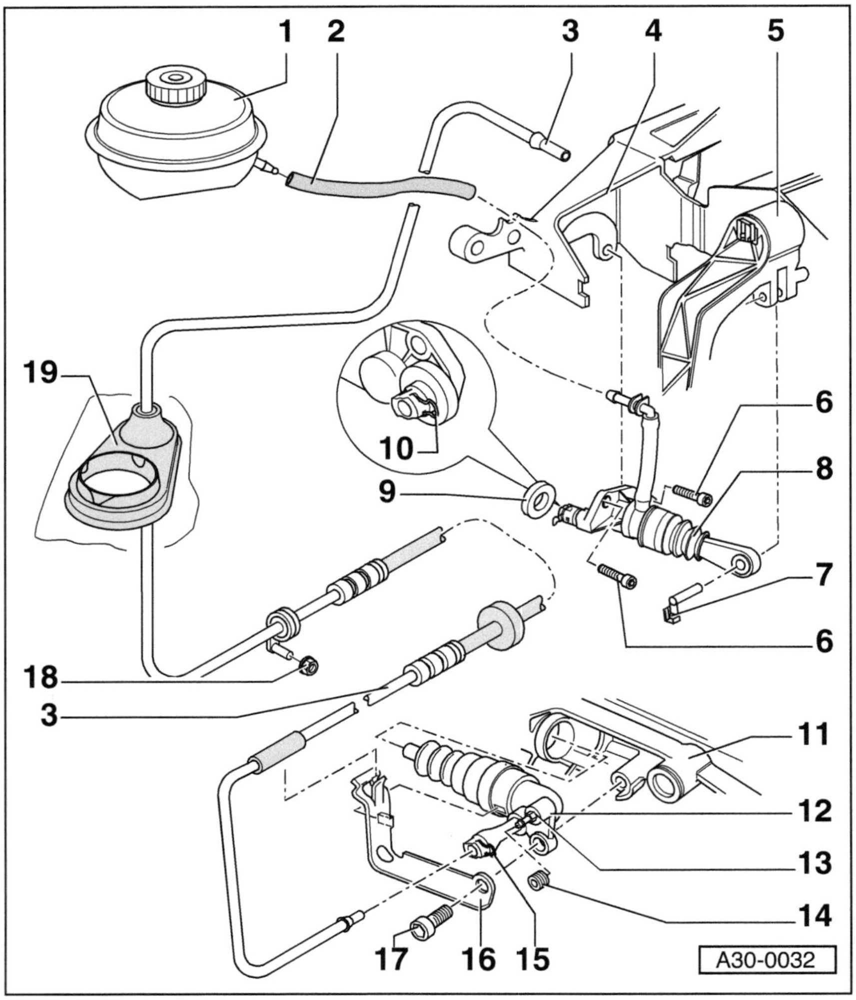

1 – Bremsflüssigkeitsbehälter

2 – Nachlaufschlauch

3 – Rohr-Schlauchleitung

4 – Lagerbock

5 – Kupplungspedal

6 – Innensechskantschraube, 20 Nm

7 – Bolzen

8 – Kunststoff-Geberzylinder

9 – Dichtung

10 – Sicherungsklammer
Zum Ausbau der Leitung seitlich abziehen.

11 – Getriebe

12 – Kunststoff-Nehmerzylinder
Achtung: Kupplungspedal nach dem Ausbau des Nehmerzylinders nicht mehr betätigen.
Bei Nehmerzylindern mit Kunststoffstützring, Ringaußenfläche zum Einbau leicht einfetten.
Beim Einsetzen Nehmerzylinder mit einem Montierhebel so weit nachdrücken, bis sich die Befestigungsschraube montieren läßt.

13 – Entlüfterventil, 5 Nm
Achtung: Es darf keine Bremsflüssigkeit auf das Getriebegehäuse gelangen, gegebenenfalls sofort abwaschen.

14 – Staubkappe

15 – Sicherungsklammer
Zum Ausbau der Leitung seitlich abziehen.

16 – Halter am Getriebe

17 – Innensechskantschraube, 20 Nm

18 – Sechskantmutter, 2 Nm

19 – Dichtung

Hinweis: Beim 1,9-l-TDI-Motor ist eine geänderte Betätigung eingebaut: Nehmer- und Geberzylinder sind aus Aluminium, die Leitungen sind verschraubt. Anzugsmoment der Leitungen **15 Nm**.

Kupplung aus- und einbauen/prüfen

Ausbau

- Getriebe ausbauen, siehe Seite 247.

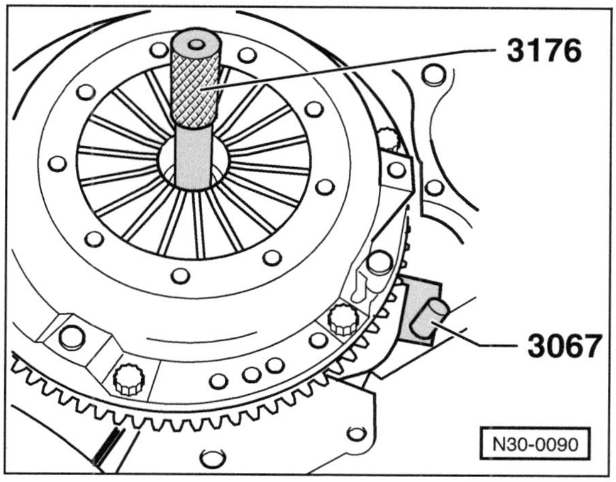

- Damit das Schwungrad beim Lösen der Schrauben nicht mitdreht, Schwungrad entweder mit AUDI-Arretierwerkzeug 3067 oder mit Schraubendreher und Dorn arretieren. **Hinweis:** Das AUDI-Werkzeug 3067 ist in »Einbaustellung« gezeigt, für den Ausbau das Werkzeug umstecken. Für den Einbau der Kupplung wird der Zentrierdorn AUDI-3176 oder ein handelsübliches Zentrierwerkzeug, zum Beispiel HAZET 2174 zum Ausrichten beim Wiedereinbau der Kupplung benötigt.
- Befestigungsschrauben der Kupplungsdruckplatte über Kreuz jeweils 1 bis 1½ Umdrehungen lösen, bis die Druckplatte entspannt ist.

Achtung: Werden die Schrauben sofort ganz gelöst, kann die Membranfeder beschädigt werden.

- Nach dem Lösen, Schrauben ganz herausdrehen.
- Druckplatte und Kupplungsscheibe herausnehmen. **Achtung:** Druckplatte und Kupplungsscheibe beim Herausnehmen nicht fallen lassen, sonst können nach dem Einbau Rupf- und Trennschwierigkeiten auftreten.
- Ausrücklager abwischen, nicht auswaschen.
- Schwungrad auswischen.

Prüfen

- Kupplungsdruckplatte auf Brandrisse und Riefen prüfen.

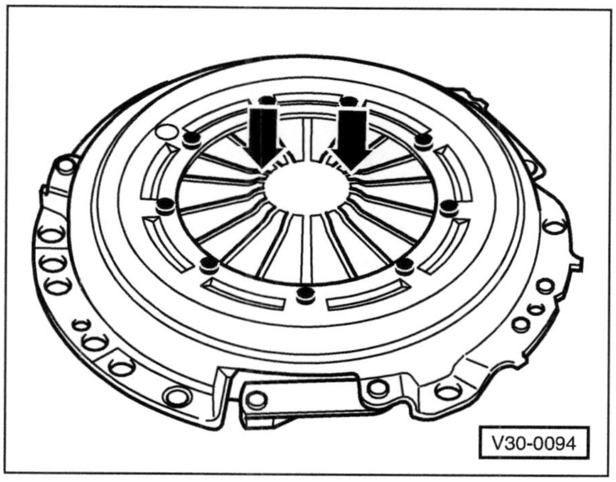

- Enden der Membranfeder prüfen –Pfeile–. Eine Abnützung bis zur halben Membranfederdicke ist zulässig.
- Federverbindungen zwischen Druckplatte und Deckel auf Risse, Nietbefestigungen auf festen Sitz prüfen. Kupplungen mit beschädigten oder losen Nietverbindungen ersetzen.

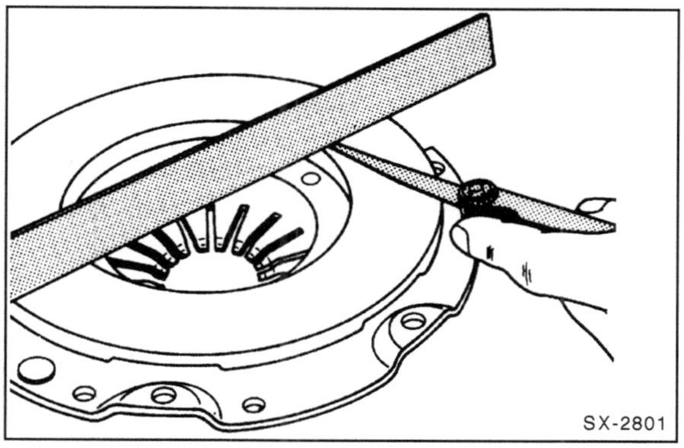

- Auflagefläche der Druckplatte auf Risse, Brandstellen und Verschleiß prüfen. Druckplatten, die bis zu 0,2 mm nach innen durchgebogen sind, dürfen noch eingebaut werden. Die Prüfung erfolgt mit Lineal und Fühlerblattlehre.
- Schwungrad auf Brandrisse und Riefen prüfen.
- Verölte, verfettete oder mechanisch beschädigte Kupplungsscheibe austauschen.
- Kupplungsscheibe auf ausreichende Belagstärke und auf Belagrisse prüfen.
- In der Werkstatt kann die Kupplungsscheibe auf Schlag geprüft werden. Der Seitenschlag darf bei der Kupplungsscheibe maximal 0,8 mm betragen (2,5 mm vom Außenrand gemessen). **Achtung:** Diese Prüfung ist nur dann notwendig, wenn die alte Kupplungsscheibe wieder eingebaut werden soll und die Kupplung vorher nicht richtig ausgekuppelt hat. Gegebenenfalls darf die Kupplungsscheibe vorsichtig ausgerichtet werden.

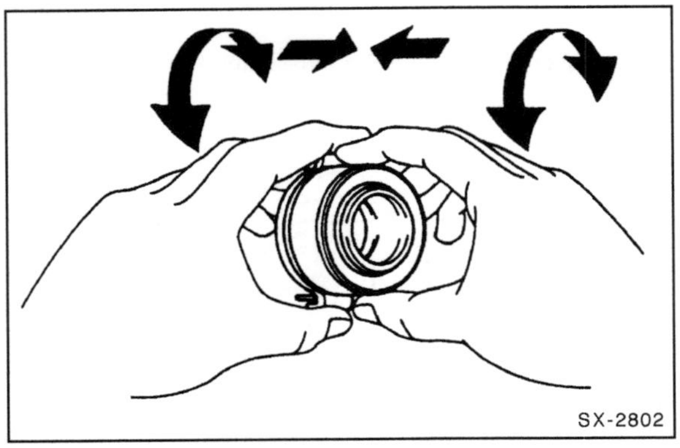

- Ausrücklager in eingebautem Zustand von Hand prüfen. Dazu Lager leicht zusammenpressen und drehen. Das Lager muß sich leicht drehen lassen.
- Im Fahrbetrieb macht sich ein defektes Ausrücklager durch Geräusche bei getretenem Kupplungspedal bemerkbar. In diesem Fall Lager austauschen. Ausrücklager, siehe Position –11– in Abbildung V30-0288 auf Seite 241.

Einbau

Achtung: Werden Neuteile eingebaut, unbedingt Kupplungsdruckplatte und Kupplungsscheibe über Motorkennbuchstaben und Motornummer nach dem Ersatzteilkatalog zuordnen lassen, damit keine falschen Teile eingebaut werden.

Werden die bisherigen Kupplungsteile eingebaut, so müssen diese zuvor geprüft werden. **Hinweis:** War die alte Kupplungsscheibe infolge Überlastung verbrannt, müssen zur Vermeidung von Geruchsbelästigung die Kupplungsglocke, das Schwungrad und der Motor auf der Getriebeseite gründlich gereinigt werden.

- Vor dem Einbau einer neuen Kupplungsdruckplatte, Korrosionsschutzfett nur an der Anlauffläche restlos entfernen. An den anderen Stellen darf das Fett auf keinen Fall entfernt werden, da sonst die Lebensdauer der Kupplung erheblich verkürzt wird.
- Zentrierstifte am Schwungrad auf festen Sitz prüfen.
- Kerbverzahnung der Kupplungsscheibe von Korrosion reinigen. Verzahnung der Antriebswelle hauchdünn mit MoS_2-Fett schmieren. Die Fachwerkstatt verwendet das AUDI-Fett G000100. Danach Kupplungsscheibe auf der Antriebswelle hin- und herbewegen, bis die Nabe auf der Welle leichtgängig ist. Überschüssiges Fett unbedingt entfernen.
- Beim Einsetzen der Kupplungsscheibe darauf achten, daß der Federkäfig zur Druckplatte zeigt. Der Kupplungsbelag liegt am Schwungrad an. Bei einigen Kupplungsscheiben ist eine zusätzliche Aufschrift »Getriebeseite« vorhanden.

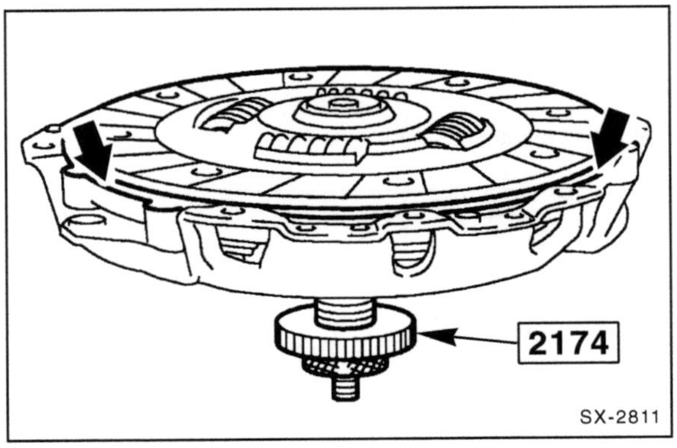

- Kupplungsscheibe mittig in der Druckplatte mit einem passenden Dorn, zum Beispiel HAZET 2174 oder AUDI-3176 zentrieren. Sitzt die Kupplungsscheibe nicht zentrisch, kann die Getriebeantriebswelle später nicht eingeführt werden. Als Zentrierdorn kann auch eine alte Getriebe-Antriebswelle verwendet werden.
- Die Kupplungsdruckplatte in die entsprechenden Paßstifte am Schwungrad setzen.
- **V6-Motoren, außer 2,4-l-Motor:** Kupplungsdruckplatte so aufsetzen, daß der weiße Farbpunkt des Schwungrads und der weiße Farbpunkt der Kupplungsdruckplatte übereinander stehen, siehe –A/B– in Abbildung A30-0027 auf Seite 241.

Achtung: Die Druckplatte muß vollständig am Schwungrad anliegen. Dann erst Befestigungsschrauben einsetzen. Keinesfalls Druckplatte mit den Schrauben heranziehen, sonst werden die Zentrierbohrungen der Druckplatte und die Zentrierstifte am Schwungrad beschädigt.

- Befestigungsschrauben für Kupplungsdruckplatte einschrauben und über Kreuz mit 1 bis 1½ Umdrehungen anziehen, bis die Druckplatte festgezogen ist. Anzugsdrehmoment: **25 Nm**. Die Druckplatte darf sich nicht verkanten, da sonst Paßstifte und Zentrierbohrungen beschädigt werden.
- Zentrierdorn entfernen.
- Getriebe einbauen, siehe Seite 247.

Kupplungsbetätigung entlüften

Die hydraulische Kupplungsbetätigung muß entlüftet werden, wenn die Kupplung beim Gangwechsel nicht richtig trennt, das Kupplungspedal nicht oder nur verzögert zurückkommt, oder wenn das Hydraulikdrucksystem geöffnet wurde.

Da das Hydrauliksystem der Kupplung mit Bremsflüssigkeit arbeitet, sind ebenfalls die entsprechenden Kapitel im Abschnitt »Bremsanlage entlüften« durchzulesen.

Sicherheitshinweis
Bremsflüssigkeit ist giftig. Keinesfalls Bremsflüssigkeit mit dem Mund über einen Schlauch absaugen. Bremsflüssigkeit nur in Behälter füllen, bei denen ein versehentliches Einnehmen ausgeschlossen ist.

Achtung: Es darf keine Bremsflüssigkeit auf das Getriebe gelangen, gegebenenfalls sofort abwaschen. Vor allem das Getriebe mit Magnesiumgehäuse wird angegriffen.

Sicherheitshinweis
Beim Aufbocken des Fahrzeugs besteht Unfallgefahr! Deshalb vorher das Kapitel »Fahrzeug aufbocken« durchlesen.

- Fahrzeug aufbocken und untere Motorraumabdeckung ausbauen, siehe Seite 133/162.
- Bremsflüssigkeitsstand im gemeinsamen Vorratsbehälter prüfen, gegebenenfalls bis zur Max.-Markierung auffüllen.
- Staubkappen vom Entlüfterventil am Nehmerzylinder und am vorderen linken Bremssattel abziehen.
- Entlüfterventile vorsichtig gangbar machen.
- Durchsichtigen Schlauch auf das Entlüfterventil am Bremssattel aufschieben.
- Schlauch mit Bremsflüssigkeit füllen. Dazu Entlüfterschraube am Bremssattel öffnen. Bremspedal langsam von Helfer durchtreten und in dieser Stellung halten lassen. Entlüfterventil schließen und Bremspedal loslassen. Anschließend Entlüfterventil wieder öffnen und Bremspedal erneut durchtreten. Vorgang so lange wiederholen, bis der Schlauch vollständig mit Bremsflüssigkeit gefüllt ist. Schlauch mit dem Finger zuhalten, damit keine Bremsflüssigkeit ausläuft. **Achtung:** Der Flüssigkeitsstand im Vorratsbehälter darf nicht zu weit absinken, gegebenenfalls **neue** Bremsflüssigkeit nachfüllen.
- Freies Schlauchende auf die Entlüfterschraube am Kupplungs-Nehmerzylinder stecken und beide Entlüfterschrauben öffnen.
- Bremspedal durchtreten, Entlüfterschraube am Bremssattel schließen und Bremspedal entlasten. Diesen Vorgang so oft wiederholen, bis im Ausgleichbehälter keine Luftblasen mehr herausgedrückt werden. Dabei stets neue Bremsflüssigkeit nachfüllen.
- Entlüfterschrauben am Bremssattel und am Nehmerzylinder verschließen. Schlauch abziehen und Staubkappen aufschieben.
- Fahrzeug ablassen.
- Bremsflüssigkeit bis zur Max.-Markierung auffüllen.
- Kupplungspedal mehrmals betätigen. Dadurch wird sichergestellt, daß eventuelle Restluft im System in den Bremsflüssigkeitsbehälter entweichen kann.
- Funktion von Brems- und Kupplungssystem prüfen. **Achtung:** Bei diesem Entlüftungsvorgang kann etwas Luft im Hydrauliksystem bleiben. Erkennbar ist das am Kratzen beim Einlegen der Gänge und nicht richtigen Trennen der Kupplung. In diesem Fall Kupplungshydraulik umgehend in der Werkstatt mit einem Entlüftergerät entlüften lassen.
- Untere Motorraumabdeckung einbauen, siehe Seite 162.

Entlüften mit Entlüftergerät

In den Werkstätten wird die Kupplungshydraulik in der Regel mit einem Entlüftergerät entlüftet. Das Entlüftergerät gibt Druck (max. 2,5 bar) auf die Bremsflüssigkeit im Vorratsbehälter.

- Deckel am Bremsflüssigkeits-Ausgleichbehälter abschrauben. Bremsflüssigkeitsstand bis zur Max.-Markierung auffüllen. Entlüftergerät nach Vorschrift anschließen, noch nicht einschalten.
- Fahrzeug aufbocken und untere Motorraumabdeckung ausbauen, siehe Seite 133/162.

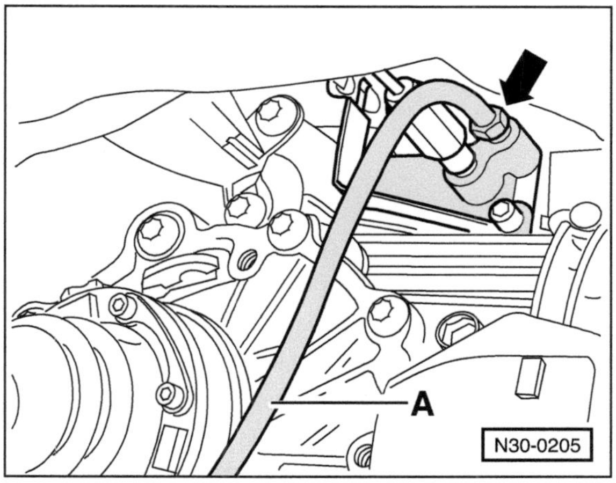

- Am Kupplungsnehmerzylinder Schlauch –A– auf die Entlüfterschraube –Pfeil– aufschieben. Schlauchende in eine mit Bremsflüssigkeit gefüllte Flasche stecken.
- Entlüfterschraube öffnen. Entlüftergerät einschalten und etwa 100 cm^3 Bremsflüssigkeit an der Entlüfterschraube ausströmen lassen, dies entspricht der Menge einer halben Tasse. Am Ende des Entlüftungsvorgangs dürfen keine Luftblasen mehr entweichen. Entlüfterschraube schließen.
- Kupplungspedal mehrmals betätigen.
- Bremsflüssigkeit bis zur Max.-Markierung auffüllen. Deckel am Bremsflüssigkeits-Ausgleichbehälter aufschrauben.
- Untere Motorraumabdeckung einbauen, siehe Seite 162.

Störungsdiagnose Kupplung

Störung	Ursache	Abhilfe
Kupplung rupft.	Motor- und Getriebelagerung defekt.	■ Prüfen, gegebenenfalls auswechseln.
	Getriebe liegt in der Aufhängung nicht fest.	■ Befestigungsschrauben nachziehen.
	Druckplatte trägt ungleichmäßig.	■ Druckplatte auswechseln.
	Mitnehmerscheibe kein Originalteil.	■ Original-Kupplungsscheibe einbauen.
	Kurbelwelle fluchtet nicht zur Getriebe-Antriebswelle.	■ Zentrierflächen von Motor und Getriebe überprüfen.
	Ausrücker drückt einseitig.	■ Ausrücker überprüfen.
Kupplung rutscht.	Kupplungsscheibe verschlissen.	■ Dicke der Kupplungsscheibe prüfen, gegebenenfalls auswechseln.
	Nehmerzylinder der Hydraulikbetätigung klemmt.	■ Nehmerzylinder ersetzen.
	Spannung der Membranfeder zu gering.	■ Druckplatte auswechseln.
	Nehmerzylinder der Hydraulikbetätigung undicht.	■ Sichtprüfung durchführen.
	Belag verhärtet oder verölt.	■ Kupplungsscheibe austauschen.
	Kupplung wurde überhitzt.	■ Originalteil einbauen.
Kupplung trennt nicht richtig.	Belag durch Abrieb verklebt.	■ Kupplungsscheibe austauschen.
	Kupplungsscheibe klemmt auf der Antriebswelle, Kerbverzahnung trocken oder verklebt.	■ Kerbverzahnung reinigen, entgraten, ggf. Rost entfernen und neu schmieren; z. B. MoS_2-Puder einbürsten.
	Kupplungsscheibe hat Seitenschlag.	■ Kupplungsscheibe prüfen lassen, ersetzen.
	Geberzylinder der Hydraulikbetätigung undicht.	■ Bei durchgetretenem Kupplungspedal beobachten, ob Flüssigkeit im Bremsflüssigkeitsvorratsbehälter aufwallt, ggf. Kupplung entlüften oder Geberzylinder austauschen.
	Kupplungspedal erreicht den Begrenzungsanschlag nicht.	■ Prüfen, ob Begrenzungsanschlag erreicht wird, ggf. Fußmatte ausschneiden.
	Ausrücker defekt.	■ Ausrücker auf Verformung prüfen.
	Luft im Hydrauliksystem.	■ Kupplungsbetätigung entlüften.
	Führungslager für die Getriebe-Antriebswelle in der Kurbelwelle defekt.	■ Führungslager (Nadellager) in der Kurbelwelle ersetzen.
	Kupplungsscheibe stark verbogen, oder Belag gebrochen.	■ Kupplungsscheibe ersetzen.
Geräusch bei betätigtem Kupplungspedal.	Ausrücklager defekt.	■ Ausrücklager prüfen, ersetzen.
	Kupplungsscheibe schlägt an die Druckplatte.	■ Kupplungsscheibe auswechseln.
Auf- und abschwellendes Geräusch bei Zug- oder Schubzustand, oder wenn das Fahrzeug in ausgekuppeltem Zustand rollt.	Torsionsdämpfer der Kupplungsscheibe schwergängig.	■ Kupplungsscheibe erneuern.
	Nietverbindungen der Kupplung locker.	■ Kupplung ersetzen.
	Unwucht der Kupplung zu groß.	■ Kupplung und Mitnehmerscheibe ersetzen.

Getriebe/Schaltung

Aus dem Inhalt:

- **Getriebeausbau**
- **Schaltung einstellen**
- **Automatikgetriebe**

Das Schalt- oder Automatikgetriebe kann ohne Ausbau des Motors ausgebaut werden. Ein Ausbau ist dann erforderlich, wenn beim Schaltgetriebe die Kupplung ausgewechselt werden soll oder wenn das Getriebe erneuert beziehungsweise überholt werden muß. Da es jedoch in keinem Fall anzuraten ist, Reparaturen am Getriebe mit Heimwerkermitteln in Angriff zu nehmen, wird nur der Ausbau des Aggregates beschrieben.

Getriebe aus- und einbauen

Zum Ausbau muß das Fahrzeug ausreichend hoch aufgebockt werden. Außerdem ist zum Ablassen des Getriebes ein geeigneter Werkstattwagenheber erforderlich. Grundsätzlich gelten die folgenden Arbeitsschritte für das Schaltgetriebe bei Fahrzeugen mit Frontantrieb, außer V6 Dieselmotor. Hinweise zum Ausbau des Automatikgetriebes stehen am Ende des Kapitels.

Ausbau

- Batterie-Massekabel (–) bei ausgeschalteter Zündung abklemmen. **Achtung:** Dadurch werden elektronische Speicher gelöscht, wie zum Beispiel der Radiocode. Ohne Code kann das Radio nur vom Radiohersteller freigeschaltet werden, beziehungsweise beim AUDI-Radio von einer AUDI-Werkstatt. Deshalb Hinweise im Kapitel »Batterie aus- und einbauen« durchlesen.
- Kühlmittel-Ausgleichbehälter am Halter abschrauben und mit angeschlossenen Leitungen zur Seite legen.
- Ansaugluftschlauch zwischen Luftfilter und Motor ausbauen, dazu Schlauchschellen aufschrauben.
- **1,8-l/150-PS-Motor:** Luftfilter ausbauen, siehe Seite 220.

Sicherheitshinweis
Beim Aufbocken des Fahrzeugs besteht Unfallgefahr! Deshalb vorher das Kapitel »Fahrzeug aufbocken« durchlesen.

- Stellung vom rechten Vorderrad zur Radnabe mit Farbe kennzeichnen. Dadurch kann das ausgewuchtete Rad wieder in derselben Position montiert werden. Radschrauben lösen, dabei muß das Fahrzeug auf dem Boden stehen. Fahrzeug aufbocken und rechtes Vorderrad abnehmen.
- Untere Motorraumabdeckung ausbauen, siehe Seite 162.

- Halter für Motorraumabdeckung unten abschrauben.
- Vorderes Abgasrohr und Katalysator ausbauen, siehe Seite 236.
- Geber für Motordrehzahl links am Getriebe abschrauben und herausziehen.

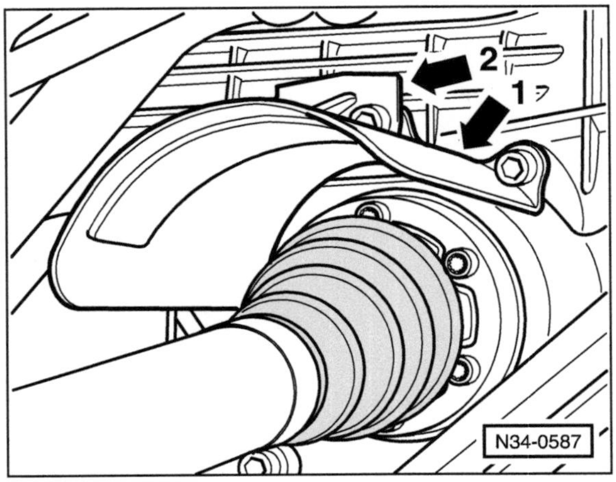

- Abdeckblech über der rechten und, falls dort vorhanden, auch über der linken Gelenkwelle mit Schrauben –1– und –2– abschrauben.
- Gelenkwellen rechts und links am Getriebe abflanschen und beide Gelenkwellen mit Draht hochbinden, dabei Gelenkwellen-Oberfläche nicht beschädigen. Die Gelenkwellen dürfen nicht herunterhängen, da sonst die Außengelenke beschädigt werden.

Achtung: Die Anlasserkabel müssen nicht gelöst werden, wenn der Anlasser abgeflanscht und mit Draht am Aufbau aufgehängt wird.

- Anlasser ausbauen, siehe Seite 70.

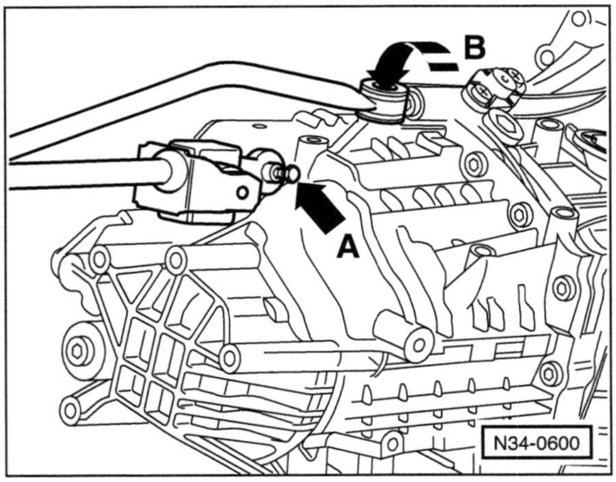

- Befestigungsschraube –A– für Schaltstange am Getriebe herausdrehen und Schaltgelenk von der Schaltwelle abziehen.
- Schubstange mit Innensechskantschraube –B– am Getriebe abschrauben.
- Massekabel am Getriebe abschrauben.

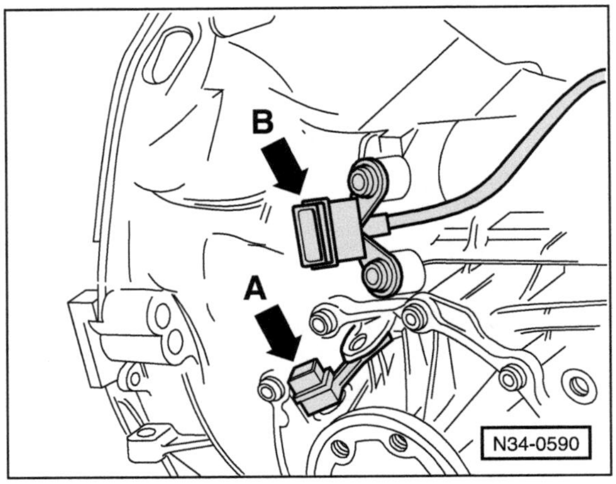

- Stecker –A– für Tachogeber und –B– für Rückfahrlicht links am Getriebe abziehen.

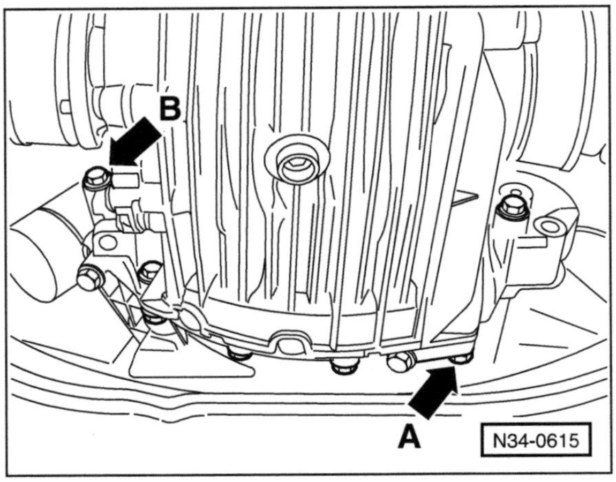

- Verbindungsschrauben Motor/Getriebe, **außer Schrauben –A– und –B–**, herausschrauben. Lage der Verbindungsschrauben, siehe Abbildungen unter »Einbau«.

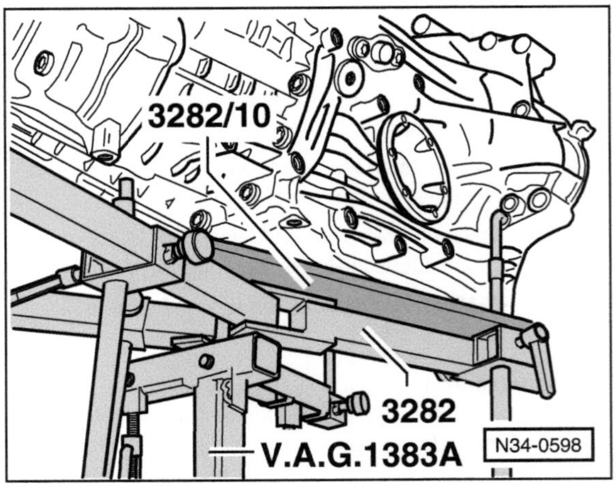

- Getriebeheber mit Getriebeaufnahme 3282, Justierplatte 3282/10 und Aufnahmeelemente am Getriebe ausrichten und anschrauben. Getriebe mit Getriebeheber V.A.G-1383A leicht anheben.

Achtung: Steht der AUDI-Getriebeheber nicht zur Verfügung, Werkstattwagenheber mit breiter Holzauflage unter das Getriebe fahren und Getriebe leicht vorspannen.

4-Zylindermotor

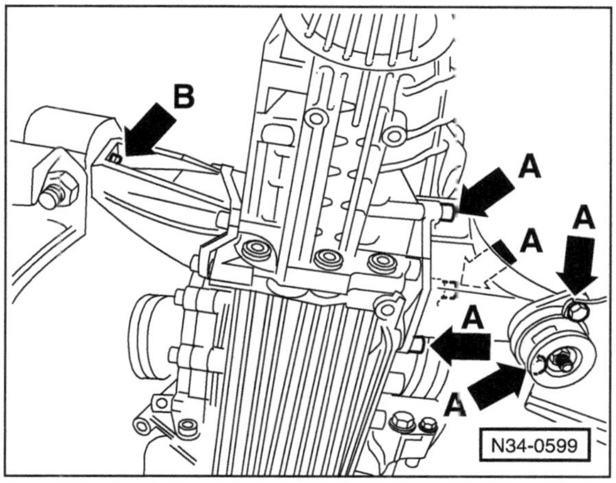

- Getriebestütze rechts komplett mit Gummimetallager abschrauben –A–.
- Getriebestütze links vom Lager abschrauben –B–.

V6-Benzinmotor

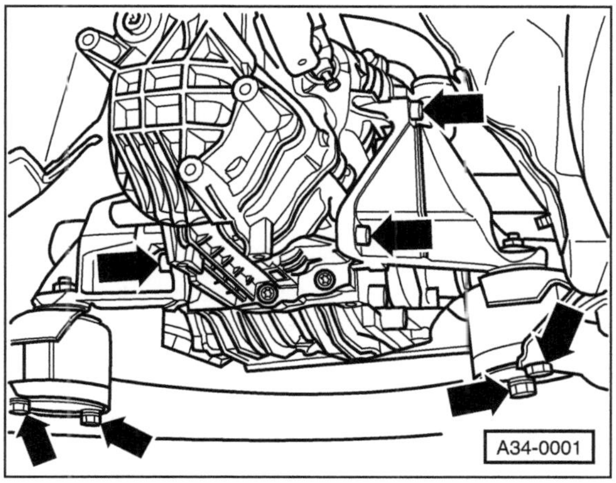

- Getriebestützen rechts und links komplett mit Gummimetallager abschrauben –Pfeile–.

- Verbindungsschrauben Motor/Getriebe –A– und –B– herausschrauben, siehe Abbildung N34-0615.
- Getriebe von den Paßhülsen abdrücken und ca. 15 cm absenken, bis der Kupplungsnehmerzylinder zugänglich ist.

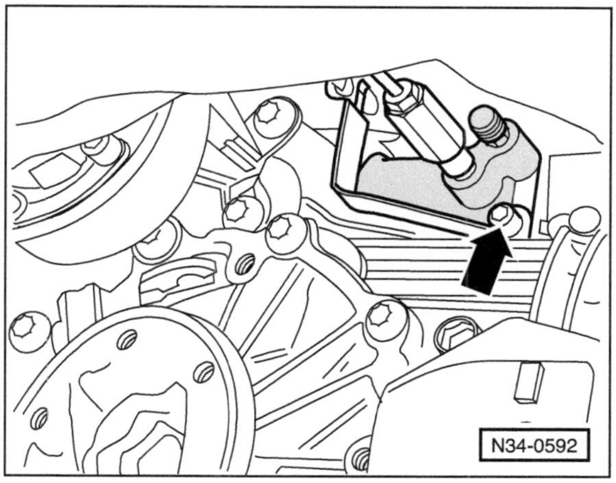

- Kupplungsnehmerzylinder abschrauben –Pfeil– und am Aufbau mit Draht aufhängen. **Achtung:** Die Hydraulikleitung bleibt angeschlossen, sonst muß die Anlage nach dem Einbau entlüftet werden. **Bei ausgebautem Nehmerzylinder nicht auf das Kupplungspedal treten.**
- Getriebe vorsichtig absenken und nach hinten abnehmen.

Einbau

Achtung: Beim Ersetzen von Anbauteilen oder Schrauben beachten: Das Getriebegehäuse ist entweder aus Magnesium oder Aluminium gefertigt. Darauf abgestimmt sind dann alle Anbauteile wie Deckel und Schrauben. **Werden Teile vom Aluminium-Getriebe an ein Magnesiumgehäuse angebaut, wird dieses durch Korrosion beschädigt.** Das gilt auch für die Flanschschrauben Motor/Getriebe, diese sind für das Getriebe mit Magnesiumgehäuse speziell beschichtet. Erkennbar ist ein Magnesiumgetriebe an der Aufschrift »Mg AL 9 Zn 1« an der Getriebeunterseite und im Bereich der Öleinfüllschraube.

- Vor dem Einbau Kupplung prüfen, siehe Seite 243.
- Kerbverzahnung der Antriebswelle reinigen und leicht mit MoS_2-Schmierfett oder AUDI-G 000 100 schmieren. **Achtung:** Die Kupplungsscheibe muß sich auf der Antriebswelle leicht hin- und herschieben lassen. Überschüssiges Fett unbedingt abwischen.
- Anlagefläche für Stößel am Kupplungs-Ausrückhebel leicht mit Kupferfett schmieren.
- Prüfen, ob die Paßhülsen zur Zentrierung Motor/Getriebe im Motorblock vorhanden sind, gegebenenfalls einsetzen.
- Auf richtigen Sitz des Zwischenblechs am Motor achten.
- Getriebe waagerecht in die Kupplung einfahren. Falls beim Einsetzen die Getriebe-Antriebswelle nicht in die Kupplungsscheibe einrastet, Antriebswelle am Flansch für die Gelenkwellen von Hand entsprechend verdrehen.
- Kupplungsnehmerzylinder mit Halter für Zuleitung einbauen. Kupplungsnehmerzylinder mit Montierhebel so weit vorspannen, daß sich die Befestigungsschraube leicht einsetzen läßt. Schraube mit **25 Nm** festziehen.
- Anlasser einbauen, siehe Seite 70.

Befestigungsschrauben Motor/Getriebe

4-Zylinder-Motor

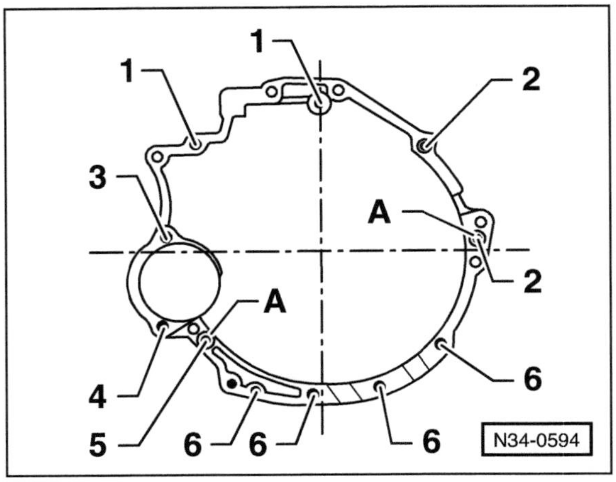

Position	Schraube	Anzugsdrehmoment
1	M12x75	65 Nm
2	M12x110	65 Nm
3	M12x90	65 Nm
4	M12x67	65 Nm
5	M10x135	45 Nm
6	M10x45	45 Nm
A	Paßhülsen	–

6-Zylinder-Motor

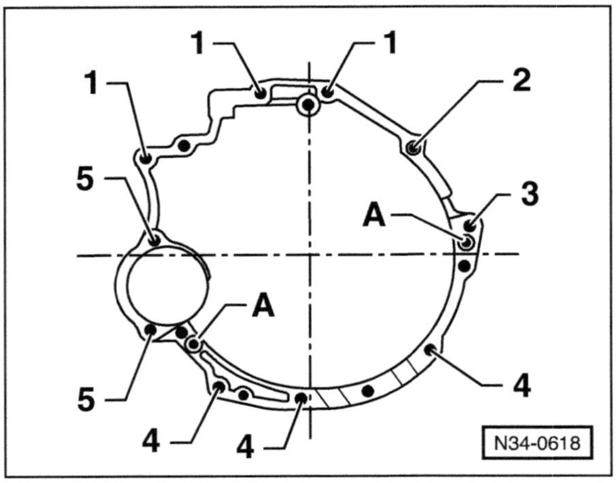

Position	Schraube	Anzugsdrehmoment
1	M12x67	65 Nm
2	M12x90	65 Nm
3	M12x80	65 Nm
4	M10x45	45 Nm
5 unten	M10x135	45 Nm
5 oben	M12x130	65 Nm
A	Paßhülsen	–

- Verbindungsschrauben Motor/Getriebe abwechselnd festziehen.
- Massekabel am Getriebe anschrauben.

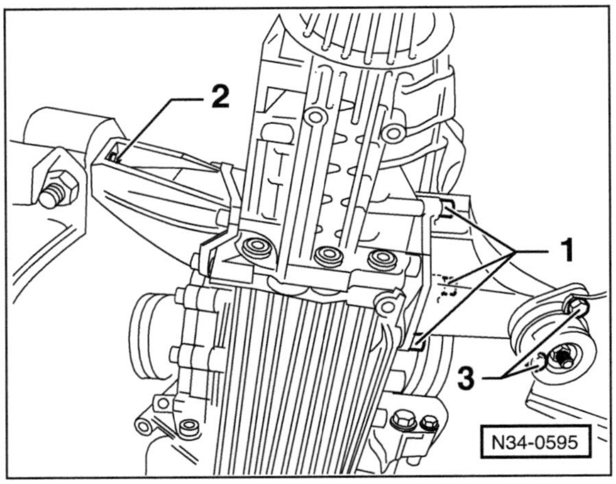

- **4-Zylindermotor:** Befestigungsschrauben –1/2/3– für Getriebestützen/Aggregateträger nach Tabelle einsetzen und anziehen.

Position	Schraube	Anzugsdrehmoment
1	M10x30	40 Nm
2	M10x35	50 Nm
3	M8x20	25 Nm

- **V6-Benzinmotor:** Getriebestützen einsetzen und Befestigungsschrauben anziehen, siehe Abbildung A34-0001. Getriebestützen an Getriebe mit **40 Nm**, Getriebelager am Aggregateträger mit **25 Nm** festziehen.
- Getriebeheber entfernen.
- Gelenkwellen einbauen, siehe Seite 116.
- Abdeckblech für rechte und, falls vorhanden, linke Gelenkwelle mit **20 Nm** anschrauben.

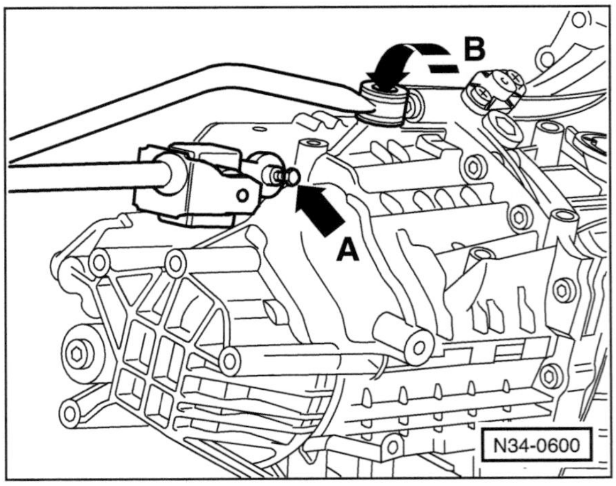

- Schaltstange –A– am Getriebe mit **20 Nm** anschrauben, dann Schubstange –B– mit **40 Nm** anschrauben.

- Stecker für Tachogeber und Rückfahrlicht links am Getriebe aufstecken.
- Abgasanlage einbauen, siehe Seite 236.
- Ausgleichbehälter für Kühlsystem festschrauben.
- **1,8-l/150-PS-Motor:** Luftfilter einbauen, siehe Seite 220.
- Ansaugluftschlauch an Saugrohr und Luftmassenmesser aufschieben und mit Schraubschellen befestigen.
- Batterie-Massekabel (–) anklemmen. **Achtung:** Hoch-/Tieflaufautomatik für elektrische Fensterheber aktivieren sowie Zeituhr stellen und Radiocode eingeben, siehe Kapitel »Batterie aus- und einbauen«.
- Ölstand im Getriebe kontrollieren, siehe Seite 30.
- Schaltbetätigung einstellen, siehe Seite 252.
- Halter für Motorraumabdeckung anschrauben.
- Untere Motorraumabdeckung einbauen, siehe Seite 162.

Speziell Automatikgetriebe/4-Zylindermotor

Achtung: Arbeitsschritte und Hinweise, die für alle Getriebe gelten, stehen im Kapitel für das Schaltgetriebe. In diesem Kapitel sind nur die Abweichungen beschrieben, die speziell das Automatikgetriebe in Verbindung mit dem 4-Zylindermotor betreffen.

- Motor abfangen, dazu Kran an den Aufhängeösen am Zylinderkopf einhängen.

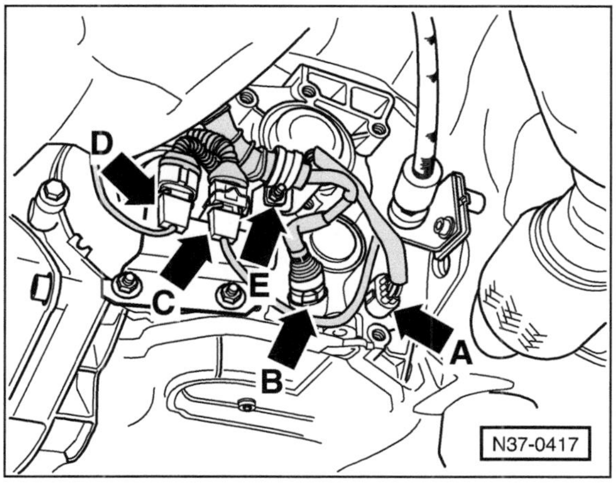

- Für den Wiedereinbau Anschlüsse –C– und –D– kennzeichnen. Elektrische Anschlüsse –A– bis –D– am Getriebe abziehen.
- Schelle für Kabelbaum –Pfeil E– abschrauben.

Achtung: Beim Öffnen der ATF-Leitungen läuft Öl aus. ATF-Öl mit einem geeigneten Gefäß auffangen. **Um Umweltschäden zu vermeiden, keinesfalls Altöl einfach wegschütten oder dem Hausmüll mitgeben.** Die Öl-Verkaufsstellen nehmen die entsprechende Menge Altöl kostenlos entgegen, daher vom Ölkauf Quittung und Ölkanister für spätere Altölrückgabe aufbewahren!

- ATF-Leitungen im Bereich der Motor-/Getriebeeinheit abschrauben und herausnehmen. **Achtung:** Es darf kein Schmutz in die Leitungen gelangen, daher Leitungen mit Plastikfolie gegen Verschmutzung schützen.

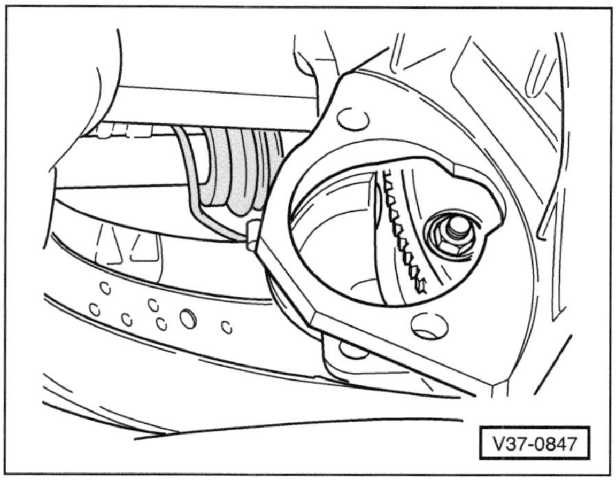

- Drehmomentwandler von der Mitnehmerscheibe mit 3 Muttern abschrauben. Motor mit Stecknuß an der Kurbelwellen-Riemenscheibe rechtsherum drehen, damit die Muttern in der Öffnung für den Anlasser liegen.

Hinweis: Der Drehmomentwandler sitzt zwischen Motor und Automatikgetriebe und dient als Kupplung.

- Wählhebel in Stellung »P« stellen und Wählhebelseilzug von der Getriebeschaltwelle nach oben abziehen.
- Schraube am Widerlager des Wählhebelseilzugs ausschrauben und Wählhebelseilzug abnehmen.
- Getriebe vom Motor abdrücken, dabei Drehmomentwandler aus dem Mitnehmerblech drücken.
- Drehmomentwandler in Richtung Getriebe drücken, dabei Getriebe absenken.

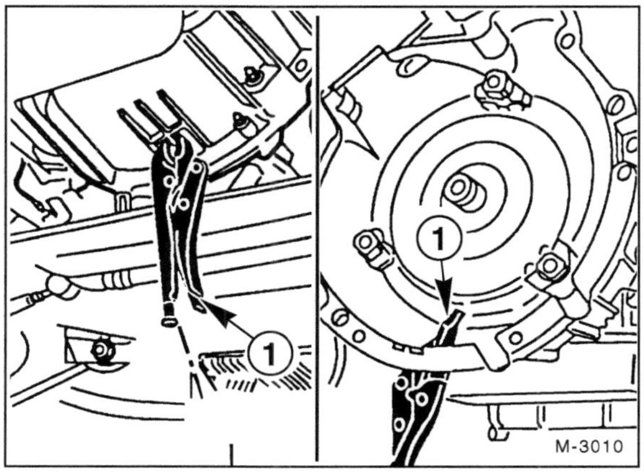

- Drehmomentwandler im Getriebe gegen Herausfallen sichern, dazu eine Gripzange –1– am Getriebegehäuse ansetzen und festklemmen. Kann keine Gripzange angesetzt werden, beim Abziehen des Getriebes darauf achten, daß der Drehmomentwandler nicht aus dem Getriebe herausrutscht. **Hinweis:** Die Abbildung zeigt nicht das AUDI A6-Getriebe.

Einbau

- Gripzange entfernen.
- Drehmomentwandler an die Mitnehmerscheibe mit 3 Muttern und **85 Nm** anschrauben.

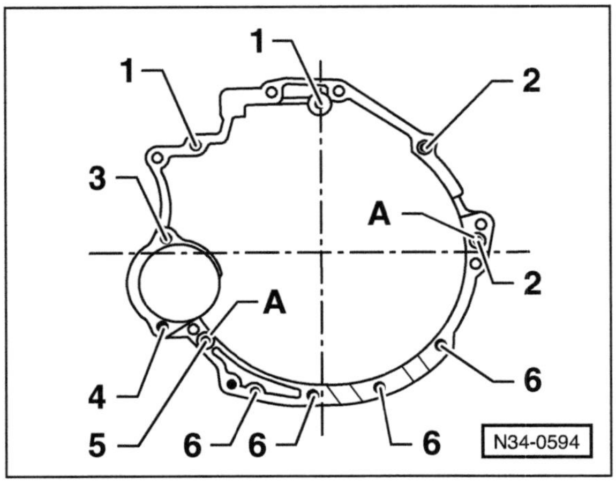

- Verbindungsschrauben Motor/Getriebe entsprechend der Abbildung einsetzen und mit folgendem Anzugsdrehmoment festziehen.

Pos.	Schraube	Anzugs-drehmoment
1	M12x75	65 Nm
2	M12x90	65 Nm
3	M12x67	65 Nm
4	M12x67	65 Nm
5	M12x90	65 Nm
6	M10x45	45 Nm
A	Paßhülsen	

- Wählhebelseilzug an der Getriebe-Schaltwelle aufdrücken, dabei muß der Wählhebel in Stellung »P« stehen.
- Schraube am Widerlager des Wählhebelseilzugs anschrauben und Wählhebelseilzug einstellen, siehe Seite 255.
- Ölstand im Automatikgetriebe und Achsantrieb prüfen, gegebenenfalls korrigieren, siehe Seite 31.

Schaltbetätigung einstellen

Um die Schalteinstellung korrekt vornehmen zu können, müssen das Getriebe, die Kupplung und die Kupplungsbetätigung in Ordnung sein. Außerdem müssen die Betätigungs- und Übertragungselemente der Schaltbetätigung leichtgängig und in einem einwandfreien Zustand sein.

Einstellen

- Getriebe in Leerlaufstellung bringen, Handbremse anziehen.
- Faltenbalg für Schalthebel an der Mittelkonsole ausclipsen.
- Schaltknopf abschrauben und mit Faltenbalg abnehmen.

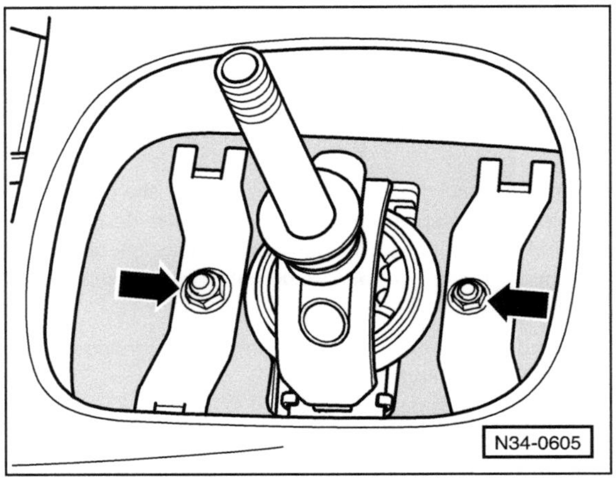

- Gummiabdeckung für Schaltgehäuse abschrauben.

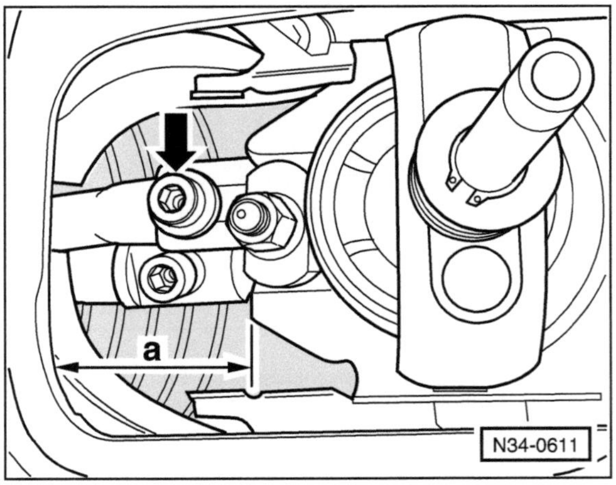

- Maß »a« zwischen Aufbau und Schaltbetätigung kontrollieren, es muß **37 mm** betragen. Andernfalls wie folgt einstellen:
- Schraube –Pfeil– für Schubstange lösen. Schubstange durch Verschieben auf Maß »a« = 37 mm einstellen. Anschließend Schraube mit **25 Nm** festziehen.

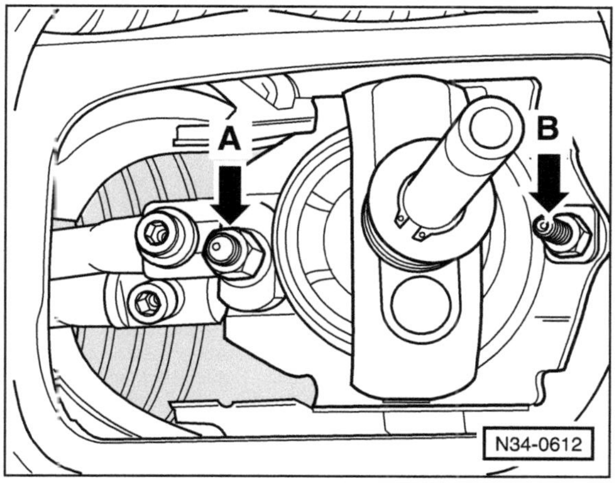

- Muttern –A– und –B– für Kugelgehäuse lösen. Kugelgehäuse in Fahrtrichtung waagerecht stellen.
- Muttern –A– und –B– mit **25 Nm** festziehen.

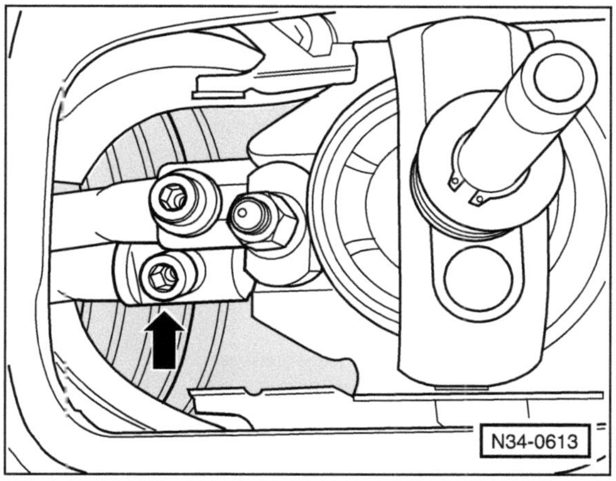

- Schraube –Pfeil– für Schaltstange lösen.
- In Fahrzeug-Längsrichtung den Schalthebel etwas nach hinten, in Richtung Fahrzeugheck, geneigt stellen. **Achtung:** Bei Fahrzeugen mit V6-Dieselmotor soll der Schalthebel etwa 7° nach hinten geneigt sein. **Hinweis:** Um die 7° einzuhalten, Winkel auf Pappkarton aufzeichnen. Karton von Helfer neben den Schalthebel halten lassen, mit Wasserwaage senkrecht ausrichten und Neigung prüfen.

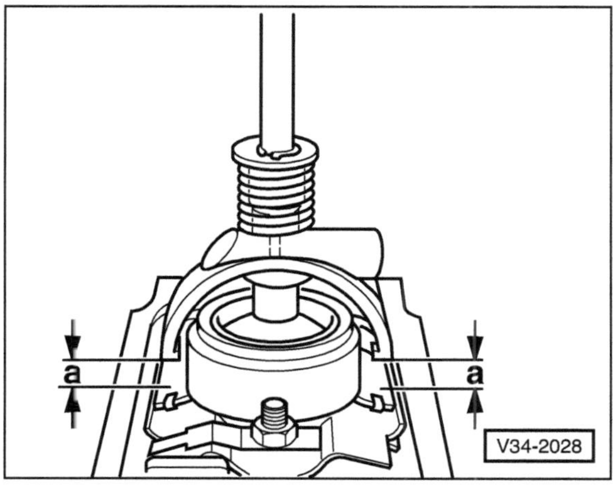

- In Querrichtung den Schalthebel so ausrichten, daß beide Nasen des Kugelanschlages den gleichen Abstand –a– zum Gehäuse haben.

Achtung: Auch beim V6-Dieselmotor soll der Schalthebel senkrecht stehen, er darf aber ganz geringfügig vom Fahrzeugheck gesehen nach rechts geneigt sein, bis maximal 3°.

- Schraube für Schaltstange mit **25 Nm** festziehen. **Achtung:** Dabei darf die Lage des Schalthebels nicht verändert werden.
- Funktion prüfen: Der Schalthebel muß im Leerlauf in der Gasse 3./4. Gang stehen.
- Alle Gänge durchschalten. Dabei besonders auf Wirksamkeit der Rückwärtsgangsperre achten. **Hinweis:** Lassen sich nur der Rückwärtsgang und der 5. Gang nicht einlegen, Sperreinheit für diese Gänge prüfen lassen, dazu Fachwerkstatt aufsuchen.
- Alle Fahrzeuge **außer** mit V6-Dieselmotor: Bei Beanstandungen folgendermaßen nachstellen. Muttern –A– und –B– für Kugelgehäuse lösen, siehe Abbildung N34-0612. Schalthebel ganz nach rechts drücken. Dabei Kugelgehäuse nach links gegen den Schalthebel drücken. In dieser Stellung Muttern –A– und –B– mit **25 Nm** festziehen.

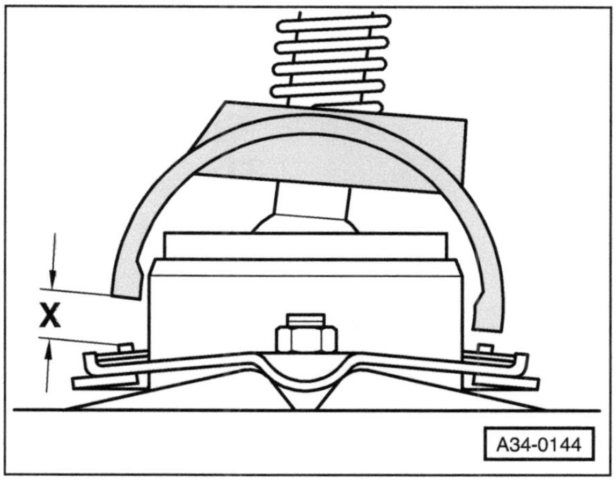

- **Fahrzeuge mit V6-Dieselmotor:** Bei Beanstandungen folgendermaßen nachstellen. Schraube –Pfeil– für Schaltstange lösen, siehe Abbildung N34-0613. Schalthebel so ausrichten, daß die linke Nase des Kugelanschlages den Abstand **X = 9,5 mm** zum Gehäuse hat. Die Neigung des Schalthebels nach hinten darf dabei nicht verändert werden. In dieser Stellung die Schraube für die Schaltstange mit **25 Nm** festziehen.
- Gummiabdeckung für Schaltgehäuse anschrauben.
- Schaltknopf aufschrauben.
- Faltenbalg für Schalthebel an der Mittelkonsole einclipsen.

Schaltung

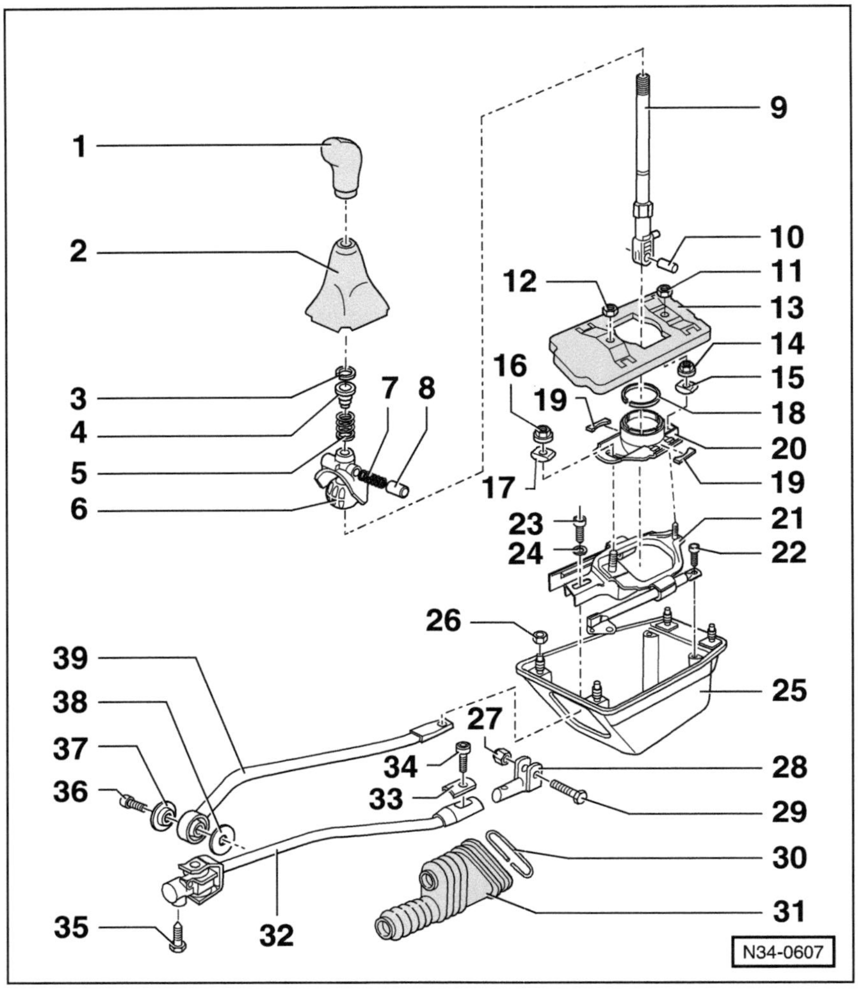

1 – **Schaltknopf**
Zusammen mit Faltenbalg vom Schalthebel abschrauben.

2 – **Faltenbalg**
Mit Schaltknopf verrastet.

3 – **Sicherungsring**

4 – **Distanzbuchse**

5 – **Druckfeder**

6 – **Kugelanschlag**
Druckfeder –7– und Buchse –8– in den Kugelanschlag setzen und so auf den Schalthebel montieren, daß Buchse und Feder in Fahrtrichtung rechts angeordnet sind.

7 – **Druckfeder**

8 – **Buchse**
Rundung zeigt zum Schalthebel.

9 – **Schalthebel**
Läßt sich nur in einer Stellung einsetzen.

10 – **Distanzrohr**

11 – **Mutter, 10 Nm**

12 – **Mutter, 10 Nm**

13 – **Abdeckung**

14 – **Mutter, 25 Nm**

15 – **Verbindungsstück**

16 – **Mutter, 25 Nm**

17 – **Verbindungsstück**

18 – **Sicherungsring**
Immer ersetzen. Abgerundete Seite zeigt zum Kugelgehäuse.

19 – **Puffer**

20 – **Kugelgehäuse**

21 – **Schubstange hinten**

22 – **Innensechskantschraube, 10 Nm**

23 – **Innensechskantschraube, 25 Nm**

24 – **Scheibe**

25 – **Gehäuse für Schaltbetätigung**

26 – **Mutter, 10 Nm**

27 – **Mutter, 10 Nm**
Selbstsichernd, immer erneuern.

28 – **Schaltgabel**

29 – **Schraube**

30 – **Spannring**

31 – **Faltenbalg**
Zum Aus- und Einbau Katalysator und Wärmeschutzblech ausbauen. Faltenbalg auf die Markierungen der Schaltstange und der Schubstange ausrichten.

32 – **Schaltstange**

33 – **Klemmstück**

34 – **Innensechskantschraube, 25 Nm**

35 – **Schraube, 20 Nm**
Selbstsichernd, immer erneuern.

36 – **Innensechskantschraube, 40 Nm**

37 – **Scheibe**
Die gewölbte Seite zeigt zur Schubstange.

38 – **Scheibe**

39 – **Schubstange vorn**

Hinweise:

- Bei Modellen mit V6-Dieselmotor ist die Schaltstangen-Anlenkung am Getriebe anders ausgeführt, als in der Abbildung dargestellt.
- Zum Ausbau der kompletten Schaltung muß die Abgasanlage ausgebaut werden. Zum Zerlegen der Schaltung muß das Gehäuse für Schaltbetätigung abgeschraubt und abgesenkt werden.
- Lagerstellen und Gleitflächen mit Polyharnstoff-Fett »G 052 142« von AUDI fetten.

Vollautomatik

Anstelle des Schaltgetriebes kann der AUDI A6 mit einer 4- oder 5-Gang-Getriebevollautomatik ausgestattet sein. Das Automatikgetriebe übernimmt beim Anfahren die Aufgaben der herkömmlichen Kupplung und während der Fahrt die Schaltarbeit.

Die wesentlichen Baugruppen eines Automatikgetriebes sind: Drehmomentwandler, Planetengetriebe und die hydraulische beziehungsweise elektronische Getriebesteuerung. Zum Schalten der Übersetzungsstufen im Planetengetriebe werden hydraulisch betätigte Lamellen-Bremsen und Lamellen-Kupplungen verwendet.

Der Drehmomentwandler entspricht in seiner Funktion einer hydraulischen Kupplung. Er sorgt dafür, daß ohne mechanische Kupplungsbetätigung angefahren und die einzelnen Schaltstufen geschaltet werden können.

Die Steuerung der Schaltdrücke übernimmt ein elektronisches Steuergerät. Damit stehen umfassende Informationen für eine noch bessere Getriebesteuerung zur Verfügung, so daß für jeden Betriebszustand des Fahrzeugs und für jeden Fahrerwunsch die sinnvollste Getriebeübersetzung ausgewählt wird.

Manuelle Fahrprogramme wie »Economy« oder »Sport« sind nicht vorhanden. Hingegen erkennt das Steuergerät an der Geschwindigkeit, mit der das Gaspedal getreten wird, wie »sportlich« oder »verbrauchsorientiert« der Fahrer fahren möchte und regelt die Schaltpunkte entsprechend. In die Regelung der Schaltpunkte werden auch Fahrwiderstände wie Bergauf- und Bergabfahrten, Hängerbetrieb und Gegenwind miteinbezogen.

Tiptronic – die Automatik mit Schrittschaltung

Beim 5-Gang-Automatikgetriebe liegt neben der Automatikgasse eine zweite, kurze Schaltkulisse mit einer Schrittschaltung. Zusätzlich kann das Sportlenkrad mit entsprechenden Tasten ausgerüstet sein. Schrittschaltungen sind im Motorsport oder beim Motorrad üblich.

Der Fahrer kann bei der Tiptronic die Gänge nach Belieben hoch- und herunterschalten. Gegenüber einer Handschaltung ist die Tiptronic weitaus komfortabler und gegen Fehlbedienungen geschützt. Beispielsweise wird ein Zurückschalten nicht ausgeführt, wenn dadurch die Abregeldrehzahl des Motors überschritten würde.

Bei Störungen der Eingangssignale oder der Magnetventile wird auf ein Notlaufprogramm umgeschaltet, gleichzeitig wird der im Fahrbetrieb aufgetretene Fehler im Fehlerspeicher abgespeichert. Er kann in der AUDI-Werkstatt mit einem Fehlerauslesegerät abgerufen werden.

Für die Beurteilung der Funktion der Getriebeautomatik und für die richtige Fehlersuche sind Erfahrung mit automatischen Getrieben und teure Spezialgeräte erforderlich. Daher werden hier nur der Getriebeausbau und die Einstellung des Wählhebelseilzugs beschrieben. Die Ölfüllung muß nur bei Getriebereparaturen gewechselt werden. Ein Ölwechsel im Rahmen der regelmäßigen Wartung ist nicht erforderlich.

Hinweis: Beim Abschleppen von Fahrzeugen mit automatischem Getriebe sind besondere Regeln zu beachten, siehe Seite 46.

Wählhebelseilzug einstellen

Automatikgetriebe

Einstellung prüfen

- Fahrzeug aufbocken oder über eine Grube fahren.
- Wählhebel in Stellung »P« schalten.

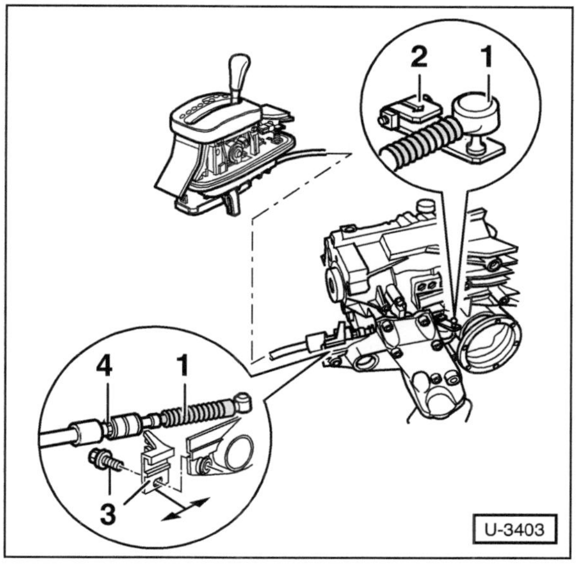

1 – Kugelpfanne
2 – Getriebe-Schaltwelle
3 – Schraube für Widerlager, **25 Nm**
4 – Mutter für Seilzug an Widerlager, 10 Nm

- Kugelpfanne –1– des Wählhebelseilzugs von Getriebe-Schaltwelle –2– nach oben abdrücken.
- Wählhebel von »P« nach »1« schalten. Dabei muß die Schaltbetätigung leichtgängig sein, sonst Seilzug erneuern.
- Wählhebel in Stellung »P« schalten. Die Parksperre muß eingerastet sein, die Vorderräder dürfen sich nicht verdrehen lassen.
- In dieser Stellung muß sich der Wählhebelseilzug spannungsfrei auf den Hebel der Schaltwelle aufdrücken lassen, sonst Seilzug einstellen.

Einstellen

- Wählhebel in Stellung »P« schalten.
- Schaltwelle am Getriebe in hinterste Position drücken, Parksperre muß einrasten.
- Schraube –3– für Widerlager am Getriebe etwas lösen. Widerlager verschieben, bis sich der Wählhebelseilzug spannungsfrei auf den Hebel der Schaltwelle aufdrücken läßt. In dieser Stellung Schraube –3– mit **25 Nm** anziehen.
- Probefahrt durchführen und Wählhebelfunktion prüfen. Der Motor darf sich nur in den Wählhebelstellungen »P« und »N« starten lassen.
- Zündung einschalten. Bei stehendem Fahrzeug darf der Wählhebel erst aus der Stellung »P« oder »N« herausgeführt werden können, wenn gleichzeitig das Bremspedal betätigt wird.

Innenausstattung

Aus dem Inhalt:

- Konsolen demontieren
- Armlehne ersetzen
- Innenspiegel ersetzen
- Ablagefächer ausbauen
- Handschuhkastenausbau
- Innenverkleidungen
- Sitze vorn ausbauen
- Sitzbank hinten ausbauen
- Einstiegleistenausbau

Wichtige Arbeitshinweise

Wenn Arbeiten an der Innenausstattung ausgeführt werden, sind folgende Hinweise unbedingt zu beachten:

Achtung: Wenn im Rahmen von Arbeiten an der Innenausstattung auch Arbeiten an der elektrischen Anlage durchgeführt werden, **grundsätzlich** das Batterie-Massekabel (–) abklemmen. Dazu Hinweise im Kapitel »Batterie aus- und einbauen« durchlesen. Als Arbeit an der elektrischen Anlage ist dabei schon zu betrachten, wenn eine elektrische Leitung vom Anschluß abgezogen beziehungsweise abgeklemmt wird.

- Es empfiehlt sich, zum Abhebeln von Kunststoffverkleidungen einen Kunststoffkeil (Spezialwerkzeug), zum Beispiel Hazet Nr. 1965-20, zu verwenden.
- Beim Ausbau beschädigte Clips von Verkleidungen immer erneuern.
- Sitze und Sicherheitsgurte sind sicherheitsrelevante Bauteile. Aus Sicherheitsgründen nur die beschriebenen Arbeiten durchführen. Weitergehende Arbeiten nicht in Eigenregie vornehmen, sondern bei einer AUDI-Werkstatt durchführen lassen.
- Die Fenster- und Türsäulen der Karosserie werden von vorn nach hinten als A-, B-, C- und D-Säulen benannt.

Innenspiegel aus- und einbauen

Manuell abblendbar

Ausbau

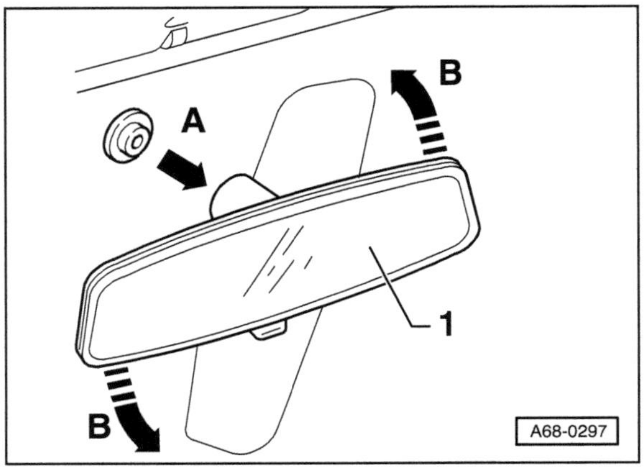

- Innenspiegel –1– um 60° bis 90° drehen –Pfeile B–, bis die Arretierfeder ausrastet und Spiegel abnehmen.

Einbau

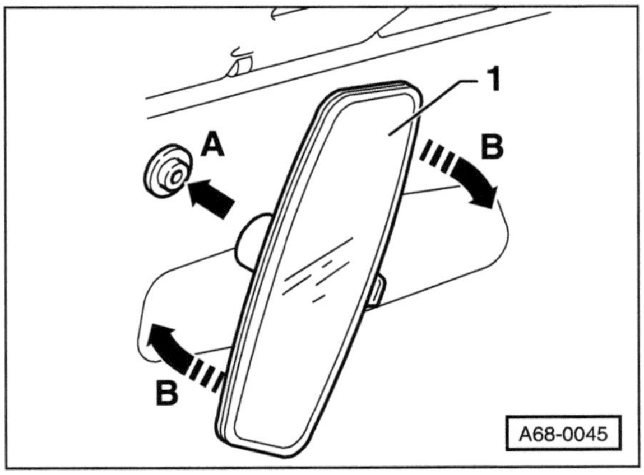

- Spiegel –1– um 60° bis 90° verdreht zur Anbaulage ansetzen –Pfeil A– und drehen –Pfeile B–, bis die Arretierfeder einrastet.

Achtung: Je nach Ausführung kann es erforderlich sein, das Spiegelglas vom Kugelkopf des Spiegelfußes abzudrücken. Zum Aufdrücken ist relativ großer Kraftaufwand erforderlich, um die Klemmfeder in den Kugelkopf einrasten zu lassen.

Automatisch abblendbar

Ausbau

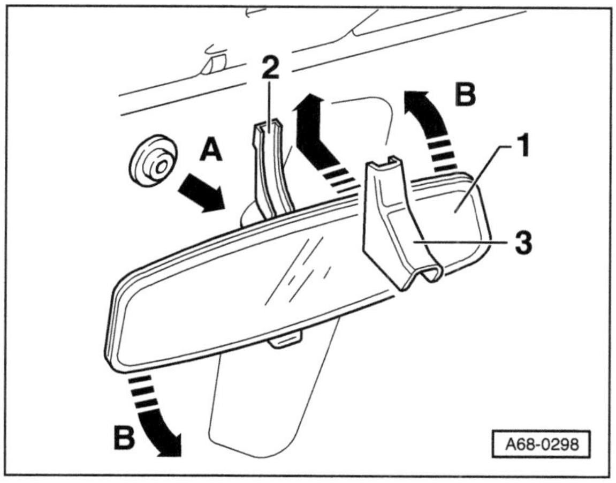

- Kabelkanalabdeckung –3– ausclipsen.
- Stecker aus der Fixierung nehmen und abziehen.

Achtung: Kabelkanal –2– **nicht** zum Drehen des Innenspiegels verwenden.

- Innenspiegel –1– um 60° bis 90° drehen –Pfeile B–, bis die Arretierfeder ausrastet und Spiegel abnehmen.

Einbau

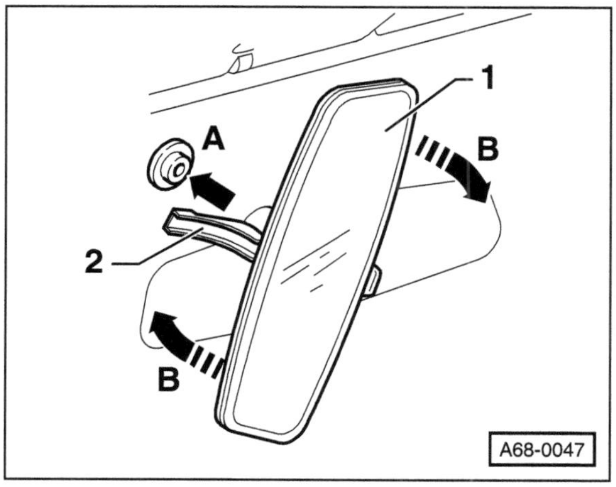

- Spiegel –1– um 60° bis 90° verdreht zur Anbaulage ansetzen –Pfeil A– und drehen –Pfeile B–, bis die Arretierfeder einrastet.

Automatisch abblendbaren Innenspiegel prüfen

Der automatisch abblendendbare Innenspiegel dunkelt bei entsprechendem Lichteinfall stufenlos ab. Er besteht aus einem Spiegelelement und einem elektronischem Steuerteil mit 2 Fotosensoren.

Funktion

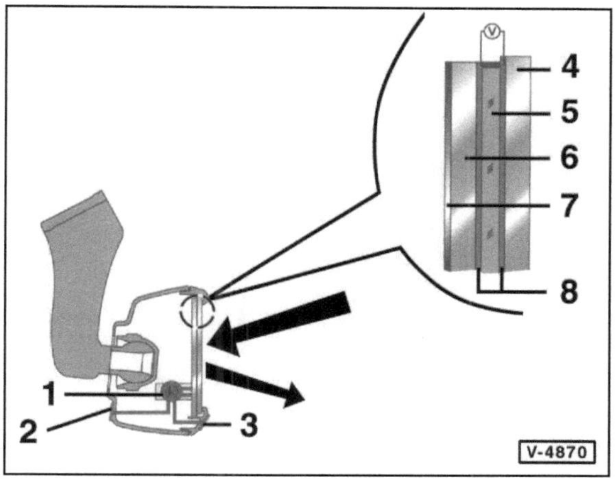

Die Steuerelektronik –1– erkennt durch die Fotosensoren –2/3– den Lichteinfall von vorn und hinten. Ist der Lichteinfall von hinten größer als von vorn, wird durch die Elektronik eine Spannung an die leitfähige Beschichtung –8– gelegt, die sich zwischen den beiden Glasscheiben –4/6– des Spiegels befindet.

Die angelegte Spannung verändert die Farbe der Elektrolytschicht –5–. Je höher die Spannung ist, desto dunkler wird die Elektrolytschicht. Dadurch wird das einfallende Licht nicht mehr so stark reflektiert. 7 – Silber-Reflektierbelag.

Beim Einlegen des Rückwärtsganges wird die Abblendfunktion abgeschaltet. Dadurch kann mit Hilfe des Innenspiegels zum Beispiel aus einer dunklen Garage herausgefahren werden.

Prüfen

- Zündung einschalten. **Achtung:** Der Rückwärtsgang darf **nicht** eingelegt sein.
- Fotosensor auf der Vorderseite zuhalten oder abkleben.
- Fotosensor auf der Rückseite mit einer Taschenlampe anstrahlen. Der Innenspiegel muß sich innerhalb kurzer Zeit verdunkeln.

Handschuhkasten aus- und einbauen

Ausbau

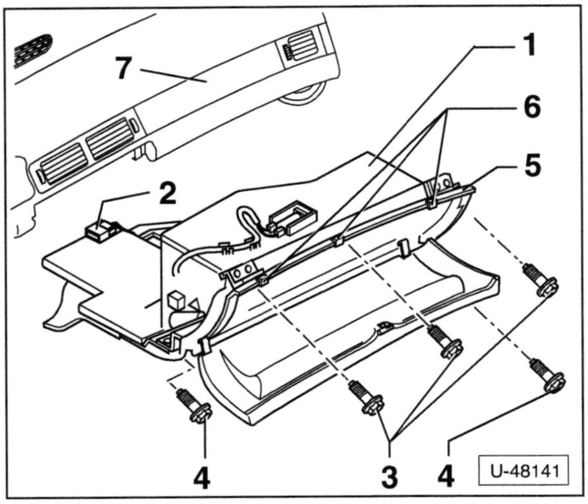

- Handschuhkastendeckel öffnen und die 3 Schrauben –3– herausdrehen.
- 2 Schrauben –4– herausdrehen und Handschuhkasten –1– nach unten herausnehmen.
- Stecker von der Steckverbindung –2– abziehen.

Einbau

- Handschuhkasten mit der Leiste –5– und den Gumminoppen –6– von unten her an die Armaturentafel –7– ansetzen und einhängen.
- Stecker aufschieben.
- Handschuhkasten mit 5 Nm anschrauben.

Ablagefach Fahrerseite aus- und einbauen

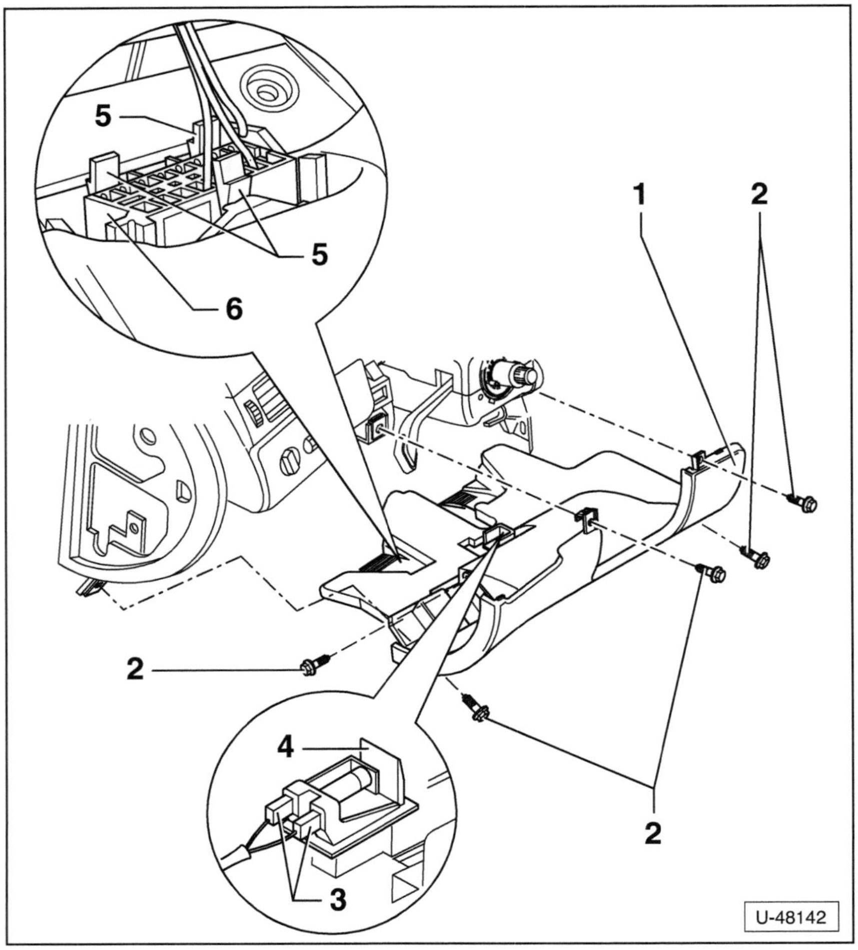

1 – Ablagefach Fahrerseite

Ausbau

- Abdeckung für Kombiinstrument abziehen, siehe Seite 91.
- Seitliche Armaturentafel-Abdeckung ausclipsen und abnehmen, siehe Seite 56.
- 5 Schrauben –2– herausdrehen.
- Ablagefach nach unten abnehmen.
- Steckverbindungen –3– und –4– für Fußraumbeleuchtung trennen.
- Diagnosestecker –6– ausclipsen. Dazu die 3 Rasthaken –5– zusammendrücken.

Einbau

- Der Einbau erfolgt in umgekehrter Ausbaureihenfolge.

2 – Schrauben

3 – Stecker

4 – Fußraumbeleuchtung

5 – Rasthaken

6 – Diagnosestecker

Mittelkonsole hinten aus- und einbauen

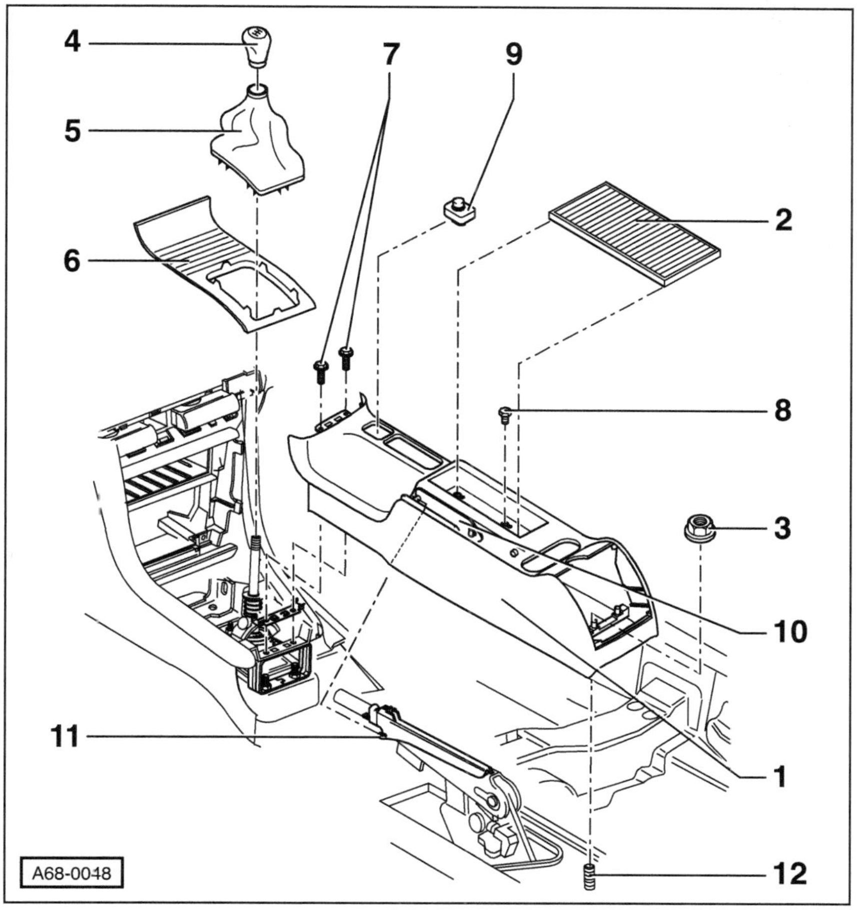

1 – **Mittelkonsole hinten**
2 – **Abdeckung**
3 – **Mutter, 10 Nm**
4 – **Schaltknauf**
5 – **Schaltmanschette**
6 – **Einsatz für vordere Mittelkonsole**
7 – **Schrauben, 5 Nm**
8 – **Schraube, 5 Nm**
9 – **Spiegelverstellschalter**
10 – **Wippverkleidung Handbremshebel**
11 – **Rastnase**
12 – **Stehbolzen**

Ausbau

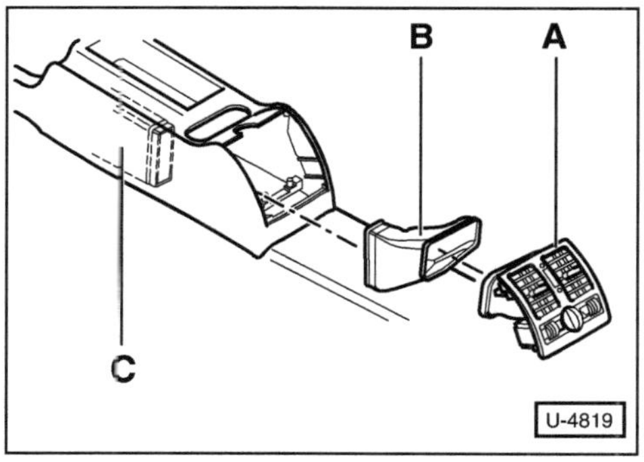

- Hinteren Ausströmer –A– aus der Mittelkonsole nach hinten herausziehen. Dazu 4 Drahtklammern ausrasten, siehe auch Seite 105.
- Steckverbindungen für Zigarrenanzünder, Beleuchtung Ausströmer und hintere Sitzheizung trennen.
- Verbindungsstück –B– vom Luftkanal –C– abziehen.
- Falls vorhanden, Mittelarmlehne ausbauen, siehe entsprechendes Kapitel.
- Mutter –3– herausdrehen.
- Abdeckung –2– herausnehmen.
- Schraube –8– herausdrehen.
- **Schaltgetriebe:** Schaltknauf ausbauen. Dazu Manschette –5– nach oben aus dem Einsatz –6– ausclipsen und nach oben über den Schaltknauf stülpen.
  Bis 9/01: Klemmschelle mit Seitenschneider aufschneiden. Schaltknauf mit Manschette nach oben abziehen, dabei gegebenenfalls etwas gegen den Uhrzeigersinn drehen.
  Seit 10/01 (MJ 2002) Normalausführung: Verriegelung unterhalb der Manschette um 45° im Uhrzeigersinn drehen und Schaltknauf mit Manschette nach oben abziehen.
  Seit 10/01 (MJ 2002) Sportausführung: Manschette unterhalb des Schaltknaufs um 45° entgegen dem Uhrzeigersinn drehen und Schaltknauf mit Manschette nach oben abziehen.
- **Automatikgetriebe:** Wählhebel in eine hintere Schaltstufe stellen.
- Einsatz –6– für vordere Mittelkonsole nach oben ausclipsen.
- 2 Schrauben –7– herausdrehen.
- Verkleidung für Handbremshebel ausbauen, siehe entsprechendes Kapitel.
- Mittelkonsole –1– vorn hochziehen und Steckverbindung für den Schalter Spiegelverstellung trennen.

- Handbremshebel ganz anziehen.
- Wippverkleidung –10– an der Haltenase –11– des Handbremshebels aushängen.
- Mittelkonsole über den Stehbolzen –12– heben und nach hinten ziehen.
- Mittelkonsole nach vorn über den Handbremshebel herausnehmen.

Einbau

- Mittelkonsole von vorn über den Handbremshebel einsetzen. Dabei auf richtigen Sitz der Luftkanäle achten.
- Wippverkleidung –10– an der Haltenase –11– des Handbremshebels einhängen.
- Stecker für Schalter Spiegelverstellung verbinden.
- Handbremshebel-Verkleidung einbauen, siehe entsprechendes Kapitel.
- Mittelkonsole anschrauben.
- Einsatz für Schalthebel einclipsen.
- **Schaltgetriebe:** Schaltknauf aufstecken.
  Bis 9/01: Neue Klemmschelle festziehen.
  Seit 10/01 (MJ 2002) Normalausführung: Verriegelung unterhalb der Manschette um 45° gegen den Uhrzeigersinn drehen und Schaltknauf arretieren.
  Seit 10/01 (MJ 2002) Sportausführung: Manschette unterhalb des Schaltknaufs um 45° im Uhrzeigersinn drehen und Schaltknauf arretieren
- Schalthebelmanschette einclipsen.
- Abdeckung in das Ablagefach einlegen.
- Verbindungsstück für hinteren Luftkanal einsetzen.
- Steck für Zigarrenanzünder, Beleuchtung Ausströmer und hintere Sitzheizung verbinden.
- Hinteren Ausströmer in die Öffnung einschieben.
- Falls ausgebaut, Mittelarmlehne einbauen, siehe entsprechendes Kapitel.

Handbremshebel-Verkleidung aus- und einbauen

Ausbau

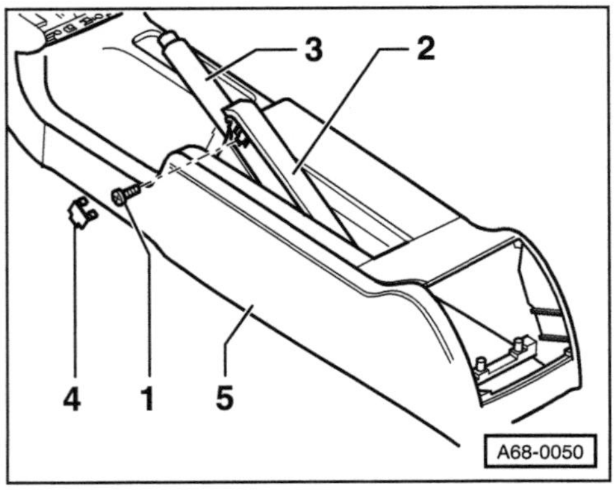

- Handbremse –3– anziehen.
- Blende –4– ausclipsen.
- Schraube –1– herausdrehen und Verkleidung –2– abnehmen.

Einbau

- Schraube –1– auf 1 bis 2 Gewindegänge eindrehen.
- Bei gelöster Handbremse –3– die Verkleidung –2– in der Mittelkonsole –5– zentrieren.
- Handbremse anziehen und Schraube –1– festziehen.
- Blende –4– einclipsen.

Mittelarmlehne aus- und einbauen

Ausbau

- Ausströmer aus der hinteren Mittelkonsole ausbauen, siehe Seite 259.

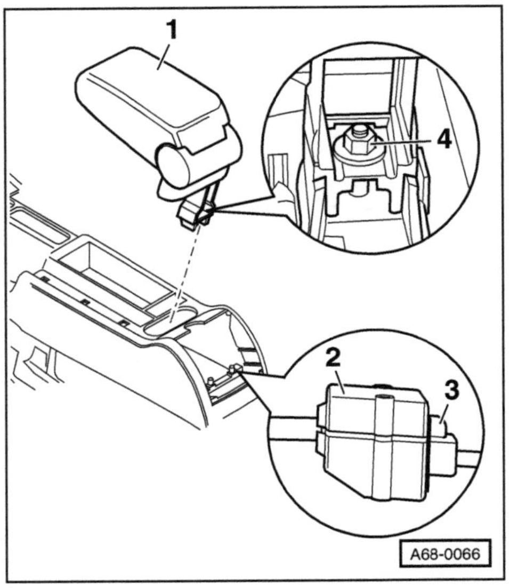

- Falls vorhanden, Steckverbindung –2– für Telefon trennen. Dazu Rastnasen –3– eindrücken.
- Mutter –4– abschrauben und Mittelarmlehne –1– herausnehmen.

Einbau

- Mittelarmlehne am Stützfuß ansetzen und mit **26 Nm** anschrauben.
- Falls vorhanden, Telefonstecker verbinden.
- Ausströmer in die Mittelkonsole einsetzen und einrasten.

Hinweise zum Nachrüsten der Mittelarmlehne:

- Hintere Mittelkonsole ausbauen.
- Stützfuß für Mittelarmlehne an den beiden Stehbolzen hinter dem Handbremshebel mit 10 Nm anschrauben.
- Vor Einbau der hinteren Mittelkonsole die Abdeckkappe im Bereich des Stützfusses durch eine Ausführung mit Ausschnitt ersetzen. Die Abdeckkappe wird nach oben ausgeclipst.

Mittelkonsole vorn aus- und einbauen

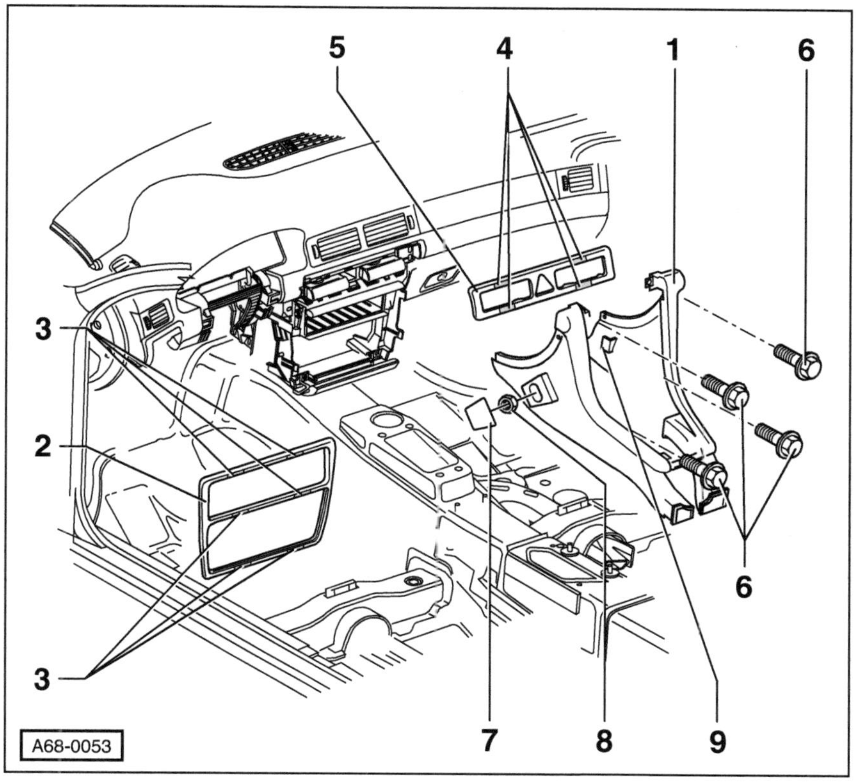

1 – Mittelkonsole vorn
2 – Abdeckmaske
3 – Befestigungsklammer
4 – Befestigungsklammer
5 – Blende für Schalterleiste
6 – Schrauben, 5 Nm
7 – Blende
8 – Mutter
9 – Haltewinkel

Ausbau

- Mittelkonsole hinten ausbauen, siehe entsprechendes Kapitel.
- Ascher vorn öffnen und Abdeckmaske –2– an den 6 Befestigungsklammern –3– ausclipsen, dabei unten beginnen.
- Radio ausbauen, siehe Seite 96.
- Bedienteil für Klimaanlage beziehungsweise Heizung ausbauen, siehe Seite 106.
- Ascher vorn ausbauen, siehe entsprechendes Kapitel.
- Blende für Schalterleiste –5– an den 4 Befestigungsklammern –4– ausclipsen.
- 4 Schrauben –6– herausdrehen.
- Blende –7– heraushebeln.
- Seitliche Abdeckkappe ausclipsen und Mutter –8– abschrauben.
- Mittelkonsole auf der Fahrerseite über den Befestigungsbolzen ziehen und nach hinten herausnehmen.

Einbau

- Mittelkonsole von hinten einschieben, dabei Haltewinkel –9– in die Befestigungsklammer einsetzen. Konsole seitlich über den Befestigungsbolzen heben.
- Der weitere Einbau erfolgt in umgekehrter Ausbaureihenfolge.

Getränkehalter und Ablagefach aus- und einbauen

Ausbau

- Blende für Schalterleiste –5– an den 4 Befestigungsklammern –4– ausclipsen.

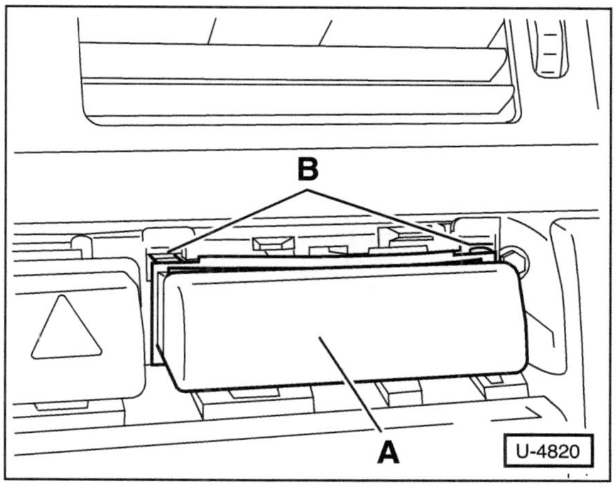

- 2 Rastnasen –B– mit einem Schraubendreher nach oben drücken und Getränkehalter/Ablagefach –A– herausziehen.

- Steckverbindungen trennen und Getränkehalter/Ablagefach herausnehmen.

Einbau

- Stecker verbinden. Getränkehalter/Ablagefach in die Öffnung einschieben.
- Blende für Schalterleiste einclipsen.

Ascher vorn aus- und einbauen

Ausbau

- Ascher öffnen.
- Abdeckmaske –2–, unten beginnend, an den 6 Befestigungsklammern –3– ausclipsen, siehe Abbildung A68-0053.

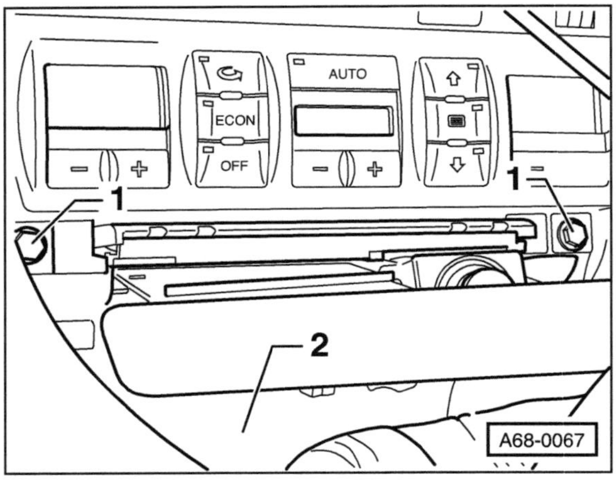

- Einsatz für Mittelkonsole –2– nach oben ausclipsen, siehe auch Position –6– in Abbildung A68-0048 auf Seite 259.
- 2 Schrauben –1– herausdrehen.

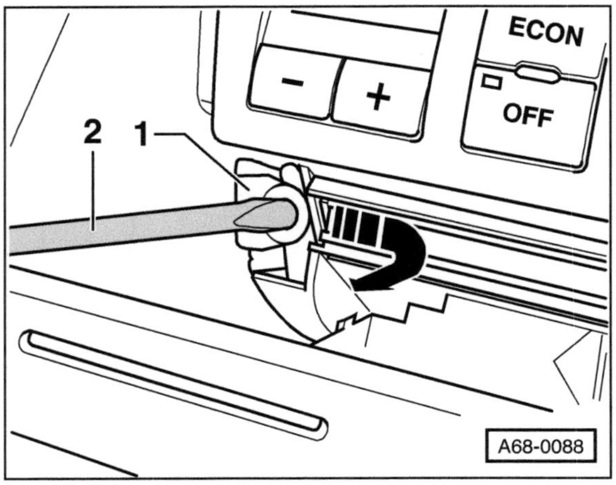

- Haltelaschen –1– links und rechts mit einem Schraubendreher –2– in Pfeilrichtung herausziehen.
- Bedienteil der Klimaanlage vorsichtig etwas nach hinten ziehen und Ascher nach unten und hinten herausziehen.

- Kabelverbindung für Zigarrenanzünder und Ascherbeleuchtung trennen.

Einbau

- Elektrische Leitungen für Zigarrenanzünder und Ascherbeleuchtung verbinden.

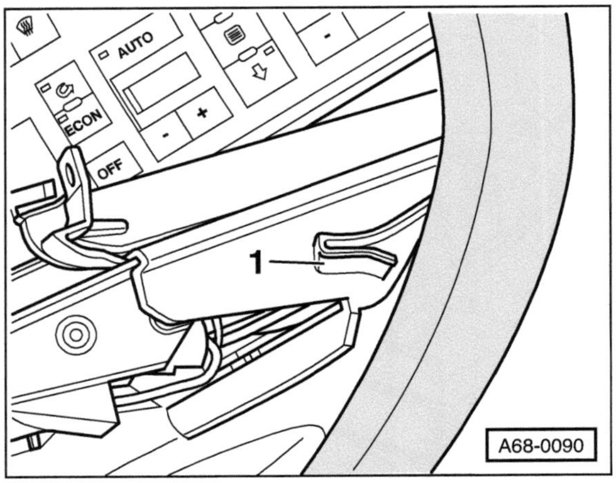

- Ascher einsetzen. Dabei darauf achten, daß die Führung –1– links und rechts in die Mittelkonsole einrastet.
- Der weitere Einbau erfolgt in umgekehrter Ausbaureihenfolge. Ascher mit 2 Nm anschrauben.

Blende für Ascher aus- und einbauen

Ausbau

- Ascher ausbauen.

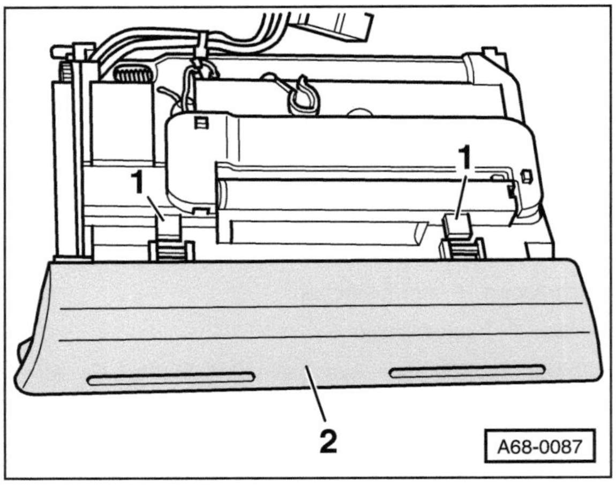

- 2 Rastnasen –1– mit einem Schraubendreher nach oben abhebeln und Blende –2– nach vorn abnehmen.

Einbau

- Blende am Ascher einrasten.
- Ascher einbauen.

Obere Verkleidung für A-Säule aus- und einbauen

Ausbau

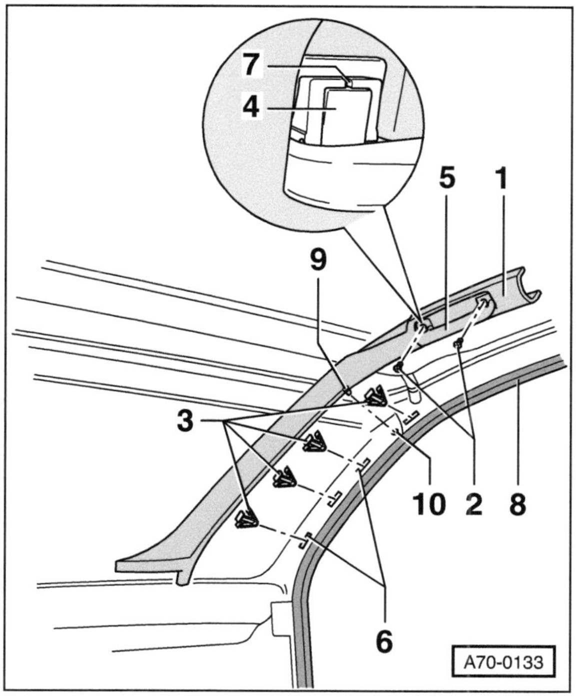

- Schraubenabdeckungen –4– nach unten klappen. Dazu dünnen Draht, zum Beispiel eine Büroklammer, in die Nut –7– einführen und Abdeckung aufklappen.

Hinweis: Durch die aufgeklappten Abdeckungen kann der Dachhaltegriff –5– in heruntergeklappter Stellung gehalten werden.

- 2 Schrauben –2– herausdrehen.
- Verkleidung –1– von oben nach unten ausclipsen und nach oben abziehen.
- Falls vorhanden, Steckverbindung für die Telefon-Freisprecheinrichtung trennen.

Einbau

- Elektrische Leitung für Freisprecheinrichtung verbinden und nach oben verlegen.

Achtung: Beim Einclipsen der Verkleidung darauf achten, daß das Kabel der Freisprecheinrichtung nicht beschädigt wird.

- Zur leichteren Montage der Verkleidung, Sonnenblende ausclipsen und in Längsrichtung stellen.
- Verkleidung –1– mit den 4 Klammern –3– in die Aufnahmen –6– einsetzen.
- Dorn –9– in die Aufnahme –10– einsetzen.
- Verkleidung andrücken und einclipsen.
- Türdichtung –8– über die Verkleidung legen.

Untere Seitenverkleidung vorn aus- und einbauen

Ausbau

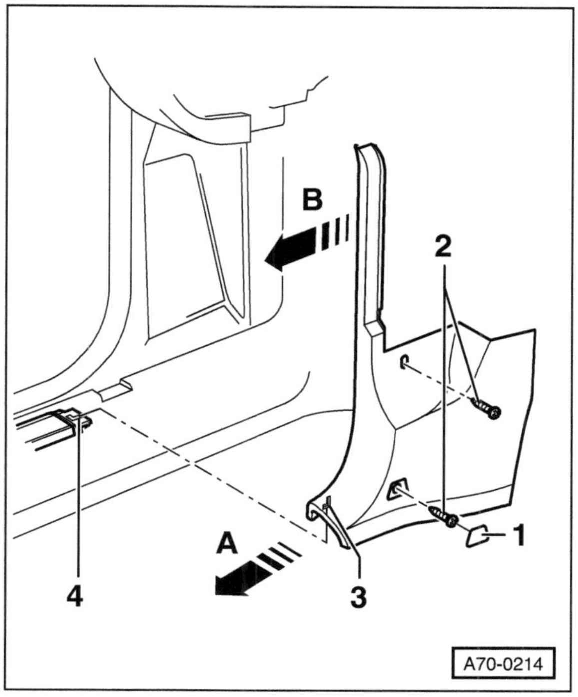

- Schraubenabdeckung –1– heraushebeln.
- 2 Schrauben –2– herausdrehen.
- Seitenverkleidung in Pfeilrichtung –A– ziehen, bis sich der Stift –3– aus der Nut –4– aushängen läßt.
- Verlängerung der Seitenverkleidung in Pfeilrichtung –B– aus 2 Halteklammern herausziehen.

Einbau

- Der Einbau erfolgt in umgekehrter Ausbaureihenfolge. Seitenverkleidung mit 2,5 Nm anschrauben.

Einstiegleiste aus- und einbauen

Ausbau

- Seitenverkleidung vorn ausbauen, siehe entsprechendes Kapitel.

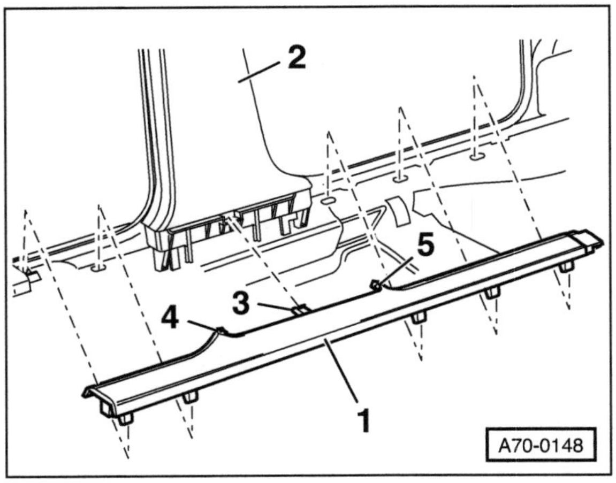

- Einstiegleiste –1– vorn mit 3 Clips ausclipsen.
- Einstiegleiste mit Halter –5– aus der unteren B-Säulen-Verkleidung –2– aushängen.
- Einstiegleiste hinten mit 2 Clips ausclipsen.
- Einstiegleiste zunächst mit Halter –4–, danach mit Halter –3– aus der unteren B-Säulen-Verkleidung aushängen.

Einbau

- Der Einbau erfolgt in umgekehrter Ausbaureihenfolge.

Obere Verkleidung für B-Säule aus- und einbauen

Ausbau

- Einstiegleiste ausbauen, siehe entsprechendes Kapitel.
- Sicherheitsgurt am unteren Haltepunkt abschrauben.

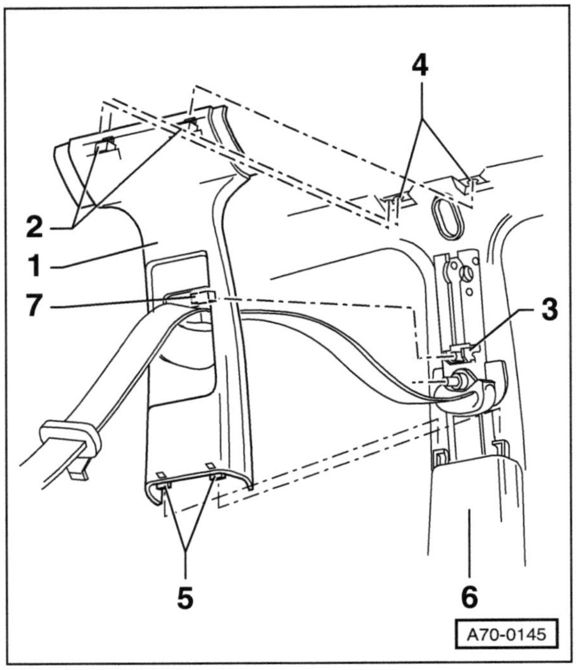

- Schraubenabdeckungen –4– nach unten klappen. Dazu dünnen Draht, zum Beispiel eine Büroklammer, in die Nut –7– einführen und Abdeckung aufklappen.
- Dachhaltegriffe für obere Verkleidungen von A- und C/D-Säule abschrauben, siehe entsprechende Kapitel.
- Verkleidung –1– oben mit den Klammern –2– aus den Aufnahmen –4– herausziehen.
- Verkleidung –1– unten mit den Haltenasen –5– aus der unteren Verkleidung der B-Säule –6– herausziehen und abnehmen.

Einbau

- Obere B-Säulen-Verkleidung mit den Haltenasen –5– in die untere B-Säulen-Verkleidung –6– einsetzen.
- Taste für Höhenverstellung –7– in den Hebel für Höhenverstellung –3– folgendermaßen einführen:

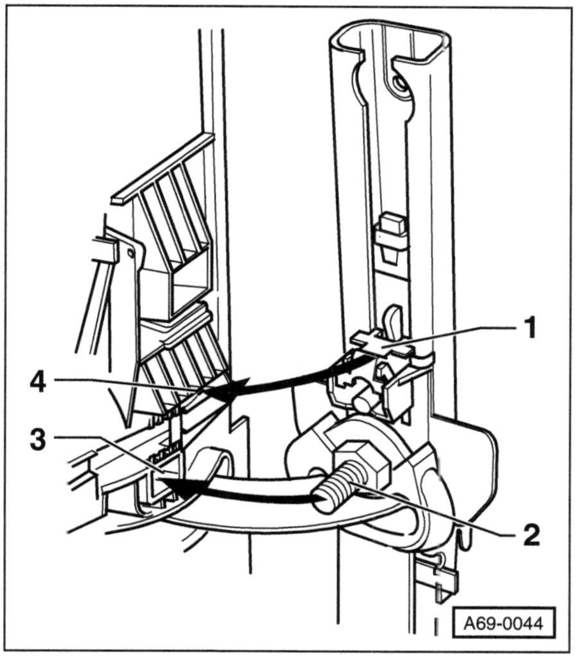

- Schieber mit der Taste –4–, ohne die Taste zu drücken, auf den Entriegelungshebel –1– der Höhenverstellung schieben und zugleich den Zapfen –2– in die Aufnahme –3– einführen.
- Verkleidung oben in die beiden Aufnahmen einsetzen.
- Verkleidung festclipsen.
- Türdichtung links und rechts über die Verkleidung legen.
- Gurthöhenverstellung folgendermaßen prüfen: Taste drücken und loslassen, sie muß von selbst in die obere Lage zurückkehren. Höhenversteller verschieben und einrasten. Der Höhenversteller muß dabei in jeder der 5 möglichen Stellungen hörbar einrasten. Andernfalls Verkleidung abnehmen und Schieber mit Taste erneut in die Höhenverstellung einhängen.
- Dachhaltegriffe anschrauben und Abdeckungen zurückklappen.

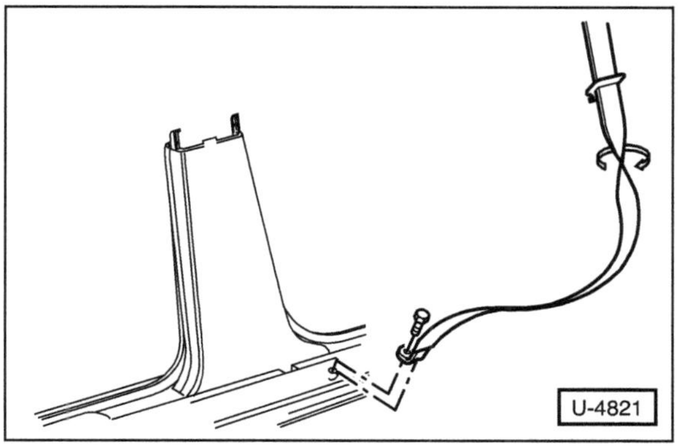

- Sicherheitsgurt an der unteren Befestigung so ansetzen, daß das Gurtband um 180° verdreht ist –Pfeil rechts–. Schraube mit **55 Nm** festziehen.
- Einstiegleiste einbauen.

Untere Verkleidung für B-Säule aus- und einbauen

Ausbau

- Obere Verkleidung für B-Säule ausbauen, siehe entsprechendes Kapitel.
- Einstiegleiste ausbauen, siehe entsprechendes Kapitel.

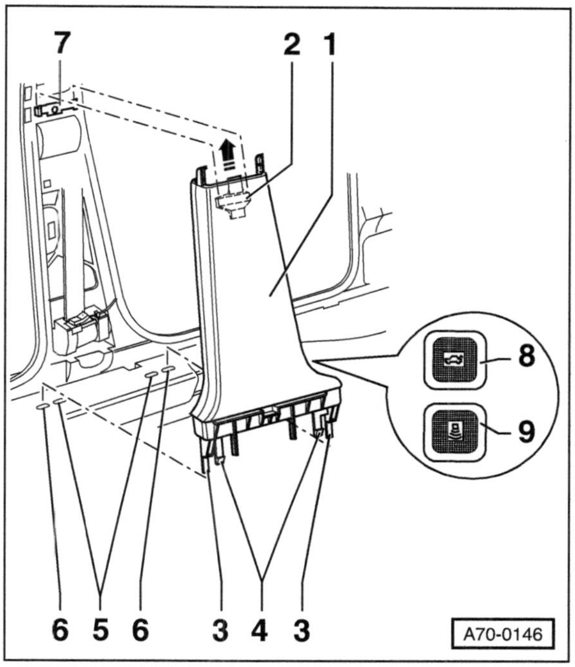

- Die beiden Rastnasen –4– mit einem Schraubendreher nach außen drücken und Verkleidung –1– in Pfeilrichtung nach oben ziehen, bis sie an der Gurtführung –2– ausgehängt ist.
- Stecker für die Tastschalter Heckklappe –8– und Innenraumüberwachung –9– abziehen.

Hinweis: Zum Ausbau der Tastschalter, seitliche Rastnasen eindrücken und Schalter von hinten durch die Verkleidung durchschieben.

Einbau

- Falls ausgebaut, Tastschalter in der abgebildeten Anordnung in die Verkleidung einschieben und einrasten.
- Stecker für Tastschalter aufschieben.
- Verkleidung ansetzen, nach unten schieben und einrasten. Dabei darauf achten, daß die Gurtführung –2– in den Halter –7– und die Führungsstifte –3– sowie Rastnasen –4– in die Aufnahmen –5– und –6– eingreifen.
- Einstiegleiste einbauen, siehe entsprechendes Kapitel.
- Obere Verkleidung für B-Säule einbauen, siehe entsprechendes Kapitel.
- Türdichtung links und rechts über die Verkleidungen legen.

Obere Verkleidung für C/D-Säule aus- und einbauen

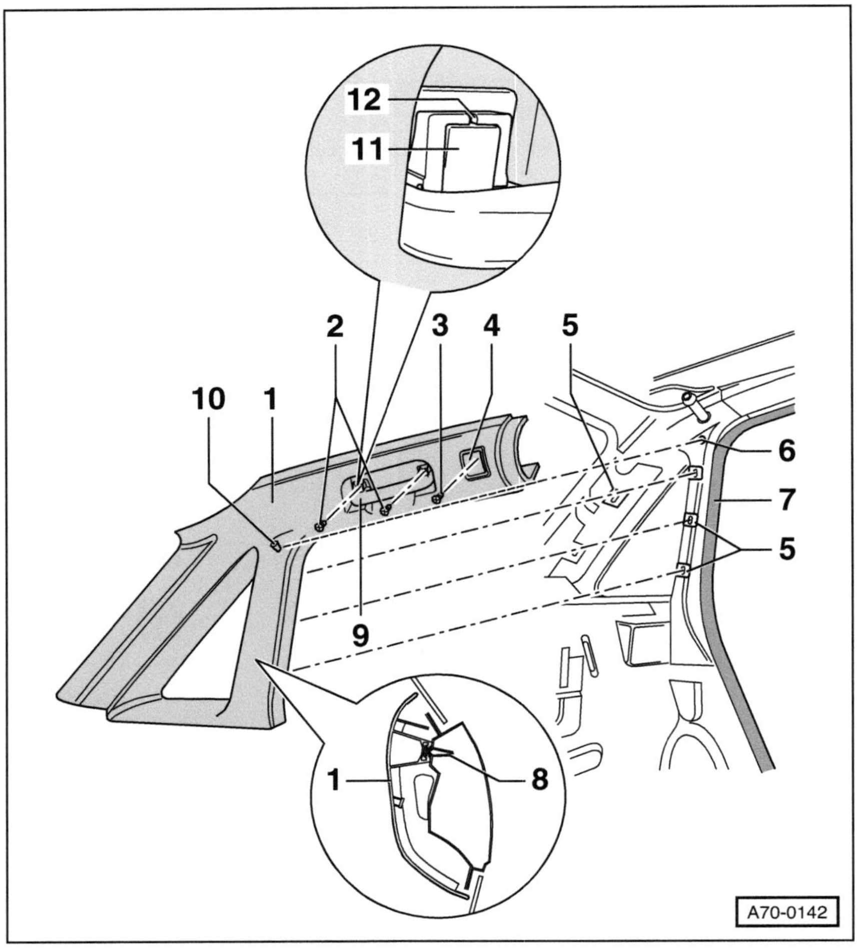

1 – Verkleidung für C/D-Säule
2 – Schrauben
3 – Schraube
4 – Mantelhaken
5 – Aufnahmen
6 – Aufnahme
7 – Dichtung
8 – Klammer
9 – Dachhaltegriff
10 – Dorn
11 – Schraubenabdeckung
12 – Nut

Ausbau

- Mantelhaken –4– aufklappen, dazu auf Griffmarkierung drücken.
- Schraube –3– herausdrehen.
- Schraubenabdeckungen –11– nach unten klappen, dazu dünnen Draht, zum Beispiel eine Büroklammer, in die Nut –12– einführen und Abdeckung aufklappen.

Hinweis: Durch die aufgeklappten Abdeckungen kann der Dachhaltegriff –9– in heruntergeklappter Stellung gehalten werden.

- 2 Schrauben –2– herausdrehen.
- Verkleidung –1– von oben nach unten ausclipsen.

Einbau

- Verkleidung –1– in die Aufnahmen der Hutablage einsetzen.
- Verkleidung so ausrichten, daß der Dorn –10– in die Aufnahme –6– eingreift.
- Verkleidung andrücken und mit den 7 Klammern –8– in die Aufnahmen –5– einclipsen.
- Der weitere Einbau erfolgt in umgekehrter Ausbaureihenfolge.

Befestigung Radhausverkleidung hinten

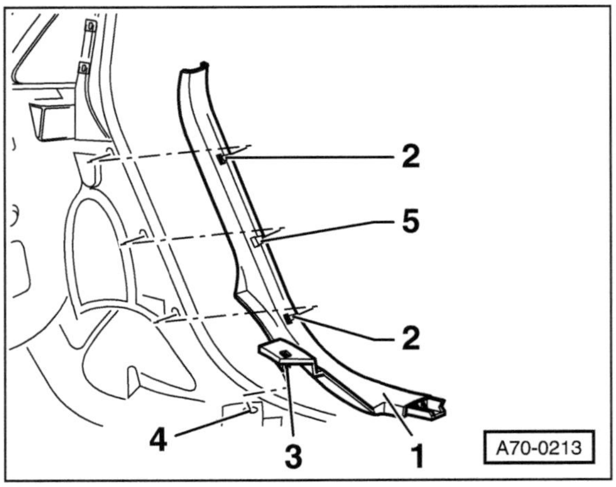

1 – Radhausverkleidung
2 – Befestigungsclips
3 – Haltenase
4 – Aufnahme für Position –3–
5 – Führungsdorn

Verkleidung Kofferraumdeckel/Heckabschlußblende aus- und einbauen

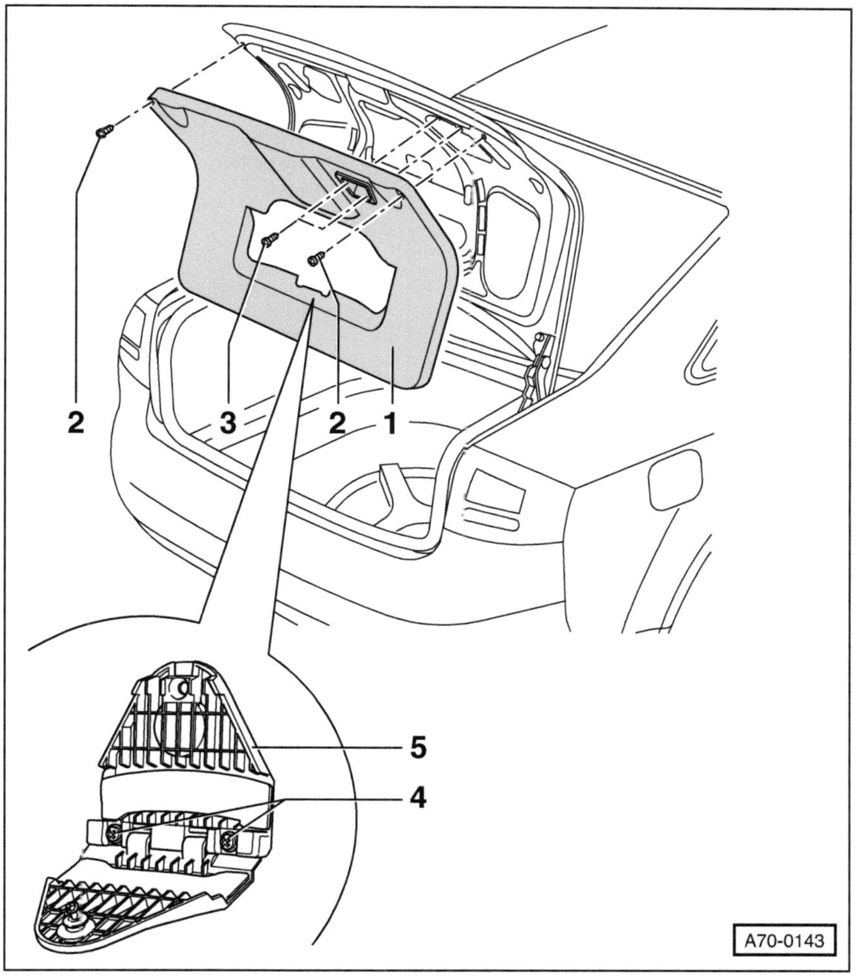

1 – Verkleidung Kofferraumdeckel

2 – Schrauben, 1,5 Nm

3 – Schrauben, 1,5 Nm

4 – Schrauben, 1,5 Nm

5 – Halter für Warndreieck

Ausbau

- ◆ Warndreieck ausbauen.
- ◆ Schrauben –4– herausdrehen.
- ◆ Halter für Warndreieck abnehmen.
- ◆ Schrauben –2– und –3– herausdrehen.
- ◆ Verkleidung –1– von unten nach oben ausclipsen.

Einbau

- ◆ Der Einbau erfolgt in umgekehrter Ausbaureihenfolge.

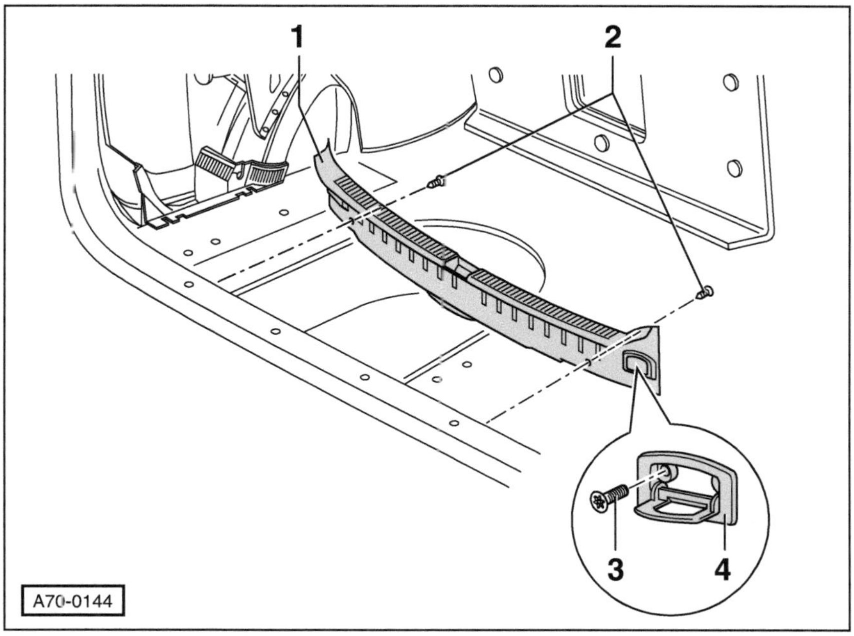

1 – Blende Heckabschluß

2 – Schrauben, 2 Nm

3 – Schrauben, 4,5 Nm

4 – Verzurrösen

Ausbau

- ◆ Kofferraumleuchte ausbauen.
- ◆ Schrauben –2– herausdrehen.
- ◆ Schrauben –3– aus den Verzurrösen –4– herausdrehen.
- ◆ Heckabschlußblende –1– nach oben ausclipsen.

Einbau

- ◆ Der Einbau erfolgt in umgekehrter Ausbaureihenfolge.
- ◆ Kofferraumdichtung über die Blende legen.

Verkleidung für Heckklappe aus- und einbauen

AVANT

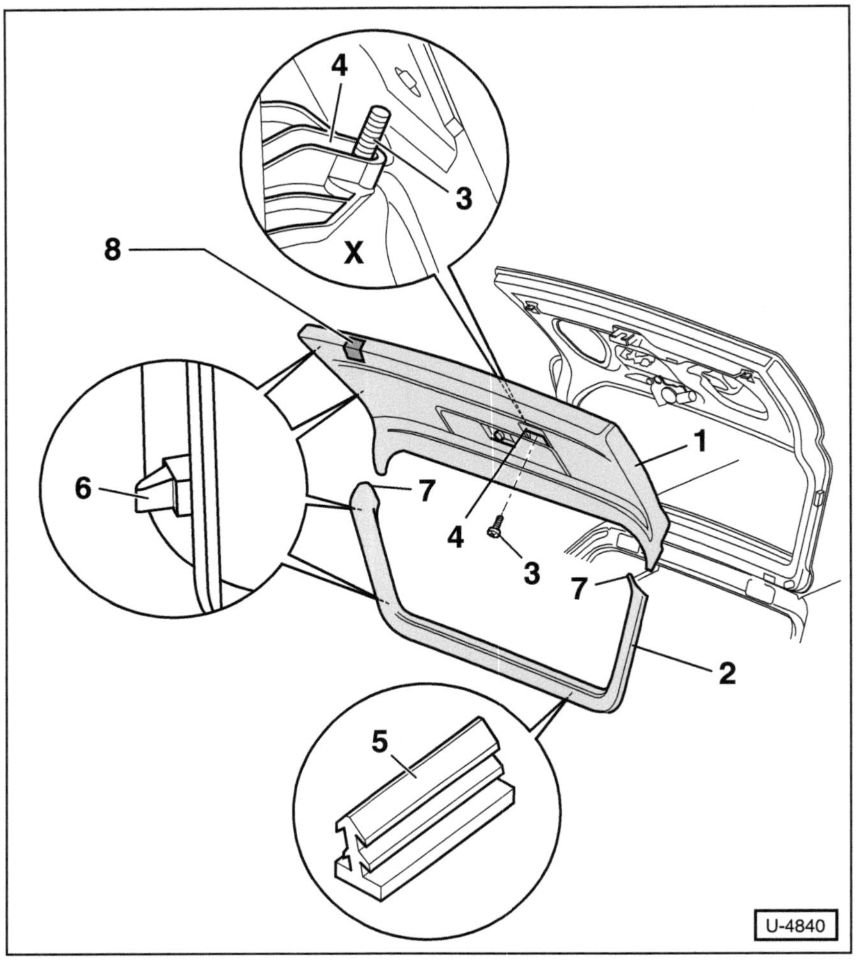

1 – Untere Verkleidung
2 – Obere Verkleidung
3 – Schraube, 5 Nm
4 – Griffschale
5 – Gummipuffer
6 – Klammer
7 – Haltenasen
8 – Leuchte

Ausbau

- Schraube –3– herausdrehen.

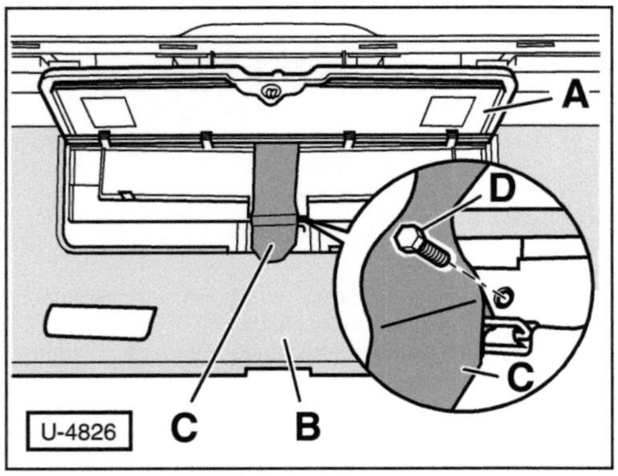

- Klappe für Warndreieck –A– an der Heckklappenverkleidung –B– öffnen und Warndreieck herausnehmen.
- Klettband –C– zur Seite drücken und Schraube –D– herausdrehen.
- Verkleidung –1– unten etwas von der Klappe abziehen.
- Verkleidung –1– mit Hilfe eines Schraubendrehers aus den 8 Klammern –6– ausclipsen.
- Leuchte –8– von innen durchdrücken, Stecker trennen.
- Haltenasen –7– links und rechts ausclipsen.
- Verkleidung –2– mit einem leichten Ruck bei den 7 Klammern –6– ausclipsen.

Einbau

- Prüfen, ob die 10 Gummipuffer –5– eingesetzt sind, gegebenenfalls einsetzen.
- Verkleidung –2– erst hinter die seitlichen Flansche der Heckklappe führen, dann zuerst oben und schließlich seitlich einclipsen.
- Verkleidung –1– erst bei der Heckscheibe ansetzen und dann einclipsen.
- Griffschale –4– mit Schraube –3– und 5 Nm anschrauben, siehe Bildausschnitt –X–.
- Schraube hinter Warndreieck mit 2,5 Nm anschrauben, dann Warndreieck einsetzen und Klappe schließen.

Seitenverkleidung im Kofferraum aus- und einbauen

Achtung: Es wird nur der Ausbau der Kofferraum-Seitenverkleidung bei starrem Rücksitz beschrieben.

Ausbau

- Bodenmatte aus dem Kofferraum herausnehmen.
- Heckabschlußblende ausbauen, siehe entsprechendes Kapitel.

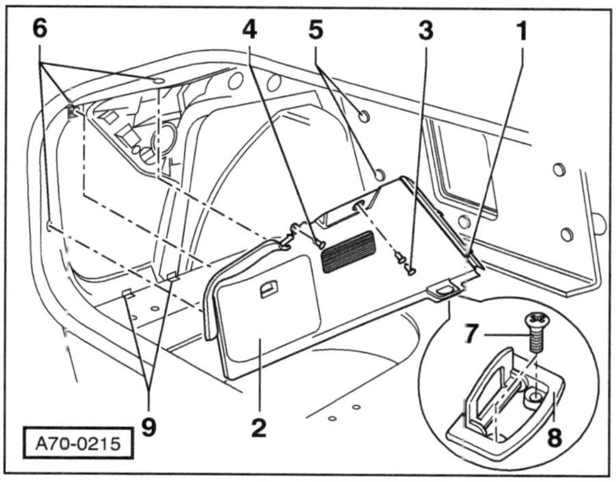

- 2 Schrauben –7– für Verzurrösen –8– herausdrehen.
- 2 Clips –5– herausdrücken.
- Clips –3– und –4– heraushebeln.
- Deckel –2– herausnehmen. Dazu Griff nach unten drücken.
- Verkleidung –1– hinten aus den Aufnahmen –6– ausclipsen und nach oben aus den Halteklammern –9– herausziehen.
- Verkleidung hinter der Rückwandverkleidung herausziehen und aus dem Kofferraum herausnehmen.

Einbau

- Der Einbau erfolgt in umgekehrter Ausbaureihenfolge. Schrauben –7– mit 4,5 Nm anziehen.

Sitz vorn aus- und einbauen

Sicherheitshinweise für Seitenairbag

- Für den Seitenairbag gelten die selben Sicherheitsvorschriften wie für den Fahrer- und Beifahrerairbag, siehe Seite 134.
- Für das Reparieren und Auswechseln der Sitzbezüge und Rücksitzbezüge sind zusätzliche Sicherheitsvorschriften zu beachten (Werkstattarbeit).
- Rückenlehnen dürfen nicht mit Schonbezügen überzogen werden.
- Keine Sitzplatzauflagen verwenden, die die Sitzbelegungserkennung beeinträchtigen. **Hinweis:** Der Fahrersitz besitzt keine Sitzbelegungserkennung.

Ausbau

Für den Ausbau des Sitzes wird der AUDI-Airbagadapter VAS-5061 benötigt. Durch den Adapter wird verhindert, daß bei ausgebautem Sitz der Seitenairbag aufgrund elektrostatischer Entladungen versehentlich gezündet wird.

- **Memory- und Elektrositz:** Sitz ganz nach oben und nach hinten fahren.
- **Wichtig:** Batterie-Massekabel (–) bei ausgeschalteter Zündung abklemmen. **Achtung:** Dadurch werden elektronische Speicher gelöscht, wie zum Beispiel der Radiocode. Ohne Code kann das Radio nur vom Radiohersteller freigeschaltet werden, beziehungsweise beim AUDI-Radio von einer AUDI-Werkstatt. Deshalb Hinweise im Kapitel »Batterie aus- und einbauen« durchlesen.
- Manuell verstellbaren Sitz nach vorn schieben.

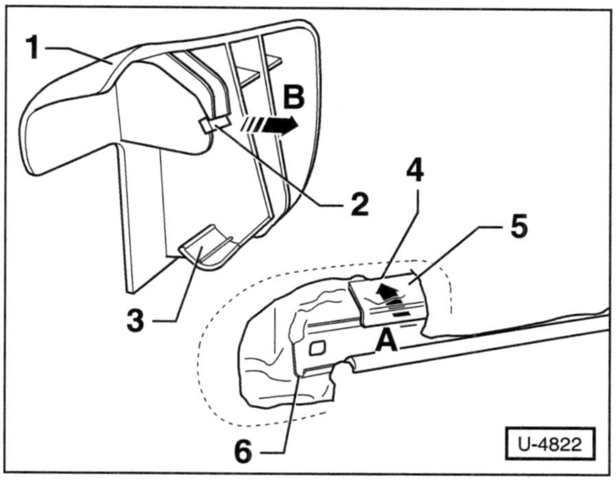

- Sitzschienenabdeckung an der Türseite ausbauen. Dazu mit einem Finger in Pfeilrichtung –A– unter die Abdeckung –1– greifen und die Rastnase –2– in Pfeilrichtung –B– drücken. In dieser Stellung die Abdeckung –1– kräftig nach hinten herausziehen. 4 – Führung, 5 – Blechlasche.

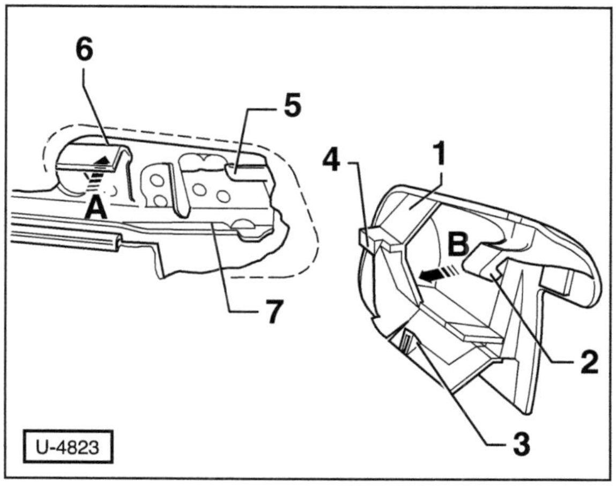

- Sitzschienenabdeckung an der Tunnelseite ausbauen. Dazu mit einem Finger in Pfeilrichtung –A– unter die Abdeckung –1– greifen und die Rastnase –2– in Pfeilrichtung –B– drücken. In dieser Stellung die Abdeckung –1– nach unten drücken und nach hinten herausziehen.

- Manuell verstellbaren Sitz nach hinten schieben.

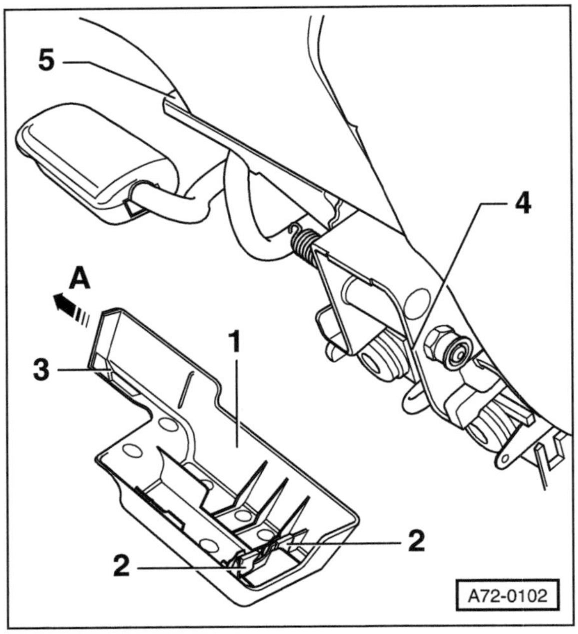

- **Manuell verstellbarer Sitz:** Abdeckkappe –1– vorn am Sitz ausbauen. Dazu Abdeckung im Bereich der Halteklammern –2– nach vorn abziehen, anschließend in Pfeilrichtung –A– schieben und herausnehmen.

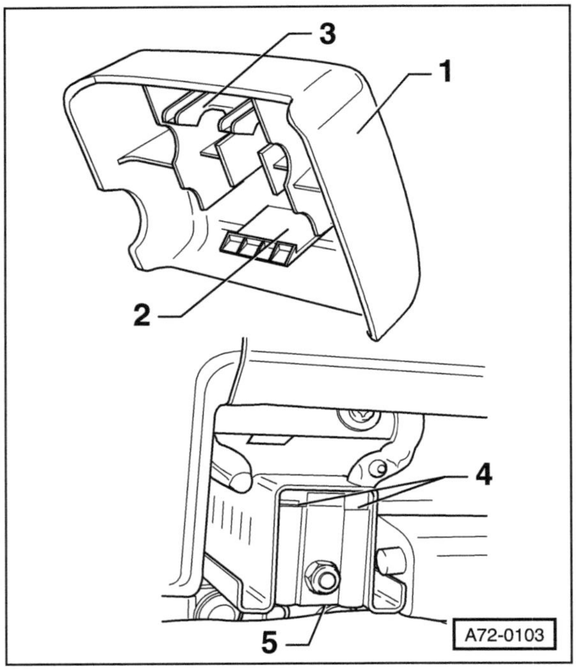

- **Memory- und Elektrositz:** Abdeckkappe –1– vorn am Sitz ausbauen. Dazu Abdeckung etwas nach oben ziehen, bis sich die Rastnasen –3– aus der Aufnahme –4– aushängen lassen. Abdeckung oben nach vorn schwenken und unten mit der Rastnase –2– aushängen.

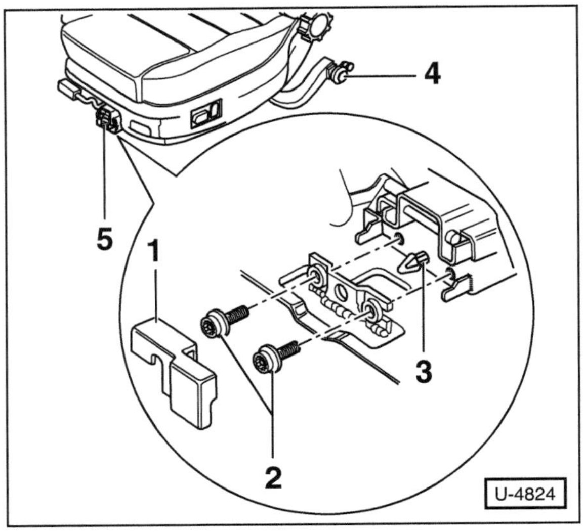

- Schrauben –2– herausdrehen. 1 – Abdeckkappe vorn am Sitz.
- Sitz nach vorn aus Clip –3– herausziehen.

Zünd- und Masseleitung vom Seitenairbag trennen und Airbag-Adapter VAS 5061 anschließen

Sicherheitshinweis
Um ein unbeabsichtigtes Zünden des Seitenairbags durch elektrostatische Aufladung zu verhindern, ist es wichtig, vor dem Trennen und Verbinden der Steckverbindung für den Seitenairbag, eine eventuelle elektrostatische Aufladung abzubauen. Dazu den Schließkeil der Tür oder die Karosserie kurz anfassen.

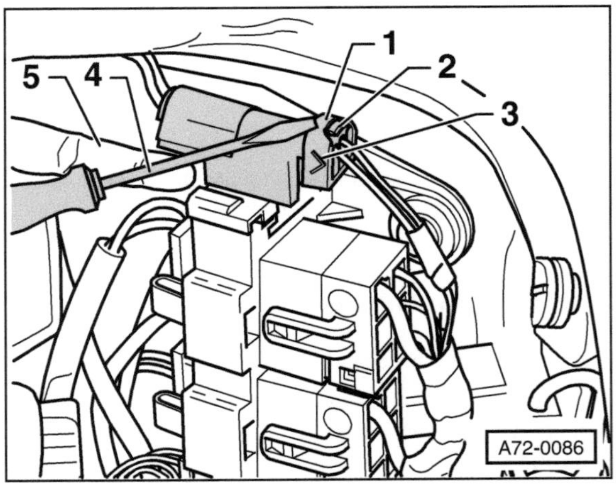

- Stecker für Seitenairbag –1– von der Steckerstation unten am Sitz abziehen. Dazu Stecker mit einem Schraubendreher –4– über die Rastnase –2– hebeln.

Achtung: Falls sich der Stecker auf diese Weise nicht aushebeln läßt, mit dem Finger –5– die Rastnase des Seitenairbagsteckers zur Seite drücken und gleichzeitig mit der anderen Hand die Steckverbindung für Seitenairbag nach vorn abziehen.

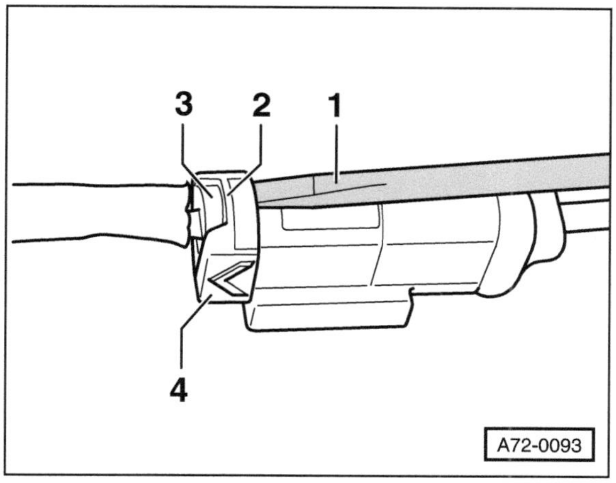

- Lasche –2– mit einem Schraubendreher –1– über die Rastnase –3– hebeln und Steckverbindung –4– für Seitenairbag trennen

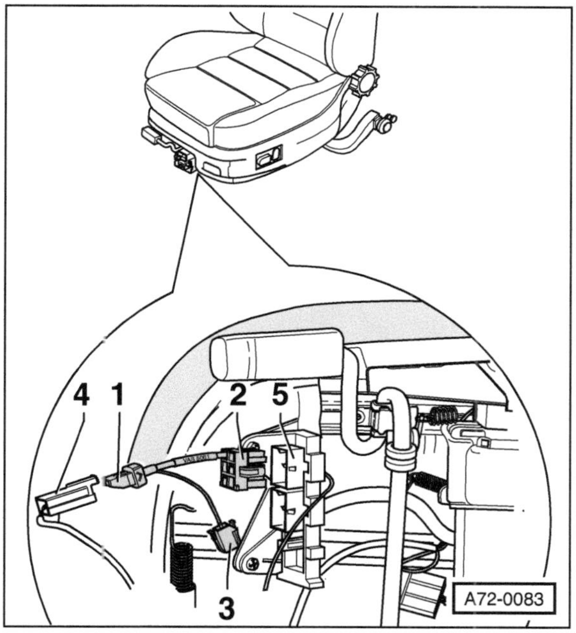

- Stecker –2– vom Airbagadapter VAS-5061 in das Steckgehäuse –5– stecken.
- Zündleitung –4– vom Airbagmodul mit Stecker –1– des Airbagadapters verbinden. 3 – Stecker Masseleitung für ein anderes Modell, wird hier nicht benötigt.

Achtung: Um den Massekreislauf des Airbagsystems im ausgebauten Zustand geschlossen zu halten, muß der Airbag-Adapter VAS 5061 so lange am Sitz eingesteckt bleiben, bis der Sitz wieder eingebaut und angeschlossen wird.

- Falls vorhanden, Stecker für Sitzheizung abziehen.
- Bodenteppich hinten im Bereich der Führungsschiene abdecken.
- Sitz nach hinten aus der Führung schieben.

Einbau

Achtung: Die Bezeichnungen in den folgenden Arbeitshinweisen beziehen sich auf die jeweiligen Abbildungen unter »Ausbau«.

- Sitz von hinten in die Führungsschiene einsetzen, so daß der Sitz mit dem vorderen Gleitstück –5– und den hinteren Rollen –4– ganz in der Führungsschiene ist, siehe Abbildung U-4824.
- Bei schwergängiger Sitzlängsverstellung Gleitstücke vorn –5– mit etwas Mehrzweckfett schmieren, siehe Abbildung U-4824.
- Falls vorhanden, Stecker für Sitzheizung aufschieben.

Sicherheitshinweis
Um ein unbeabsichtigtes Zünden des Seitenairbags durch elektrostatische Aufladung zu verhindern, ist es wichtig, vor dem Trennen und Verbinden der Steckverbindung für den Seitenairbag, eine eventuelle elektrostatische Aufladung abzubauen. Dazu den Schließkeil der Tür oder die Karosserie kurz anfassen.

- Airbagadapter VAS 5061 abziehen. Steckverbindung für Seitenairbag anschließen. Dabei darauf achten, daß der Steg am Stecker oben liegt.
- Clips –3– einclipsen und Schrauben –2– mit **23 Nm** anziehen, siehe Abbildung U-4824.
- **Memory- und Elektrositz:** Abdeckkappe –1– vorn am Sitz einbauen. Dazu Abdeckung mit der Rastnase –2– in die Aufnahme –5– einhängen. Abdeckung mit den Rastnasen –3– an den Aufnahmen –4– ansetzen und mit einem leichten Schlag einrasten lassen, siehe Abbildung A72-0103.
- **Manuell verstellbarer Sitz:** Abdeckkappe –1– vorn am Sitz einbauen. Dazu Abdeckung mit der Rastnase –3– am Bügel –5– einhängen. Abdeckung mit den Halteklammern –2– auf den Sitz –4– aufdrücken, siehe Abbildung A72-0102.
- Sitzschienenabdeckung an der Tunnelseite einbauen. Dazu die Abdeckung ansetzen, an den Bodenteppich andrücken und gleichzeitig nach vorn schieben, bis die Rastnasen –2– und –3– in die Aufnahmen –6– und –7– einrasten, siehe Abbildung U-4823
- Sitzschienenabdeckung an der Türseite einbauen. Dazu die Abdeckung so ansetzen, daß die Führung –3– unter der Blechlasche –6– und die Rastnase –2– über der Sitzschiene –5– liegt, siehe Abbildung U-4822.
- Anschließend Abdeckung an den Bodenteppich andrücken und gleichzeitig nach vorn drücken, bis die Rastnase –2– in die Aufnahme –4– einrastet, siehe Abbildung U-4822.
- Batterie-Massekabel (–) anklemmen. **Achtung:** Hoch-/Tieflaufautomatik für elektrische Fensterheber aktivieren sowie Zeituhr stellen und Radiocode eingeben, siehe Kapitel »Batterie aus- und einbauen«.
- Falls die Warnlampe für Airbag nach dem Einbau des Sitzes einen Fehler anzeigt, muß der Fehlerspeicher in der Fachwerkstatt gelöscht und neu abgefragt werden.

Sitzbank hinten aus- und einbauen

Ausbau

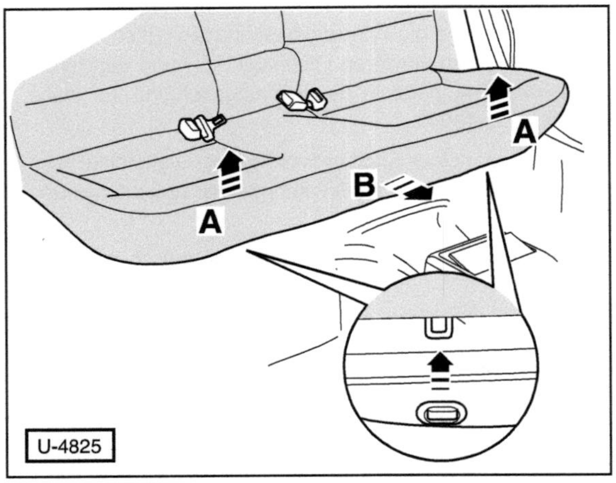

- Sitzbank anheben –Pfeile A– und nach vorn ziehen –Pfeil B–.

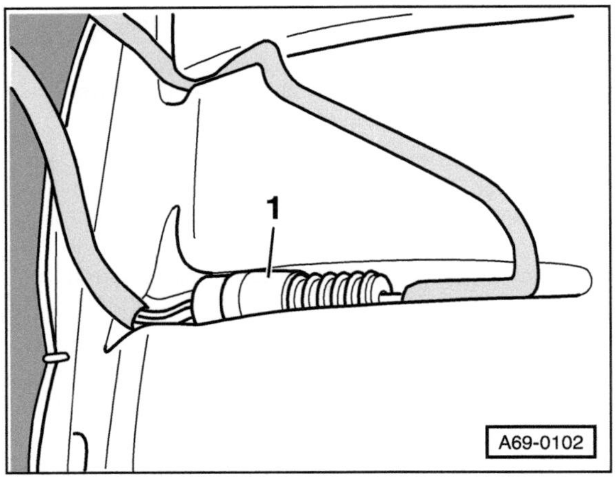

- Stecker für Seitenairbag –1– aus der Nut herausnehmen.
- Falls vorhanden, Stecker für Sitzheizung abziehen.
- Sitzbank herausheben.

Einbau

- Falls vorhanden, Stecker für Sitzheizung aufstecken.
- Stecker für Seitenairbag in die Nut einsetzen.
- Sitzbank nach hinten schieben und vordere Verankerungsösen in die Kunststoffhülsen einführen.
- Sitzbank vorn kräftig herunterdrücken. Dabei darauf achten, daß die Kunststoffhülsen nicht beschädigt werden.

Lehne hinten aus- und einbauen

Beschrieben wird der Ausbau der teilbaren Rückenlehne am Beispiel des linken Lehnenteils.

Ausbau

- Beide Lehnen nach vorn klappen

- Blende –3– von hinten in Pfeilrichtung ausclipsen, gegebenenfalls von hinten durch ein Loch ausheben.
- Schraube –1– herausdrehen und Schelle –2– abnehmen.

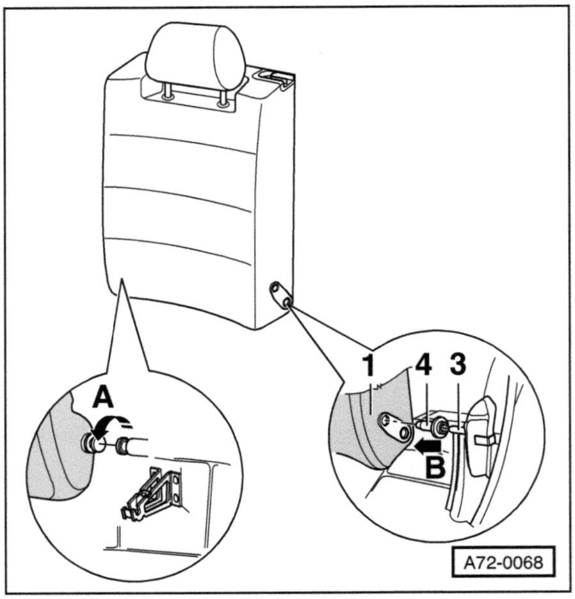

- Lehne –1– aus dem Mittellager –2– heben –Pfeil A– und von dem Beschlag –3– abziehen –Pfeil B–.

Achtung: Falls die Tülle –4– mit herausgezogen wird, Tülle umgehend wieder aufstecken.

- Falls vorhanden, Stecker für Lehnenheizung abziehen.

Einbau

- Der Einbau erfolgt in umgekehrter Ausbaureihenfolge. Schelle mit 8 Nm anschrauben.

Karosserie außen

Aus dem Inhalt:

- Kotflügel
- Stoßfänger
- Schloßträger
- Motorhaube
- Heckklappe
- Tür zerlegen
- Außenspiegel
- Seitenschutzleiste
- Schiebe-/Ausstelldach

Die Karosserie des AUDI A6 ist selbsttragend. Bodengruppe, Seitenteile, Dach und die hinteren Kotflügel sind miteinander verschweißt. Front- und Heckscheibe sind eingeklebt. Die Reparatur größerer Karosserieschäden sowie das Auswechseln der eingeklebten Scheiben sollten der Fachwerkstatt vorbehalten bleiben.

Motorhaube, Heckklappe, Türen sowie die vorderen Kotflügel sind angeschraubt und lassen sich leicht auswechseln. Beim Einbau ist dann unbedingt das richtige Luftspaltmaß (Breite der Fugen) einzuhalten, sonst klappert beispielsweise die Tür, oder es können erhöhte Windgeräusche während der Fahrt auftreten. Der Luftspalt muß auf jeden Fall parallel verlaufen, das heißt, der Abstand zwischen den Karosserieteilen muß auf der gesamten Länge des Spaltes gleich groß sein. Abweichungen bis zu 1 mm sind zulässig.

Die Karosserie ist beim A6 größtenteils gegen Durchrostung verzinkt; die Motorhaube besteht aus Aluminium. Die äußeren Karosserieteile sind elektrolytisch verzinkt, da elektrolytisch verzinkte Teile gut lackierbar und leicht umformbar sind; innere und nicht sichtbare Blechteile sind aus Kostengründen feuerverzinkt. Um den Karosserieschutz zusätzlich zu erhöhen, werden alle Karosserie-Hohlräume mit Wachs geflutet und auf die Bodengruppe wird ein Unterbodenschutz aufgetragen.

Da viele Karosserieteile mit Torxschrauben verbunden sind, wird ein Torx-Schraubendrehersatz benötigt.

Achtung: Wenn im Rahmen von Arbeiten an der Karosserie auch Arbeiten an der elektrischen Anlage durchgeführt werden, **grundsätzlich** das Batterie-Massekabel (–) abklemmen. Dazu Hinweise im Kapitel »Batterie aus- und einbauen« durchlesen. Als Arbeit an der elektrischen Anlage ist dabei schon zu betrachten, wenn eine elektrische Leitung vom Anschluß abgezogen beziehungsweise abgeklemmt wird.

Sicherheitshinweise bei Karosseriearbeiten

Muß an der Karosserie geschweißt werden, soll dies grundsätzlich durch Widerstandspunktschweißen (RP) durchgeführt werden. Nur wenn sich die Schweißzange nicht ansetzen läßt, ist das Schutzgas-Schweißverfahren anzuwenden. Da die Karosserie größtenteils vollverzinkt ist, sind folgende Punkte zu beachten:

- Soweit Schweißarbeiten oder andere funkenerzeugende Arbeiten durchgeführt werden, grundsätzlich die Batterie komplett abklemmen (Plus- und Minuskabel) und beide Batterieklemmen (+) und (–) sorgfältig isolieren. Bei Arbeiten in Batterienähe muß die Batterie ausgebaut werden. **Achtung:** Dadurch werden elektronische Speicher gelöscht, wie zum Beispiel der Radiocode. Ohne Code kann das Radio nur vom Radiohersteller freigeschaltet werden, beziehungsweise beim AUDI-Radio von einer AUDI-Werkstatt. Deshalb Hinweise im Kapitel »Batterie aus- und einbauen« durchlesen.

Sicherheitshinweis
Beim Schweißen von verzinkten Stahlblechen entsteht giftiges Zinkoxid, daher für eine gute Arbeitsplatzbelüftung sorgen.

- Schweißstrom (Ampere) um 10 % bis max. 30 % erhöhen.
- Hartkupfer-Elektroden mit hoher Warmfestigkeit (größer als +400° C) verwenden.
- Elektroden häufig säubern, beziehungsweise Kontaktflächendurchmesser auf 4 mm ∅ seitlich nacharbeiten.
- Elektroden-Anpreßkraft erhöhen.
- Schweißzeit verlängern. Die Schweißzeit ist richtig gesetzt, wenn sich die Schweißpunkte ohne Spritzer setzen lassen.
- An Teilen der gefüllten Klimaanlage darf weder geschweißt noch hart- oder weichgelötet werden. Das gilt auch für Schweiß- und Lötarbeiten am Fahrzeug, wenn die Gefahr besteht, daß sich Teile der Klimaanlage erwärmen.

Sicherheitshinweis

Der **Kältemittelkreislauf der Klimaanlage darf nicht geöffnet** werden, da das Kältemittel bei Hautberührung Erfrierungen hervorrufen kann.

Bei versehentlichem Hautkontakt, die Stelle sofort mindestens 15 Minuten lang mit kaltem Wasser spülen. Kältemittel ist farb- und geruchlos sowie schwerer als Luft. Bei austretendem Kältemittel besteht am Boden beziehungsweise in unteren Räumen Erstickungsgefahr (nicht wahrnehmbar).

- Im Rahmen einer Reparatur-Lackierung darf im Trockenofen oder in seiner Vorwärmzone das Fahrzeug bis maximal **+80° C** aufgeheizt werden. Sonst können elektronische Steuergeräte im Fahrzeug beschädigt werden. Außerdem entsteht in der Klimaanlage ein starker Überdruck, der zum Platzen der Anlage führen kann.
- PVC-Unterbodenschutz an der Reparaturstelle mit rotierender Drahtbürste entfernen oder mit Heißluftgebläse auf maximal +180° C erwärmen und mit Spachtel ablösen. Durch Abbrennen beziehungsweise Erwärmen von PVC-Material über +180° C entsteht stark korrosionsfördernde Salzsäure, außerdem werden gesundheitsschädliche Dämpfe frei.

Seitenschutzleiste aus- und einbauen

Ausbau

Achtung: Beim Ausbau wird die Schutzleiste beschädigt und muß ersetzt werden.

- Seitenschutzleiste mit Heißluftfön Stück für Stück erwärmen und abziehen.

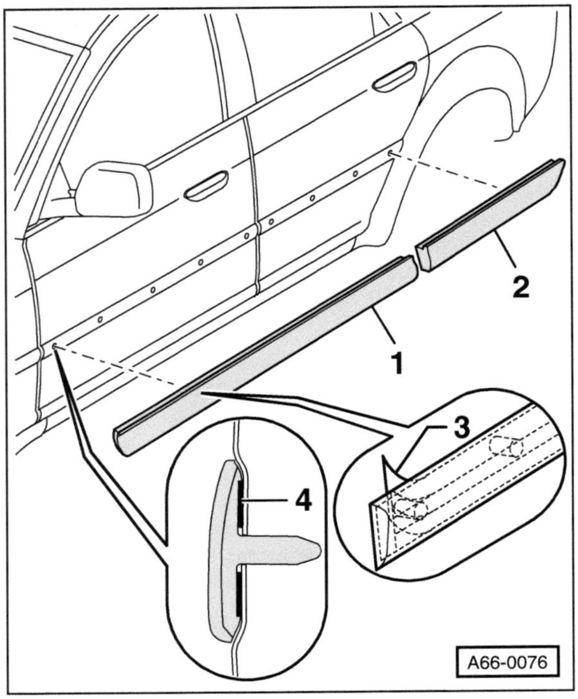

- Klebeflächen mit Benzin reinigen, mit Silikonentferner nachbehandeln und anschließend trockenreiben. 1 – Seitenschutzleiste vorn, 2 – Seitenschutzleiste hinten.

Einbau

Achtung: Die Schutzleiste muß bei einer Raumtemperatur von ca. +20° C angeklebt werden, da nur dann optimale Klebewirkung und Verarbeitungsdauer erreicht werden. Das Fahrzeug und die Schutzleiste sollten sich mindestens 2 Stunden vor der Verarbeitung in einem entsprechenden Raum befinden.

- Schutzfolie –3– vom doppelseitigen Klebeband –4– kurz vor dem Einbau abziehen. **Achtung:** Die Schutzleiste muß dann innerhalb von 90 Minuten verklebt werden.
- Schutzfolie vorn ansetzen und nach hinten zu aufkleben.
- Seitenschutzleiste mit Heißluftfön auf ca. +40° C erwärmen und kräftig andrücken beziehungsweise mit einem geeigneten Handroller anrollen.

Hinweis: Anschließend muß sich das Fahrzeug noch 4 Stunden bei Raumtemperatur befinden.

Spaltabdeckung für Unterholm aus- und einbauen

Ausbau

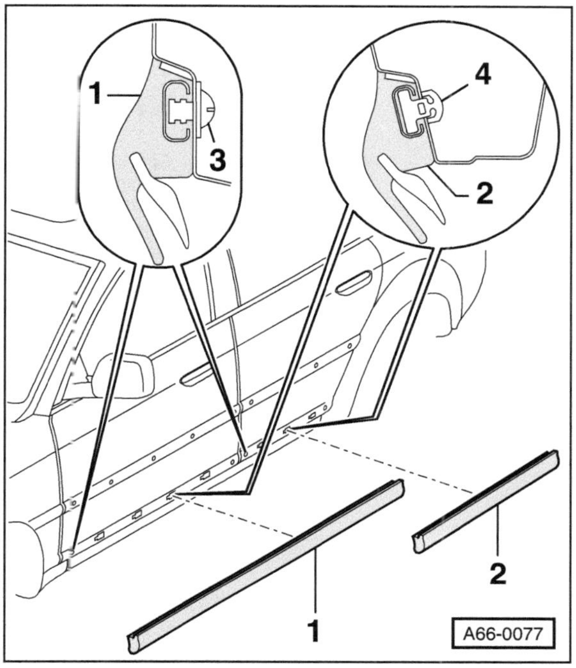

1 – Spaltabdeckung vorn
2 – Spaltabdeckung hinten
3 – Schraube
4 – Clip

- Schraube –3– herausdrehen.
- Spaltabdeckung mit Clip –4– nach hinten aus der Verrastung schieben.
- Spaltabdeckung seitlich abnehmen.

Einbau

- Spaltabdeckung in die Tür einsetzen, nach vorn in die Verrastung einschieben und mit Schraube –3– und 1 Nm anschrauben.

Kühlergrill/Fanghaken für Motorhaube aus- und einbauen

Ausbau

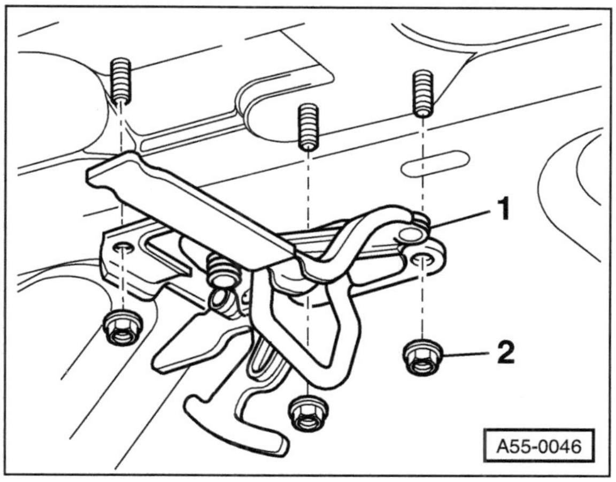

- Muttern –2– abschrauben und Fanghaken –1– abnehmen.

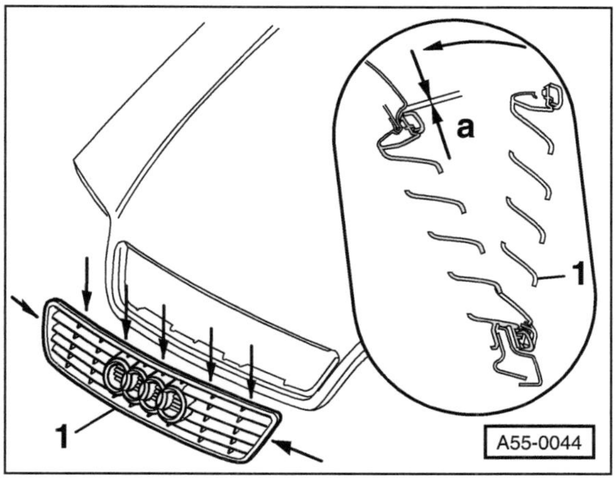

- Verrastungen –Pfeile– lösen.
- Kühlergrill –1– oben herausschwenken, dann unten abziehen.

Einbau

- Kühlergrill unten mittig aufstecken, dabei Mittenzentrierung beachten.
- Kühlergrill in Pfeilrichtung einschwenken und einrasten. Darauf achten, daß alle Verrastungen hörbar einrasten. Maß a = 2 mm $^{\pm 0{,}5\ mm}$.
- Fanghaken über den Bolzen ansetzen, Öffnungsgriff in den Kühlergrill schieben.
- Fanghaken mit 8 Nm festschrauben.

Schloßträger in Servicestellung bringen

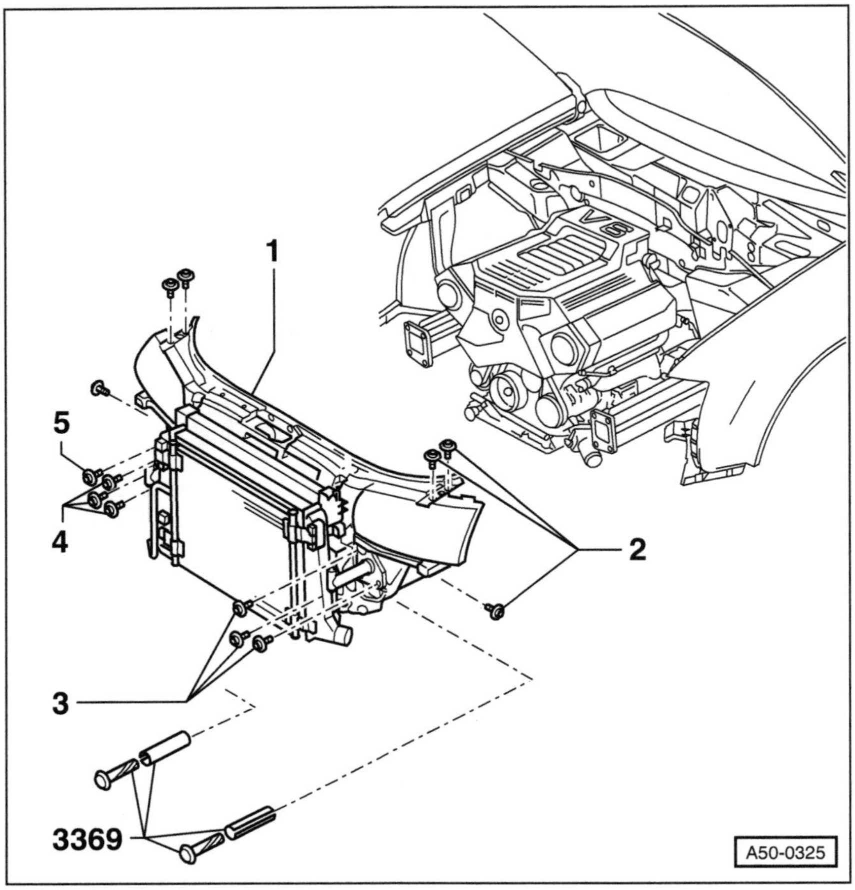

1 – Schloßträger mit Anbauteilen

2 – Schrauben, 10 Nm

3 – Schrauben, 50 Nm

4 – Schrauben, 50 Nm

5 – Schrauben, 50 Nm

3369 – Spezialwerkzeug für Servicestellung
Anstelle der Schrauben –5– einschrauben.

Hinweis: Steht das Spezialwerkzeug nicht zur Verfügung können auch 2 Schrauben M8x90 verwendet werden. Am Schraubenkopf Unterlegscheiben mit einem Außendurchmesser von 24 mm und einer Stärke von ca. 2 mm unterlegen. Außerdem werden 2 Hülsen von 80 mm Länge und 17 mm ∅ benötigt.

Schloßträger in Servicestellung bringen

- Stoßfänger vorn ausbauen, siehe entsprechendes Kapitel.
- Untere Motorabdeckung vorn lösen, nicht ausbauen.
- Luftführung zwischen Schloßträger und Luftfilter am Schloßträger abschrauben, siehe Abbildung B4B-221 auf Seite 81.
- Schrauben –5– links und rechts herausdrehen.

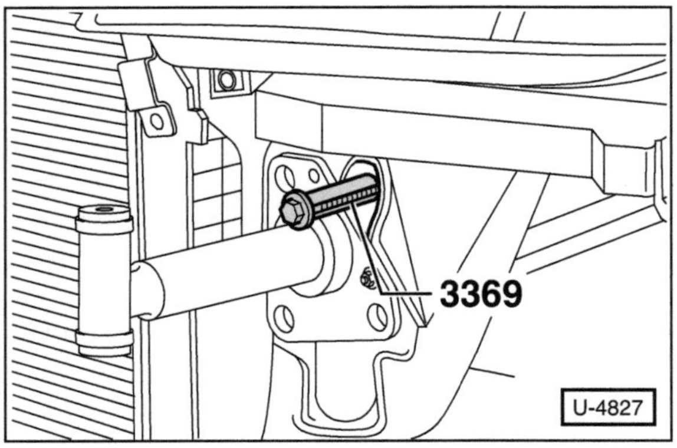

- In die Bohrungen der beiden Schrauben das Spezialwerkzeug AUDI-3369 oder Ersatzwerkzeug einschrauben, siehe Hinweis zu Abbildung A50-0325.
- Befestigungsschrauben –2– links und rechts herausdrehen.
- Befestigungsschrauben –3– und –4– herausdrehen.

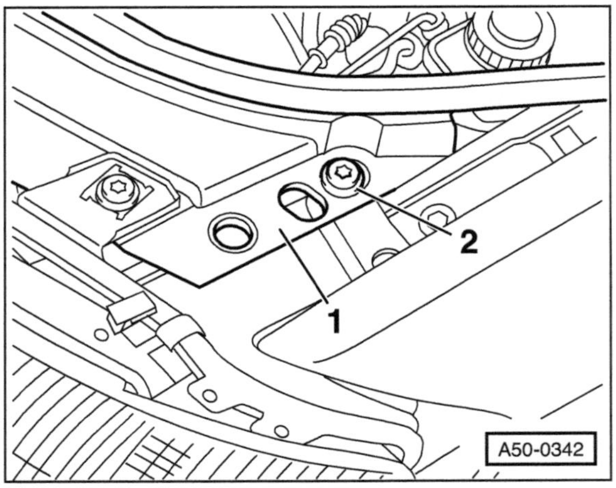

- Schloßträger nach vorn ziehen, bis sich die hintere Bohrung am Schloßträger –1– mit der vorderen Gewindebohrung an der Kotflügelbank deckt. In dieser Stellung Schloßträger links und rechts anschrauben –2–.

Stoßfänger vorn aus- und einbauen

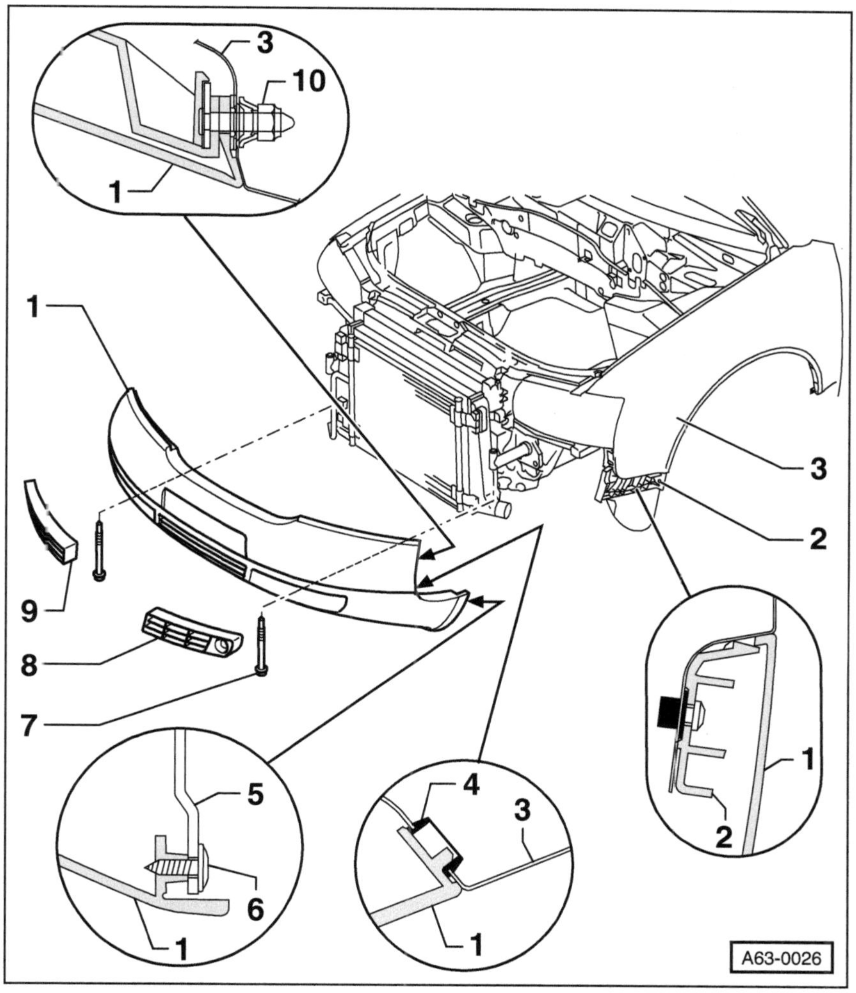

1 – Stoßfänger
2 – Führungsteil
3 – Kotflügel
4 – Clip
5 – Innenkotflügel
6 – Schraube, 1 Nm
7 – Innensechskantschraube, 23 Nm
8 – Lufteinlaßgitter
9 – Lufteinlaßgitter
10 – Bundmutter, 6 Nm

Ausbau

- Stellung der Vorderräder zur Radnabe mit Farbe kennzeichnen. Dadurch kann das ausgewuchtete Rad wieder in derselben Position montiert werden. Radschrauben lösen, dabei muß das Fahrzeug auf dem Boden stehen. Fahrzeug vorn aufbocken und Vorderräder abnehmen.
- Vorderen Teil des Innenkotflügels lösen, siehe Seite 280.
- Sechskantmuttern –10– auf beiden Seiten abschrauben.
- Schrauben –6– am Innenkotflügel –5– herausdrehen.
- Innensechskantschrauben –7– herausdrehen und Stoßfänger mit Helfer nach vorn herausziehen.

Einbau

- Prüfen, ob die 3 Spreizclips –4– links und rechts am Kotflügel eingesetzt sind, gegebenenfalls eindrücken.
- Stoßfänger mit Helfer auf den Pallträger aufschieben, dabei Rastnasen des Stoßfängers –1– in Clips –4– am Kotflügel –3– einrasten.
- Stoßfänger links und rechts in die Führungsteile –2– einclipsen.
- Sechskantmuttern –10– mit **6 Nm** anschrauben.
- Innensechskantschrauben –7– einschrauben und mit **23 Nm** festziehen.

Achtung: Der Pralldämpfer ist in der Höhenlage zum Querträger selbsteinstellend. Dadurch wird der Stoßfänger vorn beim Einschrauben der Innensechskantschrauben automatisch in der vorher eingestellten Position gehalten.

- Vorderräder so ansetzen, daß die beim Ausbau angebrachten Markierungen übereinstimmen. Radschrauben **nicht** fetten oder ölen. Korrodierte Radschrauben erneuern. Räder anschrauben. Fahrzeug ablassen und Radschrauben über Kreuz mit **120 Nm** festziehen.

Stoßfänger hinten aus- und einbauen

Limousine

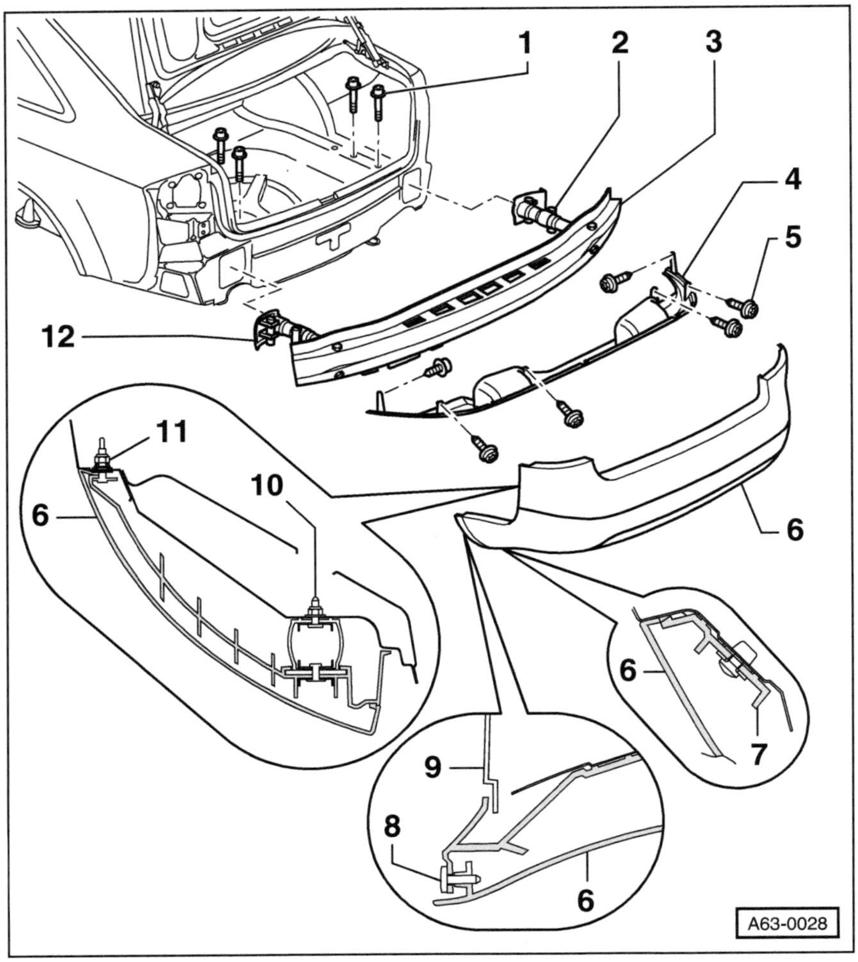

1 – Schraube, 23 Nm

2 – Pralldämpfer

3 – Stoßfänger-Querträger

Ausbau

◆ Stoßfänger-Abdeckung –6– ausbauen.

◆ Schrauben –1– herausdrehen und Querträger aus den Längsträgern herausziehen.

Einbau

◆ Der Einbau erfolgt in umgekehrter Ausbaureihenfolge.

4 – Verkleidung für Abschlußblech hinten

Ausbau

◆ 6 Linsenblechschrauben –5– herausdrehen.

5 – Linsenblechschraube, 1,5 Nm

6 – Stoßfänger-Abdeckung

Ausbau

◆ Vom Kofferraum aus die Sechskantmuttern –10– abschrauben.

◆ Hinteren Teil des Innenkotflügels –9– abschrauben und wegdrücken.

◆ Dahinterliegende Sechskantmuttern –11– abschrauben.

Einbau

◆ Der Einbau erfolgt in umgekehrter Ausbaureihenfolge.

7 – Führungsteil

8 – Schraube, 1 Nm

9 – Innenkotflügel

10 – Bundmutter, 6 Nm

11 – Bundmutter, 6 Nm

12 – Abdichtung

Befestigung Stoßfänger an Seitenteil:

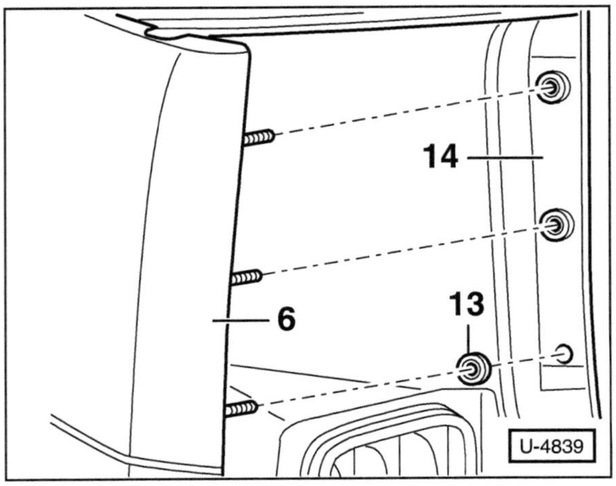

● Vor dem Einbau des Stoßfängers –6– die Spreizclips –13– in das Seitenteil –14– eindrücken.

Abweichungen beim AVANT:

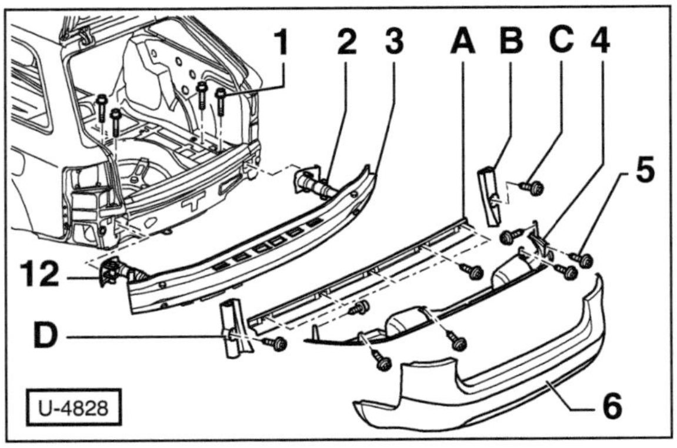

1 – Schraube, 23 Nm
2 – Pralldämpfer
3 – Stoßfänger-Querträger
4 – Verkleidung für Abschlußblech hinten
5 – Blechschraube, 1,5 Nm
6 – Stoßfänger-Abdeckung
12 – Abdichtung

Speziell AVANT:
A – Stützteil mitte
B – Stützteil rechts
C – Torxschraube, 1,5 Nm
D – Stützteil links
Hinweis: Alle anderen Teile sind gleich wie bei der Limousine.

Kotflügel aus- und einbauen

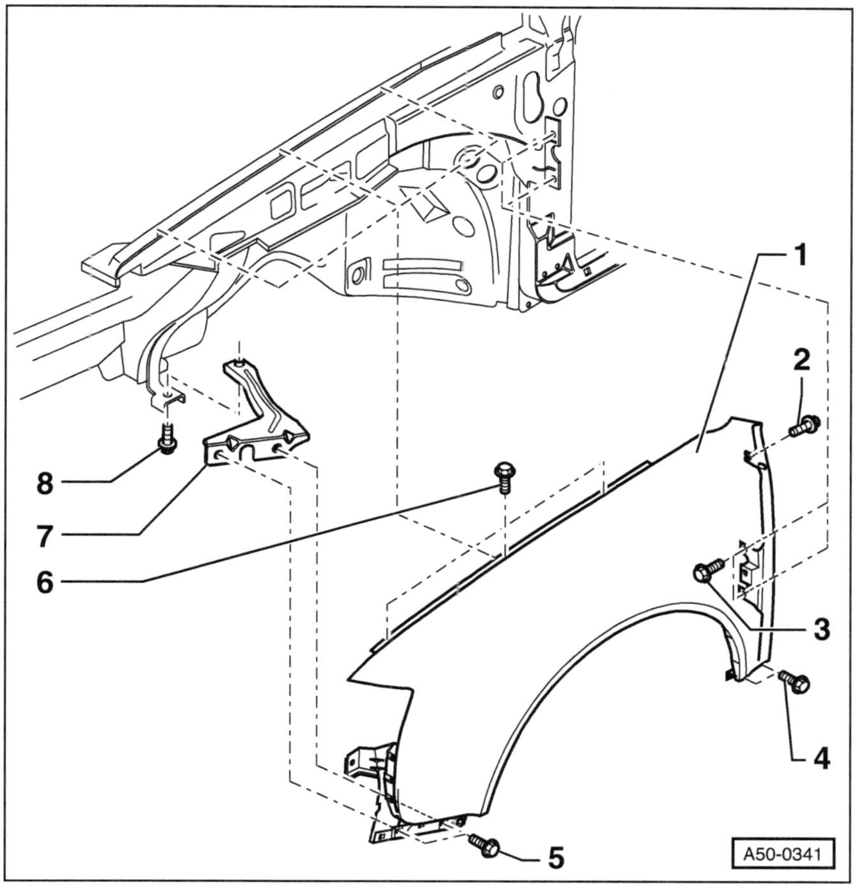

1 – Kotflügel

Ausbau

- ◆ Stoßfänger vorn ausbauen, siehe entsprechendes Kapitel.
- ◆ Innenkotflügel ausbauen, siehe entsprechendes Kapitel.
- ◆ Schließteil ausbauen, siehe Abbildung U-4829.
- ◆ Scheinwerfer ausbauen, siehe Seite 87.
- ◆ Seitlichen Blinker ausbauen, siehe Seite 81.
- ◆ Schrauben –2–, –3–, –4–, –5– und –6– herausdrehen.

Einbau

- ◆ Kotflügel gegebenenfalls lackieren.
- ◆ Kotflügel ansetzen und anschrauben.

Achtung: Darauf achten, daß die vorgeschriebenen Spaltmaße eingehalten werden.

- ◆ Der weitere Einbau erfolgt in umgekehrter Ausbaureihenfolge.

2 – Schraube, 10 Nm

3 – Schraube, 10 Nm

4 – Schraube, 10 Nm

5 – Schraube, 10 Nm

6 – Schraube, 15 Nm

Schrauben sind microverkapselt, also mit Sicherungsmittel beschichtet, und müssen daher nach jedem Lösen erneuert werden.

7 – Halter

8 – Schraube, 10 Nm

Schließteil ausbauen

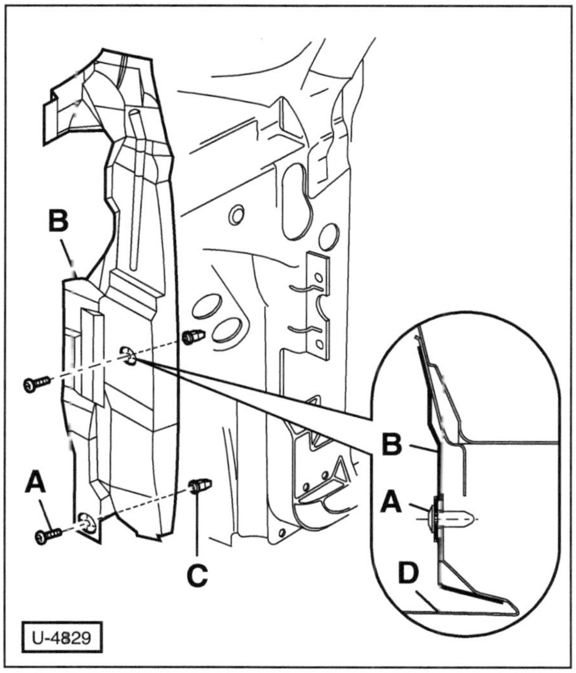

Vorderrad und Innenkotflügel sind ausgebaut.

- Schrauben –A– aus Spreizclips –C– herausdrehen.
- Schließteil –B– aus dem Kotflügel –D– herausnehmen.

Spaltmaße Kotflügel

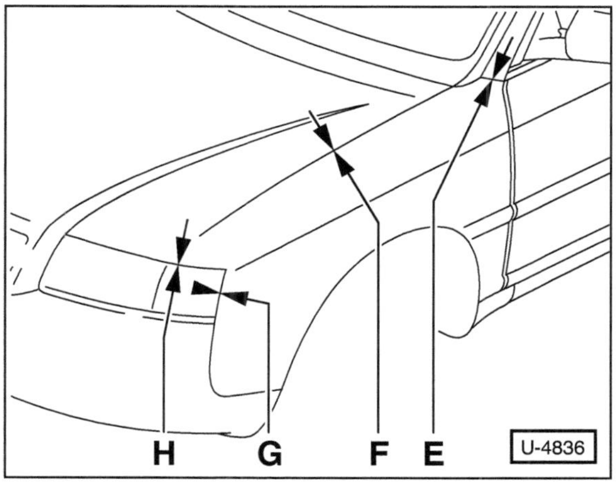

E – 2,5 mm

F – 3,0 mm

G – 2,0 mm

H – 4,0 mm

Innenkotflügel aus- und einbauen

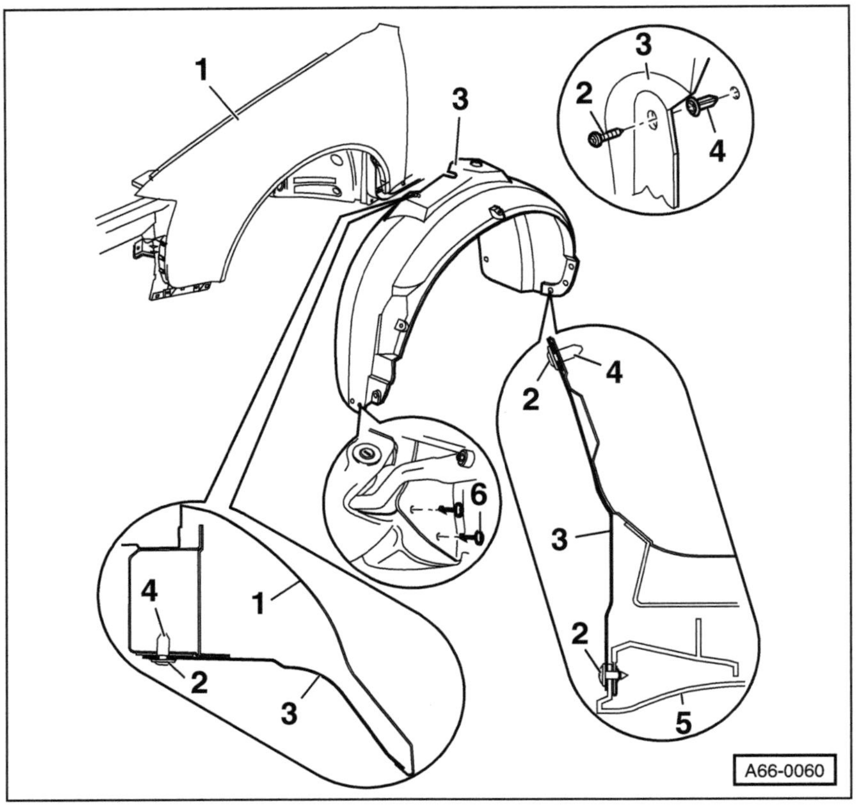

Vorn

1 – Kotflügel

2 – Torxschraube (T25), 1,5 Nm

3 – Innenkotflügel

Ausbau

- ◆ Stellung des Vorderrades zur Radnabe mit Farbe kennzeichnen. Dadurch kann das ausgewuchtete Rad wieder in derselben Position montiert werden. Radschrauben lösen, dabei muß das Fahrzeug auf dem Boden stehen. Fahrzeug vorn aufbocken und Vorderrad abnehmen.
- ◆ Klemmstifte –6– entriegeln und herausnehmen.
- ◆ Schrauben –2– mit Torx-Schraubendreher T25 herausdrehen.
- ◆ Innenkotflügel aus dem Kotflügel ausrasten und nach unten herausziehen.

Einbau

- ◆ Innenkotflügel einsetzen, ausrichten und anschrauben.
- ◆ Klemmstifte einsetzen.
- ◆ Vorderrad entsprechend den angebrachten Markierungen ansetzen und anschrauben. Fahrzeug ablassen und Radschrauben über Kreuz mit **120 Nm** festziehen.

4 – Spreizmutter, 13 Stück

5 – Unterholmverkleidung

6 – Klemmstift

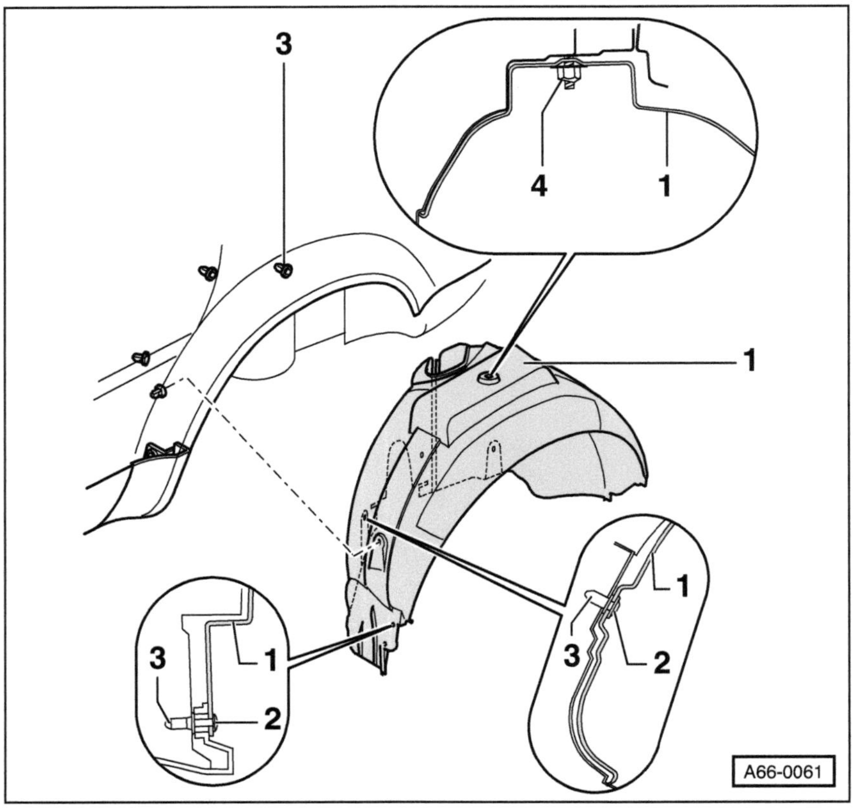

Hinten

1 – Innenkotflügel

Ausbau

- ◆ Stellung des Hinterrades zur Radnabe mit Farbe kennzeichnen. Dadurch kann das ausgewuchtete Rad wieder in derselben Position montiert werden. Radschrauben lösen, dabei muß das Fahrzeug auf dem Boden stehen. Fahrzeug hinten aufbocken und Hinterrad abnehmen.
- ◆ Schrauben –2– und Hutmutter –4– herausdrehen.
- ◆ Innenkotflügel nach unten herausnehmen.

Einbau

- ◆ Innenkotflügel einsetzen, ausrichten und anschrauben.
- ◆ Hinterrad entsprechend den angebrachten Markierungen ansetzen und anschrauben. Fahrzeug ablassen und Radschrauben über Kreuz mit **120 Nm** festziehen.

2 – Blechschraube, 1,5 Nm

3 – Spreizmutter

4 – Hutmutter, 1,5 Nm

Motorhaube aus- und einbauen/einstellen

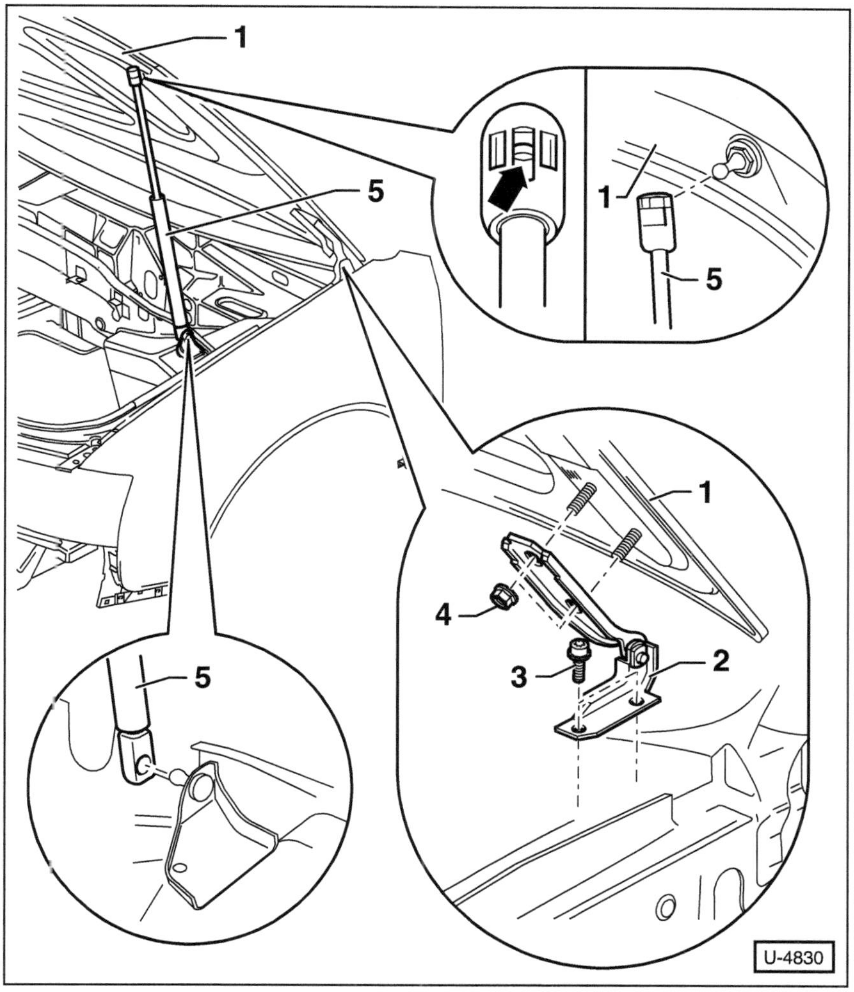

1 – Motorhaube
2 – Scharnier
3 – Torxschraube, 15 Nm
4 – Mutter, 15 Nm
5 – Gasdruckfeder

Achtung: Die Motorhaube besteht aus Aluminium. Daher beim Anschrauben unbedingt darauf achten, daß nur die dafür vorgeschriebenen Verbindungselemente (Schrauben, Muttern, Scheiben, ...) verwendet werden. Andernfalls kann an den Verbindungsstellen Kontaktkorrosion auftreten. Die Verbindungselemente müssen eine spezielle Oberflächenbeschichtung (Dachromet) aufweisen, die an der grünlichen Farbe erkennbar ist.

Ausbau

- Motorhaube –1– öffnen.
- Zuleitungsschlauch und elektrische Steckverbindung an der Scheibenwaschdüse abziehen. Leitung ausclipsen.
- Scharnierabdeckung auf der linken Seite abclipsen.
- Stellung der Motorhaube markieren. Dazu Muttern –4– am Scharnier mit Filzstift umkreisen.
- Motorhaube von Helfer abstützen lassen.
- Gasdruckfeder –5– ausbauen. Dazu mit einem kleinen Schraubendreher die Sicherungsfeder –Pfeil– etwas anheben. Gasdruckfeder vom oberen Kugelzapfen abziehen.
- Auf die gleiche Weise Gasdruckfeder vom unteren Kugelzapfen abbauen.
- Muttern –4– abschrauben und Motorhaube mit Helfer abnehmen.

Einbau

- Gegebenenfalls Motorhaube lackieren.
- Motorhaube mit Helfer ansetzen. Haube anhand der zuvor angebrachten Markierungen am Scharnier ausrichten und mit Muttern befestigen. Wird eine neue Motorhaube eingebaut, muß diese eingestellt werden, siehe »Motorhaube einstellen«.
- Gasdruckfeder so ansetzen, daß die Kolbenstange zur Motorhaube und das Federrohr zur Karosserie zeigt. Gasdruckfeder auf Kugelzapfen aufdrücken und einrasten.
- Wurden die Puffer entfernt, müssen diese neu eingestellt werden. Zunächst Puffer ganz eindrehen und dann soweit herausdrehen, bis die geschlossene Motorhaube mit den Kotflügeln bündig verläuft, siehe dazu auch »Motorhaube einstellen«.

- Scharnierabdeckung einclipsen.
- Schlauch für Scheibenwaschdüsen und Stecker für Düsenheizung aufschieben. Schlauch und elektrische Leitung einclipsen.

Motorhaube einstellen

- Muttern –4– etwas lösen.

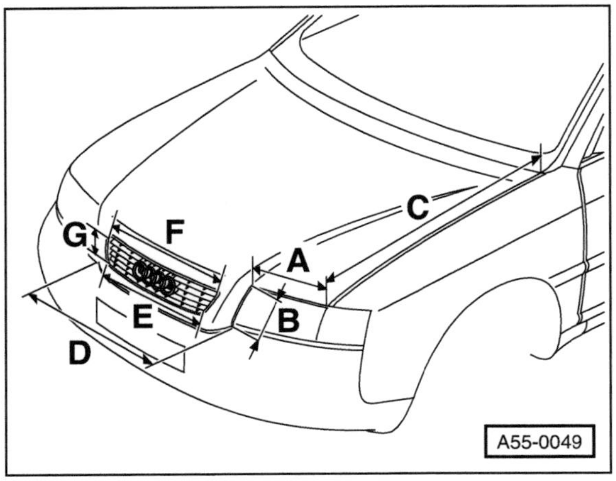

A – 5,0 mm $^{+1\ mm}$	E – 2,0 mm $^{\pm 0,2\ mm}$
B – 5,0 mm $^{+1\ mm}$	F – 2,0 mm $^{\pm 0,2\ mm}$
C – 3,0 mm $^{+1\ mm}$	G – 2,5 mm $^{\pm 0,2\ mm}$
D – 5,0 mm $^{+1\ mm}$	

- Motorhaube schließen und zwischen den Kotflügeln ausmitteln. Haube so verschieben, daß zu den umliegenden Karosserieteilen ein parallel verlaufender Spalt besteht.
- Ausgerichtete Motorhaube vorsichtig öffnen, damit die Position an den Haubenscharnieren nicht mehr verändert wird.
- Scharniermuttern mit **15 Nm** festziehen.

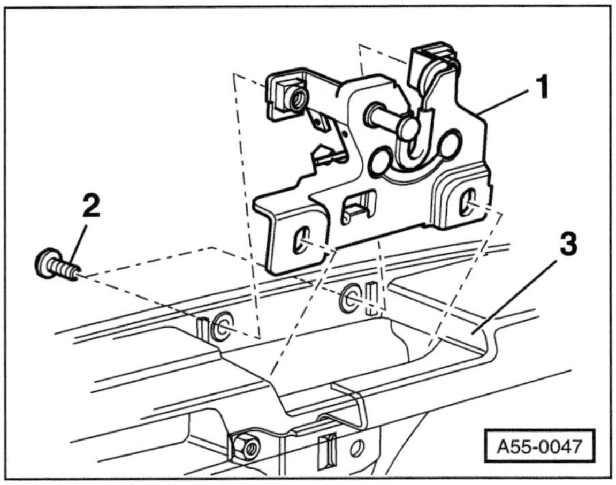

- 4 Schrauben –2– für Motorhaubenschloß –1– etwas lösen. 3 – Schloßträger.
- Motorhaube durch Verschieben des Schlosses in der Höhe einstellen. Schrauben mit **10 Nm** festziehen.

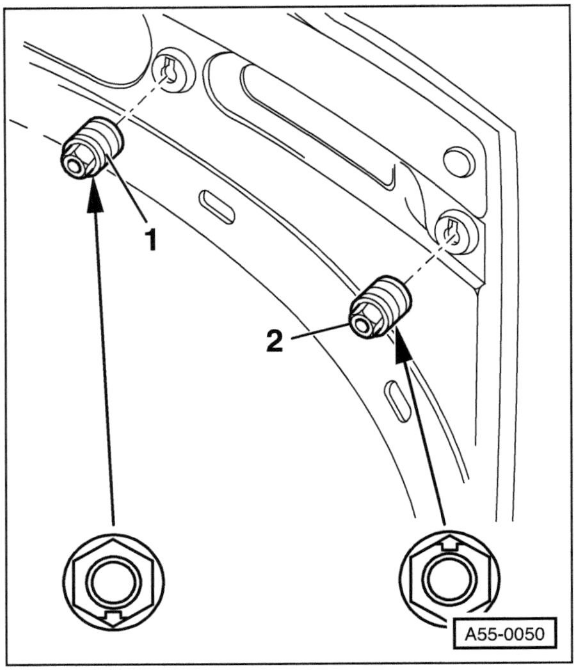

- Höheneinstellung der Motorhaube zu den Kotflügeln vornehmen. Dazu Einstellpuffer –1– und –2– vorn an der Motorhaube einschrauben. Durch Herausdrehen der Gummipuffer Höhe der Motorhaube vorn gegenüber den Kotflügeln einstellen. Etwas Knetmasse zwischenlegen, um festzustellen, ob die Puffer bei geschlossener Motorhaube schon Kontakt zum Schloßträger haben. Die Puffer müssen bei geschlossener Klappe leicht auf dem Schloßträger aufliegen.

Gasdruckfeder entsorgen

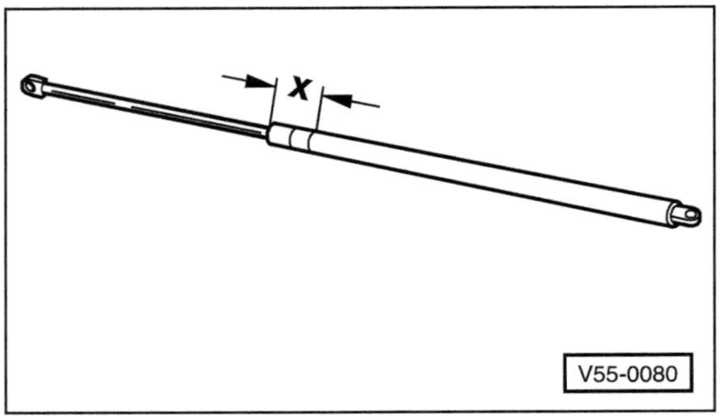

Achtung: Falls die Gasdruckfeder ersetzt wird, muß die alte Feder entgast werden, bevor sie entsorgt wird. Dazu Gasdruckfeder im **Bereich x = 50 mm** in den Schraubstock einspannen. **Achtung**: Feder unbedingt **nur in diesem Bereich** einspannen, sonst besteht Unfallgefahr! Anschließend Zylinder im ersten Drittel der Zylindergesamtlänge – ausgehend von der Bezugskante auf der Kolbenstangenseite – aufsägen. **Um herausspritzendes Öl aufzufangen, Bereich des Sägetrennschnittes mit einem Lappen abdecken. Außerdem ist während des Sägevorganges eine Schutzbrille zu tragen.**

Seilzug für Motorhaube aus- und einbauen

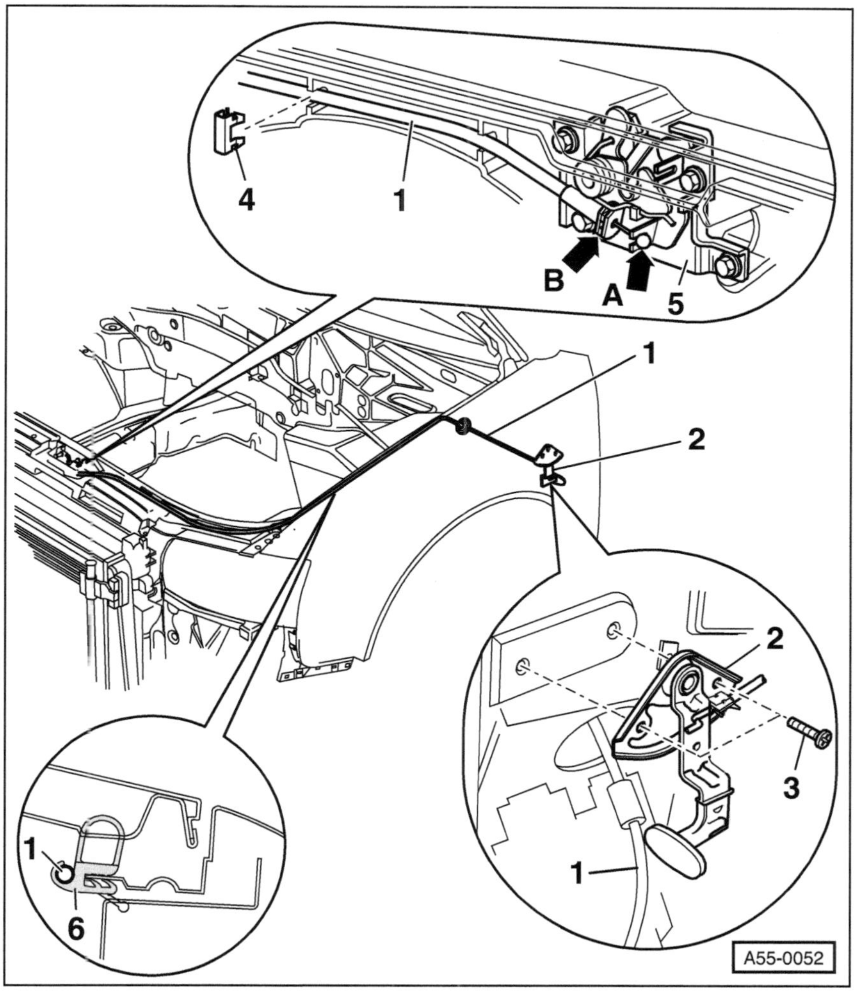

1 – **Motorhaubenzug**

Ausbau

- ◆ Ablage auf der Fahrerseite ausbauen, siehe Seite 258.
- ◆ Schrauben –3– herausdrehen.
- ◆ Seilzug aus dem Widerlager –Pfeil B– und aus der Einhängeöse –Pfeil A– am Haubenschloßunterteil aushängen.
- ◆ Halteklammer –4– abziehen.
- ◆ Seilzug –1– aus dem Führungskanal der Dichtung –6– herausnehmen und zum Fahrzeuginnenraum hin durchziehen.

Einbau

- ◆ Der Einbau erfolgt in umgekehrter Ausbaureihenfolge.

2 – **Lagerbock**

3 – **Linsenblechschraube, 1,5 Nm**

4 – **Halteklammer**

5 – **Haubenschloß**

6 – **Dichtung**

Kofferraumdeckel aus- und einbauen/einstellen

Limousine

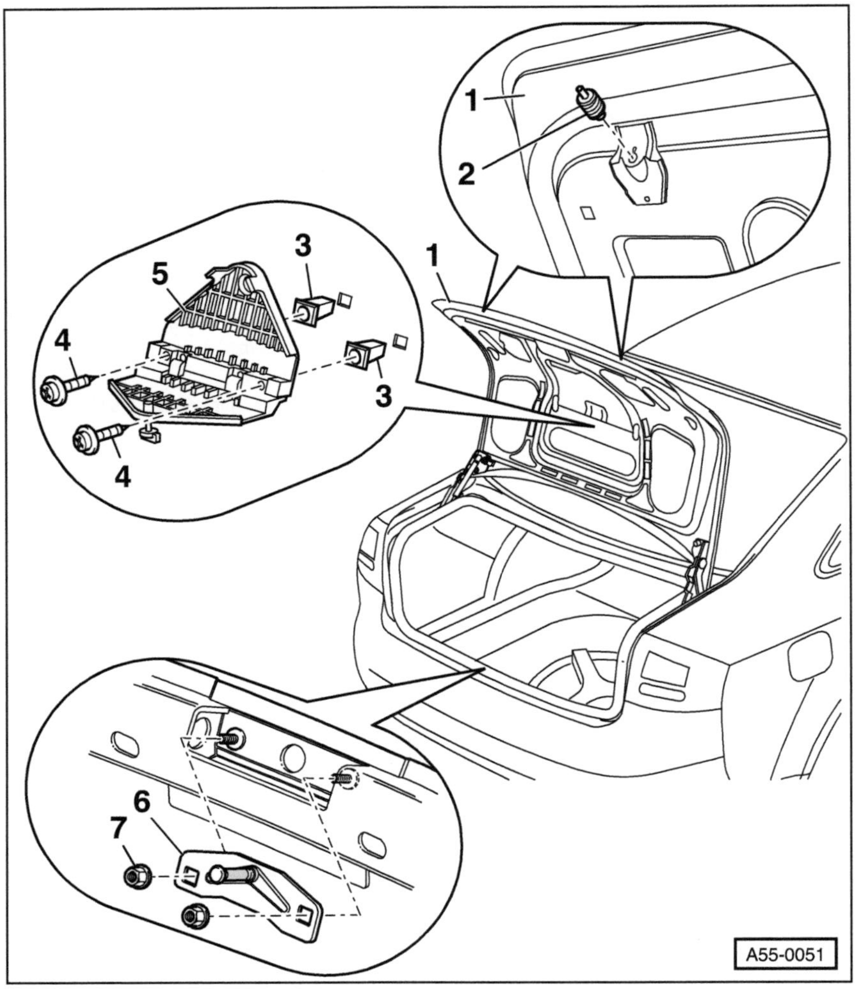

1 – Kofferraumdeckel

Ausbau

- ◆ Warndreieck mit Halter –5– ausbauen.
- ◆ Verkleidung für Kofferraumdeckel ausbauen, siehe Seite 267.
- ◆ Elektrische Leitungen trennen und ausclipsen.
- ◆ Stellung des Kofferraumdeckels markieren. Dazu Muttern an den Scharnieren mit Filzstift umkreisen.
- ◆ Kofferraumdeckel von Helfer abstützen lassen.
- ◆ Gasdruckfedern ausbauen, siehe Seite 281.
- ◆ Muttern abschrauben und Kofferraumdeckel mit Helfer abnehmen.

Einbau

- ◆ Der Einbau erfolgt in umgekehrter Ausbaureihenfolge.

Einstellen

- ◆ Muttern für Kofferraumdeckel am Scharnier lockern.
- ◆ Anschlagpuffer –2– einstellen.
- ◆ Schließzapfen –6– einstellen.
- ◆ Kofferraumdeckel in Höhen- und Längsrichtung mittig entsprechend der Spaltenmaße ausrichten, siehe Abbildung A55-0057.

2 – Anschlagpuffer

Einstellen

- ◆ Kofferraumdeckel über den Schließzapfen –6– zum Seitenteil einstellen.
- ◆ Federstift mit Kreuzschlitzschraubendreher bis zum Anschlag eindrücken und durch Linksdrehung verriegeln.
- ◆ Anschlagpuffer vollständig in den Kofferraumdeckel eindrehen.
- ◆ Kofferraumdeckel vorsichtig schließen, bis er mit dem Seitenteil hinten bündig ist.
- ◆ Anschlagpuffer schrittweise herausdrehen.
- ◆ Einstellung prüfen: Die Anschlagpuffer müssen bei geschlossenem Deckel leicht an der Ladekante anliegen.
- ◆ Federstift mit Schraubendreher durch Rechtsdrehung entriegeln.

3 – Spreizmutter

4 – Blechschraube, 1,5 Nm

5 – Halter

Zum Ausbau Warndreieck herausnehmen und Schrauben –4– herausdrehen.

6 – Schließzapfen

Einstellen

- ◆ Muttern –7– lösen und handfest anziehen. Der Schließzapfen muß gerade noch verschiebbar sein.
- ◆ Kofferraumdeckel hinten vorsichtig schließen und verschieben, bis der Deckel mit dem Seitenteil hinten bündig ist.
- ◆ Kofferraumdeckel vorsichtig öffnen und Muttern mit 8 Nm festziehen.

7 – Mutter, 8 Nm

Spaltmaße Kofferraumdeckel:

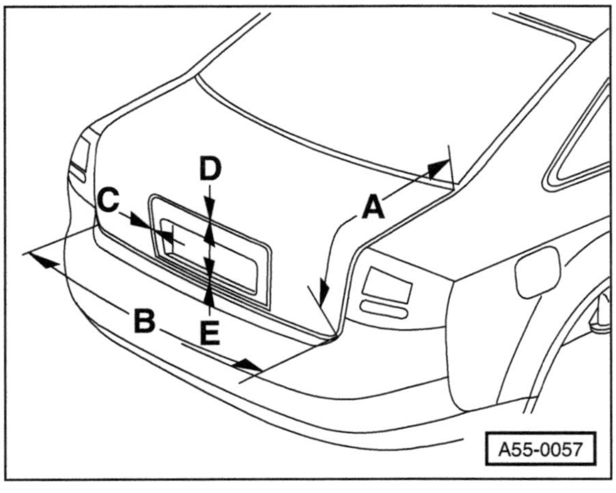

A – 3,0 mm $^{+1\,mm}$
B – 5,0 mm $^{+1\,mm}$
C – 1,5 mm $^{\pm 0,3\,mm}$
D – bündig zum Deckel
E – 1,5 mm $^{-0,5\,mm}$

Heckklappe aus- und einbauen

AVANT

Ausbau

- Heckklappenverkleidung ausbauen, siehe Seite 268.
- Elektrische Steckverbindungen für Heckscheibenheizung und -wischer trennen. Unterdruckschlauch für Zentralverriegelung und Schlauch für Heckscheibenwaschanlage abziehen. **Hinweis:** Als Montagehilfe für den Wiedereinbau kann an den Kabelenden eine Schnur befestigt werden. Beim Herausziehen der Kabel wird die Schnur eingezogen und bleibt anschließend in der Klappe.
- Heckklappe öffnen und mit geeigneter Stütze abstützen.

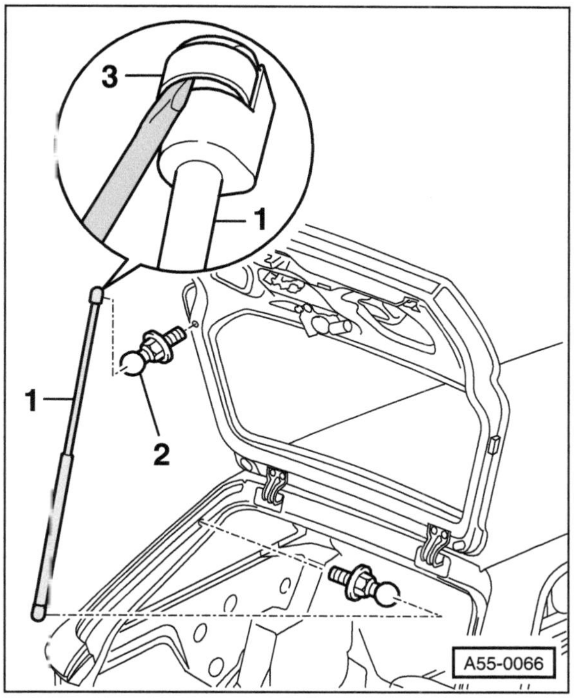

A55-0066

- Gasdruckdämpfer –1– oben aushängen. Dazu Sicherungsfeder –3– mit Schraubendreher etwas anheben und Gasdruckdämpfer vom Kugelzapfen oben –2– abziehen.

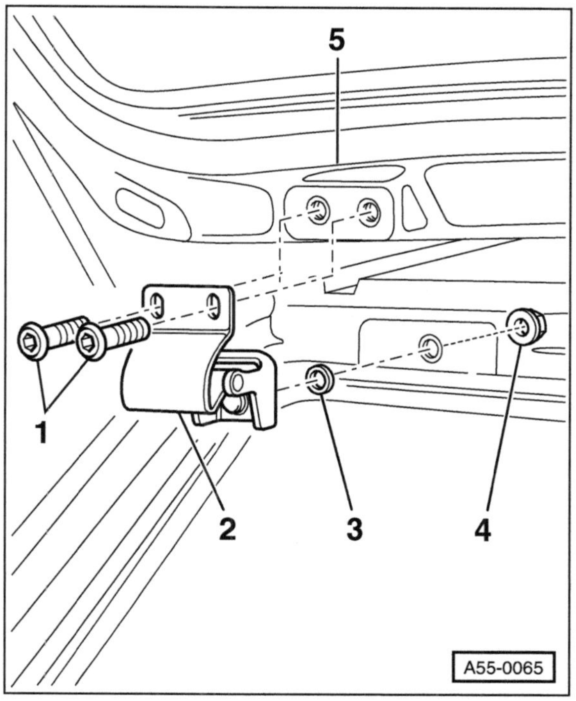

A55-0065

- Position der Heckklappe an den Scharnieren –2– markieren. Dazu Scharnierschrauben mit Filzstift umkreisen.
- Innensechskantschrauben –1– herausdrehen.
- Heckklappe –5– mit Helfer abnehmen. 3 – Dichtung, 4 – Befestigungsmutter für Scharnier.

Einbau

- Heckklappe mit Helfer ansetzen.
- Schrauben –1– hineindrehen, noch nicht festziehen.
- Gasdruckdämpfer auf den Kugelzapfen aufdrücken und einrasten. **Hinweis:** Falls der Dämpfer ganz ausgebaut war, auf richtige Einbaulage achten. Die Kolbenstange zeigt zur Heckklappe, siehe Abbildung A55-0066. Anzugsdrehmoment für Kugelzapfen: **15 Nm.**
- Heckklappe durch Verschieben entsprechend der zuvor angebrachten Markierungen ausrichten. Schrauben mit **21 Nm** festziehen. Wird eine neue Heckklappe eingebaut, muß diese eingestellt werden, siehe Kapitel »Heckklappe einstellen«.
- Elektrische Leitungen und Schläuche in die Heckklappe einführen. Stecker und Schläuche aufschieben.
- Funktion der Heckscheiben-Waschanlage und der Zentralverriegelung prüfen.
- Heckklappenverkleidung einbauen, siehe Seite 268.

Heckklappe einstellen

AVANT

Achtung: Zum Einstellen der Heckklappe muß die Gasdruckfeder eingebaut sein.

- Ladekantenabdeckung ausbauen, siehe Seite 267.

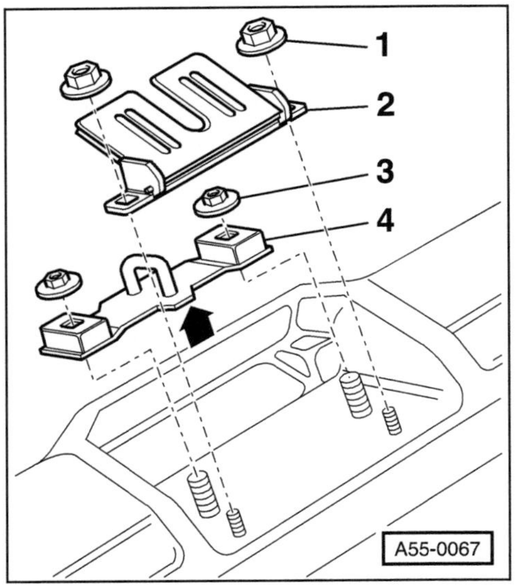

- Muttern –1– abschrauben und Abdeckung für Schließbügel –2– abnehmen.
- Muttern –3– etwas lösen, so daß der Schließzapfen –4– gerade verschiebbar ist. **Achtung:** Falls der Schließzapfen ausgebaut war, darauf achten, daß die Nase –Pfeil– nach hinten zeigt.

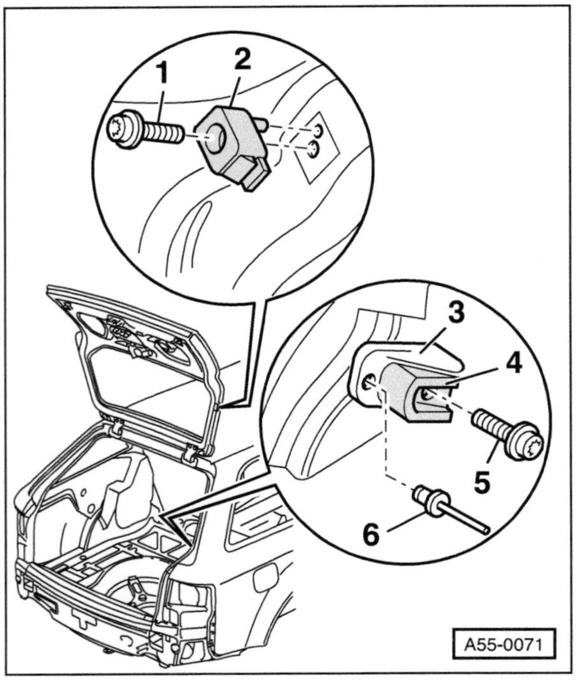

- Schraube –5– lösen und Oberteil –4– des Anschlages –3– vollständig herausziehen.
- In dieser Stellung Schraube –5– leicht anziehen.
- Heckklappe schließen und ca. 2 mm unter die Karosserielinie drücken.
- Heckklappe öffnen und Anschlagoberteil –4– um 3 Verrastungen herausziehen.
- In dieser Stellung Schraube –5– mit **8 Nm** festziehen. 1 – Befestigungsschraube, 2 – Anschlag an der Heckklappe, 6 – Befestigungsniet für Anschlag –3–.
- Schließbügel etwas nach oben schieben.
- Heckklappe schließen und bündig zu den umliegenden Karosserieteilen ausrichten.
- Heckklappe vorsichtig öffnen und Muttern für Schließbügel mit **21 Nm** festziehen.
- Spaltmaße prüfen und gegebenenfalls Heckklappe am Scharnier ausrichten.
- Abdeckung für Schließbügel ansetzen und mit 5 Nm festziehen.

Spaltmaße der Heckklappe

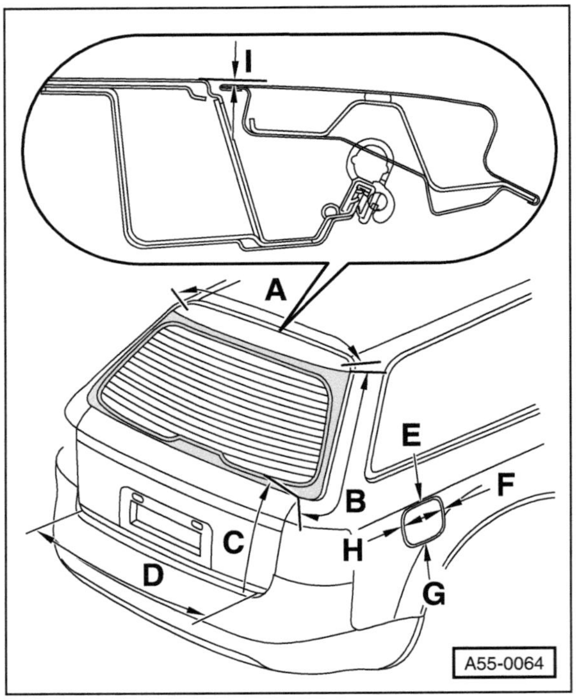

A – 4,0 mm $^{+1\,mm}$
B – 4,0 mm $^{+1\,mm}$
C – 4,0 mm $^{+1\,mm}$
D – 5,0 mm $^{+1\,mm}$
E – 2,5 mm $^{\pm 0,1\,mm}$
F – 3,3 mm $^{\pm 0,1\,mm}$
G – 3,0 mm $^{\pm 0,2\,mm}$
H – 2,5 mm $^{\pm 0,4\,mm}$
I – 0,0 mm $^{+1\,mm}$

Schloß für Heckklappe/Kofferraumdeckel aus- und einbauen

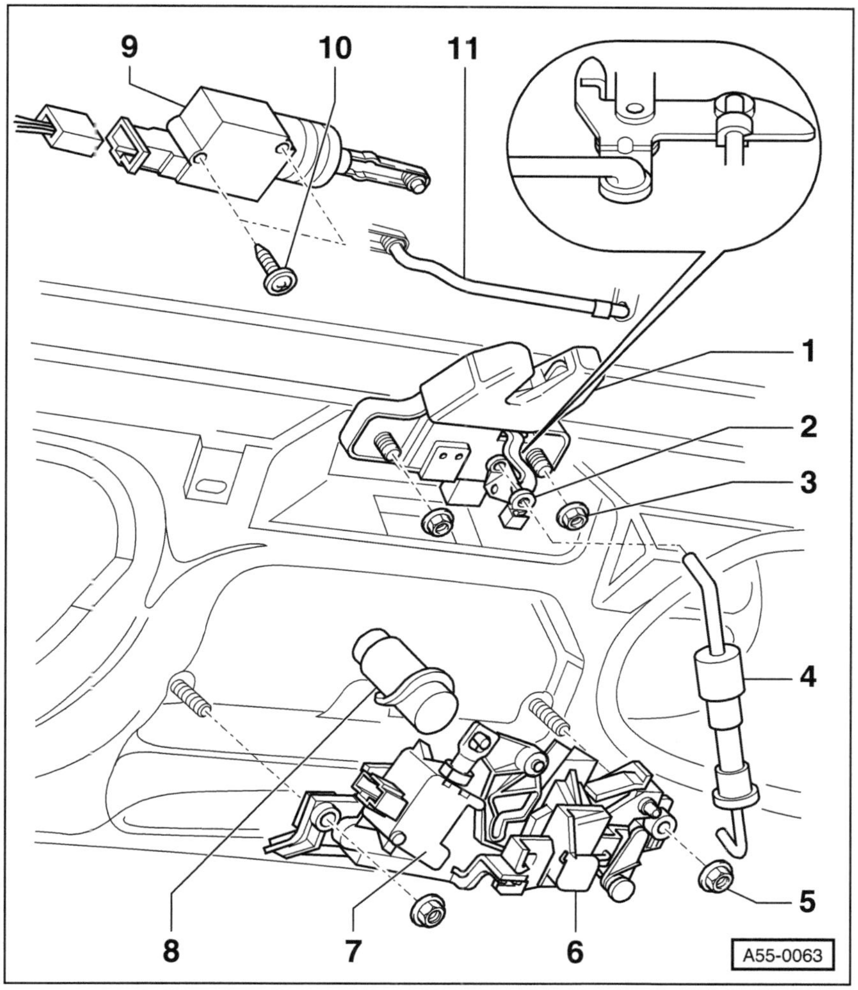

Achtung: Die Abbildung zeigt das Heckklappenschloß beim AVANT. Der Aus- und Einbau bei der Limousine erfolgt auf die gleiche Weise.

1 – **Schloß**

Ausbau

- ◆ Gelenkhebel –2– von der Betätigungsstange –4– ausschwenken und aus dem Schloß aushängen.
- ◆ Muttern –3– abschrauben und Schloß abnehmen.

Einbau

- ◆ Der Einbau erfolgt in umgekehrter Ausbaureihenfolge.

Hinweis: Das Heckklappenschloß besitzt 2 Verrastungen (2stufig). Bei richtiger Einstellung der Betätigungsstange muß das Heckklappenschloß in die zweite Stufe (Hauptverrastung) einrasten.

2 – **Gelenkhebel**

Nach Einbau des Schlosses über die Betätigungsstange schwenken.

3 – **Mutter, 8 Nm**

4 – **Betätigungsstange**

Betätigungsstange spannungs- und spielfrei einstellen.

5 – **Mutter, 8 Nm**

6 – **Griffbetätigung**

Ausbau

- ◆ Heckklappenverkleidung ausbauen, siehe Seite 268.
- ◆ Betätigungsstange –4– aus der Griffbetätigung ausclipsen.
- ◆ Muttern –5– herausschrauben und Griffbetätigung abnehmen.

Einbau

- ◆ Der Einbau erfolgt in umgekehrter Ausbaureihenfolge.

7 – **Stellelement**

8 – **Schließzylinder**

9 – **Motor für Fernentriegelung**

Zum Ausbau muß die Betätigungsstange –4– nicht aus dem Gelenkhebel ausgeclipst werden.

10 – **Schraube, 1,2 Nm**

11 – **Betätigungsstange**

Tür/Türträger vorn aus- und einbauen

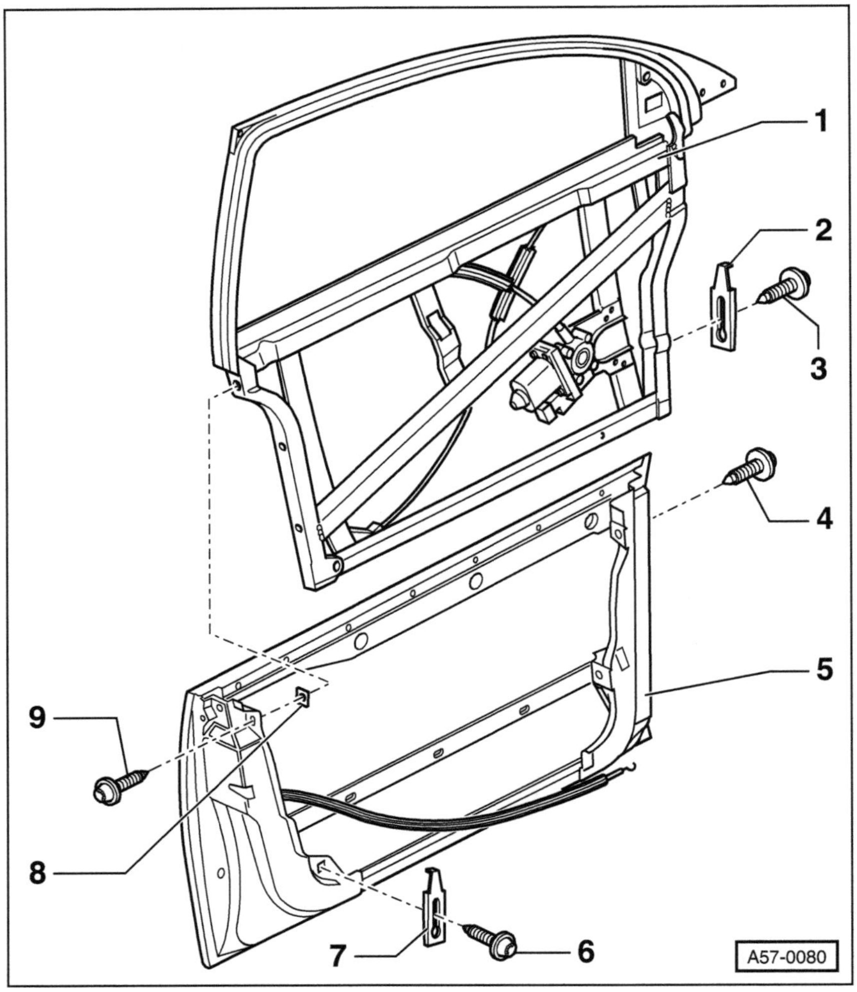

1 – **Türträger**

Ausbau

- ◆ Türverkleidung ausbauen, siehe entsprechendes Kapitel.
- ◆ Elektrische Leitungen trennen und abclipsen.
- ◆ Lage des Türträgers an der Tür mit feinem Filzstift markieren.
- ◆ Schrauben –3–, –9–, –6– und –4– herausdrehen und Türträger nach oben herausnehmen.

Einbau

- ◆ Tür einstellen.
- ◆ Türträger entsprechend der vorher angebrachten Markierungen einsetzen und leicht befestigen. Dazu die Schrauben –3–, –4–, –6–, –9– sowie die Einstellkeile –2– und –7– lose anschrauben.
- ◆ Tür schließen und Einstellung überprüfen. Gegebenenfalls Türträger nachstellen.
- ◆ Schrauben in der Reihenfolge –3–, –9–, –6– und –4– mit **30 Nm** festziehen.

2 – **Einstellkeil**
Der Einstellkeil muß immer eingebaut sein.

3 – **Schraube, 30 Nm**

4 – **Schraube, 30 Nm**

5 – **Tür vorn**
Achtung: Für den Türausbau muß der Türträger nicht ausgebaut werden.

Ausbau

- ◆ Untere Seitenverkleidung ausbauen, siehe Seite 263.
- ◆ Elektrische Leitungen an der Steckerstation der A-Säule abziehen.
- ◆ Faltenbalg zwischen Tür und A-Säule ausclipsen.
- ◆ Sämtliche Leitungen aus der A-Säule herausziehen.
- ◆ Tür mit Torx-Schraubendreher T45 oben und unten am Scharnier abschrauben und abnehmen.

Einbau

- ◆ Der Einbau erfolgt in umgekehrter Ausbaureihenfolge.

6 – **Schraube, 30 Nm**

7 – **Einstellkeil**
Der Einstellkeil muß immer eingebaut sein. Durch Verstellen des Einstellkeils –7– kann die Neigung des Türträgers im Bereich der B-Säule eingestellt werden.
Falls der Einstellbereich eines Einstellkeiles nicht ausreicht, muß eine entsprechend große Unterlegscheibe eingesetzt werden. **Achtung:** Auf keinen Fall 2 Einstellkeile an derselben Position verwenden.

8 – **Unterlage, selbstklebend**

9 – **Schraube, 30 Nm**

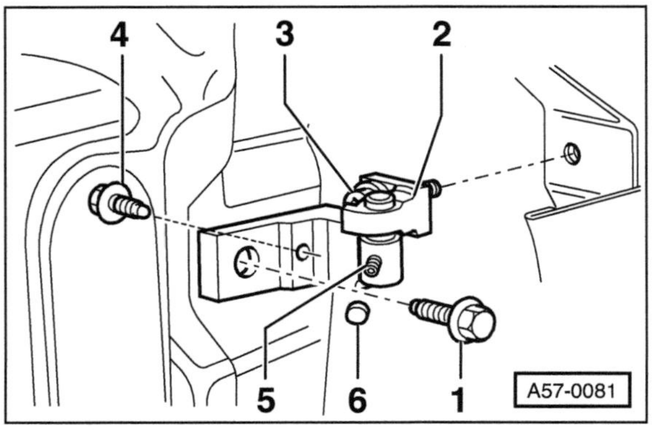

Türscharnier oben

1 – **Schraube, 30 Nm**

2 – **Türscharnier oben**

3 – **Torxschraube T45, 30 Nm**

4 – **Schraube, 30 Nm**
Von der Fahrzeuginnenseite her eingeschraubt.

5 – **Stiftschraube, 23 Nm**

6 – **Abdeckkappe**

Türscharnier unten

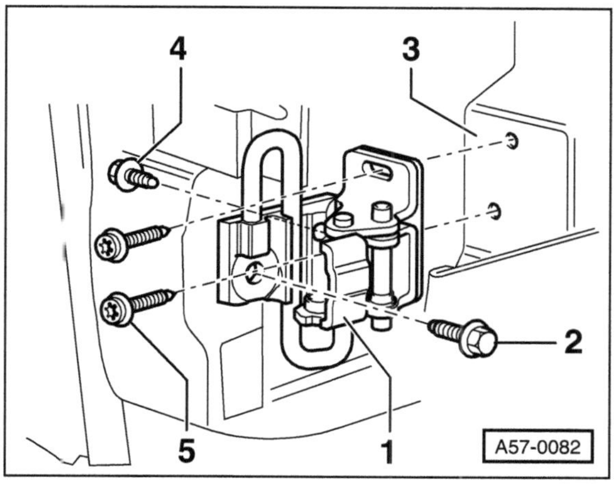

1 – Türscharnier unten
2 – Schraube, 30 Nm
3 – Tür vorn
4 – Schraube, 30 Nm
5 – Torxschraube, 30 Nm

Tür vorn einstellen

Achtung: Die hintere Tür muß zuerst eingestellt werden, oder muß eingestellt sein. Der Einstellvorgang ist gleich wie bei der vorderen Tür.

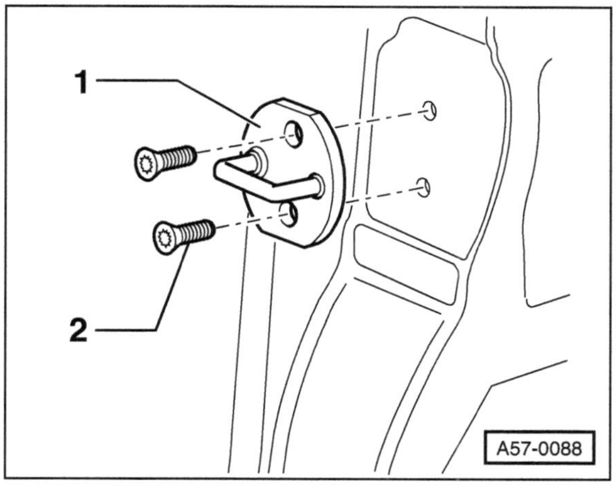

- Schließkeil –1– abschrauben –2–.

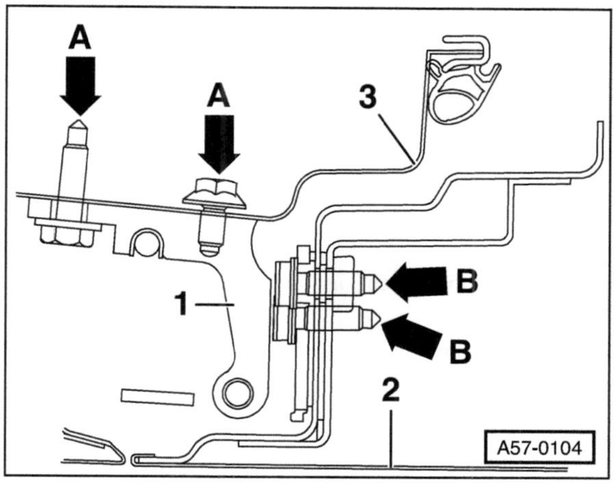

- Tür in Längsrichtung einstellen. Dazu Scharnierschrauben –Pfeil A– an der A-Säule –3– soweit lösen, daß sich die Tür –2– mit den Scharnieren –1– in den Langlöchern gerade verschieben läßt. **Hinweis:** Die Abbildung zeigt das untere Scharnier.

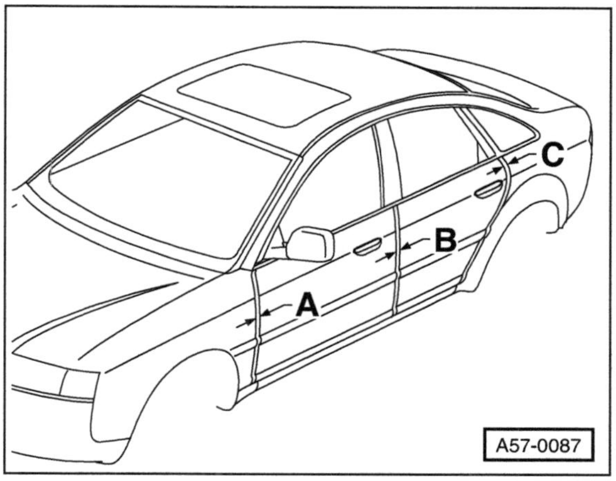

A – 3,0 mm $^{+1\,mm}$
B – 4,5 mm $^{\pm 0,5\,mm}$
C – 3,5 mm $^{\pm 0,5\,mm}$

- Tür entsprechend den angegebenen Spaltmaßen ausrichten und Scharnierschrauben mit **30 Nm** anziehen.
- Tür in Querrichtung einstellen. Dazu Scharnierschrauben –Pfeil B– (Abbildung A57-0104) soweit lösen, daß sich die Tür –2– mit den Scharnieren –1– in den Langlöchern gerade verschieben läßt. Tür so ausrichten, daß die Türkontur bündig mit den umliegenden Karosserieteilen ist. Dies gilt vor allem für den vorderen Bereich. Im hinteren Bereich wird die Tür durch den Schließkeil eingestellt. Scharnierschrauben mit **30 Nm** anziehen.
- Tür öffnen und Schließkeil anschrauben. Schrauben nur beiziehen, nicht festziehen. Der Schließkeil muß sich gerade noch verschieben lassen. Schließkeil so einbauen, daß die Tür zu weit nach außen steht.
- Tür vorsichtig schließen und verschieben, bis sie zur angrenzenden Karosserie-Kontur bündig ist.

- Tür vorsichtig öffnen und Schrauben für Schließkeil mit **20 Nm** festziehen.

Achtung: Die Einstellung mit dem Schließkeil darf nur zur Fahrzeugmitte hin erfolgen und nicht in der Höhe.

Türträger einstellen

- Die Tür muß bereits eingestellt sein.
- Schrauben für Türträger soweit lösen, daß sich der Türträger beziehungsweise die Einstellkeile gerade noch verstellen lassen.
- Zur Einstellung muß sich ein Helfer ins Fahrzeug setzen.
- Tür schließen.
- Der Helfer drückt von innen den Türträger gegen Dach und A-Säule.

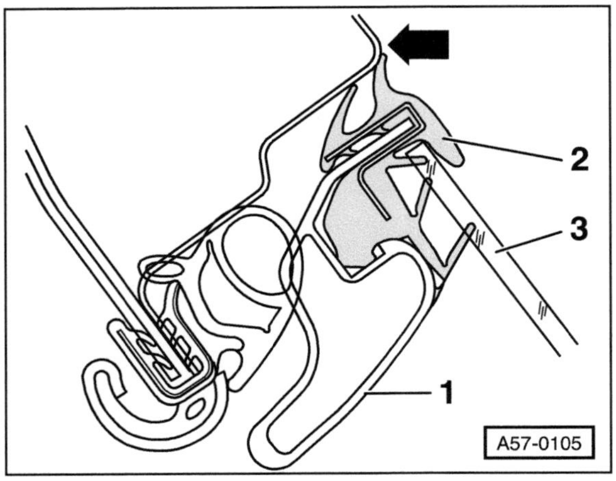

- Von außen Stellung des Türträgers –1– im Türausschnitt prüfen. Die Dichtlippe –2– muß an der A-Säule und am Dachrahmen –Pfeil– konturmäßig anliegen. 3 – Türscheibe.
- Türträger von innen durch Helfer zur Fahrzeugmitte hin drücken lassen. Dabei muß der Türträger leicht überdrückt werden, um die Rückstellkrauft der Gummidichtung auszugleichen.
- Einstellkeil –7– an der B-Säule entsprechend einschieben, siehe Abbildung A57-0080.
- Tür vorsichtig öffnen und Schrauben in der Reihenfolge –3–, –9–, –6–, –4– festziehen, siehe Abbildung A57-0080.

Achtung: Der Einstellkeil muß immer eingebaut sein. Falls der Einstellbereich eines Einstellkeiles nicht ausreicht, muß eine entsprechend große Unterlegscheibe eingesetzt werden. Auf keinen Fall 2 Einstellkeile an derselben Position verwenden.

Einstellung Türträger überprüfen

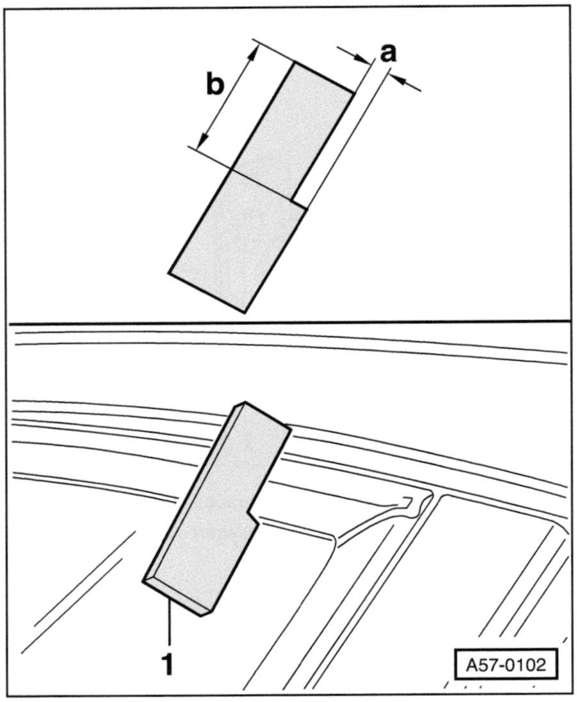

- Für die Prüfung ist eine Lehre erforderlich, welche aus Kunststoff oder Sperrholz nach den angegebenen Maßen selbst angefertigt werden kann. Maß –a– = 3,7 mm; Maß –b– = 28,2 mm.
- Lehre ca. 100 mm von der B-Säule entfernt an die Türscheibe und die Dachzierleiste anlegen. Läßt sich die Lehre nicht wie abgebildet anlegen, Türträger erneut einstellen.

Fensterheber und Türscheibe vorn aus- und einbauen

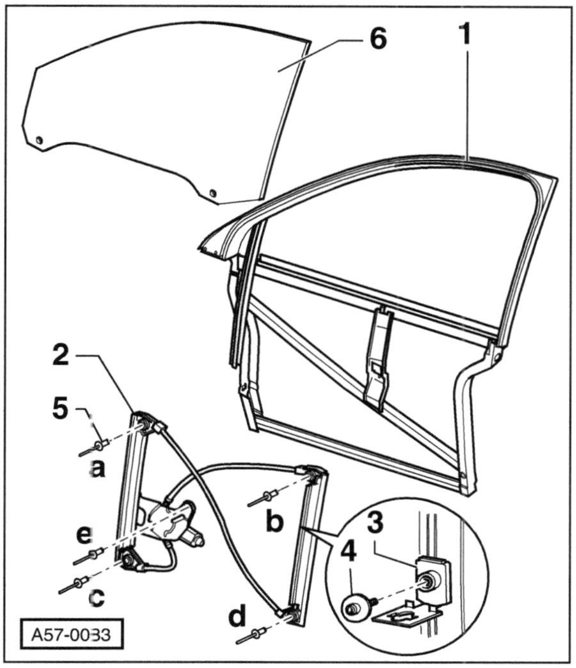

Türscheibe

Ausbau

- Scheibe –6– ganz nach unten fahren.
- Türverkleidung ausbauen, siehe Seite 292.
- Türträger –1– ausbauen, siehe Seite 288.
- Stellung der Scheibe an den beiden Aufnahmen –3– in Längsrichtung mit Filzstift markieren.
- Schrauben –4– herausdrehen.
- Scheibe aus den Aufnahmen –3– nach oben herausnehmen.

Einbau

- Scheibe in die Aufnahmen –3– einsetzen.
- **Einbau der bisherigen Scheibe:** Türscheibe entsprechend der zuvor angebrachten Markierungen einsetzen.
- **Einbau einer neuen Scheibe:** Türscheibe in die Führung einsetzen und bis zum Anschlag nach hinten schieben, Richtung B-Säule. Scheibe mit Fensterheber ohne Schrauben –4– ganz nach oben fahren und dann Aufnahme –3– schließen.
- Schrauben –4– hineindrehen und mit **4,5 Nm** anziehen.
- Türträger einbauen, siehe Seite 288.
- Türverkleidung einbauen, siehe Seite 292.

Fensterheber

Ausbau

- Türträger –1– ausbauen, siehe Seite 288.
- Nietköpfe an Blindnieten –5– abbohren.
- Nietreste mit Durchschlag herausschlagen.
- Fensterheber –2– abnehmen.
- Nietreste aus dem Träger für Türeinbauteile herausschütteln.

Einbau

- Fensterheber –2– in den Türträger –1– einsetzen.
- Fensterheber in der Reihenfolge –a, b, c, d, e– mit neuen Blindnieten –5– befestigen. Hierzu spezielle Blindniet-Hebelzange benutzen, zum Beispiel HAZET 1963. **Achtung:** Unterschiedliche Nietdurchmesser beachten. Nieten –a, b, c, d–: ∅ = 4,8 mm; Niete –e–: ∅ = 6,0 mm.
- Türträger einbauen, siehe Seite 288.

Motor für Fensterheber aus- und einbauen

Hinweis: Der Motor für Fensterheber kann in jeder Position des Motors oder der Türscheibe aus- und eingebaut werden.

Ausbau

- Türverkleidung ausbauen, siehe Seite 292.
- Türträger ausbauen, siehe Seite 288.

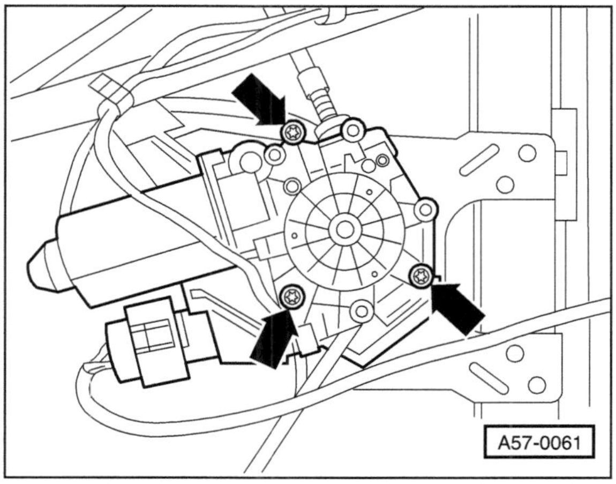

- Torxschrauben –Pfeile– (T30) herausdrehen.
- Motor abnehmen.

Einbau

- Motor ansetzen.
- Torxschrauben mit **6,5 Nm** anziehen.
- Türträger einbauen, siehe Seite 288.
- Türverkleidung einbauen, siehe Seite 292.
- Hoch- und Tieflaufautomatik der Türfenster aktivieren, siehe Seite 57.

Türverkleidung vorn aus- und einbauen

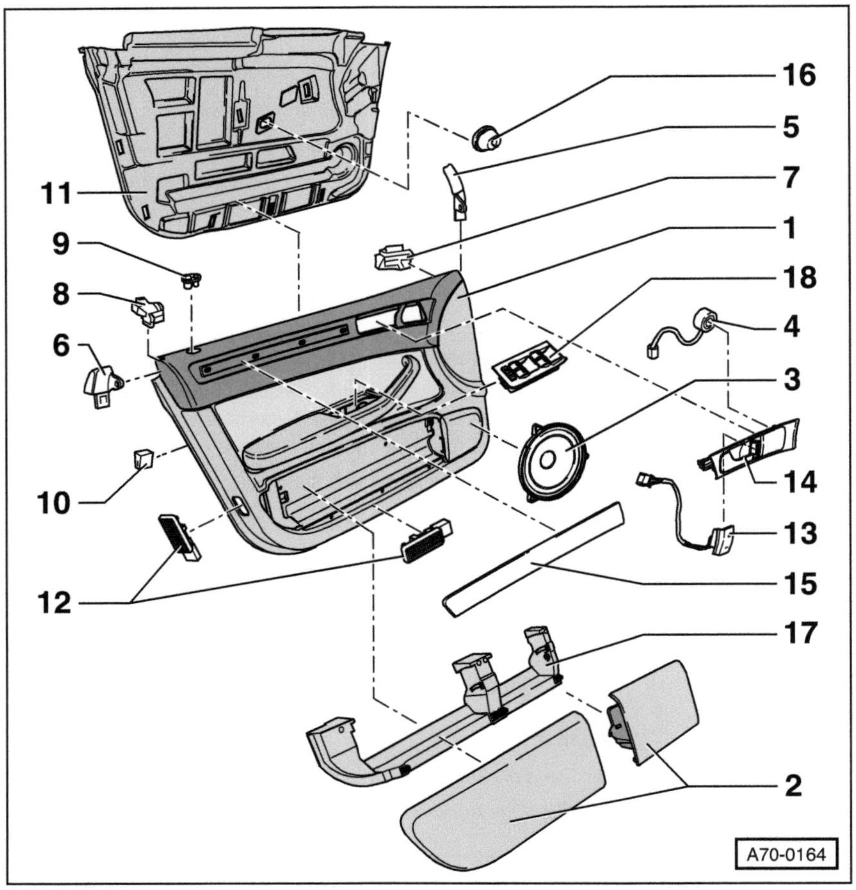

1 – Türverkleidung
2 – Klapptaschen
3 – Lautsprecher
4 – Hochton-Lautsprecher
5 – Übergangsstück innen
6 – Übergangsstück außen
7 – Füllstück innen
8 – Füllstück außen
9 – Führung Türknopf
10 – Unterlagen für Rasthaken
11 – Dämpfungs- und Abdicht-Formstück
12 – Türwarnleuchte
13 – Zentralverriegelungsschalter
14 – Türinnenbetätigung
15 – Blende
16 – Schaumstoffteil für Abdichtung
17 – Träger für Klapptaschen
18 – Fensterheberschalter

Ausbau

Fensterheberschalter ausbauen:

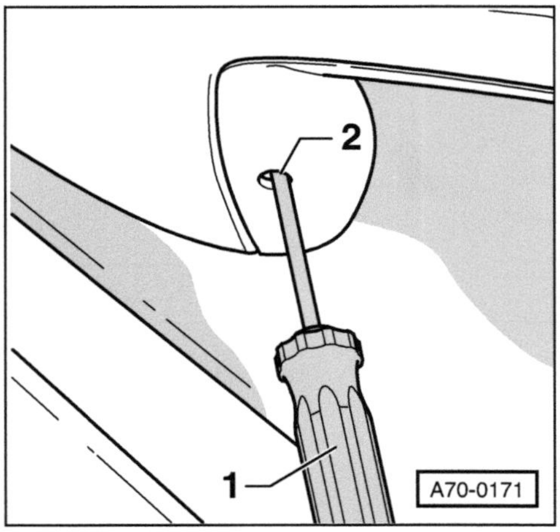

- Schmalen Schraubendreher der Größe 1 –1– von schräg unten in die Bohrung –2– des Türgriffs einführen. **Beifahrertür/hintere Tür:** Dabei Schraubendreher senkrecht halten und Schraubendrehergriff an die Türverkleidung anlegen.

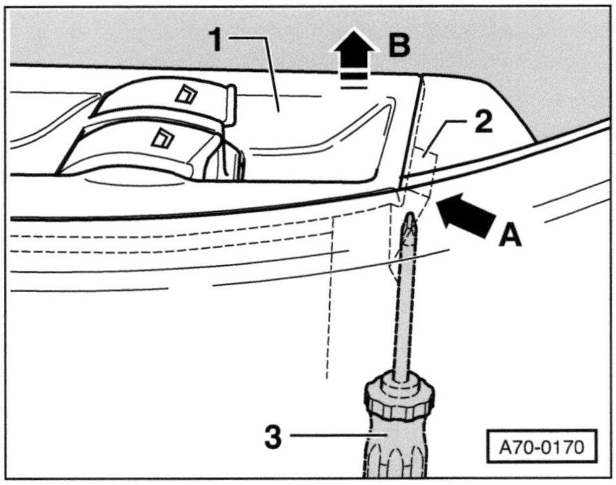

- Schraubendreher –3– nach oben drücken, bis Widerstand spürbar ist. Die Schraubendreherklinge sitzt jetzt zwischen Türgriff und Haltenase –2– des Schalters.
- Haltenase –2– des Schalters mit Schraubendreher in Pfeilrichtung –A– eindrücken. In dieser Stellung Schraubendreher weiter nach oben drücken –Pfeil B– und damit Schalter –1– aus dem Türgriff herausdrücken.

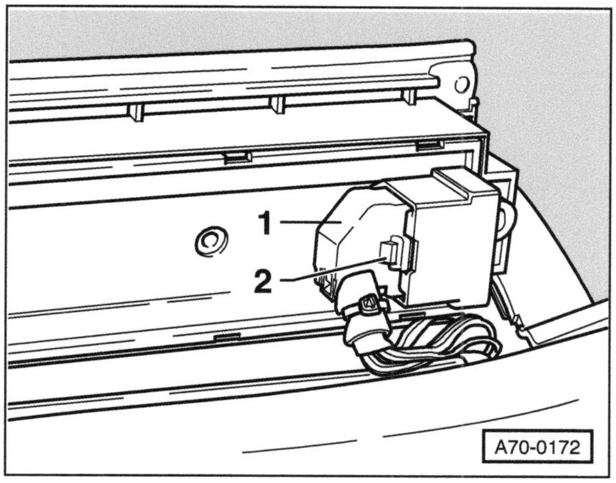

- Rastnase –2– mit schmalem Schraubendreher eindrücken und Stecker –1– vom Schalter abziehen.

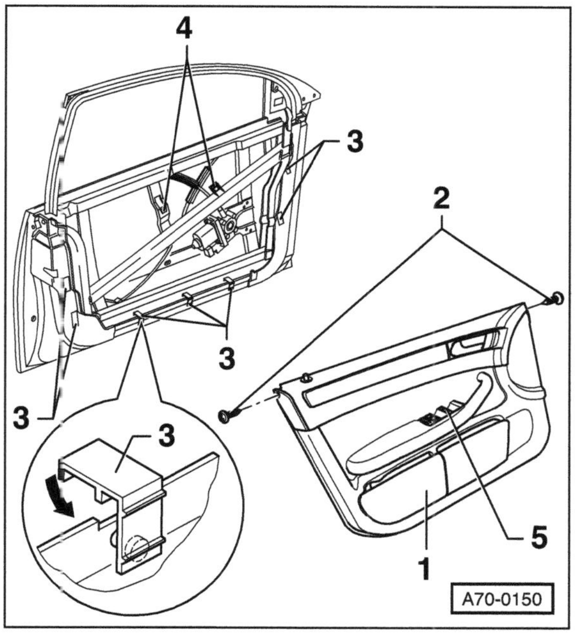

- 2 Schrauben –2– aus der Türverkleidung –1– herausdrehen. 3/4 – Unterlagen, 5 – Fensterheberschalter.
- Türverkleidung ca. 20 cm nach oben heben und aus der Tür aushängen.

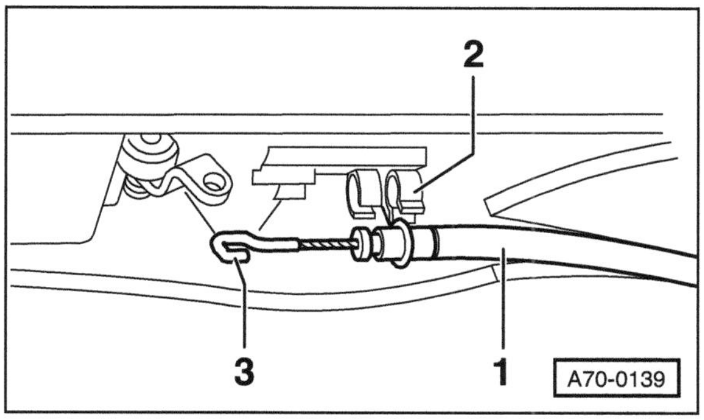

- Seilzug –1– für Türinnenbetätigung aus der Führung –2– herausziehen und aus dem Türinnengriff aushängen.

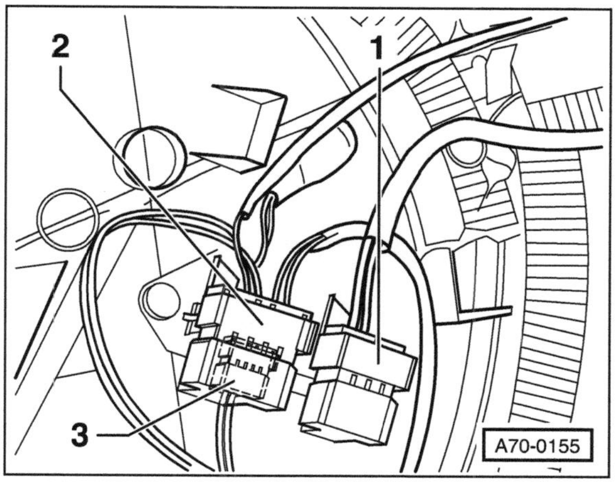

- Elektrische Steckverbindungen an der Rückseite der Verkleidung ausclipsen und trennen. 1 – Stecker für Zentralverriegelungsschalter, 2 – Stecker für Türwarnleuchte und Diebstahlwarnanlage, 3 – Stecker für Lautsprecher.

Einbau

- Prüfen, ob die Gummi-Unterlagen –3– und –4– für die Rasthaken eingeclipst sind, siehe Abbildung A70-0150.
- Prüfen, ob das Dämpfungs-Formteil umlaufend innerhalb der Türverkleidung anliegt, gegebenenfalls in die Führungen einsetzen.
- Türverkleidung ansetzen. Stecker verbinden und in die Halter einrasten. Kabel für Fensterheberschalter durch die Öffnung in der Türverkleidung führen und Kabelabdichtung einsetzen.
- Seilzug für Türinnenbetätigung so einhängen, daß der Haken nach oben zeigt. Seilzughülle in die Führung einclipsen, siehe Abbildung A70-0139.
- Führung für Türknopf aus der Verkleidung herausdrücken. **Achtung:** Falls sich die Führung nicht herausdrücken läßt, dünnen Draht mit Klebeband am oberen Teil des Entriegelungsknopfes ankleben und Draht durch die Öffnung in der Türverkleidung führen. Beim Ansetzen der Türverkleidung den Entriegelungsknopf mit Hilfe des Drahtes in die Führung für den Türknopf einführen.
- Türverkleidung mit Hilfsperson über den Öffnungen in der Tür ansetzen.
- Türverkleidung an die Tür andrücken, nach unten schieben und einrasten. Dabei Türverkleidung auch in der Mitte im Bereich der Clips –4– fest andrücken, siehe Abbildung A70-0150.
- Stecker am Fensterheberschalter aufschieben und einrasten.
- Fensterheberschalter hinten einhängen, vorn herunterdrücken und einrasten.
- Türverkleidung mit 2 Schrauben und 1,5 Nm anschrauben.

Türschloß aus- und einbauen

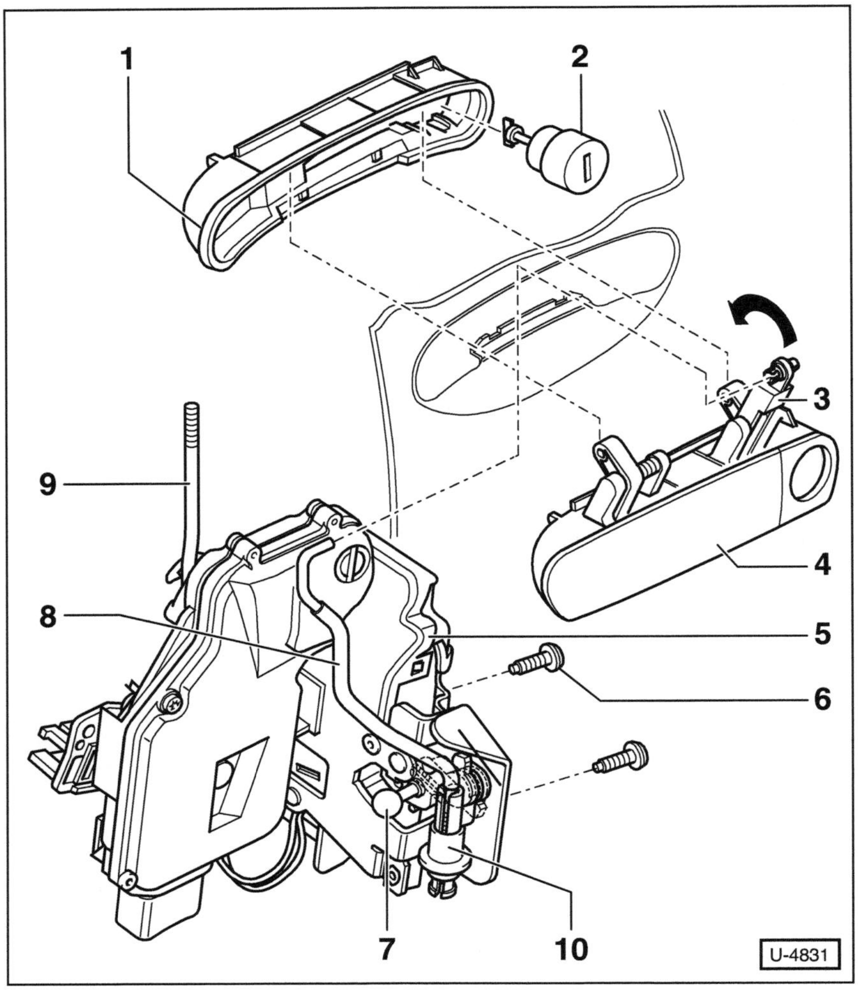

1 – Aufnahme für Türgriff

2 – Schließzylinder
Vor dem Ausbau Türgriff ausbauen.

3 – Gelenkhebel

4 – Türgriff

5 – Türschloß

6 – Innenvielzahnschraube M8, 20 Nm

7 – Fixierstift
Nur bei Ersatzteil-Türschloß vorhanden.
Erst nach dem Einbau von Türschloß und Betätigungsstange –8– den Fixierstift herausziehen.

8 – Betätigungsstange

9 – Betätigungsstange

10 – Schiebehülse
Zum Verriegeln der Betätigungsstange –8– die Schiebehülse –10– nach oben schieben.

Ausbau

- Türverkleidung ausbauen, siehe entsprechendes Kapitel.
- Türscheibe ganz nach oben fahren.
- Stecker für Zentralverriegelung am Türschloß abziehen.
- Betätigungsstange –8– aushängen. **Achtung:** Wird dasselbe Türschloß wieder eingebaut, Betätigungsstange am Clip des Gelenkhebels –3– aushängen. Falls das Türschloß erneuert wird, Betätigungsstange an der Schiebehülse –10– aushängen.
- Innenvielzahnschrauben –6– herausdrehen und Türschloß –5– nach unten zwischen Türträger und Tür herausnehmen.

Einbau

- Der Einbau erfolgt in umgekehrter Ausbaureihenfolge.

Blende für Türgriff aus- und einbauen

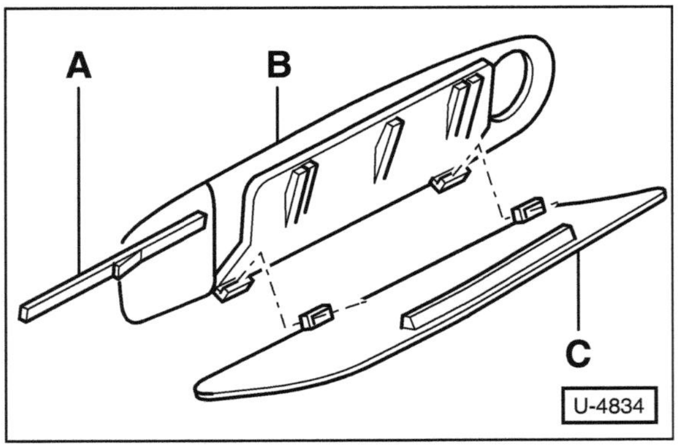

- Türgriff –B– hochziehen. Verriegelung –A– in Längsrichtung mit kleinem Schraubendreher herausschieben und Blende –C– abnehmen.
- Der Einbau erfolgt in umgekehrter Ausbaureihenfolge.

Türgriff aus- und einbauen

Achtung: Wenn der Türgriff ersetzt werden soll, neuen Türgriff vor dem Einbau lackieren und vormontieren lassen (Werkstattarbeit).

Ausbau

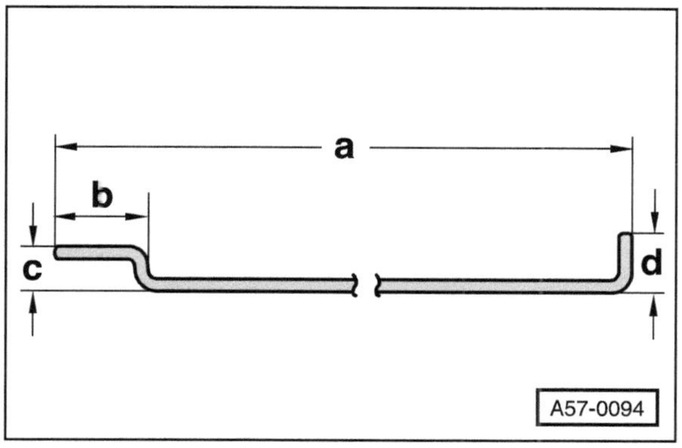

- Zum leichteren Aus- und Einbau des Türgriffs empfiehlt es sich, das in der Abbildung dargestellte Hilfswerkzeug aus Schweißdraht selbst anzufertigen. Maße: a = 300 mm, b = 20 mm, c = 10 mm, d = 10 mm.
- Türverkleidung ausbauen, siehe entsprechendes Kapitel.
- Türscheibe ganz nach oben fahren.
- Betätigungsstange –8– am Clip des Gelenkhebels –3– aushängen, siehe Abbildung U-4831.

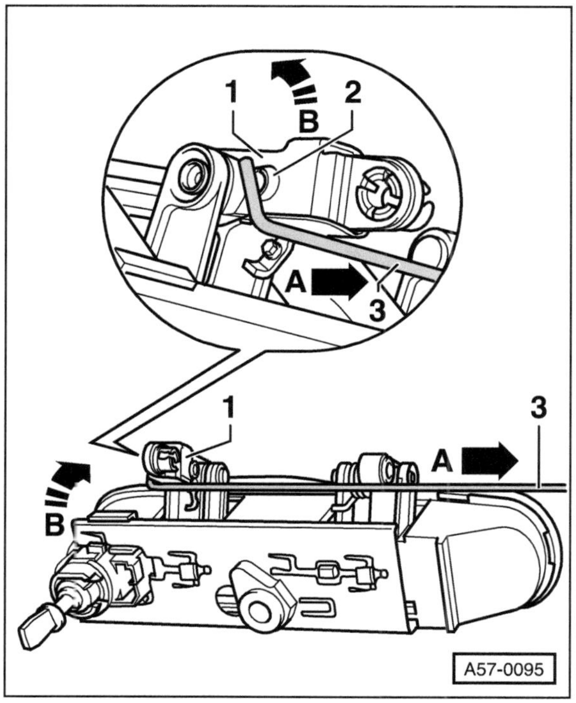

- Sicherungsbolzen –2– in Pfeilrichtung –A– ein Stück herausziehen. Dazu mit dem Hilfswerkzeug –3–, wie in der Abbildung dargestellt, um den Gelenkhebel –1– herumfahren.

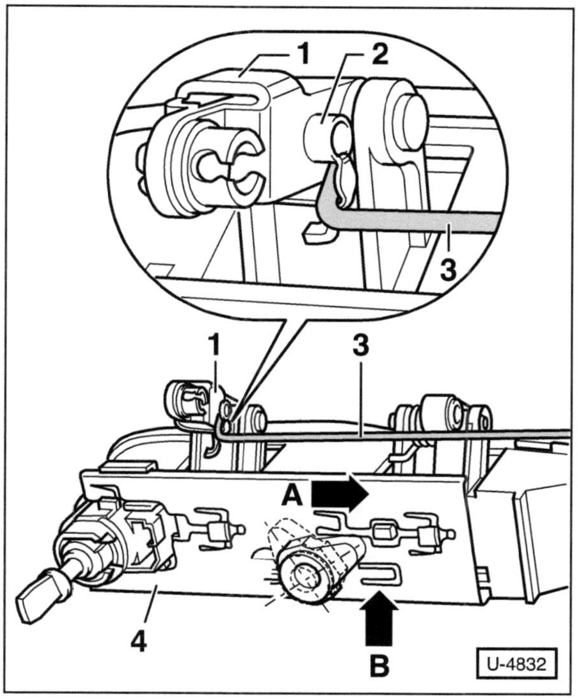

- Sicherungsbolzen –2– mit dem Hilfswerkzeug –3– vollständig aus dem Gelenkhebel –1– in Pfeilrichtung –A– herausziehen.
- Gelenkhebel –1– nach oben klappen.
- Mit kleinem Schraubendreher die Sicherung für den Schieber –Pfeil B– durch leichtes Anheben entriegeln.

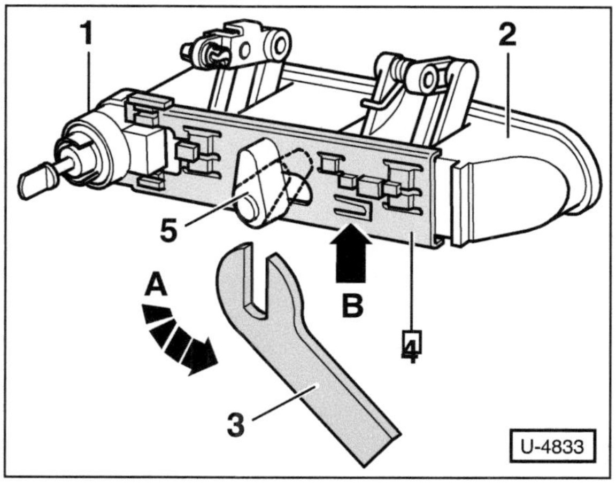

- Schieber –4– der Aufnahme –2– entriegeln. Dazu Verriegelung –5– mit abgewinkeltem Maulschlüssel –3–, Schlüsselweite 17 mm, in Pfeilrichtung –A– drehen.
- Türgriff mit Schließzylinder –1– nach außen abnehmen.
- Aufnahme für Türgriff –2– nach innen abnehmen.

Einbau

- Türgriff und Aufnahme in die Tür einsetzen.
- Schieber mit Maulschlüssel verriegeln.

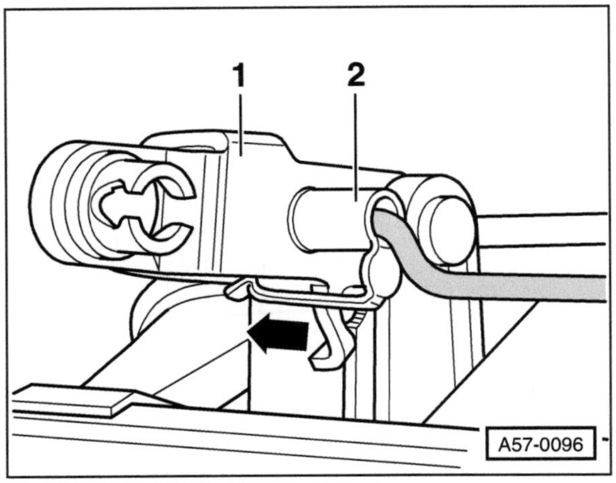

- Sicherungsbolzen –2– mit dem Hilfswerkzeug in Pfeilrichtung in den Türgriff einschieben.

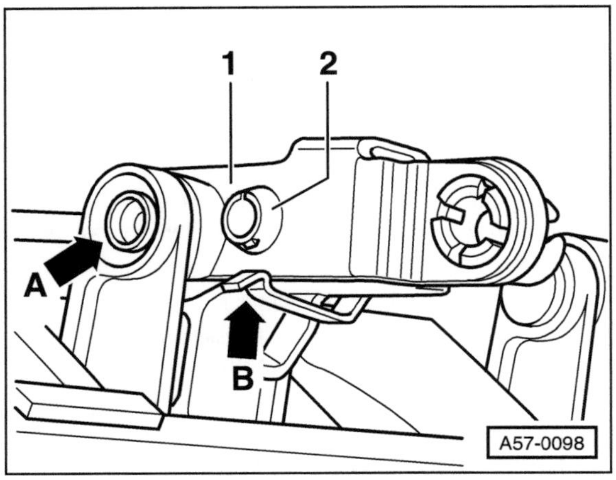

- Dabei muß der Bügel –Pfeil B– am Sicherungsbolzen –2– vollständig um den Gelenkhebel –1– einrasten. A – Verstemmte Niete.
- Betätigungsstange am Clip des Gelenkhebels einhängen, siehe Abbildung U-4831.
- Türverkleidung einbauen, siehe entsprechendes Kapitel.

Zentralverriegelung

Die Verriegelung von Türen, Tankklappe und Kofferraum erfolgt durch Elektromotoren. Die Zentralverriegelung besteht aus dem Steuergerät und den einzelnen Stellelementen.

Die Stellelemente in den Türen sind im Türschloß integriert und besitzen jeweils 2 Motoren. Ein Motor verriegelt die Tür, der zweite Motor verriegelt die Türinnenbetätigung (Safe-Funktion). Die Türen können dann nicht mehr von innen geöffnet werden. Die Türstellelemente können nur zusammen mit dem jeweiligen Türschloß ersetzt werden.

Die Stellelemente von Tankklappe und Kofferraumdeckel/Heckklappe besitzen je einen Motor und können einzeln ersetzt werden.

Nach einem Unfall mit Airbag-Auslösung öffnet das Steuergerät der Zentralverriegelung automatisch sämtliche eventuell verriegelten Türen.

Das Steuergerät für Zentralverriegelung befindet sich vor dem Fahrersitz unter der Bodenmatte.

Stellelement für Tankklappe aus- und einbauen

Ausbau

- Rechte Seitenverkleidung im Kofferraum ausbauen, siehe Seite 269.

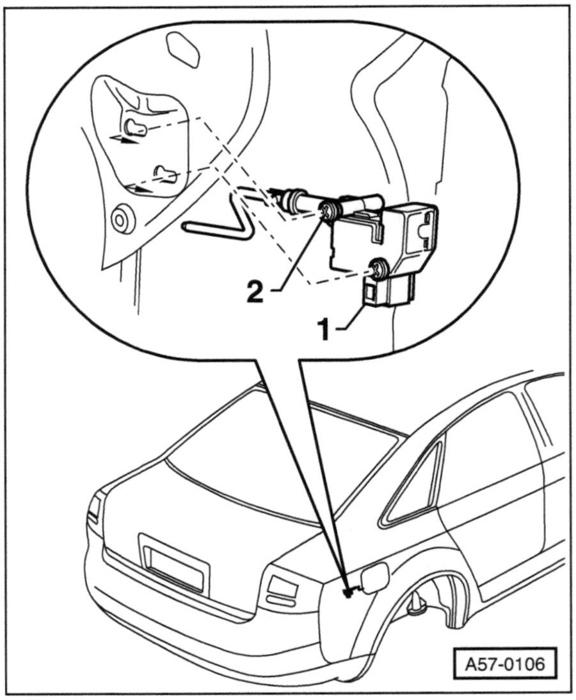

- Elektrische Steckverbindung abziehen.
- Schrauben –2– herausdrehen und Stellelement –1– nach hinten schieben und herausnehmen.
- Der Einbau erfolgt in umgekehrter Ausbaureihenfolge.

Stellelement für Kofferraumdeckel/ Heckklappe aus- und einbauen

Ausbau

- Verkleidung für Kofferraumdeckel/Heckklappe ausbauen, siehe Seite 267/268.
- Griffbetätigung mit Schließzylinder ausbauen, siehe Seite 287.

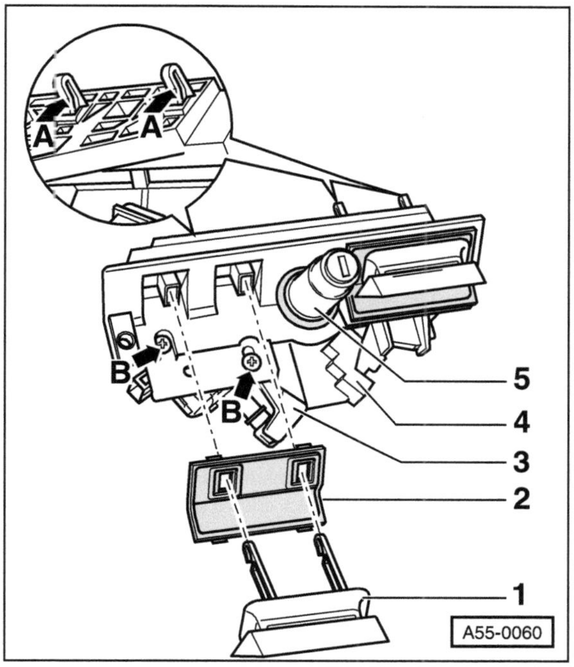

- Linken Griffhebel –1– nach unten aus der Griffbetätigung –4– herausziehen. Dazu Rasthaken mit Schraubendreher in Pfeilrichtung –A– eindrücken und Griffhebel entriegeln.
- Kreuzschlitzschrauben –B– herausdrehen und Stellelement –3– abnehmen. 2 – Dichtung, 5 – Schließzylinder mit angespritzter Dichtung.

Einbau

- Der Einbau erfolgt in umgekehrter Ausbaureihenfolge.

Schiebe-/Ausstelldach: Blende aus- und einbauen

Ausbau

- Schiebedach hinten ausstellen.
- Schiebehimmel vollständig nach hinten einschieben.

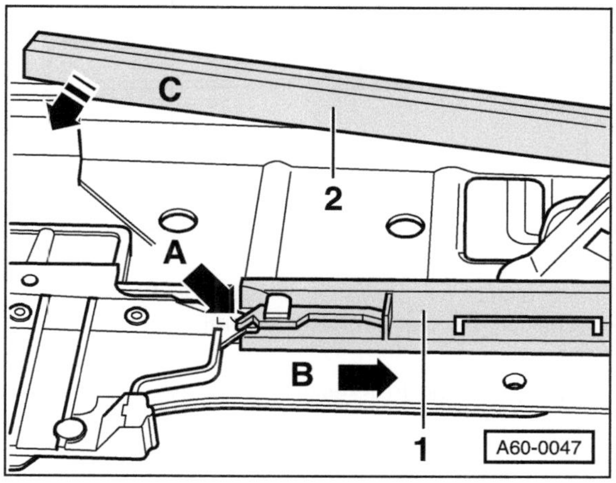

- Untere Blende –1– hinten in Pfeilrichtung –A– ausclipsen und nach vorn schieben –Pfeil B–.
- Untere Blende zur Fahrzeugmitte hin von der Halteschiene abziehen.
- Obere Blende –2– vorn und in der Mitte ausclipsen und in Pfeilrichtung –C– abnehmen.

Einbau

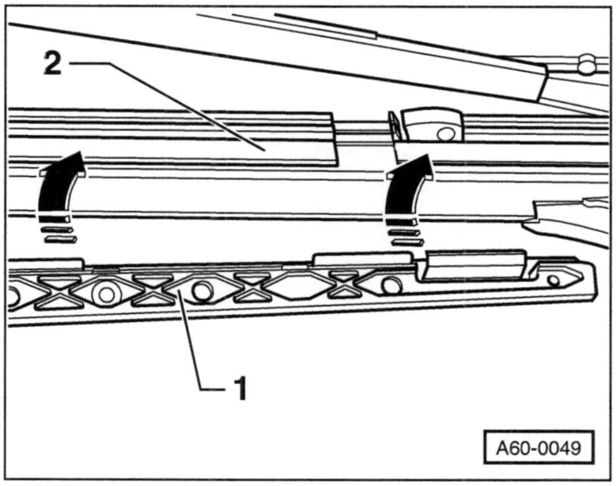

- Untere Blende –1– auf die obere Kante –Pfeile– der Halteschiene –2– aufdrücken.

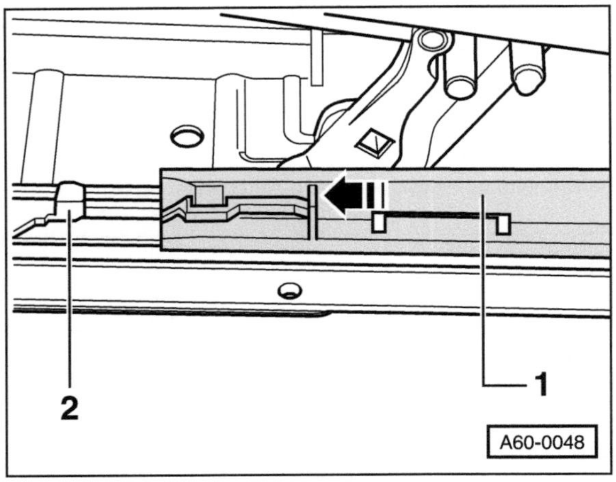

- Untere Blende –1– soweit nach hinten in Pfeilrichtung einschieben, bis der Rasthaken im Mitnehmer –2– einrastet.
- Obere Blende in die Kulissenführung eindrücken.

Schiebe-/Ausstelldach: Deckel aus- und einbauen/einstellen

Ausbau

- Blenden für Schiebedach ausbauen, siehe entsprechendes Kapitel

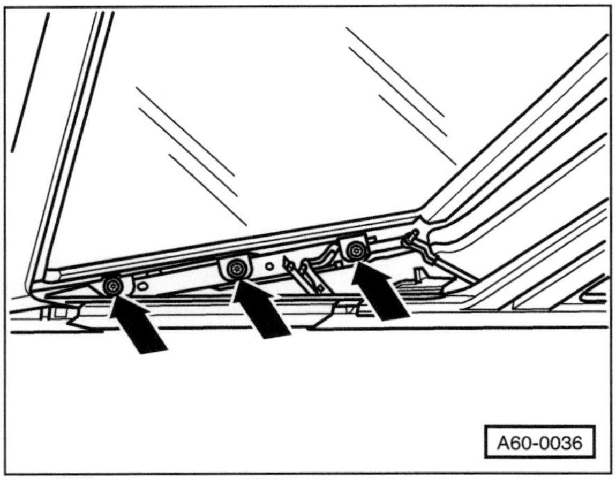

- Schrauben –Pfeile– auf beiden Seiten mit Torx-Schraubendreher T25 herausdrehen.
- Deckel nach oben herausheben.

Einbau

- Deckel einsetzen und mit 4,5 $^{+0,5}$ Nm anschrauben.
- Blenden einbauen.

Einstellen

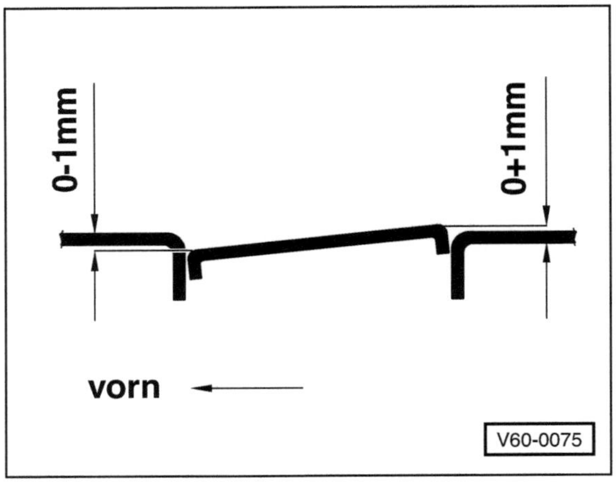

- Zur Vermeidung von Windgeräuschen die Höheneinstellung des Schiebedachs entsprechend der Abbildung vornehmen.
- Höheneinstellung jeweils am Ende der Radien des Dachausschnittes zur Fahrzeugmitte hin prüfen. Das Schiebedach darf an keiner Stelle vorn höher und hinten tiefer als das Dach stehen.
- Zur Höheneinstellung das Schiebedach immer aus der geöffneten, nicht ausgestellten, Stellung ganz schließen.

Schiebe-/Ausstelldach: Deckeldichtung aus- und einbauen

Ausbau

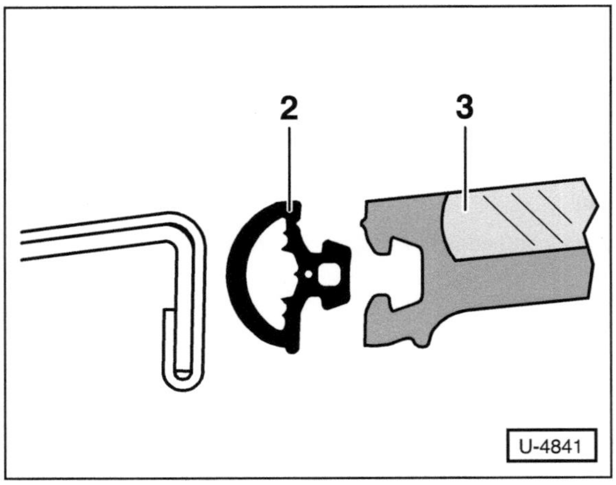

- Deckel –3– ausbauen.
- Deckeldichtung –2– aus dem Deckel –3– herausziehen.

Einbau

- Neue Deckeldichtung in den Schiebedachdeckel eindrücken. Dabei am hinteren Deckelrand in der Mitte beginnen.

Schiebe-/Ausstelldach: Nullstellung prüfen/einstellen

Schiebedachmotor in Nullstellung bringen

- Schiebedach schließen.
- Innenleuchte vorn ausbauen, siehe Seite 86.
- Motor für Schiebedach mit Torxschraubendreher T25 abschrauben und herausnehmen.
- Elektrische Leitungen am Motor müssen angeschlossen sein.
- Zündung einschalten.
- Mit dem Drehschalter die Stellung »Dach geschlossen« anwählen. Dadurch läuft der Motor automatisch in die Nullstellung und schaltet ab.
- In dieser Stellung den Motor bei geschlossenem Schiebedach einbauen. Schrauben mit 3 Nm festziehen.
- Innenleuchte vorn einbauen.

Nullstellung der Kulissenführung prüfen

Die Nullstellung kann mit einem Taschenspiegel und einer Taschenlampe bei eingebautem Schiebedachdeckel geprüft werden.

- Seitliche Blenden links und rechts ausbauen, siehe entsprechendes Kapitel.
- Schiebedachdeckel öffnen und wieder schließen.
- Schiebehimmel vollständig nach hinten einschieben.

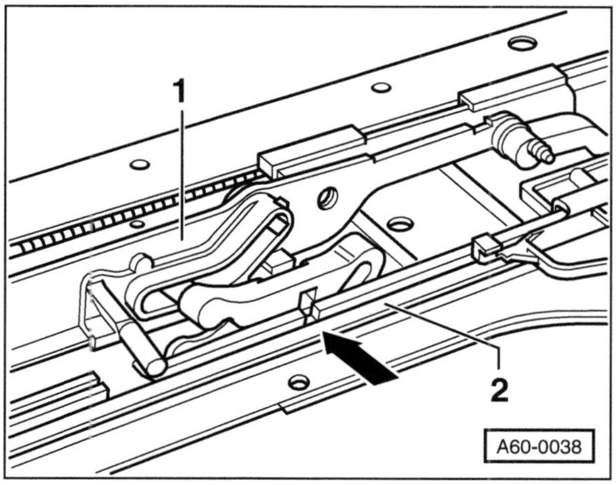

- Taschenspiegel auf den Deckel auflegen und durch seitliches Einsehen die Nullstellung prüfen. Bei korrekter Nullstellung muß das Vierkantloch im Aussteller der Kulissenführung –1– mit der Aussparung –Pfeil– auf der Führungsschiene –2– fluchten. Andernfalls Nullstellung einstellen.

Kulissenführung in Nullstellung bringen

- Schiebedachdeckel ausbauen.
- Schiebedachmotor ausbauen.
- Seitliche Blenden ausbauen.
- Kulissenführungen –1– auf beiden Seiten von hinten nach vorn schieben.
- Vierkantloch am Aussteller der Kulissenführung –1– mit der Aussparung –Pfeil– an der Führungsschiene –2– für den Schiebehimmel zur Deckung bringen. Damit ist die Nullstellung der Kulissenführung eingestellt.
- Schiebedachmotor in Nullstellung bringen und einbauen.
- Blenden einbauen.
- Deckel einbauen.

Wasserablaufschläuche prüfen/ reinigen

Bei Fahrzeugen mit Schiebe-/Ausstelldach sind Wasserablaufschläuche vorhanden, die das Wasser aus der Schiebedachführung nach außen ableiten.

Prüfen

- Bei geöffnetem Schiebedach vorsichtig Wasser in die Ablaufbohrungen einfüllen. Wenn das Wasser unten aus den Wasserablaufschläuchen nicht herausläuft, Ablaufschläuche reinigen.

Reinigen

- An der Tankstelle Wasserablaufleitungen vom Schiebedach her mit Preßluft durchblasen.

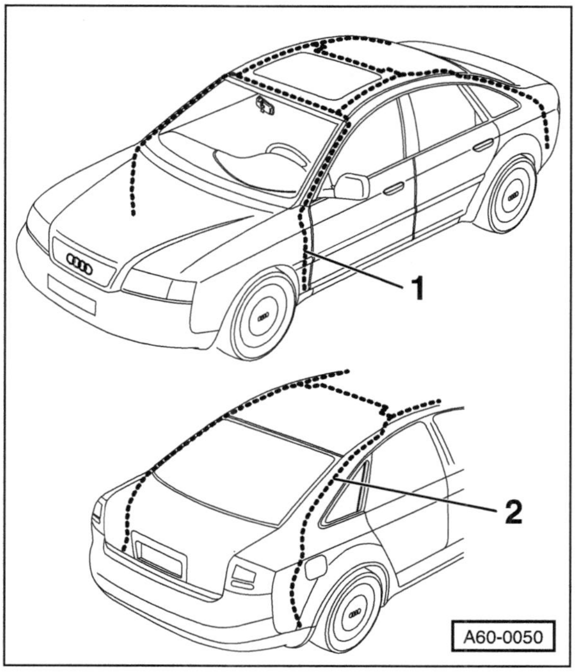

- Die vorderen Wasserablaufschläuche –1– verlaufen in den A-Säulen (vordere Karosseriesäulen) und enden zwischen Tür und A-Säule.
- Die hinteren Wasserablaufschläuche –2– verlaufen in den C-Säulen (hintere Karosseriesäulen) und enden seitlich hinter dem Stoßfänger.

Außenspiegel/Spiegelglas aus- und einbauen

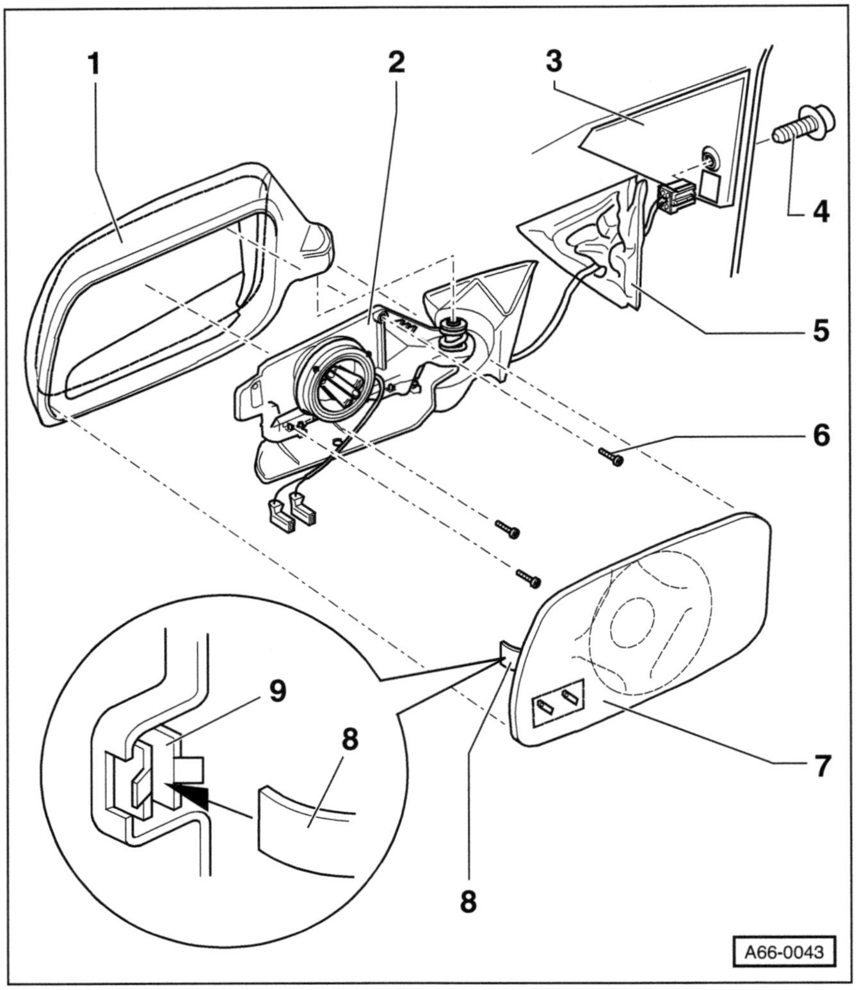

1 – Spiegelgehäuse
Kann bei eingebautem Außenspiegel abgebaut werden.

2 – Spiegelverstelleinheit

Ausbau

- Spiegelglas –7– ausbauen.
- Verstelleinheit mit 3 Kreuzschlitzschrauben abschrauben.
- Elektrische Leitungen abziehen. Bei verlöteten Leitungen, Anschlüsse notieren und Leitungen direkt am Gehäuse einzeln abtrennen.

3 – Türträger

4 – Innensechskantschraube, 12 Nm

5 – Abdichtung

6 – Kreuzschlitzschraube

7 – Spiegelglas

Ausbau

- Gehäuse mit Tesaband oben und unten abkleben und dadurch vor Beschädigung schützen.
- Spiegelglas mit flachem Kunststoffspachtel erst unten, dann oben vorsichtig abdrücken.

Einbau

Sicherheitshinweis
Beim Aufdrücken des Spiegelglases unbedingt Handschuhe anziehen oder sauberen Lappen unterlegen. Bruch- und Verletzungsgefahr!

- Spiegelglas in die Führungszapfen sowie Reibfinger –8– in die Reibfeder –9– einsetzen und einclipsen. Dabei nur auf die Glasmitte drücken.

8 – Reibfinger

9 – Reibfeder

Spiegelgehäuse aus- und einbauen

Ausbau

- Spiegelglas ausbauen.

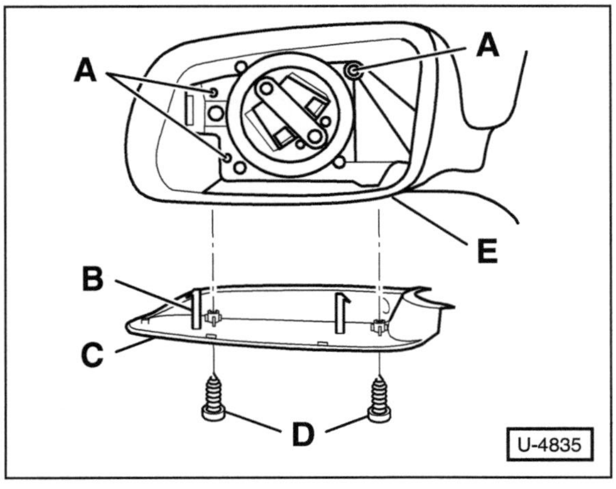

- 2 Schrauben –D– herausdrehen.
- Rastnasen –B– zurückdrücken und Abdeckung –C– nach unten abnehmen.
- Schrauben –A– an der Spiegelverstelleinheit herausdrehen.
- Gehäuse –E– nach oben abnehmen.

Einbau

- Gehäuse –E– von oben ansetzen.
- Schrauben –A– an der Verstelleinheit hineindrehen und ganz leicht mit **1 Nm** anziehen.
- Abdeckung –C– von unten ansetzen und einrasten. Mit Schrauben –D– sichern.
- Spiegelglas einbauen.

Stromlaufpläne

Aus dem Inhalt:

- Schaltzeichenerklärung
- Stromlaufplan-Übersicht
- Relaisbelegung
- Sicherungsbelegung
- Einzelpläne

Der Umgang mit dem Stromlaufplan

In einem Personenwagen werden je nach Ausstattung bis über 1.000 Meter Leitungen verlegt, um alle elektrischen Verbraucher (Scheinwerfer, Radio usw.) mit Strom zu versorgen.

Will man einen Fehler in der elektrischen Anlage aufspüren oder nachträglich ein elektrisches Zubehör montieren, kommt man nicht ohne Stromlaufplan aus; anhand dessen der Stromverlauf und damit die Kabelverbindungen aufgezeigt werden. Grundsätzlich muß der betreffende Stromkreis geschlossen sein, sonst kann der elektrische Strom nicht fließen. Es reicht beispielsweise nicht aus, wenn an der Plusklemme eines Scheinwerfers Spannung anliegt, wenn nicht gleichzeitig über den Masseanschluß der Stromkreis geschlossen ist.

Deshalb ist auch das Massekabel (–) der Batterie mit der Karosserie verbunden. Mitunter reicht diese Masseverbindung jedoch nicht aus, und der betreffende Verbraucher bekommt eine direkte Masseleitung, deren Isolierung in der Regel braun eingefärbt ist. In den einzelnen Stromkreisen können Schalter, Relais, Sicherungen, Meßgeräte, elektrische Motoren oder andere elektrische Bauteile integriert sein. Damit diese Bauteile richtig angeschlossen werden können, haben die einzelnen Kontakte entsprechende Klemmenbezeichnungen.

Um das Kabelgewirr zumindest auf dem Stromlaufplan übersichtlich zu ordnen, sind die einzelnen Strompfade senkrecht nebeneinander angeordnet und durchnumeriert.

Die senkrechten Linien münden oben in einem meist grau unterlegtem Feld. Dieses Feld symbolisiert die Relaisplatte mit Sicherungshalter und damit die plusseitigen Anschlüsse des Stromkreises. Allerdings befindet sich in der Relaisplatte auch eine interne Masseleitung (Klemme 31). Die feinen Striche in dem Feld machen deutlich, wie und welche Stromkreise intern in der Relaisplatte miteinander verschaltet sind. Unten mündet der Stromkreis auf einer waagerechten Linie, die den Masseanschluß symbolisiert. Die Masseverbindung wird normalerweise direkt über die Karosserie hergestellt oder aber über eine Leitung von einem an der Karosserie angebrachten Massepunkt.

Wenn der Stromkreis durch ein Quadrat unterbrochen wird, in dem eine Zahl steht, weist die Ziffer auf den Strompfad hin, in dem der Stromkreis weitergeführt wird.

In der Legende unter dem jeweiligen Stromlaufplan sind die einzelnen Bauteile aufgelistet. In der linken Spalte steht die Kurzbezeichnung der Bauteile, bestehend aus einem Kennbuchstabe und einer ein- bis dreistelliger Zuordnungszahl. In der rechten Spalte steht die Benennung der Bauteile.

Die Kennbuchstaben der wichtigsten Bauteile sind:

Kennbuchstabe	Bauteil
A	Batterie
B	Anlasser
C	Drehstromgenerator
D	Zündanlaßschalter
E	Schalter für Handbedienung
F	Mechanische Schalter
G	Geber, Kontrollgeräte
H	Horn, Doppeltonhorn, Fanfare
J	Relais, Steuergerät
K, L, M, W, X	Kontrollampen, Lampen, Leuchten
N	Elektroventile, Widerstände, Schaltgeräte
O	Zündverteiler
P, Q	Zündkerzenstecker, Zündkerzen
R	Radio
S	Sicherungen
T	Steckverbindungen
V	Elektromotoren

Zur genaueren Unterscheidung werden zu den Kennbuchstaben noch Zahlen angefügt.

Relais und elektronische Steuergeräte sind in der Regel grau unterlegt. Die darin eingezeichneten Linien sind interne Verdrahtungen. Sie zeigen, wie Relais und andere elektrische/

elektronische Bauteile sowohl zueinander als auch auf der Relaisplatte verschaltet sind.

Eine Ziffer im schwarzen Quadrat kennzeichnet den Relaisplatz auf der Relaisplatte mit Sicherungshalter. Direkt am eingezeichneten Relais befindet sich die Kontaktbezeichnung. Beispiel: Lautet die Kontaktbezeichnung im Stromlaufplan 17/87, dann ist 17 die Bezeichnung der Klemme auf der Relaisplatte, 87 ist die Bezeichnung der Klemme am Relais/Steuergerät.

Die Bezeichnung der Klemmen ist nach DIN genormt. **Die wichtigsten Klemmenbezeichnungen sind:**

Klemme 30. An dieser Klemme liegt immer die Batteriespannung an. Die Kabel sind meist rot oder rot mit Farbstreifen.

Klemme 31 führt zur Masse. Die Masse-Leitungen sind in der Regel braun.

Klemme 15 wird über das Zündschloß gespeist. Die Leitungen führen nur bei eingeschalteter Zündung Strom. Die Kabel sind meist grün oder grün mit farbigem Streifen.

Klemme X führt ebenfalls nur bei eingeschalteter Zündung Strom, dieser wird jedoch unterbrochen, wenn der Anlasser betätigt wird. Dadurch ist sichergestellt, daß während des Startvorganges der Zündanlage die volle Batterieleistung zur Verfügung steht. Alle größeren Stromaufnehmer liegen in diesem Stromkreis. Das Fernlicht wird ebenfalls über diese Klemme mit Strom versorgt. So wird bei eingeschaltetem Fernlicht und ausgeschalteter Zündung automatisch auf Standlicht umgeschaltet.

Im Stromlaufplan sind in den einzelnen Leitungen Ziffern und darunter Buchstabenkombinationen eingefügt.

Beispiel: **1,5**
ws/ge

Die Ziffern geben an, welchen Leitungsquerschnitt die Leitung hat. Die Buchstaben weisen auf die Leitungsfarben hin. Besteht die Kennzeichnung aus zwei Buchstabengruppen, die durch einen Schrägstrich getrennt sind, wie im Beispiel, dann nennt die erste Buchstabenfolge die Leitungsgrundfarbe: ws = weiß, und die zweite: ge = gelb – die Zusatzfarbe. Da es vorkommt, daß gleichfarbige Leitungen für verschiedene Stromkreise verwendet werden, empfiehlt es sich, die Farbkombination an den betreffenden Anschlußklemmen zu kontrollieren. Weiße Leitungen sind zur Unterscheidung zusätzlich mit einer Kennummer versehen, die im Stromlaufplan unter der Farbkennzeichnung steht.

Schlüssel für Leitungsfarben

bl = blau
br = braun
ge = gelb
gn = grün
gr = grau
ro = rot
sw = schwarz
li = lila
ws = weiß

Leitungen, die mittels Einzel- oder Mehrfachsteckverbindungen miteinander verbunden sind, haben zum Buchstaben »T« für die Steckverbindung eine zusätzliche Ziffern-Kombination.

Beispiel: T2p = Zweifachstecker, T32/27 = 32fach Steckverbindung mit Kontaktpunkt 27.

Im Stromlaufplan sind alle Verbraucher und Schalter in Ruhestellung gezeichnet. Der geänderte Stromverlauf nach Betätigung eines Schalters wird hier am Beispiel eines Zweistufen-Schalters erläutert:

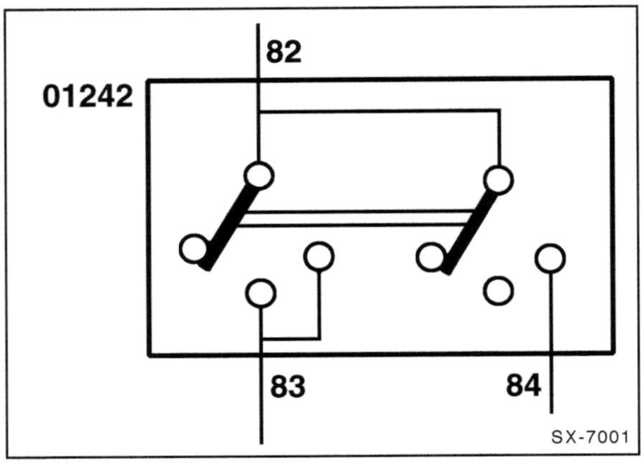

Wird am Schalter »01242« die erste Stufe gedrückt, fließt der Strom von der Klemme 82 kommend über die Klemme 83. Die Brücke der zweiten Schalterstufe rückt in Mittelstellung, jedoch ohne eine Verbindung herzustellen. Erst beim Drücken der zweiten Schalterstufe rückt die Brücke der zweiten Schalterstufe von der internen Leitung 82 auf 84 und gibt den Strom über 84 weiter. Dabei bleibt über die interne Verbindung im Schalter, also über die rechts abgewinkelte Leitung von 83 der Stromfluß der ersten Schalterstufe bestehen.

Achtung: Sicherungen im Sicherungshalter werden ab Sicherungsplatz Nr. 23 im Stromlaufplan mit »223« bezeichnet.

Zuordnung der Stromlaufpläne

AUDI A6 Modelljahr 2003

Gültig ab Oktober 1999 für alle Modelle.

Wegen des großen Umfangs können nicht alle Stromlaufpläne aus jedem Modelljahr berücksichtigt werden. Jedoch kann man sich auch an den vorliegenden Stromlaufplänen orientieren, wenn das eigene Fahrzeug einem anderen Modelljahr angehört, da die Änderungen in der Regel nur Teilbereiche betreffen.

Relais- und Sicherungsbelegung

Die Relais- und Sicherungsbelegung kann je nach Fahrzeugausstattung und Baujahr des Fahrzeuges abweichen.

Hinweis: In diesem Kapitel sind nur die Haupt- und Zusatzsicherungen aufgeführt, die sich außerhalb des Sicherungskastens befinden. Die Sicherungsbelegung für den Sicherungskasten steht im Kapitel »Elektrische Anlage«.

Die Relais befinden sich auf der Relaisplatte beziehungsweise den Relaisträgern 1 bis 3 hinter dem Ablagefach auf der Fahrerseite. Zusatzrelaisträger sitzen hinter der Armaturentafel auf der Fahrerseite am Zentralträger und im Motorraum in der Elektrik-Box.

Relaisträger –1–

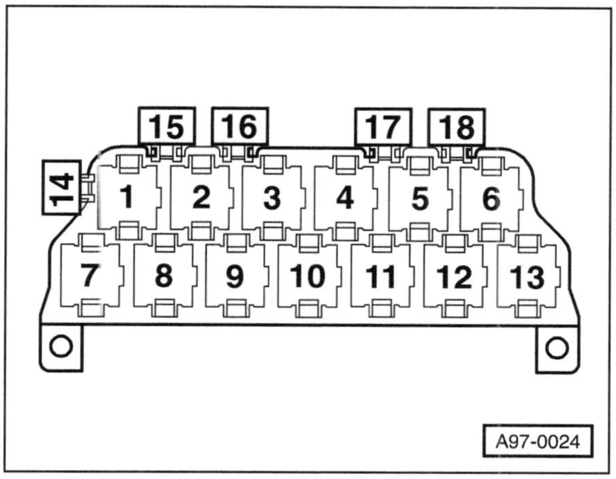

Relais-Nr.	Verbraucher
1	frei
2	Relais für Generatorzuschaltung bzw. Steuergerät für Alarmanlage (Taxi)
3	Trennrelais für Solarzellen bzw. Steuergerät für Alarmanlage (Taxi)
4	Relais für Anlaßsperre bzw. Anlaßsperre und Rückfahrlicht
5	Relais für Magnetkupplung bzw. Standheizung
6	Relais für Nebelscheinwerfer bzw. Kraftstoffpumpenrelais beim TDI
7	Steuergerät für Multifunktionslenkrad
8	Steuergerät für Multifunktionslenkrad
9	Lampenkontrollgerät
10	Lampenkontrollgerät
11	Steuergerät für Spiegelanklappfunktion
12	Steuergerät für Spiegelanklappfunktion
13	Steuergerät für Servotronic
14	Sicherung für Taxameter
15	frei
16	Sicherung für Alarmanlage (Taxi)
17	Sicherung für Taxameter und Alarmanlage (Taxi)
18	frei

Relaisträger –2–

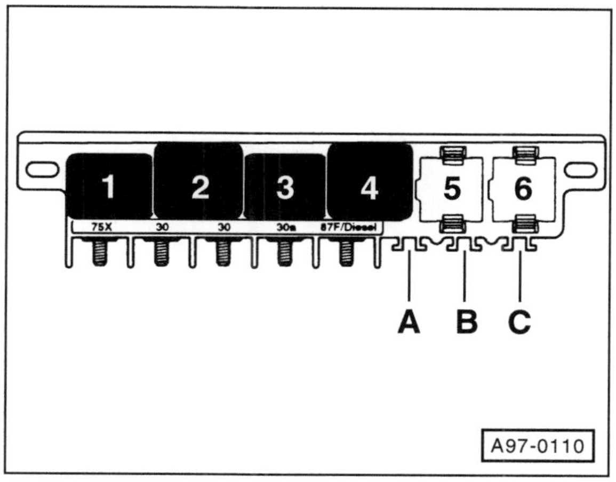

Relais-Nr.	Verbraucher
1	Relais für Doppeltonhorn
2	Entlastungsrelais für X-Kontakt
3	frei
4	Kraftstoffpumpenrelais bzw. Relais für Glühkerzen
5	Relais für Wisch-Wasch-Intervallautomatik
6	Relais für Wisch-Wasch-Intervallautomatik
A	Sicherung für Niveauregulierung
B	Sicherung für Heckrollo
C	Sicherung für Alarmanlage 2 (Taxi)

Relaisträger –3–

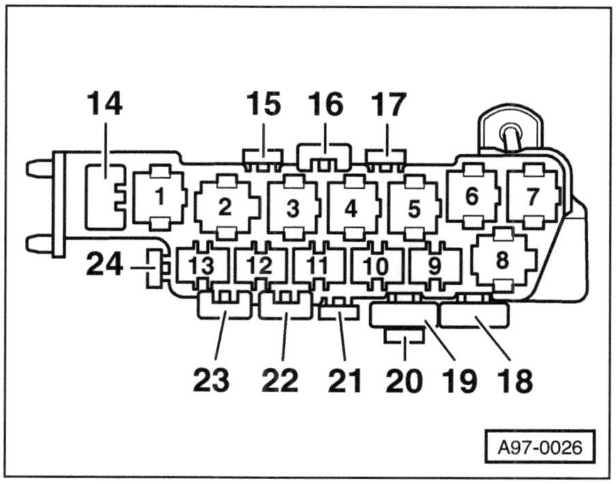

Relais-Nr.	Verbraucher
1	Relais für Kühlernachlauf
2	Relais für Kühlerlüfter
3	Relais für Kühlerlüfter
4	Relais für ABS-Magnetventile mit Fahrdynamikregelung
5	frei
6	frei
7	Relais für ABS-Rückförderpumpe mit Fahrdynamikregelung
8	frei

14	Thermosicherung für Fahrersitzverstellung
15	Sicherung für 12 V-Steckdose
16	Thermosicherung für Fensterheber vorn
17	Thermosicherung für Fensterheber hinten
18	Sicherung für ABS-Steuergerät
20	Sicherung für Kühlerlüfter
21	Sicherung für Steuergerät-Kühlerlüfter
22	Sicherung für Zusatzausstattung
23	Sicherung für Niveauregelung
24	Thermosicherung für Sitzverstellung Beifahrerseite

Zusatzrelaisträger hinter der Armaturentafelel

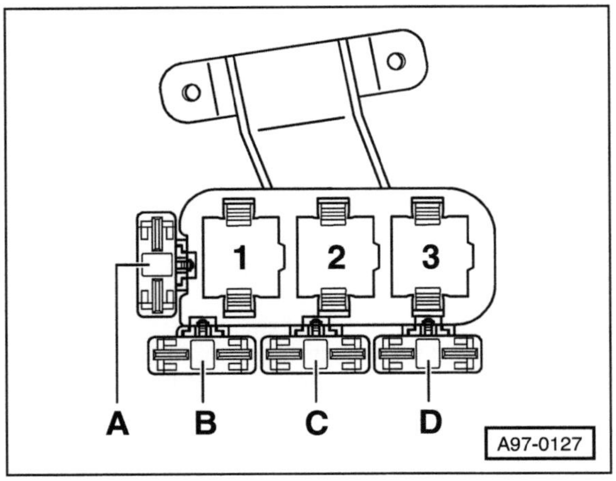

Relais-Nr.	Verbraucher
1	Relais für kleine Heizleistung
2	Relais für Frischluftgebläse (Standheizung)
3	Relais für große Heizleistung
A	frei
B	Sicherung für Kraftstoffkühlung
C	Sicherung 2 für Glühkerzen-Kühlmittel
D	Sicherung für Glühkerzen-Kühlmittel

Zusatzrelaisträger in der Elektrikbox

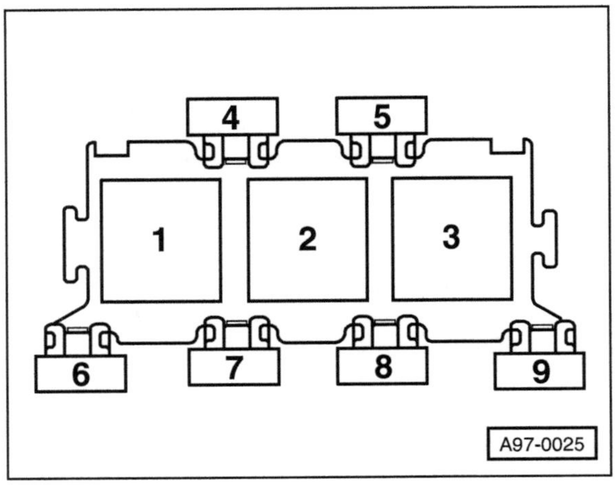

Relais-Nr.	Verbraucher
1	Relais für Zusatzheizung 1 beim TDI
2	Relais für Sekundärluftpumpe
3	Relais für Dieseldirekteinspritzanlage
5	Sicherung für Motorsteuergerät
7	Sicherung Motor-Glühkerzen beim V6-TDI bzw. Sicherung für Sekundärluftpumpe
8	Sicherung für Zusatzheizung 2 beim TDI bzw. Sicherung V6-TDI Stufe 2
9	Sicherung 2 für Motor-Glühkerzen 4- und 6-Zylinder-TDI

Gebrauchsanleitung für Stromlaufpläne

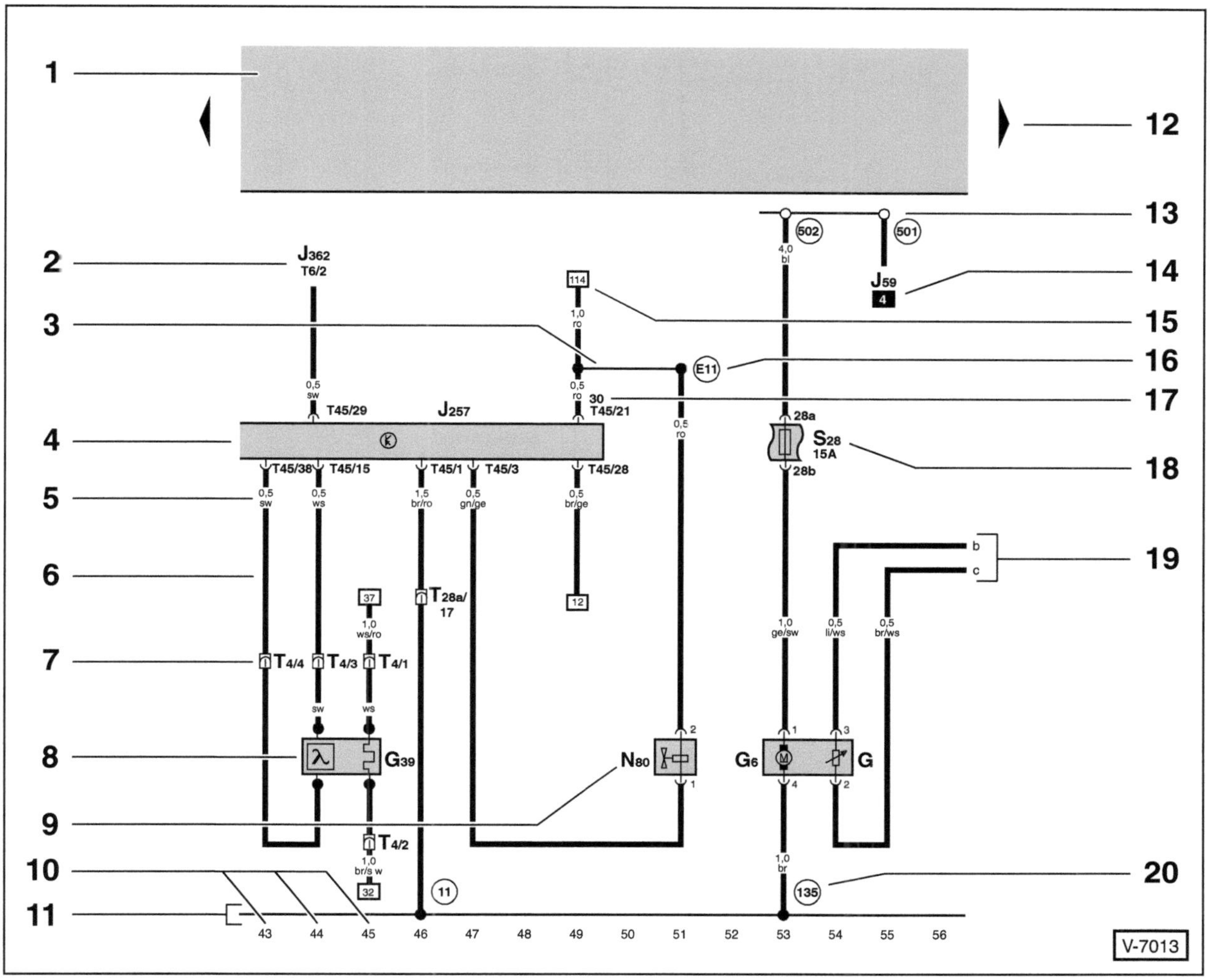

1 – Relaisplatte
Durch ein graues Feld gekennzeichnet. Stellt die plusseitigen Anschlüsse dar.

2 – Verweis auf Weiterführung der Leitung zu einem anderen Bauteil
J362 = Steuergerät für Wegfahrsicherung, T6/2 = 6-fach-Steckerverbindung, Kontakt 2.

3 – Interne Verbindung (dünner Strich)
Diese Verbindung ist nicht als Leitung vorhanden.

4 – Schaltzeichen
Die offen gezeichnete Seite des Schaltzeichens weist auf die Fortsetzung des Bauteils in einem anderen Stromlaufplan hin.

5 – Leitungsquerschnitt in mm² und Leitungsfarbe
0,5 = 0,5 mm², sw = schwarz. Abkürzungen für die Leitungsfarben stehen im Kapitel »Umgang mit dem Stromlaufplan«.

6 – Stromkreis mit Leitungsführung
Alle Schalter und Kontakte sind in mechanischer Ruhestellung dargestellt.

7 – Steckverbindung
T4 = 4-fach-Steckverbindung, /4 = Kontakt 4.

8 – Schaltzeichen für Bauteil
G39 = Lambdasonde mit Heizung.

9 – Teile-Bezeichnung
N80 = Magnetventil 1. In der Legende unterhalb des Stromlaufplans steht, wie das Teil heißt.

10 – Strompfad-Nummer

11 – Fahrzeugmasse

12 – Pfeil
Weist auf die Fortsetzung des Stromlaufplans auf der anschließenden Seite hin.

13 – Gewindebolzen an der Relaisplatte
Der weiße Kreis zeigt an, dass es sich hier um eine lösbare Verbindung handelt.

14 – Relaisplatz-Nummer
Kennzeichnet den Relaisplatz auf oder an der Relaisplatte.

15 – Verweis auf Weiterführung der Leitung zu einem anderen Bauteil
Die Zahl im Rechteck kennzeichnet, in welchem Strompfad die Leitung weitergeführt wird; hier in Strompfad 114.

16 – Verbindung im Leitungsstrang
Nicht lösbare Verbindung.

17 – Anschlussklemme
Hier: Klemme 30, 45-fach-Steckerverbindung, Kontakt 21.

18 – Sicherung
S28 = Sicherung Nr. 28, 15 Ampere.

19 – Verweis auf Weiterführung der Leitung im anschließenden Stromlaufplanteil
Der Buchstabe kennzeichnet, wo im nächsten Stromlaufplanteil die Leitung weitergeführt wird.

20 – Massepunkt oder Masseverbindung im Leitungsstrang
In der Legende stehen Angaben zur Lage des Massepunktes im Fahrzeug.

Schaltzeichen für Stromlaufpläne

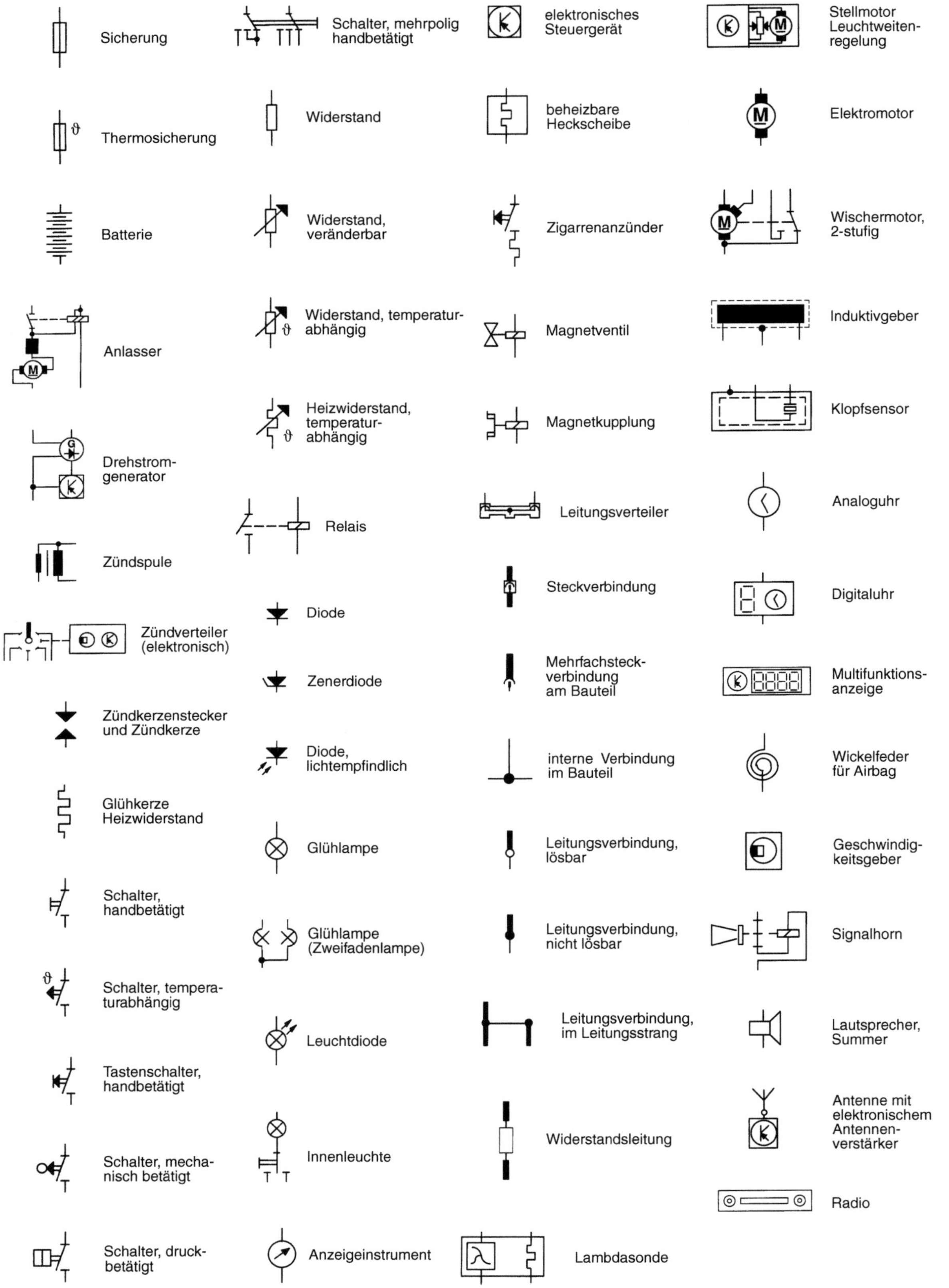

D-7002

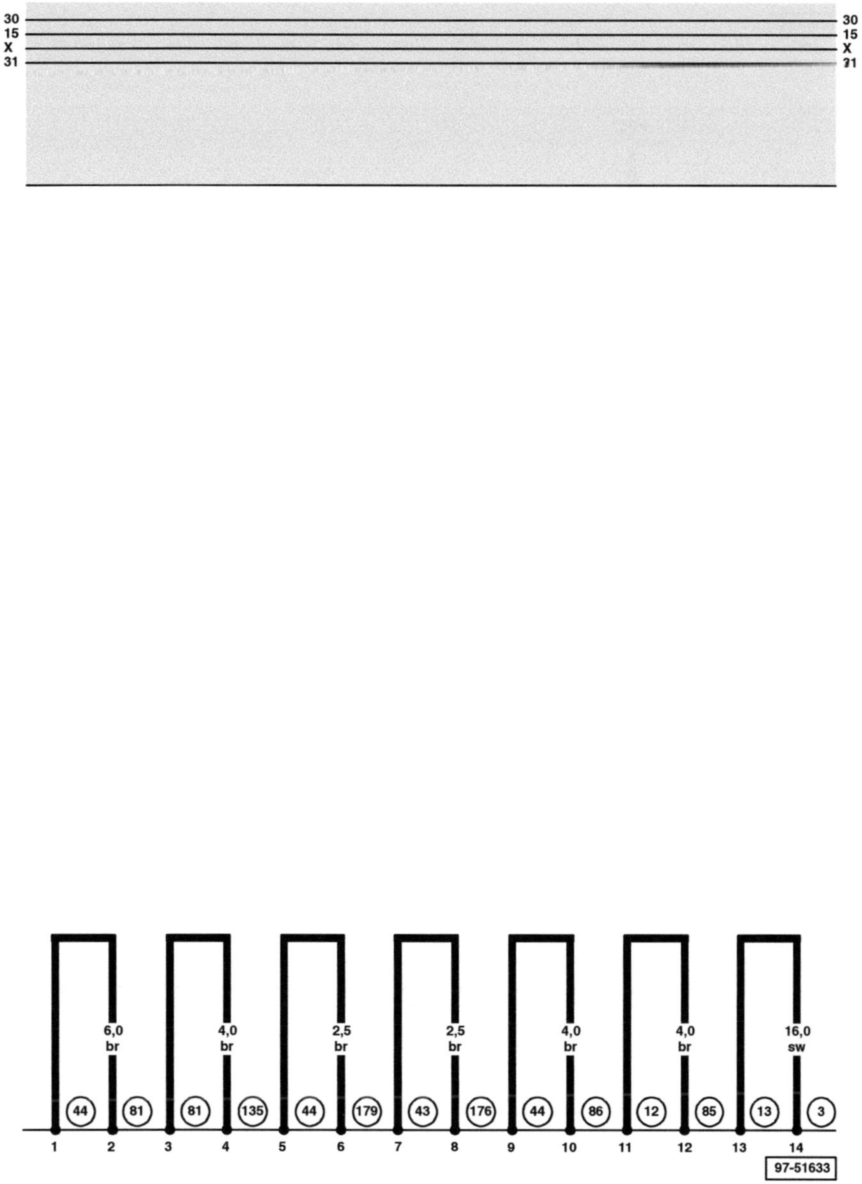

ws = weiß
sw = schwarz
ro = rot
br = braun
gn = grün
bl = blau
gr = grau
li = lila
ge = gelb

Masseverbindungen

- (3) –Masseband, Motor - Aufbau
- (12) –Massepunkt, im Motorraum links
- (13) –Massepunkt, im Motorraum rechts
- (43) –Massepunkt, Säule A - rechts, unten
- (44) –Massepunkt, Säule A - links, unten
- (81) –Masseverbindung -1-, im Schalttafelleitungsstrang
- (85) –Masseverbindung -1-, im Leitungsstrang Motorraum
- (86) –Masseverbindung -1-, im Leitungsstrang hinten
- (135) –Masseverbindung -2-, im Schalttafelleitungsstrang
- (176) –Masseverbindung, im Leitungsstrang Scheinwerfer rechts
- (179) –Masseverbindung, im Leitungsstrang Scheinwerfer links

1/2
07.99

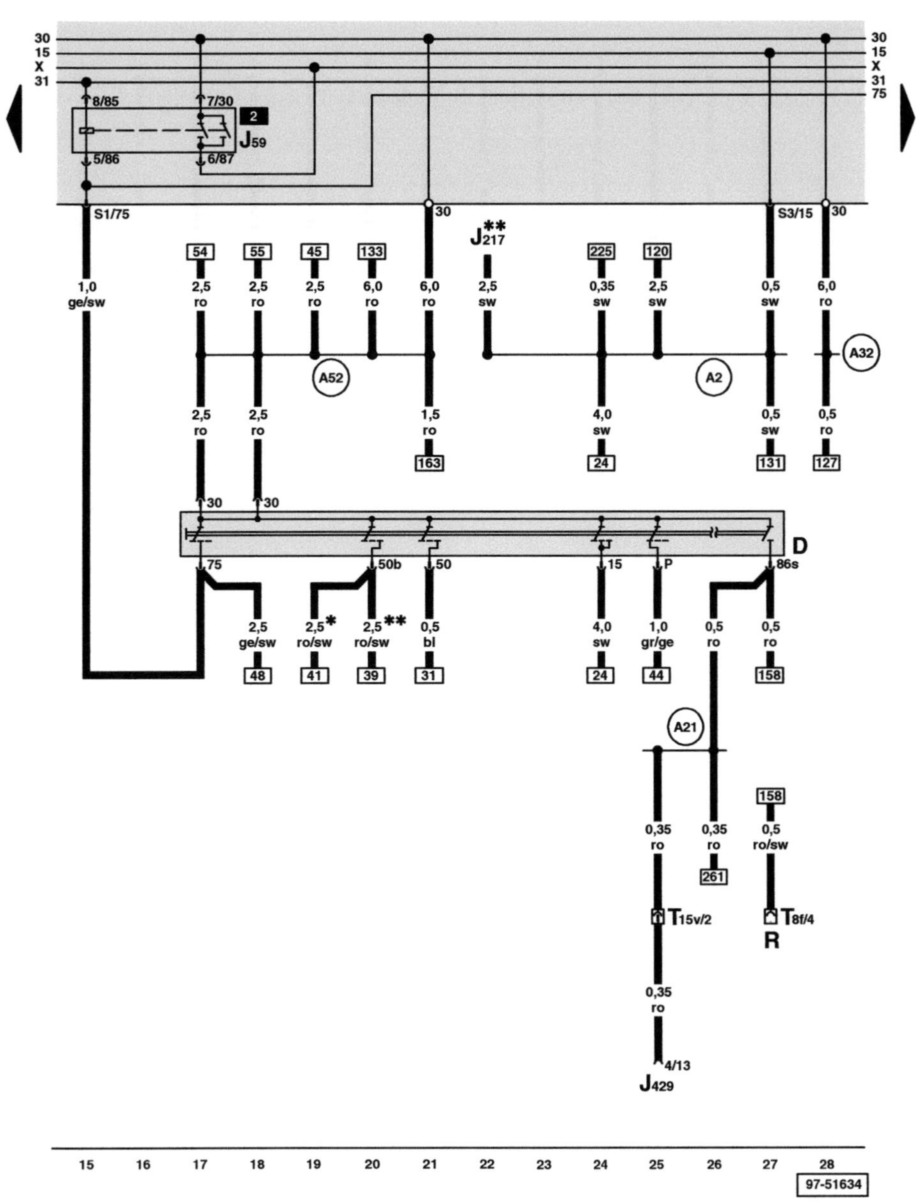

ws = weiß
sw = schwarz
ro = rot
br = braun
gn = grün
bl = blau
gr = grau
li = lila
ge = gelb
or = orange

Zündanlaßschalter, Entlastungsrelais für X-Kontakt

D –Zündanlaßschalter
J59 –Entlastungsrelais für X-Kontakt
J217 –Steuergerät für autom. Getriebe
J429 –Steuergerät für Zentralverriegelung
R –Radio
T8f –Steckverbindung, 8-fach, schwarz, Radiostecker III
T15v –Steckverbindung, 15-fach, orange, Kupplungsstation A-Säule rechts
(A2) –Plusverbindung (15), im Schalttafelleitungsstrang
(A21) –Verbindung (86s), im Schalttafelleitungsstrang
(A32) –Plusverbindung (30), im Schalttafelleitungsstrang
(A52) –Plusverbindung 2 (30), im Schalttafelleitungsstrang

* –Fahrzeuge mit Schaltgetriebe
** –Fahrzeuge mit Automatikgetriebe 01V

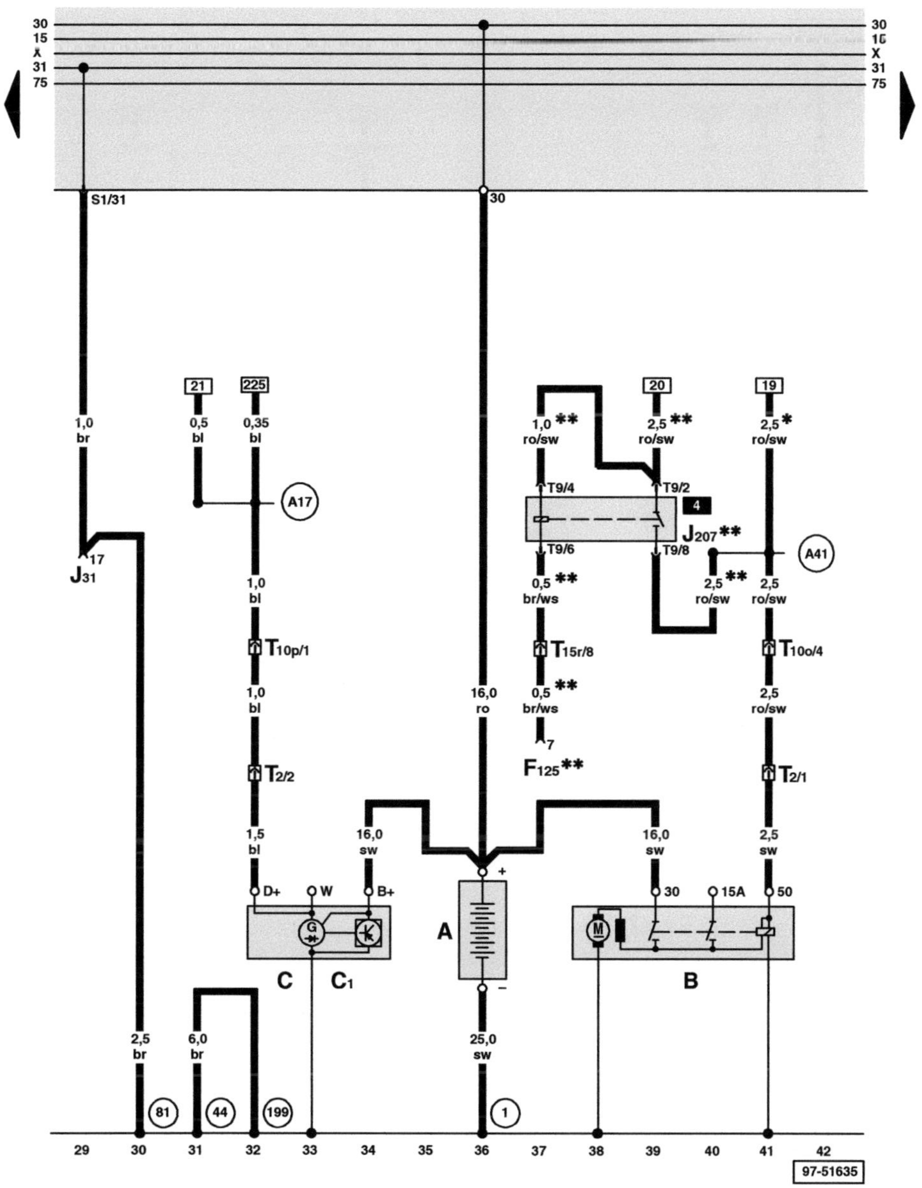

Batterie, Anlasser, Drehstromgenerator, Relais für Anlaßsperre

A	–Batterie
B	–Anlasser
C	–Drehstromgenerator
C1	–Spannungsregler
F125	–Multifunktionsschalter
J31	–Relais für Wasch-Wisch-Intervallautomatik
J207	–Relais für Anlaßsperre
T2	–Steckverbindung, 2-fach, grau, im Motorraum rechts
T9	–Steckverbindung, 9-fach, braun, am Relais für Anlaßsperre
T10o	–Steckverbindung, 10-fach, braun, Kupplungsstation E-Box Wasserkasten
T10p	–Steckverbindung, 10-fach, schwarz, Kupplungsstation E-Box Wasserkasten
T15r	–Steckverbindung, 15-fach, blau, Kupplungsstation A-Säule rechts
(1)	–Masseband, Batterie - Aufbau
(44)	–Massepunkt, Säule A - links, unten
(81)	–Masseverbindung -1-, im Schalttafelleitungsstrang
(199)	–Masseverbindung -3-, im Schalttafelleitungsstrang
(A17)	–Verbindung (61), im Schalttafelleitungsstrang
(A41)	–Plusverbindung (50), im Schalttafelleitungsstrang
*	–Fahrzeuge mit Schaltgetriebe
**	–Fahrzeuge mit Automatikgetriebe 01V

ws = weiß
sw = schwarz
ro = rot
br = braun
gn = grün
bl = blau
gr = grau
li = lila
ge = gelb
or = orange

1/4
02.00

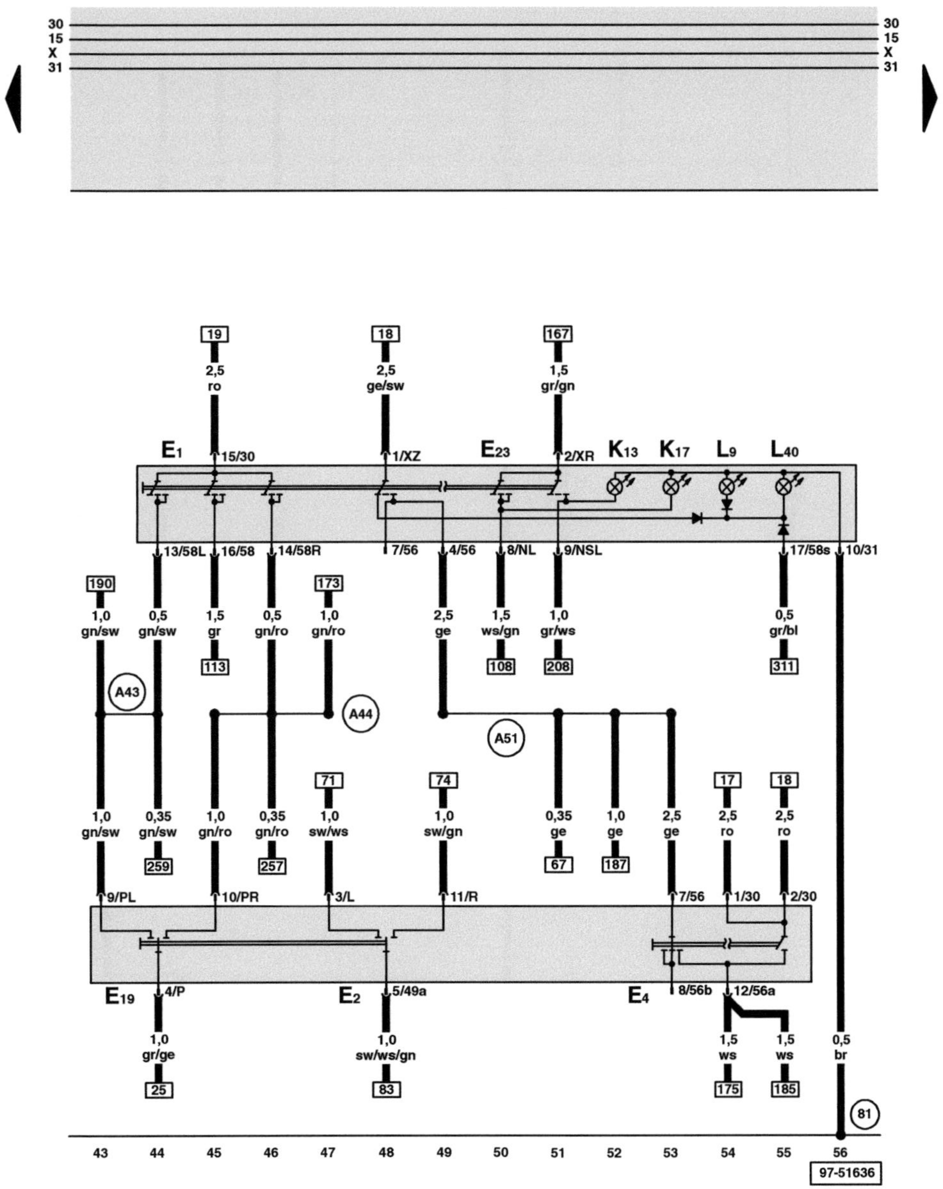

Lichtschalter, Lenkstockschalter links, Schalter für Nebelscheinwerfer und Nebelschlußleuchte

E1	–Lichtschalter
E2	–Blinkerschalter
E4	–Schalter für Handabblendung und Lichthupe
E19	–Schalter für Parklicht
E23	–Schalter für Nebelscheinwerfer und -schlußleuchte
K13	–Kontrollampe für Nebelschlußleuchte
K17	–Kontrollampe für Nebelscheinwerfer
L9	–Lampe für Beleuchtung Lichtschalter
L40	–Lampe für Beleuchtung - Schalter für Nebelscheinwerfer - und -schlußleuchte
(81)	–Masseverbindung -1-, im Schalttafelleitungsstrang
(A43)	–Verbindung (57L), im Schalttafelleitungsstrang
(A44)	–Verbindung (57R), im Schalttafelleitungsstrang
(A51)	–Verbindung (56), im Schalttafelleitungsstrang

ws = weiß
sw = schwarz
ro = rot
br = braun
gn = grün
bl = blau
gr = grau
li = lila
ge = gelb

Regler für Beleuchtung - Schalter und Instrumente, Leuchtweitenregelung

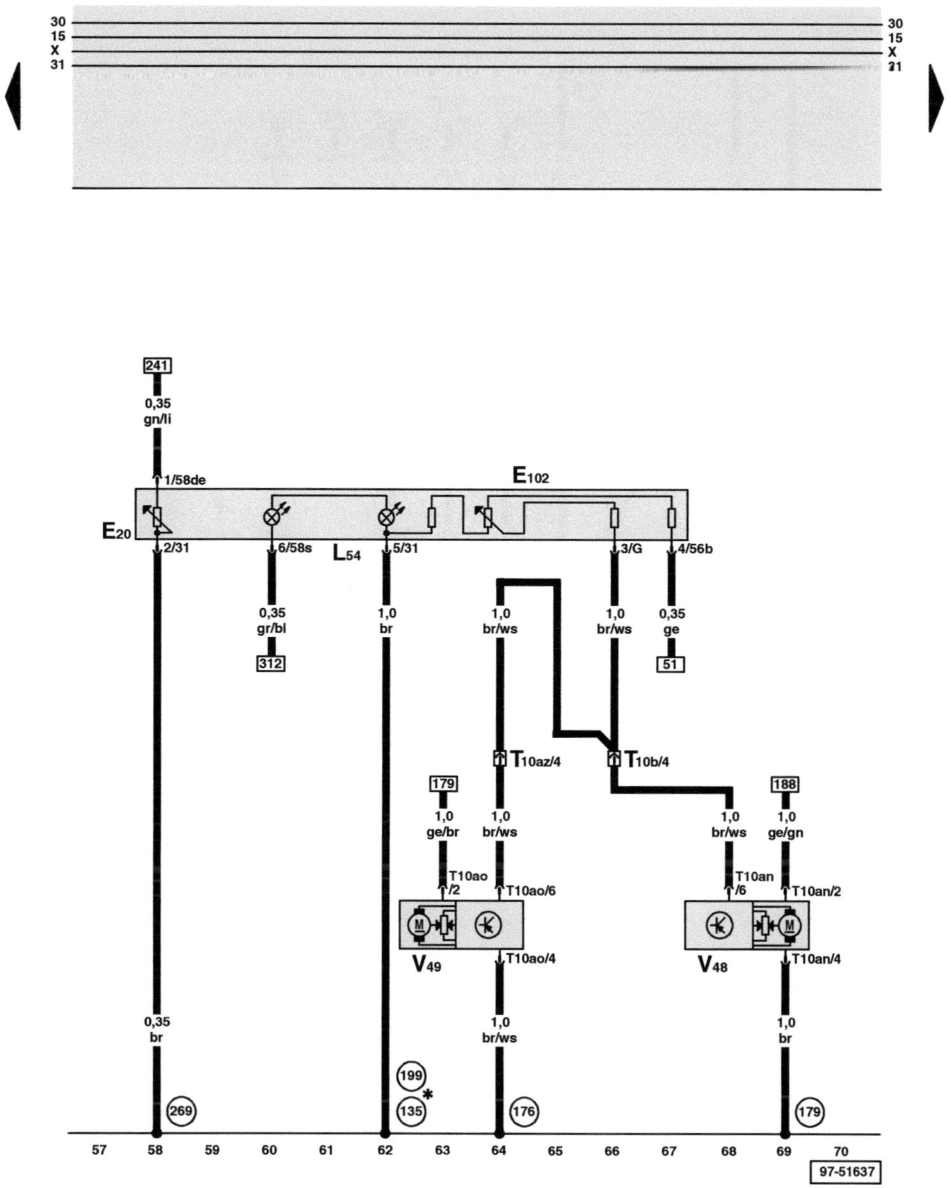

ws = weiß
sw = schwarz
ro = rot
br = braun
gn = grün
bl = blau
gr = grau
li = lila
ge = gelb

E20 –Regler für Beleuchtung - Schalter und Instrumente
E102 –Einsteller für Leuchtweitenregelung
L54 –Lampe für Beleuchtung/Einsteller Leuchtweitenregelung
T10b –Steckverbindung, 10-fach, rot, Kupplungsstation A-Säule links
T10an –Steckverbindung, 10-fach, am Scheinwerfer links
T10ao –Steckverbindung, 10-fach, am Scheinwerfer rechts
T10az –Steckverbindung, 10-fach, rot, Kupplungsstation A-Säule rechts
V48 –Stellmotor links für Leuchtweitenregelung
V49 –Stellmotor rechts für Leuchtweitenregelung

(135) –Masseverbindung -2-, im Schalttafelleitungsstrang
(176) –Masseverbindung, im Leitungsstrang Scheinwerfer rechts
(179) –Masseverbindung, im Leitungsstrang Scheinwerfer links
(199) –Masseverbindung -3-, im Schalttafelleitungsstrang
(269) –Masseverbindung (Gebermasse) -1-, im Schalttafelleitungsstrang

* –beides ist möglich

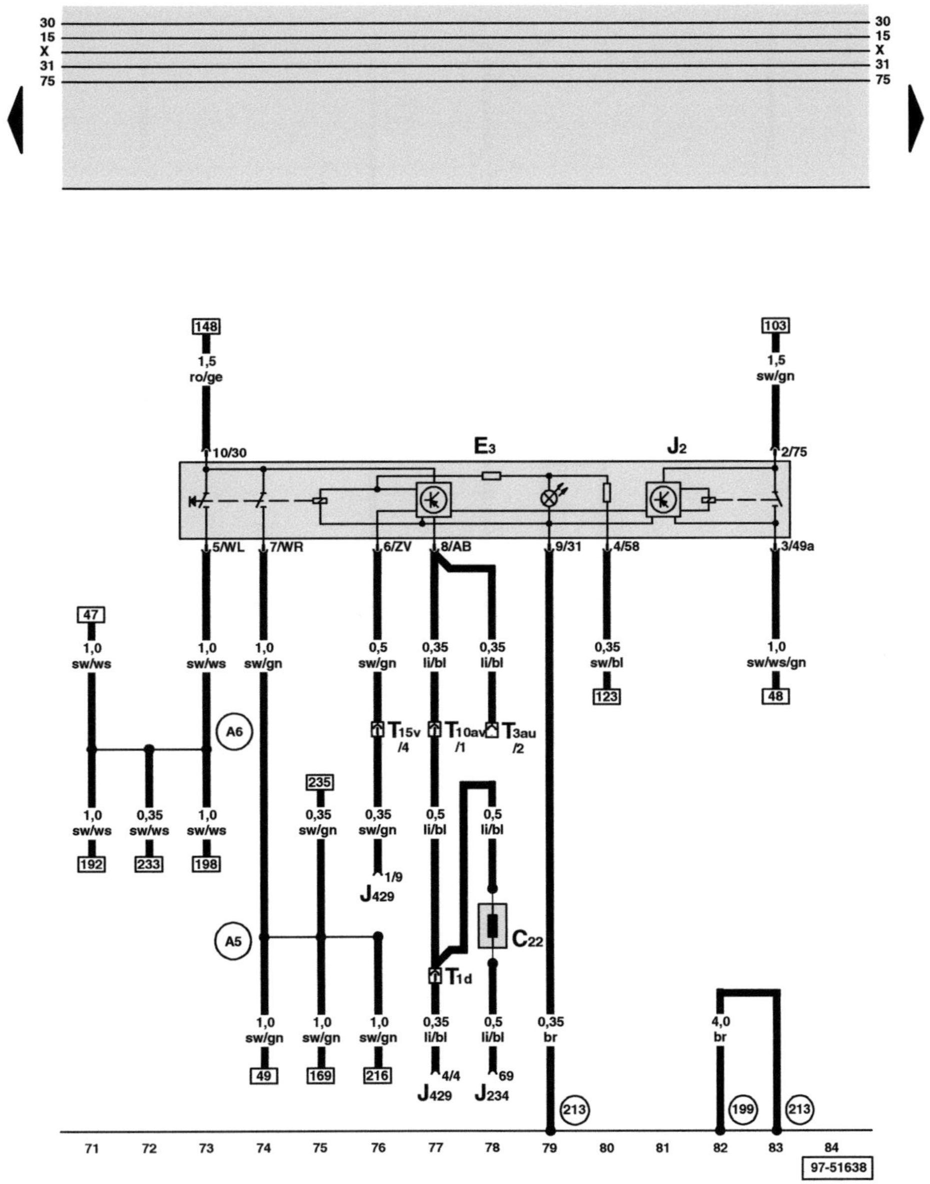

Warnlichtschalter

C22	–Entstördrossel für Airbag
E3	–Warnlichtschalter
J2	–Warnblinkrelais
J234	–Steuergerät für Airbag
J429	–Steuergerät für Zentralverriegelung
T1d	–Steckverbindung, 1-fach, braun, Kupplungsstation A-Säule rechts
T3au	–Steckverbindung, 3-fach, rot, Kupplungsstation E-Box Wasserkasten
T10av	–Steckverbindung, 10-fach, gelb, Kupplungsstation A-Säule rechts
T15v	–Steckverbindung, 15-fach, orange, Kupplungsstation A-Säule rechts
(199)	–Masseverbindung -3-, im Schalttafelleitungsstrang
(213)	–Masseverbindung -4-, im Schalttafelleitungsstrang
(A5)	–Plusverbindung (Blinker rechts), im Schalttafelleitungsstrang
(A6)	–Plusverbindung (Blinker links), im Schalttafelleitungsstrang

ws = weiß
sw = schwarz
ro = rot
br = braun
gn = grün
bl = blau
gr = grau
li = lila
ge = gelb
or = orange

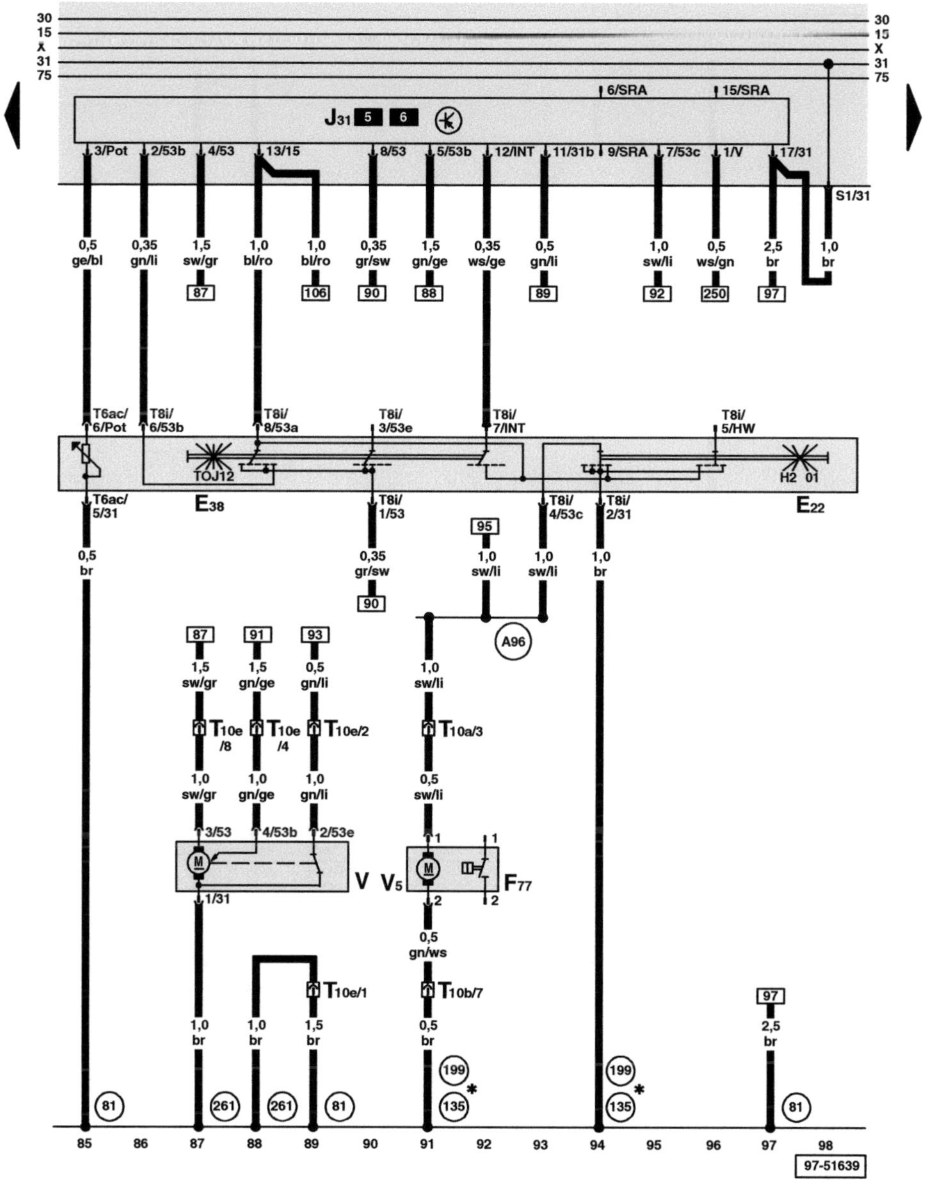

ws = weiß
sw = schwarz
ro = rot
br = braun
gn = grün
bl = blau
gr = grau
li = lila
ge = gelb
or = orange

Scheibenwasch- und -wischanlage

E22	–Scheibenwischerschalter für Intervallbetrieb
E38	–Regler für Scheibenwischer-Intervallschaltung
F77	–Warnkontakt für Scheibenwaschwasser
J31	–Relais für Wasch-Wisch-Intervallautomatik
T6ac	–Steckverbindung, 6-fach, braun, am Regler für Scheibenwischer-Intervallschaltung
T8i	–Steckverbindung, 8-fach, am Scheibenwischerschalter
T10a	–Steckverbindung, 10-fach, rosa, Kupplungsstation A-Säule links
T10b	–Steckverbindung, 10-fach, rot, Kupplungsstation A-Säule links
T10e	–Steckverbindung, 10-fach, lila, Kupplungsstation A-Säule links
V	–Scheibenwischermotor
V5	–Scheibenwaschpumpe
(81)	–Masseverbindung -1-, im Schalttafelleitungsstrang
(135)	–Masseverbindung -2-, im Schalttafelleitungsstrang
(199)	–Masseverbindung -3-, im Schalttafelleitungsstrang
(261)	–Masseverbindung, im Leitungsstrang beheizbare Spritzdüse
(A96)	–Verbindung (53c), im Schalttafelleitungsstrang
*	–beides ist möglich

1/8
11.99

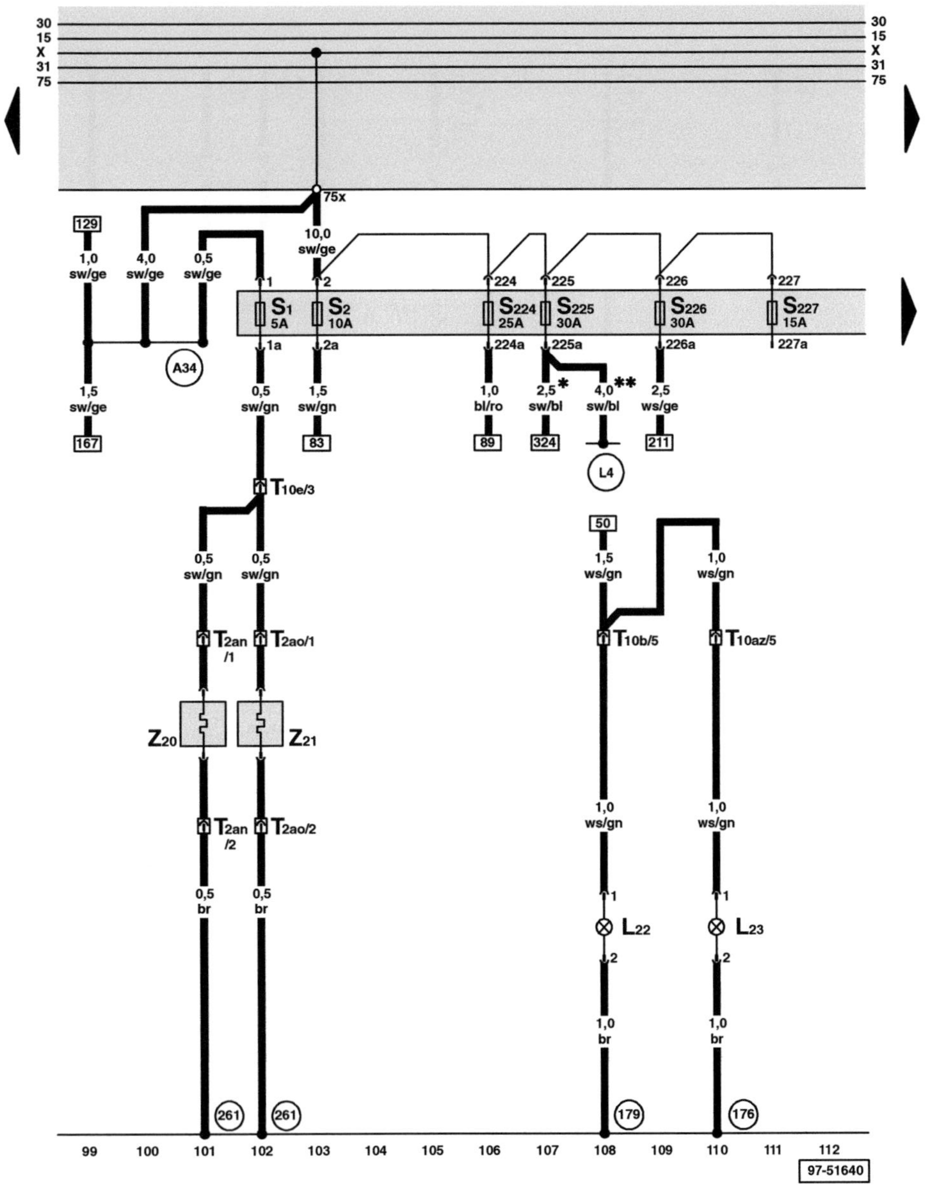

Sicherungshalter, heizbare Waschdüsen, Nebelscheinwerfer

L22 –Lampe für Nebelscheinwerfer links
L23 –Lampe für Nebelscheinwerfer rechts
S1 –Sicherung im Sicherungshalter
S2 –Sicherung im Sicherungshalter
S224 –Sicherung 24 im Sicherungshalter
S225 –Sicherung 25 im Sicherungshalter
S226 –Sicherung 26 im Sicherungshalter
S227 –Sicherung 27 im Sicherungshalter
T2an –Steckverbindung, 2-fach, Waschdüse links
T2ao –Steckverbindung, 2-fach, Waschdüse rechts
T10b –Steckverbindung, 10-fach, rot, Kupplungsstation A-Säule links
T10e –Steckverbindung, 10-fach, lila, Kupplungsstation A-Säule links
T10az –Steckverbindung, 10-fach, rot, Kupplungsstation A-Säule rechts
Z20 –Heizwiderstand für Spritzdüse links
Z21 –Heizwiderstand für Spritzdüse rechts

(176) –Masseverbindung, im Leitungsstrang Scheinwerfer rechts
(179) –Masseverbindung, im Leitungsstrang Scheinwerfer links
(261) –Masseverbindung, im Leitungsstrang beheizbare Spritzdüse
(A34) –Verbindung (75x), im Schalttafelleitungsstrang

(L4) –Verbindung (75 al), im Leitungsstrang Klimaanlage

* –Fahrzeuge ohne Klimaanlage
** –Fahrzeuge mit Klimaanlage

ws = weiß
sw = schwarz
ro = rot
br = braun
gn = grün
bl = blau
gr = grau
li = lila
ge = gelb
or = orange

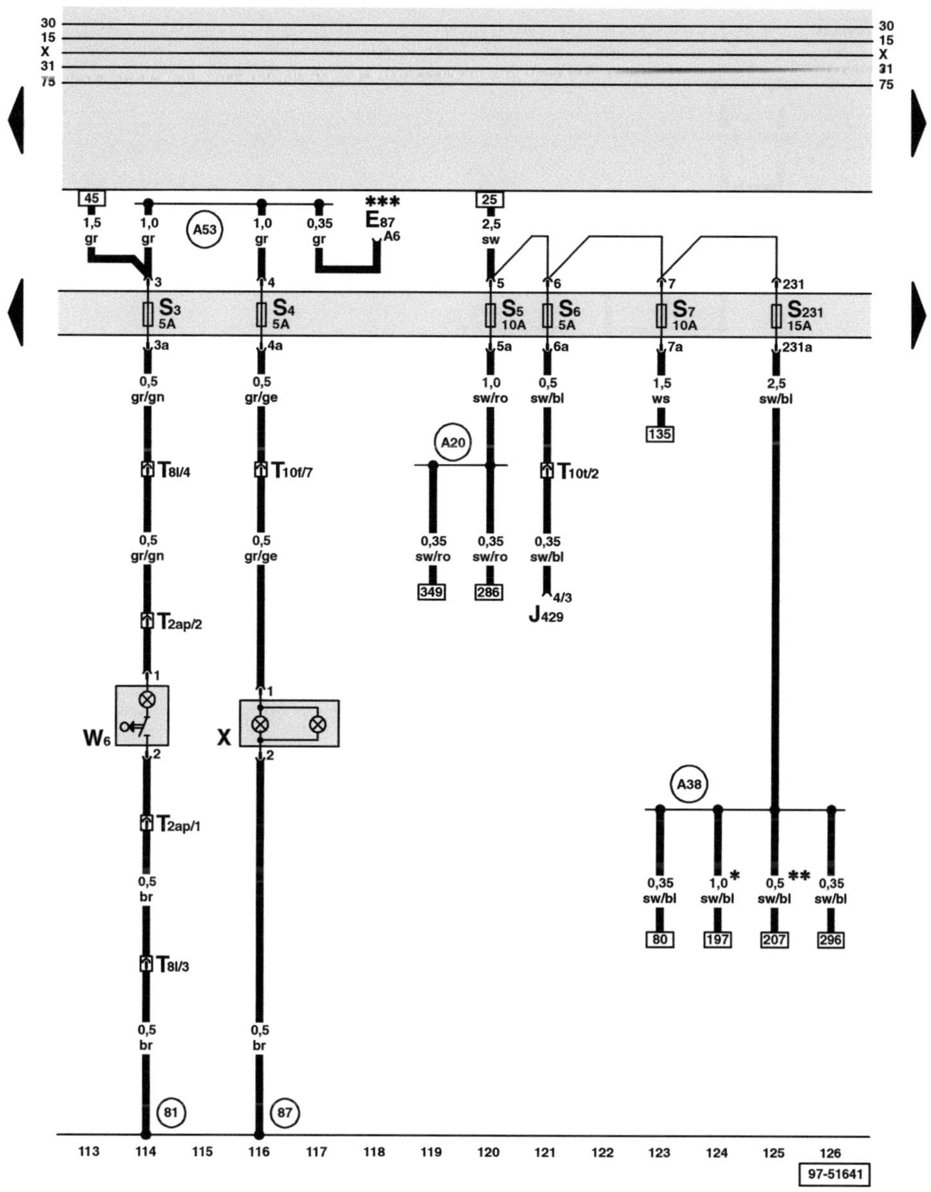

ws = weiß
sw = schwarz
ro = rot
br = braun
gn = grün
bl = blau
gr = grau
li = lila
ge = gelb
or = orange

Sicherungshalter, Kennzeichenleuchte, Handschuhfachleuchte

- E87 – Bedienungs- und Anzeigeeinheit für Klimaanlage
- J429 – Steuergerät für Zentralverriegelung
- S3 – Sicherung im Sicherungshalter
- S4 – Sicherung im Sicherungshalter
- S5 – Sicherung im Sicherungshalter
- S6 – Sicherung im Sicherungshalter
- S7 – Sicherung im Sicherungshalter
- S231 – Sicherung 31 im Sicherungshalter
- T2ap – Steckverbindung, 2-fach, schwarz, hinter der Schalttafel rechts
- T8l – Steckverbindung, 8-fach, hinter der Schalttafel rechts
- T10f – Steckverbindung, 10-fach, braun, Kupplungsstation A-Säule links
- T10t – Steckverbindung, 10-fach, orange, Kupplungsstation A-Säule rechts
- W6 – Handschuhfachleuchte
- X – Kennzeichenleuchte
- (81) – Masseverbindung -1-, im Schalttafelleitungsstrang
- (87) – Masseverbindung -2-, im Leitungsstrang hinten
- (A20) – Verbindung (15a), im Schalttafelleitungsstrang
- (A38) – Plusverbindung -2- (15a), im Schalttafelleitungsstrang
- (A53) – Plusverbindung (58), im Schalttafelleitungsstrang
- * – Fahrzeuge mit Schaltgetriebe
- ** – Fahrzeuge mit Automatikgetriebe 01V
- *** – Fahrzeuge mit Klimaanlage

1/10
11.99

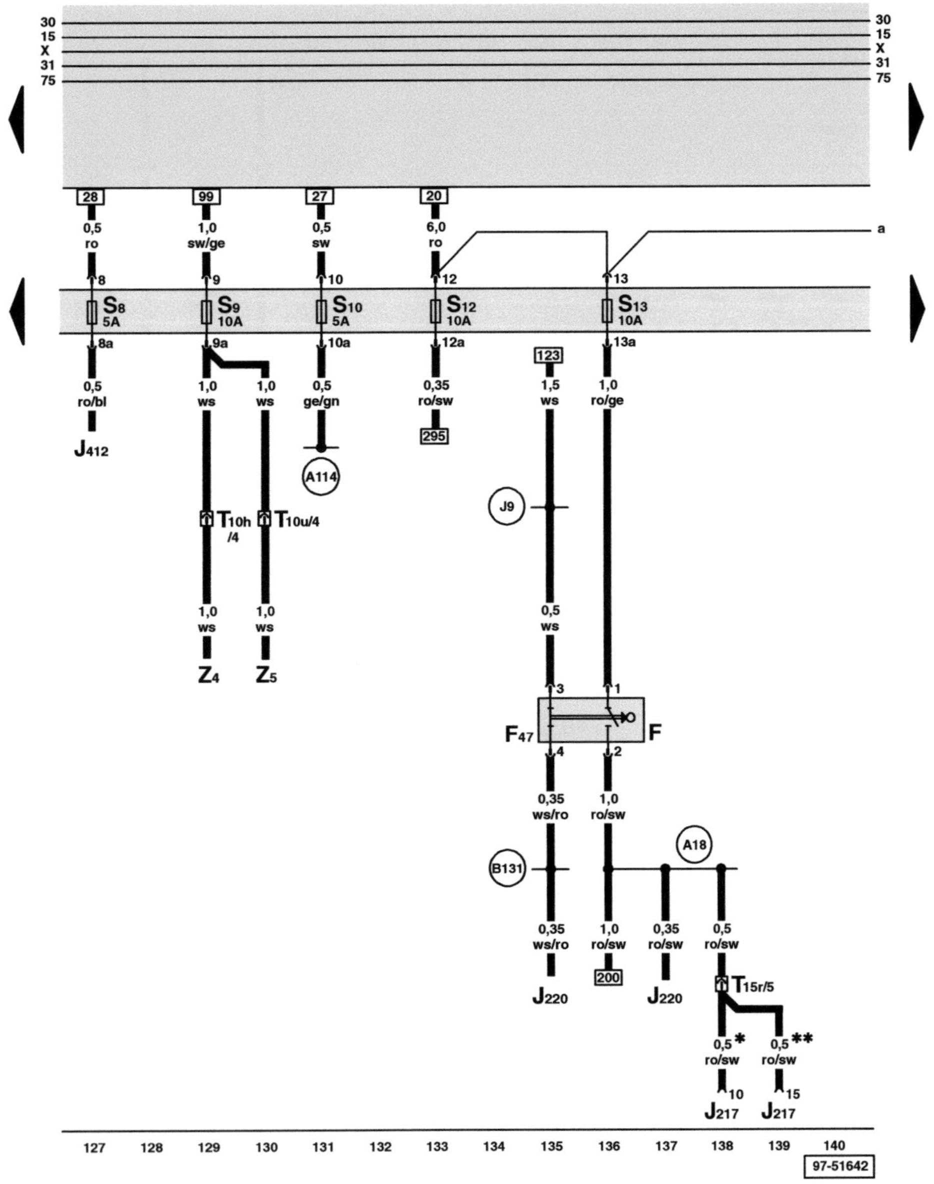

Sicherungshalter, beheizbarer Außenspiegel, Bremslichtschalter

F –Bremslichtschalter
F47 –Bremspedalschalter für GRA/Dieseldirekteinspritzanlage
J217 –Steuergerät für autom. Getriebe
J220 –Steuergerät für Motronic
J412 –Steuergerät für Bedienelektronik, Telefon
S8 –Sicherung im Sicherungshalter
S9 –Sicherung im Sicherungshalter
S10 –Sicherung im Sicherungshalter
S12 –Sicherung im Sicherungshalter
S13 –Sicherung im Sicherungshalter
T10h –Steckverbindung, 10-fach, schwarz, Kupplungsstation A-Säule links
T10u –Steckverbindung, 10-fach, schwarz, Kupplungsstation A-Säule rechts
T15r –Steckverbindung, 15-fach, blau, Kupplungsstation A-Säule rechts
Z4 –beheizbarer Außenspiegel (Fahrerseite)
Z5 –beheizbarer Außenspiegel (Beifahrerseite)

(A18) –Verbindung (54), im Schalttafelleitungsstrang

(A114) –Verbindung (Leuchtweitenregelung), im Schalttafelleitungsstrang
(B131) –Verbindung (54), im Leitungsstrang Innenraum

(J9) –Verbindung -1- (15a), im Leitungsstrang ABS

* –Fahrzeuge mit Automatikgetriebe 01V
** –Fahrzeuge mit Automatikgetriebe 01N

ws = weiß
sw = schwarz
ro = rot
br = braun
gn = grün
bl = blau
gr = grau
li = lila
ge = gelb
or = orange

Sicherungshalter, Relais für Signalhorn

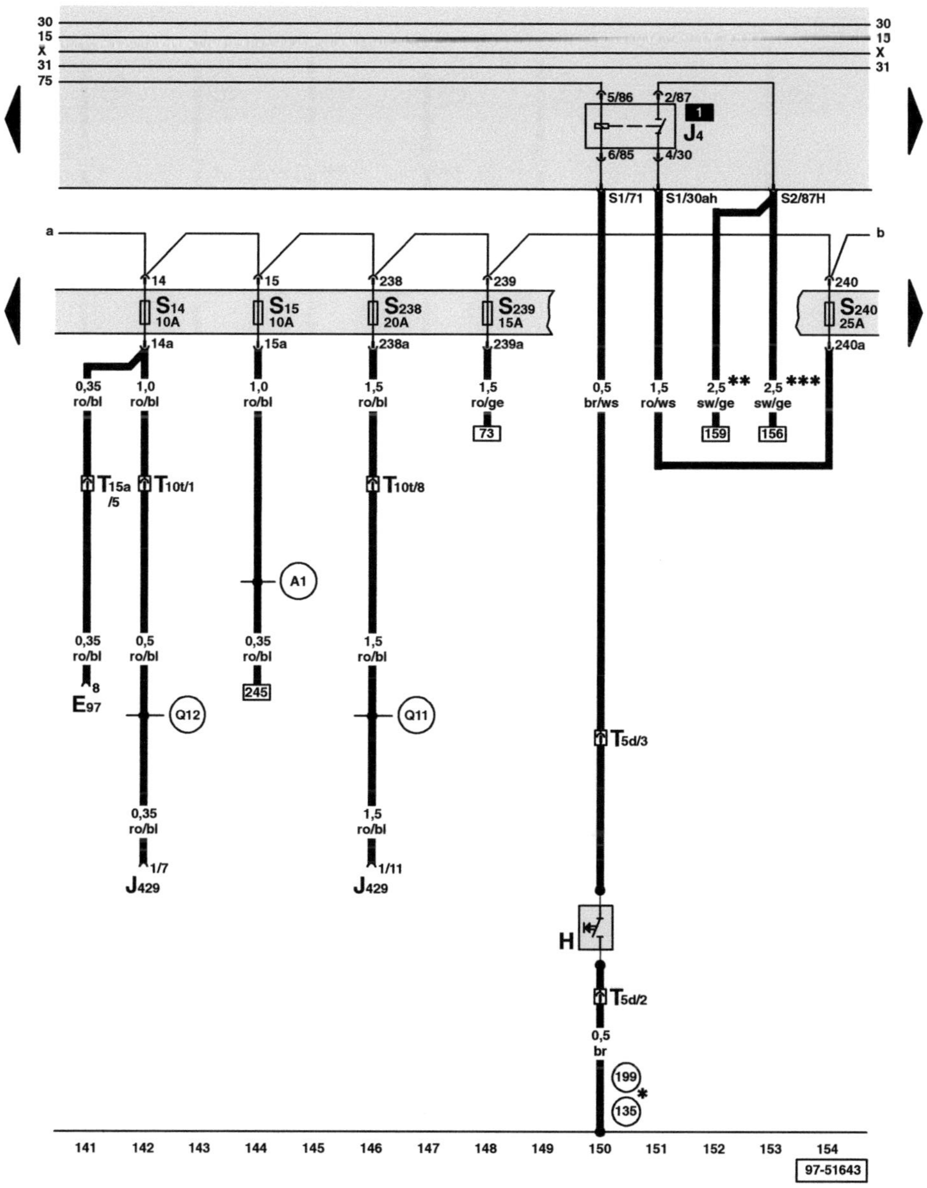

ws = weiß
sw = schwarz
ro = rot
br = braun
gn = grün
bl = blau
gr = grau
li = lila
ge = gelb
or = orange

E97 –Bedienungseinheit für Memory
H –Signalhornbetätigung
J4 –Relais für Doppeltonhorn
J429 –Steuergerät für Zentralverriegelung
S14 –Sicherung im Sicherungshalter
S15 –Sicherung im Sicherungshalter
S238 –Sicherung 38 im Sicherungshalter
S239 –Sicherung 39 im Sicherungshalter
S240 –Sicherung 40 im Sicherungshalter
T5d –Steckverbindung, 5-fach, gelb, hinter der Verkleidung für Lenkstockschalter
T10t –Steckverbindung, 10-fach, orange, Kupplungsstation A-Säule rechts
T15a –Steckverbindung, 15-fach, schwarz, Kupplungsstation A-Säule links

(135) –Masseverbindung -2-, im Schalttafelleitungsstrang
(199) –Masseverbindung -3-, im Schalttafelleitungsstrang
(A1) –Plusverbindung (30a), im Schalttafelleitungsstrang
(Q11) –Plusverbindung (30 a), im Leitungsstrang Fensterheber/Zentralverriegelung und Türkontaktschalter
(Q12) –Plusverbindung (30 a), im Leitungsstrang Fensterheber/Zentralverriegelung und Türkontaktschalter

* –beides ist möglich
** –Fahrzeuge mit 8-Zylinder Motor
*** –Fahrzeuge mit 4- und 6-Zylinder Motor

1/12
11.99

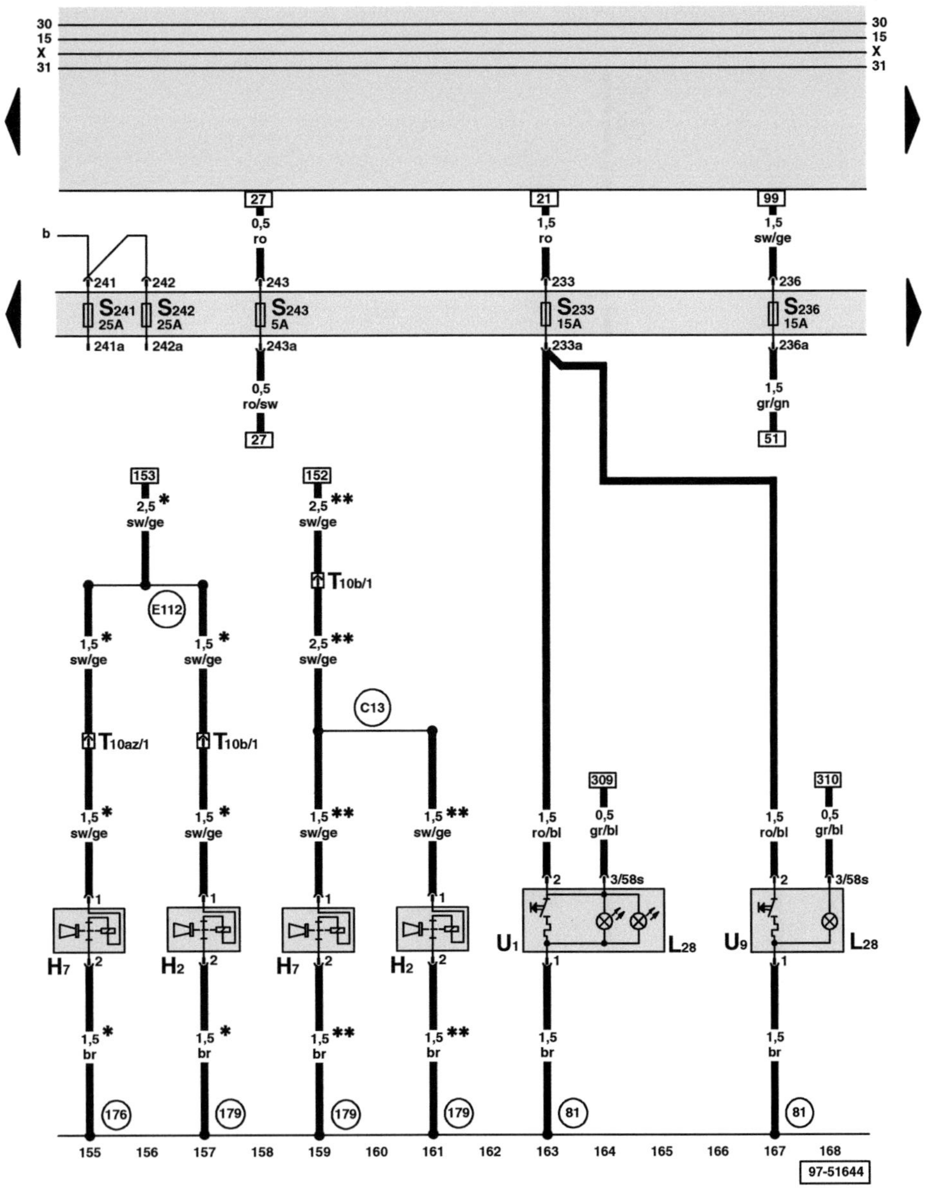

ws = weiß
sw = schwarz
ro = rot
br = braun
gn = grün
bl = blau
gr = grau
li = lila
ge = gelb
or = orange

Sicherungshalter, Zigarrenanzünder vorn und hinten, Signalhorn

H2 –Hochtonhorn
H7 –Tieftonhorn
L28 –Lampe für Beleuchtung Zigarrenanzünder
S233 –Sicherung 33 im Sicherungshalter
S236 –Sicherung 36 im Sicherungshalter
S241 –Sicherung 41 im Sicherungshalter
S242 –Sicherung 42 im Sicherungshalter
S243 –Sicherung 43 im Sicherungshalter
T10b –Steckverbindung, 10-fach, rot, Kupplungsstation A-Säule links
T10az –Steckverbindung, 10-fach, rot, Kupplungsstation A-Säule rechts
U1 –Zigarrenanzünder
U9 –Zigarrenanzünder hinten

(81) –Masseverbindung -1-, im Schalttafelleitungsstrang
(176) –Masseverbindung, im Leitungsstrang Scheinwerfer rechts
(179) –Masseverbindung, im Leitungsstrang Scheinwerfer links
(C13) –Plusverbindung im Leitungsstrang Doppeltonhorn
(E112) –Verbindung (Horn-87 h), im Schalttafelleitungsstrang

* –nicht bei Fahrzeugen mit 8-Zylinder Motor
** –Fahrzeuge mit 8-Zylinder Motor

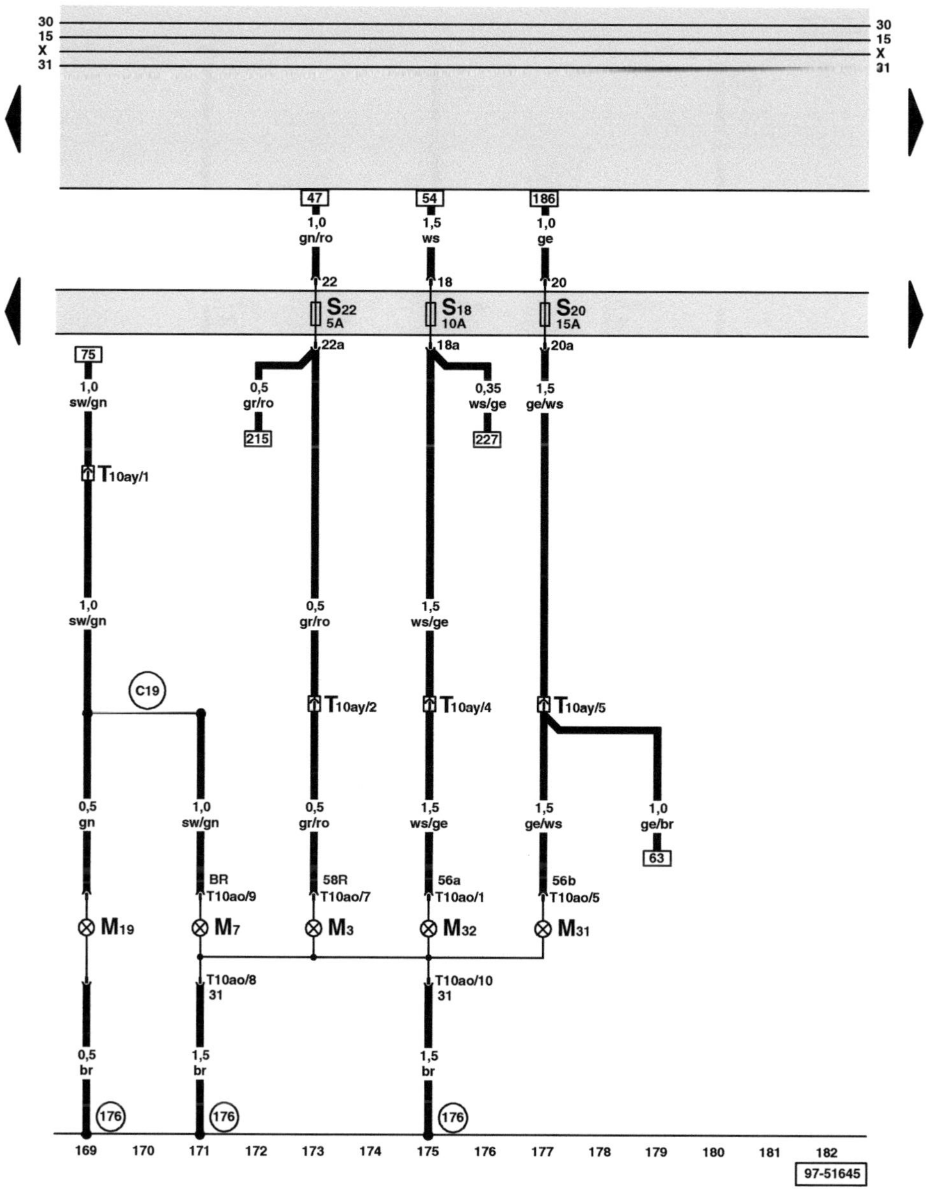

Sicherungshalter, Scheinwerfer rechts

M3 –Lampe für Standlicht rechts
M7 –Lampe für Blinklicht vorn rechts
M19 –Lampe für Seitenblinkleuchte rechts
M31 –Lampe für Abblendlichtscheinwerfer rechts
M32 –Lampe für Fernlichtscheinwerfer rechts
S18 –Sicherung im Sicherungshalter
S20 –Sicherung im Sicherungshalter
S22 –Sicherung im Sicherungshalter
T10ao –Steckverbindung, 10-fach, am Scheinwerfer rechts
T10ay –Steckverbindung, 10-fach, rosa, Kupplungsstation A-Säule rechts
(176) –Masseverbindung, im Leitungsstrang Scheinwerfer rechts
(C19) –Verbindung -1- (Blinker rechts), im Leitungsstrang Scheinwerfer

ws = weiß
sw = schwarz
ro = rot
br = braun
gn = grün
bl = blau
gr = grau
li = lila
ge = gelb
or = orange

1/14
11.99

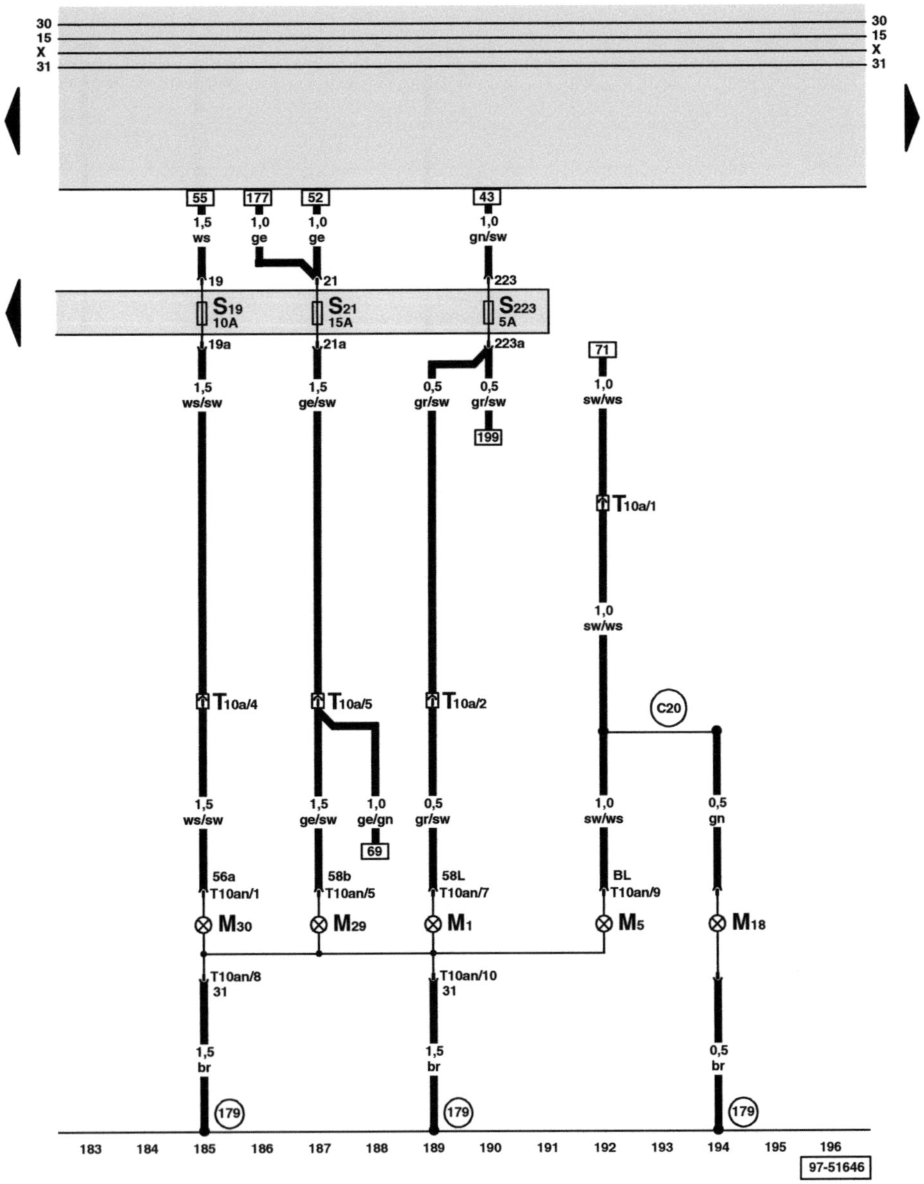

ws = weiß
sw = schwarz
ro = rot
br = braun
gn = grün
bl = blau
gr = grau
li = lila
ge = gelb
or = orange

Sicherungshalter, Scheinwerfer links

M1 –Lampe für Standlicht links
M5 –Lampe für Blinklicht vorn links
M18 –Lampe für Seitenblinkleuchte links
M29 –Lampe für Abblendlichtscheinwerfer links
M30 –Lampe für Fernlichtscheinwerfer links
S19 –Sicherung im Sicherungshalter
S21 –Sicherung im Sicherungshalter
S223 –Sicherung 23 im Sicherungshalter
T10a –Steckverbindung, 10-fach, rosa, Kupplungsstation A-Säule links
T10an –Steckverbindung, 10-fach, am Scheinwerfer links
(179) –Masseverbindung, im Leitungsstrang Scheinwerfer links
(C20) –Verbindung (Blinker links), im Leitungsstrang Scheinwerfer

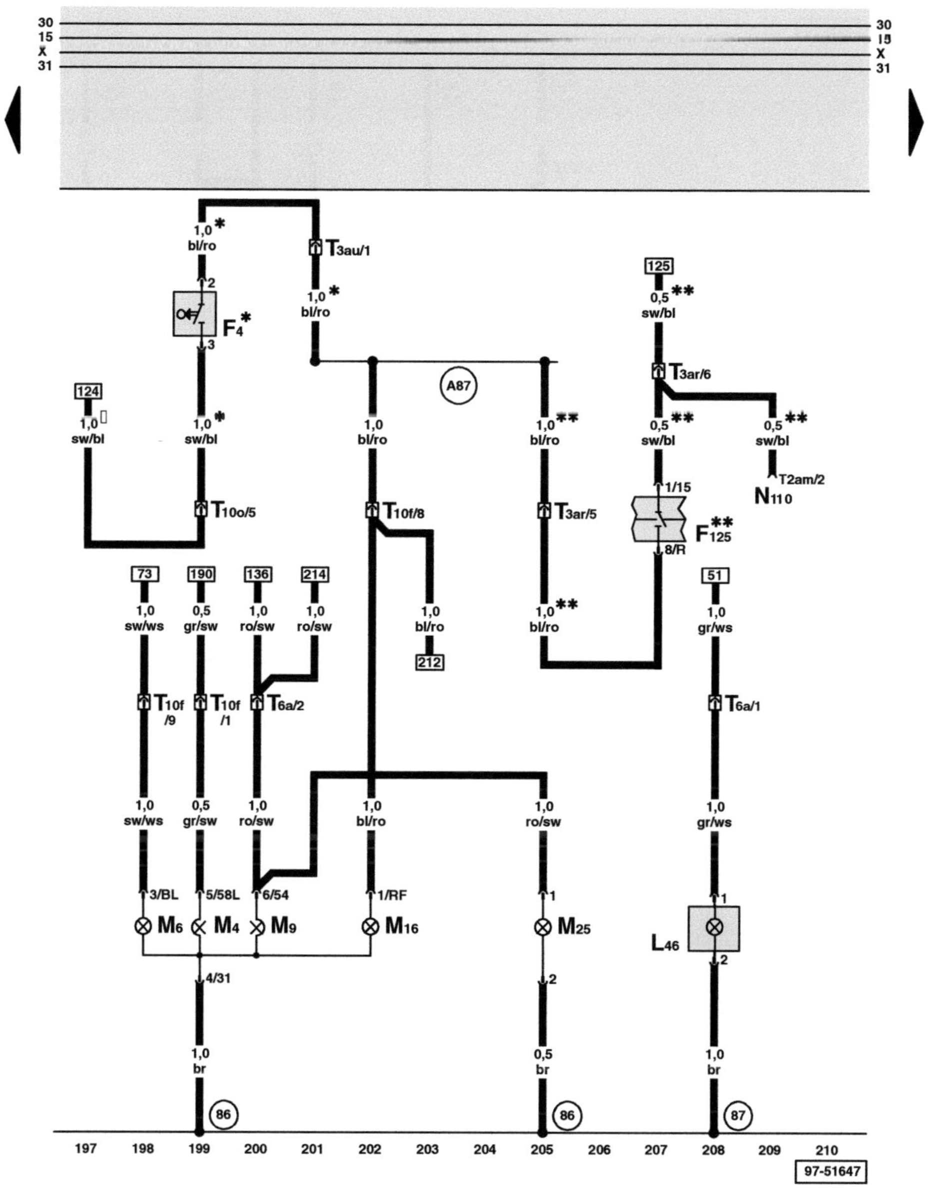

ws = weiß
sw = schwarz
ro = rot
br = braun
gn = grün
bl = blau
gr = grau
li = lila
ge = gelb
or = orange

Schlußleuchte links, Rückfahrlicht, Lampe für hochgesetztes Bremslicht

F4	–Schalter für Rückfahrleuchten
F125	–Multifunktionsschalter
L46	–Lampe für Nebelschlußleuchte links
M4	–Lampe für Schlußlicht links
M6	–Lampe für Blinklicht hinten links
M9	–Lampe für Bremslicht links
M16	–Lampe für Rückfahrlicht links
M25	–Lampe für hochgesetztes Bremslicht
N110	–Magnet für Wählhebelsperre
T2am	–Steckverbindung, 2-fach, schwarz, am Wählhebelbock
T3ar	–Steckverbindung, 3-fach, blau, Kupplungsstation A-Säule rechts
T3au	–Steckverbindung, 3-fach, rot, Kupplungsstation E-Box Wasserkasten
T6a	–Steckverbindung, 6-fach, blau, Kupplungsstation A-Säule links
T10f	–Steckverbindung, 10-fach, braun, Kupplungsstation A-Säule links
T10o	–Steckverbindung, 10-fach, braun, Kupplungsstation E-Box Wasserkasten
(86)	–Masseverbindung -1-, im Leitungsstrang hinten
(87)	–Masseverbindung -2-, im Leitungsstrang hinten
(A87)	–Verbindung (RF), im Schalttafelleitungsstrang
*	–Fahrzeuge mit Schaltgetriebe
**	–Fahrzeuge mit Automatikgetriebe 01V

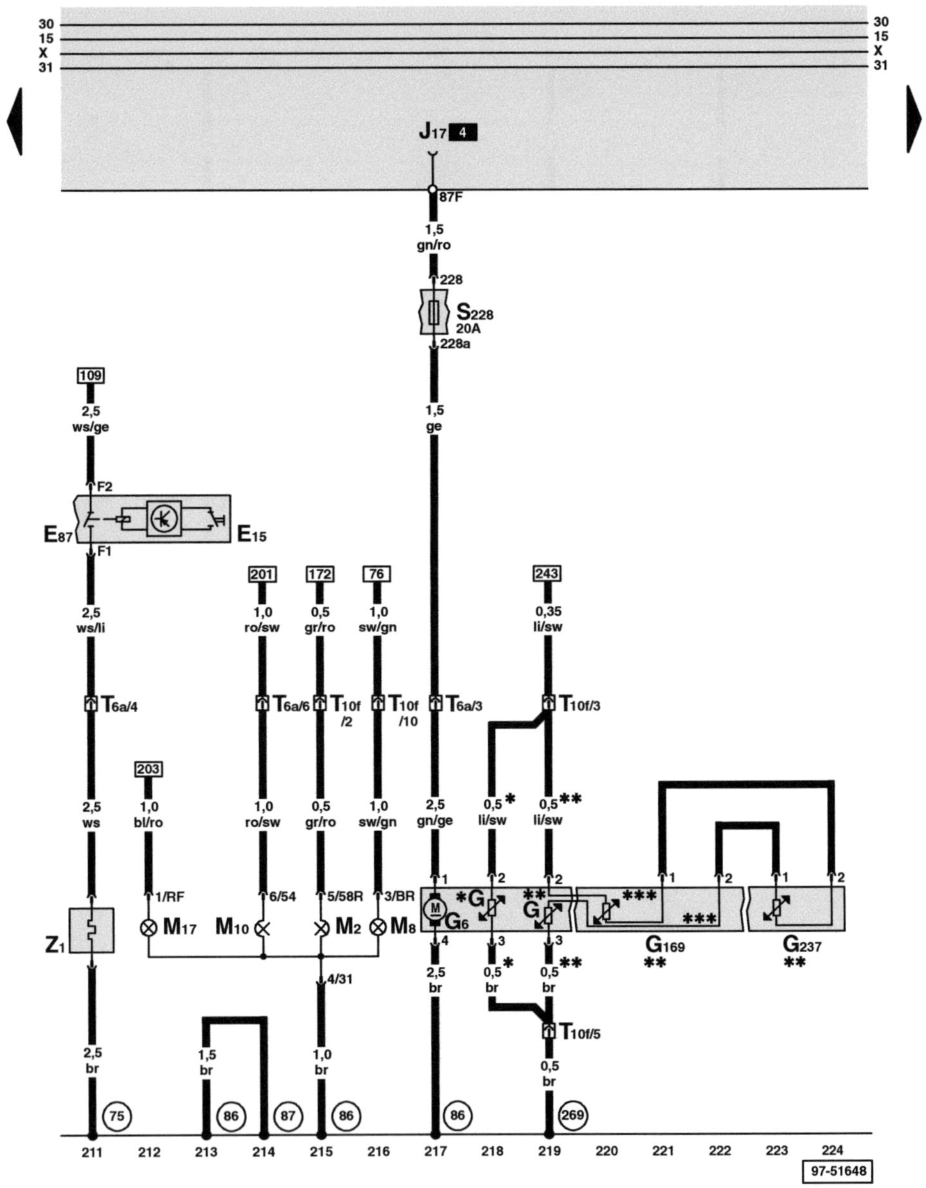

Schlußleuchte rechts, Kraftstoffpumpe, Kraftstoffgeber, beheizbare Heckscheibe

E15	–Schalter für beheizbare Heckscheibe
E87	–Bedienungs- und Anzeigeeinheit für Klimaanlage
G	–Geber für Kraftstoffvorratsanzeige
G6	–Kraftstoffpumpe (Vorförderpumpe)
G169	–Geber 2 für Kraftstoffvorrat
G237	–Geber 3 für Kraftstoffvorrat
J17	–Kraftstoffpumpenrelais
M2	–Lampe für Schlußlicht rechts
M8	–Lampe für Blinklicht hinten rechts
M10	–Lampe für Bremslicht rechts
M17	–Lampe für Rückfahrlicht rechts
S228	–Sicherung 28 im Sicherungshalter
T6a	–Steckverbindung, 6-fach, blau, Kupplungsstation A-Säule links
T10f	–Steckverbindung, 10-fach, braun, Kupplungsstation A-Säule links
Z1	–beheizbare Heckscheibe
(75)	–Massepunkt, Säule hinten, rechts
(86)	–Masseverbindung -1-, im Leitungsstrang hinten
(87)	–Masseverbindung -2-, im Leitungsstrang hinten
(269)	–Masseverbindung (Gebermasse) -1-, im Schalttafelleitungsstrang
*	–Fahrzeuge mit Frontantrieb
**	–Fahrzeuge mit Allradantrieb
***	–Leitung im Kraftstoffbehälter

ws = weiß
sw = schwarz
ro = rot
br = braun
gn = grün
bl = blau
gr = grau
li = lila
ge = gelb
or = orange

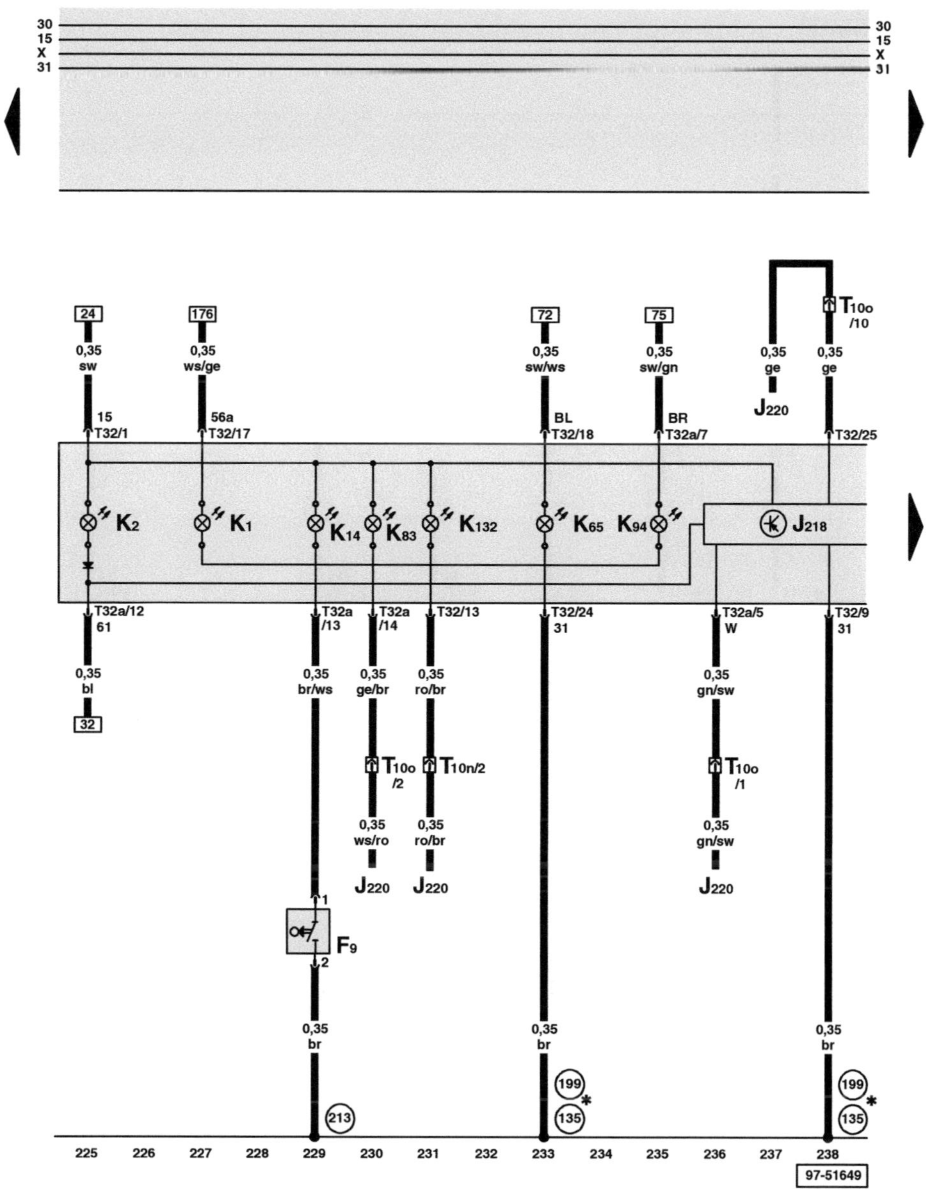

Schalttafeleinsatz, Kontrollampe

F9 –Schalter für Handbremskontrolle
J218 –Kombi-Prozessor im Schalttafeleinsatz
J220 –Steuergerät für Motronic
K1 –Kontrollampe für Fernlicht
K2 –Kontrollampe für Generator
K14 –Kontrollampe für Handbremse
K65 –Kontrollampe für Blinker links
K83 –Fehlerlampe für Eigendiagnose/Abgaswarnleuchte
K94 –Kontrollampe für Blinker rechts
K132 –Fehlerlampe für elektrische Gasbetätigung
T10n –Steckverbindung, 10-fach, orange, Kupplungsstation E-Box Wasserkasten
T10o –Steckverbindung, 10-fach, braun, Kupplungsstation E-Box Wasserkasten
T32 –Steckverbindung, 32-fach, blau, am Schalttafeleinsatz
T32a –Steckverbindung, 32-fach, grün, am Schalttafeleinsatz

(135) –Masseverbindung -2-, im Schalttafelleitungsstrang
(199) –Masseverbindung -3-, im Schalttafelleitungsstrang
(213) –Masseverbindung -4-, im Schalttafelleitungsstrang

* –beides ist möglich

ws = weiß
sw = schwarz
ro = rot
br = braun
gn = grün
bl = blau
gr = grau
li = lila
ge = gelb
or = orange

1/18
11.99

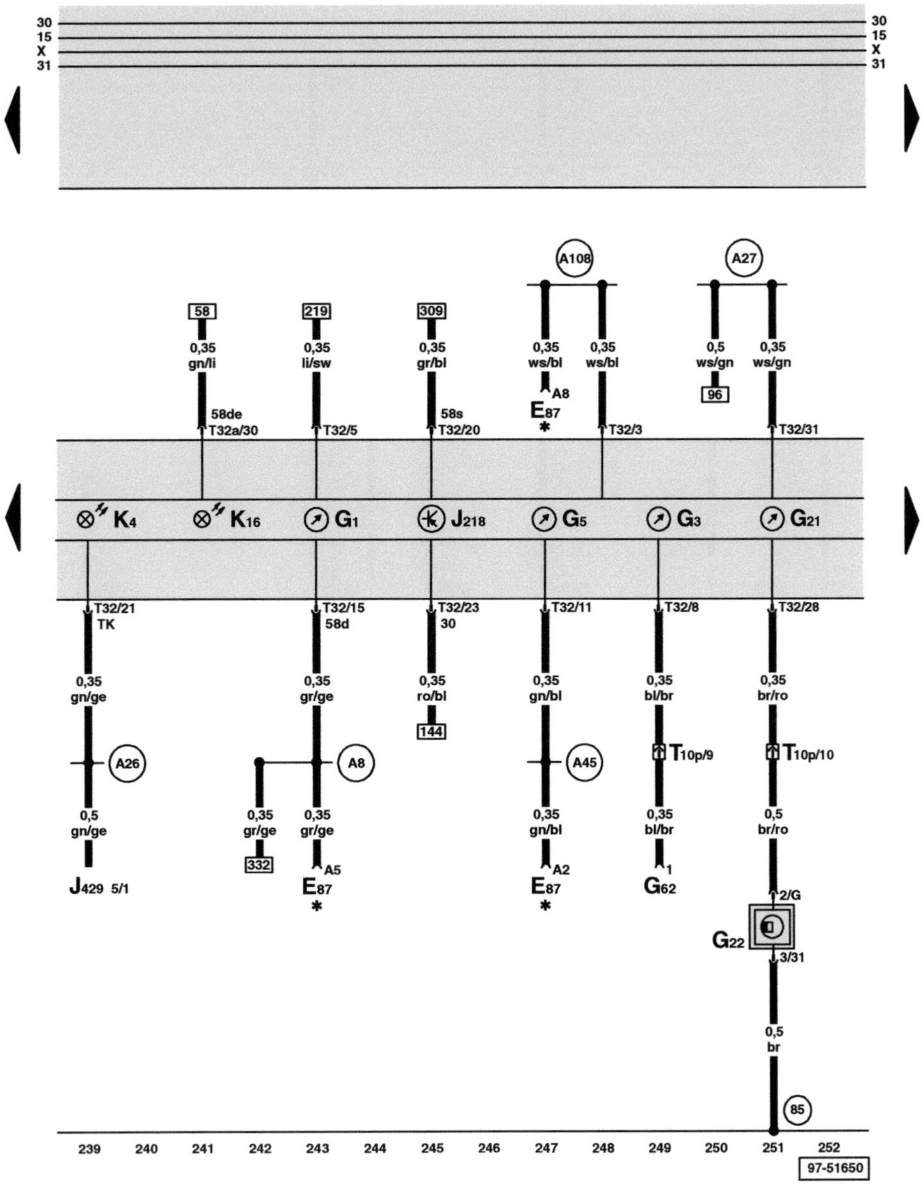

ws = weiß
sw = schwarz
ro = rot
br = braun
gn = grün
bl = blau
gr = grau
li = lila
ge = gelb
or = orange

Schalttafeleinsatz, Kraftstoffvorratsanzeige, Kühlmitteltemperaturanzeige, Drehzahlmesser, Geschwindigkeitsmesser

E87	–Bedienungs- und Anzeigeeinheit für Klimaanlage
G1	–Kraftstoffvorratsanzeige
G3	–Kühlmitteltemperaturanzeige
G5	–Drehzahlmesser
G21	–Geschwindigkeitsmesser
G22	–Geber für Geschwindigkeitsmesser (Hallgeber, am Getriebe)
G62	–Geber für Kühlmitteltemperatur
J218	–Kombi-Prozessor im Schalttafeleinsatz
J429	–Steuergerät für Zentralverriegelung
K4	–Kontrollampe für Standlicht
K16	–Kontrollampe für Kraftstoffreserve
T10p	–Steckverbindung, 10-fach, schwarz, Kupplungsstation E-Box Wasserkasten
T32	–Steckverbindung, 32-fach, blau, am Schalttafeleinsatz
T32a	–Steckverbindung, 32-fach, grün, am Schalttafeleinsatz
(85)	–Masseverbindung -1-, im Leitungsstrang Motorraum
(A8)	–Plusverbindung (58d), im Schalttafelleitungsstrang (Displaybeleuchtung)
(A26)	–Verbindung (Türkontaktschalter/Fahrerseite), im Schalttafelleitungsstrang
(A27)	–Verbindung (Geschwindigkeitssignal), im Schalttafelleitungsstrang
(A45)	–Verbindung (Drehzahlsignal), im Schalttafelleitungsstrang
(A108)	–Verbindung (Geschwindigkeitssignal), im Schalttafelleitungsstrang
*	–Fahrzeuge mit Klimaanlage

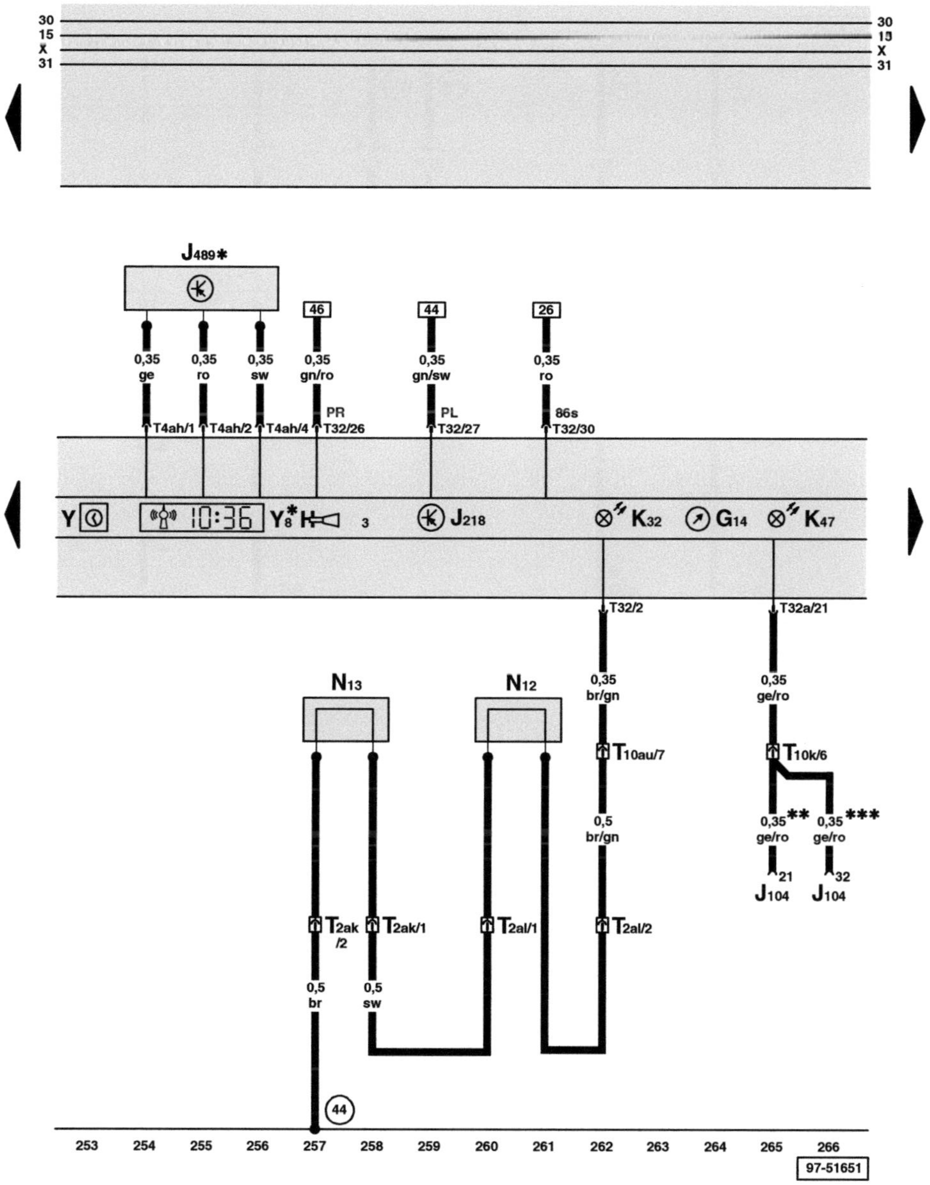

ws = weiß
sw = schwarz
ro = rot
br = braun
gn = grün
bl = blau
gr = grau
li = lila
ge = gelb
or = orange

Schalttafeleinsatz, Analoguhr, Bremsbelagkontrolle, Funkuhr

G14 –Voltmeter
H3 –Summer / Gong
J104 –Steuergerät für ABS mit EDS
J218 –Kombi-Prozessor im Schalttafeleinsatz
J489 –Empfänger für Funkuhr
K32 –Kontrollampe für Bremsbelag
K47 –Kontrollampe für ABS
N12 –Bremswächter rechts (Brechelement)
N13 –Bremswächter links (Brechelement)
T2ak –Steckverbindung, 2-fach, rot, an der Spritzwand links
T2al –Steckverbindung, 2-fach, rot, an der Spritzwand rechts
T4ah –Steckverbindung, 4-fach, schwarz, am Schalttafeleinsatz
T10k –Steckverbindung, 10-fach, orange, Kupplungsstation A-Säule links
T10au –Steckverbindung, 10-fach, grau, Kupplungsstation A-Säule rechts
T32 –Steckverbindung, 32-fach, blau, am Schalttafeleinsatz
T32a –Steckverbindung, 32-fach, grün, am Schalttafeleinsatz
Y –Analoguhr
Y8 –Funkuhr

(44) –Massepunkt, Säule A - links, unten

* –Fahrzeuge mit Funkuhr
** –Fahrzeuge mit ABS mit EDS/ASR
*** –Fahrzeuge mit ABS mit ESP

1/20
11.99

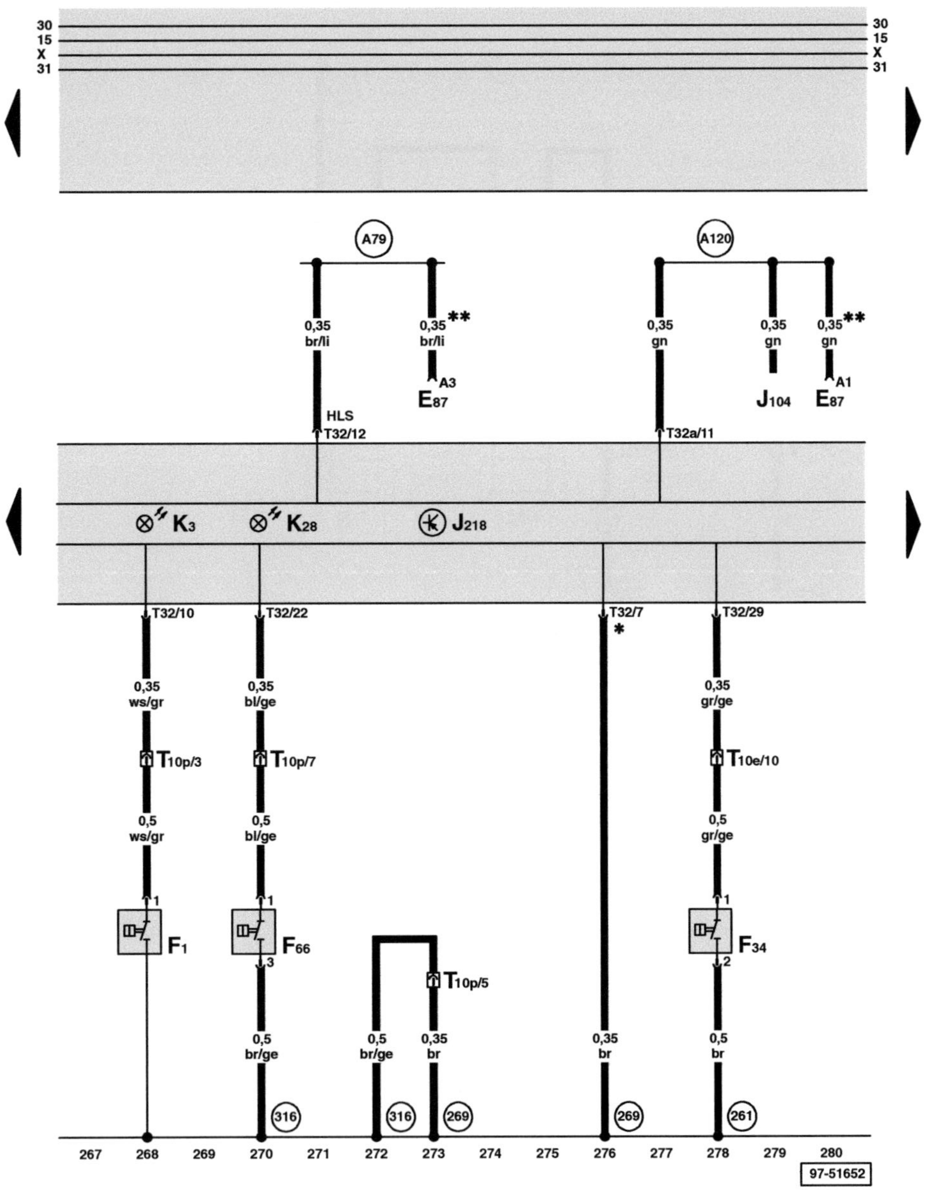

ws = weiß
sw = schwarz
ro = rot
br = braun
gn = grün
bl = blau
gr = grau
li = lila
ge = gelb
or = orange

Schalttafeleinsatz, Öldruckschalter, Schalter für Kühlmittelmangelanzeige, Warnkontakt für Bremsflüssigkeitsstand

- E87 – Bedienungs- und Anzeigeeinheit für Klimaanlage
- F1 – Öldruckschalter
- F34 – Warnkontakt für Bremsflüssigkeitsstand
- F66 – Schalter für Kühlmittelmangelanzeige
- J104 – Steuergerät für ABS mit EDS
- J218 – Kombi-Prozessor im Schalttafeleinsatz
- K3 – Kontrollampe für Öldruck
- K28 – Kontrollampe für Kühlmitteltemperatur/Kühlmittelmangelanzeige
- T10e – Steckverbindung, 10-fach, lila, Kupplungsstation A-Säule links
- T10p – Steckverbindung, 10-fach, schwarz, Kupplungsstation E-Box Wasserkasten
- T32 – Steckverbindung, 32-fach, blau, am Schalttafeleinsatz
- T32a – Steckverbindung, 32-fach, grün, am Schalttafeleinsatz

- (261) – Masseverbindung, im Leitungsstrang beheizbare Spritzdüse
- (269) – Masseverbindung (Gebermasse) -1-, im Schalttafelleitungsstrang
- (316) – Masseverbindung (Gebermasse -2-), im Leitungsstrang Motor
- (A79) – Verbindung (Heißleuchtenschalter), im Schalttafelleitungsstrang
- (A120) – Verbindung (Standzeit), im Schalttafelleitungsstrang

- * – Gebermasse Ausgang
- ** – Fahrzeuge mit Klimaanlage

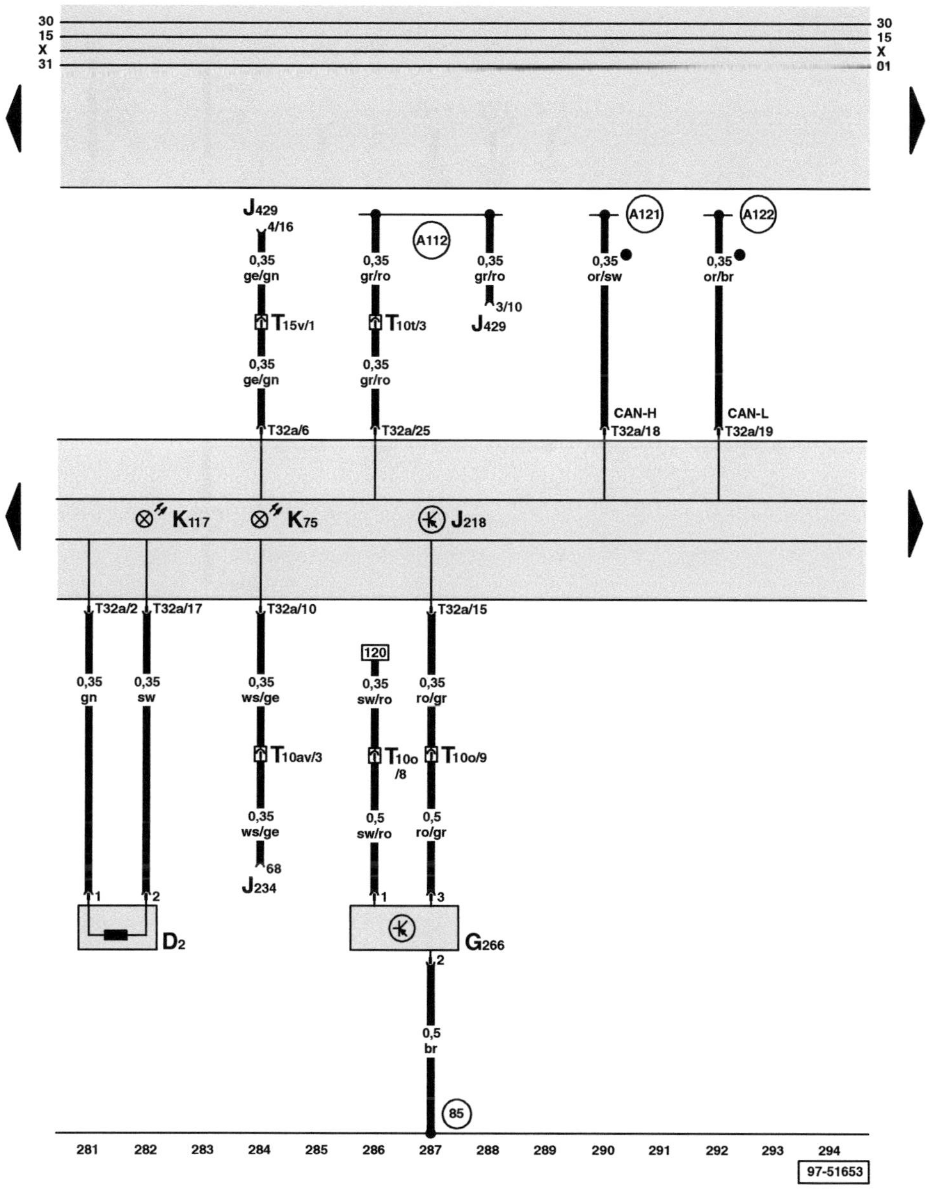

ws = weiß
sw = schwarz
ro = rot
br = braun
gn = grün
bl = blau
gr = grau
li = lila
ge = gelb
or = orange

Schalttafeleinsatz, Lesespule für Wegfahrsicherung, Geber für Ölstand/-temperatur

- D2 – Lesespule für Wegfahrsicherung
- G266 – Thermogeber für Ölstand, Service-Intervall
- J218 – Kombi-Prozessor im Schalttafeleinsatz
- J234 – Steuergerät für Airbag
- J429 – Steuergerät für Zentralverriegelung
- K75 – Kontrollampe für Airbag
- K117 – Kontrollampe für Wegfahrsicherung
- T10o – Steckverbindung, 10-fach, braun, Kupplungsstation E-Box Wasserkasten
- T10t – Steckverbindung, 10-fach, orange, Kupplungsstation A-Säule rechts
- T10av – Steckverbindung, 10-fach, gelb, Kupplungsstation A-Säule rechts
- T15v – Steckverbindung, 15-fach, orange, Kupplungsstation A-Säule rechts
- T32a – Steckverbindung, 32-fach, grün, am Schalttafeleinsatz

- (85) – Masseverbindung -1-, im Leitungsstrang Motorraum
- (A112) – Verbindung (Motorhaubenschalter), im Schalttafelleitungsstrang
- (A121) – Verbindung (High-Bus), im Schalttafelleitungsstrang
- (A122) – Verbindung (Low-Bus), im Schalttafelleitungsstrang

- ● – CAN-Bus (Datenleitung)

1/22
11.99

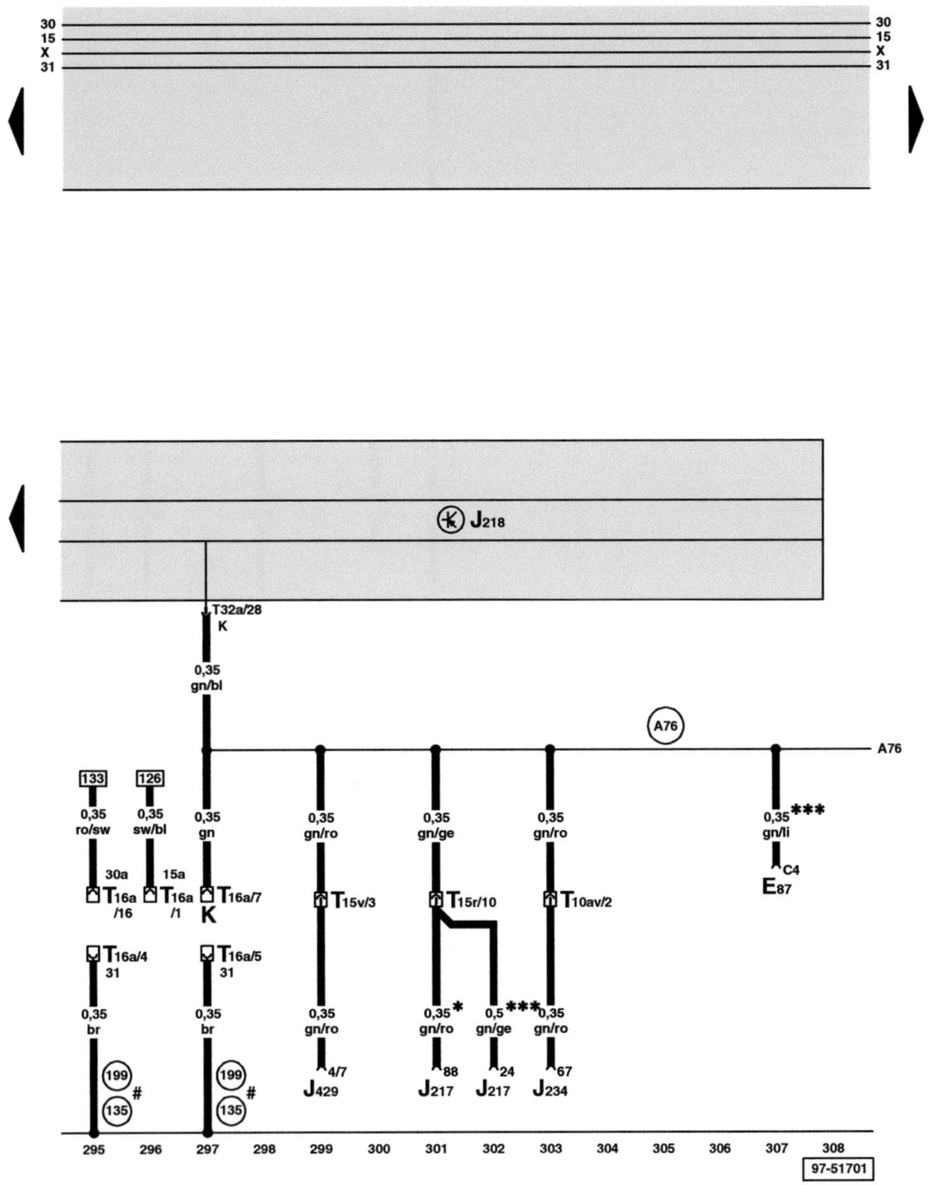

ws = weiß
sw = schwarz
ro = rot
br = braun
gn = grün
bl = blau
gr = grau
li = lila
ge = gelb
or = orange

Schalttafeleinsatz, Diagnoseanschluß

E87 –Bedienungs- und Anzeigeeinheit für Klimaanlage
J217 –Steuergerät für autom. Getriebe
J218 –Kombi-Prozessor im Schalttafeleinsatz
J234 –Steuergerät für Airbag
J429 –Steuergerät für Zentralverriegelung
K –Diagnoseanschluß
T10av –Steckverbindung, 10-fach, gelb, Kupplungsstation A-Säule rechts
T15r –Steckverbindung, 15-fach, braun, Kupplungsstation A-Säule rechts
T15v –Steckverbindung, 15-fach, orange, Kupplungsstation A-Säule rechts
T16a –Steckverbindung, 16-fach, Diagnosekupplung
T32a –Steckverbindung, 32-fach, grün, am Schalttafeleinsatz

(135) –Masseverbindung -2-, im Schalttafelleitungsstrang
(199) –Masseverbindung -3-, im Schalttafelleitungsstrang
(A76) –Verbindung (K-Diagnoseleitung), im Schalttafelleitungsstrang

* –Fahrzeuge mit Automatikgetriebe 01V
** –Fahrzeuge mit Automatikgetriebe 01N
*** –Fahrzeuge mit Klimaanlage
# –beides ist möglich

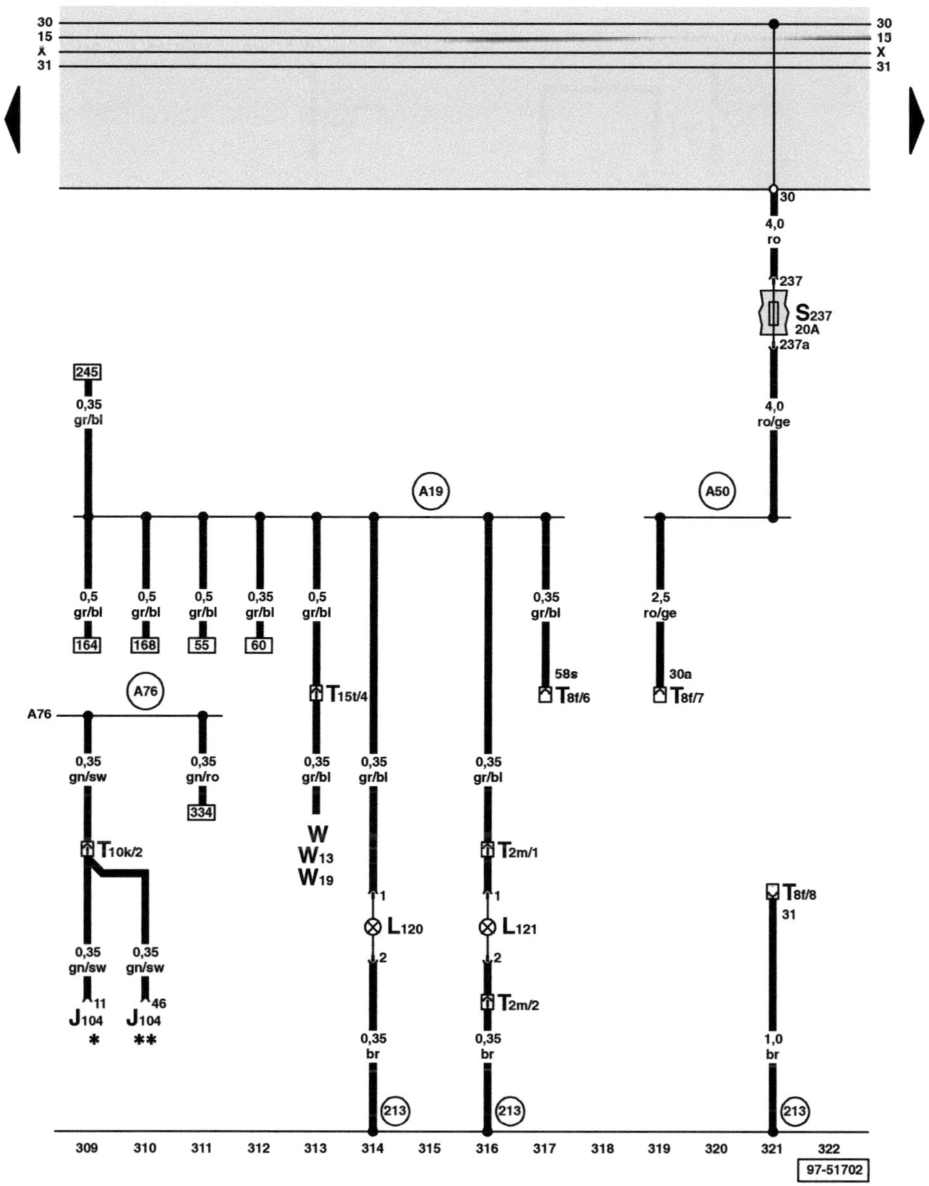

Radiogrundverkabelung, Verbindung Schalterbeleuchtung, Beleuchtung für Ablagefach

J104 –Steuergerät für ABS mit EDS
L120 –Beleuchtung für Ablagefach
L121 –Beleuchtung für Becherhalter
S237 –Sicherung 37 im Sicherungshalter
T2m –Steckverbindung, 2-fach, braun, hinter der Schalttafel Mitte
T8f –Steckverbindung, 8-fach, schwarz, Radiostecker III
T10k –Steckverbindung, 10-fach, orange, Kupplungsstation A-Säule links
T15t –Steckverbindung, 15-fach, grau, Kupplungsstation A-Säule links
W –Innenleuchte vorn
W13 –Leseleuchte Beifahrer
W19 –Leseleuchte/Fahrerseite

(213) –Masseverbindung -4-, im Schalttafelleitungsstrang
(A19) –Verbindung (58s), im Schalttafelleitungsstrang (Schalterbeleuchtung)
(A50) –Plusverbindung (30a), im Schalttafelleitungsstrang
(A76) –Verbindung (K-Diagnoseleitung), im Schalttafelleitungsstrang

* –Fahrzeuge mit ABS
** –Fahrzeuge mit ABS und ESP

ws = weiß
sw = schwarz
ro = rot
br = braun
gn = grün
bl = blau
gr = grau
li = lila
ge = gelb
or = orange

1/24
11.99

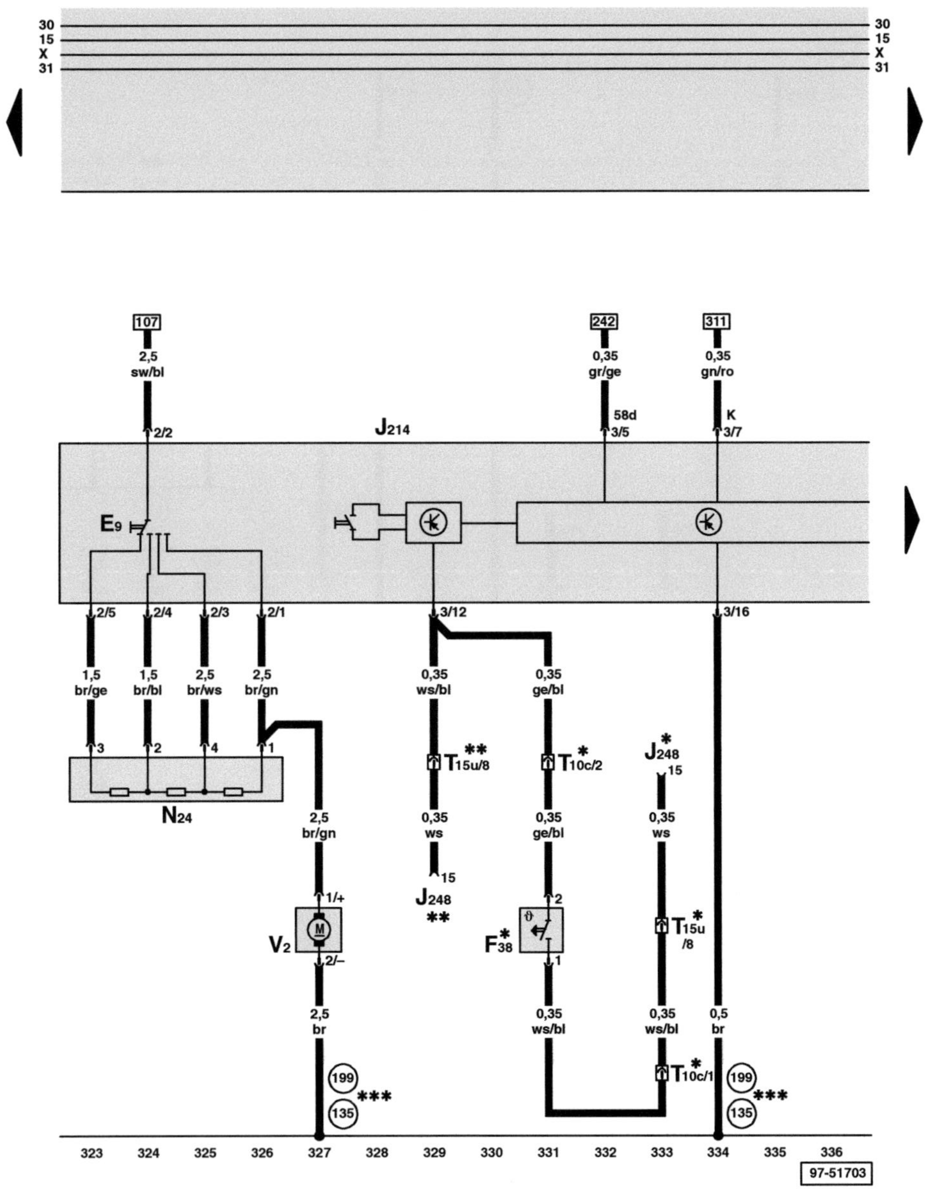

ws = weiß
sw = schwarz
ro = rot
br = braun
gn = grün
bl = blau
gr = grau
li = lila
ge = gelb
or = orange

Heizung, Frischluftgebläse

E9	–Schalter für Frischluftgebläse
F38	–Außentemperaturschalter
J214	–Steuergerät für Thermotronic
J248	–Steuergerät für Dieseldirekteinspritzanlage
N24	–Vorwiderstand für Frischluftgebläse mit Überhitzungssicherung
T10c	–Steckverbindung, 10-fach, grau, Kupplungsstation A-Säule links
T15u	–Steckverbindung, 15-fach, rot, Kupplungsstation E-Box Wasserkasten
V2	–Frischluftgebläse
(135)	–Masseverbindung -2-, im Schalttafelleitungsstrang
(199)	–Masseverbindung -3-, im Schalttafelleitungsstrang
*	–Fahrzeuge mit 1,9l TDI-Motor
**	–Fahrzeuge mit 2,5l TDI-Motor
***	–beides ist möglich

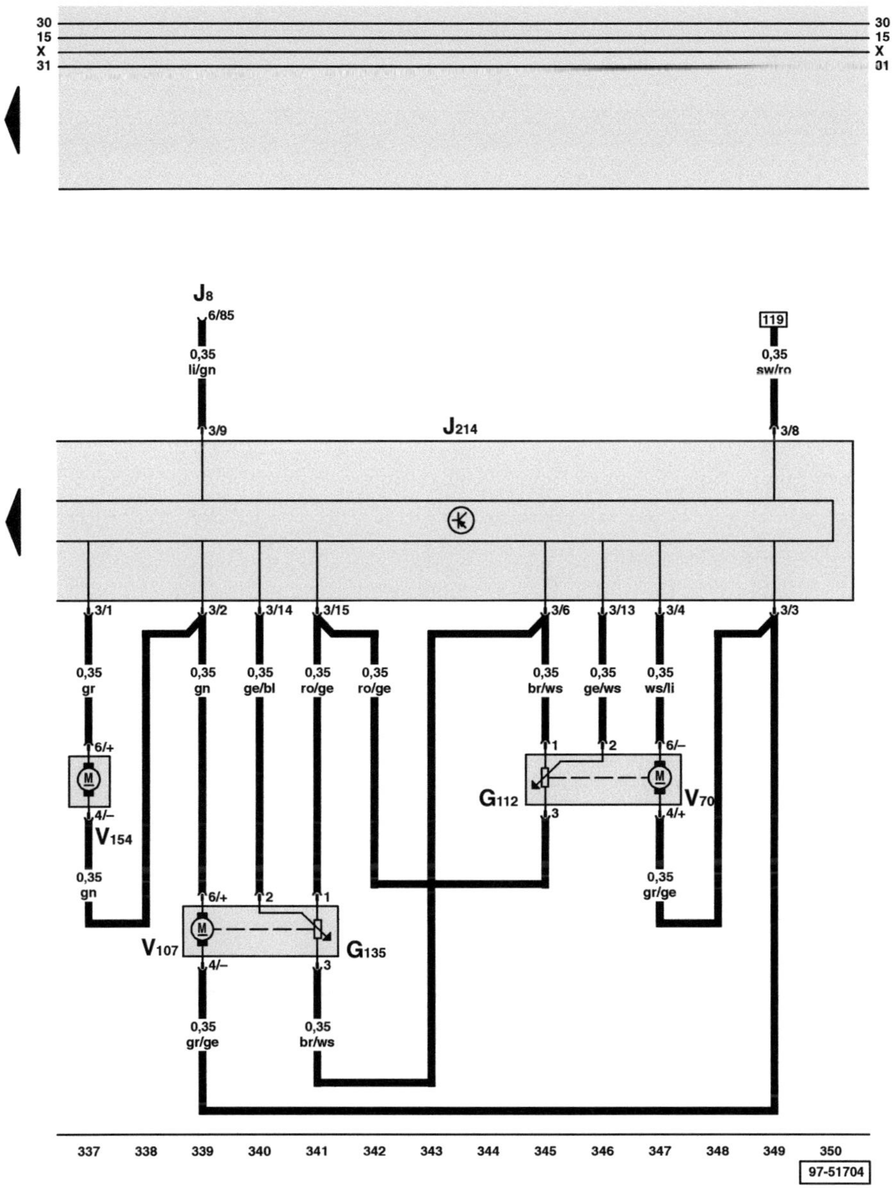

Heizung, Stellmotoren

G112	–Potentiometer - Stellmotor für Zontralklappe
G135	–Potentiometer im Stellmotor für Defrostklappe
J8	–Relais für Standheizung
J214	–Steuergerät für Thermotronic
V70	–Stellmotor für Zentralklappe
V107	–Stellmotor für Defrostklappe
V154	–Stellmotor für Frisch-/Umluftklappe

ws = weiß
sw = schwarz
ro = rot
br = braun
gn = grün
bl = blau
gr = grau
li = lila
ge = gelb
or = orange

1/26
11.99